ICH药物研发技术指南

Edited by Andrew Teasdale, David Elder, Raymond W. Nims

[英]安德鲁・提斯代尔
[英]大卫・埃尔德
[美]雷蒙德・W・尼姆斯

主译◎辇伟奇

ICH Quality Guidelines
An Implementation Guide

Andrew Teasdale，博士，阿斯利康药物开发的首席科学家；行业内拥有超过20年的经验，并担任过多个跨行业级别的领导职务，涵盖关键的ICH 主题领域。

David Elder，博士，CMC的独立顾问；在制药行业拥有40年的经验，曾在葛兰素史克的平台技术和科学部门担任主管；是英国药典的专家成员，具有丰富的CMC经验，包括许多关键的ICH主题。

Raymond W.Nims，博士，RMC制药解决方案公司高级顾问，在生物制剂的各种 GMP 质量保证和质量控制主题方面拥有丰富的经验；曾在支持多个 USP 章节和 ANSI 标准的特设小组中任职。

山西出版传媒集团
山西科学技术出版社
太原

图书在版编目（CIP）数据

ICH 药物研发技术指南 /（英）安德鲁・提斯代尔（Andrew Teasdale），（英）大卫・埃尔德（David Elder），（美）雷蒙德・W・尼姆斯（Raymond W.Nims）著；辇伟奇译．—太原：山西科学技术出版社，2023.1
ISBN 978-7-5377-6210-6

Ⅰ．①I… Ⅱ．①安… ②大… ③雷… ④辇… Ⅲ．①药物—研制—指南 Ⅳ．①TQ46-62

中国版本图书馆 CIP 数据核字（2022）第 165704 号

Title: ICH Quality Guidelines An Implementation Guide, ISBN:9781118971123
著作版权合同登记号 图字：04-2022-005 号

ICH 药物研发技术指南
ICH YAOWU YANFA JISHU ZHINAN

出 版 人	阎文凯
著 者	[英]安德鲁・提斯代尔（Andrew Teasdale）
	[英]大卫・埃尔德（David Elder） [美]雷蒙德・W・尼姆斯（Raymond W.Nims）
主 译	辇伟奇
策划编辑	杨兴华
责任编辑	宋 伟 翟 昕
助理编辑	文世虹
封面设计	杨宇光
出版发行	山西出版传媒集团・山西科学技术出版社
	地址：太原市建设南路 21 号 邮编 030012
编辑部电话	0351-4922078
发行部电话	0351-4922121
经 销	各地新华书店
印 刷	山西基因包装印刷科技股份有限公司
开 本	890mm × 1240mm 1/16
印 张	29.25
字 数	762 千字
版 次	2023 年 1 月第 1 版
印 次	2023 年 1 月山西第 1 次印刷
书 号	ISBN 978-7-5377-6210-6
定 价	680.00 元

《ICH药物研发技术指南》编委会

主　审　张延如

主　译　辇伟奇

副主译　张舒羽　孙江华　王　玲　胡　静

编　委（按姓氏拼音排序）

陈卓宏　广西医科大学第一附属医院

胡　静　云南省第一人民医院

孙江华　昆明市食品药品检验所（昆明市食品药品检验研究院）

辇伟奇　重庆市中医院

王　玲　重庆大学附属肿瘤医院

余　亮　孝感市中医医院

张舒羽　首都医科大学附属北京儿童医院

张亚美　成都大学附属医院

张延如　青岛大学药学院

前言

机遇与挑战

人用药品注册技术要求国际协调会议［The International Conference on Harmonisation（ICH）of Technical Requirements for the Registration of Pharmaceuticals for Human Use］于 1990 年 4 月 成 立。ICH 最初的目标是欧洲国家、日本和美国三方成员国的药品管理当局（以及制药企业管理机构）通过协调有关药品监管活动，讨论形成统一的技术要求，便于药品注册。ICH 最近增加了加拿大、瑞士这两个成员国，形成了 ICH 指导委员会（Steering Committee，SC）[1]。

第一次 ICHSC 会议在职权范围方面取得了一致共识，并确定以安全性（Safety，S）、质量（Quality，Q）和有效性（Efficacy，E）这三方面制订的技术要求作为药品能否批准上市的基础。其后，相关人员认识到，这三个方面的技术要求涉及到多个学科，因此，增加了综合学科这个专题类别。

因此，ICH 的任务是协调不同的国家、地区在新药注册方面的技术要求，使其达到尽可能的统一，其目的是减少重复试验和重复申报。试验和申报在新药研发、注册等过程中是必不可少的，ICH 指南通过统一技术要求，能够缩短药品研发时间、节约资源，最终使患者受益。

对于国际注册管理咨询师 (CMC) 社团来讲，很难不重视 ICH 的倡议，尤其是 ICH 质量指南（与综合学科指南也有关）带来的整体利益。当然并不是所有的指南都非常成功，但是，很明显，大多数指南还是非常成功的，而且人们不断地认识到根据新药的研发和技术进步，不断更新和完善指南是有必要的。另外，希望通过合作将统一技术要求带来的利益扩大到 ICH 地区以外的国家和地区，且将药品评价的这些重要指南在世界上进一步广泛应用。为了扩大国际影响，ICH 接受巴西和韩国的药品管理当局加入，成为 ICH 中的成员。除了古巴、哈萨克斯坦这两个 ICH 观察成员国外，经 ICH 同意，南非也成了观察员 [2]。

ICH 指南之所以成功，很大程度上是因为 ICH 对药品注册的主要要求规定了总体原则和指导框架，而没有制订太过详细的规定。然而，为了便于理解，不同的指南信息详细程度不同，但是，在实际应用中，我们还有许多地方需要进一步细化，明确其技术要求。本书的目的和意义在于让读者通过阅读专门的章节，对特定指南的实际应用有一个更深刻的理解。

本书从介绍具体指南的主要要求入手，然后介绍这些技术要求在理解和实际应用中的难点。再从这个角度出发，回顾一下基本框架，研究技术要求的意图和实际指导意义。我们相信不管是从行业的角度还是监管机构的角度来讲，书中的内容对于从事 CMC 事务的人来说都会有很大的帮助。

在本书翻译过程中，相关专家对自己专业领域所对应的章节进行了严格审校，其中很多专家本身就直接参与过 ICH 指南的制订工作。

Dr David Tainsh（首席产品质量官）

GSK（葛兰素史克，英国著名制药公司）

参考文献

[1] SwissMedic. ICH Meeting in Minneapolis，USA: SwissMedic and Health CanadaIncludedasNewMembers，July 9，2014. https://www. swissmedic. ch/aktuell/00673/02270/index. html ？ lang=en. AccessedonFebruary27，2017.

[2] ICH. Press Release Osaka Meeting，November 17，2016.http://www. ich. org/ichnews/press - releases/view/article/ich - assembly - osaka - japan - november - 2016.html. Accessed on April 12，2017.

目录

1

ICH Q1A(R2)新原料药及制剂的稳定性试验与ICH Q1C新剂型的稳定性试验

Andy Rignall
AstraZeneca, London, UK

1.1 引言

药物研发的核心部分就是对药物活性成分的物理化学性质进行了解，以及当药物活性成分形成药品后，在一定的存储和使用条件下，其物理化学性质的可能变化。《人用药品注册技术要求国际协调会议稳定性指南》为这方面的工作提供了基础和框架。

ICH 是在 ICH 地区协调的药品在研发、注册等方面的统一规范，包括质量、安全和有效性三方面的技术要求，其中稳定性试验是质量这个技术要求的首要试验规范。ICH Q1A 新原料药及制剂的稳定性试验的最新版本为 2003 年通过版本 [1]。它是一系列相关指南的总说明，一系列相关指南是推荐稳定性试验的具体说明。为了制剂在 ICH 地区顺利注册，ICH Q1A 说明了形成稳定性核心数据包所需要的存储条件、存储期限和试验要求。为了涵盖不同给药途径的制剂和原料药，指南在说明要求方面还提到了灵活性问题。重要的是，该指南还包括一项介绍性说明，认为如果其他稳定性试验方法具有足够的科学性，也可以用其他试验方法。在 ICH Q1C 内还附有稳定性试验总指南的一个小附件，阐述了当在原有原料药和制剂的基础上开发出新剂型药物，进行稳定性试验的有关要求 [2]。

对于很多药品来讲，能够在世界范围内进行注册是其重要目标，通过统一的稳定性试验和标签规范，在新药全球供应链方面实现标准化和简化是我们所期望的。虽然本指南的目的在于推荐使用数据包，便于新原料药和新制剂在三个主要的 ICH 地区进行注册，但是其内容可以在更大范围内引用和应用。ICH 地区以外的其他国家和地区也可以将 ICH 指南作为参考单独引用，也可以作为当地稳定性试验指南的补充。例如，世界卫生组织（World Health Organization，WHO）是 ICH 进程的长期观察员，将 ICH 文件中的很多内容纳入了它自身的稳定性指南中 [3]。

ICH 稳定性指南不仅是为了注册，而且也为药物开发提供了稳定性试验方面的信息，例如，指南中提到的存储条件可以为药物开发稳定性协议提供一个框架，确保药品在临床研究中的质量、安全性和有效性。

虽然指南包含传统的稳定性协议，但是药物稳定性试验要求方面的原则成了预测稳定性筛查工具的目标。这些工具能够确保支持药物注册的正式稳定性研究是按照 ICH 指南进行的，使产生意料之外结果的可能性降低。

一些稳定性试验要求与药品特殊情况有关，具体内容会在其他指南中详细介绍。例子包括证明药物在使用中储存合理性研究、说明保护性二次包装适宜性策略研究、确保储存和运输过程中合适温度的专项研究等专门要求。

在“质量源于设计”时代，药物开发是以科学和风险为指导的，最近三个以上的有关药物开发[4]、风险管理[5]和药品质量体系[6]ICH 指南强调稳定性研究的重点已经发生了变化，现在强调产生详细稳定性信息和理解的重要性。这可能包括建立输入材料（原料药和辅料）属性及对于稳定性有重要影响的工艺参数。在识别到对稳定性至关重要的属性之后，应制订综合控制策略，确保属性在可接受的范围内，最终确保所要求的稳定性得到了展示说明。可以使用风险管理工具，确保开发活动集中在对稳定性（因此对质量、安全性和有效性）控制有最大影响的领域，因而，风险管理工具的应用也是一个特征。

实际上，对药品进行稳定性试验，以使药品在全球范围内注册，这个目标的实现仍然具有挑战性，这需要建立一种让所有主要市场都同意的协议。对稳定性有特殊要求的地区会使药品“全球”注册协议建立的难度增加。例如，根据东南亚国家形成的东盟（ASEAN）区对药品注册稳定性研究要求指南，药品长期储存条件与 ICH 地区不同[7]。

本章旨在提高对稳定性试验背后基本原理的理解，然后说明如何在药物开发中应用该指南。

1.2　有关稳定性试验的基础知识

1.2.1 稳定过程

在药品的整个生产到保质期结束及病人使用时，药品质量、安全性和有效性必须保持在要求的范围内。要实现这个目标，我们需要了解制剂的化学和物理性质，建立关键参数的控制和监测方法，建立原料药和制剂的长期变化行为模式。

这要求药品必须有有效期限，原料药必须有复验日期[8]。对于制剂，有效日期规定了在建议条件下储存时，在规定期限内，制剂符合规定控制要求。同样，复验日期指的是原料药在规定日期内符合一定的要求。如果原料药批次超过了标签标示的复验日期，在使用之前，要进行复检，以确认原料药是否符合规定要求。稳定性试验为检测不同环境条件下储存药物的性质提供了手段，以证明药物在标签标示的有效期内是否仍然可以使用。制剂稳定性试验包括评价用于临床或在市场上的储存于容器 / 封闭系统中的制剂。

制剂稳定性与环境因素（温度、湿度、氧气供应和光照）、原料药化学性质和物理稳定性及制剂配料有关。原料药和辅料在一定条件下形成制剂，制剂的稳定性与形成条件、本身物理化学性质有关，还与初级和二级包装提供的保护程度也有关系。

稳定性过程涉及发现新化学物质的降解途径有：在正常储存条件下，最有可能降解程度的评估步骤，以及预防或减少降解的策略方法。化学分解是制剂或成药在储存过程中发生不稳定的主要原因，但是物理、生物和微生物变化也是导致药品发生不稳定的原因。

化学变化包括药品质量变化或药品性能特征变化，由下列因素引起：

· 降解成分增加可能对药品的安全性有影响。

· 原料药的化学降解 / 化学反应，使原料药含量下降，对药品的有效性有影响。

· 降解增加会引起药品外观、味道或气味的变化，使整体药品可接受性受到影响。

即使是不显著的化学分解也会造成重大影响，例如，药品低水平化学分解会引发某些安全问题，或少量深色素的降解会引起药品外观的变化。

1.2.2 影响稳定性的因素

本部分内容讲述了有关稳定性方面的知识及合适的控制措施，有利于增强对影响药品稳定性因素的理解，确保采取有效控制措施，保证有效期内药品质量、安全性和有效性指标在规定的范围内。影响因素包括（图 1–1）：

· 原料药本身的稳定性。

· 辅料性质及辅料对原料药稳定性的影响。

· 药品生产过程中的单元操作因素。

· 环境因素（外部、内部和微观环境）。

· 与包装系统有关的材料和功能。

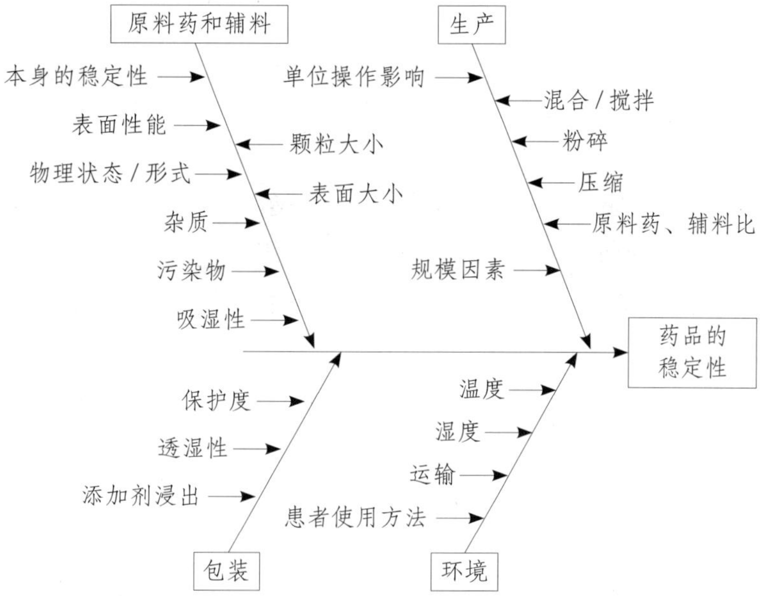

图 1–1　影响药品稳定性的因素

1.2.2.1 原料药本身的稳定性

为了获得所需要的物理化学性质，药品一般做成有机酸盐或有机碱盐。然而，赋予药物功效的性能也可能会让分子变得不稳定。药物一般由碳骨架组成，碳骨架中加有额外的官能团。电子分布、键极性和与碳骨架相关的空间因素都会影响药物的稳定性。影响药物分子中电子分布或电子密度的因素会极大地影响药物分子的降解易感性。例如，跨越结构的双键通过离域电子密度使共轭键更稳定。共轭能使分子更具刚性，也能增强紫外线的吸收程度。离域电子可作为传输电子密度或完全负电荷或完全正电荷的途径，这种共振会使形成的带电结构更加稳定。诱导效应会导致键极化，电子密度在键上的移动与取代基的电负性或电正性有关。取代基对药物的性质有很大的影响，因此对药物的稳定性也会有影响。相邻取代基可能会干扰对电子非定域化有抑制作用的共轭，对共振稳定性会有影响。更多的情况是，相邻取代基，尤其是体积较大的取代基，会阻止反应物进入反应部位，特别是在亲核取代基（S_N2）中。同样，像氯化物这类大平衡离子，可以保护药物的成盐中心避免氧化。这些都是空间结构抑制药物不稳定性的例子。

通过对骨架、分子排列、官能团结构功能的了解，就能够从理论上预测某个新化学物质在特定物理化学条件下如何发生变化[9]。对药品成分及成分性质的了解有助于预测引起启动或催化药品分解的原因。

因此，在药品开发过程中，要设计稳定性项目，说明药品对温度、湿度和光照这些环境条件的敏感程度。这些项目设计的条件往往比默认 ICH 存储条件更极端，因为在开发过程中，人们希望在较短时间内获得有意义的结果，因此使条件极端化，从而加速降解速率。有些筛查研究还考虑药品外部因素（如工艺杂质、配方内杂质、包装添加剂）与药品的化学反应，并评估在存储过程中，发生物理变化的可能性。

【降解反应途径】

化学分解 在降解过程中，有四个主要反应机制：取代、增加、去除和重排。降解反应可大致分为水解、氧化、光解和异构化或重排。此外，原料药活性分子、辅料官能团、工艺相关杂质或外来污染物之间的特定相互作用也可以加速药物分解途径。

水解作用 水作为一种潜在的反应物无处不在，与降解反应相关的最常见反应机理就是水解。像酯类、酰胺类、亚胺类、内酯类、内酰胺类和酸性氯化物，这类羧酸衍生物特别容易水解[10]，很难将固体药品中的水全部去除，而水是肠外给药制剂最常见的溶剂。羧酸衍生物水解通用反应公式如下：

$$RCOOR'+H_2O \rightarrow RCOOH+R'OH$$

水是一种亲核物质，容易与药物分子中缺电子或阳性位点发生反应。酯类、酰胺类和亚胺类这些酰基衍生物最容易与水在酸碱催化下发生水解反应。

碱性水解一开始的反应是氢氧离子与带正电中心发生亲核反应，如果是酯的话，取代烷氧基，形成一种酸和一种醇。酯在酸的催化发生水解过程中，羰基中的氧被质子化，水这种亲核物质与缺乏电子的碳中心发生反应。与脂肪族相比，芳香酯活性更高。

通过任何一种机制获得的物质是相同的。热 / 光和局部 pH 值也能催化水解反应。虽然这是一种二级反应，但是如果有大量水存在的话，就会表现出一级动力学的特征。

如果溶剂可作为亲核分子发生反应，那么也会发生类似情况，这称为溶剂分解。溶剂极性（或偶极矩）是影响这类反应的一个重要因素。

要保护容易自然水解降解的活性成分，需要尽量减少药品中非结合水的量，因为非结合水容易发生反应。一级和 / 或二级包装材料使用低透水性防潮层能够降低外部环境向药品渗透的水量。使用硅胶等干燥剂、含水量较低或可吸附未结合水（如二氧化硅）的辅料有助于让保护性包装内保持低湿度状态。pH 值极端时，会导致水解。因此，使用缓冲剂（更常见的是液体状态的缓冲系统，但也有固态的缓冲系统）可以使反应稳定下来。

氧化反应 大气中有氧气存在，氧气是多种降解机制中容易发生反应的物质。与氧气发生的反应通常称为“自动氧化”。氧化机制还包括与像氧气这种负电原子加入、自由基加入、像氢气这种正电原子丢失、自由基或电子丢失[11]。醛、胺、醚、酚、硫醇、硫醚和不饱和脂肪 / 油的官能团尤其容易发生氧化。机理和由此产生的降解产物都非常复杂，且往往与变色有关。

通用反应公式为：$R{-}R+O_2 \rightarrow R{-}OO$。

氧化可能是第二大常见的降解机制。

药物的氧化反应通常是与大气中的氧气直接接触发生的。通常情况下，这是一种自由基反应，最初形成氢过氧化物，然后进一步反应，这称为自动氧化。

自由基机制比较复杂，涉及起始、发展和终止步骤，许多自动氧化反应可以在微量金属离子或氢过氧化物（作为杂质存在）的催化下进行。例如：

起始　$R{-}H \rightarrow R\cdot$　自由基

发展　$R\cdot+O_2 \rightarrow R{-}O{-}O\cdot$

$R{-}O{-}O\cdot+R{-}H \rightarrow R{-}O{-}OH+R\cdot$

$R{-}O{-}O\cdot+C{=}C \rightarrow ROO{—}C{=}C\cdot$

终止　$2\ R{-}O{-}O\cdot \rightarrow$分子产物

自由基是指含有未配对电子的具有高反应性的原子或分子。起始阶段形成自由基后，在微量金属和/或微量过氧化物、光、热、碱的催化下，继续反应。

发展阶段涉及过氧自由基的形成，吸引质子形成氢过氧化物，或是增加一个双键形成自由基产物。氢过氧化物在自由基引发剂的作用下分解，形成过氧化物和烷氧自由基。烷氧自由基可以吸引质子生成醇，或是与氧气反应生成相应的酸、醛或酮，生成的这些物质继续反应。终止阶段是两个自由基结合形成稳定分子。

抑制不稳定活性成分氧化反应的方法包括使用合适的屏蔽措施让药物与氧气和光线无法接触；有某些情况下，使用惰性气体（例如氮气、二氧化碳、氦气）喷射液体制剂。还可以加入抗氧化剂，例如使用螯合剂去除游离金属离子，在较低温度下储存也有助于缓解过氧化反应。添加抗氧化剂，优先去除氧气或自由基后，也可以让容易发生氧化反应的药品稳定下来。如果增加了抗氧化剂提高药物的稳定性，通常需要对抗氧化剂含量进行测定，并监测其有效性。当药物中的辅料容易发生自动氧化反应时，加少量的醛类或是过氧化物，有助于缓解氧化降解。

光解作用　光解是在电磁辐射（人工光或自然光）下引发或催化的降解反应。在光解降解机制中，分子吸收足够能量激活降解反应[12]。光解反应会涉及氧化、还原、异构化、重排、脱羧、脱烷基、脱卤、脱氢等。芳香族和共轭杂环分子、醛和酮都容易发生光解反应。药物在光解反应后可能会产生复杂混合物。

光解反应是光介导的自由基引发的分解反应，而不是氧气分子介导的分解反应。正常光照或人工光照就会引发光解反应。如果分子的电子光谱与太阳光或人造光的光谱发生重叠，分子就会吸收光能量，使分子能量增加，使其达到更高的能量状态或激发状态（电子跃迁到更高轨道，使分子具有更高的反应能力）。激发状态分子可以使激发态电子释放能量，返回到原有轨道，或是分子发生分解反应，或是将能量转移到其他分子上。含有单键的饱和分子不会发生这种反应，但是含有双键的饱和分子，可以吸收光，因此，芳香族及杂环类似物、醛类、酮类物质都容易发生光解反应。1，4- 二氢吡啶类抗高血压药物，如硝苯地平，1，4- 位置上取代基不同，光稳定性也不同[13]，存在许多可能的反应机制，往往导致降解产物为复杂混合物。

防止光解反应的方法包括减少射入活性成分的光量。使用合适的防护屏障层（不透明塑料、低光化学反应性琥珀色玻璃、铝）减少光的射入量或是不让光射入，能够为易发生光解反应的药品提供一定程度的保护。此外，二氧化钛、水合氧化铝这类着色剂可以用于药片膜涂层或是胶囊外壳，用作遮光剂，避免药品受到光的照射。就与氧化反应采取的措施一样，清除分子可以减少自由基，抑制光解反应，使用低杂质辅料及使用螯合剂去除起催化作用的金属，这都可以延长光敏活性成分的保质期。也可以通过使用环糊精或表面活性剂形成保护性胶束来预防药物发生光解反应。吸收光的辅料（如二氧化钛）也可以加入药物配方中。

异构化作用 药物分子可以是几何异构体或立体异构体。异构化是指立体异构体的构象、光学特征或几何异构能够发生变化[14]。与母体分子相关的功能和空间效应很重要。人们不想要的异构体可能是原型结构不同，也可能是功能特征不同，又或是没有功能。人们不想要的异构体通常被认为是杂质/降解产物（见 ICH Q6A）。

立体异构体具有相同的分子式和键结构，但空间中相同基团的取向不同。它们可以是几何异构体，也可以是对映体。异构化发生时，通常会涉及中间碳，中间碳带正电荷或负电荷，共振后会稳定下来。

1.2.2.2 反应物及可能来源

一种活性药物的形成通常涉及溶解在合适溶剂中，分散于合适赋形剂中或与辅料密切混合。每多加一种成分，这种成分可能含有与药物成分发生反应的物质，这种物质作为一种杂质存在，引起降解反应。例如，含有游离醛或酮基的多糖辅料（称为还原糖）能与胺基发生加成/消除反应（美拉德反应[15]）。因此，活性成分与配方辅料上的官能团或是与外来污染物或辅料中的杂质（例如残留金属、醛或环氧化合物[16, 17]）发生反应时，就会导致药物进一步的降解。此外，在一个配方中可能存在多个活性药物成分。

辅料本身可能没有反应性，但如果它们具有吸湿性，这可能会将水拉进制剂，而制剂中的活性成分容易与水发生反应。同样，如果活性成分在生产过程中以非晶体形式存在，或含有局部非晶带，那么水合辅料在机械加工过程中可能会失去结合水，而这种结合水可能作为反应物或是促进其他反应的运输媒介[18]。从表 1-1 可以看到一些导致降解的反应物、引发剂和药物来源。微量金属或过氧化物在自由基的形成过程中起着催化剂的作用。极端 pH 值可能会使可能的反应物从有关生产设备表面浸出，如优质不锈钢表面浸出微量金属，玻璃表面浸出硅酸盐。

表 1-1 影响药物稳定性的外来污染物可能来源

可能的反应物或催化剂	可能来源
水	相当普遍，包括结合水和非结合水形式
酸类	聚乙烯类/聚氧乙烯，包括 PEGs
碱类	磷酸二钙、一些硬脂酸盐
金属离子	工厂、滑石、其他硅酸盐、聚乙烯类/聚氧乙烯
可浸出材料（例如邻苯二甲酸盐或挥发性有机碳氢化合物）	工厂、传送线、密封件、容器和封口
抗氧化剂	油脂、硬脂酸镁、塑料和橡胶接触材料
过氧化物	聚维酮、吐温类、聚乙烯类/聚氧乙烯
醛类	淀粉（甲醛）、乳糖、聚乙烯类/聚氧乙烯

辅料可能与活性成分发生反应，这强调需要研究辅料中的各种杂质，进行兼容性研究，选择合适的辅料组合。

1.2.2.3 环境因素

影响药物稳定性的主要外部因素通常是与药物销售地有关的温度和湿度。根据年气候和平均动力温度，可以将世界大致分为四个区或四个气候带，见表 1–2[19, 20]。ICH 三方成员国就在气候带 Ⅱ。每个带都有一个代表性的长期存储条件，在稳定性协议中可以将每个气候带的保质期标示出来。气候带 III 的长期储存条件（30℃ ±2℃ /35%RH ± 5%RH），在 ICH Q1F 最初的推荐为气候带 IV。经过进一步讨论后，一些国家要求具体化长期储存条件，导致了 ICH Q1F 的删除。气候带 III 和气候带 IV 所代表的长期储存条件为推荐的长期储存条件，现在这种推荐的存储条件被 WHO 稳定性试验指南采用[3]。

表 1–2 气候带

气候带	描述	长期存储条件
带 I	气候温和	21℃ ±2℃ /45% RH ± 5% RH
带 II	亚热带和地中海气候	25℃ ±2℃ /60% RH ± 5% RH
带 III	干热	30℃ ±2℃ /35% RH ± 5% RH
带 IVa	湿热	30℃ ±2℃ /65% RH ± 5% RH
带 IVb	—	30℃ ±2℃ /75% RH ± 5% RH

像工厂、仓库、医院和社区药房货架这类当地外部环境通常都会有一定程度的温度控制和 / 或监测。如果陆运或空运条件导致温度、压力和振动方面发生不可控的影响，就应该关注这方面的影响。运输条件可以在一定程度上给予控制，但会增加成本。良好流通规范（good distribution practice，GDP）这个概念引入后，主要是对药品仓储和批发分销方面的质量体系和储存 / 运输提供指南[21, 22]。通常认为家庭环境不可控，药物在设计时应该能够承受患者使用药物时的各种环境因素和物理压力。

有效成分的另一个稳定性方面，通常认为是临床前筛查过程的一部分，即测定新药物服用后，在局部生理条件下的稳定性。例如，口服时，胃内的 pH 值较低；通过鼻腔给药或肺部给药时，湿度较大。

1.2.2.4 一级包装内的环境因素

一级包装材料是药物或活性药物成分直接接触的材料，会影响药物或活性药物成分所处的环境，所以，必须明确理解一级包装对稳定性的影响[23]。一级包装和制剂中水分含量对包装药品内部的平衡条件起主要影响作用。药品包装很重要，因为它决定了多少水蒸气或其他挥发性物质可以从外环境进入药品或是从药品挥发到外环境中。水分进入一级包装后，药物会吸收这些水分。药物中易吸湿成分会成为水分进入包装的动力。包装药物与外界环境会趋于平衡。因此，包装材料的渗透性会影响达到这一平衡所需要的时间。例如，使用低渗透密封性强的包装材料使带有螺旋帽 / 盖子的固体药品达到平衡的时间延长。塑料水泡具有一定程度的密封性，会进一步减缓达到平衡的时间。渗透性可用水汽透过率（moisture vapor transmission rate，MVTR）来表示。如果包装材料的

MVTR 是已知的，可以用湿度调节的 Arrhenius 方程作为包装和储存条件的一个函数（其参数在加速稳定性程序或 ASAP 中使用等转换率法来确定）来预测药品的稳定性。有干燥剂的话，可以以水分吸收和饱和点纳入模型来计算[24]。

密封铝箔泡不仅可以预防水分进入药品，还可以在密封过程中捕获环境中的水分。保护性越好的包装材料，价格越昂贵，因此，这类材料会增加药品的整体单位成本。所以，药物生产商要在药品保护与包装成本之间获得一个可接受的平衡。干燥剂可以通过吸收水分，让药品保持相对较低湿度。相对于整个保质期，达到这种平衡通常所需要的时间很短。一个特定大小的包装内所需干燥剂的数量可以通用一个简单的计算方法来获得[25]。

在实际环境中包装药品需要长期储存和流通，基于此，指南要求评估实际封闭系统内包装药品或至少是模拟其特性的包装的稳定性。

1.2.2.5 药品微环境

制剂是活性成分和辅料的混合物。从配方的微观环境角度来考虑，制剂就是由各种颗粒组成的物质。活性药物颗粒附近的局部条件会影响其稳定性。例如，局部区域水分可能会溶解活性成分或可溶性辅料，增加这些物质的分子活力，进而会增加降解反应的可能性。增溶还可能改变局部 pH 值，从而改变反应活性[26]。

对于固态制剂来讲，晶格缺陷、某些杂质或污染物的存在或局部无定形区等因素都有可能导致某个区域的活性分子获得高能“热点”，这些区域的分子可能会具有更高的反应活性，更可能发生反应[27]。温度和可能的水分渗透等外部环境也可能影响制剂的微环境。理想情况下，应全面了解微环境因素对整体稳定性的影响。

随着理解的进一步加深，可以对原材料或工艺参数或制剂环境的影响进行风险评估。例如，我们对与包装和制剂微环境相关的相对湿度对固态制剂降解反应速率的影响是比较清楚的。

1.2.2.6 化学分解反应能量学

药物要降解，需要通过一定的途径或机制，从活性状态转化为降解的、有利的热力学状态（一种发生改变的动力），这种达到平衡的动力学反应最终会对制剂质量产生实质性的不良影响。

【降解反应热动力学】

简化反应就是药物→降解产物：

$$k\text{速率常数} = \frac{\text{降解产物浓度}}{\text{原料药浓度}}$$

最稳定状态为能量最小但熵最大或最无序状态，热力学认为除非 ΔG 为负值，否则不会发生降解反应。吉布斯自由能计算公式如下：

$$\Delta G = \Delta H - T\Delta S$$

T 代表温度（K），热量变化 ΔH 代表反应物与产物之间的键能差，熵 ΔS 表示无序程度。

焓效应可以占主导地位，但如果分解产生的分子片段较多或在降解反应过程中，限制性环系打开了，熵效应可能更显著。

通过以下这个方程可以看出，吉布斯自由能与反应速率常数有关。

$$-\Delta G=RT\ln K_{速率常数}$$

*R*代表理想状态下的气体常数8.314 J/（mol·K），*T*代表温度（K）。

【催化作用】

自由能中的负值并不一定意味着会发生反应。过渡态理论认为反应是指活化复合物或具有较高自由能的过渡态反应物转化为其他能量较低产物的过程。催化剂可以降低活化能，使其更容易通过过渡状态形成降解产物（图 1–2）。

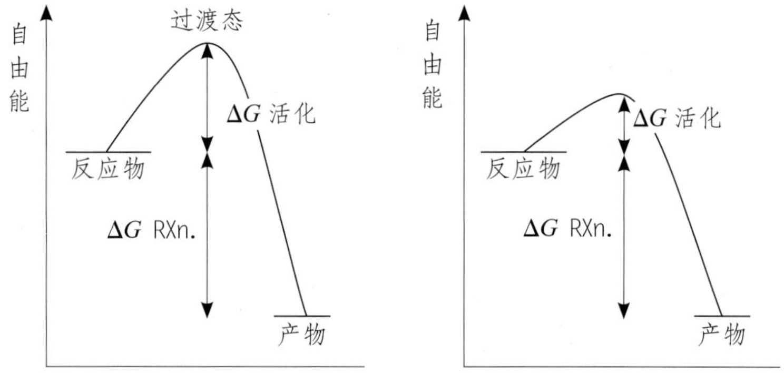

图 1–2　降解反应自由能图

电子离域可以稳定过渡态共振，促进过渡态形成，增加降解的可能性。例如 1，4– 二氢吡啶类药物，硝苯地平在光诱导下，发生芳构化反应，形成吡啶类光解产物。如前所述，医药辅料、制造设备和封闭容器表面都可能是痕量金属的来源，这些金属能够催化降解反应。某些活性分子，例如霉酚酸，会与痕量金属发生螯合反应，促使药物发生降解反应或是导致效能下降。

热力学可以预测降解产物和反应物达到平衡（如果这两者之间存在合适的反应途径）时降解产物和反应物的浓度，但是无法预测达到这个平衡所需要的时间。

【降解反应动力学】

考虑这个反应式：药物⇄降解产物。

如果可以测量到药物浓度的变化速率，则可以建立反应速率方程，其中速率常数 *k* 为特定温度下的一个常数，浓度 [*D*] 与 a 有关，反应级数如下：

$$-\frac{d[D]}{dt}=k[D]^{a}$$

在恒温条件下，制作浓度随时间变化的曲线图，就可以在实验室条件下确定反应级数，并从曲线图计算出反应速率常数。

可以通过建立浓度变化微分方程并求解所得积分，建立速率模型。

对于零级反应，反应速率与浓度无关，浓度随时间变化的曲线将反映出零级反应速率常数。

同样，对于一级反应来讲，随着时间的推移，速率会随着药物浓度的降低而降低。在浓度 / 时间分布曲线上，我们可以绘制出随时间变化的浓度自然对数值，然后得到一级速率常数。

我们可以将 D/D0 代换为 0.9，来预测活性成分还剩 90% 时（用 T_{90} 表示）或有 10% 的降解产物产生时，所需要的时间。这一水平的变化是我们可接受的最大限度的变化，T_{90} 是衡量保质期的一个重要指标。

对于二级反应来讲，反应速率与药物浓度的平方成正比，药物与自身发生反应，或与化学当量的反应物 R 发生反应。如果 R 是过量的，例如水溶液中水解，水是过量的。因此，浓度似乎没有变化，反应有效地遵循一级动力学反应模式，也就是伪一级反应。

通常，对于典型的定量临界质量属性，如分析和降解产物水平，可以假定为零级动力学。这种简单假设为稳定性数据统计分析提供了基础[28]。

1.2.2.7 反应速率与贮存温度

如果降解数据的动力学模型合适，且拟合优度也较好，则可以获得反应级数和速率常数值。这样就可以预测特定温度下的降解程度。

在一定的条件下，可使用阿伦尼乌斯方程来计算活化能和预测不同温度下的反应速率。阿伦尼乌斯方程能够预测反应速率与温度之间的关系，为加速稳定性试验和保质期外推提供了基础。

$$k=Ae^{-Ea/RT}$$

k 表示反应速率常数，*A* 表示阿伦尼乌斯常数，*Ea* 代表某个降解反应的活化能，*R* 代表一般气体常数，*T* 代表绝对温度（K）。

阿伦尼乌斯方程可以用多种形式来表示，例如：

$$\ln k=\ln A-\frac{E_a}{RT} \text{ or } \ln\frac{k_1}{k_2}=-\frac{E_a}{R}\left(\frac{1}{T_1}-\frac{1}{T_2}\right)$$

这个公式说明在某一个温度下的降解速率，如果活化能已知（或是可以估算出）及一个简单的线性关系也已知，就可以计算出不同温度下的不同降解速率。

反应速率与温度之间的关系可以用阿伦尼乌斯图来表示（图 1–3）。

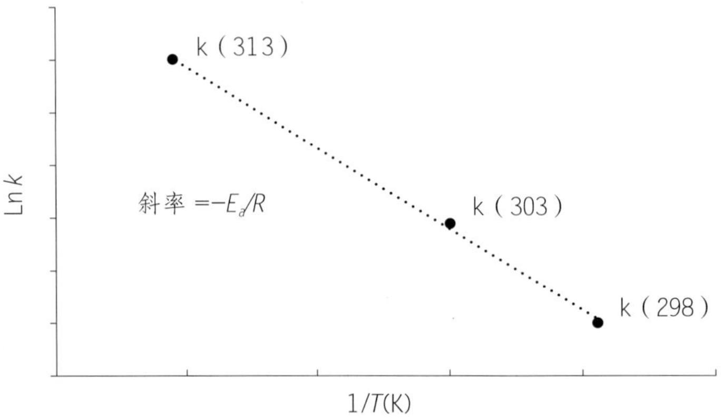

图 1–3 阿伦尼乌斯图

阿伦尼乌斯线性图显示了在活化能恒定及降解机制相同的条件下，不同温度下的不同降解速率。溶解度增加、熔化、溶剂损失和挥发性降解产物的形成等变化会使模型复杂化，并可能导致阿伦尼乌斯非线性图。最近，阿伦尼乌斯方程改进版已经开发出来，可以应用于药品，并增加一些考虑因素，提高了预测结果的准确性。

一般降解过程，如氧化分解的活化能为 85~120 kJ/mol，水解的活化能为 60~80 kJ/mol[29]。

在没有确切活化能数据的情况下，可以假设一个活化能，根据较高温度下的保质期，来估算室温保质期。这种做法一般在药物开发阶段早期使用。在早期阶段，长期没有室温数据，可以根据较高温度下保质期的数据来外推室温下保质期数据，然后用之后的实时存储稳定性数据来支持外推数据。

这些方法中最简单的就是"经验法则"，例如温度每变化 10℃，降解反应速率就会有两倍或三倍的变化。降解试验表明活性成分相对稳定，且在 50℃保存 3 个月内，没有观察到任何可测量到的变化，那么，在 25℃温度下，保质期为 12 个月或 18 个月。

另一种推测一般保质期的方法是用降解的上限值或下限值作为保质期指标，并使用现有的反应速率数据和不同的活化能来预测保质期。可用图形或表格来说明。

这种外推方法可以用点状图来说明药品分解到原来的 90% 的时间（t_{90}），而不是将活化能估计值代入阿伦尼乌斯方程，计算在开氏温度下的保质期。

例如，图 1-4（来自参考文献 [30]）显示保质期的预测值是在温度 50℃，保质期为 3 个月的基础上计算获取的 T_{90}。使用某种降解反应活化能的低值，例如 42 kJ/mol，50℃下 3 个月保质期相当于 25℃下大约 11 个月的保质期。选择活化能的高值 85 kJ/mol（需要更高的活化能才能跨越"壁垒"，发生反应），50℃下 3 个月保质期相当于 25℃下大约 39 个月的保质期。

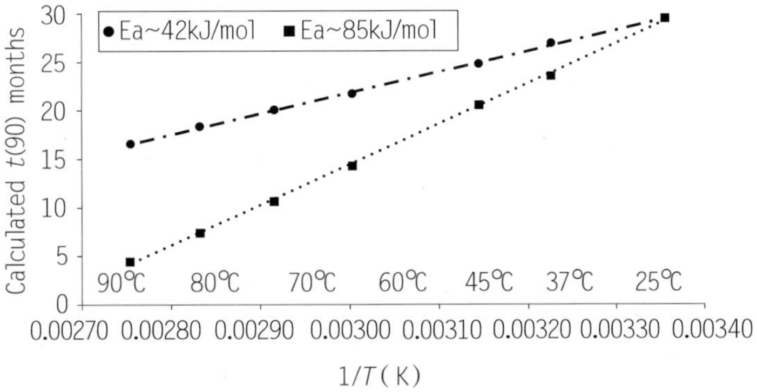

图 1-4　使用活化能的上限值或下限值，
来计算某个降解反应的 t_{90}

另外一种方法是使用阿伦尼乌斯方程通过表格的形式来计算保质期。在相同的假设条件下，使用活化能的上限值和下限值可以构造一个"应力"或"动力学等效"表。例如，如果有冷藏储存下的保质期数据，就可以根据这个数据计算可能温度下和有关条件下的保质期，见表 1-3[31]。

表 1-3　预测冷藏储存条件下的保质期

通过负荷试验（天数）来预测冷藏储存（5℃）条件下某个时期内的稳定性。								
温度(℃)	6 个月		1 年		2 年		3 年	
	85kJ/mol	42kJ/mol	85kJ/mol	42kJ/mol	85kJ/mol	42kJ/mol	85kJ/mol	42kJ/mol
14.5	55.3	100	111	201	221	402	33	603
25	15.1	54	32	108	64	217	97	326
35.5	5.1	30.6	10	61	20	122	31	183
47.5	1.5	16.6	3	32	6	66	9	100
60	0.5	9.2	0.9	18	1.9	37	2.8	55

这些例子表明了阿伦尼乌斯方程可以以不同的方式支持从较高温度下推算出的保质期数据。

来自阿伦尼乌斯方程的“应力等效”概念支持了稳定性指南中稳定性协议和存储条件。稳定性指南中，协议早期强调的是较高（加速）温度，而在目标保质期中，使用的是较低温度的保质期（表 1–4）。

表 1–4 典型的稳定性协议

储存条件	储存期（月）						
	1	3	6	9	12	18	24
40℃ /75% RH	X	X	X	—	—	—	—
30℃ /65% RH	X	X	X	X	X	X	—
25℃ /60% RH	X	X	X	X	X	X	X

注 X 进行测试。

1.2.2.8 物理稳定性

虽然物理稳定性详细讨论并不是指南的实质性部分，但活性分子和辅料物理性质的改变也会影响药物的稳定性。例如，溶解度与药物的物理形式，包括生物利用度在内的重要属性，因此，物理性质会影响药物的质量、安全性和有效性。

同样，制剂中辅料的物理变化也可能会影响药物的性能。了解药物和相关辅料在最终剂型中的不同物理状态是很重要的。热力学上最稳定的状态可以说是最关键的，因为其他物理状态也趋向于转变为这种状态。与化学降解反应类似的是，分子运动及固体状态物质分子运动的任何因素对于母体分子物理状态的转化都很重要。不同物理状态之间的吉布斯自由能差异决定了这种转化发生的可能性。

保质期与物理变化有关的典型例子包括储存时非晶态药物物质的晶体化，形成晶体惯态 [32] 和盐的歧化反应 [33]。一种活性药物分子可以不同的晶型形式存在（同质多形体），每一种形态都会有不同的自由能，这与当时当地的温度和湿度有关。因此，多形体之间的转化可能会影响溶解度，从而影响生物利用度。如果一种药物表现出多态，则应在稳定性测试中监测其物理状态（见 ICH Q6A[34]）。由于水可以促进分子运动，引起物理形态的转化，因此，还应监测水分吸收和水含量，检测水合状态变化。固态转化的动力学会非常复杂，这使得预测和外推变得更加困难。

选择最合适的物理形态需要了解母体分子的不同物理形态，在此基础上做筛选，这项工作在药物研发周期的早期就应该进行。这通常是在短期应力储存促进发生物理形态转化后，使用筛选工具进行。筛选工具包括固体光谱法和热方法。固体光谱法包括：傅里叶变换红外光谱（Fourier transform infrared spectroscopy，FTIR）、近红外线（near - infrared，NIR）、拉曼光谱（Raman spectroscopy）、X 射线粉末衍射（X - ray powder diffraction，XRPD）、固体核磁共振波谱（solid - state nuclear magnetic resonance spectroscopy，SS - NMR）。热方法包括差示扫描量热法（differential scanning calorimetry，DSC）和布鲁纳 – 埃米特 – 泰勒（Brunauer – Emmett – Teller，BET）比表面积分析法来测量特定比表面积以及微量热法。这些筛选试验可评估以下方面：

· 与水、溶剂或两者混合物混合时，是形成水合物还是溶剂？
· 当母体分子从不同溶剂中再结晶时，是否有不同的多态形式？
· 从温度和湿度的角度来说，哪些物理条件导致了在现有物理形态之间的过渡？
· 盐是否发生了歧化反应？
· 磨粉或微粉化等减小粒度的过程是否对物理形态有影响？

生成的数据有助于选择最合适的物理形态，做进一步开发，理想的物理形态是热力学最稳定的形态。如果证明活性分子有不同的物理形态，稳定性评估就应该包括物理形态评估。

在实践中，使用自动筛选方法，同时准备和评估多种组合和条件，这可能特别有效。如果一种药物分子有多种物理形态，以这样一种系统的方式实施筛选实验就非常有效，会得到药物盐稳定性方面的初步比较结果，或是可以评估原型配方的稳定性。降解和辅料相容性研究中的顺序性质为一定温度和湿度条件下的单个研究阵列系统方法提供了基础。透明容器的使用可以进行红外光谱、拉曼光谱和可见光无损性含量检测，之后可进行进一步的物理形态的色谱筛查。这些工作流系统还可用于评估不同物理形态下的分子能量，并检查评估自动实验中原料药盐、药物辅料混合物及原型配方的物理化学性质（见图 1–5）。

图 1–5　用于快速稳定性筛选的自动化系统

1.2.3　稳定性试验的基础知识概述

总之，与稳定性试验的基础知识有关的关键要素包括：
· 化合物的分子结构和功能对其反应活性有很大的影响。
· 官能团影响分子周围的电子分布，导致某些区域易受攻击。
· 官能团也可以稳定中间体和增加反应速率的活化络合物。

· 成分中的辅料和药品生产工艺也可以是潜在的降解反应物或反应引发剂，例如金属离子。
· 内部和外部环境会显著影响化学降解。
· 热力学和动力学决定了是否能够发生降解及降解的速度。

1.3 ICH稳定性指南的实际应用

1.3.1 总则

该指南涵盖稳定性试验实际应用方面的内容，例如稳定性试验样本需要在一定温度和湿度控制下存储，实际应用就考虑到了储存设施技术方面的能力。

本地操作程序应包括稳定性研究实际应用方面的内容，例如：

· 开展稳定性研究的工作范围和具体职责。
· 稳定性试验批次抽样。
· 确定时间和分析窗口、确定生产日期与稳定性研究开始日期之间可接受的最长时间。
· 稳定性试验所需的样本量计算时要包括样品重测、其他额外分析所需样本。
· 数据完整性过程需要确保用于临床或商业许可申请的所有稳定性试验数据具有可靠性、准确性和可跟踪性。

稳定性试验协议包括这些研究细节性内容及研究的工作范围和具体职责。该协议通常是经过审查后批准通过的，形成了总体质量管理体系的一部分。质量管理体系应涵盖研究一般操作和合规方面的内容，满足优质生产规范（good manufacturing practice）原则要求。质量体系的一个关键部分是处理预料之外的研究结果的确定性程序，例如“超常检验结果”（out of trend，OOT）、“不合格试验结果（out of specification，OOS）”，包括确定意料之外的稳定性试验结果，确定过程涉及重新取样和重新试验。稳定性数据，特别是在后期开发和商业生命周期中的数据很重要，如果稳定性存储设施或相关基础设施发生了障碍，这些数据就为制订连续性 / 恢复计划挽救损失提供了基础。数据存储和备份也很重要。

稳定性试验的样本应该具有代表性，这些样本将会出现在临床和市场上，且患者将会用到。与质量、安全性和有效性有关的属性是稳定性协议的一部分，需要进行检测。在稳定性试验中，进行检测的样本规格应该在目标规格内，不应该出现重大变化。ICH 指南还规定关键属性输入也应该包括在控制规范中，确保质量、安全性和有效性。因此，制订稳定性协议时，这些因素也要考虑在内。例如，ICH Q6A[34] 详细说明了检测原料药和制剂的常用试验方法和规格限制，ICH Q3A 至 ICH Q3D 主要讲述杂质 [35~38]。该指南将会在第 13 章和第 16 章进一步讨论。

稳定性研究的目的在于确保检测的样本在指定的重新检测或有效期内仍在规格要求范围内。另外，研究还要发现有意义的基本趋势或变化。

由于稳定性试验是制剂整个生命周期的基础，所使用的分析方法必须适合整个生命周期的分析，并且具有适当的控制和监控措施，确保符合目标（见 ICH Q2）。“稳定性”这个术语表明检测的方法要具有特异性，能够精确地定量分析活性分子和降解产物。检测方法也应该与规范限制或稳定性研究目标相比较，可靠地定量分析变化。对于定量方法来讲，区分稳定性真实变化和与定量方法有关的正常分析误差的能力很重要 [39]。为了确保该方法的有效性，需要进行像线性、特异性、检测限和检测限度这类检验特征来进行精确性和偏倚性分析。了解该方法在精度方面的能力有助于了解评估稳定性特征所需要进行试验的次数。考虑到该方法在未来几十年内要保持良好的拟合优度，因此，早期了解输入试剂和仪器参数发生变化产生的影响，当以后发生变化时，就能妥善处置[40]。当母体化合物和降解产物含有 UV 发色团时，广泛用于稳定性试验的方法是色谱方法紫外线检测法，尤其是高效液相色谱紫外线检测法（high performance liquid chromatography with UV detection，HPLC - UV）或超高效液相色谱紫外线检测法（ultra - high performance liquid chromatography with UV detection，UHPLC - UV）。在母体分子和主要降解产物不含紫外线发色团时，考虑用其他方法进行检测，如气相色谱火焰离子化检测法（gas chromatography with flame ionization detection，GC - FID）、色谱分离与质谱检测联用技术（hyphenated techniques allying chromatographic separation with detection using mass spectroscopy，HPLC - MS 或 UHPLC - MS）。

ICH 指南为商业许可证申请所要求的存储条件和保质期数据提供指导。在开发阶段早期，在形成稳定性协议时，将指南要素考虑在内，以确保在随后执行的正式研究过程中不会出现意外情况。但并非所有的开发过程都能够通过早期安全评估和临床概念论证阶段，因此，有效的稳定性方法与为正式协议形成提供支持信息的更广泛性扩展性研究就要达成一个平衡。

形成稳定性试验协议时要考虑的因素包括目标临床和 / 或商业保质期，决定了研究的总体时间。需要考虑的与商业有关的因素包括：

· 库存控制和相关仓储需求。

· 生产周期，每年可能生产的批次数量。

· 新药配送物流。

所选取的稳定性试验包应该具有代表性，试验对象应该是要进入市场的药品。

ICH 要求形成了用于全球注册稳定协议的核心内容。此外，专门的地区性指南会进一步详细说明具体要求，例如储存条件（如：30℃ /75%RH）、数据格式具体要求、所需批次数量、允许使用括号和矩阵范围及特定地区或国家要求的稳定性试验要求[41]。因此，重要的是要了解地区性要求与 ICH 指南的不同之处，与相关监管机构接触，必要时完善全球性协议，包括这些额外的要求。

1.3.2 原料药稳定性

1.3.2.1 总则

对原料药内在稳定性的基本理解是理解稳定性知识的第一步，即在正常和加速储存条件下分析原料药的稳定性，为药品注册提供数据。

原料药通常有一个复检期，在此期间内，原料药需要符合规定条件。如果药物生产中，原料药除了复检期要求外，还要注意批次数据，那么在使用之前，应该重新检测原料药，确保原料药符合规定条件。

在药物开发过程中，药物合成路径和制造工艺会进行优化和扩展。合成路径和 / 或过程发生变化后，一般需要对这些变化进行风险评估，以评估对原料药稳定性参数的影响程度。化学、物理、生物和微生物的影响通常是该评估的一部分。改变生产过程后，会生产出另一批次的药品，评估结果是否会对该批次的药品检测产生影响。

类似原则还可以适用于原料药生产中原材料和中间体的检测，虽然稳定性指南没有明确说明这一点。如果需要提供操作原因的话，产生的数据就为这些材料的短期储存和运输提供数据支持。

1.3.2.2 开发阶段早期

ICH Q1AR(2) 表明，新分子的内在稳定性和相关可能降解途径方面的信息，在加速和长期储存条件下，降解产物方面的信息，构成了注册申请的重要组成部分。这些信息的形成通常在开发阶段早期就应该开始，并从理论上考虑活性分子的各个官能团的性质，以及这些官能团与其他物质接触后，可能发生的物理变化和化学变化。这项工作有助于实验条件的选择，以及了解药物的可能相关降解途径有哪些，从而为随后试验条件的选择提供基础。也可以根据理论知识，排除不合适的辅料或包装。有机官能团性质、预测算法理论知识和药物降解数据都是有用的数据。在形成强制降解研究协议中，可以通过这些理论数据预测选择合适条件。

做完理论评估之后，进行实际试验，通常涉及实验条件的选择，选择能够快速发生某种降解反应的实验条件，并在加速贮藏条件下储存。ICH Q1AR（2）提供这些活动的详细信息。这些研究旨在评估酸 / 碱、热应激、氧化和光解影响。还要评估环境因素（例如 pH、温度、湿度和光线）的影响。ICH 指南认为，一批原料药的加速储存条件为温度增加 10℃的热应力、超过 75% 相对湿度的湿度应力、氧化和光解挑战。由于水解是最常见的降解机制之一，指南指出评估原料药时，除了评估高湿度固体的原料药，还要评估原料药水溶液或悬浮液。有机助溶剂可用于溶解难溶的原料药，但应慎重考虑，因为这类溶剂可能会影响实验结果。要采用什么样的实际试验条件取决于原料药本身的内在稳定性，但应仔细选择，确保产生降解产物水平有意义，也就是说，要确保强调的降解通路很可能是实际储存条件下和加速条件下遇到的降解途径[42]。此外，这些研究旨在在实际储存条件和加快条件下，以较快速度促进降解，形成可量化水平的降解产物。可能需要多次重复试验，形成所需不同水平的降解产物。应力过大时，会导致不相关的降解途径[43]。ICH Q1B 中有推荐的光稳定性试验协议和存储条件详细信息（见第 2 章 ICH Q1B）。

利用适当的结构阐明工具，检查所产生的降解产物，发现最常见的降解产物。有些降解产物在正常储存和运输条件下不太可能形成，因此，建议使用合适的识别阈值，避免花费大量精力，使用结构阐明工具识别这类降解产物。在开始降解试验研究之前，应确定合适的识别阈值。确定识别阈值有三种方法，包括：

· 可以观察到在长期和加速储存条件下的降解产物，将这些降解产物识别出来后，进行确认。

· 根据某种降解产物在全部降解产物中的比例和 / 或比例最大的降解产物，确定识别阈值。

· 在已有的识别阈值法基础上使用标度法，例如 ICH Q3B 识别阈值[44]。

在分析降解溶液时，“质量平衡”评估有指导意义。考虑到分析量化方法的精确问题，涉及方法是比较降解产物的总量与剩余母体分子的量。理想情况下，求和结果应接近 100%，但这取决于所形成降解产物的性质（即降解产物中没有 UV 发色团）和量化方法能力。为了充分了解降解产物的性质，需要使用多种不同的检测方法（例如 HPLC - UV、HPLC - MS 及 GC - FID 或 GC - MS），最大可能地检测到不同的降解产物及对这些降解进行量化。可以将降解产物或含有降解产物的溶液作为分析物，形成合适的常规分析方法，并确认其特异性，进而确定这些方法的“稳定性指示”能力。初步研究有助于确定后续稳定性协议的内容，特别是选择最有可能的稳定性长期储存条件（室温、冰箱或冷藏库）。

药物开发中稳定性试验项目的目的是为临床和安全试验项目提供支持，为后续的正式协议形成提供信息。在药物开发阶段早期开展稳定性试验是为了确保原料药的性质符合 1 期和 2a 期临床试验研究中有关规格要求，并提供初步的重检期和储存建议，支持临床试验研究。这些研究还可能有助于确认所选择的一级包装和二级包装（例如储存在高密度聚乙烯桶内的聚乙烯袋）的适合性。

在药物开发早期，可以选择长期、中期和加速存储条件这些应力挑战，形成基础的支持数据，为以后监管文件的形成提供基础。这些数据有助于更广泛地了解原料药及其相关过程。一批药物是临床试验时使用到的药物中的代表性药物，放在具有代表性的包装内，这通常是在更广泛协议（例如包含其他应力试验条件）上建立的，比 ICH Q1A(R2) 说明的应力条件更广泛。早期阶段协议的示例见表 1–5。

表 1–5　原料药早期阶段协议的示例

储存条件	储存时间（月）					
	1.5	3	6	9	12	24
25℃ /65%RH	—	X	X	(X)	X	X
30℃ /65%RH	—	(X)	(X)	(X)	(X)	(X)
40℃ /75%RH	—	X	X	—	—	—
50℃	X	X	(X)	—	—	—

注　(X) 可选择的，X 进行测试。

测试与临床原料药质量、安全性和 / 或有效性有关属性，一般涉及化学、物理、生物和微生物评估。原料药稳定性评估中典型测试参数包括外观、分析、相关物质（通用试验，ICH Q6A）、物理形式（如果在筛选试验中显示存在不同物理形式）、水溶液、干燥失重、粒径分布（如果与制剂有关）、微生物学 / 水活性（专门试验，ICH Q6A）。原料药重测期是在加速存储条件和实时存储条件两者数据基础上确定的。外推出重测期后，再用实时数据加以验证。

应力测试结果总结数据放入监管文件中，合适的话加入与原料药降解有关的药物行为（见图 1–6）。

为了药物上市，合成路径和生产过程需要多次重复和不断优化，由此带来的变化及影响需要进行基于风险的评估。这一评估的主要结果是决定是否需要一个新的稳定性协议来测试在改进工艺基础上新生产的一批代表性药物。优化工艺生产出的药品用于安全性研究，与之前的杂质做比较，也是评价的一部分，特别是评估其他安全性研究是否有必要。

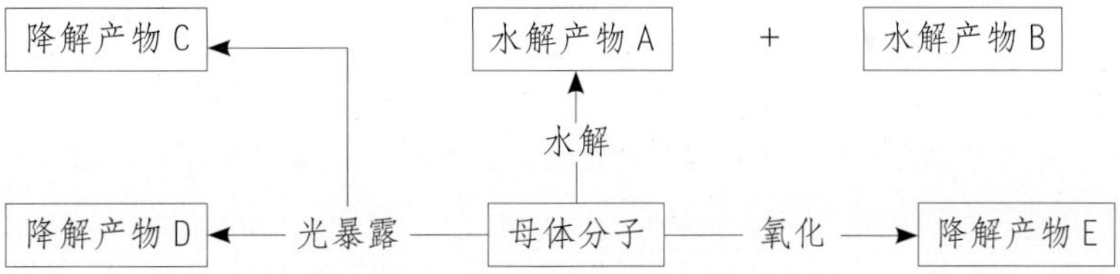

图 1–6　降解“示意图”

1.3.2.3 开发阶段晚期

在开发阶段晚期，正式的稳定性研究用于原料药第三阶段试验研究和上市研究。指南指出，原料药稳定性试验应该在不同温度和湿度下进行，且选择最合适的存储条件。例如，对于拟在ICH 地区环境条件下储存的原料药，长期存储条件是 25℃ /60% ± 5%RH 或 30℃ /65% ± 5%RH，30℃ /65% ± 5%RH 用于中期存储，40℃ /75% ± 5%RH 用于加速存储。

在开发阶段晚期，原料药生产工艺因为商业化而改进升级。指南要求对三个批次的原料药进行评估，作为支持注册程序的稳定性试验的一部分。同一个药物合成途径最少要对三个批次的药物进行评估，这个合成途径代表了完全商业规模药物的生产过程，且生产的药品要符合质量标准、临床研究用药要求及商业质量要求。特别是，优化商业过程中药品杂质情况要对长期安全性合格研究的杂质情况具有代表性。为了药物的长期商业储存和运输，一级包装和二级包装也要进行稳定性研究。缩小包装尺寸可能是合适的，但是包装材料不应该发生变化。

如果对颗粒大小控制有要求，就使用颗粒工程过程进行处理，例如微粉化。通常情况下，微粉化材料也需要进行正式稳定性评价。如果未微粉化的中间物需要保存一段时间，至少要对一个代表性批次的未微粉化中间物进行评价[45]。在这个保存时间内，可能会发生任何工艺引起的非晶区退火，因此，可以在未微粉化原料药的稳定性评估期间进行监测。

该指南提出了储存条件（具有挑战性的热稳定性和湿度敏感性）和测试频率方面的建议，应该对原料药进行实时、中期和加速条件下的测试，因为这些药物可能会在冷冻、冷藏和一般（环境 / 控制室温）储存条件下储存。指南指出，要提交监管性文件时，文件中至少要包括 12 个月的实时数据和 6 个月的加速数据。该研究通常在原料药的目标重检期内继续进行。下文介绍了原料药在环境 / 控制室温下长期存储的一般协议，见表 1–6。

表 1–6　原料药在环境 / 控制室温下长期存储的一般协议

贮藏条件	贮藏条件	推荐文件中要包括的最少数据	一般协议（如果时间可以选择，最好选择晚一点的时间点）
长期	25℃ /60%RH 或 30℃ /65%RH	12 个月	一开始，3、6、9、12、18、24、36 个月
中期	30℃ /65%RH 和 / 或 30℃ /75%RH[a]	6 个月	一开始，3、6、9、12 个月
加速	40℃ /75%RH	6 个月	一开始，3、6 个月

注　[a] ICH 地区不需要，但气候区 IVb 长期储存条件时需要。

对于原料药来讲，ICH Q6A（见第 16 章）说明了在试验之前如何了解重要原料药的属性。因此，这部分内容也应该包括在稳定性方案中。定期对外观和相关有机物质进行评估。如果原料药发生了水合或形成溶液，水和 / 或溶剂水平也需要定期进行评估。如果原料药有不同的物理形式，或者为手性分子，应该对原料药的属性进行定期评估，监测在储存过程中的变化。根据预期用途，评估原料药的粒径分布。定期评估微生物特性（在合理的情况下，作为替代物，评价其水分活性），这部分内容也作为稳定性评估的一部分。

由此产生的稳定性数据可作为重测期建议的支持数据，在重测期，如果原料药评估结果符合建议的规格要求，那么该原料药可用于生产制剂。重测期过后，还要对原料药做测试，如果还符合规定规格的要求，该原料药就可直接用于制剂的生产。

1.3.2.4 生命周期

如果在提交文件时，文件中没有重测期内长期储存数据，那么在批准后的原料药生命周期内继续对药物进行评估，完善这方面的数据。预计要做三个批次的原料药稳定性数据，如果初始提交的文件中不包含这些数据，就需要在批准后继续评估，并提供这方面的数据，这些数据是强制要求的。每年要对至少一个批次的原料药进行稳定性评估，监测并确认原料药的稳定性。

在商业生命周期中，对稳定性有影响的因素都要进行正式的稳定性研究，必要时采取措施较少引起稳定性变化的风险（见 ICH Q10）。这些因素包括输入原材料特性、供应环节、药物生产地点变化、处理原材料 / 中间物的工艺发生改变。

1.3.3 制剂

1.3.3.1 总则

ICH Q1A 认为保质期是指："制剂在包装标示的储存条件下保存，在规定时间内，制剂的规格参数在规定的范围内，这个规定时间就称为保质期。"所生成的数据证实，在标签标示的保质期内及患者正常使用期间，制剂的质量、安全性和有效性要保持适宜性。

制剂稳定性方案包括所选代表批次的细节性内容、一级包装和二级包装描述、样品编号（例如每一个包装内药物单元数量）、试验间隔、存储条件、研究目标标准、具体测试方法参照。该方案不仅要产生数据，证明在规定的保质期内制剂的适合性，还要提供制剂在运输和储存过程中温度方面的内容。

对于制剂来讲，原料药属性、剂量设置、特定药物指南（例如肠外服用途径药物或吸入剂）等这些制剂属性在稳定性试验中都要进行评估。特定药物指南包括需要进一步检查发现导致重大变化的原因、评估更多样品或储存条件。

包装容器上的弹性元件（例如肠外液体制剂和冻干制剂容器上的塞子，或吸入剂计量阀上的密封垫片）如果有与制剂成分发生相互作用的可能性，这部分元件也要进行评估，作为稳定性评价的一部分。建议要了解容器上的合成弹性材料与制剂接触后是否有物质萃取或溶出，并确认在实时和加速稳定性试验过程中，这些弹性材料是否会有物质萃取或溶出[46]。应考虑不同的稳定性储存方向，特别是弹性材料与制剂最大限度接触储存时，萃取物和溶出物的评估情况。

稳定性指南没有具体涉及的试验是多剂量制剂在使用过程中去除外面的保护包装，使用部分制剂后，剩余制剂继续使用适宜性的评价，以及多剂量液体或半固体制剂去除保护性包装，使用部分制剂后，剩余制剂继续使用适宜性的评价，尤其是从微生物感染角度[47]。对于有关剂型来讲，对其的评估通常是正式稳定性试验的一部分。在药品标签上通常标有保质期。

1.3.3.2 开发阶段早期

在开发阶段早期，就应该建立药品或系列药品稳定性方面的知识。指南指出，通过制剂稳定性数据、原料药应力试验和稳定性试验制订行程方案（存储条件、时间点），为以后的关键稳定试验工作奠定基础。

在开发阶段早期，应该进行新药的安全性试验研究，新药的临床概念应该形成。一般来说，早期这些研究使用的是更简单剂型的药物（例如瓶子中的药物、胶囊中的药物、肠外溶液或雾化溶液或悬浮液剂型药物）。早期临床制剂研究需要进行稳定性试验，研究时间长短与安全性或临床研究有关，也与制剂配方的复杂性有关[48]。通常液体等相关制剂需要进行微生物评价。代表性制剂确定下来后，方案中临床研究地址的选择通常要考虑气候带、运输因素和使用因素。光稳定性初步评估应该谨慎进行，必要时，观察都要在采取光保护条件下进行（见第 2 章）。原料药稳定性数据为较为简单的配方，基于原料药的药物提供数据支持。包括短期临床评估的研究方案可以对一个批次的制剂进行研究，这些研究是基于稳定性知识对制剂进行研究的。通过这些研究跟踪降解产物有利于之后的开发过程。

在开发阶段早期形成配方时，开发就已经开始，且辅料相容性试验可能也要进行稳定性试验。其目的是发现辅料之间，辅料混合物及辅料与母体原料药混合后，是否有新的其他降解途径。这项工作的重点是发现或确认任何化学或物理的不相容性，发现原料药的其他可能降解途径，帮助选择合适的配方。了解原料药内在稳定性的信息有助于选择更合适的配方及相容的辅料。辅料化学、功能和杂质特征类似信息也很重要，这有助于发现辅料与原料药之间可能的相互作用[49，50]。

短期高温应力和加速储存条件，通常是以室温为参照，该条件可用于选择最佳辅料或发现原料药与常见产品辅料之间的一些不相容性。包含辅料和水平矩阵的统计设计试验将提供最全面的评估结果。虽然最初的重点是化学不相容性，随着研究的进展和配方的完善，也可能需要进行物理不相容性方面的试验（例如原型固体剂型溶解和崩解评估）。理想情况下，制剂物理形式不应该发生变化。因此，可能需要用特殊的方法进行评估。如果开发出来的原料药为非晶态或是容易分解的盐形式，或水合物/非水化合物可能会相互转化，此时就需要对物理形式变化方面的稳定性进行监测[51]。当采用特殊生产工艺时（如湿制颗粒、水膜涂层、引入外来水作为反应物或是作为物理变化的介质），这些监测就尤为重要。可能需要观察类似于原料药应力试验的化学降解途径。这些研究结果用于 2b 期和 3 期临床研究中的高质量制剂的研发。

如果制剂达到了临床概念阶段，进入了开发阶段后期，通常使用的配方也是较为简单的，此时，为了开发出可以在市场上出售的制剂，需要改进生产工艺和制剂配方。为了确定是否有必要对新批次的制剂进行稳定性试验，需要进行结构化风险评估。

为了形成保质期，支持制剂通过注册，临床研究中心在选址时，要考虑气候带、临床研究一般的持续时间，还要计划好长期储存条件及评估时间。加速储存条件也可用于在储存和运输过程中进行任何温度剧增测试。

在临床试验过程中，除了需要研究含有活性原料药的制剂外，安慰剂和对照临床制剂的保质期数据也需要获得。如果临床研究设计要求安慰剂和对照临床制剂使用“盲法”，那么，该试验方案中评估项目至少包括外观，以及根据安慰剂和对照临床制剂的类型，也可能还要包括其他性能相关性试验。

就某个制剂的稳定性属性试验而言，ICH Q6A（见第 16 章）就有需要试验的关键性能属性方面的说明，包括稳定性方案。某些剂型典型的稳定性试验属性见表 1–7 和表 1–8。

表 1-7　口服和肠外药剂典型的稳定性试验质量属性

质量属性	制剂		
	药片 / 胶囊	保留口服	肠胃外
视觉评估	X	X	X
物理形态	X_R	X_R	NA
化验	X	X	X
杂质	X	X	X
硬度 / 脆性	X	NA	NA
单位重量 / 原料药重量	X	X_R	X_R
水含量	X	NA	NA
防腐剂试验	X_R	X	X_R
溶解 / 崩解	X	NA	NA
溶出物	NA	X_R	X_R
微生物学	X	X_R	X
无菌 / 内毒素	NA	NA	X
pH	NA	X	X
摩尔渗透压浓度	NA	NA	X
微粒	NA	NA	X
其他检测方法	NA	溶液澄清度 R 或混悬液再混悬度 R	NA

注　NA：不适用。X_R：如果相关，就进行试验。X：进行试验。

表 1-8　对不同类型吸入产品的稳定性性能至关重要的典型质量属性

质量属性	药品类型		
	鼻吸入器	干粉吸入器	定量吸入器
产品和配方的视觉评估	X	X	X
物理形式	X_R	X_R	X_R
含量测定	X	X	X
杂质	X	X	X
剂量含量均匀性	X	X	X
单位重量	X	X	NA
含水量	X	X	X
空气动力粒度或液滴尺寸分布	X	X	X
可浸出物	X	X	NA
微生物学	X	X	X
其他测试	pH 值 防腐剂测定 R 喷雾几何学	喷雾几何学致动重量	无
包装测试	渗出率	渗出率	NA

注　NA：不可用。X_R，如果相关，就执行测试。X：执行测试。

1.3.3.2.1 数据评估

在开发的早期阶段缺乏广泛的长期稳定性数据，通常根据当时可用的加速和长期数据来外推保质期。外推的范围取决于一系列因素：

· 产品的复杂性；

· 从压力存储实验中收集的先验知识的程度，重点是评估药物的内在稳定性；

· 相关辅料的相容性工作；

·观测到的加速和实时稳定性行为及可用的支持稳定性数据量。如果加速稳定性在目标范围内，没有明显的趋势或其他顾虑，则通常使用可用数据的三倍或四倍外推系数，最多 12~24 个月。这些额外的关系必须通过随后的长期数据加以确认。

在早期开发阶段产生的加速和压力存储数据可用于覆盖临床使用期间的短期温度偏移。如果需要，可以生成使用中的稳定性数据以在临床研究期间为特定的处理做担保。温度循环研究也可用于涵盖储存和运输期间的短期温度偏移。对于基于悬浮液的药品，温度循环研究也可用于研究通过奥斯特瓦尔德熟化的晶体生长潜力及由此对产品的原料药粒径分布的影响。

1.3.3.3 开发后期

在开发的后期，将对药物的长期安全性和有效性进行评估，并进行测试，以确认长期临床研究中使用材料的稳定性，从而确保产品在指定的保质期结束前的质量、安全性和有效性。

在开发阶段后期，要启动许可申请所需的正式研究。所选的长期储存条件将取决于与拟销售区域相关的气候区。最低保质期为 24 个月是上市产品的通常目标，指南建议在备案时至少提供 12 个月的长期数据和 6 个月的加速数据。然而，对于许多药品，目标保质期通常可以根据 6 个月的长期和加速数据集可靠地推断出来 [52]。

该指南为 ICH 地区的许可申请提供了建议的存储条件。如果需要在 ICH 区域以外进行登记，东盟 / 世卫组织的中间储存条件（30℃ ±2℃ /75% 相对湿度）可替代 ICH 中间储存条件（30℃ ±2℃ /65% 相对湿度），提供更有效的全球协议，提供早期开发数据来支持在这些更具侵蚀性存储条件下使用所选的包装。

应评估三个完全代表每个商业展示的批次。尽管这些批次中至少有两个应达到试验规模，但第三个批次可以更小，前提是使用的制造工艺也能代表商业产品的预期工艺。较小的批次通常至少应为 100000 个单位或商业制造规模的十分之一，以较大的为准。如果在归档时无法获得用于营销的前三个商用批次的稳定性数据，指南建议将这些批次置于稳定性上，并根据相同的长期存储协议进行测试。建议使用不同批次的输入原料、原料药和包装组建，以便研究中使用的产品批次能够反映常规生产。在指南中建议的储存条件和时间点下，批量监控对稳定性有着至关重要的属性。典型的全球协议如表 1–9 所示，包括覆盖大多数主要市场的长期存储条件。

表 1–9 全球协议

储存条件	储存时间（月）							
	1	3	6	9	12	18	24	36
25℃ /60%RH	—	X	X	（X）	X	（X）	X	X
30℃ /65%RH	—	（X）	（X）	（X）	（X）	（X）	（X）	（X）

续表

储存条件	储存时间（月）							
	1	3	6	9	12	18	24	36
30℃ /75%RH	—	—	X	（X）	X	（X）	X	X
40℃ /75% 开放	X	—	—	—	—	—	—	—
40℃ /75%RH	X	（X）	（X）	—	—	—	—	—
50℃ / 环境湿度	X	（X）	（X）	—	—	—	—	—
轻松挑战	X	—	—	—	—	—	—	—
冷藏（参考）	（X）	（X）	（X）	（X）	（X）	（X）	（X）	（X）

指南包含一个关于稳定性数据评估的简短部分；当可用数据集表现出最小的变异性和有限的降解时，通常不需要正式的统计分析。在定量属性随时间显示出一些变化的情况下，描述了指定保质期的方法，其中统计评估定量稳定性数据集，并且从 95% 置信区间截取建议的规范限值的点以估计保质期，见图 1-7。

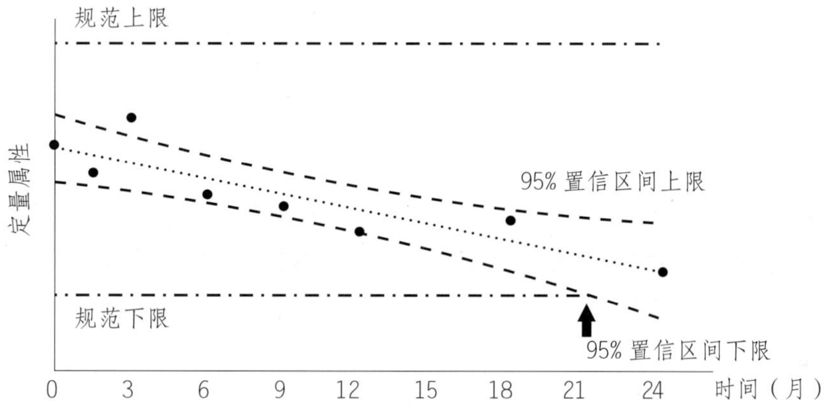

图 1-7　保质期的统计计算

ICH Q1（E）中详细介绍了推荐的统计建模方法，其中描述了如何使用适当的置信水平计算保质期或重新测试期[53]（相关更多信息请参见第 4 章）。还描述了一个“可合并性”测试，将三个代表性批次的数据集结合起来。通常，由加速数据支持的实时数据用于计算保质期。这些计算应确定在类似条件下制造、包装和储存的所有未来批次的稳定性关键属性可接受的储存时间。

1.3.3.3.1　包围法和矩阵法

如果要对一系列产品、包装尺寸和每个容器的单位进行评估，则可以采用包围法和矩阵法[54]。相关更多信息将在第 3 章中进行讨论。在试图建立知识库的早期阶段，这些方法并没有得到广泛的应用，但是可以在开发后期节省大量的时间和精力。

在基于类似成分（例如通过普通混合物的不同压缩重量制造的一系列片剂强度）开发了一系列产品强度的情况下，包围法描述了在产品范围的极端情况下进行完全稳定性测试的实践。包围法也可以应用于将不同数量的单元填充到同一主容器中的情况，这将导致减少研究设计。

矩阵法是另一种减少稳定性研究的策略，它基于这样一个假设：在某一特定时间点测试所有样本的子集完全代表该时间点的所有样本。总样本的一个子集在指定的时间点进行测试，另一个子集在随后的时间点进行测试，所有样本在关键时间点进行测试，如初始和目标保质期。

包围法和矩阵法设计应在科学和技术上合理，并根据复杂性和减少程度，在研究开始之前，应与监管利益相关者协商。

1.3.3.4 生命周期

如果提交的文件不包含三个完整生产批次的长期稳定性数据，则需要在商业生命周期内做出批准后承诺，以提供这些稳定性数据集。应用的协议应复制原始文件中的协议。提交的文件还应包括承诺在商业生命周期定期验证稳定性性能（也称为年度稳定性承诺测试）。

在商业生命周期中，应正式评估任何变更对产品稳定性性能的影响，并启动稳定性研究，以在适当时减轻任何突出显示的风险。这些变更可能包括辅料特性或供应、初级包装材料或供应的变更、替代制造场所或产品生产工艺的改进。

在商业生命周期中，还可以计划在 ICH 区域之外的其他地区注册药物。在代表该区域的平均动力学温度得出的长期稳定性条件下的结果，还需要数据支持。现有或正在进行的研究可能已经提供了所需的数据。建议将任何特定的区域稳定性要求与现有数据集进行比较，并且在观察到有显著差异的情况下，应与相关监管机构讨论这些要求，并在需要时执行符合不同区域要求的其他协议。

1.3.4 结论

ICH 稳定性指南为用于 ICH 区域药物注册的稳定性测试提供了核心框架。由于指南源于热力学和动力学原理，它也可以在开发阶段早期灵活应用，以产生支持性知识。图 1–8 总结了开发过程中进行的稳定性测试的不同方面。该指南适用于合理的替代方法，并在 ICH 区域之外提供稳定性指导。所有这些方面都确保稳定性指南在全球范围内得到广泛应用，或者总体上或在某些地区推荐的某些具体差异。

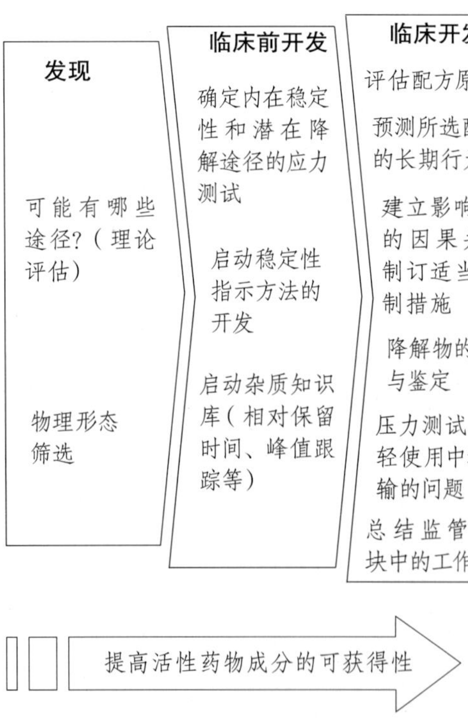

图 1–8 开发生命周期中稳定性测试的各个方面

参考文献

[1] ICH Q1A(R2). 2003. Stability Testing of New Drug Substances and Products (Revised Guideline).

[2] ICH Q1C. 1996. Stability Testing of New Dosage Forms.

[3] Worid Health Organization，WHO Technical Report Series，No. 953，2009 Annex 2 Stability testing of active pharmaceutical ingredients and finished pharmaceutical products.

[4] ICH Q8(R2). 2009. Pharmaceutical Development(Revised Guideline).

[5] ICH Q9. 2006. Quailty Risk Management.

[6] ICH Q10. 2008. Pharmaceutical Quality System.

[7] ASEAN guideline on stability study of drug product(May 2013)，Version 6.

[8] TITLE 21—Food And Drugs Chapter Ⅰ—F00d and Drug Administration Department of Health&Human Services Subchapter C—Drugs：General Part 211—Current Good Manufacturing Practice for Finished Pharmaceuticals Subpart G—Packaging and Labeling Control Sec. 211. 137 Expiration Dating.

[9] Parenty ADC，Button WG，Ott MA. 2013. An Expert System to Predict the Forced Degradation of Organic Molecules，Molecular Pharmaceutics，10(8)，p2962–2974.

[10] Waterman KC，Adami RC，Alsante KM，et al. 2002. Hydrolysis in Pharmaceutical Formulations，Pharmaceutical Development and Technology，7(2)，p113–146.

[11] Horvoka SW，Neich CS. 2001. Oxidative Degradation of Pharmaceuticals：Theory，Mechanisms and Inhibition，Journal of Pharmaceutical Sciences，90，p 253–269.

[12] Turro NJ. 1991. Modern Molecular Photochemistry，University Science Books：Sausalito，CA.

[13] Garcia C，Cabezas K，Nonell S，et al. 2014. Substituent Effect on the Photostability of 4–Aryl–1，4–Dihydropyridines Photochemistry and Photobiology，90，p73–78.

[14] Stewart PJ，Tucker IG. 1985. Prediction of Drug Stabilityr—Part 4：Isomerisation，*The Australian*，*Journal of Pharmacy*，15(3)，p 181–188.

[15] Qiu Z，Stowell JG，Cao W，et al. 2005. Effect of Milling and Compression on the Solid–State Maillard Reaction，*Journal of Pharmaceutical Sciences*，94(11)，p2568–2580.

[16] Crowley P，Martini L. 2001. Drug–Excipient Interactions，*Pharmaceutical Technology Europe*，13，p 26–34.

[17] Narang AS，Divyakant D，Badawy S. 2012. Impact of Excipient Interactions on Solid Dosage Form Stability，*Pharmaceutical Research*，29，p 2660–2683.

[18] Yoshioka S，Aso Y. 2007. Correlations Between Molecular Mobility and Chemical Stability of Amorphous Pharmaceuticals During Storage，*Journal of Pharmaceutical Sciences*，96，p 960–981.

[19] Grimm W. 1985&1986. Storage Conditions for Stability Testing—Long Term Testing and Stress Tests，*Drugs Made in Germany*，28，P 196–202，1985 and 29，p 39–47，1986.

[20] Schumacher P. 1974. Aktuelle Fragen zur Haltbarkeit yon Arzneimitteln，*Pharmazeutische Zeitung*，1(19)，p 321–324.

[21] Ammann C. 2011. Stability Studies Needed to Define the Handling and Transport Condifions of Sensitive Pharmaceutical or Biotechnological Products，*AAPS PharmSciTech*，12(4)，p 1264–1275.

[22] European Commission Guideline. 2013. Good Distribution Practice of Medicinal Products for Human Use, 2013 / C 343 / 01.

[23] Waterman KC , Macdonald BC. 2010. Package Selection for Moisture Protection for Solid, Oral Drug Products, *Journal of Pharmaceutical Sciences*, 99(11), p 4437–4452.

[24] Waterman KC. 2011. The Application of the Accelerated Stability Assessment Program(ASAP)to Quality by Design(QbD) for Drug Product Stability, *AAps pharmSciTech*, 12(3), p 932–937.

[25] Remmelgas J, Simonoutti AL, Ronquist A, et al. 2013. A Mechanistic Model of In–Use Moisture Uptake by Packaged Dosage Forms, *International Journal of Pharmaceutics*, 441, p 316–322.

[26] Ahlneck C , Zografi G. 1990. The Molecular Basis of Moisture Effects on the Physical and Chemical Stability jn the Solid State, *International Journal of Pharmaceutics*, 62, p 87–95.

[27] Byrn SR, Xu W, Newman AW. 2001. Chemical Reactivity in Solid–State Pharmaceuticals : Formulation hnplications, *Advanced Drug Delivery Reviews*, 48, p 115–136.

[28] Carstensen JT. 1977. *Stability and Dating of Solid Dosage Forms in Pharmaceutics of Solids and Solid Dosage Forms*, Wiley–Interscience, New York, p182–185.

[29] MacFaul PA, Ruston L, Wood MJ. 2011. Activation Energies for the Decomposition of Pharmaceuticals and Their Application to Predicting Hydrolytic Stability in Drug Discovery, *MedicinaZ Chemistry Communications*, 2, p 140–142.

[30] Conners KA, Amidon GL, Stella VJ. 1986. *Chemical Stability of Pharmaceuticals : A Handbook for Pharmacists*, 2nd Edition, John Wiley & Sons, Inc., New York.

[31] Anderson G , Scott M. 1991. Determination of Product Shelf Life and Activation Energy for Five Drugs of Abuse, *Clinical Chemistry*, 37(3), p 396–402.

[32] Huang L–F , Tong F–Q. 2004. Impact of Solid State Properties on Developability Assessment of Drug Candidatesl *Advanced Dmg Delivery Reviews*, 56(3), p 321–334.

[33] Merritt IM, Viswanath SK, Stephenson GA. 2013. Implementing Quality by Design in Pharmaceutical Salt Selection : A Modeling Approach to Understanding Disproportionation, *Pharmaceutical Research*, 30, p 203–217.

[34] ICH Q6A. 1999. Specifications : Test Procedures and Acceptance Criteria for New Drug Substances and New Drug Products : Chemical Substances.

[35] ICH Q3A(R2). 2006. Impurities in New Drug Substances(Revised Guideline).

[36] ICH Q3B(R2). 2006. Impurities in New Drug Products(Revised Guideline).

[37] ICH Q3C(R6). 2016. impurities : Guideline for Residual Solvent(Revised Guideline).

[38] ICH Q3D. 2014. Guideline for Elemental Impurities.

[39] Ermer J. 2004. Analytical Validation with a Special Focus on Stability Considerations, *American Pharmaceutical Outsourcing*, 5(1), p24–32.

[40] USP Validation , Verification Expert Panel. 2013. Lifecycle Management of Analytical Procedures : Method Development, Procedure Performance Qualification, and Procedure Performance Verification, *Pharmacopoeial Forum*, 39(3), p15–31.

[41] Seevers RH , Schantz-Shirley R. 2011. Regulatory Strategy for Long-Term Stability Conditions to Support Submission in Zone IV Countries, *Pharmaceutical Outsourcing*, 12(2), p 44-51.

[42] Alsante K, Ando A, Brown R, et al. 2007. The Role of Degradant in Active Pharmaceutical ingredients and Drug Products, *Advanced Drug Delivery Reviews*, 59, p29-37.

[43] Baertschi SW. 2005. *Stress Testing* : *A predictive Tool in Stress Testing* ; *Predicting Drug Degradation*, Taylor and Francis, Boca Raton, p13-49.

[44] Kleinman MH, Elder D, Teasdale A, et al. 2015. Strategies to Address Mutagenic Impurities Derived from Degradation in Drug Substances and Drug Products, *Organic Process Research and Development*, 19(11), p1447-1457.

[45] Draft General Guidance on "Hold—Tjme" Studies(2014). World Health Organization Working Document QAS13. 521 / Rev 2.

[46] Guidance for Industry, Container Closure Systems for Packaging(1999) Human Drugs and Biologics, CMC Documentation, U. S. Department of Health and Human Services, FDA Center for Drug Evaluation and Research (CDER), Center for Biologics Evaluation and Research(CBER).

[47] Note for guidance on in-use stability testing of human medicinal products (2001), CPMP / QwP / 2934 / 099.

[48] Acken B, Alessandro M, Colgan ST, et al. 2012. Industry Perspectives on GMP in Early Development—Part 4 : Stability, *Pharmaceutical Technology*. 36(9), p64-70.

[49] Waterman KC, Adami RC, Hong J. 2003. Chapter 4 Impurities in Drug Products in *Handbook of Isolation and Characterization of Impurities in Pharmaceuticals*, Eds Ahuja S and Alsante KM, Academic Press, Amsterdam, p75-87.

[50] Li G, Schoneker D, Ulman KL, et al. 2015. Elemental Impurities in Pharmaceutical Excipients. *Journal ot Pharmaceutical Sciences* 104. p 4197-4206.

[51] Salemeh AK , Taylor LS . 2006. Physical stability of Crystal Hydrates and their Anhydrates in the Presence of Excipients, *Journal of Pharmaceutical Sciences*, 95(2), p446-461.

[52] Beaman J, Whitlock W, Wallace R, et al. 2010. The Scientific Basis for the Duration of Stability Data Required at the Time of Submission, *Journal of pharmaceutical Sciences*. 99. p 2538-2543.

[53] ICH Q1E. 2003. Evaluation of stability data.

[54] ICH Q1D. 2002. Bracketing and Matrixing Designs for Stability Testing of New Drug Substances and Products.

2

稳定性测试：新药及药品的光稳定性试验ICH Q1B

David Clapham
David clapham,Independent Pharmaceutical Consultant,Hertfordshire,UK

2.1 引言

ICH Q1B 光稳定性测试指南 [1] 于 1996 年 11 月被推荐采用，1997 年 5 月至 1998 年 1 月由 FDA（[美] 食品药品管理局）、MHWL 和 EMEA（欧洲药物评审组织）发布。从此以后就没有修改过。它是新药物和产品稳定性测试指南 Q1A[2] 的附件，两者应结合阅读，它们在确定产品变化的接受度方面，在产品降解水平方面做了阐述。

几乎可以肯定，所有医药产品都暴露在光下，在医药行业中光稳定性测试的重要性在两本书 [3，4] 和三篇期刊文章 [5~7] 中都得到了很好的认可，这些书籍和文章专门介绍这个主题和一系列培训课程。

光子会被大多数活性药物成分（API）和 / 或药物制剂的成分吸收。吸收的能量通常可以无害地消散。但是，这也可能导致化学键断裂，导致活性药物成分降解和 / 或配方或交付系统发生不可接受的变化 [8]。光降解可以通过光诱导氧化、水解、开环、异构化和聚合等方式发生。在某些情况下，这些机制中的某几个可能按顺序或同时发生。因此，光化学是复杂的。配方中的光诱导变化包括颜色变化（着色或添加颜色的漂白）[9]、稳定聚合物的降解导致黏度变化 / 沉淀 [10]、包装和胶囊壳的热相关熔化和脆化 [11]、片剂硬度变化等 [12]。

因此，光应力测试是药物开发过程中的一个重要组成部分，学术界和工业界的研究人员对这一领域进行了多年的研究 [13~16]。这些研究涉及各种各样的实验性实践，包括不同的光解源、光谱范围、曝光和实验方案。该指南有助于澄清和区分光辐射源及评估原料药和药品的光稳定性所需的暴露量。然而，正如大量已发表的评论所证实的那样 [17~20]，对于如何解释指南及如何实际执行光稳定性测试，还有很大的空间需要提供额外的指导。同样重要的是要清楚指南没有说明什么，这对于了解光对特定原料药和配方的影响可能很重要。

本章将首先介绍指南的要求，并提供一些帮助，将其转化为实验方案。然后，将考虑其他因素，以便对产品及如何在实践中处理产品有一个透彻的科学理解。

2.2 指南说了什么

指南旨在涵盖两种非常不同的测试类型，即“强制降解”和“证实性”研究。

强制降解测试是为了有目的地降解样品。显然，在进行验证性测试之前，有必要进行强制降解研究，以便开发一种能够可视化潜在光降解物（或证明现有方法的特异性）的合适的分析方法。强制降解研究也用于阐明降解途径，指导活性药物成分和药品的生产、包装、储存和使用所需的控制。

Q1B 文件中关于这些具体研究的指导有限。特别是所需的曝光量没有具体说明。对于光不稳定化合物，可参考其他 ICH 指南，其他类型强制降解的管理规范也适用。因此，为了确保观察到主要的光降解产物，应选择条件以实现 10%~20% 的总体降解[21]（或科学上合理的较低量）。为了理解这个过程的动力学，最好也包括中间时间点。这里的主要困难是决定如何处理一个光稳定的样品，尤其是决定样品暴露在多少光下。一些研究使用了高达 10 倍的验证性研究暴露水平。然而，最新的共识是采用不超过 2 倍的验证性研究水平（在阳光测试太阳模拟器中约为 24 小时）。将光剂量保持在大约 2 倍 ICH 的曝光水平是可行的，因为它确保了光稳定室的有效使用，并降低了产生二级感光产品的可能性。如果样品在这段时间内没有显示出明显的降解，那么在进一步暴露的情况下，也不太可能发生降解[22]。此外，在美国 / 北欧的药房、仓库或家中，确认性研究中的光暴露反映了被认为大致相当于连续暴露于典型紫外线（UV）和可见光的 3 个月，而无保护性包装。显然，对于日照时间更长和 / 或强度更高的地理位置，这段时间会短得多。即便如此，光应力测试也会使这种“最坏情况”加倍，而且研究的任何进一步扩展都可能代表一种不切实际的情况。

那么，验证性测试本身又如何呢？顾名思义，其目的是确认包装适合保护活性药物成分和药品。这些研究在概念上与母指南 Q1A 中描述的加速或正式稳定性研究相似，当许多人提到 ICH 光稳定性研究时，他们想到的正是这种测试。验证性试验采用固定的光照水平。对于保护性包装外的光不稳定原料药或药品，所需的说明可能比强制降解研究所需的更为严格。相反，如果一种可光降解药品暴露在强制降解下，上述研究条件可能使得科学论证不需要重复验证性研究，只要所测试的材料具有代表性。重要的是要记住，不仅要对活性药物成分进行验证性研究，还要对配方进行验证性研究。如后文所述，文献中有一些关于光稳定的活性药物成分在配方显示不稳定的例子。当然，配方方法（及包装选项）通常可用于稳定光不稳定的活性药物成分，这也将在后面简要讨论。

Q1B 指南为测试提供了一个分步的协议，总结在以下流程图中（图 2–1）。

对于活性药物成分，在开始测试之前可能还有一个额外的步骤（尽管药品仍然需要进行测试）。根据光化学的第一定律，光反应需要光吸收[23]。因此，如果分子不吸收 290nm 以上的光（地球表面阳光中存在的最低波长，见图 2–2），那么该分子本质上是光稳定的。如果看到很低水平的吸收，就应该进行测试。允许吸收水平的“截止值”可以从光毒性测试指南 ICH S10[24] 中得出。如果化合物在 290~700 nm 之间的任何波长下不具有大于 1000 l/（mol · cm）的摩尔消光系数（MEC），则不可能具有足够的光反应性以导致显著的光降解或直接光毒性。光毒性测试是光与原料药相互作用整体评估的另一个重要方面，本章稍后将对此进行更详细的讨论（参考 2.4.7）。

下一步是将样品暴露在至少 1.2 亿勒克斯小时的可见光和 200 W/m^2 的集成紫外线下，无论是未受保护的，在直接包装还是营销包装中，并评估样品在这些暴露条件下的可接受变化。本指南提供了两组试验所用光源的一些指导，即选项 1 和选项 2（见“我如何提供所需的光水平”部分内容）。在这一点上，关于如何实际进行这样的研究，出现了许多问题。

这些研究可以在任何开发阶段进行。如果产品需要光保护，那么尽早获得信息显然是明智的，以便在开发策略中确定适当的配方和包装方法，甚至有可能利用化学特定吸收率知识来设计一种不

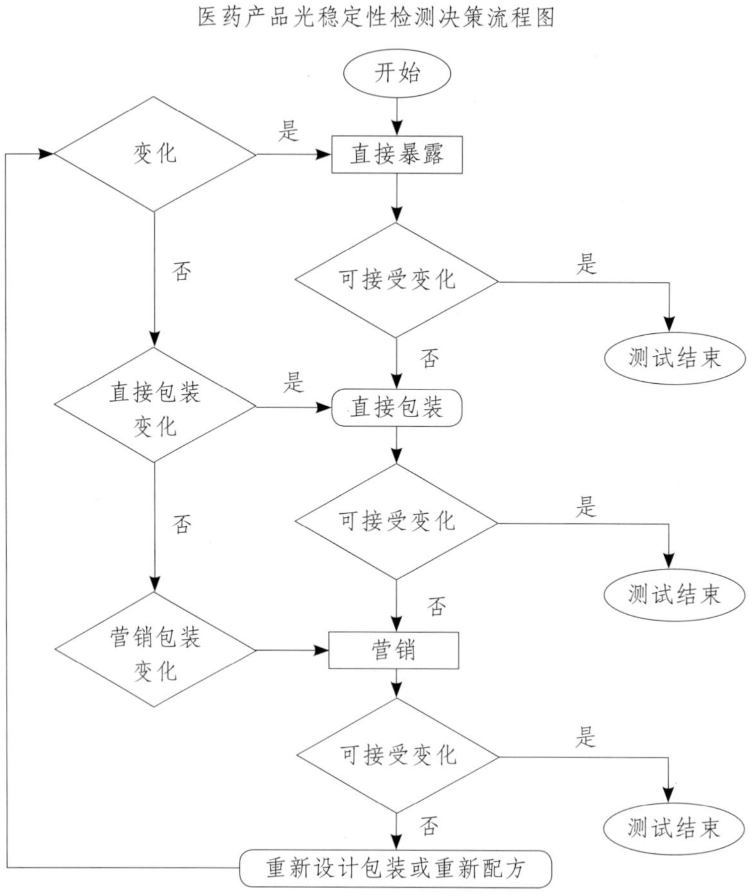

图 2-1　ICH Q1B 流程图

存在光稳定性问题的分子。指南指示，应至少对一批原料药和药品进行光稳定性测试（最好使用包括赋形剂和工艺在内的代表性材料）。如果得到清晰的结果（化合物光稳定或光不稳定），则必须在生产规模上对每批产品进行确认。如果不清楚，则需要进一步确认两批，最终结论必须基于合理的科学依据，可能包括“证据权重”评估。

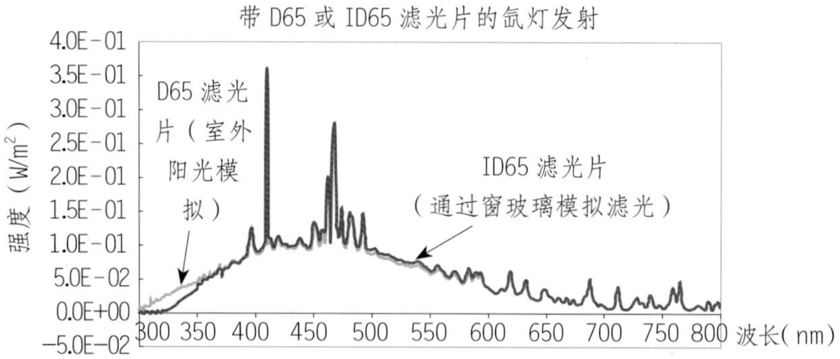

图 2-2　模拟室外或窗口过滤阳光的氙灯光谱功率分布

2.3　指南没有说什么

在本节中，我们将考虑进行符合 ICH 标准的光稳定性验证测试的实用性，以及指南中未说明或未充分说明的内容。这将基于对一些常见问题的回答。本附加指南并非是禁止性的。有很多方法可以进行符合 ICH 的光稳定性测试。任何科学上合理的方法都可以使用。然而，在大多数情况下，这种讨论应该是有帮助的。

问题 1. ICH 测试是我要做的全部工作吗

与任何稳定性测试一样，光稳定性测试的目的是确保产品以具有最佳利益 / 风险特征的形式到达患者。申请人需要能够向监管机构展示对该药品全面科学的理解，因此这个问题的答案将取决于初步结果。对于光不稳定的原料药 / 产品，可能有必要在 Q1B 中描述的上述和超出的范围内进行额外的光稳定性研究，以便彻底了解其光稳定性。因此 ICH Q1B 研究是必要的，但它们本身可能不够（参见 2.4）。

问题 2. 什么是可接受的变化

这由开发科学家来定义。Q1B 指南做出了开放式声明，即“可接受的变化是在申请人证明有理的范围内的变化”。在化学变化、可接受的杂质 / 降解物水平及识别和 / 或鉴定它们的需要方面，母指南 Q1A 及 ICH Q3A[25] 和 ICH Q3B[26] 中的指南保持不变。然而，正如前面提到的，光可以在活性药物成分、药品或两者中引起许多其他变化。在某些情况下，这些变化在产品质量方面比化学变化更重要。任何对质量、安全和 / 或功效有不利影响的变更当然是不可接受的，需要采取补救措施。

一些明显的不可接受的变化（或至少需要进一步调查的变化）包括：

· 失去活性，同时失去疗效。

· 可能影响生物利用度的变化（例如形状变化、异构体）。

· 形成有毒降解物。

· 形成与母体药物具有不同药理活性的稳定产物。

· 患者可察觉的物理变化。

· 降低活性药物成分或药品可重复制造能力的变化。

表 2-1 提供了一些应该评估的因素的指导。

表 2-1　评估感光性时应考虑的附加测试

测试	原料药	药品	
		无菌 / 液体	口服固体
外观	✓	✓	✓
杂质 / 效价分析	✓	✓	✓
手性	✓	✓	✓
颜色	✓	✓	✓
颗粒物（混浊 / 光阻法）	✓	✓	—
防腐剂	—	✓	✓
调味剂 / 功能性辅料	—	✓	✓
pH	—	✓	—
渗透压	—	✓	—
包装变化	—	✓	✓
再悬浮性	—	✓	—

续表

测试	原料药	药品	
		无菌 / 液体	口服固体
重组时间	—	✓	—
黏性	—	✓	—
硬度	—	—	✓
易碎性 / 崩解度	—	—	✓
溶解	—	—	✓

问题 3. 如何提供所需的光水平

本指南描述了两种可能性。

· 选项 1：提供紫外线和可见光的单灯，输出类似于 D65/ID65[27] 发射标准。未定义与本标准要求的相似程度。选择包括人工日光荧光灯组合可见光 / 紫外线、氙弧灯和金属卤化物光源。在制造、运输、搬运、储存或使用过程中，大多数配方（可能的外用配方除外）在相当长的时间内不会暴露在室外阳光直射下（D65），因此通常使用等同于 ID65 的标准。对于高强度光源，这可以通过在灯和样品室之间使用滤光片来实现。

· 选项 2：在这里，同一样品同时暴露于冷白色荧光灯和近紫外灯（所有灯同时“打开”）或串联（通常在不同的光室中）。

每个选项都有优点和缺点，其中一些总结在表 2–2 中。该指南并不意味着这两个选项是等价的。

表 2–2　选项 1 和选项 2 的优缺点

实际问题	评论	理论说明
热量	选项 1 使样品暴露于比选项 2 更多的热量	选项 1 光源更强烈，产生更多热量。选项 1 通常还需要冷却装置，该装置可能由于吹入空气而产生样品展示的问题
暴露时间	选项 1 需要较少的辐照时间	通常，选项 2 是顺序进行的，并且光的强度较低
谱隙	选项 2 的特点是多个灯具有较差的光谱重叠或 380~400 nm 之间较差的输出	选项 1 具有一个宽光谱分布的灯
过度曝光	使用选项 1 通常导致紫外线组分过度曝光	用于选项 1 的灯（例如氙灯）会发出大量的紫外线，因此样品需要更长的时间才能暴露在所需的可见光水平下
光谱范围	选项 1 模仿室外日光，选项 2 模仿室内灯光	参考 ISO 标准

例如，无法使用选项 1 光源提供在指南中要求的精确水平的紫外线和可见光曝光。这些光源相对于可见光而言，提供了过多的紫外线，因此暴露于所需的 120 万勒克斯小时将提供远远超过所需的 200 瓦时 / 平方米的集成紫外线。然而，这些光源提供了良好的太阳光模拟，因此可以被认为代表了“真实世界”的曝光。

可以使用选项 2 光源进行精确曝光，因为灯可以单独打开 / 关闭。但是，这并不代表样品可能暴露在什么样的环境中，除非它仅暴露在室内光照下（在这种环境中，紫外线暴露可能明显低于指南要求的值）。近紫外荧光灯的光谱分布范围为 320~400 nm，最大能量发射范围为 350~370 nm。紫外光谱在 320~360 nm 和 360~400 nm 两个波段中所占的比例非常大。然而，两个光源（380~420 nm）之间存在一个发射间隙，其中任何一个灯的输出都很小，因此，如果活性药物成分在该区域吸收很强，则应小心[28]。

使用选项 2 时需要考虑的其他一些因素如下：

（1）样品暴露在紫外线灯和可见光灯（如果单独使用）下的顺序可能很重要。例如，暴露在紫外线灯下首先会产生一种有色降解产物，然后吸收可见光，可能导致进一步降解。如果首先发生可见光照射，则不会发生这种情况，可能会产生与实验不同的结果。

（2）荧光灯的输出往往比太阳模拟器的输出更"尖峰"（图 2–3）。如果化合物 / 配方在其中一个峰值的波长处具有最大吸收量，或者如果在降解过程中这种波长很重要（参考 2.4.3.1），则荧光灯可能会证明对原料药或配方更有害，即使总光功率看起来较低。

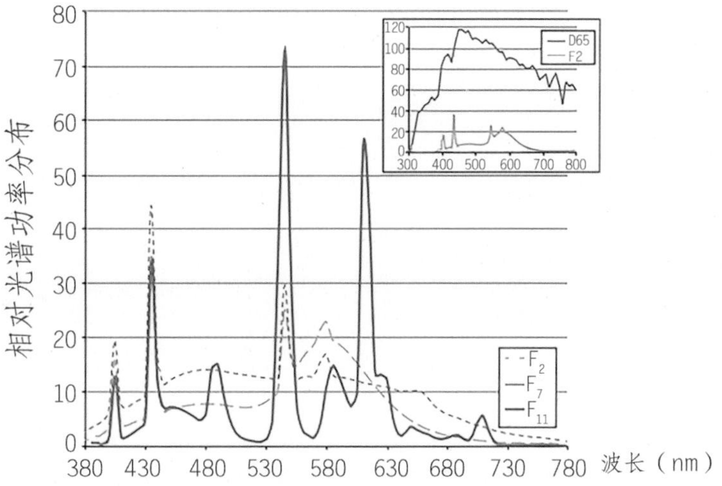

图 2–3　典型荧光灯的相对光谱功率分布

注　图 2–3 根据公布的 CIE 数据绘制了各种代表性荧光灯的相对光谱功率分布。F2 表示符合 ICH Q1B 选项 2 的冷白色荧光源，F7 表示典型的"宽带"荧光源，F11 表示三基色或三波段冷白色荧光源。嵌入图显示了一个光源（F2）相对于日光（D65）的光谱功率分布。

（3）由于灯的功率较低，选项 2 的实验时间比选项 1 的实验时间长得多。交付验证测试要求的典型暴露时间为 5 天（1000 勒克斯灯为 120 小时），紫外线成分为 1~2 天，而基于氙弧（选项 1）光源的可见光要求介于 7.5 小时（750 W/m^2）和 22 小时（250 W/m^2）之间。

因此，选择使用哪个选项应取决于要解决的科学问题。为了充分了解活性药物成分或药品的光稳定性，可能需要同时使用两种光源的 ICH 选项。

问题 4. 我怎么知道是否提供了合适的光

这里的好消息是，指南说明您可以依赖制造商的信息获取您使用的光源 / 灯柜，并根据时间计算曝光。当然，应采用正常的鉴定和验证程序。为了允许变异性，最好对计算时间施加一个小的过度量（通常是最长时间的 1.2 倍），因为准则要求样品至少接收 120 万勒克斯小时和至少 200 W/m^2

的集成紫外线。然而，考虑到灯随时间变化的可能性及灯柜内的不均匀性（见下文），测量样品实际接收的光量可能是有价值的。

指南提供了一种使用化学光量计评估紫外线剂量的方法。重要的是要认识到，这只测量紫外线成分，而不测量可见成分。所建议的光量计是以奎宁为基础的，关于使用辐射计的相关问题有大量的文献[29, 30]并经常提出更简单的替代品[31]。这里只需说明，只有充分理解了光量计的性能并采取了所需的处理预防措施，才能从光量计中获得可靠的结果。测量光的物理方法有很多（见表 2–3），使用这些方法的文献也有很多。国际光技术公司提供了一本关于光测量全部主题的优秀的免费书[32]。

表 2–3　测量光功率的方法

方法	说明
光量计	无需专业设备
	有多种版本可用
	通过化学变化测定的光量（通常是紫外线）
	需要对所涉及的光化学反应有透彻的了解，并仔细处理预防措施，以获得有效的结果
照度计	只能测量可见光
	通常校准为光照曲线，因此不严格适用于强光源
紫外辐照计	只能测量紫外线
	确保选择正确的波长范围和功率范围进行有效校准
光功率计	需要正确选择传感器和模式
	提供总功率读数，但不提供有关功率分布的信息。需要了解传感器响应曲线，以便能够计算紫外线和可见部分，用光源校准
分光辐射谱仪	当对光功率进行适当的衰减校准时，光源可以同时提供功率和光谱功率分布数据，相对昂贵

问题 5. 我应该以什么形式展示样本

这个问题的答案还是取决于要解决的科学问题。

一般而言，原料药或药品的感光性遵循以下顺序：溶液 > 悬浮液 / 分散液 > 晶体固体。包含无定形形式的原料药的固体配方，例如冻干物、喷雾干燥粉末、固溶体、固体分散体等，可能比相同化合物的结晶版本具有更大的光敏性[33]。多态性形式也会对光稳定性产生影响，而暴露在光下也会影响多态性形式[34, 35]。因此，使用具有代表性的材料进行测试是很重要的。

所有化合物都应作为固体进行评估，因为它们是以固体的形式储存的。在早期开发中，最好测试活性药物成分的溶液，以了解可能发生的光化学反应，无论最终的预期配方是什么。当然，对任何光降解影响的解读都需要考虑预期的配方。如果这是最终的剂型（例如注射剂），并且也是强制降解研究的一部分，那么对溶液 / 悬浮液的测试当然是必需的。这就引出了更多的问题，例如：

a）如果需要一种溶液，是否有首选助溶剂？由于溶剂本身可以参与光化学和 / 或与待测化合物形成加合物，因此意见分歧。常见的（但绝不是通用的）助溶剂是乙腈。无论使用哪种溶剂，重要的是以达到溶解度所需的最低浓度来使用它。评估溶剂对整个光化学贡献的一种方法是用含有不同水平的助溶剂溶液重复评估，不同的助溶剂比较结果也是明智的。助溶剂的替代方法是使用更稀释的溶液（或接受评估悬浮液）。

b）是否有推荐的样品浓度？对于早期的稳定性研究，溶液浓度很可能取决于化合物的可用性，典型浓度为 100 μ g/ml。浓度对光反应性的影响遵循标准物理定律（例如，比尔 – 兰伯特定律），解释结果时应考虑这些。应考虑降解物的绝对水平（在 ICH Q1A 指南中）及降解百分比，尤其是当已知降解物具有毒性或遗传毒性时。当评估悬浮物时，颗粒尺寸将非常重要，因为这将改变可与光反应的表面积，而其浓度也非常重要，因为它将影响穿过样品的光穿透 / 样品的反射。

c）颗粒大小是否重要？简短的回答是“是”。影响的大小取决于尺寸范围和涉及的光化学反应[36]。

最后，光化学反应在溶液和固态中可能并不总是相同的。一般来说，溶液中的反应比固态反应更快；然而，这种反应机理也可能完全不同。甲萘醌在固态下经历 [2+2] 二聚反应提供了一个实例，但在乙醇溶液中产生环氧化物作为主要产物[37]。另一个是环癸二酮在结晶状态下经历了一种新的光重排，这与溶液中观察到的 Norrish / Yang II 型光环化过程不同[38]。

“带回家”的信息是指分析师应该以代表最终活性药物成分和药品的形式提供样品。附加的研究也有助于理解光稳定性，从而了解正在考虑的任何变化可能产生的影响。当然，任何预测的准确性都需要证实。

问题 6. 我应该以什么方式展示样本

样品展示是光稳定性测试的一个非常重要的实际因素。要考虑的主要问题是容器、数量和定位。

由于所有的灯都会产生热量，吸收光的耗散机制之一就是热量，因此许多光稳定性柜灯配有强大的风扇以帮助冷却。因此，出于实际和安全原因，所有样品都需要进行包装。在大多数情况下，样品将在一个包装中，因此将在某种程度上被包含，但重要的是确保该容器的密封性足以抵抗因温度升高而引起的容器内的任何压力变化。它也不能因为光对包装本身的影响而失去完整性。对于“开放式”暴露研究，最明显的方法是在石英电池中加入溶液，而对于粉末，可以将其暴露在覆盖有石英玻璃板的盘子中。这里有一些实际困难。例如，封闭系统可能不允许吸收的热量逸出，可能导致热降解和光分解变化。可能还需要额外的样品处理进行分析。我们实验室内的工作表明，对于溶液而言，由于薄壁 1 型玻璃瓶而引起的衰减是微不足道的，允许暴露在准备分析的高效液相色谱瓶中。对于固体，用塑料薄膜（如保鲜膜）覆盖样品，有或没有小孔以允许气体转移都可以产生有用的结果。

即使冷却良好，样品中仍可能会有一些温度升高，因此也必须将包裹在铝箔中的样品暴露在试验样品旁边。此对照样品将允许对光分解和热贡献进行反褶积。当然，在储存期间，光分解降解可能与所有其他来源的降解相加，在确定保质期时需要考虑这一点[39]。

图 2–4、2–5 和 2–6 提供了数量和定位问题的见解。

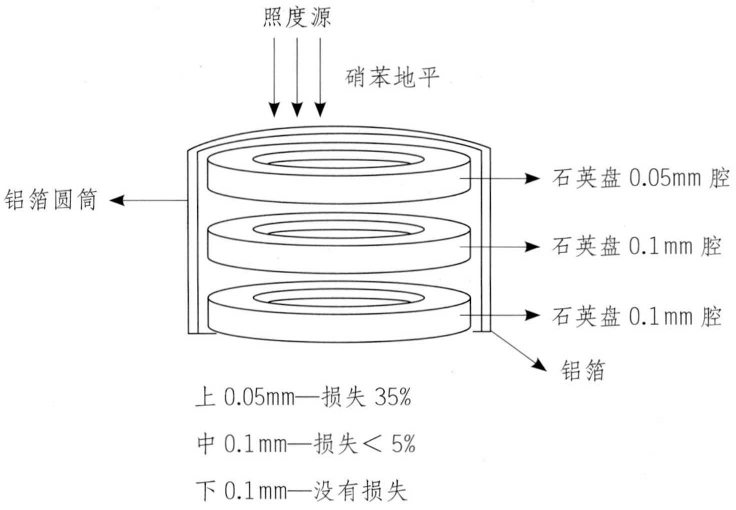

图 2-4　样品数量的影响

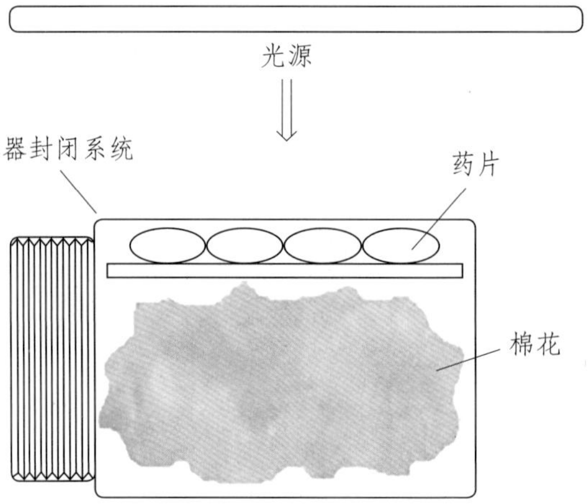

图 2-5　测试一个包装中单层药片的一种可能的包装

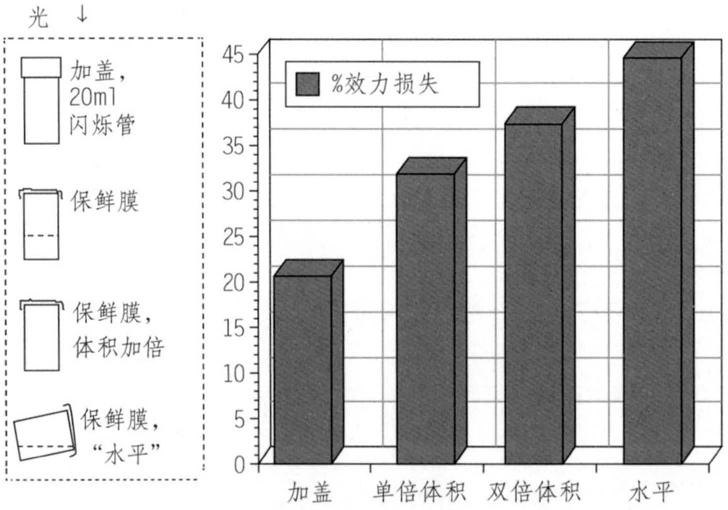

图 2-6　样品定位的影响

对于固体样品，光只会穿透上层（图 2-4），穿透深度取决于颗粒的大小[40]。因此，应暴露一层薄膜（通常为 1~2 mm）。当考虑整体固体剂型（例如片剂）时，朝向光源的表面可能显示出明显大于片剂的另一个表面的变化，而另一个表面实际上被整体遮盖。这可能导致外观的改变，会导致朝向光源表面纯度的改变。如果使整个药片均化并进行分析，这将不明显，因为降解剂的含量可能很小。因此，科学家应该单独考虑哪个表面的改变对整体改变的影响是可接受的。需要考虑的因素包括患者对质量的可能感知，例如外观变化及任何降解物的潜在毒理学。对于泡罩包装来说，很明显的是单个表面将更容易暴露在光源下。然而，在离包装壁最近的大包装中，这在某种程度上也是正确的。为了检查这一点，可以考虑采用如图 2–5 所示的安排[40]。当然，重要的是要确保支撑材料本身不会导致任何反应（例如一些支撑材料可能释放甲醛）。这也符合指南中的要求“……样品的位置应能提供最大的光源照射面积。例如片剂、胶囊应单层铺开……在测试大容量容器（例如配药包）时，可能需要对测试条件进行一些调整。”

图 2–6 说明了测试溶液样品时需要考虑的一些因素。

加盖样品的降解程度最小。这是因为光是定向的，而盖子会屏蔽内容物。随着角度的增加，进入样品的光增加，最大屏蔽将直接垂直于光源。由于反射，最靠近室壁的样品可能显示出最大的降解。这提出了一个普遍的观点。根据被测样品容器的性质，被测样品附近的其他样品可能导致阴影 / 反射。根据“经验法则”，样品之间的距离至少应为样品高度的 1.5 倍。

体积的影响由后两个条形图说明。光功率随样品和光源之间的距离的平方而变化（平方反比定律）。体积越大，表面越接近光源，每单位时间会经历更多的光子。一般来说，灯柜中的光功率是在底板上测量的。在计划如何测试大样本（如大容量注射物）时，应考虑这一点。图中的最后一个样品与第一个样品的体积相同，说明吸收的光的数量取决于暴露在光源下的表面积。样品在灯柜中相对于光源的适当位置将取决于配方在实践中如何使用。

最后，在本节中，需要考虑柜内的光分布。尽管照明工程师尽了最大努力补偿光源发出的光的方向性，并在灯柜内均匀分布，但灯柜内的光分布并不完全均匀。在某些情况下，光功率与柜内位置的差异可能很大。图 2–7 显示了结构良好的灯柜内的功率图示例。必须清楚地了解灯柜中放置样品点的照明功率和光谱功率分布。此外，在比较放在不同柜内或一个柜内不同位置的样品结果时，应小心。同样，样品室不应放置过多物品，否则结果的差异可能是由于不同的光源而不是任何其他因素造成的。

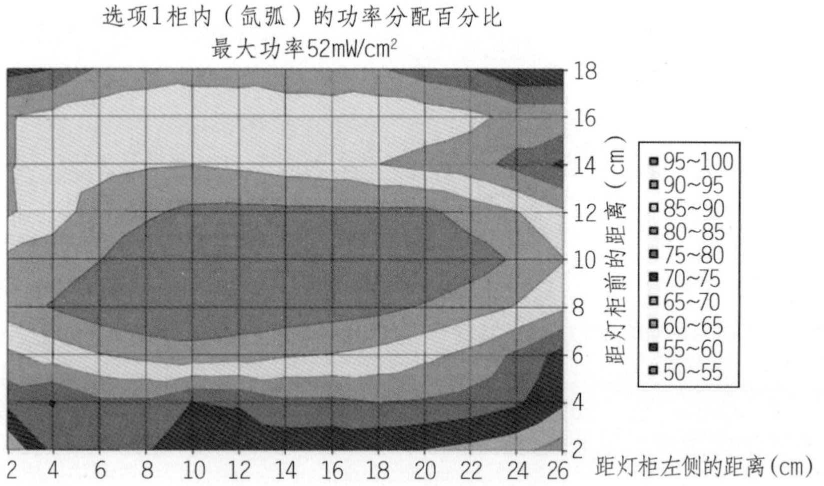

图 2–7　选项 1 柜内的功率分布

如果样品用于比较研究，则应尽可能将其放在柜内相邻的位置。尽管通常可以确定柜内照明水平大致相等的区域（例如≥ 80% 的最高读数），并将其用于所有样品。

问题 7. 是否必须遵循流程图（图 2-1）的每个步骤

答案取决于您对活性药物成分和 / 或配方的了解。允许使用合理的科学判断来省略流程图中的某些早期步骤。例如可能已经知道该化合物是非常不易感光的（例如硝苯地平），因此从直接包装或营销（二级）包装阶段开始是合理的。遵循这种方法对产品所需的标签具有明显的影响。

理论上可以为根本不进行光稳定性测试提供一个科学的论据。如前所述，如果活性药物成分和配方不吸收光，它们就不会发生光降解。考虑到合成路线、多晶型物、杂质分布和配方参数的潜在影响，不太可能接受基于同一化学实体公布数据的论点作为不进行试验的理由。如果发布的数据证明新版本的活性药物成分可能是稳定的，那么这一点尤其正确。如果公布的数据证实了活性药物成分和迄今为止的所有配方都是光不稳定性的，那么为仅测试包装产品提供一个科学的论据是合理的。

2.4 要考虑的其他因素

2.4.1 稳定的活性药物成分是不够的

即使是稳定的活性药物成分也会在配方中显示降解 / 物理变化。他巴唑 [41] 不吸收超过 290nm 的光，但药片显示出明显的变色。

类似地，法莫替丁不吸收与太阳光谱重叠的任何波长的光，但是当该活性药物成分用核黄素配制时，会发生显著的光降解。这是由于核黄素在暴露于光线时会产生活性氧，然后会降解法莫替丁 [42]。

如 templeton 等人所示 [43]，一些赋形剂会经过芬顿反应 [44] 产生活性氧，然后在 ICH 测试可光降解的活性药物成分中导致化合物降解。一个例子是柠檬酸盐缓冲液与微量铁在光照下的反应，产生柠檬酸盐和氧自由基。反过来，这些物质会产生原料药的氧化 / 自由基形式，进一步导致降解和氧自由基的产生。另一个例子是葡萄糖溶液的热降解，导致在高压灭菌过程中产生 5- 羟基甲基糠醛（5-HMF）[50]，然后与光和氧相互作用产生单线态氧，从而降解用这种载体重组的可光稳定化合物。因此，对原料药和药品进行检测是至关重要的（如指南所述）。如果配方发生变化，应重复评估。

2.4.2 光不稳定的活性药物成分不是世界末日

幸运的是，有些方法可以减轻活性药物成分的任何光不稳定性。这包括选择合适的包装，如将产品包装在一个不透光的二次包装（如纸板箱）中，或从一次包装中排除光（或选定的波长），如使用琥珀色玻璃瓶盛装液体、为输液袋加罩或使用不透明药片瓶。更微妙的变化包括使用彩色薄膜泡罩包装或含有紫外线吸收剂的透明薄膜。但是，因为一些原因，如果单独依靠包装时应小心。其中一个原因是，显然不透明的材料仍然可以具有一定波长的明显透射。如果这些恰好是导致后续文本中描述的降解原因，那么包装可能不会像最初那样提供足够的保护。另一个更重要的问题是，患者 / 专业人员可能会将产品从包装中取出。这可能是为了提高可视性（例如帮助识别、检查颗粒物、展示待售等）、给药方便性（例如在给药辅助设备中）或在使用过程中[12]。因此，使用配方方法稳定药品可能是更可取的。典型的方法包括使用不透明的白色薄膜涂层（有或没有紫外线添加剂）、彩色薄膜涂层吸收破坏波长[45]、在液体 / 半固体配方中加入紫外线吸收剂和 / 或自由基清除剂等。

关于光稳定性这一主题，有大量文献值得参考，以供进一步的指导。这里给出了一些示例论文[46, 47]；本章引言中引用的医药光稳定性书籍也涵盖了这个主题。

2.4.3 较高的辐照度可能会产生不同的结果

图 2–8[6] 显示，在不同的辐照度（速率）下，相同的光总功率可导致不同程度的降解。因此，更快的实验可能并不总是好的，但这种效果是罕见的，而莫西多明[6] 对光敏感的结论不会改变任何实验模式。

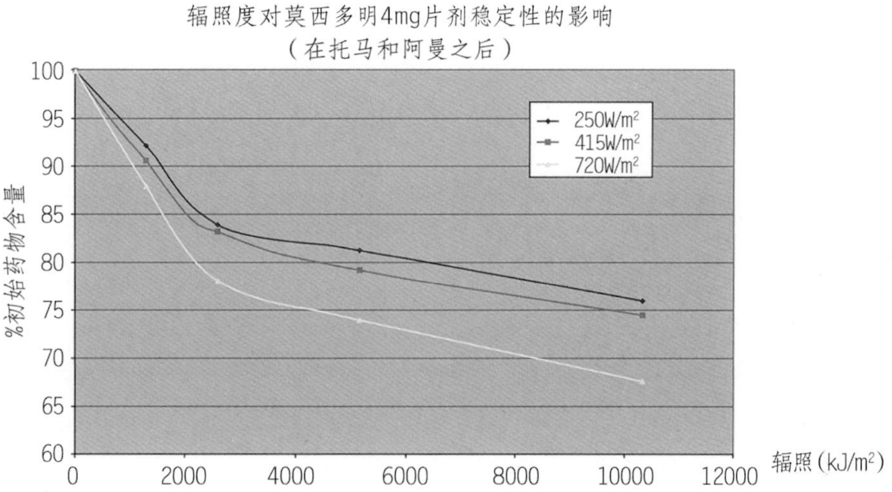

图 2–8 不同辐照度（速率）对降解程度的影响

2.4.3.1 因果波长

对于某些活性药物成分 / 药品，光源中存在的特定波长在引起不可接受的变化时可能特别重要。如果是这样的话，那么有理由认为，与更均匀的光源相比，暴露在特定波长特别丰富的光源下，相同的光总功率会导致更多的降解，如图 2–9 所示。样品的颜色可以用 L、a、b 三色激励比色法测量[48]。L 值表示消色差比例上一个样本的亮度，其中 0= 黑色，100= 白色。a 值代表红色（正值）/ 绿色（负值）轴，b 值代表黄色 / 蓝色轴。可以使用这三个值在三维颜色球体中明确定义样本的颜色。在图 2–9 中，与具有相同总功率的太阳模拟器相比，在荧光光源下，平板薄膜涂层的蓝色损失（以较小的负 b 值表示）更明显。尽管与太阳模拟器中的主要紫外线成分相比，荧光源基本上没有任何紫外线输出。这种效应是由于荧光源的可见波长相对丰富，从而导致涂层中使用的染料发生光解。如果预计样品暴露在与光谱功率分布中的选项 1 或选项 2 明显不同的光源下，这在“使用中”的设置中可能更重要。

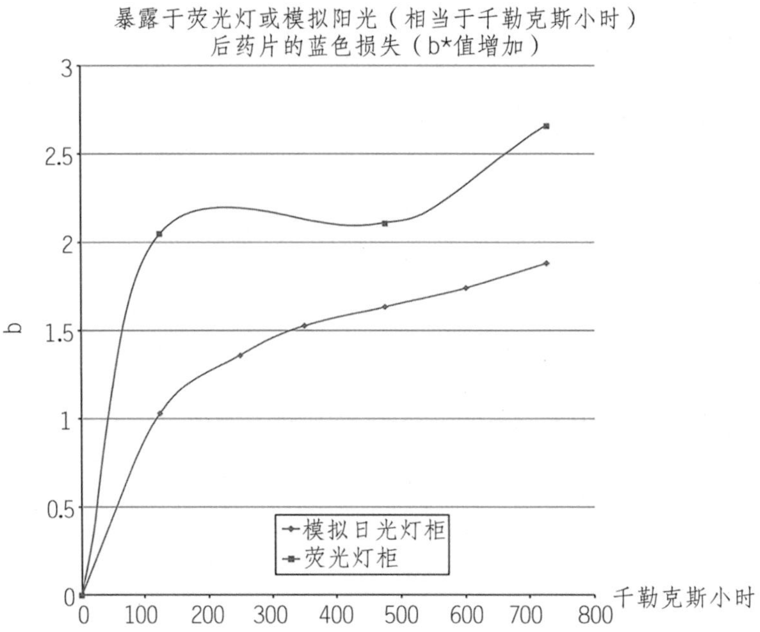

图 2-9　光源的影响

2.4.4　湿度的影响

水分的存在促进或加速了许多反应，包括光反应 [49]。考虑到灯柜中有时会产生高温和 / 或高空气流速，光柜中的湿度可能非常低。图 2-10 说明了这一点，与氙弧太阳模拟器柜内的“自然”条件相比，在有水分的情况下，蓝色染料在光照下褪色加速。在这种情况下，所涉及的反应是蓝色靛蓝胭脂红被光解为无色 5- 靛红磺酸盐，但是光水解和光氧化都因水分的存在而增强。

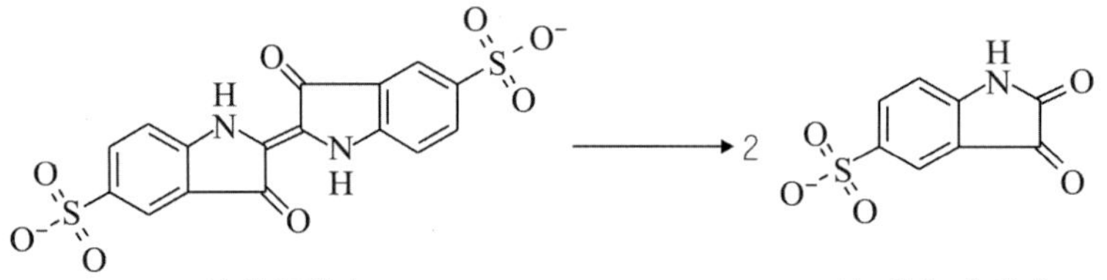

靛蓝胭脂红　　　　5-靛红磺酸盐

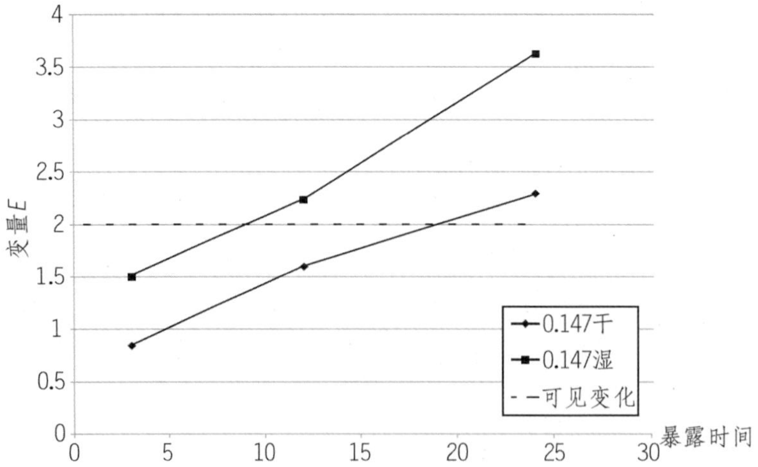

图 2-10　蓝色胶囊在湿度影响下的褪色

注　胶囊中含有 0.147% 靛蓝胭脂红，变量 E 表示由三色激励比色法测定的初始总颜色变化。

为了评估这一效果，样品可以在与被测固体样品相同的容器中，用含有水或饱和盐溶液（控制相对湿度）的小托盘暴露。当然，在储存环境中湿度会有不同程度的变化。

2.4.5 仅监测化学变化是不够的

正如本章其他内容简要提到的，光可以比简单的化学降解引起更多的活性药物成分或药品的变化。“可接受变化”的确定应包括对可能影响患者的所有方面的评估。鉴于潜在变化的多因素性质，本节不能确定，但要考虑的因素包括：

· 温度变化（图 2-11），表明蓝色样品比白色样品高 12℃。这种温度变化会导致包装熔化、开裂和热降解等。

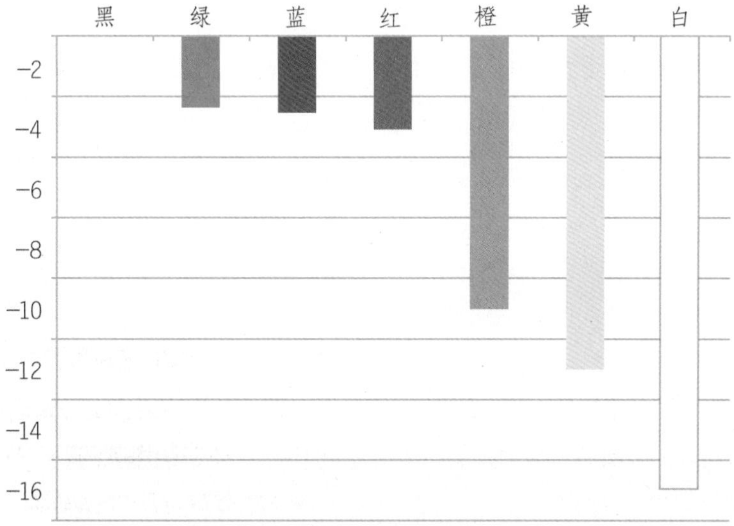

图 2-11　薄膜涂层颜色对片剂温度的影响。黑色样品和有色样品之间的典型温差（℃）（在 Boxhamer 之后）

· 外观变化：光暴露可导致产生有色降解产品，即使存在化学检测难以测量的杂质，也可能产生强烈的感官影响。另一方面，它可能会导致添加颜色的漂白，可能会混淆单个产品或不同产品的不同浓度。其他外观变化包括塑料部件和薄膜涂层的光泽度变化。

· 机械变化：光照可能导致输送装置、塑料部件、包装以及可能的胶囊壳的脆性。如图 2-12 所示，它还可能导致片剂硬度的变化。

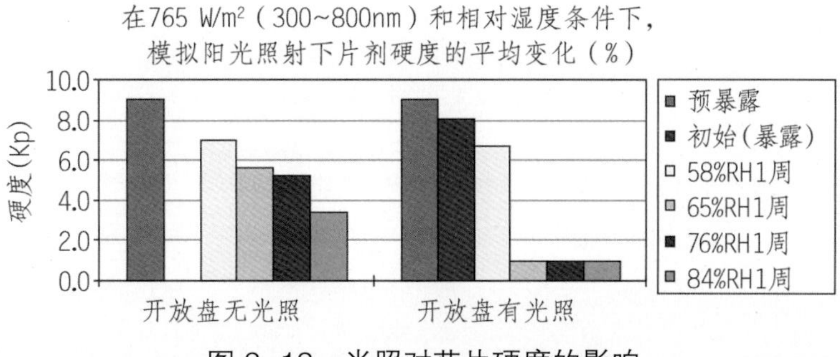

图 2-12　光照对药片硬度的影响

· 包装变化：光可导致包装的外观、功能和屏障性能发生变化，并对储存在包装中的产品产生连锁反应。

· 伴生成分的变化：葡萄糖输液液体可被光降解，从而形成活性氧，导致与之重组的化合物发生化学不稳定性[50]。

2.4.6 “使用中”条件是怎么回事

在考虑活性药物成分或药品的光稳定性时，ICH 条件可用于提供一组规定的照明条件。从工业的角度来看，Q1B 要求可以通过将敏感产品包装在耐光容器中并贴上“避光”标签来满足。然而，一旦到了患者手上，就很可能将药品从保护性包装中移出。即使在管理良好的药房中，也有许多光源可能处于存储产品的位置附近或产品可能出于展示目的从保护包中故意移出。病房环境中的照明可能由窗户过滤的日光和 / 或荧光灯组成，根据病床的物理位置和其中一个光源的医疗位置，产品可能会经受这些光任何混合的照射。对于不经肠道的产品，输送线中溶液的表容比可能使其特别容易降解。

另一个需要考虑的因素是，患者可能为了感知（或实际）生理益处或仅仅因为它改善了情绪而故意将自己暴露在阳光下。最后，对于一些制剂类型，特别是局部制剂和一些不经肠胃的药物，有可能通过混合几种产品或使用工业配方设计师评估的稀释剂之外的稀释剂来产生个体化的治疗。例如，这可能导致光稳定性成分的稀释，使其进入有效水平以下。管理规范要求配方师考虑如何使用产品。最近的一系列论文[19, 20, 58]为注射用产品的使用测试提供了指导。

2.4.7 光稳定性并不是全部

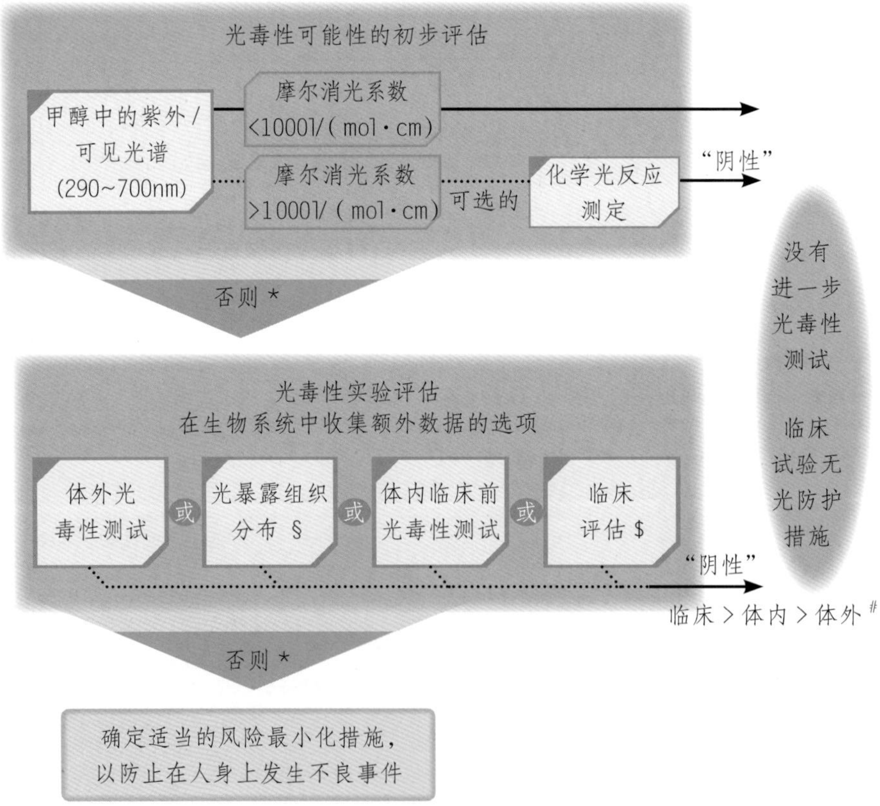

图 2-13　光毒性测试需求评估

注　*：“否则”，数据不支持光毒性的低可能性或尚未产生（未进行分析 / 测试 / 评估）。#：适当进行体内光毒性研究的“阴性”结果取代了体外阳性结果。一个强大的临床光毒性评估表明没有任何关注取代任何阳性的非临床结果。根据具体情况，体外光毒性试验的阳性结果也可能被组织分布数据（见正文）否定。在美国，对于皮肤使用的产品，对上市配方进行光毒性的专门临床试验可以保证支持产品的批准。$：临床评估范围从临床研究不良事件的标准报告到专门的临床光安全试验。§：组织分布不是皮肤产品光毒性的考虑因素。

光稳定性测试也需要考虑光毒性（ICH S10）[24]。有越来越多的文献表明光稳定性和光毒性之间存在相关性[51，52]。特别是，如果光降解途径包括活性氧的生成（例如超氧、单态氧），这需要光毒性测试的标志[53~57]（图 2-13）。ICH S10[24] 指南提出了一种活性氧分析方法，该方法涉及照射样品和评估对两个指标系统的影响。与 ICH Q1B 验证性测试相比，光照条件的强度要低得多。作为指南，在阳光测试 CPS+ 灯柜中暴露 250 W/m^2 约 35 分钟将提供本测试所需的曝光。值得注意的是，通过在光稳定性测试中选取中间时间点，可以在单个测试中获得有关分子的光稳定性、反应动力学和光安全性的信息。

参考文献

[1] ICH Q1B. Stability Testing：Photostability Testing of New Drug Substances and Products. April 5，2013. http：// www. fda. gov / Regulatorylnformation / Guidances / (accessed April 11，2017).

[2] ICH Q1A(R2)，Q1A(R2). Stability Testing of New Drug Substances and Products. November 2003 http：// www. fda. gov / Regulatorylnformation / Guidances / (accessed April 11，2017).

[3] Piechocki JT，Thoma K. Editors.*Pharmaceuticaf Photostability and Stabilization Technology*. Hoboken：CRC Press，2007.

[4] Tonnesen HH. Editor. *Photostability of Drugs and Drug Formulations*，2nd Edition. Hoboken：CRC Press，2004.

[5] Thatcher SR，Mansfield RK，Miller RB，et al. 2001. Pharmaceutical photostability：a technical guide and practical interpretation of the ICH Guideline and its application to pharmaceutical stability. *Pharm Technol Part II* 25：50–62.

[6] Aman W Thoma K. 2003. ICH guidelines for photostability testing. Aspects and directions of use. *Pharmazie* 58：877–880.

[7] Sequeira F，Vozone C. 2000. Photostability studies of drug substances and products. Practical implications of the ICH guideline. *Pharm Technof* 24：30–35.

[8] Temussi F，Cermola F，Della Greca M，et al. 2011. A determination of photostability and photo–degradation products of indomethacin in aqueous media. *J Pharm Biomed Anal* 56：678–683.

[9] Allen NS. 1994. Photo–fading and light stability of dyed and pigmented polymers，*Polym Degrad Stab* 44：357–374.

[10] Machiste E0，Segale L，Conti S，et al. 2005. Effect of UV light exposure on hydrophilic polymers used as drug release modulators in solid dosage forms. *J Drug Deliv Sci Technol* 15：151–157.

[11] Schoolenberg GE. 1988. A fracture mechanics approach to the effects of UV–degradation on polypropylene. *J Mater Sci* 23：1580–1590.

[12] Bowen L, Mangan M, Haywood A, et al. 2007. Stability of frusemide tablets repackaged in dose administration aids. *J Pharm Pract Res* 37 : 178–181.

[13] Anderson NH, Byard SJ. Photostability testing : Design and interpretation of tests on new drug substances and dosage forms. In Tonnesen HH. Editor. *Photostability of Drugs and Drug Yormulations*. Boca Raton : CRC Press, 1996, p137–172.

[14] Templeton AC, Xu H, Placek J, et al. 2005. Implications of photostability on the manufacturing, packaging, storage, and testing of formulated pharmaceutical products. *Pharm Technol* 29 (3) : 68–86.

[15] Kristensen, S. Photostability of parenteral products. In Tonnesen HH. Editor. *Photostability of Drugs and Drug Formulations*. Boca Raton : CRC Press, 1996, p303–327.

[16] TØnnesen HH, Moore DE. 1993. Photochemical degradation of components in drug formulations. *Pharm Technol* 5 : 27–34.

[17] Baertschi SW, Alsante KM, Tonnesen HH. 2010. Commentary : a critical assessment of the ICH guideline on photostability testing of new drug substances and products(Q1B). *J Pharm Sci* 99 : 2934–2940.

[18] Templeton AC, K1ein LJ. 2007. Practical considerations for effectively conducting pharmaceutical photostability testing. *Am Phapm Rev* 10 : 124–128.

[19] Baertschi SW, Clapham D, Foti C, et al. 2013. Implications of in–use photostability : proposed guidance for photostability testing and labeling to support the administration of photosensitive pharmaceutical products, Part 1 : drug products administered by injection. *J Pharm Sci* 102(11) : 3888–3899.

[20] Baertschi SW, Clapham D, Foti C, et al. 2015. Implications of in–use photostability : proposed guidance for photostability testing and labeling to support the administration of photosensitive pharmaceutical products. Part 2 : topical drug products. *J Pharm Sci* 104(9) : 2688–2701.

[21] Blessy M, Patel RD, Prajapati PN, et al. 2014. Development offorced degradation and stability indicating studies of drugs—A review. *J Pharm Ahal* 4(3) : 159–165.

[22] Clapham D, Templeton AC, Klein LJ, et al. Practical aspects of conducting photostability stress testing. In Baertschi SW, Alsante KM, Reed RA. Editors. *PharmaceuticaZ Stress Testing Predicting Drug Degradation*, 2nd Edition. London ; New York : Informa Healthcare, 2011, p218–232.

[23] Smith KC. 2014. Basic Photochemistry. http : //photobiologv. info / Photochem. html(accessed April 11, 2017).

[24] ICH S10. Guidance on photo–safety evaluation of pharmaceuticals. December 2012. http : //www. ema. europa. eu / docs / en_GB / document_library/Regulatory_and_procedural_guideline / 2012 / 12 / WC500136404. pdf(accessed April 11, 2017).

[25] ICH Q3A(R2). Impurities in new drug substances, October 25, 2006. http : //www. ich. orglfileadmin / Public—Web—Site / ICH—Products / Guidelines / QuaIity / Q3A_R2 / Step4 / Q3A_R2__Guideline. pdf(accessed April 11, 2017).

[26] ICH Q3B(R2). Note for guidance on impurities in new drug substances, June 2006. http : //www. ema. europa. eu / docs / en GB / document library / Scientific guideline / 2009 / 09 / WC500002676. pdf(accessed April 11, 2017).

[27] Noboru O, Robertson AR. 2006. Chapter 3. CIE Standard Colorimetric System. "3. 9 : Standard and

Supplementary Illuminants" . *Colorimetry* : *Fundamentals and Applications*. John Wiley & Sons, Ltd. pp. 92–96. 10. 1002 / 0470094745. ch3.

[28] Zielnik A. 2013. Photostability testing : shedding light on a not well understood guideline. Clin Res 5(2) : 50–56.

[29] Filho CA, Gomes D F, Guedes JPM, et al. 2011. Considerations on the quinine actinometry calibration method used in photostability testing of pharmaceuticals. *J Pharm BiomedAnal* 54 (4) : 886–888.

[30] Baertschi SW. 1997. Commentary on the quinine actinometry system described in the 1CH draft guideline on photostability testing of new drug substances and products. Drug Stand 1 : 193–195.

[31] Allen JM, AHen SK, Baertschi SW. 2000. 2–Nitrobenzaldehvde : a convenient UV–A and UV–B chemical actinometer for drug photostability testing. *J Pharm Biomed Ahal* 24 : 167–178.

[32] www. intl–lighttech. com / services / light–measurement–handbook (accessed April 11, 2017).

[33] Grooff D, Francis F , De Villiers MM, et al. 2013. Photostability of crystalline versus amorphous nifedipine and nimodipine. J Pharm Sci 102(6) : 1883–1894.

[34] http : //www. cosmoscience. org / blog / wp–content / uploads / 2014 / 08 / GSluggett–Application–of–Topochemical–Principles–and–Solid–State–Photoreactivity. pdf (accessed April 11, 2017).

[35] Tonneson H. Photostability of Drugs and Drug Formulations. Boca Raton : Taylor and Francis, 2006, D. 359.

[36] Akimoto K, Inoue K, Sugimoto I. 1985. Photo–stability of several crystal forms of cianidanol. *Chem Pharm Bull* 33 : (9)4050–4053.

[37] Albini A, Fasani E. Rationalizing the photochemistry of drugs. In : Toennesen HH. Editor. *Photostability of Drugs and Drug Formulations*, 2nd Edition. Boca Raton : CRC Press, 2004, p67–110.

[38] Olovsson G, Scheffer 7R, Trotter J, et al. 1997. Novel differences between the solid state and solution phase photochemistry of 1, 2–cvclodecanedione. *Tetrahedron Lett* 38 : 6549–6552.

[39] Thatcher SR, Mansfield RK, Miller RB, et al. 2001. Pharmaceutical photostability : a technical guide and practical interpretation of the ICH guideline and its application to pharmaceutical stability—Part I. *Pharm Technol North Am* 25(3) : 98–110.

[40] Baertschi SW. 2004. Pharmaceutical Photostability Testing : Sample Presentation. Pharmaceutical Photostability 2004. PPS 04, London, UK.

[41] Janssen P, Baertschi S. 2004. Studies on the Light–Catalyzed Discoloration of Tapazole Tablets, presented at Photostability 04, London, UK.

[42] Atsushi U, Satomi O, Ohtake H, et al. 2015. Photochemical mechanism of Riboflavin–induced degradation of Famotidine and a suggested pharmaceutical strategy for improving photostability. *J Pharm Sci*. 10. 1002 / jps. 24689.

[43] Lu Y, Bowen WE, Reed RA, et al. Unexpected photochemistry in pharmaceutical products. In Piechocki JT, Thoma K. Editors. *Pharmaceuticaf PhotostabilitY and Stabilization Technology*. New York : Informa Healthcare, 2007, p235.

[44] Wardman PL, Candeias LP. 1996. Fenton chemistry : an introduction. *Radiat Res* 145(5) : 523–531.

[45] Thoma K. Kubler N. New results in the photo–instability of antimycotics in drugs. In Albini A, Fasani E.

Editors. *Photochemistry and Photo-Stability*. Cambridge, UK : Royal Society of Chemistry, 1998, p116-133.

[46] Li S, Schoenich C, Brochardt RT. 1995. Chemical instability of protein pharmaceuticals : mechanisms of oxidation and strategies for stabilization. *Biotechnol Bioeng* 48(5) : 490-500.

[47] Thoma K, Klimek R. 1991. Photo stabilization of drugs in dosage forms without protection from packaging materials. *Int J Pharm* 67(2) : 169-175.

[48] <1061> Color-Instrumental Measurement USP38 August 2015.

[49] Kaur H, Mariappan TT, Singh S. 2003. Behavior of uptake of moisture by drugs and excipients under accelerated conditions of Temperature and humidity in the absence and presence of light. *Pharm Technol* 27 : 52-56.

[50] Brustugun J, Kristensen S, Tonnesen HH. 2005. Photosensitizing effect of 5-hvdroxymethyl-2-furaldehyde in glucose infusion solution. *Pharm Europa* 17 : 460-461.

[51] Ferguson J. DeLeo VA. 2007. Drug and chemical photosensitivity : exogenous. *Basic Clin Dermatol* 38 : 199-217.

[52] Cosa G. 2004. Photo-degradation and photosensitization in pharmaceutical products : assessing drug phototoxicity. *Pure Appl Chem* 76 : 263-275.

[53] Kleinman MH. 2013. Using photo-reactivity studies to provide insight into the photo-safety of pharmaceutical therapies. *TrAC* 49 : 100-107.

[54] Kleinman MH, Smith MD, Kurali E, et al. 2010. An evaluation of chemical photo-reactivity and the relationship to phototoxicity. *Regul Toxicol Pharmacol* 58 : 224-232.

[55] Henry B, Foti C, Alsante K. 2009. Can light absorption and photostability data be used to assess the photo-safety risks in patients for a new drug molecule ? . *J Photochem Photobiol B Biol* 96 : 57-62.

[56] Onoue S, Hoso K, Wakuri S, et al. 2013. Establishment and Intra- / Inter-laboratory validation of a standard protocol of reactive oxygen species assay for chemical photostability evaluation. *J Appl Toxicol* 33 : 1241-1250.

[57] Onoue S, Hosoi K, Tsuguto T, et al. 2014. Intra- / inter-laboratory validation study on reactive oxygen species assav for chemical photo-safety evaluation using two difierent solar simulators. *Toxicol in Vitro* 28 : 515-523.

[58] Allain L, Baertschi SW, Clapham D, et al. 2016. hnplications of in-use photostability testing : Proposed guidance for photostability testing and labeling to support administration of photosensitive pharmaceutical products, Part 3 : Oral drug products. *J Pharm Sci* 105(5) : 1586-1594.

3

ICH Q1D：用于新药和产品稳定性测试的包围法和矩阵法设计

Raymond Peter Munden
Munden Consultancy, Royston, UK

3.1 摘要

稳定性测试是确保药品上市并移交给患者后持续保证质量的重要组成部分。然而，这既需要资源，也需要时间。因此，确保稳定协议设计高效是非常重要的。关于包围法和矩阵法（B&M）的 ICH Q1D 指南提供了实现这一目标的方法。然而，包围法设计已经被接受很长时间，尽管存在这些非常明确的指导方针，矩阵化设计的采用率仍然很低。这可能是由于这样一种看法，即设计矩阵化研究很困难，而且监管机构不会接受这种降低的稳定性设计。

本章将说明这些假设实际上是如何不正确的。它将展示 B & M 如何减少所需资源，同时确保不会显著丧失对产品质量的了解和信心。本章将介绍在营销应用程序中提交并被评估员接受的简化设计的真实示例，还将探讨减少测试对保质期估计的潜在影响。

应注意的是，这些减少的设计不仅降低了稳定性样品的测试成本，而且还降低了样品管理成本，因为需要存储的样品更少，从而节省了标记样品的资源。后者也可能意味着稳定室不会耗尽容量，因此可以避免购买新设施的高成本。

3.2 引言

稳定性测试是产品开发的重要组成部分。然而，这相当消耗资源和时间。一般来说，新产品许可证至少需要 12 个月的稳定性数据，因此，它通常也处于关键的开发路径上，必须有效地设计稳定性协议，以尽量减少所需资源并确保能被监管部门批准。

幸运的是，有一些用于减少所需的稳定性测试量的广为接受的方法，例如 B&M。这些是减少测试稳定性产品样品数量的方法，当正确应用时，既不会导致产生的数据质量损失，也不会导致预测保质期的显著变化。这些方法在理论上也适用于原料药。但是，由于与产品相比，陈述或试验的批次往往更少，因此，机会和收益受到了更大的限制。

稳定性样品必须被制造、贴标签和储存；减少稳定性样品的数量也可能节省样品生产和管理成本，尤其是当储存设施的设置和维护成本相当高时。

特别是包围法和矩阵法已经被常规应用于稳定性研究，实际上 2002 年发表的一篇 ICH 论文

Q1D[1] 的主题，之前是 1997 年发布的专利药品委员会（CPMP，现在是 CHMP）的指导方针，给出了关于包围法的指导，但在 ICH Q1D 发布时被撤销。事实上，在 ICH 指南发布之前，FDA[2, 3] 和丹麦药品管理局 [4] 的工作人员撰写的论文中描述了矩阵化法。尽管如此，业内仍有一种基本看法，即监管当局不愿接受降低的稳定协议。在实践中，研究者曾多次提出过降低稳定协议的方案，应用了包围法和矩阵法，但没有遇到评估者的任何阻力；事实上，一些方案因其良好的设计而受到称赞。研究者还与监管机构进行了交谈，他们质疑为什么更多的提交文件不包括降低稳定性的设计，尤其是矩阵法。

3.3 定义

矩阵化是在给定产品类型中一种活性物质的不同表现形式中进行的，即在浓度、包装、填充体积、包装位置等不同因素中进行的。ICH 中给出的定义如下。

3.3.1 包围法

“稳定性计划的设计使得只有在某些设计因素（例如浓度、包装尺寸）的极端情况下的样品，才能在所有时间点进行全面设计测试。该设计假设任何中间水平的稳定性由所测试的极值的稳定性表示。”

这意味着，作为一个例子，对于具有三种不同浓度的产品，例如 2 mg、4 mg 和 6 mg 的片剂，可能会忽略 4mg 片剂的测试。

3.3.2 矩阵法

“稳定性计划的设计，要求在指定时间点测试所有因子组合的可能样本总数的所选子集。在随后的时间点，测试所有因子组合的另一个样本子集。该设计假设所测试样品的每个子集的稳定性代表了在给定时间点所有样品的稳定性。”

这意味着在给定的时间点（初始或最终时间点除外），不需要测试每个批次的稳定性。

3.4 适用性

B&M 几乎适用于任何配方，但对于具有大量潜在药物 – 设备相互作用的更复杂的输送系统，例如计量吸入器（MDI）、MDPI 和透皮给药系统，很可能要求有其他理由。实际上，尽管其他监管机构已接受，但 FDA 不太可能接受减少吸入设备的设计。

Q1D 指南对 B&M 的适用性提供了一些指导。存在多个配方浓度是此类减少设计的明显目标，并且指南明确允许同一配方有不同浓度，例如同一配方但具有不同浓缩重量的片剂，或由相同的药粉混合物和不同的加料口塞尺寸制成的不同浓度的胶囊。使用密切相关配方制成的不同浓度某些情况可以使用 B&M。一个密切相关配方的构成尚未定义，但可以有以下情况：

· 通过对一种赋形剂的微小改变（例如对于 2 mg、4 mg 和 6 mg 片剂，改变其中一种赋形剂的量以适应不同的活性），可以获得不同的浓度。

· 相同片剂上的不同涂层。

可以用一个声明确认已通过实验证明改变赋形剂或涂层对活性剂没有影响，或者早期的发展稳定性研究表明，这些变化不可能对稳定性有任何影响。

B&M 也可以应用于容器尺寸或填充物有变化的相同封闭系统的研究。在应用包围法时，需要注意确保正确识别中间条件。这是因为最大和最小的容器可能不一定代表极端配置。还应考虑壁厚、封闭几何形状、表面积与体积比、顶部空间与填充体积比、水蒸气和每剂量单位的氧气渗透速率。

即使封闭有变化，也可能有一些理由使用 B&M。这种理由可能是证明产品对水不敏感，或者是讨论封闭系统的相对渗透速率。

许多监管机构鼓励有机会在正式提交之前对稳定性协议发表评论，而且利用这一选择可能是明智之举，特别是当设计并非完全直截了当时。

当所有批次无法同时放置在存储器上时，仍然可以应用 B&M。开始时间的允许差异应根据具体情况确定为业务风险，因为批次之间的任何稳定性差异的识别都将被延迟。作为建议，最多 2 个月，最大传播似乎是合理的。显然，如果不同时开展研究，效率将会大大降低。

3.5 设计

3.5.1 包围法

包围法设计相当简单，比矩阵化设计存在的时间更长。如前面提到的撤销的 CPMP 指导中所述，包围法的典型示例复制在表 3-1 中。这个例子是一个产品，有三种不同的浓度，两种不同的包装，其中一种包装有三种不同的尺寸。在这种情况下，有必要证明 30 和 500 高密度聚乙烯（HDPE）尺寸确实能支撑前面讨论过的 100HDPE 尺寸。

如果在开始研究之后决定不登记其中一个极端的陈述，则允许维持稳定性研究以支持任何不针对稳定性的中间陈述。然后应该做出承诺，将省略的陈述放在稳定性上。

表 3-1　包围法设计示例

	剂量浓度和活性批次（A，B，C）								
	50 mg			75 mg			100 mg		
包装类型	A	B	C	A	B	C	A	B	C
气泡	X	X	X	O	O	O	X	X	X
HDPE/30	X	X	X	O	O	O	X	X	X
HDPE/100	O	O	O	O	O	O	O	O	O
HDPE/500	X	X	X	O	O	O	X	X	X

注　A、B、C 批次，○未测试，X 测试批次。

3.5.2 矩阵法

对于矩阵法，每个存储条件应根据自身的矩阵化设计单独处理。因此，加速条件理论上可以矩阵化，但由于只有三个时间点（包括初始时间点和最终时间点）必须进行分析，因此收益最小，最好进行全面测试，因为加速条件可能会对任何未预期的事件提供预警。

应尽可能平衡矩阵法设计，以便在预期的研究期间对每个因素（浓度、包装、填充体积等）进行相同程度的测试。但是，要求必须在提交时的最后一个时间点进行完整的测试，经常导致无法进行精确的平衡。不过，设计应该至少大致平衡。

表 3-2　两种浓度的矩阵法设计

陈述时间（月）		0	3	6	9	12	18	24	36
（a）1/2 矩阵									
S1	批次 1	X	X	O	O	X	O	X	X
	批次 2	X	O	X	X	X	O	X	X
	批次 3	X	O	X	O	X	X	O	X
S2	批次 1	X	O	X	X	X	X	O	X
	批次 2	X	X	O	O	X	X	O	X
	批次 3	X	X	O	X	X	O	X	X
（b）2/3 矩阵（减少 1/3）									
S1	批次 1	X	O	X	X	X	X	X	X
	批次 2	X	X	O	X	X	O	X	X
	批次 3	X	X	X	O	X	X	O	X
S2	批次 1	X	X	O	X	X	O	X	X
	批次 2	X	X	X	O	X	X	O	X
	批次 3	X	O	X	X	X	X	X	X

注　○未测试，X 已测试。

表 3-2 显示了两种浓度产品的简单矩阵法设计示例（假设提交 12 个月的数据）。表 3-2a 显示了一个半矩阵设计（或减半），表 3-2b 显示了 2/3 设计（减少 1/3）。由于稳定性计划开始和结束时及提交时的最后一个时间点都需要进行全面试验，因此试验样品数量的实际减少量较小，分别为 31% 和 21%。这些示例用于确定稳定性，因此测试了三个批次。对于后续稳定性或现有活性药物成分（API）的新产品，允许使用较少的批次，但仍然允许使用矩阵法。

这些设计假设提交的数据为 12 个月，36 个月为最长时间点。如果打算测试最多 48 个月（或 60 个月），那么 36 个月（和 48 个月）的时间点也可以进行矩阵化。

在表 3-2b 中，交换 X 和○，不包括初始、12 个月和最后时间点，使其成为 1/3 矩阵（减少 2/3，实际减少 42%）。因此，读者现在可以将矩阵设计应用于可能遇到的大多数示例。

使用矩阵法设计可以是完整的（仅在时间点上矩阵化），这意味着所有批次都在所有可能的展示中进行了测试；或者是不完整的（基于时间点和因素矩阵化），其中一些批次在某些展示中没有进行测试。不同陈述的数量越多，越可能接受不完整的设计。表 3-3 给出了一个更复杂的设计示例，其中 6 个因素（3 个浓度和 3 个包装）使用 1/2 设计，在 12 个月时进行完整测试。表 3-3a 显示了完整的简化设计，表 3-3b 是不完整的简化设计。在表 3-3b 中，虽然对浓度和包装的所有组合进行了试验，但并未对每批产品的所有浓度 / 包装组合进行试验。

表 3-3　三种浓度三种包装的矩阵法设计

浓度包装	1			2			3		
	A	B	C	A	B	C	A	B	C
（a）完整简化设计（只对时间点矩阵化）									
批次 1	T1	T2	T3	T1	T2	T3	T1	T2	T3
批次 2	T2	T3	T1	T2	T3	T1	T2	T3	T1
批次 3	T3	T1	T2	T3	T1	T2	T3	T1	T2
（b）不完整简化设计（对时间点和其他因素矩阵化）									
批次 1	O	T2	T3	T1	T2	T3	T1	T2	T3
批次 2	T2	T3	T1	T2	O	T1	T2	T3	T1
批次 3	T3	T1	T2	T3	T1	T2	T3	T1	O
—									
检索表	—	0	3	6	9	12	18	24	36
	T1	X	X	O	O	X	O	X	X
	T2	X	O	X	X	X	O	X	X
	T3	X	O	X	O	X	X	O	X

注　O未测试，X已测试。

ICH Q1D 给出了进一步的示例设计。需要注意的是，可以在一个设计中同时使用包围法和矩阵法。

如果在矩阵稳定性研究过程中，矩阵已变得不再合适，例如，如果可能无法达到所需的有效期（EP），则可以恢复完整测试或减少测试。但是，一旦矩阵法被简化，则不允许随后恢复原始矩阵。如果对产品的可能稳定性有任何疑问，那么为完整的程序提供足够的稳定性样本可能是一种良好的做法。在完全稳定实践中，通常存储额外的样品以允许任何重复分析，因此当存储样品用于简化设计时，可以考虑仅存储足够的样品用于完整测试，或者只储存非常少份数的过量样品（如果需要仍然有足够的样品用于完整测试）。

还值得注意的是，如果最坏的情况发生，例如当达到关键存储时间时，发现简化的数据不支持所需的保质期，则可以进行额外的重复分析，以获得改进的保质期评估。

原则上，不同的测试可以不同程度地进行矩阵化。例如，如果活性成分的测试具有高度的可重复性，且活性物质是稳定的，则该测试可进行一半，甚至 1/3 的矩阵设计。但是，如果关键杂质的测试显示出显著的可变性，并且有迹象表明杂质可能在储存时增加，那么 2/3 的矩阵，或者可能根本没有矩阵，可能更适合该试验。

然而，为了简单起见，实践者可能会发现，最好将所有测试都矩阵到相同的设计中，因为该测试要求最简化。

3.5.3　简化程度

测试的简化程度取决于批次之间的可变性和批次内的均匀性及测试方法的精确度，低可变性支持更大的矩阵简化。此外，更多的陈述支持更大的测试简化。配方的固有稳定性也非常重要，因为测试样品数量的减少可能会导致更大的置信区间，从而缩短保质期估计值。因此，如果产品可能具有固有的短保质期，那么测试的简化应该是最小的，而对于可能显著超过 36 个月保质期的产品而言，更大的简化可能是合适的。

如本书第 4 章所述，加速稳定性评估程序[5]可以很好地帮助预测稳定性，从而证明矩阵法和包围法的合理性，目前已经提出了基于风险的稳定性研究方法[6]。

表 3–4 给出了根据可变性和预期有效期可以应用的简化的定性感知。

表 3–4　包围法和矩阵法的简化程度

稳定性 可变性[a]	好 EP>36 月	中度 EP~24 月	差 EP ≤ 12 月
很小	*　* * *　*	*　* * *	*　*
中度	*　* *　*	*　* *	*
高	*　* *	*	*

注　[a]：批次、实验和 / 或测试结果之间的可变性。

EP：有效期。

*　*
*：大　*　←简化的大小→ * 小或没有。
*　*

3.6　数据评估

包围法和 / 或矩阵法研究的稳定性数据应采用如 ICH Q1E[7] 所述的与非简化研究数据相同的方式进行处理。如果对数据的检查表明参数没有明显变化，则不需要进行统计分析。在需要进行统计分析的情况下，应首先测试来自不同批次和陈述数据的可合并性。如果合并不合理，则应将获得的最短有效期应用于所有批次和陈述。如果合并是合理的，那么预测的有效期适用于所有陈述。请注意，如果检测到斜率的微小统计显著差异，合并则可能会被拒绝，但这可能没有实际意义。考虑到这一点，刘和同事们[8]提出了一种评估可合并性的替代方法。

3.7　实例

现在给出了一些被监管机构接受的降低稳定性设计的例子。在每一种情况下，这些特定的设计都被接受，没有任何重要的评论。提供的测试方案代表了为产品选择的长期稳定性测试条件。根据 3.5.2 中的评论，加速试验条件没有矩阵化。为了保密，不给出产品名称。

3.7.1　常规片剂产品，新的活性药物成分

表 3–5 中所示的示例 1 是一个给 FDA 新提交的设计，用于一种浓度为 1mg 的简单速释片。稳

定性数据可用于高浓度片剂，其配方非常相似，表现出非常好的稳定性，但并未上市。将使用两个包装，双箔泡罩和高密度聚乙烯瓶。瓶子有两种尺寸，50 ml 和 80 ml，每一种都有低和高的灌装量，尽管人们认为可能只有一种瓶子尺寸会被实际销售。批次 1、2 和 3 包括不同的有效药品成分输入批次。

表 3-5 示例 1：常规毫克片剂的矩阵化设计

片数	批号	储存时间（月）									
		初始	3	6	9	12	18	24	36	48	60
（a）50ml 瓶装											
低	1	X	—	—	X	X	—	—	X	—	（X）
低	2	X	X	X	—	X	X	X	X	（X）	（X）
高	1	X	—	X	—	X	—	X	X	—	（X）
高	3	X	X	—	X	X	X	—	X	（X）	（X）
（b）80ml 瓶装											
低	1	X	X	X	—	X	X	X	X	—	（X）
低	3	X	—	—	X	X	—	—	X	（X）	（X）
高	2	X	X	—	X	X	X	—	X	（X）	（X）
高	3	X	—	X	—	X	—	X	X	—	（X）
（c）泡罩包装											
1		X	X	—	—	X	—	X	X	（X）	（X）
2		X	—	X	X	X	—	X	X	—	（X）
3		X	—	X	—	X	X	—	X	—	（X）

提交的设计应用了 1/2 矩阵和三个批次的泡罩包装的标准设计。值得强调的是，对于高密度聚乙烯瓶而言，每个不同陈述只有两个批次的稳定性，而对于新的活性药物成分，根据 ICH 指南，则需要三个批次。可以肯定的是，由于陈述非常相似，实际上使用了三个不同的批次。事实上，这项设计不仅被 FDA 接受，而且评审员也称赞它是一个非常好的设计。

另一个值得注意的是，设计方面瓶装的批次分布。虽然在本设计中，不可能在四个不同陈述中以相同的次数使用每一批次，但尽可能平衡好，批次 1 和 3 分别用于三个研究，批次 2 用于两个研究。

3.7.2 常规片剂产品，现有的活性药物成分

该活性药物成分已在欧洲和美国获得批准，用于在日本生产的 200 mg 片剂，并在英国 S1 地区的 P1 包装中。现在需要添加在英国生产的 400 mg 和 600 mg 片剂，并在两个新的位置 P2 和 P3 包装，其中 P1 位置被丢弃。200 mg 片剂显示出非常好的稳定性。提交的稳定性协议设计如表 3-6 所示，并采用半矩阵设计。值得注意的是，由于这是一个现有的活性药物成分，每个陈述只有两个批

次进行测试稳定性，提交的已被 FDA 接受是 6 个月的数据①。

表 3-6　示例 2：200 mg、400 mg 和 600 mg 常规片剂的矩阵化设计

批次	200 mg		400 mg			600 mg			—	
	S2，P2	S2，P3	S1，P2	S2，P2	S1，P3	S2，P3	S1，P2	S2，P2	S1，P3	S2，P3
1	T1	T2	T1	T2	T1	T2	T1	T2	T1	T2
2	T2	T1	T2	T1	T2	T1	T2	T1	T2	T1
—										
—	0	3	6	9	12[a]	18[a]	24[a]	36	48	60
T1	X	—	X	—	X	—	X	—	X	X
T2	—	X	X	X	—	X	—	X	—	X

注　[a] 完整测试将在提交时最长的时间点进行。

另一个值得注意的是，在已提交稳定性的基础上，未对现场 S1 生产的 200 mg 片剂进行测试。然而，这些 200 mg 的药片只在包装 P1 中进行了研究，而不是在包装 P2 和包装 P3 中。因此，事后看来，更好的设计可能包括这些陈述和采用的包围法设计，其中 400 mg 的片剂在保持矩阵的同时被排除在试验之外。

3.7.3　计量粉末吸入器，现有的活性药物成分

该产品在许多国家注册和销售，并将引入加拿大，这需要特定的批次。该产品将以四种不同的剂量销售（D1 至 D4，D1 和 D4 分别为最高和最低剂量）。稳定性设计如表 3-7 所示，不寻常的是，它使用两个批次，每个批次的浓度分别为最高和最低，两个中间批次各一个批次，设计者称为部分包围法设计。对于一份新的提交文件（需要三批），具有三批最大和最小浓度的完整包围法设计可能更为传统，但表 3-7 中的设计提供了相同批次的所有陈述的真实数据。

表 3-7　示例 3：四种浓度的计量粉末吸入器的设计

浓度	批次	存储时间（月）						
		0	3	6	9	12	18	24
D1	1	X	X	—	X	—	X	X
D1	2	X	—	X	—	X	X	X
D2	1	X	X	—	X	—	X	X
D3	1	X	—	X	—	X	X	X
D4	1	X	X	—	X	—	X	X
D4	2	X	—	X	—	X	X	X

该设计还应用了一个半矩阵。由于在 18 个月的数据可用之前不需要提交，而且需要 24 个月的

① 此设计早在 FDA 发布 ANDAs 稳定性测试指南[9]之前就已提交，并表明对于现有的活性药物成分和产品，作为新的活性药物成分，三个批次用于稳定性。然而，在写作时还不清楚，如果有同一配方的几个有效的陈述，那么使用每个陈述的两个批次可能是允许的，研究者认为这是有效和合理的论点，因为超过两个批次将被研究。

最长保质期，因此完整测试被安排在 18 个月和 24 个月的时间点进行。

吸入装置的测试需要比大多数其他配方类型更多的资源，因此，在这种设计中，将测试的批次数从可能的 12 个（3 个批次的 4 个陈述）减少到 6 个，并且通过矩阵化进一步减少代表可以节省的成本以万英镑计算。不过，非常不幸的是，如 3.4 所述，FDA 可能不太接受计量吸入产品的简化设计。

3.7.4 常规片剂，新活性药物成分

这些在高密度聚乙烯瓶中具有单一浓度的药片，有三个不同的陈述。这些是 60 ml 的瓶子，包含 3~7 片（一个样品包），60 ml 的瓶子包含 30 片，100 ml 的瓶子包含 90 片。提交时间不确定，但预计有 18 个月或 24 个月的数据。

设计如表 3-8 所示，包括包围法和矩阵法。对于 60 ml 的瓶子，极端情况是 60 ml 瓶子中有 3 片，100 ml 中瓶子中有 90 片；因此，包含 4~7 片药片的 60 ml 的瓶子被包围了。其余的每个陈述使用了三个批次，另外应用了一个 1/2 矩阵。由于提交点不确定，因此允许在提交前的最长时间点进行完整测试。

表 3-8 示例 2：常规片剂产品，新活性药物成分的矩阵化设计

<table>
<tr><td colspan="2" rowspan="2">批次</td><td colspan="3">3 片</td><td colspan="2">30 片</td><td colspan="2">90 片</td></tr>
<tr><td colspan="3">60 ml 瓶装</td><td colspan="2">60 ml 瓶装</td><td colspan="2">100 ml 瓶装</td></tr>
<tr><td colspan="2">1</td><td colspan="3">T1</td><td colspan="2">T2</td><td colspan="2">T1</td></tr>
<tr><td colspan="2">2</td><td colspan="3">T2</td><td colspan="2">T1</td><td colspan="2">T2</td></tr>
<tr><td colspan="2">3</td><td colspan="3">T1</td><td colspan="2">T2</td><td colspan="2">T1</td></tr>
<tr><td colspan="9">—</td></tr>
<tr><td>—</td><td>0</td><td>3</td><td>6</td><td>9</td><td>12</td><td>18[a]</td><td>24[a]</td><td>36</td></tr>
<tr><td>T1</td><td>X</td><td>—</td><td>X</td><td>—</td><td>X</td><td>—</td><td>X</td><td>X</td></tr>
<tr><td>T2</td><td>X</td><td>X</td><td>—</td><td>X</td><td>—</td><td>X</td><td>—</td><td>X</td></tr>
</table>

注 [a]：完全测试取决于提交时间。

3.8 矩阵法对保质期估计的影响

减少测试当然会减少可用数据，因此考虑减少测试对保质期估计的影响很重要。随着数据减少，置信区间趋于扩大，那么最有可能的风险是，货架期将被低估，从而造成业务风险而不是患者风险。Golden 等人[10] 进行了一些模拟矩阵效应的研究。在这项研究中，他们采用了两种产品（胶囊产品和计量吸入器产品），这两种产品的完整结果来自完整的 36 个月的稳定性计划，然后他们回顾性地创建了人工的半简化矩阵，如表 3-2a 所示，设计用于浓度 1（S1），只需遗漏适当的数据。然后，通过截取规范限值的置信区间的常规统计线性回归分析进行保质期估计。因为在实践中有完整的测试，有六个可能的 1/2 矩阵可以被模拟（即批次可以是 123、213 或 231 等顺序），所以每个可能的排列都被模拟。这是针对三个不同测试中的每一个进行的，结果如表 3-9 所示。可以看出，保质期估计值存在一些变化，但对于计量吸入器的简化测试，正如预期的那样，估计值从未超出完全测试的估计值。胶囊确实显示保质期估计值有些延长，但值得注意的是，在 1996 年进行该

分析时，在提交时最长的时间点不需要进行全面测试；因此，在该分析中，12 个月的时间点也被矩阵化。实际上，如果在模拟中包括 12 个月的完整测试，就像现在一样，这可能会进一步收紧估计。

表 3-9 矩阵法对保质期估计的影响

测试	批次排列 保质期估计（月）							
	完全	123	132	213	231	312	321	平均值
（a）计量吸入器产品								
API 含量	23	24	24	21	25	29	29	25
溶解	>36	>36	>36	>36	>36	>36	>36	>36
杂质	17	18	18	21	22	18	14	19
最小值[a]	17	18	18	21	22	18	14	—
（b）片剂产品								
剂量	34	29	29	29	27	>36	32	30
总量	25	19	20	19	25	18	25	21
杂质	>36	>36	26	>36	25	>36	>36	33
最小值[a]	25	19	20	19	23	18	25	—

注 表中显示了完整测试和六种可能的简化排列中每种排列及所有六种排列平均数的统计保质期估计（以月计）。剂量：给药剂量；总量：通过阶式碰撞取样的细颗粒质量（4~6 级）。

[a]：所有测试的最低保质期。

自 Golden 的论文发表以来，已经有许多类似的研究，包括对产生 1000 个模拟的人工数据的研究[11]，其中许多研究未发表。这些研究表明，如果适当地执行，矩阵化对保质期估计的影响微乎其微。类似的研究也被应用于证明矩阵法可以应用于组合产品[12]。

3.9 结论

本章介绍了包围法和矩阵法在稳定协议优化设计中的应用。这可能会大大节省进行稳定性研究的成本；随着所需测试数量的减少，需要标记和存放的样品数量减少，因此存储它们所需的空间也减少了。

这些方法易于应用、完善，并被监管机构接受，也在 ICH 指南中进行了描述。因此，没有理由不在整个制药行业广泛应用它们。

参考文献

[1] International Conference on Harmonisation. 2002. Bracketing and Matrixing Designs for Stability Testing of New Drug Substances and Products. ICH Q1D.

[2] Nordbrock, E. 1992. Design and Analysis of Stability Studies. *J Biopharm Stat*, 2, 91–113.

[3] Fairweather, W., Lin, T. D., Kelly, R. 1995. Regulatory, Design and Analysis Aspects of Complex Stability Studies. *J Pharm Sci*, 84, 1322–1326.

[4] Helboe, P. 1992. New Design for Stability Testing Programs : Matrix or Factorial Designs. *Drug Inf J*, 26, 629–634.

[5] Waterman, K. C., Colgan, S. T. 2008. A Science Based Approach to Setting Expiry Dating for Solid Drug Products. *Regul Rapporteur*, 5, 7 / 8.

[6] Colgan, S. T., Timpano, R. J., Roberts, M., et al. 2014. Opportunities for Lean Sigma Stability Strategies. *J Pharm Innov*, 9, 259–271.

[7] International Conference on Harmonisation. 2003. Evaluation for Stability Data. *ICH QlE*.

[8] Liu, 7., Tung, S., Pong, Y. 2006. An Alternative Approach to Evaluation of Poolability for Stability Studies. *J Biopharm Stat*, 16, 1–14.

[9] U. S. Department of Health and Human Services, Food and Drug Administration Center for Drug Evaluation and Research(CDER). 2013. Stability Testing of Drug Substances and Products. *Guidance for Industry ANDAs*.

[10] Golden, M. H., Cooper, D., Riebe, M., et al. (1996). A Matrixed Approach to Long—Term Stability Testing of Pharmaceutical Products. *J Pharm Sci*. 85, 240–245.

[11] Pong, A., Raghavarao, D. 2000. Comparison of Bracketing and Matrixing Designs for a Two–Year Stability Study. *J Biopharrn Stat*, 10(2), 217–228.

[12] Pong, A., Raghavarao, D. 2002. Comparing Distributions of Shelf Lives for Drug Products with Two Components Under Different Designs.*J Biopharm Stat*, 12(3), 277–293.

4

ICH Q1E 稳定性数据评估

Garry Scrivens
Pflzer, Sandwich, UK

4.1 引言

ICH Q1E 指南的目的是提供稳定性数据如何用于确定原料药的复验期或药品的保质期的建议。ICH Q1E 指南旨在与其“母”指南 ICH Q1A（R2）[1] 结合使用。母指南提供了有关考虑因素的指南，如批量选择、容器封闭系统、试验频率和储存条件，而 ICH Q1E 提供了有关数据评估的指南，如如何利用加速研究中的信息，并提供了稳定性研究的统计方法示例，包括多种浓度和包装类型。

ICH Q1E 就如何利用从加速、中期和长期稳定性条件中获得的稳定性数据来提出注册申请中的复验期和保质期提供了建议。特别是，该指南概述了如何根据长期数据的外推（取决于可用的加速或中期稳定性数据的性质）来设置复验周期和保质期。该指南还涵盖了诸如包围法和矩阵法的稳定性研究设计（连同 ICH Q1D[2]）和多批次稳定性数据的可合并性测试，以及这如何影响建议的复验周期或保质期等主题。

ICH Q1E 指出，应采用适当的统计方法来分析长期的原始稳定性数据。本章的目的不是对 ICH Q1E 中建议的统计方法进行详细的讨论，因为已经有了关于这一主题的优秀和详细的评论[3]。在本章中，将对 ICH Q1E［及在某种程度上 ICH Q1A（R2）］的基本科学原理进行讨论和评估，目的是鼓励稳定性数据不仅被解释为纯粹在统计基础上处理的一组数字，还要根据产品的化学和物理特性进行理解和合理化。深入了解稳定性数据为何与设计质量原则保持一致，有助于确保多因素研究中的稳定性数据得到适当的合并和包围。此外，这种更深入的理解有助于批准后变化的风险评估，如包装和气候区域的变化，并有助于旅行和使用场景的定量风险评估。

首先，讨论了环境因素对稳定性的影响；4.2 主要目的是强调如何更定量地理解温度和湿度的影响，有助于以一种更紧密和完整的方式讨论和呈现加速、中期和长期条件下的稳定性数据。这种定量理解与计算包装内相对湿度（RH）的方法相结合，使来自包含不同包装类型的多因素稳定性研究的数据能够被理解并以协调和科学的方式呈现。

4.3 着重于多因素稳定性研究。ICH Q1E 提供的“因素”示例包括浓度、容器尺寸和容器填充；在本节中，将讨论这些因素如何分别影响稳定性能。

4.4“数据评估和统计考虑”中，涵盖了各种主题，包括关于非线性稳定曲线的潜在原因、可合并性标准及舍入数据对指定保质期的可能影响的讨论。

ICH Q1E 指出，如果观察到批次之间或其他因素（可以添加环境因素）之间的稳定性差异，则应进行讨论，以“解决差异的原因及此类差异对产品的总体意义”。希望本章将为那些愿意看到此类讨论的人提供帮助。

最后，必须要承认，本章的主要内容聚焦于化学降解（包括降解产品的增加和分析损失）。这是因为其他潜在的保质期限制属性（如溶解）不会太频繁地表现出稳定行为，可以根据基本的定量模型可靠地进行趋势分析和理解。然而，随着化学降解的产生，这类模型得到了更好的建立。

4.2 环境因素对药物稳定性的影响

母指南 ICH Q1A（R2）指出，稳定性测试的目的是提供证据，证明在各种环境因素（如温度、湿度和光）的影响下，原料药或药品的质量如何随时间变化。以下是对已知的不同环境因素如何影响药物稳定性的简短讨论；由于 ICH Q1B[4]（第 2 章）对光的影响进行了讨论，因此不包括对光的影响的讨论，但已经包括了关于氧气作为环境因素的简短章节。

4.2.1 温度

温度对药物的稳定性有着深远的影响。它影响化学反应的速率和扩散过程的速率（如通过包装的透湿性），并能改变样品的物理状态。在简单的情况下，化学反应速率的温度依赖性可以预期遵循阿伦尼乌斯方程：

$$k=A.\exp(-E_a/R.T) \tag{4.1}$$

其中

k 是反应速率

A 是一个被称为“指数前因子”的常数

E_a 是反应的活化能（通常单位是 kJ/mol 或 kcal/mol）

R 是通用气体常数［8.314J/（mol·K）or 1.987cal/（mol·K）］

T 是绝对温度（单位是 K）

同样，通常观察到通过包装的透湿性遵循类似阿伦尼乌斯的温度依赖性，例如：

$$P=P_0\exp(-E/R.T) \tag{4.2}$$

其中

P 是材料的渗透性（单位时间每 ΔRH 的水质量单位）

P_0 是一个依赖于包装材料性质的常数

ICH Q1E 及其母指南 ICH Q1A（R2）中未明确提及阿伦尼乌斯方程，但阿伦尼乌斯方程支持这些指南的一般原则。例如，ICH Q1A（R2）参考平均动力学温度（MKT），该温度基于阿伦尼乌斯温度依赖性[5]的假设，加速稳定性研究的建议持续时间与阿伦尼乌斯方程一致。然而，直到最近，阿伦尼乌斯方程还没有被明确地应用于稳定性研究和失效日期确定过程，部分原因是监管指南没有提及阿伦尼乌斯，部分原因是许多与稳定性相关的过程都是物理变化，一般不期望符合类似阿伦尼乌斯的温度依赖性，部分原因是即使对于预期符合的工艺（如化学降解），阿伦尼乌斯方程似乎没有可靠和定量应用所需的精度。造成这种明显不准确的许多原因与将阿伦尼乌斯应用于固态样品的困难有关，例如：

· 众所周知，湿度会影响降解速率，但阿伦尼乌斯方程不包括作为输入的湿度项。

· 阿伦尼乌斯方程要求反应速率 k 要在不同的温度下确定，但问题是固态中降解曲线的形状通常不符合允许直接计算 k 的简单速率方程。

· 在固体状态下，温度的变化有时会引起样品的物理变化（例如熔融或玻璃化转变），这可能导致降解动力学的阶跃变化，从而阻止精确外推阿伦尼乌斯方程。ICH Q1E 指南列举了两个加速条件（即高温）如何引起物理变化的例子，这导致了不代表长期储存条件下行为的稳定性行为：设计为 37℃熔化的栓剂熔化和明胶胶囊在加速条件下不具代表性地快速交联，因为升高的温度导致明胶中的玻璃化转变。

· 在观察到的降解是由多个连续或竞争过程引起的情况下，观察到的降解不太可能遵循阿伦尼乌斯温度依赖性。

尽管存在这些潜在的缺陷，但近年来，阿伦尼乌斯方程的应用在固态药物材料（原料药和药品）的应用上有所复兴；这是因为已经开发出能够部分克服这些挑战的方法，特别是那些与前两个原因相关的方法。许多研究，包括我们自己实验室的许多研究，已经研究了湿度对药物化学降解速率的影响[6~8]，并观察到，如果相对湿度保持不变，则阿伦尼乌斯方程通常适用，即：

$$k_{RH}=A_{RH}.\exp(-E_a/R.T) \tag{4.3}$$

其中

k_{RH} 是特定相对湿度下的反应速率

A_{RH} 是一个常数，是适用于特定相对湿度的“指数前因子”

这一点在“湿度”一节中有更详细的讨论，但这和克服与从实验数据中提取速率常数 k（第二个原因）相关问题的方法一起（在第 4.4.1 节中有更详细的讨论），使得阿伦尼乌斯方程更准确和定量地应用于数百种原料药和药品；第 4.2.6.3 节“稳定性协议设计”详细说明了如何确定阿伦尼乌斯方程参数。活化能 E_a 可视为“温度敏感参数”：活化能越高，温度对反应速率的影响越大。应用阿伦尼乌斯方程有许多好处，例如，它可以更好地了解加速研究中的稳定性数据与长期稳定性能的关系，它可以更准确和定量地评估标签储存条件以外的短期偏差的影响，允许在短期加速研究的基础上设定适当的暂时有效期；这些都是 ICH Q1E 及其母指南 ICH Q1A（R2）的关键目标。

4.2.2 湿度

湿度可以影响固态药物的降解速率，这一点可以通过以下事实来证明：对储存相对湿度的引用和控制贯穿于整个母指南 ICH Q1A（R2）中。然而，阿伦尼乌斯方程中没有一个公认的“湿度模拟”能定量地将反应速率与湿度联系起来，但多年来这一直是许多研究的主题[5, 9, 10]。湿度和降解速率之间最常见的关系是降解速率的对数与相对湿度呈线性增长，即降解速率随相对湿度呈指数增长：

$$\log(\text{降解速率}) = \text{常数} + B(\text{RH}) \tag{4.4}$$

$$\text{即 降解速率} = \text{常数} \times \exp(B.\text{RH}) \tag{4.5}$$

其中，B 是根据实验数据拟合的参数，是“湿度敏感度”参数：B 值越高，对湿度影响的敏感度越高。

学术界已经报告了降解速率和湿度水平之间的其他关系。降解速率与提升到常数次方的湿度成正比[11]，也就是说，预期降解速率的对数和 H 的对数之间存在线性关系，其中 H 是存储环境湿度水平的度量（例如相对湿度、绝对湿度、蒸气压）或固体样品中的湿度（例如水活性或含水量）。尽管这些模型在数学上存在差异，但在实验上很难辨别哪一个模型最能描述湿度的影响，这是由于经验变化、非线性降解引起的复杂性及在某些条件下降解的缓慢性所导致的。然而，“指数”模型（即方程 4.4 和 4.5，而不是“幂”模型）目前受到该领域大多数研究人员的青睐。

4.2.3 温度和湿度的组合影响

在恒温条件下，相对湿度、绝对湿度和蒸气压呈线性相关，这意味着，使用这些湿度测量中的哪一项来模拟降解速率和湿度之间的关系并不重要（例如方程 4.4 中的模型）。然而，当模拟温度和湿度对降解速率的综合影响时，不同的湿度描述符会产生不同的模型。

Genton 等人[6]和 Waterman 等人[7~9]提出了一个温度和湿度组合模型，其中使用相对湿度 RH 作为湿度描述符：

降解速率 $=A \times \exp(-E_a/R.T) \times \exp(B.\mathrm{RH})$　　（4.6）

即 log 降解速率 $=\log A - E_a/R.T + B.\mathrm{RH}$　　（4.7）

该模型结合了阿伦尼乌斯对温度的依赖及前面描述的湿度影响（方程式 4.4 和 4.5），没有提出详细的理论论证来严格解释该模型。该模型本质上主要是经验模型，但有人认为 RH 影响分子迁移率，从而增加了阿伦尼乌斯方程的碰撞频率和指数前常数[5]。方程 4.7 可以用三维图表示，其中降解速率的对数是响应变量，位于斜率为 Ea/R 的温度轴和斜率为 B 的 RH 轴的平面上，表明 Ea 是“温度敏感性参数”，B 是“湿度敏感性”参数（图 4-1）。

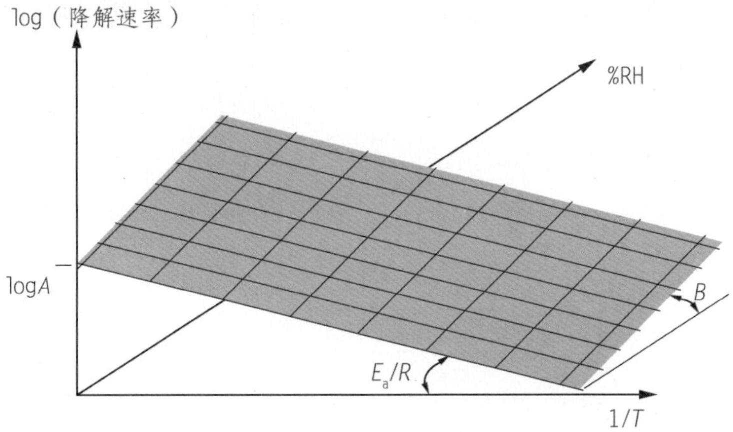

图 4-1　方程 4.7 三维图

值得注意的是，该模型中没有提出相互作用项（交叉项），即降解速率的温度依赖性与相对湿度无关，降解速率的湿度依赖性与温度无关。对许多不同产品的研究为该模型提供了支持，如下面的案例研究所示。

图 4-1 方程 4.7 的三维图形表示，其中降解速率的对数随 1/T 和 %RH 线性变化，且无温湿度相互作用效应。

4.2.4 案例研究

在我们自己实验室的以下案例研究中，药品 A 暴露在五种不同的加速条件下：80℃ /40% 相对湿度、70℃ /75% 相对湿度、70℃ /10% 相对湿度、60℃ /40% 相对湿度和 50℃ /75% 相对湿度。观察到每种条件下的降解与时间曲线都与本研究中获得的降解水平呈线性关系，因此从这些曲线的斜率可以简单地获得不同条件下的降解速率。图 4–2 显示了从本研究中获得的图，其中 75% 相对湿度下获得的阿伦尼乌斯图基本上与 40% 相对湿度下获得的阿伦尼乌斯图平行（即温度效应似乎与相对湿度无关）。因此，方程式 4.7 似乎适用于“药品 A”，无须使用温湿度相互作用项（交叉项），因为如果图 4–2 中的线不平行，则需要指示相互作用项。

同样在图 4–2 中也可以看到，这些线之间的垂直距离似乎与相对湿度的差异大致成正比；这在图 4–3 中更为明显，从相同的原始数据中获得，其中降解速率的对数似乎与相对湿度成线性比例。请注意，图 4–3 中直线的坡度提供了估算 B 的方法，方程式 4.7 中的湿度敏感度参数——坡度越陡，湿度敏感度越高。

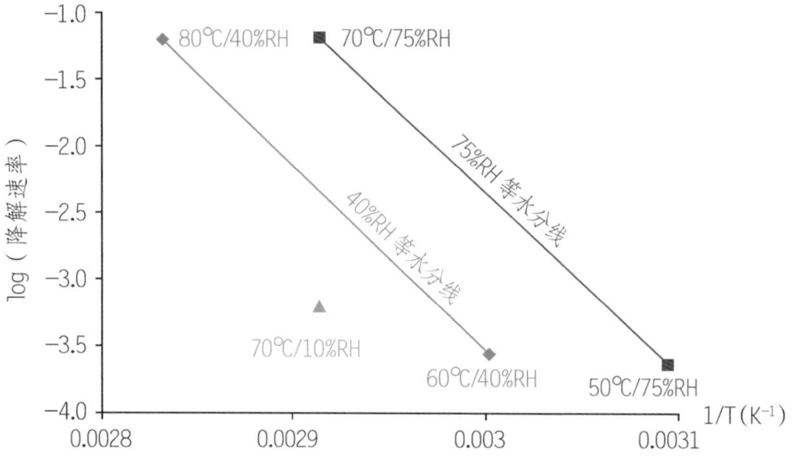

图 4–2　药品 A 的阿伦尼乌斯曲线图，其中温度的影响基本上与相对湿度无关，k 的对数随相对湿度成比例增加

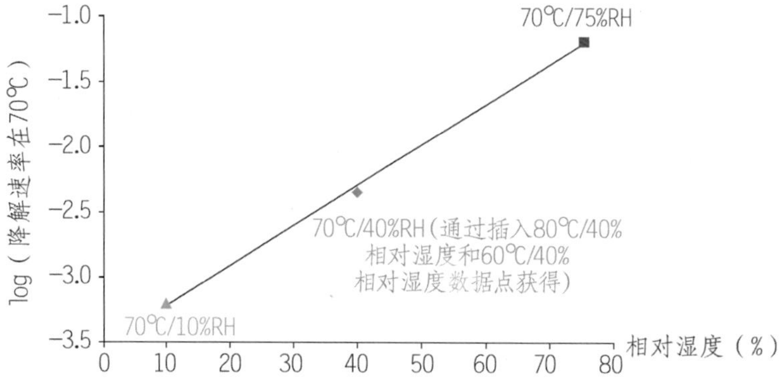

图 4–3　在恒温（70℃）下得到的产品 A 的 k 的对数与相对湿度的关系，其中降解速率的对数与相对湿度成线性比例

4.2.4.1　温度 – 湿度变量模型

降解速率对温度和湿度的综合影响的依赖关系，总结在方程式 4.6 和 4.7 中，可能是最常用和最简单的模型，用于估算作为温度和湿度函数的降解速率。然而，该模型绝不是通用的，并且该模型对于每种特定药物系统的适用性需要在其应用之前得到证明。第 4.2.1 节已经简要讨论了该模型

不适用的一些可能原因；根据我们的经验，由于温度或湿度水平的变化或多次降解过程（物理或化学过程）的发生，物理状态（如熔化或潮解）的变化是导致“不适合”的最常见原因。然而，已经提出了替代的温度 – 湿度模型，这些将在下文中进行讨论。

【温度–湿度相互作用项和其他模型拟合参数】

方程式 4.7 可描述为“线性模型”，因为响应变量（降解速率的对数）根据输入变量（温度的倒数和相对湿度）线性变化。线性模型通常以方程式 4.8 所示的形式表示，其中 y 为降解速率的对数，β 参数为模型拟合参数——β_0 为 A 的对数（截距），β_1 为 Ea/R，β_2 为 B：

$$y=\beta_0+\beta_1(1/T)+\beta_2(\mathrm{RH}) \tag{4.8}$$

该线性模型可扩展为包括一个温度 – 湿度相互作用项 β_{12}，以及允许降解速率的对数与温度的倒数和相对湿度之间的非线性（二次）关系的 β_{11} 和 β_{22} 项，如方程 4.9 所示：

$$y=\beta_0+\beta_1(1/T)+\beta_2(\mathrm{RH})+\beta_{12}(1/T\times\mathrm{RH})+\beta_{11}(1/T)^2+\beta_{22}(\mathrm{RH})^2 \tag{4.9}$$

如方程式 4.9 所示，引入额外的模型拟合参数将不可避免地带来更好的“拟合”，因为有更多的项目可用于描述响应面，而不是如图 4–1 所示的简单“平面”，响应面变为复杂的曲线。但是，引入的参数（β）越多，确定这些参数所需的稳定性条件就越多；另外，引入太多参数会导致“过度拟合”，其中模型中的附加参数仅导致拟合实验“噪声”，因此模型的预测能力降低。目前，已经开发了避免过度拟合的方法，例如“阿卡克信息准则”（AIC）和“贝叶斯信息准则”（BIC）[12,13]。对于涉及超出输入数据范围的模型外推的预测，过度拟合尤其成问题。例如，使用阿伦尼乌斯方程在短期加速稳定性数据的基础上预测长期储存条件下的降解速率，需要将阿伦尼乌斯图从低的（$1/T$）值外推到更高的（$1/T$）值；因此，附加项的引入可能导致对该类型的纯加速稳定性研究的不太准确的保质期预测。据报道，引入附加项的自由度提高了在稳定性方案的实验设计范围内通过插值预测降解速率对数的方法的预测准确性[14]。然而，避免在（$1/T$）轴上进行外推可能导致低于 LOQ 的降解水平（在温和条件下），除非稳定性研究耗费了很长时间。在模型中包含非常低的降解数据可能是有问题的，其中降解与时间的关系不是线性的。也就是说，初始降解速率可能无法代表规范水平的范围内的速率。

【湿度“幂”模型】

如第 4.2.2 节所述，提出降解速率可能与提升至常数次方的湿度成正比[8]：

$$\text{降解速率}=A\times\exp(-E_a/R.T)\times H^B \tag{4.10}$$

$$\log(\text{降解速率})=\log A-E_a/R.T+B.\log(H) \tag{4.11}$$

其中 H 是湿度的度量，例如 RH、绝对湿度或蒸气压；使用这个模型，选择使用这些描述符的湿度可能并不重要，因为蒸气压和绝对湿度是线性相关的。

$$\text{蒸气压(VP)}=\text{相对湿度(RH)}\times\text{饱和蒸气压(SVP)} \tag{4.12}$$

$$\mathrm{SVP}=\text{常数}_1\times\exp[\text{常数}_2\times(1/T)] \tag{4.13}$$

其数学结果是，如果降解速率取决于方程式 4.14 中所示的蒸气压，则降解速率也取决于方程式 4.15 中所示的相对湿度，这是通过将方程式 4.12 和 4.13 代入方程式 4.14 得到的：

$$\log(\text{降解速率})=\log A-(E_a/R)(1/T)+B.\log(\mathrm{VP}) \tag{4.14}$$

$$\log(\text{降解速率})=\log(A\times\text{常数}_1^B)-[(E_a+B\times\text{常数}_2)/R]\times(1/T)+B.\log(\mathrm{RH}) \tag{4.15}$$

方程式 4.14 和 4.15 的结构相同。

即 log（降解速率）= 常数$_a$– 常数$_b$（$1/T$）+ 常数$_c$×log（RH）

这意味着蒸气压（绝对湿度）和相对湿度实际上是等效的，以便根据“湿度幂”模型模拟温度和湿度的组合效应（尽管绝对湿度和相对湿度不能产生完全相同的模型，但一个湿度表达式将不可避免地导致更好的模型拟合，而不是其他）。

指数湿度模型（方程式 4.7）比湿度幂模型（方程式 4.11）应用得更广泛，但对哪种模型更适合实验数据存在争议。一个复杂的因素是湿度幂模型通常与附加的“降解形状”参数结合使用（在第 4.4.1.2 节中更详细地介绍了这一点，该节迄今为止阻止了类似于指数模型的比较。然而，我们在这方面的研究似乎支持方程式 4.7，文献 [15] 中经常报告了降解速率的对数和湿度（如方程式 4.7 所示）之间的线性关系，如图 4–3 和图 4–4 所示，取自 Duncan 等人 [10]，而方程式 4.11 表明降解速率的对数和蒸气压的对数之间存在线性关系。

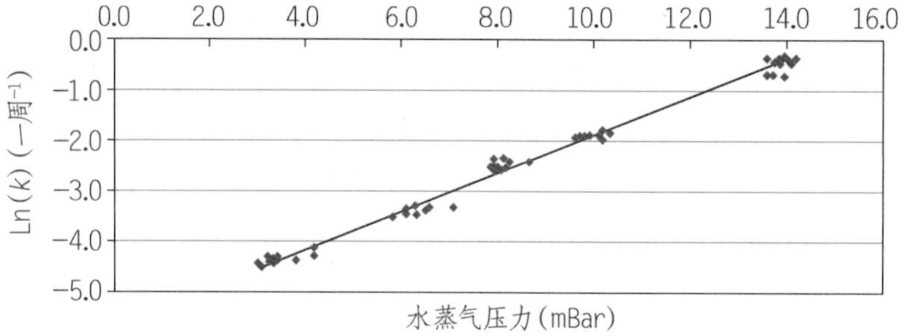

图 4–4　在恒定温度（60℃）下获得的 k 的对数与相对湿度的关系，其中降解速率的对数似乎与蒸气压成线性比例

4.2.5　氧气水平

关于氧气水平对药品保质期影响的研究实例较少。这可能反映出大气中的氧气水平与温度和湿度不同，并不是气候变量。然而，为了通过降低氧化降解速率来提高保质期，有许多医药产品采用充氮顶空或氧气清除剂包装。关于减少氧气顶空的好处的研究主要是支持监管提交文件中包含的专有临床或商业产品，因此通常不在公共领域。此外，监管提交文件中的数据解释通常不会尝试定量模拟氧气顶空水平对降解速率的影响。一项关于氧气水平对氧化速率影响的非药物研究提出，降解速率的对数与氧气含量的对数成线性比例 [16]。我们实验室的一个药学检查发现这种关系相当有效，但我们也发现脱胶率和氧气水平之间的直接线性关系（见图 4–5）表现得稍好。

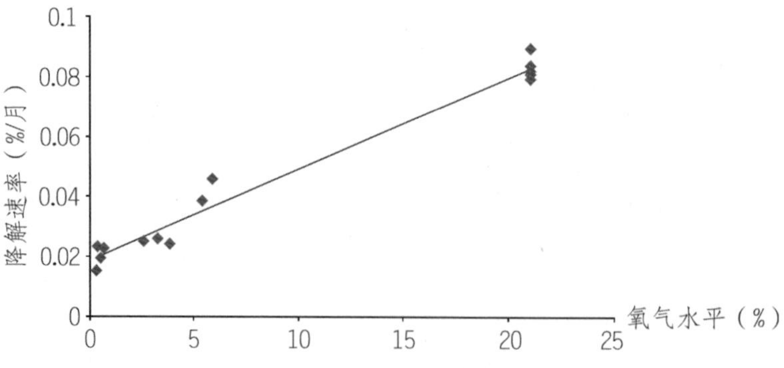

图 4–5　“产品 B”的降解速率与氧气顶空水平的关系

4.2.6 用于量化温度和湿度影响的稳定性协议

到目前为止，本节中的讨论描述了如何量化和建模温度和湿度等环境因素的影响。这符合母指南 ICH Q1A（R2）中规定的一般原则：稳定性测试的目的是“提供有关原料药或药品质量在环境因素（如温度、湿度和光线）变化下，如何随着时间变化的证据，并确定原料药的复验期或药品的保质期及推荐的储存条件”。量化温度和湿度的影响可以预测任何包装类型和任何气候区的稳定性，这是一个显著的优势。

ICH Q1A（R2）为注册申请所需的长期、中期和加速稳定条件提供了明确的指导。然而，为了更全面地了解在温度和湿度的影响下，原料药或药品的质量是如何随时间变化的，除了 ICH Q1A（R2）中建议的外，研究稳定性条件也是有益的。

4.2.6.1 包括对未包装（或固定湿度）样品研究案例

通常只对包装材料进行稳定性研究，因为 ICH Q1A（R2）规定“应对包装在容器封闭系统中的原料药进行稳定性研究，该容器封闭系统与用于储存的包装相同或模拟分配”；对于药品，它指出“应该对用于营销的容器封闭系统中包装的剂型进行稳定性测试”。虽然为了监管目的而对包装材料进行测试是必要的（由于包装内部的环境条件不固定且与包装外部的环境条件不同），但它可能会模糊湿度的真实影响（和不太常见地模糊了氧气暴露的真实影响）。可以使用成熟的科学（在第 4.3.1 节中简要描述）准确模拟包装内的条件，但为了达到对湿度的真实影响进行量化和建模的目的，实际药物或药品的湿度暴露是固定的且准确已知的稳定性协议（例如针对未包装材料执行的协议）是更可取的。对未包装材料进行稳定性研究符合“在直接容器外或在其他包装材料中对药品进行的研究可构成剂型应力测试的一个有用部分，或分别被视为支持信息”的指导方针。在稳定性协议中同时具有包装和未包装（或固定湿度）配备在许多情况都是有利的，因为它可以使用未包装的数据构建温度 – 湿度模型，并使模型能够针对包装数据进行验证。

4.2.6.2 包装稳定性样品水活度测定实例

在稳定性研究过程中，测量包装产品在时间点的水活度对于详细了解水分对产品稳定性的影响非常有用。有关水活度的详细定义，可在文献 [17] 中找到，但对于本讨论的目的，可将产品的水活度和产品上方顶空的相对湿度视为相同（因为产品的水状态与其周围环境平衡）。因此，可以看出水活度测量与降解速率直接相关（例如通过方程式 4.7 或 4.11）。水活度测定比含水量测定（通过卡尔・费歇尔测定获得）有优势，原因有很多：

· 水活度测定是无损的。

· 含水量直接与降解速率相关的模型可能不适用于含有束缚水的系统 [18, 19]。

· 水含量测定的稳定性数据的趋势分析通常表明缺乏趋势，在许多情况下，这可能反映了试验前样品处理变异性引起的实验变异性（即在从稳定室中取出之后及在任何如称重或研磨等样品操作期间，样品的水分含量将与实验室环境条件平衡）。水活度测定也会遇到同样的问题，但在试验前，样品通常不需要任何操作，这就允许直接从稳定性包装中取出的样品立即测定水活度。

4.2.6.3 稳定性协议设计

在设计稳定性协议时，必须考虑稳定性研究的目的。例如，在某些情况下，可能需要快速指示产品的稳定性与温度和湿度的影响；在这种情况下，可能需要对仅包含少量加速条件的未包装材料制订一项协议。然而，本节讨论的重点是与 ICH 指南相关的稳定性协议，该指南是为拟用于注册申请的原料药和药品编写的，稳定性研究结论需要高度的可信度。

在许多情况下，可以保证只进行 ICH Q1A（R2）中规定的基本稳定性条件，但以下讨论与那些希望建立更定量的温度和湿度影响模型的人有关。没有“一刀切”的稳定性方案设计；每个稳定性方案都需要根据单个原料药 / 药品的物理特性和稳定性研究的目的进行设计。

【选择要评估的不同存储条件的数量】

为了确定温度和湿度如何影响降解速率，有必要对多种不同的稳定性条件（即温度 – 湿度组合）进行稳定性研究。在建模方面，模型中未知参数的数量决定了研究所需的最小稳定条件数量。例如，方程式 4.7 有三个需要确定的参数——A、E_a 和 B，因此至少需要三个稳定性条件。然而，只有三个条件无法提供模型的可靠性信息，这类似于在一个简单的线性回归实验中通过两个数据点绘制一条最佳拟合线。因此，应评估三个以上的条件，以提供所谓的“超定”系统。评估的稳定性条件的数量通常取决于有多少资源可用于研究，以及所需的可靠性程度。对大约 7 或 8 种不同条件的评估代表了资源需求和可靠性需求之间的典型折中。对于每种情况，建议至少获得两个不同的时间点，以评估降解曲线的形状（在第 4.4.1 节中讨论）。如果包含附加项（如方程式 4.9 所示），则需要更多的稳定性条件。

【温度–湿度条件和稳定性时间点的选择】

在选择稳定性条件时，重要的是每个稳定性条件下样品的物理状态应与长期条件下的物理状态相同。物理变化包括熔化、玻璃转变、潮解、水合物形成、脱水形成和固态变化。重要的是要考虑温度和湿度的组合效应；例如，较高的湿度水平通常会降低玻璃化转变温度。更高的温度条件不仅导致更短的稳定性研究，而且还需要更大的阿伦尼乌斯图外推（即降解速率的对数与 $1/T$），如果阿伦尼乌斯图显示出任何非线性迹象，这可能会降低模型的精度。低温条件（如 5℃）的加入通常用作“对照”样品，以便更准确地评估其他条件下降解水平的增长。所研究的湿度范围通常跨越包装材料可能的“真实世界”湿度；例如，5%~10% 相对湿度代表典型的低端相对湿度水平，75% 相对湿度代表典型的高端相对湿度水平。

在设计稳定性协议时，还必须确保每个稳定性条件对模型参数的影响相似；根据协议中使用的温度 – 湿度组合，某些条件可能比其他条件的影响更大。例如，可以通过计算每个稳定条件的“杠杆作用”或计算“库克距离”来测量影响程度 [20]。一般来说，温度和湿度条件越平衡，间隔越均匀，“杠杆作用”在不同条件下越一致。

从建模的角度来看，设计“平衡”稳定性协议时遇到的一个问题是，在低温、低湿度条件下，任何可观察到的降解都需要很长的时间。这就出现了一个问题，因为稳定性数据分析通常发生在稳定性研究结论之前的一个过渡时期。因此，在这一点上几乎没有或没有观察到降解。这会导致数据缺失或在这些条件下降解程度极低。缺乏数据的问题是显而易见的：模型所基于的数据点较少，这将影响稳定性协议设计的“平衡”。降解程度很低的问题就不那么明显了。首先，测量精度较低，在许多情况下，稳定性曲线不是线性的。也就是说，初始降解速率可能与随后观察到的降解速率有很大的不同，这可能会使与估计失效日期相关的降解速率估计产生偏差（即属性所需时间违反规范限制）；这在第 4.4.1 节中详细讨论。为了减少这种“偏差”，加速条件下测试的时间点相对于较温和的条件应较短，以便在不同的稳定性条件下获得大致相同的降解程度。这被称为“等转化率”方法（在第 4.4.1.1 节中有更详细的介绍）[3]。

稳定性数据的中期分析（即在稳定性研究完全完成之前设定有效期）不可避免地需要一种或另一种外推：温和的条件需要在“降解与时间”空间中进行外推（达到规范水平），加速条件需要在“降解与温度或湿度”空间中外推到长期条件。关于哪个更安全：避免低降解或避免更严酷的条件存在一些争论，但在这里，我们已经提醒注意这两种方法存在假设和限制的事实，而且将两者的要素纳入稳定性方案设计中可以提高理解度，并在设定有效期时增强信心。

【固定湿度稳定性研究的实际考虑】

用湿度控制的烤箱可以控制稳定性样品的温度和湿度；设置在 25℃ / 60% RH，30℃ / 65% RH，30℃ / 75% RH 和 40℃ / 75% RH 的烘箱是常见的，因为这些是 ICH Q1A（R2）中引用的条件。设置在 30℃ / 35% RH 的烤箱也很常见，因为这是气候区 III 推荐的“热、干”储存条件 [21, 22]。在其他固定温度 – 湿度条件下储存可能存在问题，因为额外的湿度控制烘箱需要投资，尽管对“预测稳定性”的关注增加导致部分制药公司正在进行投资。

使用非湿度控制的烘箱和密闭容器可以实现一系列固定的温度 – 湿度条件。例如，可以通过在储存前将样品预平衡到所需湿度水平，或使用市售或饱和盐溶液保持所需湿度水平来实现密闭容器内的湿度控制 [23]。例如，氯化镁饱和溶液在 50℃时保持约 30.5% 的相对湿度（湿度水平随温度变化而略有变化）；同样，饱和溴化钠在 50℃时保持约 50.9% 的相对湿度。如果使用密封容器，建议监测内部湿度；小型电池驱动的温湿度探头可用于此目的。

4.2.7 药品温度和湿度敏感性的典型值

图 4–6 显示了我们实验室测定的大约 60 种产品的湿度和温度敏感性。湿度灵敏度以 B 值测量，温度灵敏度以活化能 E_a 测量，如前所述，基于方程式 4.7。可以看出，平均活化能约为 120kJ/mol，平均 B 值约为 0.04（$\%^{-1}$），尽管 E_a 和 B 的范围都很广。这表明“典型”产品的 E_a 值为 120kJ/mol。从长期温度（25℃）到加速温度（40℃）大约有 10 倍的加速度，对于再加热产品，从长期到加速温度（5~25℃）大约有 34 倍的加速度。因此，ICH Q1E 中规定的 6 个月加速条件下没有显著变化，这对于大多数产品，特别是冷藏产品来说，是一个重要的安全限度，因为加速条件下的 6 个月平均相当于 25℃ /60% 相对湿度储存的产品约 60 个月和在 5℃下储存的产品 200 个月。但是，对于冷藏产品，ICH Q1E 中的决策树还需要对 3 个月后的加速数据进行评估，这相当于长期条件下约 100 个月。

平均 B 值约 0.04（$\%^{-1}$）相当于每增加 20% 相对湿度，反应速率增加 1 倍。图 4–6 中所示的宽范围的 E_a 和 B 值突出了应用任何经验法则来评估加速数据的难度，并提供了根据具体情况确定温度和湿度灵敏度的论据。

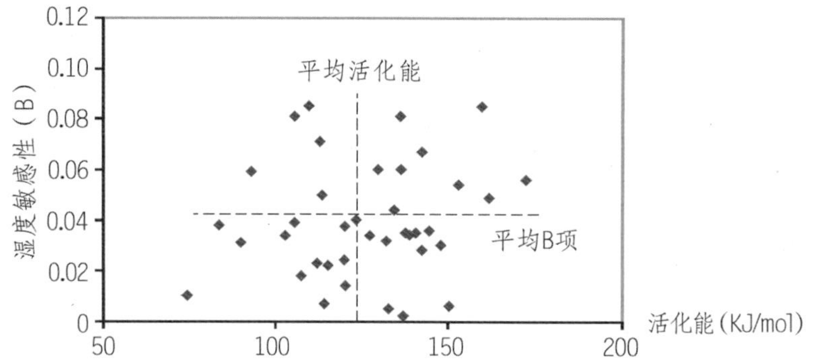

图 4-6　约 60 种产品的湿度和温度敏感性

4.3　多因素稳定性研究

母指南 ICH Q1A（R2）规定，应至少对三个批次进行稳定性研究，对于药品，应针对每个单独的浓度和包装类型进行稳定性研究，除非采用了包围法或矩阵法。如果浓度和包装等因素似乎不会影响稳定性，则可以合并稳定性数据，以提供适用于所有浓度和包装类型的保质期。但是，对于某些产品，这些因素可能影响稳定性能；ICH Q1E 指出，如果存在差异，很容易归因于特定因素，则可以指定不同的保质期，并应进行讨论，以解决差异的原因。本节简要讨论了这些因素对产品稳定性的可能影响。

4.3.1　包装配置对稳定性能的影响

包装对外部条件提供了屏障，包括湿度、氧气和光线等因素；所以，包装内的环境条件可能与包装外部的储存条件不同。因此，如果包装好的产品存放在 25℃ / 60% RH 的室内，产品的存储温度可以假设为 25℃，但产品的精确湿度无法从中得知。为了了解包装内的湿度条件，需要对其进行测量，但如果包装的水蒸气透过率（WVTR）、包装内容物（即产品本身和任何可能存在的干燥剂）的水分吸附性能，以及包装时内容物的水分活度是已知的[24, 25]，可以计算出湿度条件。

WVTR 是包装提供的防潮能力的度量：WVTR 越高，水渗透越快。WVTR 随着内部和外部相对湿度条件之间的差异成比例增加，如方程式 4.16 所示：

$$\mathrm{WVTR}=P\times(\mathrm{RH}_{ext}-\mathrm{RH}_{int}) \quad (4.16)$$

其中 P 是渗透率常数，RH_{ext} 和 RH_{int} 分别是外部和内部相对湿度条件。根据公式 4.2，渗透率 P 随温度变化。

材料的吸湿性能通常以其水汽吸附等温线来描述，该等温线显示了材料的含水量（例如以 % w/w 表示）与环境相对湿度之间的关系。吸湿性材料和大量包装内的材料有助于“缓冲”进水的影响，也就是说，这减慢了包装内相对湿度的变化率。

这些影响如图 4-7 所示，图 4-7 比较了三种不同情况下包装内的湿度：在渗透性最强或吸湿性最低的情况下，变化率最快。如果产品和浓度保持不变，则具有相同“每单位 WVTR”的包装配置将具有相同的相对湿度与时间曲线；因此，“每单位 WVTR”是对给定产品浓度进行包围法稳定性研究的可接受基础。在比较不同产品浓度的防潮性能或使用干燥剂（如后文所述）时，“每单位 WVTR”不适用。

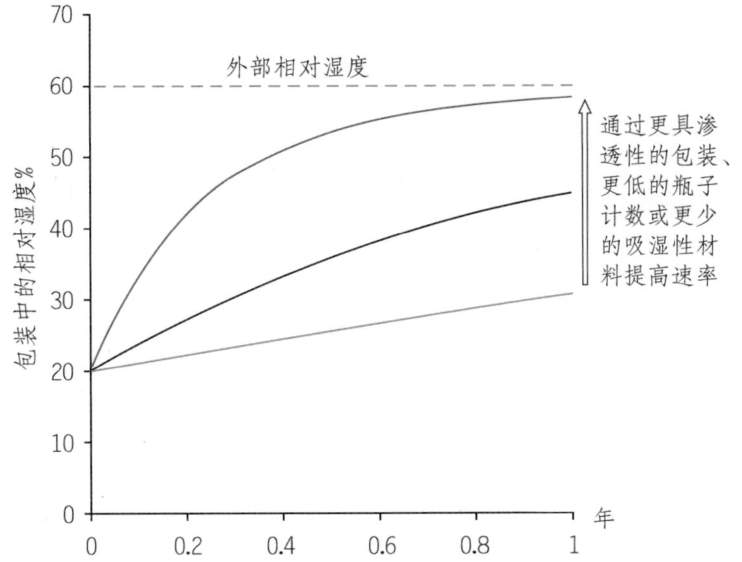

图 4-7　包装内湿度的变化率取决于包装的渗透性、吸湿性能和包装内材料的数量

4.3.1.1　干燥剂

在包装中添加干燥剂可能有利于对水分敏感的产品，这不仅是因为干燥剂最初会使产品变干，而且因为它们具有较大的含水量（即它们的吸水等温线很陡峭），所以能够缓冲湿度的变化。但是，添加干燥剂也使得在不同包装配置之间定量连接稳定性行为变得更加复杂，因为诸如“每单位 WVTR”等简单概念不再适用（除非保持生产 / 干燥剂质量比）。举例来说，图 4-8 显示了不同瓶子计数的包装中的湿度如何随着时间变化，每个包装中有 1g 的罐装二氧化硅干燥剂；图 4-8 显示了简单的“每单位 WVTR”在确定哪种配置是最差的情况下不再有用（因此不再是包围法策略的有用基础），因为低计数的瓶子在早期提供干燥条件，但在后期提供较高的湿度条件。因此，如果对需要干燥剂的产品采取包围法策略，则需要仔细考虑。

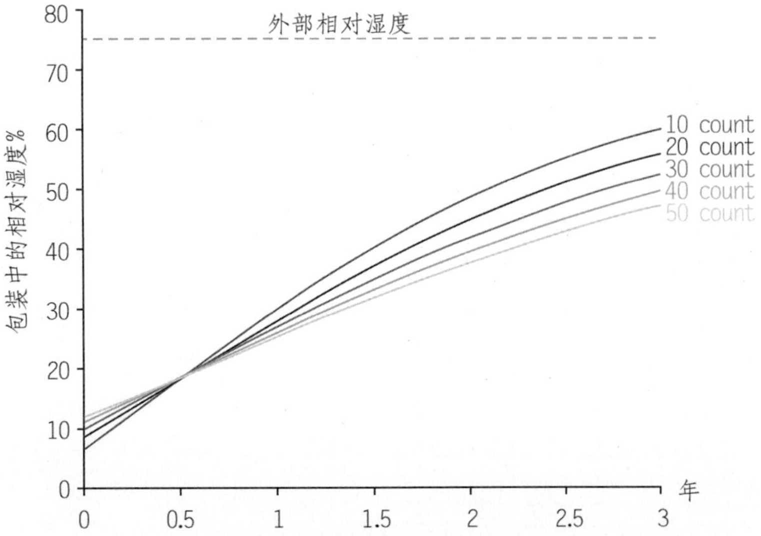

图 4-8　60 毫升高密度聚乙烯瓶内的湿度，其中包含 1g 二氧化硅干燥剂和可变数量的药片

4.3.2 产品浓度对稳定性能的影响

产品浓度对稳定性能有显著影响；这种影响的精确性质取决于不同浓度是否由“共同混合物”制成。如果具有相同的定性和定量组成，即所有成分以相同的比例加入，则称不同的浓度有一种“共同混合物”；“非共同混合物”通常是指具有相同定性组成但不同定量组成的不同浓度，即它们具有相同的成分，但成分以不同的比例存在。母指南 ICH Q1A（R2）指出，如果浓度在成分上相同或非常密切相关（即由共同混合物制成），则包围法适用；ICH Q1E 指出，应进行讨论以解决浓度差异的原因。以下是对不同浓度之间稳定性能可能存在差异的科学依据的简要讨论。

4.3.2.1 共同混合物

共用一种共同混合物的产品可能表现出非常相似的稳定性能，尽管溶解性能的差异可能是最明显的，因为流体动力学、片剂硬度和较低浓度等因素的差异不可避免地会有更好的“下沉”条件。在化学降解方面，在压片过程中，更高浓度的片剂往往使用更高的压缩力来制造，这可能会影响降解速率。然而，下面的案例研究提供了一种情况，不同的浓度在相同条件下储存时表现出一致的降解行为，但由于包装内的湿度水平不同，表现出不同的稳定性行为。

4.3.2.2 共同混合物案例研究

对由共同混合物制成的“产品 D”（15 mg、30 mg 和 45 mg 浓度）的三种不同浓度进行了加速稳定性研究。在稳定性研究期间，将片剂储存在开放式玻璃培养皿中，稳定性条件如表 4–1 所示。在每种条件下，三种浓度的降解水平都在实验误差范围内，这表明三种浓度在化学降解方面的表现非常相似；这也可以在图 4–9 中看到，其中原始数据已被处理为降解速率的对数数据并对温度的倒数绘制（即呈现为“阿伦尼乌斯曲线图”）：三种不同浓度的稳定性数据在每种稳定性条件下紧密聚集。图 4–9 还表明，从本研究中获得的降解数据符合方程式 4.7，E_a 和 B 参数分别约为 118kJ/mol 和 0.037（$\%^{-1}$）；这使得以合理的置信度预测包装中的长期降解行为。图 4–10 显示了根据表 4–1 中的加速稳定性数据计算出的 30 计数、60 ml 高密度聚乙烯瓶的长期降解预测。尽管三种浓度在开放式玻璃培养皿中的表现相似（如表 4–1），但一旦包装成 30 个计数瓶，稳定性性能会略有不同。这是因为含有 15 mg 浓度药片的瓶子与含有 30 mg 浓度药片的瓶子相比有一半的产品量，与含有 45 mg 强力药片的瓶子相比有 1/3 的产品量。较大量的产品减缓了湿度增加的速度，而且该产品的 B 值（$0.037\%^{-1}$）表明这是一种中等湿度敏感的产品。如果“每质量产品的 WVTR”在三种不同的产品浓度上保持不变（而不是“每单位 WVTR”），那么包装中的等效稳定性能将是可预期的。

表 4–1 “产品 D”的加速稳定性数据

时间（天）	温度（℃）	湿度（%RH）	降解速率（% w/w）		
			15 mg 浓度	30 mg 浓度	45 mg 浓度
14	50	75	0.29%	0.28%	0.27%
14	60	40	0.26%	0.23%	0.22%
14	70	10	0.29%	0.29%	0.27%
2	70	75	0.39%	0.40%	0.40%
2	80	40	0.54%	0.48%	0.44%

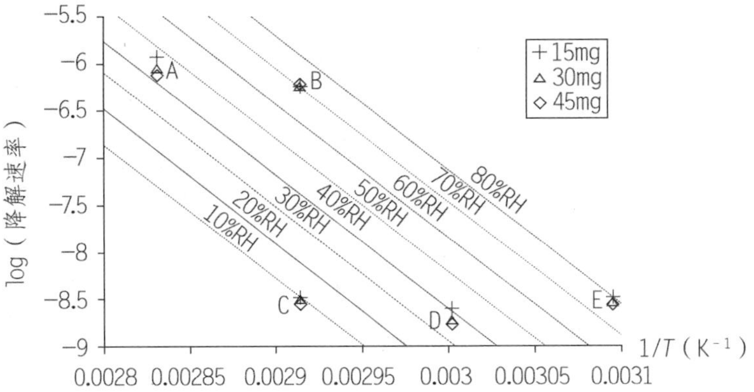

图 4-9　产品 D 的加速稳定性数据

产品 D（如表 4-1）的加速稳定性数据以阿伦尼乌斯图表示。聚集在 A 处的点是 80℃ /40%RH 数据，B 是 70 ℃ /75%RH 数据，C 是 70 ℃ /10%RH 数据，D 是 60 ℃ /40%RH 数据，E 是 50℃ /75%RH 数据。虚线是基于方程式 4.7 的不同相对湿度水平下的阿伦尼乌斯图。

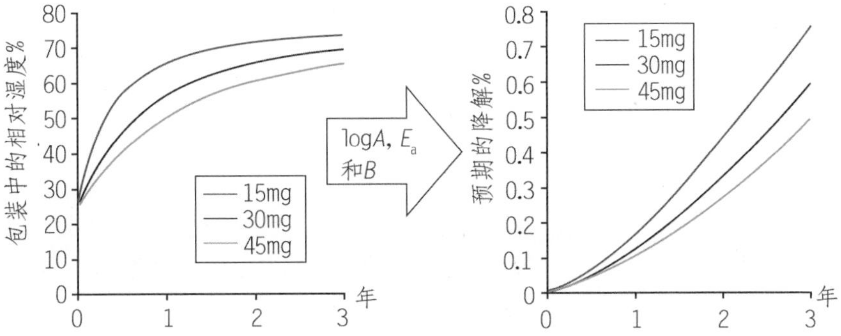

图 4-10　不同浓度的降解速率

注　当三种不同浓度包装在 30 个计数的高密度聚乙烯瓶中并在 30℃ /75% RH 下储存时，预测产品 D 的长期降解行为。来自加速稳定性研究（如表 4-1 和图 4-11）的 logA、*Ea* 和 *B* 信息可用于将"包装中的 % RH"信息转换为降解信息。

稳定性预测（如图 4-10 所示）与证明预测准确性的长期数据一起出现在监管文件中，这将提供一种强有力的方法，证明对符合 ICH Q1E 目标的浓度、包装类型与填充物、温度和湿度等因素的影响有了透彻的理解。

4.3.2.3　非共同混合物

ICH Q1D 指出，在原料药和赋形剂的相对量在配方中发生变化的情况下，包围法可以合理地应用于具有多种浓度的研究。然而，如果在此类研究中观察到稳定性趋势（即其中一个包含用相同赋形剂制成的多个浓度，但比例不同，即具有相同的定性成分，但具有不同的定量成分），则不同的浓度在这些稳定性试验中可能表现出不同的速率。例如，具有较高赋形剂 / 活性药物成分比率的产品浓度往往比具有较低赋形剂 / 活性药物成分比率的产品更容易发生化学降解（当所有其他因素保持不变时）。这一点在下面的研究中得到了证明，在这项研究中，观察到简单的活性药物成分 / 赋形剂二元混合物中的药物负荷会影响降解速率。

【药物负荷（活性药物成分/辅料比）影响的研究】

研究人员研究了在多个不同的活性药物成分负荷下（% w/w）与微晶纤维素的二元混合物中活性药物成分“E”的降解速率，并通过简单的混合（滚转）制备了二元混合物。为了减少试验的时间尺度，研究了加速条件（80℃ /40%RH）下的降解速率，但观察结果与长期储存条件有关。图 4–11 显示了储存 1 个月后测得的降解程度，这表明较低的活性药物成分负载降解更快。此外，根据方程式 4.17 建立降解速率模型似乎是可能的，方程式 4.17 是根据活性药物成分和赋形剂之间的理论接触表面积得出的。

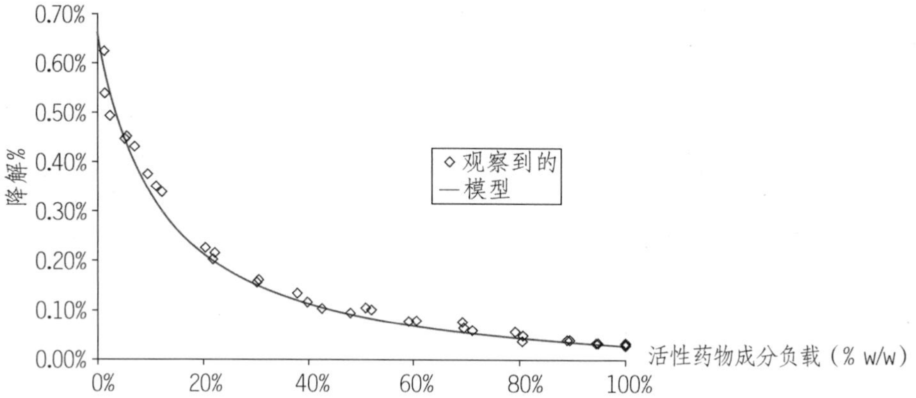

图 4–11　不同比例下的降解程度

当活性药物成分“E”以不同比例与微晶纤维素混合时，在 80℃ /40%RH 下储存 1 个月后观察到的降解程度见图 4–11；测量了大约 40 种不同的混合物。标有“模型”的曲线显示方程式 4.17 中预测的水平。

在方程式 4.17 中，活性药物成分负载表示为 0（无限稀释）和 1（纯活性药物成分）之间的数字；% Deg_{API} 是在没有赋形剂的情况下观察到的活性药物成分降解百分比；% Deg_{Max} 是通过拟合获得的常数。它代表无限稀释活性药物成分载荷下的理论降解百分比，K 是通过拟合获得的另一个常数，但预计它与活性药物成分 / 赋形剂比表面积（$m^2.g^{-1}$）的比率有关：

% 降解 =%Deg_{API}+%Deg_{max}.（1– 活性药物成分负载）/（K・活性药物成分负载 +1– 活性药物成分负载）　　（4.17）

除活性药物成分“E”外，还使用不同的储存条件研究了另外两种活性药物成分 / 赋形剂系统，并且在这两种情况下，观察到方程式 4.17 适用，尽管具有不同的拟合参数。

这些研究表明，由非共同赋形剂混合物（例如具有不同的活性药物成分负载）制成的不同浓度的产品可能表现出不同的降解速率，但这些研究为合理化这些差异提供了基础，并导致以一种包含所有浓度的方式呈现稳定性信息，而不是单独讨论浓度。

4.4　数据评估和统计考虑

ICH Q1E 主要关注如何处理稳定性数据。它涵盖了稳定性数据如何及何时可以外推和组合（合并）等主题，并提供了如何使用包围法和矩阵法进行稳定性研究的指导。在本节中，讨论了与稳定性数据外推相关的降解形状，并讨论了“可合并性”准则及舍入和复制策略对保质期的潜在影响。

4.4.1 解读降解曲线的形状

根据母指南 ICH Q1A（R2），如果根据已知的降解机制进行了合理的论证，则可以对长期储存条件下超出观察范围的实时数据进行有限外推，以延长复验期，同时 ICH Q1E 承认假设变化模式的正确性在考虑外推时是至关重要的。如果降解与时间曲线基本上是线性的，那么这有助于统计评估，如回归和外推。根据经验，在固体产品的 50% 情况下，降解曲线是线性的。如果关系是非线性的，那么指南建议可以使用二次、三次和 / 或对数转换将数据线性化。非线性降解行为有许多可能的原因，尤其是固态，其中一些原因如下：

· 复杂的化学降解反应方案。观察到的降解产品可能是复杂反应方案的一部分，涉及多个连续、竞争和可逆步骤。

· 异构环境。在固态状态下，活性药物成分可能有许多不同的物理环境，甚至是连续的物理环境。每个环境都可能表现出不同的降解敏感性。此外，样品的物理状态也可能随着时间而改变，随着时间的推移，导致不同比例的反应性环境。

· 降解极限“Deg_{lim} 或 Deg_{∞}”未知，且小于 100%。与前面一项目相关，只有一小部分活性药物成分可能处于反应性环境中。如果只有处于非晶态的活性药物成分出现任何明显的降解，且只有 1% 的活性药物成分出现非晶态，则观察到的降解将呈现曲线，因为它接近 1% 的降解极限（即“Deg_{lim}”为 1%）。

· 非线性物理和固态过程。在固态中，由于成核、扩散和收缩体积或收缩面积过程，降解可能通过非线性动力学进行（举例见表 4–2）[26]。

表 4–2 一些常见的固态降解过程的动力学表达式

固态降解过程	$\%Deg_t$=	$\%Deg_t$ 与 t^n 成正比（当 $\%Deg_t \ll \%Deg_{\infty}$ 时），其中：
零阶	kt	n=1
第一阶	$[\%Deg]_{\infty}(1-e^{-kt})$	n=1
第二阶	$[\%Deg]_{\infty}[1-1/(1+kt)]$	n=1
成核，阿夫拉米 – 叶拉菲耶夫（第二阶）	$[\%Deg]_{\infty}(1-e^{-(kt)^2})$	n=2
成核，阿夫拉米 – 叶拉菲耶夫（第三阶）	$[\%Deg]_{\infty}(1-e^{-(kt)^3})$	n=3
面积收缩	$[\%Deg]_{\infty}[1-(1-kt)^2]$	n=1
体积收缩	$[\%Deg]_{\infty}[1-(1-kt)^3]$	n=1
三维扩散	$[\%Deg]_{\infty}\{1-[1-(kt)^{1/2}]^3\}$	n=0.5

· 非固定湿度环境。如第 4.3.1 节所述，包装产品的稳定性研究不可避免地会导致产品的非固定湿度环境：由于水分渗透到包装中，包装内的湿度通常会缓慢地升高到外部环境的湿度。如图

4–6 所示，大多数产品的降解速率受湿度环境的影响很大，但如第 4.2.6.1 节所述，通过对固定湿度（如未包装）样品进行稳定性研究，可以消除非线性降解的起因。

任何实际的非线性降解都可能是由已列出的和之前未列出原因的任何组合引起的。因此，在实践中，很难仅根据对深层机制的理解来指定先验的线性转换：监管文件中使用的固态包装稳定性数据的大多数（如果不是全部）历史线性转换在某种程度上都是经验的。然而，本节的目的是建议如何使线性转换更机械性地基于未来。

4.4.1.1 “等转化率”

等转化率方法允许比较在不同情况下获得的非线性降解速率，而无须将降解曲线表示为速率方程。达到某种程度的降解所需的时间（即相同的转化水平，因此称为“等转化率”）被用作降解速率的度量。使用等转化率方法，只要降解曲线的形状在所有不同的情况下都是一致的，那么降解曲线的形状是什么并不重要。请注意，在这种情况下，曲线的形状与曲线的时间刻度要分开考虑。这种区别可以在图 4–12a 中看到，其中显示了在 50℃ /75%RH、60℃ /75%RH 和 70℃ /75%RH 下获得的降解曲线。曲线的速率明显不同，但如图 4–12b 所示，当使用缩放时间轴绘制曲线时，曲线的形状在每个条件下都保持不变。因此，可以说明，无论图 4–12 中曲线非线性的原因如何，70℃ /75%RH 下的降解速率比 60℃ /75%RH 下的降解速率快 3.2 倍，比 50℃ /75%RH 下的降解速率快 11.2 倍。这类信息可用于计算产品的温度和湿度灵敏度，即使它们具有非定义的非线性降解行为。在本例中，3.2 倍和 11.2 倍加速度等于使用阿伦尼乌斯方程（方程式 4.1）计算的 111.3kJ/mol 活化能。在这种情况下，可以对包含所有稳定性场景的材料稳定性行为获得全面的定量理解。在曲线形状不同的情况下，如图 4–13 所示，更难准确地将不同情况下的稳定性行为联系起来，并且只能对每个情况下的稳定性数据与其他情况分离地进行趋势分析。

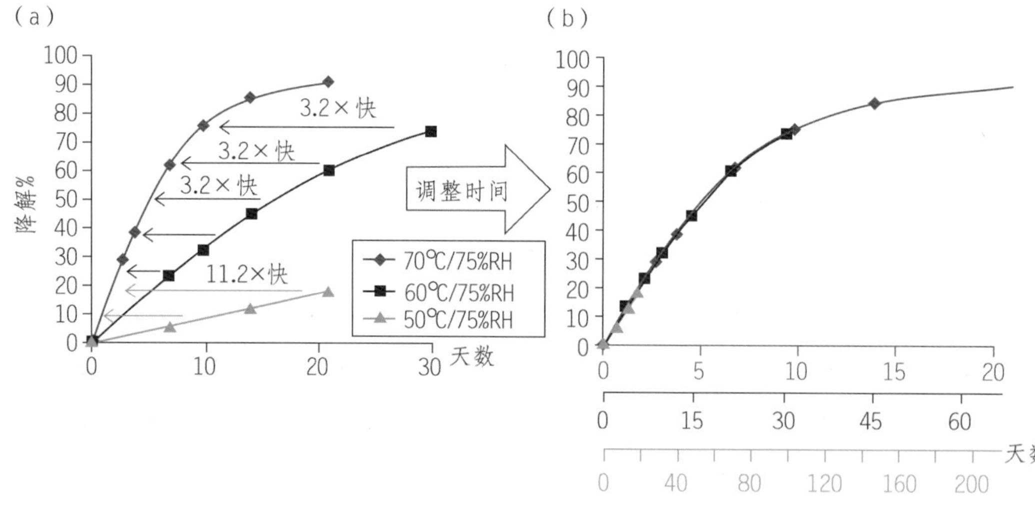

图 4–12　不同温度，恒定相对湿度下，产品 F 的降解与时间曲线

注　(a) 原始数据；(b) 相同的数据，但随着时间轴的调整，显示来自不同条件的数据位于相同的整体形状曲线上。

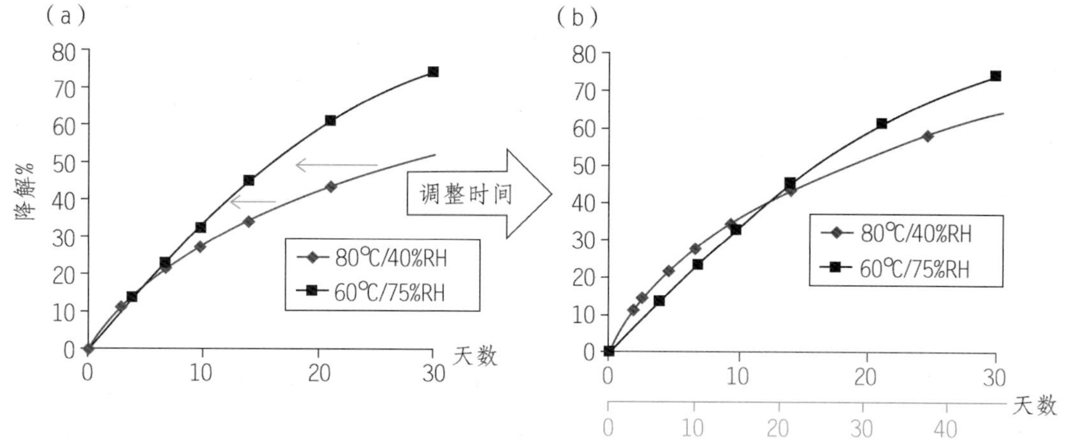

图 4-13　不同温度和湿度下，产品 F 的降解与时间曲线

注　(a)原始数据；(b)相同的数据，但随着时间轴的调整，显示不同条件下的数据不在相同的整体形状曲线上。

4.4.1.2 “形状参数”方法

非线性稳定性趋势有时是基于“形状参数”(*n*)来描述的，其中与稳定性相关的属性与稳定时间点的 *n* 次方成比例，如方程 4.18 所示：

$$\text{稳定性相关属性} \propto \text{时间}^n \quad (4.18)$$

这与 ICH Q1E 一致，这表明数据可以使用对数变换进行线性化，因为采用方程式 4.18 的对数会产生线性关系（方程式 4.19）：

$$\log(\text{稳定性相关属性}) = n.\log(\text{时间}) + \text{常数} \quad (4.19)$$

这种方法也与许多固态降解过程的动力学表达式（见表 4-2）有些一致[22]。当降解程度（$\%Deg_t$）远低于降解的最大渐进程度“$\%Deg_\infty$”时，固态降解过程的动力学表达式简化为方程式 4.18 的形式。例如，简单的零、一阶或二阶机制和几何收缩模型可以用方程式 4.18（n=1）近似，微分机制可以用 n=0.5 近似，成核模型（如阿夫拉米 - 叶拉菲耶夫）可以在降解程度较低时用 n=2 或更高近似。在大多数稳定性研究中，降解程度将保持“低”，因为规范水平通常小于 5%，这可能比长期或加速条件下降解的最大可能限度低得多。

在不同稳定性条件、不同的曲线形状情况下，形状参数法比等转化率法具有潜在的优势：可以根据温度和湿度等因素推导形状参数变化的表达式。然而，这实际上是在模型中引入更多的拟合参数，因此需要更多的输入数据来建立一个可靠的模型，即使这样，在输入数据的实验空间之外进行外推也可能是不明智的。形状参数法的缺点是，许多“真实”降解曲线在方程式 4.18 中没有很好的描述。

4.4.1.3 非固定湿度条件下的非线性降解

如前所述，由于水分渗入包装，包装内的湿度条件通常不会固定；当降解速率对水分敏感时，这可能导致非线性降解。可能会使人们费解，试图对包含所有包装类型和稳定性条件的材料稳定性行为进行全面的定量理解。然而，水活度的测量、固定湿度条件下稳定性数据的包含及计算包装内湿度水平的能力（在第 4.3.1 节中简要讨论）都可用于利用包装研究中的稳定性数据开发稳定性行为的总体定量模型。

4.4.2 合并多因素稳定性研究中的数据

如前所述，药品的稳定性可能受到包装类型、包装填充物和浓度等因素的影响；ICH Q1E 指出，在分析这些数据时，可以考虑两种选择。第一种选择是确定来自所有因素组合（单独考虑）的数据是否支持建议的保质期，第二种选择是确定来自不同因素组合的数据是否可以组合（“合并”），以提供单个保质期的总体估计。“可合并性”的统计测试被用于确定第二个选项是否合适。如果稳定性数据通过可合并性测试，那么“合并”选项通常会导致更长的保质期，因为当批次、浓度、容器大小和 / 或填充物合并时，随着数据量的增加，平均值的置信区间的宽度会变得更窄。ICH Q1E 建议使用“协方差分析”（ANCOVA）来测试稳定性数据的可合并性，并就如何系统地评估从多因素稳定性研究中获得的大量数据提供高级指导。例如，该指南建议从斜率开始，然后是最高阶交互作用的截距，然后是简单主要效应的截距，然后是斜率。然而，ANCOVA 在多因素稳定性研究中的应用是复杂的，需要对各因素的层次排序做出决定；这种主观性可能导致不同的保质期。由于此类分析高度依赖多因素稳定性研究的精确设计和数据，因此此处不提供此类分析的详细讨论。相反，读者可以参考 Tsong 等人提供的优秀论文[27]，其中提出了一种用于模型确定和因子消除的系统的非主观方法。

关于合并检验的一个共同讨论点是，它有能力用稳定性研究中常见的有限样本量来拒绝无效假设。（注意：否定无效假设表明数据无法合并。）正是因为这个原因，指导方针规定，所有涉及批次处理项的测试应使用 0.25 的显著性水平进行可合并性测试，而不是通常的 0.05 的显著性水平；这实际上使得更难合并数据并降低由于缺乏统计能力（所谓的“I 型”错误）而没有拒绝无效假设的风险。这是一种保守的方法，因为合并会导致更长的保质期。然而，使用 0.25 的显著性水平也有缺点，例如如果批次之间没有真正的差异，则合并检验失败的概率为 25%，通过斜率和截距测试的概率仅为 56%（75% × 75%）。

还有一些与 ICH Q1E 中所述的 ANCOVA 方法相关的问题。例如，由于 ANCOVA 将斜率和截距的差异与数据的总体可变性进行了比较，因此当数据可变性很高时，就更有可能进行合并，也就是说，对于良好的研究和有良好准确度和精度的方法有惩罚。同样，在研究中有更多的批次也会受到惩罚，因为更多的批次会增加检测斜率和截距差异的可能性；这样的惩罚会更糟，因为必须将整个保质期建立在最差的批次上。因此，在研究中不鼓励包括额外的批次，但在此基础上，可能会证明更多批次研究的显著性水平较低。

4.4.3 其他数据分析注意事项

4.4.3.1 置信区间和预测区间

对于分析或降解产品等的定量属性，ICH Q1E 建议通过确定平均值的 95% 置信区间与拟议验收标准相交的最早时间来确定复验期或保质期；这反映出保质期被设定为我们期望总体平均结果保持在规格范围内的时间段，而不是我们期望所有单个结果保持在规格范围内的时间段。因此，观察

95% 置信区间以外的个体结果并不少见。如果对单个结果的传播感兴趣，则应使用预测区间（而不是置信区间）。

4.4.3.2 复制测试

可以缩小置信区间，因此，如果结果的可变性降低（即测量精度提高），可以实现更长的保质期。提高测量精度的一种方法是增加组成每个测试的复制次数。在可能的情况下，复制应包括所有变异源。例如，同一个分析运行中的重复注射不是真正的复制，因为这没有考虑源自方法的可重复性、不同运行之间的变异性、不同实验室之间的变异性，或者实际上是产品本身不同单位之间的变异性所产生的变异。这可以在以下示例中看到，其中基于中间精确度、方法的可重复性和不同片剂之间的变异性所估计的片剂分析试验总变异性的平均结果估计值为 σ^2_{Total}；方程式 4.20 显示了如何根据这些变异性来源的总和来计算总变异性 σ^2_{Total}：

$$\sigma^2_{Total}=\sigma^2_{IP}/N_{runs}+\sigma^2_{method}/(N_{runs}\times N_{reps})+\sigma^2_{product}/(N_{runs}\times N_{reps}\times N_{units}) \quad (4.20)$$

其中 σ_{IP} 是中间精度的变异性，σ_{method} 是方法重复性的变异性，$\sigma_{product}$ 是产品的单位到单位的变异性，N_{runs} 是用于分析批次的单独运行次数，N_{reps} 是在每次运行中进行的复制数量，N_{units} 是每次复制中测试的单元数。因此，如果分析测试包括单次运行，其中测试两个复合样品并且每个复合样品包含 5 个单位，则 N_{runs}、N_{reps} 和 N_{units} 分别为 1、2 和 5。从方程式 4.20 可以看出，通过增加复制数来获得更精确的批次均值估计值；具体而言，如果产品变异性 $\sigma_{product}$ 高，则通过增加测试单元的总数（即增加 $N_{runs}\times N_{reps}\times N_{units}$）来改善整体可变性；如果 σ_{method} 很高，那么增加重复的总数（即 $N_{runs}\times N_{reps}$）将是有益的；如果 σ_{IP} 很高，那么增加运行次数（N_{runs}）将是有益的。

4.4.3.3 数据舍入

与精度相关的另一个问题是数据的舍入；当数据被舍入时，估计中的精度会丢失，在某些情况下可能会产生误导，如以下真实情况的案例研究所示。

4.4.3.3.1 案例分析

表 4-3 显示了在产品 G 的长期条件下获得的降解产物数据，其规格限制为 0.2%。结果通常报告四舍五入到与规范相同的小数位数，在这种情况下是小数点后一位；但是，在这种情况下，该方法的精度适合于将结果报告到两位小数。图 4-14 显示了从这些数据中获得的图表；图 4-14a 显示降解数据随时间缓慢增加，保质期少于 20 个月是合适的，但数据四舍五入到小数点一位后会得出错误的结论，即没有稳定性趋势，24 个月保质期可能设置不当。

表 4-3 产品 G 的降解产品数据

一	初始	3 个月	6 个月	9 个月	12 个月
降解产品（四舍五入到小数点后两位）	0.05%	0.07%	0.09%	0.12%	0.14%
降解产品（四舍五入到小数点后一位）	0.1%	0.1%	0.1%	0.1%	0.1%

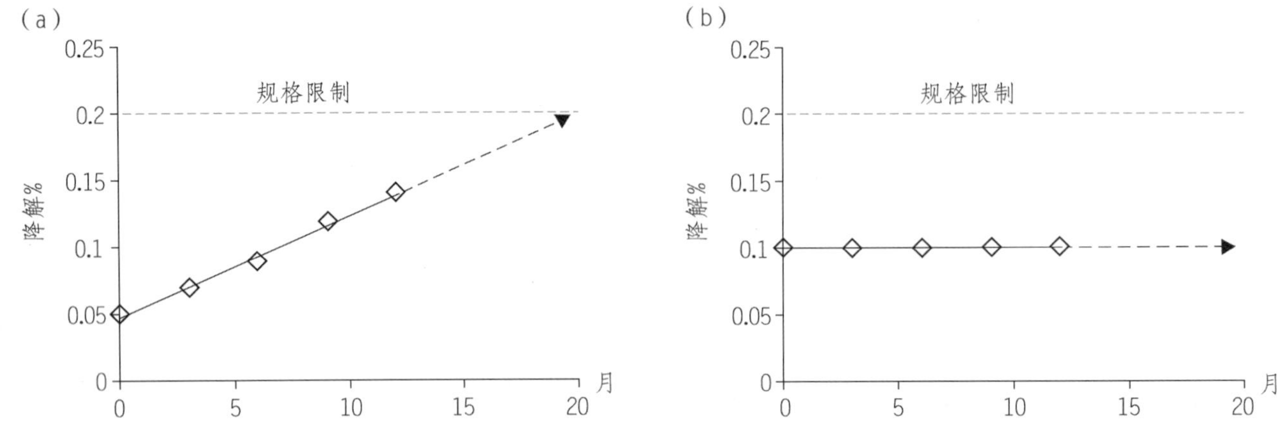

图 4-14　产品 G 的降解与时间曲线

注　(a) 数据四舍五入到小数点后两位。(b) 相同的数据四舍五入到小数点后一位。

相反，在下一个案例研究中，不恰当的数据舍入导致了稳定趋势的夸大。表 4-4 显示了在产品 H 的长期条件下获得的降解产物数据，其再次具有 0.2%的规格限制，并且方法精确度适于将结果报告至小数点后两位。图 4-15 显示了绘制到小数点后一位的数据如何导致高估稳定性趋势。

表 4-4　产品 H 的降解产品数据

—	初始	3 个月	6 个月	9 个月	12 个月
降解产品（四舍五入到小数点后两位）	0.14%	0.14%	0.15%	0.15%	0.15%
降解产品（四舍五入到小数点后一位）	0.1%	0.1%	0.2%	0.2%	0.2%

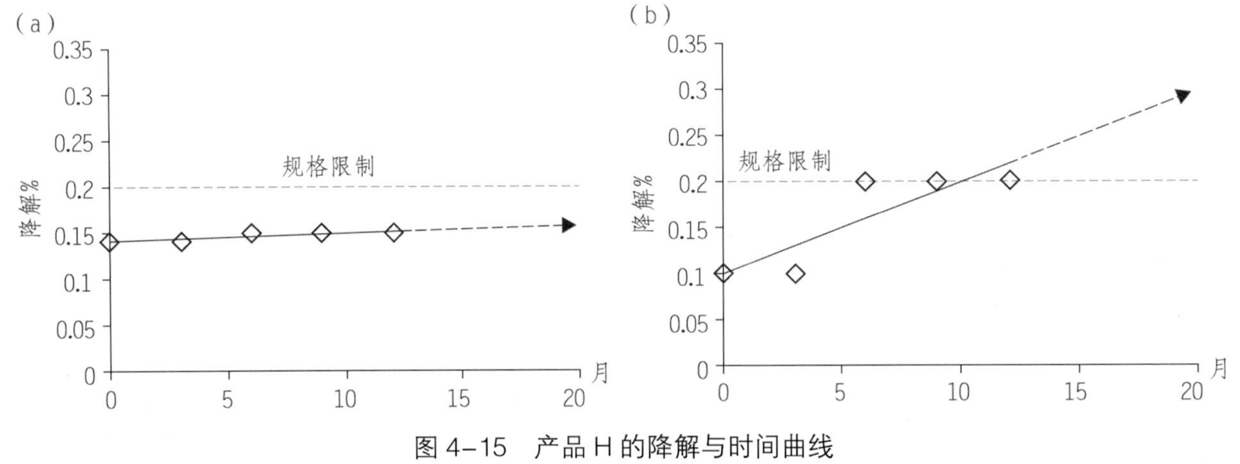

图 4-15　产品 H 的降解与时间曲线

注　(a) 数据四舍五入到小数点后两位。(b) 相同的数据四舍五入到小数点后一位。

4.5　结束语

希望本章能够说明近年来如何在更定量、机械和科学的基础上，提高对药物稳定性数据的理解。例如，可以将降解反应速率与环境因素（如温度和湿度）定量关联的模型和能够准确模拟包装中湿度的包装模型结合在一起，以便能够合理化和详细地理解稳定性数据。这使得稳定性研究中包含多种存储条件、包装类型和包装填充的数据能够以一种全面的方式呈现出来，从而展示出对产品的透彻理解。未包装稳定性研究中的稳定性数据可以增强我们对湿度影响的理解，并有助于反褶积从包装材料中获得的稳定性数据。同样，在稳定性研究过程中，在包装模拟的帮助下，测量包装材料在任意点的水活度都有助于解释稳定性数据。已经讨论了产品浓度的影响，区分有“共同混合物”和“非共同混合物”构成的不同浓度，并且似乎有可能为两种类型的配方设计开发将降解速率与产品浓度联系起来的定量模型。对温度、湿度、包装和浓度等因素影响的增强理解不仅有助于证明对产品的理解，而且在各种风险评估和业务决策情况中也很有用，例如评估气候变化区、包装或轻微配方变化的影响，评估温度和湿度偏移的影响，以及了解与各种使用场景相关的风险（这仅仅是列举的一小部分）。讨论了非线性稳定趋势，目的是在未来数据的线性变换将越来越多地基于对非线性原因的更机械的理解。

值得记住的是，每一个稳定性结果都是一个科学试验，这是各种基本物理和化学过程的结果；纯粹以统计的方式将稳定性数据解释为数字将错失获得有价值的产品知识的机会。

参考文献

[1] ICH Q1A(R2). ‘Stability Testing of New Drug Substances and Products’ (2003).

[2] ICH Q1D. ‘Bracketing and Matrixing Designs for Stability Testing of New Drug Substances and Products’ (2002).

[3] *Statistical Design and Analysis in Pharmaceutical Science：Validation, Process Controls, and Stability*, Chow, S. -C. and Liu, J., (1995)Marcel Dekker, New YorK.

[4] ICH QIB. ‘Stability Testing：Photostability Testing of New Drug Substances and Products’ (1996).

[5] USP 35 General Chapter<1150>, ‘Pharmaceutical Stability’, p763-765.

[6] Genton, D., Kesselring, U. W. 1977. ‘Effect of temperature and relative ‘humidity on nitrazepam stability in solid state’, *Journal of Pharmaceutical Sciences*, 66(5), p676-680.

[7] Waterman, K. C., Adami, R. C. 2005. ‘Accelerated aging：Prediction of chemical stability of pharmaceuticals’, *International Journal of Pharmaceutics*, 293(1—2), p101-125.

[8] Waterman, K. C. ‘Understanding and predicting pharmaceutical product shelf-life’ in *Handbook of Stability Testing in Pharmaceutical Development*, Huynh-Ba, K. (Ed.)(2009), Springer Science and Business, New York, NY, p115-135.

[9] Waterman, K. C., Carella, A. J., Gumkowski, M. J., et al. 2007. ‘Improved protocol and data analysis for accelerated shelf-life estimation of solid dosage forms’, *Pharmaceutical Research*, 24(4), p780-790.

[10] Duncan, D. I., Veale, J. R., Cook, I., et al. ‘White Paper on Using Laser-Based Headspace Moisture Analysis for Rapid Nondestructive Moisture Determination of Sterile Freeze-Dried Product：www. biopharma. CO. uk / wp-content / uploads / 2010 / 08 / fms_whitepaper_sml. pdf(accessed April 10, 2017).

[11] C1ancv, D., Hodnett, N., Orr, R., et al. 2016. ‘Kinetic model development for accelerated stability studies’, *AAPS PharmS* et al. *ciTech*. 10. 1208 / s12249-016-0565-4.

[12] Akaike, H. 1974. ‘A new look at the statistical model identification’, *IEEE Transactions on Automatic Control*, 19, p716-723.

[13] Schwarz, G. 1978. ‘Estimating the dimension of a model’, *The Annals of Statistics*, 6, p461-464.

[14] Regler. B. , Clancy, D. , Hertzler, R. , et al. 'Predictive Stability Approaches to Assess Critical Characteristics in Drug Product Development', Dresentation at 2016 AAPS Annual Meeting, November, 2016, Colorado, USA.

[15] Stanisz, B. , Paszun, S. , Strzyzycka, N. , et al. 2010. 'Influence of humidity and hydroxypropyl cellulose, hydroxypropylmethyl cellulose, glycervl behenate or magnesium stearate on the degradation kinetics of auinapril hydrochloride in solid phase', *Acta Poloniae Pharmaceutica-Drug Research*, 67, p99–102.

[16] Gillen, K. T. , Wise, J. , Clough, R. L. 1995. 'General solution for the basic autoxidation scheme ; *Polymer Degradation and Stability*, 47(1), p149–161.

[17] *Water Activity Applications in the Pharmaceutical Industry*, Cundell, A. M. and Fontana, A. 1. (Eds.), (2009), Davis Healthcare International Publishing, LLC, River Grove, IL, 1–933722—33—9.

[18] Matsunaga, Y. , Ohta, R. , Bando, N. , et al. 1993. 'Effects of water content on physical and chemical stability of tablets containing an anticancer drug TAT–59', *Chemical & Pharmaceutical Bulletin*, 4l, p720–724.

[19] Guerrieri, P. , Jarring, K. and Taylor, L. S. (2010) 'Impact of counterion on the chemical stability of crystalline salts of procaine', *Journal of Pharmaceutical Sciences*, 99(9), p3719–3730.

[20] *Generalized Linear Models*, *with Applications in Engineering and the Sciences*. 2nd Edition, Myers, R. H. , Montgomery, D. C. , Vining, G. G. and Robinson, T. J. (2010), John Wiley & Sons, Hoboken, NJ, 978, 0–470–45463.

[21] Schumacher P. 1972. 'Uber eine fiir die Haltbarkeit von Arzneimitteln maggebliche Klimaeinteilung', *Die Pharmazeutische Industrie*, 34, p481–483.

[22] Grimm, W. 1986. 'Storage conditions for stability testing(part 2)', *Drugs Made in Germany*. 29. PP. 39–47.

[23] Greenspan, L. (1977) 'Humidity fixed points of binary saturated aqueous solutions', *Journal of Research of the National Bureau of Standards Section A* : *Physics and Chemistry*, 81A(1), p89.

[24] Waterman, K. C. , Macdonald, B. C. 2010. 'Package selection for moisture protection for solid, oral drug products', *Journal of Pharmaceutical Sciences*. 99(11), p4437–4452.

[25] *Packaging for Climatic Protection*, Cairns, J. A. , Oswin, C. R. , Paine, EA. , Institute of Packaging(1974), Butterworth & Co. , 0–408–00146–1.

[26] Khawam, A. , Flanagan, D. R. 2006. 'Basics and applications of solid–state kinetics : a pharmaceutical perspective', *Journal of Pharmaceutical Sciences*, 95, p472–498.

[27] Tsong, Y. , Chen, W. –J. , Chen, C. W. 2003. 'ANCOVA approach for shelf life analysis of stability study of multiple factor designs', *Journal of Biopharmaceutical Statistics*, 13, p375–393.

5

Q2（R1）分析程序验证：文本和方法论

Text and Methodology Phillip Borman[1] and David Elder[2]
1.GSK， Ware， UK
2.David P Elder Consultancy， Hertford， UK

5.1 引言

ICH Q2（R1）[1] 提供了全面验证分析程序所需标准的正式概述。方法验证是三个 ICH 区域监管机构［FDA、EMA（欧洲药物管理局）、PMDA（药品和医疗器械管理局］和其他国际和跨国机构［如 BRIC（巴西、俄罗斯、印度、中国）、东盟（东南亚国家联盟）、世界卫生组织］的正式要求。ICH Q2（R1）中使用的方法验证术语和支持性定义需要“弥合各种国家药典、纲领和这三个监管机构之间经常存在的差异”。虽然 ICH Q2（R1）[1] 特别概述了适用于有限数量的杂质鉴别、分析、杂质和杂质极限测试方法的验证标准，但研究者始终希望本指南涵盖其他分析程序。我们将探讨其他分析方法的验证示例，例如近红外光谱法（NIR），并证明该指南同样适用于非色谱法。ICH Q2（R1）[1] 强调任何方法验证的目的都是证明其“适合于其预期目的”。这是我们将在本章中不断重复关注的一个主题，因为在不真正了解已经开发出来方法的优点和缺点的情况下，往往会有一种盲目的愿望来遵循指南。我们将讨论使用质量源于设计（设计决定质量）方式的开发方法的一些好处［参见 ICH Q8（R2）[2]］。为了确保分析测试方法产生可靠的数据，也可以应用为制造过程开发相同的质量源于设计原则。Borman 等人提出了将质量源于设计应用于分析方法的框架 [3]，这将在本章中进一步讨论。最后，重要的是要认识到医药产品是跨国开发的，产品在全球制造网络中流动。尽管一些组织仍然保持着自己的全球制造网络，但这是例外，而不是规则。在大多数情况下，公司利用外部服务提供商在其供应链内制造和测试某些产品，即外包。在其他情况下，供应链的合理化会导致产品回到公司的制造网络，即内包。在所有情况下，都需要在不同地点之间转移分析方法。方法验证不能单独讨论方法转移过程，我们将在本章中专门讨论这一关键领域。

5.2 ICH Q2（R1）验证标准

分析数据应“符合其预期目的”，要做到这一点，分析数据必须是可靠的，只有这样才能自信地做出任何最终决定。因此，支持性分析验证应被视为定义分析要求的整个过程，以确保所考虑的方法适用于目的。从生命周期的角度来看，分析方法验证可以看作是一个三阶段的过程：①程序设计，②性能鉴定，③持续的性能验证 [4]。由于所需的精度与程序的使用有关，应将重新验证的需要作为变更控制的一部分进行评估（见 ICH Q10[5]）。可能需要重新验证的典型变化是：①药品的新浓度；②将程序转移到不同的实验室；③过程的变化，导致对特异性的新要求；④规范的变化（见 ICH Q6a[6] 和 Q6b[7]）。分析方法的预定义要求已由 EFPIA（欧洲制药工业和协会联合会）/PHRMA（美国制药研究和制造商）工作组 [8] 定义为分析目标概要（ATP）。分析目标概要的目的类似于 ICH Q8（R2）[2] 中定义的质量目标产品概况（QTPP），即描述应用质量源于设计原则所需的预定义目标。在实际可行的情况下，“分析程序应独立于实际使用的设备”，但前提是设备已充分合格 [9]。但是，重要的是要将这一警告作为方法验证的一部分加以处理，否则它可能会对技术转移过程产生重大影响。尽管没有特别说明，ICH Q2（R1）[1] 中描述的方法验证的统计方法同样适用于小分子和大分子 [10]。采用基于统计的方法来证明该方法生成的数据足够精确，即符合目的 [4]。表 5-1 列出了 ICH Q2（R1）[1] 指南中描述的典型验证标准及其逐字转录的定义，以及其他相关定义。

5.2.1 特异性

尽管特异性是 ICH 工作流程的首选术语，但在单独学科中，特异性绝不是公认的术语（见表 5-1）。事实上，选择性有许多拥护者 [20]。然而，不管偏好和定义如何，有广泛的共识认为，该标准至关重要，是所有分析程序的关键基础 [9]。

表 5-1 ICH Q2（R1）和其他法定机构提供的定义

验证标准	ICH Q2(R1) 定义	其他定义 / 注释
特异性	特异性是指在可能存在预期出现成分的情况下明确评估分析物的能力。通常，这些可能包括杂质、降解物、基质等。个别分析程序缺乏特异性，可通过其他支持性分析程序予以补偿 此定义具有以下含义 鉴别：确保分析物的鉴别 纯度试验：确保所执行的所有分析程序能够准确地说明分析物中杂质的含量，即相关物质试验、残留溶剂含量等 分析（含量或效能）：提供准确的结果，从而准确说明样品中分析物的含量或效能	测量程序仅能确定其意图测量的可测量数量的能力，即被测变量 [11] 分析程序在样品基质中存在其他成分时区分和量化分析物的能力 [12] 一种方法仅测量其预期测量值的能力 [13] 存在预期出现成分的情况下明确评估分析物的能力 [14] 一种方法能够在存在干扰物的情况下准确定量分析物的程度 [15]
选择性	分析方法的选择性是其在存在干扰的情况下准确测量分析物的能力，例如合成前体、赋形剂、对映体和可能存在于样品基质中的已知（或可能）降解产物 [14]	其他机构如国际纯理论和应用化学联合会（IUPAC）、官方分析化学家协会（AOAC），使用“选择性”一词，保留对完全选择性程序的特异性 [14]

续表

验证标准	ICH Q2(R1) 定义	其他定义 / 注释
准确性	“分析程序的准确性代表被接受为常规真值或可接受参考值的数值与发现值之间的一致性。这有时被称为真实性”	“测量结果与被测对象真实值之间的一致性”[16] “分析方法的准确性是该方法获得的测试结果与真实值的接近程度。精度应在其范围内确定”[4, 14] “通过方法获得的平均试验结果与真实值（分析物浓度）的接近程度”[12] “确定值与真实值的接近程度”[13] “该方法获得的测试结果与真实值的接近程度”[14] “真实性是指测试结果与公认参考值之间的一致性。较小的偏差意味着更大的真实性”[15]
精度	“分析程序的精度表示在规定条件下，从同一均匀样品的多次取样中获得的一系列测量值之间的一致性（散射度）。精度可分为三个等级：可重复性、中间精度和再现性 应使用均匀、真实的样品审查精度。如果无法获得均匀样品，可使用人工制备的样品或样品溶液进行检查。分析程序的精度通常表示为一系列测量的方差、标准差或变异系数”	“特定条件下测量的一致性程度”[13] “当该方法反复应用于同类样品的多个样品时，单个测试结果之间的一致程度”[4, 14] “在规定条件下获得的测试结果之间的一致性”[15]
可重复性	“可重复性表示在相同操作条件下短时间内的精度。可重复性也被称为分析内精度”	“可重复性是当分析在一个实验室中由一名操作员在相对较短的时间跨度内使用一台设备进行时获得的”[17]
中间精度	“中间精度表示实验室内的变化：不同的日期、不同的分析师、不同的设备等”	中间精度条件允许操作员和仪器等因素在单个实验室内长时间变化，而可重复条件则试图保持这些因素不变
再现性	再现性表示实验室之间的精度（合作性研究，通常用于方法的标准化）	“再现性是当分析在多个实验室中由多个操作员在不确定的时间跨度内使用多个设备进行时获得的”[19]
检出限（DL）	“单个分析程序的检出限是样品中可检测到的分析物的最低量，但不一定定量为精确值” 有时称为检测极限（LOD）	“可以合理统计确定地测量的最低含量”[13] “样品中可检测到的分析物的最低量，但在规定的实验条件下不一定是定量”[14] “可与零可靠区分的分析物浓度的最小值”[13] “当不存在分析物时，概率 α，超过的信号（R）”[4]
定量限（QL）	“单个分析程序的定量限是样品中分析物的最低量，可以以适当的精度和准确性定量测定。定量限是样品基质中低水平化合物定量分析的参数，尤其用于测定杂质和 / 或降解产物” 有时称为定量极限（LoQ）	“能够以适当的精度和准确性定量测定的最低含量的分析物。也称为 LLOQ（定量下限）”[13] “定量限为样品中分析物的最低量，可根据分析物和所考虑的基质精度和准确性定量测定”[14] “样品中分析物的最低含量，可以用适当的精度和准确性定量测定”[15]
线性	“分析程序的线性是其（在给定范围内）获得与样品中分析物浓度（量）成正比的试验结果的能力”	“响应与已知分析物浓度的关系”[12] “定义方法获得与浓度成比例的测试结果的能力”[13]

续表

验证标准	ICH Q2(R1) 定义	其他定义 / 注释
范围	分析程序的范围是样品中分析物的高低浓度（量）之间的间隔（包括这些浓度），已经证明分析程序对该浓度范围具有适当的精度、准确性和线性水平	样品中分析物的高低浓度（量）之间的间隔，包括已证明具有精度和线性水平的浓度[4, 14]
稳健性	分析程序的稳健性可以衡量其保持不受方法参数的微小但有意的变化影响的能力，并提供正常使用期间其可靠性的指示	分析方法的重现性是通过在各种条件下分析相同样品而获得的测试结果的可重复性，例如不同的实验室、不同的分析仪、不同的仪器、不同的试剂批次、不同的测定时间、不同的测定温度和不同的天数等。重现性通常代表操作和环境因素对分析方法的影响不大 重现性是通常预期不同的实验室、不同的分析师测试结果可重复性的一个度量[14]

作为验证过程的一部分，应确定方法特异性的评估，所采用的方法将取决于分析程序的预期目标。实际上，某些方法可能不是专门用于预期目标的（或不够专用），在这种情况下，需要使用两个互补分析程序的正交方法来实现必要的区分能力。例如，原料药的滴定和紫外效价分析是非特异性的，不能检测相关物质的存在，例如工艺杂质或降解物，但比相应的高效液相色谱（HPLC）分析方法具有更好的精度［0.1%~0.5%RSD（残留标准差）］。ODS（>0.5%RSD）[21]。Ermer[9] 描述了如何校正滴定分析结果，以说明互补特异性高效液相色谱分析定量的相关物质。

此外，即使使用最具鉴别性、最复杂的分离技术，许多生物分子，例如蛋白质、肽及寡肽、寡核苷酸等合成生物分子的复杂性使得绝对特异性仍然是一个不可达到的目标。在这些情况下，互补方法是规范，因为这两种方法都不具备实现充分描述原料药和识别批次间差异的预期目标所必需的特异性[22]。例如，对于寡核苷酸而言，与工艺紧密相关的杂质量很大，从主峰分离是非常困难的，如果不是不可能的话。在这些情况下，通常使用两种或两种以上的互补方法来促进过程理解和控制。例如，带变性样品的阴离子交换色谱法（AEX）可用于分离 PO 杂质及不同电荷的杂质，而离子对反相（IP-RP）高效液相色谱法（也带变性样品）可用于分离亲脂性修饰杂质及短聚物（n-1、n-2 等）和长聚物（n+1、n+2 等）。这两种方法通常用于变性和非变性寡核苷酸样本[22]。

对于生物产品，由于分子的复杂性，可能需要进一步定义特异性。Transferon® 是一种复杂的可透析白细胞提取物（DLE），最近一份相关报告强调了问题的本质。Medina - Rivero 等人[23] 验证了表征和释放 Transferon 的方法。研究者指出，Transferon 产生了 8 个主峰（P1~P8），但其他研究报告使用类似工艺制造的 DLE 有 4、7 或 13 个主峰。这些差异是根据方法的敏感性差异来解释的[24]。

鉴定测试的特异性意味着如红外线（IR）、紫外线（UV）、高效液相色谱（HPLC）保留时间等方法，应该能够区分通常存在于基质中的分析物和任何相关化合物（具有相似结构）。这种方法的辨别力可以通过从含有指定基质中的分析物样品（通常使用高纯度的参考材料）中获得肯定结果来建立，与从同一基质中（对于原料药，基质应为整个基质）不含分析物的样品中获得无响应相结合。此外，应对与结构相似或与目标分析物密切相关的材料进行鉴定测试，确认在这些情况下，未发现阳性反应。应根据可能发生的典型干扰的“合理科学判断”评估任何潜在干扰化合物的选择。

关于色谱分析方法，可通过将主峰与杂质 / 降解物或基质峰分离来证明其特异性；然而，后者无须彼此分离。同样，规定的杂质分析需要将该杂质与主峰和其他杂质 / 降解物或基质峰分离。相比之下，一种用于量化所有杂质的方法需要证明彼此的分辨率，以及基质和主峰。这些峰的必要分辨率取决于相对大小（或浓度）及其洗脱顺序[25]。对于诱变杂质，来自主峰和其他杂质 / 降解物或基质峰的干扰最大，通常需要以 1 ppm（百万分之一）或以下（即 0.0001%）进行量化，在这些情况下，即使标准 ICH 杂质（以 0.1% 计）也将比分析物峰大 1000 倍[26]。在这些情况下，样品清理通常需要在色谱分离之前尽可能多地去除干扰峰[27, 28]。

当然，特异性是以现有知识为基础的，如果在样品中发现新的（或以前未知的）杂质 / 降解物，则需要重新验证或重新开发 / 验证方法。如果改变了原料药的合成途径，则该方法可能无法解决所有新工艺的杂质，也不再适用于目的。同样，对配方的修改可能导致原料药或降解物与基质干扰峰不分离。因此，验证方法的特异性往往是一个持续、反复的过程，由原料药或药物产品的变化所驱动。

特异性通常通过加标实验来证明，其中纯物质中加入了基质的杂质和成分（赋形剂、其他活性剂，如防腐剂、抗氧化剂等），并证明了适当的分辨率。当已知杂质或降解产物的参考标准不可用时，可通过将测试结果与另一种具有良好特征的正交方法（例如药典方法，针对已建立的产品）或经验证但不同类型的分析程序（例如核磁共振）进行比较来显示特异性。联用技术（例如高效液相色谱 – 核磁共振）也被用于评估特异性[29]。压力测试通常用于证明特异性，但应注意不要过度强调原料药，因为二级或三级（或更高级的）降解产物的分辨率没有实际用途，典型的目标降解值约为 10%[30]。从正在进行的稳定性研究（原料药或产品）中提取的样品不太可能被充分降解以适合评估方法的特异性。对于原料药方法，建议使用“母液”，因为这种介质可以浓缩在正常情况下不常见的杂质。此外，还需要对主峰的“峰纯度”进行评估。这是通过对主峰进行光谱切片，并使用二极管阵列探测器将其叠加到参考标准上实现的。其他更具体的策略也是可用的，如正交投影法（OPA）[31]、主成分分析法（PCA）[32] 等。也可以使用其他方法，如高效液相色谱 – 质谱法[33] 或使用第二系统[9] 的重新色谱法。

证明该方法的稳定性指示性质是原料药和产品稳定性测试的一个关键方面。因此，任何方法开发 / 验证策略的一个明确目标是避免质量失衡，这可能是由于固定相保留不足或关键杂质的分辨率不足造成的[34]。然而，实践经验强调了一个事实，即尽管根据 ICH Q2（R1）[1] 采用了充分验证的方法，但在长期稳定性研究中，仍然经常遇到质量失衡[35]。一些研究已经证明了基质老化对回收率的重要性，如崩解法[36]、溶解法[37, 38]、高效液相色谱分析和相关的高效液相色谱杂质分析[39]。

计算机模拟可用于优化分析吞吐量和特异性[40]。DryLab® 可用于通过模拟流动相组成的影响来优化分离，包括梯度时间和形状、三元洗脱液、pH、离子强度和温度[40、41]。

5.2.2 准确性

不言而喻，准确性需要在整个分析范围内得到证明。对于原料药 / 药品，有几种确定方法准确性的方式：

1）使用高纯度的分析物，例如参考标准品。

2）使用“独立程序”产生可比较的结果。

3）其他验证参数的使用，例如精度、线性和特异性，可用于推断准确性。

4）将已知数量的原料药加入配方基质中。

5）在无法获得制剂基质成分的情况下，将已知数量的原料药加入现有药品可能是合适的。

对于杂质方法，应使用以下方法确定准确性：①将已知数量的杂质加入纯原料药或将已知数量的降解物加入纯原料药和配方基质；②使用“独立程序”产生可比结果。在所有情况下，必须向用户明确如何报告单一或全部杂质（见 ICH Q6A[6]/Q6B[7]），如面积百分比（当使用原料药 Rf 时）或重量百分比（当使用单个杂质 / 降解剂的单一 Rf 时）。

美国药典 <1226>[4] 将测量的测试结果有效地表示为：

测量的测试结果 = 真值准确性 + 系统偏差 + 随机误差　　（5.1）

其中真值和系统偏差均为常数，随机误差的平均值为零。

ICH Q2（R1）[1] 提供了证明准确性所需的推荐数据集指南。可以使用其他方法，但需要理由。ICH Q2（R1）[1] 要求进行 9 次独立的分析，包括规定范围的顶部、中部和底部浓度（至少），例如三种浓度 / 三次独立重复。准确性数据应记录为加标浓度的回收率百分比或平均值与公认“真实”值之间的差异，以及计算的置信区间（CI）。对于分析或杂质 / 降解物分析，或其他类型的分析，没有提供可接受回收率的指南。然而，分析回收率通常应为 100%（±CI），允许更大的灵活性用于杂质 / 去离子分析回收率（即 80%~120% 并不罕见），也就是说，在后一种情况下，某种程度的低或高回收率，即偏差，可能是可以接受的。此外，美国药典 <1226>[4] 建议在整个范围内定义三个真实值，其中一个值为预期值，即样品的标签声明。但是，如果在验证之前没有完全定义范围，那么建议使用三种以上的浓度水平。Hofer 等人 [42] 建立了高效液相色谱分析的能力模型，以快速识别分析测定的真实平均值中较大的变化（≥ 0.5%）。他们模拟了前 50 批新原料药的真实平均值是 99.5%，高效液相色谱法测定的标准偏差为 0.5%；此后真实平均值降至 99.0%，标准偏差相同，即绝对变化 0.5%。模拟结果表明，通过对高效液相色谱分析数据进行趋势分析，几乎不可能检测出 0.5% 的变化，更令人担忧的是，如果审查人员确实认为过程中发生了重大变化，则很难确定何时发生了这种变化，缺乏这一重要信息将阻碍今后对该问题根本原因的调查。研究者提倡使用质量平衡方法（100%– 总杂质 %），其中总杂质包括相关物质、溶剂、水、非挥发性残余物、残余金属等。他们使用质量平衡方法对先前的模拟进行了改造，并明确地证明，都是直接检测到变化和变化发生的时间。这种方法的另一个优点是解决了当参考标准改变或现有参考标准纯度重新设计时，高效液相色谱分析的变化。相反，EMA[43] 重申，在分析活性药物成分和药品时，“只要可能，就应使用外部标准”；相反，对于由“化合物家族”组成的某些活性药物成分，应保留区域标准化（而不是外部标准）。

文献中很少有关于基质老化导致的药物或特定杂质回收不完全的报道。4 - 氯苯胺（PCA）是一种已知的诱变杂质和盐酸丙胍 [44] 和氯己定 [45, 46] 的降解物。雌二醇是一种类固醇，已知很难从低剂量固体口服制剂的基质中回收 [47]。将氯苯胺以 0.5~1 μg 的水平加入几种固体口服或悬浮制剂中，反映出可能的 ICH M7[48] 控制水平（参见 ICH M7）。所有案例的初始回收率均良好（99.9%~100.9%；8.7%~10.9%RSD），方法有足够的检出限（DL）（0.003~0.006 μg/ml）和定量限（QL）（0.01~0.02 μg/ml）。同样，将雌二醇以 9~30 μg 的水平加入不同的配方中。所有情况下的初始回收率都很好（99.2%~100.6%；0.7%~2.0%RSD），并且方法具有足够的检出限（0.05~0.08 μg/ml）和定量限（0.18~0.24 μg/ml）。与未加压样品相比，所研究配方中 2/3 的氯苯胺和雌二醇的回收率都有很大变化[39]。在 25℃ /60% 相对湿度下储存 6 个月后，Paludrine® 中的氯苯胺回收率从 100.2% 降至 93.1%，在 60℃下储存 1 个月后降至 87.6%。在 40℃ /75% 相对湿度下储存 1 个月后，地西泮 STADA® 片剂中的氯苯胺回收率从 100.9% 降至 91.7%，在 60℃下储存 7 天后，Maaloxan® 悬浮液中的氯苯胺回收率从 100.6% 降至 89.6%。同样，老化的基质中雌二醇的配方回收率也会降低。

对于生物分子，需要不同的准确性标准。为了评估尺寸排除超高效液相色谱法（SE-UPLC）方法对转移决定子的准确性，研究者计算了不同批次之间及三种高度特征化的标准“收集”之间的峰面积变化。然后将方法的准确性定义为“不同批次之间的区域变化，收集小于 3.0%[23]”。

5.2.3 精度

需要评估分析和杂质分析方法的可重复性和中间精度（见表 5-1）。市场营销授权申请不需要再现性，但通常在该方法投入生产时作为任何实验室间评估的一部分进行。

5.2.3.1 可重复性

可重复性，历史上曾被称为分析内精度（或在分析精度范围内），定义了在指定的短时间内（通常小于 1 天）使用相同操作条件获得的精度。ICH Q2（R1）[1] 建议进行 9 次包围指定范围的独立分析，其中应包括（至少）指定范围的顶部、中间和底部浓度，例如，三种浓度 / 三次独立重复。或者可以在 100% 的目标浓度下进行的 6 次独立的复制。可重复性也可以通过方差分析（ANOVA）方法来确定，该方法用于评估“执行序列”中的整体变异性[16]。除了方法可重复外，通过在高效液相色谱运行开始时或从方法可重复性研究期间使用的标准溶液的重复注射中，进行 6 次重复注射来评估高效液相色谱系统的可重复性（在注射精度范围内）是有用的[9]。这通常是任何系统适用性测试（SST）的一部分。各种药典中概述了不同原料药规格限制的最大允许可重复性。例如，欧洲药典对于 97%~103% 的原料药分析极限，5 次重复注射的允许可重复性定义为 1.1%。

转移决定子是一种典型的生物产品，显示出显著的批次间变异性，使用尺寸排除超高效液相色谱方法进行表征[23]。有趣的是，精度不是所选方法验证标准之一。使用相同工艺生产的 10 批该产品在 8 个主峰每一个的面积百分比中显示出相当大的批内变异性：P1（平均 6.05，RSD 29.41%）、P2（平均 22.39，RSD 20.56%）、P3（平均 2.53，RSD 27.07%）、P4（平均 12.6，RSD 18.76%）、P5（平均 28.09，RSD 14.35%）、P6（平均 11.08，RSD 19.58%）、P7（平均 0.77，RSD 28.75%）和 P8（平均 15.46，RSD 23.59%）。研究者指出，这种批间再现性水平（<30% RSD）是生物制品的典型特征，并被世界各地的监管机构所接受。他们引用了欧洲药典促红细胞生成素异构体 6 规格的案例，其面积范围为 10% ~30%，显示出 50%的变异[49]。在生物制品中，这些“相关化合物”都具有一定程度的生物活性，因此它们通常被认为是产品的组成部分。

5.2.3.2 中间精度

历史上中间精度曾被称为分析间精度，定义了在相同的操作条件下，通常在同一实验室内，在指定的时间段内（通常大于 1 天）获得的精度。ICH Q2（R1）[1] 不提供中间精度的具体指导。相反，应该评估随机变量对方法中间精度的影响。应研究的典型变量包括天数、分析师、设备等。这些变量不需要单独评估；建议使用实验设计（DoE）方法。还可以使用方差分析方法确定中间精度，该方法用于评估“执行序列”中的整体变异性和“序列间的变异性”[16]。值得高度重视的是，“中间精度”的概念应包括从人员、时间和潜在设备方面的广泛分析变异性，以及从持续数年的稳定性研究中得出的中间精度处于中间精度变异性的上限，可以认为非常接近自然界的再现性[50]。ICH Q2（R1）[1]和美国药典 <1226>[4]都使用了准确性和精度的组合，因为这有助于定义偏差和精度之间的相互关系；偏差对“适用于目的”的影响程度本质上与其预判有关。因此，具有较低中间精度的方法比具有较高中间精度的方法能够承受更大的偏差[4]。

中间精度是评价过程能力（CpK）最合适的验证参数，在提出规范限值时应加以询问。有趣的是，与方法相关的变异性通常大于与制造相关的变异性，特别是对于原料药的制造（见 ICH Q6A[6]；ICH Q6B[7]）。根据经验法则，分析方法的标准偏差（σ）应小于或等于拟定规范范围的 1/6。对于 6– 西格玛过程，这应该是建议规范范围的 1/12，即 0.7% 或更少[21]。

Dejaegher 等人[21]表明，降低方法变异性的方法是将样品 / 标准重量增加 5 倍（从约 32mg 增加到 >160mg）；然后将样品尺寸与滴定法中通常看到的那些精度明显更好（0.1%~0.5%RSD）的样品尺寸对齐。因此，验证数据可能会影响分析程序，例如，重复测定的数量、样品 / 标准的大小或校准模式[9]。Tsang[51]表明，对于任何在 3σ 下操作的拟议分析规范，即过程平均值 ±3σ，一个 ±2%（4% 范围）的规范相当于 0.67% 的总变异性；因此，方法变异性需要至少为该值的一半，即 0.34%。这在实践中显然是极具挑战性的。

在这项初步工作的基础上，Ermer[52]使用了总共 2915 项分析（基于 44 种不同的活性药物成分，由许多不同的大型制药公司生产，156 项不同的稳定性研究）来确定典型的高效液相色谱分析精度评估。高效液相色谱分析的累积药物中间精度为 1.1%[52]。Hofer 等人[42]报道了药物高效液相色谱分析的平均中间精度值在 0.6%~1.1% 之间，范围在 0.2%~1.7% 之间。

可进行风险评估（见 ICH Q9[53]），以确定可能影响方法性能的方法变量（噪声和实验参数），并确定哪些变量应进行实验评估，哪些应在分析程序中固定 / 控制。Pohl 等人[8]提出了如何评估分析方法因素，该过程如图 5–1 所示。

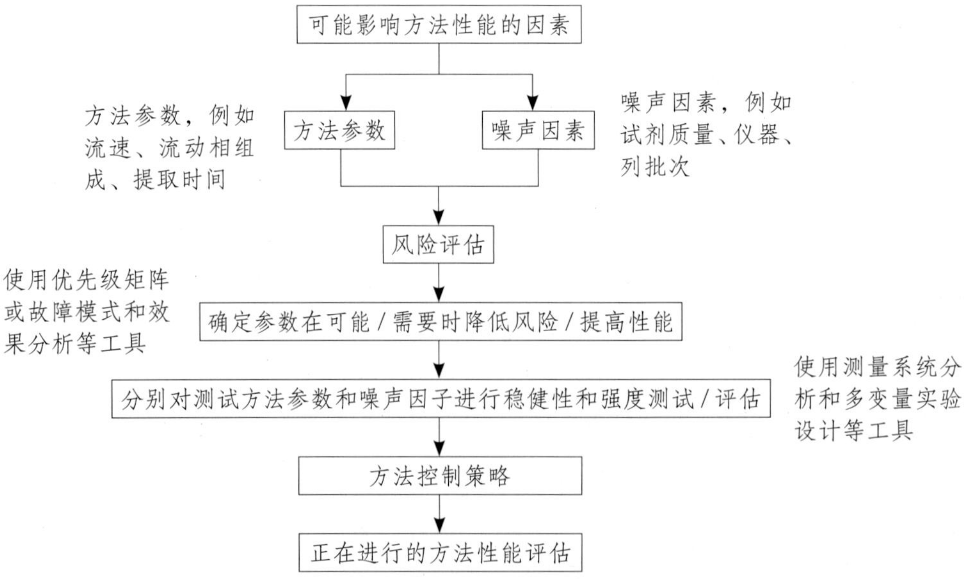

图 5–1　分析因素评估

资料来源：基于 Pohl 等人[8]

Borman 等人[54]描述使用火焰离子化检测（GC-FID）方法对气相色谱进行的风险评估。图 5-2 显示了鱼骨图（使用思维导图软件），用于头脑风暴和所有方法因素的分类。

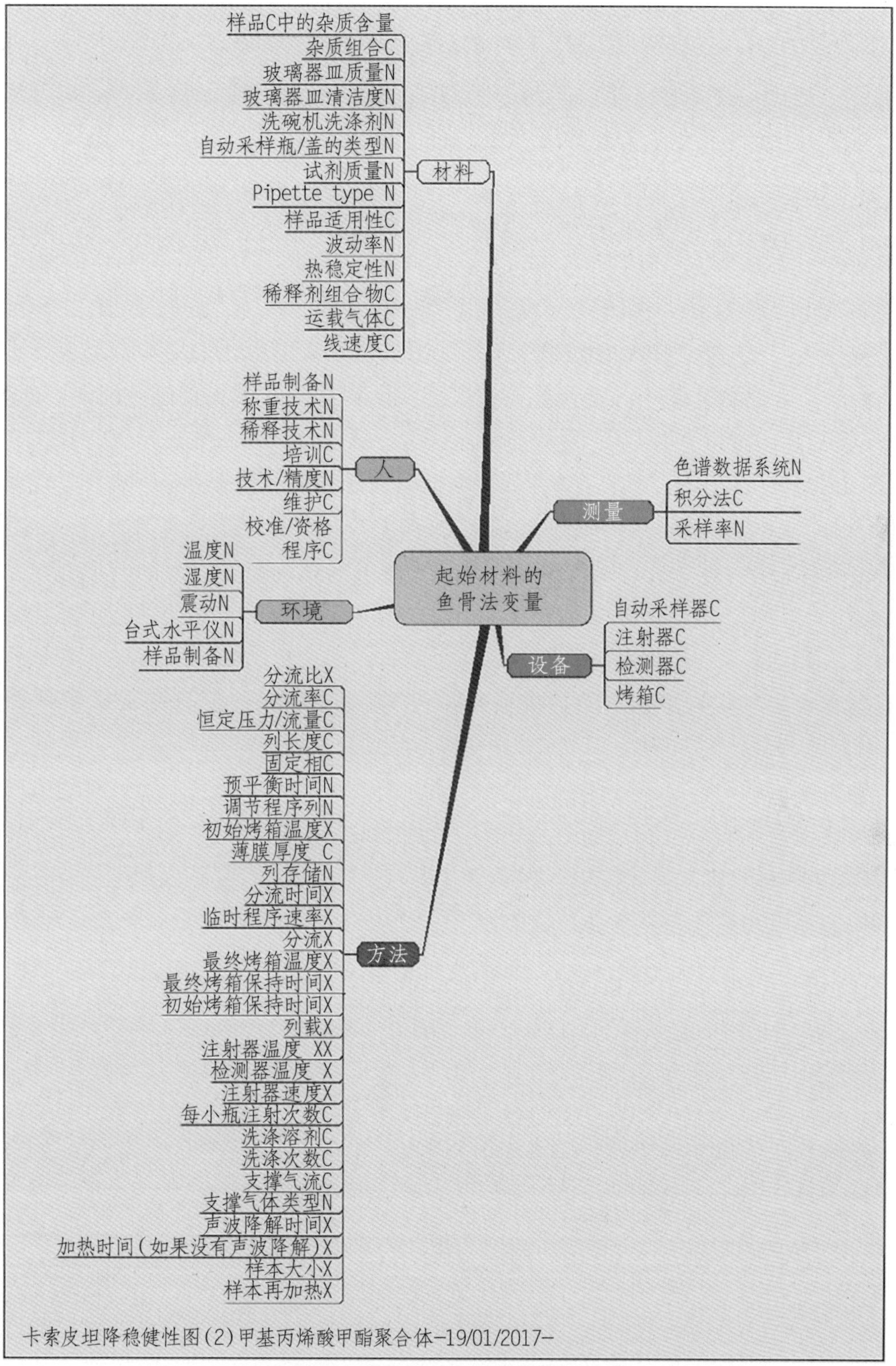

图 5-2 GC-FID 方法因子的鱼骨图

资料来源：基于 Borman 等人[54]

此类风险评估将确定评估方法的稳健性（见 5.2.8）和坚固性所依据的参数和因素。评估风险及科学和实际问题有助于这些研究的设计。坚固性测试可定义为分析方法在预期分析物范围内的性能特征不受正常条件下可能遇到的任何噪声因素变化影响的能力[55]。允许噪声因子从指定的人群中随机变化，通常无法控制，例如，列批次、训练有素的分析师和分析站点。该术语的使用包括可重复性（短时间内相同的分析员 / 设备）、中间精度和再现性（实验室之间）。

与 ICH Q2（R1）[1] 中所述的中间精度方法相比，坚固性研究的应用为评估分析方法精度提供了更为严格的方法。应评估未适当控制的噪声因素。

5.2.3.3 再现性

当分析程序需要作为方法转移的一部分，在采购或外包过程中转移到另一个地点时，应评估再现性（或实验室之间的精度）。通过实验室间试验验证再现性。Ermer[9] 指出，“分析程序应独立于所用的实际设备。”然而，令人担忧的是，再现性往往是该方法在使用本质上不同操作程序的设备时首先遇到挑战。例如，使用固定体积与可变体积回路的高效液相色谱注射器。值得强调的是，在方法验证过程中采用的大多数统计测试都是基于这样的假设：经验数据“只受随机变异性的影响（即它们是正态分布的）”。不符合这些期望的数据，通常称为“总误差”，也就是说，设备、称重或加标程序等的差异将影响数据，可能使结果产生偏差[9]。不幸的是，通常情况下，不同的实验室（同一组织内和同一组织外）具有不同的分析方法或对其分析人员进行不同的培训，并倾向于产生之前强调类型的“严重错误”。Skrdla 等[56] 指出，“称重 / 样品转移过程中的分析员误差，而不是目标质量（单独）是更大的误差来源”。

在所有情况下，应报告所调查的每种精度评估的标准偏差（σ）、RSD［或变异系数（CoV）］和 CI。有趣的是，ICH 原料药（ICH Q3A[57]）和药品（ICH Q3B[58]）杂质指南规定“低于 1.0%，结果应报告到小数点后两位；在 1.0% 以上，结果应报告到小数点后一位……对阈值使用两位小数并不一定表示用于常规质量控制目的的分析程序的精度。Agut 等人[50] 反问“任何分析数据的四舍五入不应反映其不确定性吗”？研究者认为，ICH 声明旨在作为“实际妥协”，但分析程序的执行与可报告数据舍入之间的关系需要在科学上保持一致。研究者[50] 评估了从原料药和药品收集的 22 种杂质的中间精度数据，其中原料药（10 种杂质）含量为 0.18%~0.76%（RSD 为 3.06%~11.94%），药品（12 种杂质）0.063%~0.76%（RSD 为 3.85%~12.42%）。他们证明了精度与杂质含量百分比之间没有明显的相关性，证实了使用现代分析系统可以获得 0.05%~2.00% 范围内非常好的杂质精度。令人放心的是，他们发现，按照 ICH 指南的建议，四舍五入到小数点后两位在统计学上是合理的。

通常认为低剂量测定方法和杂质方法（特别是诱变杂质）的精度将显著高于通常遇到的精度。然而，虽然在某种程度上是正确的，但是这些方法中的许多方法也可以表现出令人惊讶的低精度值（绝对值仍然很高）。舒尔茨等人[39] 报道了 PCA（一种诱变杂质）和雌二醇（一种低剂量类固醇）的回收率和精度数据。将 PCA 以 0.5~1 μg 的水平加入几种固体口服或悬浮制剂中，在所有情况下，精度都是可以接受的（8.7%~10.9%RSD）。同样，将雌二醇以 9~30 μg 的水平加入不同的配方中，并且在所有情况下，观察到精度良好（0.7%~2.0%RSD）。Jacq 等人[59] 证明磺酸盐分析方法的相对标准偏差小于 1%；观察到的精度水平归因于整个分析（包括样品制备）的有效自动化。

5.2.4 线性度

应在整个分析方法范围内证明线性（或直接）关系。应直接在活性药物成分（通过稀释已知浓度的溶液）和 / 或使用建议方法的药品成分的加标混合物的单个小份上确定。

线性度也应通过目视评估作为分析物浓度或理论含量函数的分析响应图形表示来评估。线性关系（如已证明）应通过相关的统计方法进行评估。例如，通过使用最小二乘法确定回归线。在某些情况下，在任何回归分析之前，只能使用测试数据的数学转换在分析响应和样品浓度之间显示线性。

应确定相关系数（R^2）、y 轴截距、合成回归线的斜率、残差平方和及图形表示，并以表格形式报告。此外，从确定的回归线对实际数据点的任何不一致性进行评估有助于证明线性关系。然而，不应仅根据相关系数假设或评估线性，不幸的是，有时情况就是如此[52, 60, 61]。最佳实践是通过可视化评估或绘制残差，即试验得出的数据点与回归图的绝对差异[60, 62, 63]。在线性关系的情况下，残差应随机分布，且无偏差[64]。

某些分析方法，例如薄层色谱法（TLC）和免疫分析法，即使经过数学处理，也不显示经典的线性。在这种情况下，应使用样品中分析物浓度的适当函数来评估分析响应。

线性度（如已证明）需要 5 个或更多浓度，例如理论的 0%、25%、50%、75%、100% 和 125%[1]。其他方法如适用，应加以说明和证明。

5.2.5 范围

该方法的范围通常由线性评估得出，关键取决于程序的预期应用。通过确保分析方法在规定范围的极端边缘处为分析物提供适当的准确性、精度和线性度来确认。ICH Q2（R1）[1] 规定应评估以下范围：

· 对于原料药或药品的分析，规定范围应为标称浓度的 80%~120%。

· 对于含量均匀性，规定范围应为标称浓度[65]的 70%~130%，除非剂型类型（例如计量剂量吸入器）能够保证更宽的范围。

· 对于改良释放产品的溶出度测试，超过指定范围的 ±20%，除非来自临床或生物批次的数据证明更宽的范围［参见放大和批准后更改——修改版本（SUPAC-MR[66]）指导］。因此，如果改良释放产品的规格有三个时间点（1 小时，平均 20%；6 小时，平均 50%；12 小时，NLT 85%），则范围为名义标签声明发布的 0%~110%。

· 对于规定杂质的分析，规定范围应从杂质的报告水平到规范限值的 120%，即对于 0.2% 的限值，则范围为 0.05%~0.24%。

· 对于特定诱变杂质的测定，检出限 / 定量限应与必须控制杂质的水平一致，即毒理学关注的阶段阈值（TTC）［现在小于寿命（LTL）暴露的期限；参见 ICH M7[48]］，指定的范围涵盖了直到毒理学关注的阶段阈值限制的有效范围，或者它只涵盖了毒理学关注的阶段阈值（用于极限测试）。

· 如果药物分析和杂质分析同时进行（通常不推荐），并且只使用一个标准来代表名义浓度，即 100%，那么规定的范围应包括杂质的报告水平，即 0.05%~120% 的分析规范。在这种情况下，最好也使用 0.05% 的标准；否则，单个标准将需要覆盖超过 10^3 的动态范围，杂质数据的精度可能会受到影响。

5.2.6 检出限（DL）

检出限［有时称为检测极限（LOD）］和定量限［有时称为定量极限（LOQ）］是两个相关量。但是，任何特定用途只需要一个，即定量测试的定量限和定性测试的检出限[4]。有几种策略可用于确定方法的检出限，这取决于方法论本质上是工具性的还是非工具性的[1]。此外，如有适当的理由，其他方法也可以接受。

5.2.6.1 目视评估

这种方法可用于非仪器和仪器分析程序。通过分析具有已知分析物浓度的样品和推断可以可靠地评估分析物的最低水平来评估检出限。对于滴定，如果终点通常通过使用目视评估观察颜色变化来确定，这可能需要其他分析员的一些证实，或者比色终点可能需要适当的照明或补充背景，例如白色背景。

5.2.6.2 信噪比

这种方法只能用于显示一定程度基线噪声的分析方法，例如色谱分离程序。信噪比（S/N）是通过将已知低水平的分析物样品的信号与同样制备的空白样品的信号进行比较来确定的，从而可以确定可靠检测分析物的最低浓度。确定检出限通常可以接受 3∶1 左右的信噪比[1]。

5.2.6.3 响应和斜率的标准偏差

检出限也可以表示为 $3.3\sigma/S$，其中，σ 是分析物响应的标准偏差，S 是校准线的斜率。实际上，实验室通常会选择标准偏差的最大“最坏情况值”。标准偏差（σ）可通过几种不同的方法进行估算[1]。

5.2.7 定量限（QL）

相同的策略适用于确定方法的定量限。无论规范的验收标准的形式如何，定量限都是定量测试所必需的[1]。因此，对于极限测试，定量限需要低于规定的极限，即 NMT 0.XX%，如此测试就可以证实分析物的数量是否超过允许的规格限制[4]。

5.2.7.1 目视评估

通过分析具有已知分析物浓度的样品和推断分析物可以可靠量化的最低水平来评估定量限[1]。

5.2.7.2 信噪比

确定定量限可接受的信噪比通常为 10∶1[1]。

5.2.7.3 响应和斜率的标准偏差

定量限也可以表示为 $10\sigma/S$，其中 σ 是分析物响应的标准偏差，S 是校准线的斜率。标准偏差

（σ）可以使用几种不同的方法估算，例如，空白的标准偏差和校准曲线[1]。

5.2.8 稳健性

方法的稳健性取决于被评估过程的类型。稳健性测试评估程序相关方法参数故意变化的影响[1]。（与程序相关的方法参数包括与分析测量相关的整个程序，例如样品制备，而不仅仅是仪器数。）

理想情况下，方法稳健性应在方法开发阶段[67~69]进行评估，并在方法转移阶段严格审核。然而，这与历史现实形成对比。通常，稳健性测试作为验证过程的最后一步执行，通常会在方法转移期间导致意外发现[40, 70, 71]。

如第 5.2.3 节所述，风险评估可用于确定应使用稳健性研究评估的方法参数。在确定要评估的稳健性参数后，选择要评估的范围。对于“连续”的方法参数（例如温度、pH 值和高效液相色谱梯度法的初始有机成分百分比），范围通常包括但不超过在特定的标称条件下典型使用的可能变化。这与过程的某些情况形成对比，过程的目标是开发更宽的设计空间［见 ICH Q8（R2）[2]］，在此空间内可以移动过程设定点。对于分类方法参数，选择的类别应包括常规使用中可能出现的类别（例如手动摇动方法）或需要一定灵活性的类别（例如选择高效液相色谱柱类型）。

某些方法参数可能易受变异性的影响（关键参数），并且应适当控制这些操作条件，或者应在程序中添加警告声明。任何稳健性评估的一个明显后果是，建立一系列 SST（见第 5.2.9 节），以确保使用该方法时分析程序的合法性。事实上，如果不满足 SST，则该方法不能用于生成符合 GMP（生产质量管理规范）的数据。

一些典型变化的示例有：

· 分析物溶液的稳定性。

· 分析过程中被分析物的稳定性。

最佳提取时间对于高效液相色谱程序，典型变化的示例有：

· 流动相中 pH 值轻微变化的影响（尤其是当分析物可电离且这些变化可影响溶液中电离 / 结合分析物的比率时）。

· 流动相组成微小变化的影响（尤其是对任何临界分离或洗脱顺序的影响）。

· 缓冲离子强度轻微变化的影响（尤其是对任何临界分离或洗脱顺序的影响）。

· 不同列（即不同批次和 / 或供应商）的影响；碳负荷、多孔性等的变化（尤其是对任何关键分离或洗脱顺序的影响）。

· 温度的影响（尤其是对任何临界分离或洗脱顺序的影响），以及评估该方法是否需要使用柱温箱精确保持温度。后一个变量可能对将方法转移到赤道国家（气候区 IIIA、IVA 和 IVB）至关重要。

· 流速的影响（尤其是对任何临界分离或洗脱顺序的影响）。

· 溶剂混合对流动相混合物制备梯度分析的影响。

· 注射量的影响，即固定环与可变环注射器（尤其是对准确性和精度的影响）。

· 检测波长的影响，即带宽、峰值宽度、阈值等[72]。

可以使用每次一个因素（OFAT）或实验设计方法来评估稳健性。OFAT 方法只改变一个因素，然后将输出与试验的输出与标称值的所有因素进行比较。这种方法最显著的不足之处在于，当使用增量修改评估因素时，与实验设计方法相比，只能评估“名义水平附近的较小域”的影响[40]。使用实验设计方法，任何因素影响都在整个领域内平均，这是典型事件的更现实的反映。这种方法的单变量需要更长的时间，需要更多的实验，而个体因素相互作用的重要性很难被准确评估[67]。实验设计方法显然优先，相当于为一种方法找到设计空间［见 ICH Q8（R2）[2]］。分析方法的设计空间被称为“方法可操作设计区域”（MODR）[73]。Kormány 等人[40]进行了普拉克特 – 伯曼和全因素、部分因素及不对称因素设计，允许基于 8~16 个实验研究 3~15 个高效液相色谱变量。除了“连续定量因素”，例如流动相组成、梯度程序、流速、酸碱度、温度等，定性因素，如固定相，甚至实验室，都可通过因素设计进行评估[74]。然而，由于稳健性测试通常是一个漫长而详尽的过程，因此某些小组已经研究了商业软件（例如 DryLab）提供的加快这一过程的机会[40]。与使用氨氯地平和 7 种相关物质的实验生成数据相比，这些研究者评估了预测保留时间和分辨率因子的可靠性。他们证明，通过适当调整关键变量（梯度条件、pH 值和温度），可以预测在同一优选时间框架（<4min）内研究的所有 5 个固定相的最佳理论分离。

Awotwe-Otoo 等人[75]利用设计决定质量（见 ICH Q8（R2）[2]）方法开发了一种用于分离硫酸鱼精蛋白产生的 4 种水解降解肽的稳健反相高效液相色谱法。普莱克特 – 伯曼 – 多伊及多元回归和帕累托排序分析表明，注射量、流动相、列温和酸碱度是影响水解峰分辨率和拖尾的关键因素（$p<0.05$）。然后用一个“响应面方法”的 Box-Behnken- 实验设计来询问主要的相互作用。最后，期望函数预测了 4 个峰的峰值分辨率介于 1.99 和 3.61 之间，拖尾因子介于 1.02 和 1.45 之间。然后根据 ICH Q2（R1）[1]标准对优化的方法进行验证，结果显示检出限为 0.015mg/ml，定量限为 0.06mg/ml。该方法用于评估 5 种不同来源的硫酸鱼精蛋白四肽水解产物的不同水平。

Schmidt 和 Molnár[76]使用设计决定质量开发和验证了用于依巴斯汀的超高效液相色谱方法。他们评估了该方法对 6 个参数的稳健性：洗脱液的三元组成和流速、梯度时间、起始和结束梯度浓度以及温度。结果 729 项实验在硅片中进行，并用于构建一个设计空间（见 ICH Q8（R2）[2]），在所有情况下，均达到临界分辨率（NLT2.0），且小于 4 分钟。这使得与现有的欧洲药典各论相比，样品吞吐量增加了 40 倍。

5.2.9 系统适用性测试（SST）

在方法开发和后续验证过程中，需要识别分析程序的关键性能参数（CPP），以便设计“鉴别系统适用性测试”[9]。系统适用性通常使用彼此最接近洗脱的两种组分的分辨率来定义。未能达到这一关键分辨率表明该方法没有达到最佳效果，应在进一步使用前进行调查以解决该问题（见第 5.2.1）。但如果系统适用性的接受限制过于严格，那么该方法可能不够稳健（适合于目的），这在常规使用质量控制（QC）时会变得明显，如果不是更快，那就是在方法转移过程中[9]。

系统适用性测试是大多数分析程序（特别是色谱分离程序）的基本部分。系统适用性测试基于这样一个概念，即由设备、电子设备、分析操作和待分析样品组成的整个系统构成一个可评估的综合系统。系统适用性测试参数取决于正在验证的程序类型。感兴趣的读者应查阅各种药典，了解有关系统适用性测试的任何其他信息[77, 78]。Schmidt 和 Molnár[76]使用方法稳健性数据进行风险评估（参见 ICH Q9[53]），支持使用单个系统适用性测试，即显示最低分辨率的关键杂质分辨率（杂质 C 和 D），且分辨率固定在 NLT 2.0。

5.3 方法验证的监管标准比较

ICH Q2（R1）[1] 指南对不同测试有不同的要求，即鉴定、分析和杂质或相关物质测试（见表5-2）。

表 5-2 ICH Q2（R1）[1] 对不同方法的要求

验证参数	方法类型			
	同一性	分析 [a]	杂质（极限测试）	杂质（分析测试）
特异性(2) [b]	是	是	是	是
准确性	否	是	否	是
可重复性 [c]	否	是	否 [d]	是
中间精度 [c]	否	是	否	是
再现性 [c]	否	否 [e]	否	否 [e]
线性度	否	是	否	是
范围	否	是	否	是
检出限	否	否	否	否 [f]
定量限	否	否	是	是

注 a：含量/效价。对溶解而言，是对测量技术的验证。仪器常规校准（见相应药典）。
b：通常使用两个测试。一种分析方法缺乏特异性，可用其他正交分析方法来解决，例如，可以使用高效液相色谱 RT 和红外光谱。
c：可重复性、中间精度和再现性都是精度的细分。
d：精度的某些要素通常用于保证任何给定的极限试验。
e：在确定再现性的情况下，不需要中间精度。然而，方法转移练习中的转移实验室通常仍将执行中等精度，并且两个实验室将生成再现性数据。
f：可能是必需的，通常与定量限一起报告。

尽管 ICH Q2（R1）[1] 指南是生物分析领域证明“符合目的”的最被广泛接受的全球指南，但 EMA[79] 和 FDA[80] 的区域指南提供了更详细和更严格的验收标准（见表 5-3）。除了标准 ICH Q2（R1）[1] 验证标准外，还需要附加标准，如结转、基质效应和稀释完整性，以及在不同操作条件下对分析物稳定性的深入评估。这是因为生物分析通常使用高度复杂的联用技术，例如，高效液相色谱 - 质谱 - 质谱。与 ICH Q2（R1）[1] 指南相比，两个超国家指南都需要额外的浓度水平和更多的重复值。

表 5-3 方法验证的全球监管标准

验证参数	ICH Q2（R1）	EMA 指南	FDA 指南
选择性	是	是（6）	是（6）（没有干预）
遗留	否	是（<20% 定量下限）	否
检出限	是	否	否
定量限	是	定量下限（±20%；±20%RSD） 定量上限（±20%；±20%RSD）	定量下限（±20%；±20%RSD） 定量上限（±20%；±20%RSD）
线性度	是（5）	是（6）[a]（±15%；±20% 定量下限）	是（6~8）（±15%；±20% 定量下限）

续表

验证参数	ICH Q2（R1）	EMA 指南	FDA 指南
范围	是	是（定量下限和定量上限）	否
准确性（%）	是（3/3）	是（4/5）（±15%；±20%at 定量下限）	是（3/5）（±15%；±20% 定量下限）
回收率	否	否	是（3）（准确和一致）
精度	是[b]（3/3）[c]	是（4/5）（±15%；±20% 定量下限）	是（3/5）（±15%；±20% 定量下限）
稀释倍数	否	是（5）（±15%；±15%RSD）	否
基质影响（%）	否	是（6）（≤ 15%RSD）	否
再现性	否[d]	否[c]	否[d]
稳定性	否	是[e]	是[e]
系统稳定性测试	是	否	否

注 a：在复制中分析。
b：精度分为可重复性（一天内）和中间精度（几天之间）。
c：括号中的值反映了样本数和复制数。
d：实验室间练习。通常不需要。
e：库存和工作标准的稳定性，样品基质中分析物的稳定性，以及延长的长期登记稳定性。

5.4 其他色谱测试

5.4.1 气相色谱法（GC）

气相色谱法早于高效液相色谱法，但在现代分析化学［例如挥发性有机化合物（VOC）或残留溶剂的分析］中仍然有着特殊的应用。然而，在过去 10 年中，这种已确立的技术，特别是联用格式（即气相色谱 - 质谱法）的复兴及在测定特别适合的低水平挥发性烷基化剂（诱变杂质）中的应用[81]。最近关注的焦点集中在顶空（HS）或静态顶空（SHS）方法，因为这减少了基质的干扰，特别是来自活性药物成分的干扰，从而提高了灵敏度、选择性，并可能提高了稳健性（承载潜力较小）。此外，小瓶内的衍生化可以提高灵敏度[59]，与其他干扰成分相比，使用离子液体可以提高分析物的活性系数，显示出有趣的选择性和潜在的提高灵敏度[82]。Snow 和 Bullock 报告了其他提高选择性和敏感性的方法[83]。Cheng 等人[84]最近报告了用于测定药物中残留溶剂，特别是 44 种 2 类和 3 类溶剂［见 ICH Q3C（R5）[85]］的通用静态顶空气相色谱法的开发和验证。根据 ICH Q2（R1）[1]指南进行验证。在 75%（33/44）的被测溶剂中，特异性研究表明基线分离［相互分离和从稀释剂中分离，二甲基亚砜（DMSO）］。研究者指出，在检出限处或周围有超过 5 种残留溶剂的药物是罕见的｛结合优化原料药结晶、分离和干燥阶段［见 ICH Q8（R^2）[2]］｝。Cheng 等人[84]表明，对于选择进行调查的四种原料药，其定量限处或附近存在 2~4 种溶剂。在此基础上，研究者指出特异性适合其预期用途。在 0.2~15000 ppm 的大动态范围内，对每种残留溶剂使用 10 种浓度评估线性。所有 44 种溶剂的 R2 值在 0.9990~1.0000 范围内；截留量小于最浓缩标准的 2%，即 20~900 ppm，表明线性范围比 ICH Q2（R1）[1] 指南中建议的范围更广，即 50~5000 ppm。

使用 44 种溶剂的重复制备在 20~900 ppm 范围内测定准确性。方法偏差小于或等于 2.69% 的真实值，便被视为符合目的。四种模型原料药的准确性也由两种不同浓度（20~900 ppm 和 2~90 ppm）的加标回收率确定。加标回收率通常在 70%~115% 的范围内，这表明可能遇到的具体干扰，即二甲基亚砜中的挥发性杂质和杂质，应该是可以克服的，但研究者确实强调了一些问题，即 DS–1 和 DS–4 中的甲醇，以及 DS–1 和 DS–3 中的 2– 甲氧基乙醇，这两种物质都是可能需要额外的方法验证，或者典型的碳氢化合物残留溶剂，可能需要更小的活性药物成分样品大小，即 20~30 mg。

根据工作浓度（20~900 ppm）和较低浓度（2~90 ppm）下的 6 次重复，评估可重复性和中间精度。对于可重复性研究，所有分析物在较高浓度下的精度在 0.57%~2.28%RSD 之间，在较低浓度下的精度在 1.56%~9.43%RSD 之间。同样，所有分析物的中间精度在较高浓度下为 0.69%~2.19%RSD，在较低浓度下为 1.44%~10.15%RSD。对于这种顶空气相色谱分析，可重复性和中间精度非常相似，再次适合其预期目的。没有报告模型活性药物成分加标回收率的精度数据。

使用信噪比方法确定检出限和定量限。检出限的范围为 0.02~7.41ppm，而定量限的范围为 0.07~24.70 ppm。由于分析物之间的物理化学差异，研究者认为范围很广。例如，含有氯、氧或氮的溶剂通过气相色谱 – 火焰离子化检测器方法比碳氢化合物具有更低的燃烧容量，导致灵敏度降低，相应地更高的检出限 / 定量限值。然而，该方法仍然适用于目的，因为定量限仍低于残留溶剂（≥ 50 ppm）的相应 ICH Q3C（R5）[85] 限值。

尽管在设计决定质量范例中通常避免使用有毒溶剂（即 1 类）[参见 ICH Q8（R2）[2]]，但一些研究者已经开发出这些 1 类溶剂的方法 [参见 ICH Q3C（R5）[85]]，即苯、四氯化碳、1，2– 二氯乙烷、1，1– 二氯乙烷和 1，1，1– 三氯乙烷（后者用于环境考虑）。由于毒性增加，这些溶剂需要提高灵敏度。

Pavón 等人 [86] 报道了用于 1 类溶剂的程序升温蒸发器（PTV）– 快速气相色谱 – 质谱 [单离子监测（SIM）] 方法的开发和验证。该方法根据 ICH Q2（R1）[1] 的大多数要求进行了验证。通过色谱和单离子监测的混合物证明了特异性。从其他四种分析物中分离出 1，1– 二氯乙烷（Rt 3.69 min）；然而，1，2– 二氯乙烷和 1，1，1– 三氯乙烷（RTS 5.69 和 5.73 min）未得到解决，四氯化碳和苯（RTS 6.00 和 6.06 min）也是如此。对提取离子色谱中的单离子监测进行了评估。在评估的浓度范围内，使用一式三份注射对五种分析物中的每一种制备的一系列标准溶液评估线性。在所有情况下，分析物都表现出线性（R2> 0.99），截距在所有情况下均为零。在信噪比为 3 的情况下进行 5 次可重复性测试，这是令人满意的（≤ 12% RSD）。没有报告中间精度或范围验证。检出限在 4.9~7.9 ppt 范围内，并且使用相同的方法评估定量限，即 10σ / S，在 15~24 ppt 的范围内。该验证数据表明该方法适用于目的，并且具有分析 1 类溶剂（2~8 ppm）所需的灵敏度。注意 1，1，1– 三氯乙烷的上限为 1500 ppm，根据 ICH Q3C（R5）[85] [参见 ICH Q3C（R5）]，由于环境因素而包括在内。该方法与其他文献方法相比是有利的。Fliszar 等人 [87] 使用灵敏度较低的顶空 – 气相色谱 – 火焰离子化检测器方法测定苯，得到的检出限为 100ppb，具有适当的精度（2.7% RSD）。Pavón 等人 [88] 使用顶空 – 气相色谱 – 质谱，但没有程序升温蒸发器适配器，对于苯和四氯化碳分别显示出略高的 8 和 42 ppb 的检出限，具有相似的精度（分别为 7.2% 和 13%）。

对于气相色谱程序，应在稳健性下研究的一些典型变化的示例如下：

· 不同列，即不同批次和 / 或供应商的影响；碳负荷、多孔性等细微变化（尤其是对任何关键分离或洗脱顺序的影响）。

· 温度（烤箱和注射口）或温度梯度曲线的影响（尤其是对任何临界分离或洗脱顺序或分析物稳定性的影响）。

· 流速的影响（尤其是对任何临界分离或洗脱顺序的影响）。

· 顶空萃取过程的影响。

5.5 非色谱方法验证

5.5.1 近红外光谱（NIR）

近红外光谱已经在过程分析技术（PAT）中得到了广泛的应用，其主要优点是无创性和非破坏性、快速采集时间及允许在线或在线分析的最小样品制备[89]。然而，由于化学计量学是数据采集的一个组成部分，因此定量近红外方法的开发、验证和实现并不简单。因此，有几个独特的挑战是显而易见的；需要考虑组装具有代表性的参考库和样本及开发和验证多变量数据的预测模型[90~92]。

最近对近红外光谱方法进行的一次关键审查[89]强调，以下近红外光谱方法应用已根据 ICH2（R1）[1]进行了验证：

赋形剂的测定[93，94]

药品或制造过程中的残留水[95，96]

在生产过程中的原料药[97，98]

药品中的原料药[93、95、96、99、100]

疫苗[101]

从文献来看，近红外光谱方法验证有三种非标准方法［即基于 ICH2（R1）[1]］[89]。

首先，描述性方法将导出的统计参数（包括经典的化学计量学方法）与定义的接受标准进行比较。这似乎是近红外光谱验证的首选方法，读者可以参考一些最近的资料[102~104]。一些研究小组还将这种方法用于 ICH Q2（R1）[1]验证参数中的至少一个（通常是线性和精度）。线性方法将近红外光谱方法的预测结果与参考方法进行比较，通常使用测定系数或相关系数，接近 1 的值被视为等效值。然而，这种方法被认为不适合定义可比性或互换性[105]。第二种方法被称为“差异方法”，并使用基于假设的策略来评估观察到的效果是否与参考方法存在统计差异，使用 t 测试（或类似方法），并评估方法的准确性（也可称为“真实性评估”）。不幸的是，许多研究小组得出结论，当假设检验的结果不显著时，那么“没有效果可以被认为是真的”。但是“没有效果的证明并不代表没有效果”[89]，而且定量方法可以被认为是有效的，也就是说，没有偏差，其性能可能是不可接受的，即“不适用于目的”[89，105~107]。De Bleye 和 Chevez[89]观察到，有一些等效方法可以纠正这种有缺陷的方法，但很少用于近红外光谱方法验证[106~108]。最后一种方法是基于公差（或预测）间隔来评估方法的适用性，并且可以使用准确性曲线来评估，即对于分析方法为 ±5%，对于含量均匀性方法为 ±15%。De Bleye 和 Chevez[89]得出的结论是，使用标准化学计量学优值（均方根标准误差）或差分法（比较相对偏差）不会产生在质量、准确性或可靠性方面“符合目的”的方法。

5.6 传统方法验证与设计决定质量替代方案

方法验证［ICH Q2（R1）[1]］和转移的传统方式是对方法的一次性评估，不能提供对方法可靠性的高水平保证。对通过这些传统方式获得的方法的有限理解常常导致一种方法，将技术转让工作从开发转为商业用途，即使关键方法变量尚未得到充分探索，也会导致方法在转让后几个月失败。方法传递失败的根源通常可以追溯到方法验证过程中对常规操作环境的考虑不足，以及缺乏捕获和传递开发分析师内在知识的有效过程。这个问题可以通过生命周期方法来解决，方法验证和转移基于三个阶段：方法设计、方法鉴定和持续的方法验证。

在这种方式中，方法验证被定义为“在方法设计阶段的整个使用周期内收集和评估数据和知识，这就为一种方法能够始终如一地提供质量数据提供了科学证据”[108]。方法设计阶段包括建立方法性能要求，开发一种满足这些要求的方法，然后进行适当的研究，以了解需要控制的关键方法变量，以确保该方法的稳健和重现。

在设计阶段确定了一套操作方法控制后，下一步是对该方法进行鉴定，以证明其将按预期运行。一旦合格，对方法或其运行环境的任何后续变更都需要作为变更控制策略的一部分进行风险评估，并进行适当的验证研究。如果方法在操作环境中发生变化，则需要进行方法安装练习。以风险评估为基础，适当的知识转移活动、培训活动和设备鉴定活动可以作为方法安装的一部分来执行。一旦这些活动完成，可能需要进行方法验证练习。同样，验证的程度应基于风险，考虑到变更的性质、安装活动及变更对 ATP 中定义的方法性能特征的潜在影响[8]。

方法生命周期的最后阶段，即持续的方法验证，其目标是持续确保方法保持在控制状态，即适合于目的。这应包括一个正在进行的程序，以收集和分析与方法性能相关的数据，例如，通过在分析过程中设置样本或标准的复制标准，通过对系统适用性数据进行趋势分析，或通过对参考批次定期分析中的数据进行趋势分析。该活动符合美国药典中关于系统性能验证的指南。一旦该方法在其常规环境中运行，还应密切注意该方法产生的任何不符合规范（OOS）[109]或不符合趋势（OOT）的结果。

5.7 发展趋势

尽管 ICH 已经讨论过实施分析性设计决定质量方法，但在撰写本书时，仍有一些计划可以推进该提案。在设计决定质量方法中，预定义目标应以 ATP 的形式建立，其中包含测量属性所需的方法性能要求，例如溶出度，分析等。ATP 定义了该方法的适当性能，并且与方法无关。

分析性设计决定质量方法利用风险评估和对关键方法变量的深入系统评估，以确保可报告结果的测量不确定性（MU）控制在确保该方法适用的水平所需的控制措施。

开发方法可操作设计区域，描述已经评估和验证的那些特定方法参数范围。它是在工艺开发过程中使用的设计空间概念［ICH Q8（R2）[2]］的分析设计决定质量等价物。方法可操作设计区域允许从多维视角理解方法，并允许在方法的生命周期使用期间改变方法参数的控制。

希望这一更新还将涉及扩展 ICH Q2（R1）[1] 的当前范围，而不仅仅是色谱方法，如当前版本［ICH Q2（R1）[1] 的介绍中所述］，即“其他分析程序可能会在本文件的未来补充中加以考虑”。

5.8 结论

“适合目的”分析方法的开发和验证是 ICH Q2（R1）[1] 的基本职责。总的来说，这一指导非常成功地实现了这一目标。然而，常规药品生产质量管理规范（GMP）和预批准检查（PAI）审核中较常见的发现之一是分析方法的不稳健，导致不符合规范或批次失败[110]。EMA 表示，“在制造活动全球化和设计质量（设计决定质量）等新概念的发展背景下，技术转让预计将在全球公司内部和公司之间、同一国家内部及国家之间发生，已确定需要为分析方法的转让提供指导”[110]。然而，ICH Q2（R1）[1] 和相关的分析方法药典指南通常用于支持“一次性”验证工作，很少考虑验证该方法在“真实世界”操作条件中表现得怎么样[111]。生成了基于统计的重要数据，满足 ICH Q2（R1）[1] 指南；但是，它们与常规的、持续的方法性能没有充分的联系。在 ICH Q2（R1）[1] 中引用的验证标准中，只有可重复性、中间精度和再现性才能深入了解该方法在常规使用中的表现，后者的标准仅在方法转移过程中需要。实际上，这些精度标准是评估关键分析因子（CAF）对方法要求影响的唯一方法验证属性，被称为 ATP[111]。分析性设计决定质量将解决许多问题。与此同时，药典正在将分析性设计决定质量作为其现代化战略的一部分，ATP 概念可能有助于解决建立方法可互换性的关键交付成果[112]。

此外，在商定的规范背景下，对方法能力的关注有限。理想情况下，方法的可变性应小于或等于允许规格范围的 1/12[21]。因此，对于活性药物成分测定方法，方法可变性应小于或等于 0.125% RSD，因为允许的规格范围通常为 1.5% 的量级，即 98.0%~99.5%（考虑到允许的杂质水平）。由于它们无法达到这种精度水平，因此外部标准高效液相色谱法是否实际上“适合目的”引起了相当大的争论。相反，那些在区域标准化模式下运行的相同方法完全能够提供必要的精度[113]。在不考虑基础方法能力的情况下收紧规范时，可以进行类似的论证。这可能会导致将完全有能力的 6- 西格玛方法变得不再适用。引入可报告结果的测量不确定性（需要控制到确保方法适用的水平）应解决方法规范互连性问题。使用测量不确定性方法，应该立即发现对归档规范的提议更改是否会影响方法提供可靠和可重复数据的能力。

将设计决定质量方法与对所讨论程序测量不确定性的明确理解相结合，应为 21 世纪稳健的“适用于目的”方法的成功发展提供明确的途径。

参考文献

[1] ICH Q2(R1). 2005. Validation of analytical procedures : Text and methodology. Current step 4 version，November 2005.

[2] ICH Q8(R2). 2009. Pharmaceutical development. Current step 4 version. August 2009.

[3] Borman PJ, Chatfield M，Nethercote P, et al. 2007. The application of quality by design to analytical methods. *Pharmaceutical Technology*, 31(10), 142–152.

[4] USP<1226>. 2016. Verification of compendial procedures. USP 39. 1646–1647, 2016.

[5] ICH Q10. 2008. Pharmaceutical quality systems. Current step 4 version, June 4, 2008.

[6] ICH Q6A. 1999. Specifications : Test procedures and acceptance criteria for. new drug substances and new drug products : Chemical substances. Current step 4 version, October 6, 1999.

[7] ICH Q6B. 1999. Specifications : Test procedures and acceptance criteria for biotechnological / biological

products. Current step 4 version, March 10, 1999.

[8] Pohl M, et al. 2010. Implications and opportunities of applying the principles of QbD to analytical measurements. *Pharmaceutical Technology Europe*, 22(2), 29–36.

[9] Ermer J. 2001. Validation in pharmaceutical analysis. Part Ⅰ: An integrated ipproach. *Journal of Pharmaceutical and Biomedical Anatysis*, 24, 755–767.

[10] USP<1033>. 2016. Biological assay validation. USP 39. 862–877. 2016.

[11] ISO 5725–1. 1994. Accuracy(trueness and precision) of measurement methods and results—Part 1: General principles and definitions. http://www. iso. Org/iso catalogue_detail. htm? csnumber=11833. Accessed on October 9, 2014.

[12] FDA. 1987. General principles of validation. US Department of Health and Human Services, Food and Drug Administration, CDER.

[13] AOAC Peer Verifled Methods Program. 1987. Manual on policies and procedures, Arlington, US.

[14] U5P<1225>. 2016. Validation of compendial procedures. USP 39. 1640–1645. 2016.

[15] Thompson M, Ellison SLR, Wood R. 2006. Guidelines for single laboratory. Validation of methods of analysis. *Pure and Applied Chemistry*, 74, 835–855.

[16] ISO 5725–2. 1994. Accuracy (trueness and precision) of measurement methods and results—Part 2: Basic method for the determination of repeatability and reproducibility of a standard measurement method. http:// www. iso. org / iso / catalogue detail. htm?csnumber=1 1834. Accessed on October 9, 2014.

[17] Pasteelnick LA. 1993. Analytical methods validation. In: Nash RA。Berry IR (Eds.), *Pharmaceutical process validation*, 2nd Edition, Marcel Decker Inc., New York, p411–428.

[18] ASTM fAmerican Society for Testing Materials). 2014. The intermediate precision of ASTM international test methods. http://www. astm. org/SNEWS/ND_2010 / datapoints_ nd10. html. Accessed on October 8, 2014.

[19] ASTM (American Society for Testing Materials). 2014. What are repeatability and reproducibility? http:// www. astm. org/SNEWS/MA_2009/datapoints_ ma09. html. Accessed on October 8, 2014.

[20] IUPAC. 2001. Selectivity in analvtical chemistry, recommendations for its use http://old. iupac. org/projects/ postersol/vessmanol. pdf. Accessed on October 9, 2014.

[21] Dejaegher B, jimidar M, De Smet M, et al. 2006. Improving method capability of a drug substance HPLC assay. *Journal of Pharmaceutical and Biomedical Analysis*, 42, 155–170.

[22] Noll B, Roehl Ⅰ. 2013. Separation of oligonucIeotides and related substances. In: Okaf0 G, Elder DR Webb M(Eds.), *Analysis of oligonucleotides and relatea substances*, The ChromSoc Separation Science series, ILM Publications, St. Albans, p101–156.

[23] Medina–Rivero E, et al. 2014. Batch–to batch reproducibility of Transferon™. *Journal of Pharmaceutical and Biomedical Analysis*, 88, 289–294.

[24] Cueto–Rojas HF, P é rez NO, P é rez–S ά inchez G, et al. 2010. Interfeton a 2b quantification in inclusion bodies using reversed phase–ultra performance liquid chromatography(RP–UPLC). *Journal of Chromatography B*, 878, 1019–1023.

[25] Riley CM. 1996. Statistical parameters and analytical figures of merit. In: Riley CM, Rosanke TW(Eds.), *Development and validation of analytical methods*, Elsevier, Oxford, p15.

[26] Elder DR Teasdale A, Lipczynski AM. 2008. The control and analysis of alkyl esters of alkyl and aryl sulfonic acids in novel active pharmaceutical ingredients. *Journal of Pharmaceutical and Biomedical Analysis*, 46, 1–8.

[27] Baker, A. 2010. Development of a strategy for analysis of genotoxic impurities In : Teasdale A(Ed.), *Genotoxic impurities : Strategies for identification and control*, John Wiley&Sons, Inc. , Hoboken, p281—304.

[28] David F, Jacq K, Van Hoenacker G, et al. 2010. Strategic approaches to the chromatographic analysis of genotoxic impurities. In : Teasdale A(Ed.), *Genotoxic impurities : Strategies for identification and control*, Tohn Wiley & Sons, Inc. , Hoboken, p305–350.

[29] Branch SK. 2005. Guidelines from the international conference on harmonisation (ICH). *Journal of Pharmaceutical and Biomedical Arialysis*, 38, 798–805.

[30] Baertschi SW, lansen PJ. 2011. Stress testing : A predictive tool. In : Baertschi SW, Alsante KM, Reed RA(Eds.), *Pharmaceutical stress testing*, 153, Taylor & Francis, New York, p13–49.

[31] Cuesta S ά nchez F, Toft J, van den Bogaert B, et al. 1996. Orthogonal projection approach applied to peak purity assessment. *Analytical Chemistry*, 68, 79–85.

[32] Wilberg K, Andersson M, Hagman A, et al. 2004. Peak purity determination with principal component analysis of high–performance liquid chromatography–diode array detection data. *Journal of Chromatography A*, 1029, 13–20.

[33] Bryant DK, Kingswood MD, Belenguer A. 1996. Determination of liquid chromatographic peak purity by electrospray ionization mass spectrometry. *Journal of Chromatography A*, 721, 41–51.

[34] Bakshi M, Singh S. 2002. Development of validated stability–indicating assay methods–critical review. *Journal of Pharmaceutical and BiomedicalAnalysis*, 28, 1011–1040.

[35] K ō rner A. 2002. Uncovering deficiencies in mass balance using HPLC with chemiluminescence nitrogen–specific detection. *LCGC North America*, 20, 364–373.

[36] Karehill PG, Nystr ō m C. 1990. Studies on direct compression of tablets. Part Ⅹ Ⅻ Investigation on strength increase upon ageing and bonding mechanisms for some plastically deforming materials. *International Journal of Pharmaceutics*, 64, 27–34.

[37] Choy YW, Khan N. 2005. Significance of lipid matrix ageing on in vitro release and in vivo bioavailability. *International Journal of Pharmaceutics*, 299, 55–64.

[38] Gordon MS, Rudraraju VS, Rhie JK, et al. 1993. The effect of aging on the dissolution of wet granulated tablets containing super disintegrants. *International Journal of Pharmaceutics*, 97, 119–131.

[39] Schulz K, Oberdieck U, Backensfeld T, et al. 2013. Changes in recovery due to drug product matrix ageing as a source of mass imbalances. *Journal of Pharmaceutical and Biomedical Analysis*, 74, 117–125.

[40] Korm~ny R, Fekete J, Guillarme D, et al. 2014. Reliability of simulated robustness testing in fast liquid chromatography, using state–of–the–art column technology, instrumentation and modelling software. *Journal of Pharmaceutical and Biomedical Analysis*, 89, 67–75.

[41] Kosko RM, McLaughlin K, Koenigbauer MJ, et al. 2006. Application of a column selection system and DryLab software for high–performance liquid chromatography method development. *Journal of Chromatography A*, 1122, 186–193.

[42] HOfer JD, Olsen BA, Rickard EC. 2007. Is HPLC assay for drug substance a useful quality control attribute?*Journal of Pharmaceutical and Biomedical Analysis*, 44, 906–913.

[43] EMA. 2012. Guideline for setting specifications for related impurities in antibiotics. EMA / CHMP / CVMP / QWPl199250 / 2009 corr.

[44] Taylor RB, Moody RR, Ochekpe NA, et al. 1990. A chemical stability study of proguanil hydrochloride. *International Journal of Pharmaceutics*, 60, 185–190.

[45] Gavlick WK, Davis PK. 1994. Gas chromatographic determination of P– chloroaniline in a chlorhexidine digluconate containing alcohol foam surgical scrub product. *Journal of AOAC International*, 77, 583–586.

[46] Below H, Lehan N. 2004. HPLC determination of the antisceptic agent chlorhexidine and its degradation products 4–chloroaniline and 1–chloro–4–nitrobenzene in serum and urine. *Michrochimica Acta*, 146, 129–135.

[47] Orr NA, Sallam EA. 1978. Content uniformity of potent drugs in tablets. *Journal of Pharmacy and Pharmacology*, 30, 741–747.

[48] ICH M7. 2014. Assessment and control of DNA reactive(mutagenic)impurities in pharmaceuticals to limit potential carcinogenic risk. Current step 4 version, June 23, 2014.

[49] Burns C, Bristow AF, Buchheit KH, et al. 2015. Establishment of the Ph. Eur. Erythropoietin reference substance batch 1. *Pharmeuropa Bio and Scientific Notes*, 2015, 103–21.

[50] Agut C, Segalini A, Bauer M, et al. 2006. Relationship between HPLC precision and number of significant figures when reporting impurities and when setting specifications. *Journal of Pharmaceutical and Biomedical Analysis*, 41, 442–448.

[51] Tsang PKS, Larew lSA, Larew LA, et al. 1998. Statistical approaches to determine analytical variability and specifications : Application of experimental design and variance component analysis. *Journal of Pharmaceutical and Biomedical Analysis*, 16, 1125–1141.

[52] Ermer J. 2005. Performance parameters, calculations and tests. In : Ermer J, Miller 1HMcB(Eds.), . *Method validation in pharmaceuticM analysis : A guide to best practice*, Wiley. VCH GmbH and Co. , KGaA, Weinheim, p88, 21–194.

[53] ICH Q9. 2005. Quality Risk Management. Current step 4 version, November 9, 2005.

[54] Borman P, Chaffield M, Jackson p, et al. 2010. Reduced–methoc robusthess testing of analytical methods driven by a risk–based approach, *Pharmaceutical Technology*, 34(4), 72–86.

[55] Borman PJ, Chatfield MJ. 2011. Method ruggedness studies incorporating a risk based approach : A tutorial. *Analytica Chimica Acta*, 703, 101–113.

[56] Skrdla PJ, et al. 2009. Use of a quality–by–design approach to justify the removal of the HPLC weight % assay from routine API stability testing protocols. *Journal of Pharmaceutical and Biomedical Analysis*, 50, 794–796.

[57] ICH Q3A(R2). 2006. Impurities in new drug substances. Current step 4 version, October 25, 2006.

[58] ICH Q3B(R2). 2006. Impurities in new drug products. Current step 4 version, June 2, 2006.

[59] Jacq K, et al. 2008. Development and validation of an automated static headspace gas chromatography–mass spectrometry (SHS—GC–MS) method for monitoring the formation of ethyl methane sulfonate from ethanol and methane sulfonic acid. *Journal of Pharmaceutical and Biomedical Analysis*, 48, 1339–1344.

[60] AMC Technical Brief No. 3. 2000. Analytical Methods Committee : Is my calibration linear ? http : //www. rsc. org / pdf / amc / brief3. pdf. Accessed on January 12, 2014.

[61] Loco JV, Elskens M, Croux C, et al. 2002. Linearity of calibration curves : Use and misuse of the correlation coefficient. *Accreditations and Quality Assurance*, 7, 281–285.

[62] Ermer J, Miller JHMcB. 2000. *Method validation in pharmaceutical analysis : A guide to best practice*, Wiley-VCH GmbH and Co. , KGaA, Weinheim.

[63] Einax JW, Reichen bä cher M. 2006. Solution to quality assurance challenge 2. *Analytical and Bioanalytical Chemistry*, 384. 14–18.

[64] Renger B, Végh Z, Ferenczi-Fodor K. 2011. Validation of thin layer and high performance thin layer chromatographic methods. *Journal of Chromatography A*, 1218, 2712–2721.

[65] USP<905>. 2016. Uniformity of dosage units. USP 39. 736–740. 2016.

[66] SUPAC MR. 1997. *Modified release solid oral dosage forms : Scale-up and postapproval changes—Chemistry, manufacturing, and controls ; in vitro dissolution testing and fn vivo bioequivalence documentation*, U. S. Department of Health and Human Services, Food and Drug Administration, Center for Drug Evatuation and Research(CDER), Rockville.

[67] Dejaegher B, Vander Heyden Y. 2007. Ruggedness and robustness testing. *Journal of Chromatography A*, 1158, 138–157.

[68] Vander Heyden Y, Nijhuis A, Smeyers-Verbeke J, et al. 2001. Guidance for robustness / ruggedness tests in method validation. *Journal of Pharmaceutical and Biomedical Analysis*, 24, 723–753.

[69] Dong MW. 2006. Modern HPLC for practicing scientists, Wiley-Interscience, Hoboken.

[70] Monks K, Molnar I. 2012. Quality by design : Multidimensional exploration of the design space in high performance liquid chromatography method development for better robustness before validation. *Journal of Chromatography A*, 1232, 218–230.

[71] Bliesner DM. 2006. *Validating chromatographic methods*, Wiley_Interscience, Hoboken.

[72] Vander Heydan Y, Nijhui A, Smeyers-Verbeke A, et al. 2001. Guidance for robustness / ruggedness tests in method validation. *Journal of Pharmaceutical and Biomedical Analysis*, 24, 723–753.

[73] Borman P, Roberts J, Jones C, et al. 2010. The development phase of an LC method using QbD principles. *Separation Science*, 2, 2–8.

[74] Hund E, Vander Hayden Y, Haustein M, et al. 2000. Robustness testing of a reversed-phase high-performance liquid chromatographic assay : Comparison of fractional and asymmetrical factorial designs. *Journal of Chromatography A*, 874, 167–185.

[75] Awotwe-Otoo D. et al. 2012. Application of quality by design elements for the development and optimization of an analytical method for protamine sulfate *Journal of pharmaceutical and Biomedical Analysis*, 61–67.

[76] Schmidt AH, Molnar I. 2013. Using innovative quality-by-design approach for the development of a stability indicating UHPLC method for ebastine in the API and pharmaceutical formulations. *Journal of Pharmaceutical and Biomedical Analysis*, 65–74, 78–79.

[77] USP<621>. 2016. Chromatography. USP 39. 459–471, 2016.

[78] Ph. Eur. 2. 2. 46. 2014. Chromatographic separation techniques. http : //library. njucm. edu. cn/yaodian / ep /Ep5. 0/02_methods_of_analysis/2. 2. _physical_and physicochemical_methods / 2. 2. 46. % 20Chromatographic % 20 separation% 20techniques. pdf. Accessed on April 28, 2017.

[79] EMA. 2011. Guideline on bioanalytical method validation. EMEA / CHMP / EWP / 192217 / 2009 Rev. 1 Corr. 2**Committee for Medicinal Products for Human Use(CHMP), July 21, 2011.

[80] FDA. 2001. Guidance for industry. Bioanalytical method validation. U. S. Department of Health and Human Services, Food and Drug Administration, Center for Drug Evaluation and Research(CDER), Center for Veterinary Medicine(CVM), Rockville.

[81] Elder DP, Teasdale A, Lipczynski AM. 2008. The control and analysis of alkyl esters of alkyl and benzyl halides and other related reactive organohalides as Dotential genotoxic impurities in active pharmaceutical ingredients(APIs). *Journal of Pharmaceutical and Biomedical Analysis*. 48, 497–507.

[82] Laus G, Andre M, Bentivoglio G, et al. 2009. Ionic liquids as superior solvents for headspace gas chromatography of residual solvents with very lOW vapor pressure, relevant for pharmaceutical final dosage form. *Journal of Chromatography A*, 1216, 6020–6023.

[83] Snow NH, Bullock GP. 2010. Novel techniques for enhancing sensitivity in static headspace extraction–gas chromatography, *Journal of Chromatography A*, 1217, 2726–2735.

[84] Cheng C, Liu S, Mueller BJ, et al. 2010. A generic static headspace gas chromatography method for determination of residual solvents in drug substance. *Journal of Chromamgraphy A*, 1217, 6413–6421.

[85] ICH Q3C(5). 2011. Impurities : Guidelines for residual solvents. Current step 4 version, February 4, 2011.

[86] Pavón JLP, Sánchez MdN, Laespada MEF, et al. 2007. Analysis of class 1 residual solvents in pharmaceuticals using headspace programmed temperature vaporization—fast gas chromatography–mass spectrometry. *Journal of Chromatography A*, 1141, 123–130.

[87] Fliszar K, Wiggins 1M, Pignoli CM, et al. 2004. Analysis of organic volatile impurities in pharmaceutical excipients by static headspace capillary gas chromatography. *Journal of Chromatography A*, 1027, 83–91.

[88] Pavón JLP, Sánchez MdN, Pinto CG, et al. 2006. Use of mass spectrometry methods as a strategy for detection and determination of residual solvents in pharmaceutical products. *Analytical Chemistry*, 78, 4901–4908.

[89] De Bleye C, et al. 2012. Critical review of near, infrared spectroscopic validations in pharmaceutical applications. *Journal of Pharmaceutical and Biomedical Analysis*, 69, 125–132.

[90] ASTM (American Society for testing materials). 2005. Standard practices for infrared multivariate quantitative analysis, E 1665–05.

[91] Forina M, Lanteri S, Casale M. 2007. Multivariate calibration. *Journal of Chromatography A*, 1158, 61–93.

[92] Rajalahti T, Kvalheim OM. 2011. Multivariate data analysis in pharmaceutics : A review. *International Journal of Pharmaceutics*, 417, 280–290.

[93] Karande AD, Heng PWS, Liew CV. 2010. In–line quantification of micronized drug and excipients in tablets by near infrared(NIR)spectroscopy : Real time monitoring of tabletting processes. *International Journal of Pharmaceutics*, 396, 63–74.

[94] Blanco M, Alcala M, Bautista M. 2008. Pharmaceutical gel analysis by NIR spectroscopy : Determination of

the active principle and low concentration of preservatives. *European Journal of Pharmaceutical Sciences*, 33, 409–414.

[95] Mantanus I, et al. 2009. Moisture content determination of pharmaceutical pellets by near infrared spectroscopy: Method development and validation. *Analytica Chimica Acta*, 642, 186–192,

[96] Peinado A, Hanunond J, Scott A. 2011. Development, validation and transfer of a near infrared method to determine in–line the end point of a fluidised drying process for commercial production batches of an approved oral solid dose pharmaceutical product. *Journal of Pharmaceutical and Biomedical Analysis*, 54, 13–20.

[97] Blanco M, Peguero A. 2010. Analysis of pharmaceutical by NIR spectroscopy without a reference method. *TRAC-Trends in Analytical Chemistry*, 29, 1127–1136.

[98] Mantanus J, et al. 2010. Building the quality into peHet manufacturing environment: Feasibility study and validation of an in–line quantitative near infrared (NIR) method. *Talanta*, 83, 305–311.

[99] Blanco M, Alcala M. 2006. Content uniformity and tablet hardness testing of mtact pharmaceuticaI tablets by near infrared spectroscopy: A contribution to process analytical technologies. *Analytica Chimica Acta*, 557, 353–359.

[100] Blanco M, Cueva–Mestanza R, Peguero A. 2010. Controlling individual steps in the production process of paracetamol tablets by use of NIR spectroscopy. *Journal of Pharmaceutical and Biomedical Analysis*, 51, 797–804.

[101] Lai X, et al. 2007. Determination of aluminium content in aluminium hydroxide formulation by FT–NIR transmittance spectroscopy. *Vaccine*, 25, 8732–8740.

[102] Ito M, et al. 2010. Development of a method for non–destructive NIR transmittance spectroscopic analysis of acetaminophen and caffeine anhydrate in intact bilayer tablets. *Journal of Pharmaceutical and Biomedical Analysis*, 53, 396–402.

[103] Li W, Xing L, Fang L, et al. 2010. Application of near–infrared spectroscopy for rapid analysis of intermediates of Tanreqing injection. *Journal of Pharmaceutical and Biomedical Analysis*, 53, 350–358.

[104] Corredor CC, Bu D, Both D. 2011. Comparison of near, infrared and microwave resonance sensors for at, line moisture determination in powders and tablets. *Analytica Chimica Acta*, 696, 84–93.

[105] Rozet E, et al. 2007. Analysis of recent pharmaceutical regulatory documents on analytical method validation. *Journal of Chromatography A*, 1158, 111–125.

[106] Bouabidi A, et al. 2010. Critical analysis of several analytical method validation strategies in the framework of the fit for purpose concept. *Journal of Chromatography A*, 1217, 3180–3192.

[107] Chatfield M, Borman PJ. Acceptance criteria for method equivalency assessments. *Analytical Chemistry*, 81. 9841–9848.

[108] Nethercote P, Borman P, Bennett T, et al. 2010. QbD for better method validation and transfer Pharma Manufacturing, April 2010, 37–49.

[109] FDA. 2006. *Guidance for industry: Investigating out-of-specification (OOS) results for pharmaceutical production*, US department of health and human services, Food and Drug Administration, CDER, Rockville.

[110] EMA. 2013. Concept paper on the revision of chapter 6 of the EU GMP Guide Quality Control, October 12,

2010. EMA / INS|GMP / 632654 / 2010 http : //www. ema. europa. eu / docs / n_GB / document_library / Regulatory_and_procedural_guideline / 2010 / 11 / WC500099260. pdf. Accessed on October 1，2014.

[111] Elder DP，Borman P. 2013. Improving analytical method reliability across the entire product lifecycle using QbD approaches. *Pharmaceutical Outsourcing*，14(4)，14–19.

[112] Grosche O. 2014. Analytical QbD and pharmacopoeial monographs : A vision. EDQM : 50 Years of Leadership in the Quality of Medicines. Strasbourg，October 6–8，2014.

[113] Elder DP. 2014. Are HPC–UV methods fit for purpose as true arbiters of quality for APIs? *American Pharmaceutical Review*，17(4)，68–72.

6

新原料药和新药品中的杂质：ICH Q3A/B：一般杂质管理过程中的关键指南

Andrew Teasdale[1], DavidElder[2], James Harvey[3], and StevenSpanhaak[4]
1.AstraZeneca, Macclesfield, UK
2.David P Elder Consultancy, Hertford, UK
3.GSK, Ware, UK
4.Janssen Pharmaceutica NV, Beerse , Belgium

6.1 引言

在 ICH 框架内，从更广泛的意义上来说，杂质管理的监管指导方针始于 20 多年前，其概念是 ICH Q3A [1] 和 ICH Q3B [2]。【注：自两项指南的原始版本发布以来，近 20 年来，尽管两项指导方针都做了细微的修改，但基本上没有改变。ICH Q3A 于 2002 年首次修订 ICH Q3A（R1），2006 年再次修订 ICH Q3A（R2）。ICH Q3B 于 2003 年首次修订 ICH Q3B（R1），2006 年再次修订 ICH Q3B（R2）。为了本章其余部分的简单起见，这些指导文件将简单地称为 ICH Q3A 和 ICH Q3B（虽然这推断了最新版本，但没有具体的修订状态参考）。】这两个指南被认为是整体 ICH 质量指南框架中的关键，因为它们引入了阈值方法的概念，以确定何时报告、鉴定和认证杂质（或降解物）。认证可以说是一个重要的，但相当难以定义的过程。它包括根据可用或获得的数据或一般定义的安全限值（如 ICH Q3A 或 Q3B 的鉴定限值），从安全角度决定一种已确认杂质是否低于安全限值（可能是或不是 ICH Q3A 或 Q3B 的认证限值）。

随着时间的推移，安全和质量要求不断发展，并变得更加规范。从 ICH Q3C[3] 开始，在 Q3A 和 Q3B 之后立即发布了指南，对有机溶剂和元素杂质等特定杂质做出了限制。这些限制基于本指南中介绍的所谓每日允许暴露（PDE）方法。然而，这种方法只能应用于已进行化合物特定安全性研究的杂质。最近的 ICH Q3D 也采用了同样的方法 [4]。

ICH Q3A 和 Q3B 中初始指导进一步扩展的另一个领域涉及遗传毒性（诱变）杂质。虽然没有根据遗传毒性进行定义，但 ICH Q3A [1] 和 Q3B [2] 指出，异常有毒的物质可能需要比这些指南中通常定义的阈值更低的阈值。这在 ICH M7 指南 [5] 中进一步阐述，该指南涉及（潜在的）诱变杂质。该指南为这类杂质提供了较低的通用安全限值，以及根据在使用这些化合物进行的致癌性研究中获得的所谓 TD_{50} 值【注：TD_{50} 是致癌性研究中肿瘤发生率为 50% 的剂量。】来确定诱变致癌物的特定限值的方法 [5]。

因此，随着时间的推移，认证的概念变得更加复杂，并且已经超出了 ICH Q3A 和 Q3B 的范围。

有趣的是，即使实施了 ICH M7，报告和鉴定阈值也与几十年前的定义相同。后者确实特别指出，实际杂质或降解物包括在原料药中观察到的超过 ICH Q3A 报告阈值的杂质或降解物，以及当水平超过 ICH Q3A 针对杂质和 ICH Q3B 针对降解物质概述的相关鉴定阈值时预期鉴定的实际杂质。然而，这里也进行了改进，最终确定了 ICH M7 [5]。无论是否已将其确定为原料药中超过 ICH Q3A / Q3B 相关阈值的实际杂质，都必须研究许多潜在的杂质或降解物。这涉及由原料药合成产生的潜在杂质，包括合成路径中的起始材料、试剂和中间体，从起始材料到原料药。还需要评估原料药和药品中可能合理预期在长期储存条件下形成的潜在降解物。对于这些潜在的杂质或降解物，决定是否需要评估的最重要因素【根据 ICH M7（注：也就是说，用计算机评估其潜在的诱变性，如果认为是潜在的诱变因素，以及在原料药或药品中的实际水平。）无论 ICH Q3A 或 Q3B 定义的阈值如何】是它们在原料药或药品中在显著水平上存在的概率【注：也就是说，实际含量高于 ICH M7 中定义的诱变化合物的可接受安全限值（毒理学关注阈值）。】

因此，并非所有潜在的杂质或降解物都需要考虑在内，但是，只有预计将在显著水平出现的子集才能进入最终的原料药或药品。对于潜在杂质，可根据工艺知识和净化系数评估带入原料药的风险 [6]。对于潜在降解物，相关降解途径的知识可用于指导有关选择潜在降解产物的决策，以评估其诱变性 [5]，例如，从降解化学原理、相关应力测试研究和发展稳定性研究。关于杂质管理过程中这一特定部分的更多细节，请参见 ICH M7 第 24 章。

必须承认的是，对于任何“未知”杂质（即不属于上述潜在杂质或降解物的杂质），应用原始 ICH Q3A 和 Q3B 鉴定阈值是可以接受的。这就为那些“未知”杂质留下了一个缺口，这些杂质可能构成丢失毒理学关注的阈值以上和鉴定阈值以下潜在诱变杂质的风险。然而，考虑到毒理学关注的阈值水平下已经非常保守的方法和并非所有的诱变化合物都是人类致癌物的事实（ICH M7[5]），这种稍微增加的潜在诱变风险被认为是足够低的，没有必要对每一种杂质进行评估，并有可能将其降低到毒理学关注的阈值以下。人们认识到，鉴于这所需的努力规模，这将使药物开发变得几乎不切实际。

尽管 ICH Q3A 和 Q3B 以及其他相关的 ICH 指南对指导工业生产安全和高质量的产品非常有帮助，但仍然存在一些差距。示例包括早期开发的化合物及被认为超出 ICH Q3A 和 Q3B 范围的分子（如生物制品），这些分子的暴露时间小于寿命。到目前为止，这些问题要么是在特定领域（如抗生素）的额外区域指导方针的权宜之计，要么是通过行业最佳实践或内部公司程序来解决的。

在本章中，我们将概述已确认的差距，并提出更可行的方法建议。

最后，Q3 系列指南，特别是 Q3A 和 Q3B 指南，可以被视为杂质管理的起点或基础。因此，本章旨在探讨杂质管理的一般流程，并将其他 ICH 指南（ICH Q3C 残留溶剂 [3]、ICH M7 诱变杂质 [5] 和 ICH Q3D 元素杂质 [4] 涵盖的所有方面联系起来，所有这些都在本书其他地方进行了进一步的详细讨论）。它还将研究当前指导方针未涵盖的其他方面（例如生物制品、早期开发阈值等）。

6.2 基本原则

如第 6.1 节所述，杂质管理的基础取决于三个定义阈值的主要概念：报告、鉴定和认证阈值。因此，这三个阈值是保障原料药和药品安全和质量的核心，定义了药品生产的关键质量方面，如分类、杂质鉴定和规范中的杂质项列表。安全方面主要包括在识别和鉴定阈值中。在 ICH Q3A 和

Q3B 中，认证被定义为获取和评估数据的过程，该数据确定了单个杂质 / 降解物或给定杂质 / 降解物曲线在规定水平上的生物安全性。在实践中，这意味着对于杂质（包括脱胶剂、可浸出物和诱变杂质），必须从安全的角度确定它们是否低于被认为是安全的相关限值（根据杂质的分类，该限值可能是或不是 ICH Q3A 或 Q3B 认证限值）。如果情况并非如此，则可能引发额外的净化或其他与工艺相关的活动，从而导致所讨论的杂质水平较低且可接受。

实际应用的 ICH Q3A [1] 或 Q3B [2] 阈值水平可以根据施用的原料药的量及原料药或配制产品中是否产生杂质 / 降解物而变化。表 6–1 列出了概述。

表 6–1　原料药和药品的报告、鉴定和认证阈值

阈值	每天服用的原料药量（mg）					
	<1	1~10	10~100	100~1000	1000~2000	>2000
报告						
原料药（ICH Q3A）	0.05%	0.05%	0.05%	0.05%	0.05%	0.03%
药品（ICH Q3B）	0.1%	0.1%	0.1%	0.1%	0.05%	0.05%
鉴定						
药品（ICH Q3A）	0.1% 或 1 mg[a]	0.1% 或 1 mg[a]	0.1% 或 1 mg[a]	0.1% 或 1 mg[a]	0.1% 或 1 mg[a]	0.05%
药品（ICH Q3B）	1% 或 5 μg[a]	0.5% 或 20 μg[a]	0.2% 或 2 mg[a]	0.2% 或 2 mg[a]	0.2% 或 2 mg[a]	0.1%
认证						
原料药（ICH Q3A）	0.15% 或 1 mg[a]	0.15% 或 1 mg[a]	0.15% 或 1 mg[a]	0.15% 或 1 mg[a]	0.15% 或 1 mg[a]	0.05%
药品（ICH Q3B）	1% 或 50 μg[a]	1% 或 50 μg[a]	0.5% 或 200 μg[a]	0.2% 或 3 mg	0.2% 或 3 mg[a]	0.15%

注　资料来源：ICH Q3A[1] 和 ICH Q3B[2]，由 ICH 提供。
a：不管是哪个更低，表示为杂质或降解物的 % 或每天总摄入量。

经常听到的一个问题是："最初定义 ICH Q3A 和 B 阈值时，科学依据是什么？" 虽然 20 多年后很难回答，但似乎它们是根据当时的经验定义的。ICH Q3A[1] 中 0.05% 的值很可能反映了使用配备有紫外检测器的标准高效液相色谱（HPLC）进行量化的典型极限。鉴定阈值和认证阈值的基础不太清楚。

ICH Q3A[1] 指南指出，对于每日最大剂量≤ 2 g/d 的原料药，认证阈值为 0.15% 或 1 mg/d 的摄入量（以较低者为准）。由此推断，对于长期暴露于不合格杂质的环境中，1 mg /d 的限值是安全的。根据相应的 ICH Q3B[2] 认证阈值，降解物甚至可能更高。本章后面章节将详细讨论这种 1 mg /d 的终身接触非诱变杂质安全限值的适当性。

在报告和鉴定阈值方面，技术能力肯定有所提高，使报告和鉴定的级别大大低于当前阈值。然而，考虑到 ICH M7 对（潜在）诱变杂质 / 降解物提出的警告，从安全和质量的角度来看，没有明显的必要对其进行修改，特别是在当前阈值 20 年的经验中没有发现任何问题。

以较低者为准，表示为原料药的百分比或杂质/降解物的每天总摄入量（TDI）。

ICH Q3A 和 ICH M7 之间的复杂关系如图 6–1 所示。此图中显示的方案涵盖了大多数（如果不是全部）可能遇到的情况。在图 6–1 中，潜在杂质涉及已知与原料药合成相关的材料。

ICH Q3A [1] 和 ICH M7 [5] 如何相互作用以评估原料药中杂质的示例。这些例子分为两种情景，一种处理潜在的杂质（情景 1），另一种处理实际的杂质（情景 2）。在 y 轴上指示原料药中杂质/降解物的（相对/绝对）量的范围，以及各种阈值（TH）。在这种情况下，毒理学关注的阈值与 ICH M7 [5] 中定义的相关可接受摄入水平相关，1.5 μg/d 是最保守的水平。

情景 1：潜在杂质

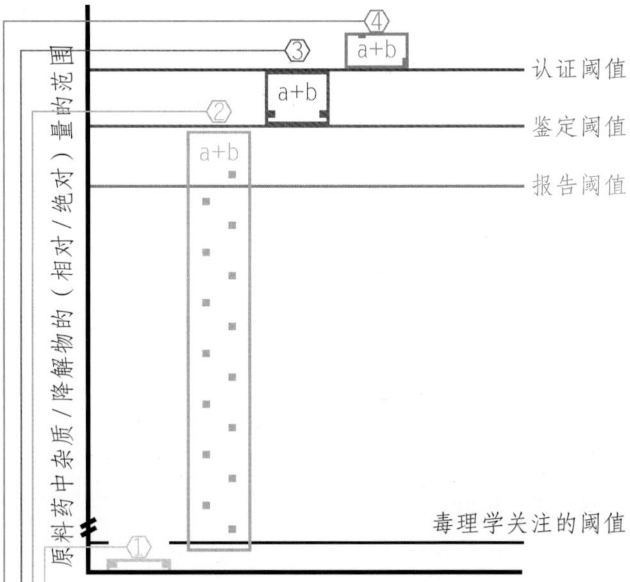

原料药中的潜在杂质可能包括原料、试剂和中间体。对于以下任何一种情况：

① 在毒理学关注的阈值以下的范围内：
如果根据净化参数，最坏情况下的预期暴露剂量/d 远低于毒理学关注的阈值：无须采取进一步措施

② 在毒理学关注的阈值周围到鉴定阈值的范围内：
如果根据净化论证，不能排除最坏情况下的预期暴露剂量/d 远低于毒理学关注的阈值：评估（潜在）诱变性

2a 结果：非诱变性；无进一步措施

2b 结果：（潜在）诱变；检查实际存在的杂质情况，并控制在相关毒理学关注的阈值以下

③ 在鉴定阈值之上且在认证阈值之下的范围内：
这些已经被鉴定，需要对（潜在）诱变性进行评估

3a 结果：非诱变性；无进一步措施

3b 结果：（潜在）诱变；净化并控制在低于相关毒理学关注的阈值的水平

④ 在认证阈值以上范围内的杂质：
这些已经被鉴定，并需要评估（潜在的）诱变性

4a 结果：非诱变性；要求认证为非诱变性杂质

4b 结果：（潜在）诱变；净化并控制在低于相关毒理学关注的阈值的水平

图 6–1（a） 处理潜在杂质情景

情景 2：实际杂质

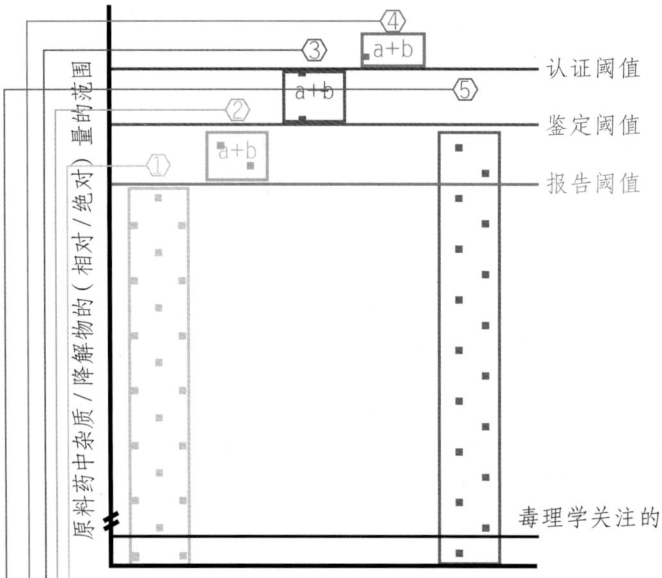

实际杂质或降解物可包括在原料药中观察到的 ICH Q3A 报告阈值以上的杂质或降解物。对于以下任何一种情况：

① 实际杂质（不包括情景 1 中涉及的潜在杂质）在报告阈值以下的范围内：
无须采取任何措施

② 实际杂质（不包括情景 1 中涉及的潜在杂质）在报告阈值以上和鉴定阈值以下的范围内：
只需要报告

③ 实际杂质（不包括情景 1 中涉及的潜在杂质）在鉴定阈值以上和认证阈值以下的范围内：
需要对（潜在）诱变性的报告、鉴定和评估
- 3a 结果：非诱变性；无进一步措施
- 3b 结果：（潜在）诱变；净化并控制在低于相关毒理学关注的水平

④ 实际杂质（不包括情景 1 中涉及的潜在杂质）在认证阈值以上的范围内：
需要对（潜在）诱变性的报告、鉴定和评估
- 4a 结果：非诱变性；要求认证为非诱变性杂质
- 4b 结果：（潜在）诱变；净化并控制在低于相关毒理学关注的水平

⑤ 实际杂质（不包括情景 1 中涵盖的潜在杂质），因任何原因已被确认在实际鉴定阈值以下，应评估其诱变性。
- 4a 结果：非诱变性；无进一步措施
- 4b 结果：（潜在）诱变；净化并控制在低于相关毒理学关注的水平

图 6-1（b） 处理实际杂质情景

对于真正未知的杂质，即原料药 / 药品或早期步骤中低于鉴定阈值的杂质（例如起始材料中的杂质），不需要进行鉴定和进一步评估，除非超出相关 ICH Q3A 鉴定阈值。尽管 ICH Q3A/Q3B 明显早于 ICH Q9（风险管理）[7]，但这与基于风险方法的原则是一致的。实际上，ICH Q3A 指南 [1] 第 3.1 节规定，任何评估的重点应集中在实际和潜在杂质上，强调需要集中在可能合理预期的杂质上。

6.3 报告和鉴定

在杂质分类、鉴定和规范中杂质清单的范围内，报告和鉴定非常重要。该指南提供了与数据报告相关的若干因素的明确指导，包括小数位数、数据舍入和杂质的命名 / 标签。

6.3.1 报告要求

这两个指南[1, 2]都规定，应在营销应用中提供所有批次的原料药 / 药品用于临床、安全性和稳定性测试的分析结果，以及代表拟议商业流程批次的分析结果。由于指南特别适用于营销阶段，因此没有提供在临床开发阶段的需求定义。然而，通常在临床和安全批次方面采用类似的方法。

这两项指导方针都强调了提供定量结果的明显需要，这些结果应以数字表示，而不是一般术语，如“符合”“符合极限”等。同样，在临床阶段，几乎没有理由偏离这种方法。

这两项指导方针还规定，必须报告高于报告阈值（>）的任何杂质，并记录在任何记录的原料药 / 药品批次中观察到的杂质总量。还规定了分析程序［见 ICH Q2（R1）[8]］。

小数位数在 1.0% 以下的，应保留两位小数（如 0.06%，0.13%），在 1.0% 以上的，应保留一位小数（如 1.3%）。有关舍入的常规规则适用。这两项准则还强调了以表格形式报告结果的数值，以及需要为个别杂质提供唯一标识，建议使用系统代码或基于保留时间。

很可能分析程序在开发过程中会发生变化（并可能在注册后发生变化）[9]；因此，明确需要确保任何报告的结果与所使用的特定分析程序相关联。

6.3.2

进一步强调 ICH Q3A[1]/Q3B[2] 与其他指南之间的关系，参考了适当验证程序的重要性，以及需要提供文件证明作为注册申请一部分使用的试验方法的适当性。具体要求在单独的 ICH 指南 ICH Q2（R1）[8] 中定义（另见第 5 章）。分析目标概要（ATP）[10] 中应说明最大允许中间精度，这是“方法能力”或“方法变异性”的度量。通常，方法变异性应小于允许规范范围的 1/12[11]。强调方法变异性和随后应用的规范限值之间的相互关系是很重要的（见 ICH Q6A[12] 和第 16 章）。如果规范不切实际地被收紧，则该方法可能不再适用于基于方法精度的新限值。指南中描述的另一个有时被忽视的要求是需要使用校正因子，其中杂质的水平是根据相对于活性物质的响应来计算的。应用这样一个因子的要求是基于杂质对活性物质的响应的接近程度，但在考虑这个因子之前，没有给出关于这个因子需要有多接近的指导。一般认为，超出 0.7~1.3 范围的响应需要应用响应系数。这可能会产生显著的影响，尤其是如果仅仅根据面积低估了水平。特别是，如果将等级向上修改到认证阈值之外，这可能会对认证产生影响。当然，尽管事实上杂质的剂量保持不变。在这种情况下，可以使用现有的临床数据及临床前数据作为所述杂质鉴定的一部分。

6.3.3 杂质的分类

ICH Q3A[1] 特别根据有机杂质 / 无机杂质和残留溶剂对杂质进行分类。然后将有机杂质进一步细分为起始材料 / 副产品 / 中间体 / 降解产物 / 试剂、配体和催化剂。当然，溶剂和无机杂质是由它们各自的具体指南 ICH Q3C[3] 和 ICH Q3D[4] 来解决的，这些问题在本书中单独章节中单独讨论

（见第 7 章和第 8 章）。此外，随着 ICH M7[5] 的最终确定，还定义了另一个重要类别，即（潜在）需要较低安全水平的诱变杂质 / 降解物，如 ICH Q3A[1] 和 Q3B[2] 所述。

6.3.4 规范中的杂质列表

该指南还试图提供关于原料药（ICH Q3A[1]）和药品（ICH Q3B[2]）规范中杂质应包括哪些方面的指南。一个重要方面是指南聚焦于在使用商业工艺制造的材料中发现的杂质。这是一个重要的考虑因素，因为在开发过程中，合成工艺很可能在合成路径和工艺方面都发生了实质性变化，因此杂质分布也可能发生了显著变化。与配方产品类似，配方也可能发生实质性变化。通常直到第三阶段临床试验才确定最终配方。配方的改变也可能对观察到的降解曲线产生影响，当然是相对水平的影响。在原料药和药品的情况下，应在支持规范的基本原理中讨论杂质的相关性。

有关规范的章节也规定了验收标准。再次强调 ICH Q3A[1] 和 ICH Q3B[2] 与其他指南之间关系的重要性，在这种情况下，应强调与 ICH Q6A 规范的关系 [12]。应特别参考 ICH Q6A[12] 中的决策树 1 和决策树 2。这些决策树描述了相关批次中观察到的杂质水平与临床前研究中认证杂质水平之间的关系。主要要求是，限值不得高于安全数据所支持的限值。然而，ICH Q3A[1] 更具争议地指出，在使用商业工艺生产的材料中观察到的水平应与制造数据一致。在本小节中指出，这可以考虑到制造过程和分析控制方法的变化。尽管有此警告，但这种“要求”通常是一个紧张点，导致基于平均值 ±3 SD 设定限值的方法。在试图建立基于过程变异性的任何限值之前，首先了解分析方法的中间精度 [10, 11] 至关重要，因为许多变异性可能与方法相关，而不是实际过程。如果不这样做，可能导致相当严格的限制，从而在患者安全方面得益甚少，但却可能导致大量失败的批次，严重影响商业流程的可行性。最终，在为活性物质制订杂质规范时，在安全和质量因素之间实现合理平衡至关重要。

6.4 认证

Q3A 和 Q3B 指南最重要的方面是与认证相关的章节。认证被定义为获取和评估数据的过程，该数据在规定的水平上确定了单个杂质（降解产物）或给定杂质（降解）曲线的生物安全性 [1, 2]。

相关杂质的毒理学鉴定要求在初始人体研究之前进行，因此在临床第一阶段之前进行。通常，杂质水平根据关键的药物非临床研究管理规范 1 个月毒理学研究中使用批次的杂质概况进行评估。

认证是一个反复的过程，如果任何新的杂质和 / 或降解物的鉴定水平高于未来临床研究材料的适当认证阈值，都可能需要进行额外的研究。在可能的情况下，应对可能的长期杂质情况进行前瞻性评估，以便临床前研究中使用的材料能够代表这一点。还应特别考虑降解物，特别是原料药 / 药品保质期结束时的潜在水平。在适当情况下，可考虑在临床前材料中故意添加相关杂质，包括降解物。还应考虑杂质、降解物和代谢物之间的相互关系，因为基于杂质 / 降解物也是代谢物，它们可能已经被认证。

在这两个（ICH Q3A 和 Q3B）指南中，认证过程都是示意性的说明。在第 6.5.3 节中将提出一个新的修订方案，而不是在本章中说明这些内容。这包括基于 ICH M7 等最新指南的调整及针对现有指南留下空白的建议方法。这是通过一系列的方案来检查的，这些方案概述了在临床和批准阶段用于认证杂质的一般方法。

请注意，在下面的认证小节中，提及的杂质是指非诱变杂质（而不是 ICH M7 定义的诱变杂质）。

6.4.1 在临床前和临床研究中使用同一批次

最简单的方法是在临床研究中使用与毒性研究中使用的相同批次，即使存在的杂质结构尚未完全阐明，它们也被认为是被认证的。

6.4.2 临床研究与临床前毒性研究中使用的不同批次

实际上，通常不可能在随后的临床程序中使用与初始毒性研究中使用的相同批次的原料药，这主要是由于材料数量有限。在这种情况下，可以通过比较动物先前给药的量（剂量）和临床预期给药的量来鉴定杂质。必须强调的是，这不应基于对各批次中存在的相对水平的简单比较。比较应基于绝对剂量，而不仅仅是浓度。ICH Q3A[1] 指出，“根据之前相关安全研究中实际使用杂质量的分析，也可以证明认证杂质含量高于新原料药中的杂质含量”。这可以通过计算在无明显不良反应水平（NOAEL）剂量下给予动物的杂质量来实现，并且将其与拟议临床研究中预计给予人类的杂质量进行比较［mg /（kg·d）］。如果在无明显不良反应水平给动物的量大于给人类的量，则认为继续进行是安全的（见图 6-2）。

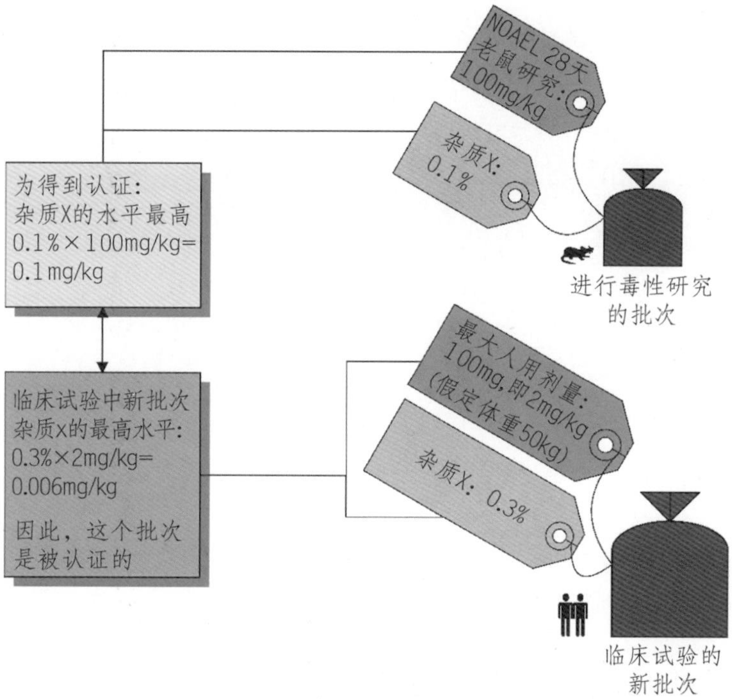

图 6-2 临床已知杂质的认证示例

在某些情况下，有可能证明高于临时覆盖的水平是合理的。如果在动物研究中观察到的任何毒性作用具有特征性，并且可以确定地归因于母体化合物及其药理学作用，则可能有理由使用更高水平的杂质。如果观察到的毒性在临床上不严重、不可逆或不可监测，也可以使用有效剂量。这种情况是肿瘤等领域的典型情况，在这些领域中，活性药物的药理学特征常常使识别任何特定的杂质相关的毒理学反应极其困难。

上述两种方法是最常用的认证杂质的方法，但是如果不能使用这些方法，则有一些替代方法。

6.4.3 基于"其他"相关数据的理由

通常认为认证必然涉及动物研究的开展，然而，并不总是需要这样做。在开始这类研究之前，应考虑先前存在的毒理学数据，例如，如果它是化学合成中常用的试剂。ICH Q3B[2] 指出，"科学文献中可以提供足够的数据来认证杂质"。具有既定安全特性的另一种原料药或药品中杂质的优先顺序也可能提供使用认证第一原则方法的机会。此外，可接受限值的特定化合物计算可适用于化学性质，类似于已知化合物类别的杂质，前提是可以证明化学相似性的原理。

6.4.4 基于临床考虑的更高限值

临床适应证是另一个需要考虑的因素。ICH Q3A[1] 指出，"根据科学原理和关注程度，包括药物类别效应和临床经验，杂质认证的较高或较低阈值适用于某些单独的药物。基于类似的考虑（例如患者群体、药物类别效应、临床考虑），当对安全性的关注程度低于通常水平时，更高的认证阈值可能适用于个别药物。替代阈值的建议将根据具体情况进行考虑"。同样，ICH S9[7] 指出，"如 ICH Q3A[1] 和 Q3B[2] 所述，杂质标准基于可忽略的风险。超过 ICH 指南中规定的杂质限值可能适用于抗癌药物或其他预期寿命短的严重疾病适应证，并且应在营销应用中提供理由。理由可能包括正在治疗的疾病和患者群体、母体药物的性质（药理特性、基因毒性和致癌潜能等）、治疗时间及杂质减少对制造的影响"。

6.4.5 杂质也是一种代谢物

杂质也可能是代谢物。如果体内产生的水平超过了作为原料药 / 药品中杂质的剂量水平，ICH Q3B[2] 中的声明适用："在动物和 / 或人类研究中存在的也是重要代谢物的杂质通常被认为是被认证的。"

6.4.6 当杂质水平不能通过上述任何方法进行认证时

如果杂质含量超过允许限值，且不能根据所述原则进行认证，则可能无法将其用于预期用途。在这种情况下，通常对该批次产品进行再加工，例如再结晶。

或者可以使用指定杂质含量较高的新一批药物材料或添加杂质的一批药物材料进行其他毒性研究。

然而，在开始此类研究之前，还有其他因素（ICH Q3A 或 Q3B 指南未记录）可以考虑，尤其是暴露的持续时间。

6.4.7 符合 ICH M7：资格认证策略

ICH Q3A[1]/Q3B[2] 指出，应考虑基因毒性研究的认证。但是，重要的是要结合 ICH M7[5] 中的声明来考虑这一点。ICH M7 的注释 1 指出，"ICH M7 建议提供了一种最先进的方法，用于评估杂质诱发点突变的可能性，并确保将这些杂质控制在安全水平，以便低于或高于认证阈值，无须进一步认证诱变的可能。这包括最初使用（Q）SAR 工具来预测细菌的诱变性。如果长期给药的杂质量超过每日 1mg，可考虑根据 ICH Q3A[1]/Q3B[2] 中的建议评估基因毒性。如果杂质量小于 1 mg，则不需要进行进一步的基因毒性试验，无论其他认证阈值如何”。因此，对 ICH Q3A / Q3B 进行重新调整应该否定遗传毒性测试的必要性，作为非警报（假定非诱变）杂质鉴定的一部分，条件是水平 <1mg。如 ICH M7 [5] 所述，对于高于该绝对 1mg 水平的杂质，可以考虑 ICH Q3A[1] 中列出的遗传毒性测试。在这种情形下，根据具体情况，必须确定体外染色体畸变研究的表现是否会提高患者安全性的价值。这必须考虑到非诱变基因毒素（染色体畸变）通常具有阈值机制，并且一般不会在作为杂质存在的水平上对人类造成致癌风险（ICH M7 [5]）。此外，点突变测定的性能几乎没有有效价值，因为对于这些杂质，已经显示出没有针对诱变性的结构警报。

6.4.8 终身暴露于 1mg/d 的任何（非诱变性）杂质安全吗?

如前所述，ICH Q3A[1] 规定了基于终身暴露最大日剂量≤ 2 g/d 的药物的 0.15% 或 1 mg/d 摄入量（以较低者为准）的合成杂质（不被认为具有异常毒性，例如诱变性）的认证阈值。这意味着从安全的角度来看，终身暴露于 1 mg/d 的未认证非诱变性杂质的是一个可忽略的安全风险。正如本章引言中所强调的那样，本指南没有提供任何关于建立该认证阈值的依据理由。这一水平在科学上是合理的吗?

更仔细地检查这一点，在一般毒性研究中，当校正人体体重（假定人体体重为 50 kg）时，1 mg /d 剂量与 0.02 mg /（kg・d）[0.02 mg /（kg・d）×50 kg 人类 =1 mg /d] 的无明显不良反应水平有关。Munro 等人 [13, 14] 和 Tluczkiewicz 等人 [15] 最近对亚慢性和慢性毒理学研究数据库的分析，Harvey 等人 [16] 结合常规计算机方法鉴定与异常毒性（如二噁英等）相关的明显结构，表明迄今为止研究的化学物质中绝大多数（>95%）的无明显不良反应水平均大于 0.02 mg /（kg・d）。

Harvey 等人 [16] 表明，对于所检测的 613 种化学物质（工业化学品、药品、食品物质及环境、农业和消费化学品），95% 的无可见反应水平 >0.22 mg /（kg・天），也就是说，与 0.02 mg/（kg・天）要求的无明显不良反应水平相比高了 11 倍，以支持假设的 1 mg/d 终身暴露安全剂量。

Harvey 等人 [16] 还证明，根据克莱默结构类别 [17]（I~III：低毒、中等毒性和包含不允许强初始安全假设的结构特征）对蒙罗数据库中的化合物进行表征不会改变这一发现。对克莱默 III 类 [17] 化合物的分析表明，无明显不良反应水平最低，95% 的化合物的无明显不良反应水平仍大于 0.15 mg /（kg・d）。这是所需 0.02mg /（kg・d）无可见反应水平的 7.5 倍，以支持 ICH Q3A 的 1mg /d 终身暴露。

Harvey 等人 [16] 还引用了对毒理学关注水平 RepDose 数据库的分析（n=521 种化学物质，其中 n=397 种不在蒙罗数据库中，没有有机磷酸盐或潜在的基因毒素）[15]，这表明对于克莱默 III 类化合物中，95%的无可见反应水平高于 0.038mg /（kg・d）。与蒙罗数据库 [14] 中定义的值相比，较低的值反映了化学空间的差异，更重要的是，应用异速生长标度来调整无可见反应水平标准化过程中的种间差异。与假定安全剂量为 1mg /d 的终身暴露所需的 0.02 mg /（kg・d）的无明显不良反应水平相比，这仍然提供有效的双倍过量。

总之，这些数据库清楚地表明，终身暴露于 1 mg/d 的未认证未知毒性杂质中是一个可忽略的风险。

6.4.9 暴露时间

正如引言中所强调的那样，ICH Q3A 和 ICH Q3B 专门适用于营销阶段，而不适用于临床开发阶段；在开发阶段应用了一种通常是公司特定的修改方法。这通常是基于指南中定义的限值的实验性修正。相反，关于潜在诱变杂质的 ICH M7 适用于药物开发的所有阶段。

ICH Q3A 和 ICH Q3B 对暴露时间的影响实际上保持沉默。Harvey 等人的论文 [16] 详细研究了持续时间的影响。他们重点研究了阈值（如非基因毒性）效应，其中毒性通常取决于剂量和持续时间，并研究了如何使用累积剂量法。

6.4.9.1 缩短治疗时间的推断：早期开发

使用 1mg/d 的假定安全剂量终身暴露于未认证的未知毒性杂质，代表了一个可以忽略不计的伤害风险，可以为短期暴露于杂质获得更高的阈值。正如 Gaylor [18] 所描述的，对 Haber 定律的修改可用于推断短期持续时间的安全水平；这实际上是基于与用于定义诱变杂质小于寿命（LTL）剂量（以前称为"阶段性"毒理学关注水平）相同的原则 [5]。根据修订后的 Haber 定律，对于 5 mg /d 的绝对杂质水平 < 6 个月的暴露持续时间可被认为是安全的，终身暴露的 1 mg /d 的水平也是如此。

Haber 定律：

$c \times t = c' \times t'$

对于剂量率不是决定因素且只有总剂量决定生物效应的条件，Haber 定律适用于不同暴露时间的推断。

它没有充分考虑毒性危害可能是严重的情况，因此使用保守的改良形式。

改良的 Haber 定律：

$c^3 \times t = c'^3 \times t$

其中

c= 时间 t 的安全剂量 =1mg

c' = 较短时间 t'的相应安全剂量（浓度）

t= 终身——75 年，24375 天

因此，对 6 个月或更短时间的研究，$c'=\sqrt[3]{24，375/182}$=5 mg。对于有效剂量在 μg~mg 范围内的强效药物，从质量或安全角度来看，杂质的绝对阈值为 5mg/d 是不现实的。因此，比绝对值（1~5 mg/d）高 5 倍的阈值与 0.7% 相对阈值的额外限制（也就是说，相对水平比 ICH Q3A[1] 的认证水平高 5 倍）相结合。

总之，在持续时间长达 6 个月的早期开发临床试验期间，5 mg /d 或相对水平 0.7%（以较低者为准）的值可被认为是安全的，并且为非诱变性杂质认证接受。

6.5 将原理外推到超范围的分子

另一个重要的考虑涉及被认为在指南范围内的分子类型，以及与之相关的杂质类型。考虑如何最终控制特定类型的杂质也很重要。ICH Q3A[1] 明确指出，它适用于合成原料药，定义了其他类别，如生物 / 生物技术、肽、寡核苷酸、发酵产品和半合成产品，其中草药产品和动物或植物来源的粗制品超出范围。ICH Q3B[2] 针对其后续配方产品重申了这一点。

人们可能会考虑到这一点，以及自最初的指南发布以来看到的在许多描述领域中的显著扩张。其结果是，在所描述的许多领域，都需要调整 ICH Q3A[1]/Q3B[2] 中定义的原则和限值，并对其进行

修改以适用于相关领域。

6.5.1 抗生素

欧洲监管机构已经接触到的一个特定领域是抗生素。2012 年，EMA 首次发布了《抗生素中相关杂质的设定规范指南》[19]。该指南旨在提供有关抗生素治疗的适当报告、鉴定和认证阈值的明确指导。指南根据产品复杂性有效地描述了杂质，根据可接受的限度区分半合成物、发酵（单一产品）/ 发酵（家系产品）和肽（特别是抗生素肽，例如格拉米西丁）。相关限值见表 6–2，显示的值与活性成分相关。半合成品的限值与合成原料药类似，而发酵产品的报告和鉴定阈值则向上修订；然而，对于单个发酵产品，认证限值仍然相同，尽管该指南特别提到了与抗生素相关的有限治疗时间。详细审查本特定指南中有关限制的情况不在 ICH Q3A[1]/Q3B[2] 的审查范围内；然而，令人惊讶的是，认证限值几乎没有考虑到此类治疗的有限持续时间，也没有做出具体的调整。有趣的是，抗生素肽的限定阈值设置为 1%，除了参考欧洲药典关于合成肽的总论，没有提供任何进行这种调整的理由[20]。

表 6–2 抗生素阈值：原料药和药品

活性物质		半合成的	发酵（单一产品）(%)	发酵（家系产品）(%)	肽（%）
报告	原料药	0.05/0.03^a	0.1	0.1	0.1
	药品	0.1%	0.15	0.15	0.1
鉴定	原料药	0.1/0.05	0.15	0.15	0.5
	药品	0.2%	0.2	0.2	0.5
认证	原料药	0.15/0.05	0.15	0.50^b/0.2	1
	药品	0.2%	0.2	0.50^c/0.2	1

注 资料来源：EMA/CHMP/CVMP/199250/2009corr[19]。
a：剂量 >2g/d 的应用下限。
b：结构上紧密相关的杂质。
c：结构上紧密相关的杂质。

6.5.2 溶出物

一段时间以来，溶出物即在正常加工和储存条件下，在制造、储存或交付过程中从与产品接触的材料迁移到药品或原料药的化合物，被认为是杂质的潜在来源。但是，溶出物被排除在 ICH Q3B[2] 的范围之外，并且没有具体的监管指南。因此，在过去的十年中，PQRI 联合会发布了处理这一问题的建议方法，使用非常保守的安全水平，尤其是对潜在的诱变剂[21]。随着 ICH M7 至少针对（潜在）诱变杂质的引入，ICH M7 指南中概述的安全风险评估原则可应用于溶出物的声明澄清了这一点。也就是说，对于溶出物，像任何其他潜在的诱变杂质一样，适用于 ICH M7 中所述的相关毒理学关注水平。

溶出物不来源于原料药合成过程，因此是与原料药无关的杂质。这有时被用作提出不同于 ICH Q3A 或 Q3B 中规定的方法的论据。然而，这一原则至少适用于 ICH Q3A 和 Q3B 中所涵盖的部分杂质，即它们与原料药没有明确的结构关系。此外，第 6.4.8 节规定的 ICH Q3A 限值适用于广泛的化学光谱；因此，对于溶出物的阈值（非诱变）毒性概要，可采用 ICH Q3A 和 Q3B 中规定的类似方法。或在涉及溶出物有足够的毒性数据可用的情况下，可以采用 ICH Q3C 或 ICH Q3D 中描述的更具体的日允许暴露量方法。

6.5.3 杂质认证的修订方案

如图 6–3 所示的方案是对 ICH Q3A 和 Q3B 中关于认证过程的原始方案的修订，其中包括 ICH M7 的细节和其他可能不基于指南的章节。

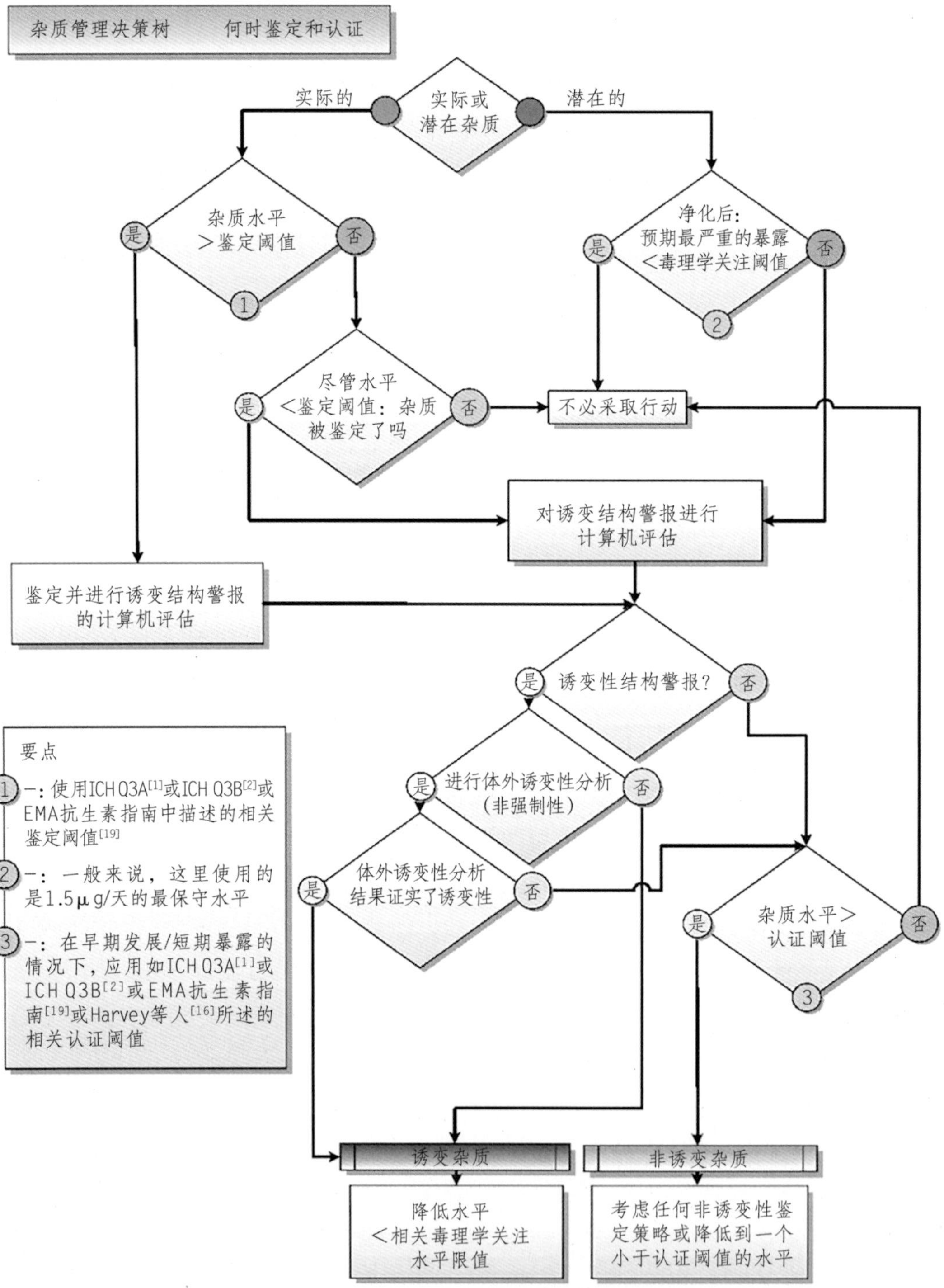

图 6–3　修改后的认证流程方案

6.6 原料药控制策略应考虑的要点

“原料药应该有多纯净？”这是一个经常被问到的问题，通常没有直接的答案。这是一个复杂的问题，需要考虑和平衡一些因素，这些因素包括质量、安全、经济和环境因素。下一节将探讨各种因素及其相互关系和影响。一个简单的方法是将活性物质提纯到不需要杂质鉴定的程度。从表面上看，这似乎是理想的，特别是因为这也会导致动物试验明显减少，并限制人类接触未知杂质。

6.6.1 临床开发过程中的原料药纯度：对临床前测试的影响

虽然在质量方面设定目标似乎是明智的，但在开发过程开始时，基于缺乏可用信息明确定义最终预期的杂质概况是不切实际的。只有在建立了路径和过程并且已经实现对过程的充分理解之后，才能实现这一点。杂质的认证是与此相关的平行活动。

认证不应妨碍适当和安全制造过程的开发。实际上，在药物开发期间，在早期开发批次中，在原料药中具有更高水平的杂质，同时仍然确保纯度足以得出结论所见的任何功效 / 毒性与原料药而非杂质有关。这样做的主要原因是，它有助于在合理的水平上及早认证杂质，以便在开发的后期随着工艺理解和纯度的提高，对独立认证研究的需求最小化。事实上，认为在早期开发过程中将杂质水平降低到极低水平实际上会减少测试，这有点荒谬。监管指南规定，临床前毒理学研究是在临床使用药物前进行的，并支持临床使用原料药及最终注册新产品。杂质认证的评估基本上是一个平行的活动，利用这些使用活性成分研究得出的数据。在早期开发中使用非常纯的原料药的一个重要风险是杂质分布的任何微小变化都可能导致批次不符合临床使用要求，从而导致材料再加工或进行额外的桥接毒理学研究的时间延迟和成本增加。

在早期开发中使用含有相对高水平（但仍然安全）杂质的原料药有助于提供有效和全面的临床前覆盖，确保临床研究能够按照项目计划进行，并避免需要额外的处理和 / 或毒理学研究。

6.6.2 原料药净化的考虑因素

净化主要通过再结晶来实现。然而，考虑到其他关键方面，需要对进一步的净化步骤的引入进行整体评估。这些包括：

· 环境影响。

· 加工能力和制造成本（最终影响相关药物的可行性）。

· 对其他质量属性的影响，例如变形形式，以及原料药的性能。

· 其他杂质包括残留溶剂［ICH Q3C（R5）］[3]、元素杂质（见 ICH Q3D）和诱变杂质（见 ICH M7）[5]。

6.6.2.1 环境影响

即使引入一个貌似简单的再结晶来降低杂质的含量，也会对环境产生重大影响。主要问题是浪费，包括活性物质的损失。典型的再结晶将产生 85%~90% 的产量，因此 10%~15% 的活性物质会被变成废料。此外，引入 85% 的最终再结晶可使整个制造过程中产生的总废料增加约 20%。

实行优化后，典型的现代制药生产路径可能为每吨活性物质消耗 200 吨的输入材料。这是产品复杂性和相关质量目标的函数，包括有贡献的原材料及水、溶剂、贵金属催化剂等。对于年产量为20吨/年的活性物质，另外的再结晶步骤可能等于产生额外的800吨/年的废料。然而，对于较大产量的产品（例如心血管产品）或较旧的、效率较低的制造路径，这可以容易地增加一个数量级或更多。还存在产生废料的安全和有效处置的重要问题。所有形式的处置，例如焚烧/垃圾填埋，都会产生相关的环境“成本”和社会挑战。

能源成本也与材料和废料成本有关。再结晶直接消耗的能量成本增加。如果工艺涉及加热溶剂至回流，这可能特别重要。其次，在整个制造过程中，能源成本的整体增加只是为了解决额外净化阶段产生的产品损失。

6.6.2.2 处理能力

再结晶通常是去除杂质的有效方法。但是，在某些情况下，这是不适用的。显然，这种方法依赖于结晶产物的分离，因此不适用于非晶态固体或油的纯化。即使对于晶系产物，仅以非常微小的方式不同于所需产物的紧密相关杂质（例如简单异构体）通常难以有效去除，因为它们具有非常相似的物理化学性质。如前所述，由于成本和环境影响的扩大，在这种情况下所需的多次再结晶是不可行的。

其他选择如色谱法同样不切实际，特别是在典型的制造规模。色谱法使用大量的溶剂，虽然通常可以回收（通过高能蒸馏），但整个过程非常耗时。对于通过该路径纯化的每个活性成分，也没有足够的全局容量。

6.6.2.3 生产成本

生产成本是开发任何新药的一项重要成本；图6-4说明了影响这一点的因素。

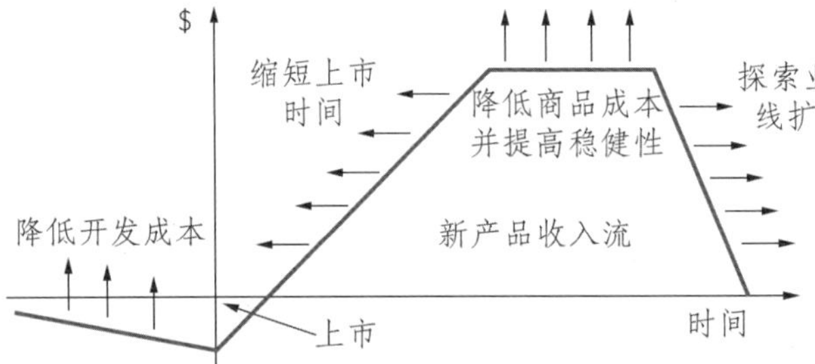

图6-4 影响产品收入的因素说明

在这些因素中，原料药的化学开发会产生关键影响。一些领域包括：

1）路径设计。路径的设计为降低开发成本做出了积极贡献。原料药越复杂，对商品成本的潜在贡献就越大。建立一条短的路径会影响曲线的各个方面：它可以降低开发过程中的成本，从而降低商品成本并缩短制造时间，使我们能够利用消耗；更少的步骤也提高了生产力。

2）工艺设计（工艺开发）。也为降低开发成本做出了积极贡献；同样，尺寸因原料药的复杂性（与分子的分子量、特定结构特征的数量和引入分子框架和功能所需的化学过程有关的复杂性）而变化。提供强大而灵活的流程对于产品的长期制造也至关重要。

在产品的整个生命周期中，优化路径和工艺的贡献可高达10亿美元。然而，与引入额外再结晶有关的额外财务影响可能严重威胁有关药物的经济可行性。引入更经济的制造路径通常可以通过降低投入材料的水平、缩短制造活动和减少废物处理来实现材料成本的多重效益降低，每一种都有助于降低原料药的成本。添加浪费步骤（例如活性药物成分的潜在再结晶）会自动增加这些成本的贡献，因为需要按比例处理更多当前质量的"粗"材料，以提供较为纯净的活性物质。

另一个经常讨论的相关主题是，"为什么在开发过程中改变过程？"用于提供原料药的初始路径和过程通常侧重于递送大量化合物的小样本，用于初步评估临床前疗效和安全研究。根据定义，此类过程尽可能通用，因为速度至关重要，高通量色谱法可用于提高质量。

虽然这些方法通常可以随着改进而扩展，但这些方法通常效率低下，不适合长期操作。此外，在克级规模使用的许多试剂都是高度危险的，或者在千克级规模基本不可用。最佳工艺路径的确定和开发是化学开发的关键环节。可扩展的长期路径的主要特征将是改善环境性能、缩短制造周期、降低商品成本、提高安全性能，以及用可靠和可重复的方式适应制造工厂的能力。即使在开发过程中，这些变化也可能会消除 1000 吨 / 年的浪费，而单个项目的年节约额超过 100 万美元。在原料药的整个生命周期中，直到退出市场，这可能相当于由于引入了一条新路径而产生的超过 105 吨的浪费和超过 1 亿美元的节约。

路径 / 工艺的改变也可能导致杂质分布的改变，这可能导致需要进一步评估，包括额外的临床前毒理学认证。然而，早期的实质性认证有助于将这一情况的发生率降至最低。

6.6.2.4 再结晶对物理形态的影响

在某些情况下，杂质分布的变化会对原料药的形态产生重大影响。即使百万分之一水平的杂质也可能促进 / 抑制晶体表面的生长，从而分离出不需要的多晶型 [22]。这也是一个需要考虑的因素。

6.6.3 原料药控制策略：结论

"原料药应该有多纯净"是一个复杂的问题，需要考虑和平衡一些因素；这些因素包括质量、安全、经济和环境因素。一个因素的要求可能与另一个因素的要求不一致。仅基于质量和"尽可能合理可行"原则的简单观点是不可行的，因为在许多情况下，它会对过程的可行性产生不利影响，并使问题药物无法维持。

此外，在早期临床开发过程中引入过多的净化步骤会增加后续原料药批次的杂质分布不具有代表性且不合格的风险，从而导致与预期减少相比，对额外临床前试验和动物使用的需求可能增加。

最终所需要的是开发一种生产工艺，通过临床前认证，能够安全、持续地按比例交付原料药，达到经证明安全的质量。这必须与一个既经济又环保的过程相匹配，并提供所需质量的原料药。

6.7 药品纯度：需要考虑的要点

6.7.1 药品降解途径

药品的降解会导致保质期不足或产品召回。活性药物成分和药品降解的机制已经相当清楚了，尽管这绝不是一门成熟的学科 [23]。文献中对活性药物成分和药品中两种最常见的降解途径，即水解 [24] 和氧化 [25] 进行了全面综述。计算机策略还可以预测可能的降解途径 [22]，结合精心设计的降解研究，从而开发最佳配方、工艺和包装配置。此外，可以使用加速稳定性评估程序（ASAP）对水和温度的作用进行建模，这对于确定最佳配方、工艺和包装配置也很有用[26, 27]。

在这两种降解机制中，氧化是最难预测的，因此也是最难控制的。这是因为氧化是通过自由基介导机制发生的，辅料[28]的作用通常是破坏活性药物成分稳定性的关键。例如，一些赋形剂在性质上是自氧化的，即那些含有聚（氧）乙烯结构基序的赋形剂，例如聚乙二醇（PEG）、聚山梨醇酯等，并且这些赋形剂中的活性杂质可以促进氧化降解。控制策略是可以实现的，但取决于对关键质量属性（CQA）和关键工艺参数（CPP）的深入了解。控制策略可细分为①辅料控制，②配方控制，③过程控制和④包装控制。

6.7.2 辅料控制

由于大多数活性药物成分的固有不溶性，需要增溶赋形剂来促进增溶，特别是对于可注射的药品。然而，许多最好的增溶赋形剂，特别是表面活性剂和助溶剂，都含有易于自氧化的聚（氧）乙烯结构基序。这种氧化级联产生氢过氧化物基和过氧化物基，以及短链醛（例如甲醛和乙醛）及其相应的羧酸（例如甲酸和乙酸）。这些反应性杂质（尤其是自由基物质）反过来会导致易感活性药物成分中的氧化不稳定性[29]，并可能导致胶囊产品的凝胶，特别是软胶囊的交联[30]。此外，这些反应性杂质将根据供应商、批次、储存条件（开放容器与封闭容器）和分子量而变化，这对于PEG来说尤其如此[25]。这些反应性杂质的含量通常是可评估的。已经报道了几种常见赋形剂的“典型”挥发性醛和氢过氧化物水平[31, 32]。

Kaisraian 等人[33]表明，聚乙烯吡咯烷酮（PVP）中残留的过氧化物水平与注射制剂中氧化介导的颜色变化直接相关。当过氧化物含量控制在 400 ppm 以下时，没有出现变色。然而，研究者没有解释如何将残留的过氧化物水平控制在这个极限（<400 ppm），这通常是困难的。期望这些反应性杂质的现有药典限值提供足够的控制也是不现实的[30]。此外，设定高于补偿要求的规格通常是具有挑战性的。对于给定的药品，每批进料赋形剂使用规范的应用通常很难管理。此外，更严格的规范可能只针对特定产品，不一定代表其他产品的适用限值[30]。为了满足这一需求，几家公司已经引进了低醛 / 低环氧化物等级的常用聚（氧）乙烯赋形剂。同时，一些公司已经选择向聚（氧）乙烯赋形剂提供极少量的抗氧化剂，例如丁基羟基茴香醚（BHA）或丁基羟基甲苯（BHT）。过渡金属催化水平的存在会对氧化产生很大影响，但这很难控制。作为 ICH Q3D[4]筛选过程的一部分，有可能更深入地了解关键赋形剂中的残留金属水平，并评估替代供应商是否提供可提高氧化稳定性的改进金属杂质概况[25]。Kaisraian 等人[33]表明，增溶剂中残留铁的水平在供应商之间存在显著差异（a：140 ppm；b：13 ppm；c：0 ppm），这与氧化诱导的配方颜色变化（a：显著的颜色变化；b 和 c：无颜色变化）直接相关。在这个例子中，研究者指出螯合剂的添加被其他配方考虑所排除。在这种情况下，需要基于供应商的控制策略。

6.7.3 配方控制

与所有主要降解机制一样，药物浓度对氧化有很大影响。因此，配方应使用与流量、压缩和其他加工参数相称的最高活性药物成分负荷[25]。赋形剂相容性将识别那些可能对氧化稳定性产生不利影响的赋形剂；然而，在最佳稳定性、最佳加工和最佳生物制药特性之间往往存在“平衡”。因此，避免使用促进氧化不稳定性的赋形剂可能是不成立的。因此，制订战略需要解决所有这些竞争性标准，并得出务实的结果。这可以包括以下方式。

6.7.3.1 共溶剂 / 表面活性剂

低溶解度原料药通常需要添加聚（氧）乙烯赋形剂，例如聚乙二醇（共溶剂）或聚山梨醇酯 80（润湿剂），以提高溶解度。这对于无菌注射制剂至关重要 [34]。

6.7.3.2 螯合剂

由于氧化受过渡金属的影响，最常用的配方策略是在配方中添加螯合剂。其中包括多功能羧酸，例如柠檬酸、苹果酸或乙二胺四乙酸（EDTA）。不幸的是，很难预测哪种螯合剂最有效 [22, 34]。

6.7.3.3 缓冲溶液

在氧化不稳定药物的稳定过程中，酸碱度通常起着关键作用，而在酸性 pH 值条件下，稳定性通常会得到加强 [30]。在口服液体制剂中，缓冲至 pH4~5 通常是可取的。麻黄碱注射剂在 pH7.4 下形成的产品需要使用两种抗氧化剂（乙酰半胱氨酸和抗坏血酸），而在 pH3.5 下形成的产品则不需要抗氧化剂稳定 [35]。此外，酸碱度直接影响抗氧化剂的性能。在固体口服剂型中，同样的原理也适用，但与溶液剂型不同，缓冲溶液必须是不易挥发的，这限制了选择 pK_a 在 3~5 范围内的羧酸。

6.7.3.4 抗氧化剂

选择最合适的抗氧化剂可能具有挑战性，而且通常是经验性的 [29]。最广泛使用的抗氧化剂是受阻酚（BHA 或 BHT），它们形成稳定的自由基，导致链终止剂或还原剂［抗坏血酸、硫醇（即硫甘油或硫乙醇酸）或多酚（即没食子酸丙酯）］。它们通常在非常低的浓度下协同工作，特别是在液体中 [35]；但由于这些系统中的分子流动性较低，固体口服剂型可能需要较高的浓度 [25]。Won 等人 [34] 报道了没食子酸丙酯有效地稳定了候选药物的一个氧化途径，但不能同时稳定两者。他们还发现抗氧化剂在螯合剂（即 EDTA）作用下效果最好，因为降解途径是金属离子催化（Cu^{3+}）。无菌配方中最常用的抗氧化剂是抗坏血酸、硫醇（硫甘油或巯基乙酸）和焦亚硫酸钠 / 亚硫酸氢钠。受阻酚类（BHA、BHT）往往不溶于水，不能常规用于无菌溶液中 [35]。

6.7.3.5 环糊精

已知环糊精通过保护环糊精环的结构不稳定基序来稳定氧化不稳定药物 [36]。然而，商品成本或配方约束可能是使用此类材料的限制因素 [25]。

6.7.4 过程控制

使用玻璃混合容器减少或消除金属接触（尤其是液体配方）是良好的做法。这对于非钝化不锈钢尤其适用 [22]。液态的氧敏感活性药物成分在生产过程中引入氮的顶空，可以有效地防止有害的氧化。几种标准的固体口服剂型制造方法可以将配方暴露于被升高的温度（热熔造粒、流化床干燥）、高水分（湿颗粒化、喷雾干燥）或高压（碾压、片剂压缩），这可能破坏某些活性药物成分，导致降解增加。高剪切混合可以破坏氧化不稳定药物的稳定性。同样，氧化不稳定药物在流化床造粒过程中显示出不稳定性升高，这与加工过程中过氧化氢形成的增加有关，而不是过氧化物的输入水平 [37]。研究者通过引入一种控制策略来解决这些问题，该策略通过控制制造参数来最小化过氧化氢的形成。

6.7.5 包装控制

氧化降解被认为是通过自氧化机制发生的，这种自氧化机制涉及氧气通过初级包装的迁移和顶空衍生的分子氧化 [38]。因此，在尽量减少氧气进入方面，对容器 / 密封件进行最佳选择是合适的。然而，与水蒸气透过率（MVTR）一样，成本和保护之间存在平衡。一般来说，包装提供的屏障保护越好，成本越高。

然而，任何瓶子呈现的关键脆弱性都是瓶盖，如果使用螺旋盖瓶盖，那么泄漏可能会非常严重。因此，当包装不易氧化的产品时，通常使用不透氧密封，感应热密封封口可以非常有效。此外，氧气清除剂包装插入物已被用于提高氧化稳定性 [39, 40]。用惰性气体覆盖层包装是减少顶空氧气氧化降解的合理和实用的选择。大多数无菌注射产品包装在玻璃安瓿或注射器或玻璃小瓶中，带有橡胶塞或封口。柱塞和密封件往往是容器 / 密封系统的“弱点”，从氧气传输角度来看，最好的材料是卤化丁基和丁基密封件。尽管玻璃容器具有良好的渗透性，但它们仍然是金属离子可提取物 / 浸出物的来源 [41]。I 型透明玻璃瓶中氧化铁含量 <0.05%，I 型琥珀色玻璃瓶中氧化铁含量介于 1.0% 和 1.2% 之间。琥珀色玻璃瓶中的氧化锰含量可能要高得多，即 5%~7%。锌和氧化钡也可能存在。这些金属离子浸出物通常能催化氧化反应 [22]。此外，玻璃中的碱性渗滤液可通过提高 pH 值来增强氧化作用；后者可在使用前通过硫酸铵处理来解决 [42]。此外，Kasraian 等人 [33] 表明，光也可以催化自氧化反应，这就是为什么琥珀色玻璃经常用于肠外产品的原因。这些研究者还评论了小瓶的尺寸，注意到通常较大的小瓶比较小的小瓶的顶空容积比更低。

6.8 结论

ICH 指南 ICH Q3A[1] 和 ICH Q3B[2] 已实施近 20 年。尽管已经进行了修订，但这两项指南的核心内容基本上没有改变，它们的重点是定义报告 / 鉴定和认证的一系列阈值。它们是否仍然适用于目的？

当然也存在缺陷，考虑到最近的指南（ICH M7）涵盖了产品的开发和营销阶段，而 ICH Q3A 和 Q3B 在早期开发方面留下了空白。此外，ICH M7 提供了如何根据有限的暴露时间调整限值的指导，而 ICH Q3A 和 Q3B 则没有这方面的指导。其中一些问题已在 Harvey 等人的最新出版物中得到解决，本书为非诱变性杂质的初始 1mg/d 的终身安全限值提供了科学依据，并提供了一种推导短期暴露限值的方法和早期开发限值的建议 [16]。

严格是 ICH Q3A 指南的关键原则：基于现有的实质性安全数据，可以科学地为不合格杂质的 1mg/d 的终身安全限值进行辩护。而且，在最近的 ICH M7 指南 [5] 中，原则上 ICH Q3A 和 Q3B 报告和鉴定阈值已得到重新确认。因此，尤其是应用 Harvey 等人提出的修改 [16]。一般来说，ICH Q3A 和 Q3B 指南规定的要求虽然已过时，但仍然是可管理的，并且在接受拟议的修改后，实际上可能导致对体内杂质认证研究的要求较低。因此，假设 ICH Q3A[1] 和 ICH Q3B[2] 在可预见的未来将继续在杂质的全面管理中发挥重要作用似乎是合理的。

参考文献

[1] ICH Q3A(R2). 2006. Impurities in new drug substances. Current step 4 version, October 25, 2006.

[2] ICH Q3B(R2). 2006. Impurities in new drug products. Current step 4 version, June 2, 2006.

[3] ICH Q3C(5). 2011. Impurities : Guidelines for residual solvents. Current step 4 version, February 4, 2011.

[4] ICH Q3D. 2014. Guideline for elemental impurities. Current step 4 version. December 16, 2014.

[5] ICH M7. 2014. Assessment and control of DNA reactive(mutagenic) impurities in pharmaceuticals to limit potential carcinogenic risk. Current step 4 version, Iune 23, 2014.

[6] Teasdale A, Elder D, Chang S–J, et al. 2013. Risk assessment of genotoxic impurities in new chemical entities : Strategies to demonstrate control. *Organic Process Research and Development*, 17, 221–230.

[7] ICH Q9. 2005. Quality Risk Management. Current step 4 version, November 9, 2005.

[8] ICH Q2(R1). 2005. Validation of analytical procedures : Text and methodology. Current step 4 version, November 2005.

[9] Diana F, Hofer J, Chatfield M, et al. 2014. Analytical method comparability in registration and post–approval stages : A risk–based approach. *Pharmaceutical Technology*, 38(10), 60.

[10] Pohl M, Schweitzer M, Hansen G, et al. 2010. Implications and opportunities of applying the principles of QbD to analytical measurements. *Pharmaceutical Technology Europe*, 22(2), 29–36.

[11] Dejaegher B, Jimidar M, De Smet M, et al. 2006. Improving method caDability of a DSHPLC assay. *Journal of Pharmaceutical and Biomedical Analysis*, 42, 155–170.

[12] ICH Q6A. 1999. Specifications : Test procedures and acceptance criteria for new drug substances and new DPs : ChemicaI substances. Current step 4 version, October 6, 1999.

[13] Munro IC, Ford RA, Kennepohl E, et al. 1996. Correlation of structural class with no–observed–effect levels : A proposal for establishing a threshold of concern. *Food and Chemical Toxicology*, 34(9), 829–867.

[14] Munro IC, Renwick AG, Danielewska–Nikiel B. 2008. The threshold of toxicological concern(TTC)in risk assessment. *Toxicology Letters*, 180(2), 151–156.

[15] Tluczkiewicz I, Buist HE, Martin MT, et al. 2011. Improvement of the Cramer classification for oral exposure using the database TTC RepDose : A strategy description. *Regulatory Toxicology and Pharmacology*, 61, 340–350.

[16] Harvey J, Fleetwood A, Ogilvie R, et al. 2017. Management of organic impurities in small molecule medicinal products : Deriving safe limits for use in early development. *Regulatory Toxicology and Pharmacology*, 84, 116–123.

[17] Cramer GM, Ford RA, Hall RL. 1978. Estimation of toxic hazard : A decision tree approach. *Food and Cosmetics Toxicology*, 16, 255–276.

[18] Gaylor DW. 2000. The use of Haber' s law in standard setting and risk assessment, *Toxicology*, 149, 17–19.

[19] EMA / CHMP / CVMP / 199250 / 2009corr 2012. Guideline on setting specifications for related impurities in antibiotics. Published June 30, 2012.

[20] EDQM European Pharmacopoeia. 2010. Guide for the elaboration of monographs on synthetic peptides and recombinant DNA proteins. https : //www. edqm. eu / medias / fichiers / NEW_Guide_for_the_elaboration_of_monographs_on_syn. pdf(accessed on April 7, 2017).

[21] Norwood DL, Paskiet D, Ruberto M, et al. 2008. Best practices for extractables and leachables in orally inhaled and nasal drug products : An overview of the PQRI recommendations. *Pharmaceutical Research*, 25(4), 727-739.

[22] Reid DL, Calvitt Cl, Zell ML, et al. 2004. Early prediction of pharmaceutical oxidation pathways by computational chemistry and forced degradation. *Pharmaceutical Research*, 21, 1708-1717.

[23] Baertschi SW, Alsante KM, Reed RA. 2011. Pharmaceutical stress testing : Predicting drug degradation, Informa Healthcare, London.

[24] Waterman KC, Adami RC, Alsante KM, et al. 2002. Hydrolvsis in pharmaceutical formulations. *Pharmaceutical Development and Technology*, 7, 113-146.

[25] Waterman KC, Adami RC, Alsante KM, et al. 2002. Stabilization of pharmaceuticals to oxidative degradation. *Pharmaceutical Development and Technology*, 7, 1-32.

[26] Waterman KC, Carella AJ, Gumkowski MJ, et al. 2007. Improved protocol and data analysis for accelerated shelf-life estimation of solid dosage forms. *Pharmaceutical Research*, 24, 780-790.

[27] Wraterman KC. 2011. The application of accelerated stability assessment program(ASAP)to quality by design(QbD)for DP stability. *AAPS PharmSciTech*, 12, 932-937.

[28] Hovarka S, Sch6neich C. 2001. Oxidative degradation of pharmaceuticals : Theory, mechanism and inhibition. *Journal ofPharmaceutical Sciences*, 90, 253-269.

[29] Hartauer KJ, Arbuthnot GN, Baertschi SW, et al. 2000. Influence of peroxide impurities in povidone and crospovidone on the stability of raloxifene hydrochloride in tablets : Identification and control of an oxidative degradation product. *Pharmaceutical Development and Technology*, 5, 303-310.

[30] Wu Y, Levons J, Narang AS, et al. 2011. Reactive impurities in excipients : Profiling, identification and mitigation of drug—excipient incompatibility. *AAPS pharmSciTech*. 12, 1248-1263.

[31] Li Z, Kozlowski BM, Chang EE. 2007. Analysis of aldehydes in excipients used in liquid / semi-solid formulations by gas chromatography-negative chemical ionization mass spectrometry. *Journal of Chromatography A*, 1160, 299-305.

[32] Wayslaschuck WR, Harmon PA, Wagner G, et al. 2007. Evaluation of hydroperoxides iD common pharmaceutical excipients. *Journal of Pharmaceutical Sciences*, 96, 106-116.

[33] Kasraian K, Kuzniar AA, Wilson GG, et al. 1999. Developing an injectable formula containing an oxygen sensitive drug : A case study of Danofloxacin injection. *Pharmaceutical Development and Technology*, 4, 475-480.

[34] Won CM, Tang S-Y, Strohbeck CL. 1995. Photolytic and oxidative degradation of an antiemetic agent, RG 12915. *International Journal of Pharmaceutics*, 121(1), 95-105.

[35] Ackers MJ. 2010. Chapter 6 : Formulation components (solvents and solutes). Chapter 8 : Formulation and stability of solutions. In : *Sterile drug products*, Informa Healthcare, New York, London, p67, 101.

[36] Duchene D, Debrueres B, Vaution C. 1985. Improvement of drug stability by cyclodextrin inclusion complexation. *Sciences Techniques et Pratiques Pharmaceutiques Sciences*, 1, 37–43.

[37] Harman PA, Wuefling WP, Harman AB, et al. 2004. *Rofe of organic hydroperoxides on process robustness andfinishedproduct quality*. Presented at AAPS, November 7–11, 2004, Baltimore Convention Center, Baltimore.

[38] Mahajan R, Templeton A, Harman A, et al. 2005. The effect of inert atmospheric packaging on oxidative degradation in formulated granules. *Pharmaceutical Research*, 22, 128–140.

[39] Waterman KC, Roy MC. 2002. Use of oxygen scavengers to stabilize solid pharmaceutical dosage forms ; A case study. *Pharmaceutical Development and Technology*, 7, 227–234.

[40] Waterman KC, MacDonald BC. 2010. Package selection for moisture protection for solid, oral DPs. *Journal of Pharmaceutical Sciences*, 99, 4437–4452.

[41] Pavanetto F, Gento I, Conti B, et al. 1989. Investigation on the contribution of raw materials and of the primary container on aluminum, cadmium and lead contamination of large-volume parenteral solutions. *International Journal of Pharmaceutics*, 54, 143–148.

[42] Roseman TJ, Brown JA, Scothorn WW. 1976. Glass for parenteral products : A surface view using the scanning electron microscope. *Journal of Pharmaceutical Sciences*, 65, 22–29.

7

ICH Q3C杂质：残留溶剂指南

John Connelly
ApoPharma Incorporated, Toronto, Ontario, Canada

7.1 引言

在 ICH Q3D 文件《元素杂质指南》[1] 问世之前，ICH Q3C 指南 [2] 在 ICH 的书籍中是独一无二的，它规定了一系列指定杂质的单独限值，指定杂质即残留溶剂或“用于在原料药或赋形剂生产，或在药品制备中产生的有机挥发性化学物质”。这种方法既有优点也有缺点。有利的是，它对患者可以暴露于作为药物产品残留物的所列出的溶剂量，提供了清晰和明确的指导，除非制造商能够履行责任证明较高摄入量是合理的。一个限制是它严重依赖于非常特定的数据集的可用性。没有一个过程允许使用一种溶剂的全面可靠信息进行类比和外推，以便于推导“相关”溶剂的限值。如果在药物制造中使用一种溶剂，要保证加入一个 ICH Q3C 限值，则必须鉴定或生成该分子足够的相关毒理学数据，以支持该限值。在这方面，在制订指南的早期阶段也认识到，有关列表中已有溶剂的更多信息即将会出现，或者需要添加新的溶剂。因此，制订了维护程序（见第 7.7 节），但缺乏对维护程序的认识和理解及获取所需数据所需要的资源，显然导致了维护程序的利用不足。

ICH Q3C 指南根据药物的毒性指标将药物中的残留溶剂进行分类，但是抵制了每日限量（“每日允许暴露量”）的粗略和不一致的“舍入”以整理数字。由此而产生的缺乏人工方便的、具有相同数量限值的材料组具有内在的优点和缺陷。一方面，仍然强调了化合物的离散性质及用于计算每日允许暴露量的数据集；另一方面，存在误导用户理所当然地接受实际数据集所不能证明的数值的精确程度的风险。人们不能合理地使用可能是陈旧、不完整、收集或整理得不完全的生物数据，或在许多情况下，不能得出接受和拒绝界限的结论。例如，N，N- 二甲基乙酰胺（N，N-DMA）是严格的 10.9 mg /d 或 N- 甲基吡咯烷酮是 5.3 mg /d。尽管如此，除了人类倾向于用“整数”来得到安慰之外，规定每日允许暴露量为 10 和 5 mg /d 没有特别的好处。

任何指南都是多个具有共同目标但收益有差异的缔约方的产物，这是一种妥协。显然，ICH Q3C 是一个质量指南，但它基于溶剂的安全性，要求毒理学家、化学家、分析师和质量保证专家学习各自的部分，并区分实际“剂量”（毒理学家）和浓度（其他人）的尴尬差异。面对各种完整性、质量和特殊性的书籍，必须尽可能多地加入对行业重要的溶剂，但不得损害安全性或指南的基本原则。虽然完全客观可能是可取的，但最终必须应用安全专家判断的要素来确定，例如，是否应列出具有边界数据集的溶剂。缺失的研究类型、不完整的设计细节、看似偏心的剂量水平选择及未能确定明确的无明显作用水平（NOEL），所有这些都对交付 ICH Q3C 指南所需的实际决策有所影响。在许多方面，ICH Q3C 是对实用主义的一种持久赞誉；它并不完美，但自第 4 步以来，它已经足够出色地为行业和监管机构服务了 17 年。

7.2 ICH Q3C指南的目标和范围

ICH Q3C 指南的目的是确定患者在不损害其安全的合理确定性下可暴露于指定溶剂的水平，并在药品残留的背景下表达这种暴露。由于安全性是指导原则，关键的表达是患者每天可接触的特定溶剂的量；该量转换为产品固定日剂量的浓度，以提供与分析概念的一致性。

溶剂是生产原料药、药品和赋形剂的必要元素，其直接使用有助于控制最终产品的各种关键属性，包括产量、多态性、纯度、杂质分布、溶解性等。同时，残留溶剂对患者没有好处（例如加速产品降解），但从安全角度来看，目标零水平既不实际也没必要。因此，通过药物的摄入量应被控制到那些被认为是安全的量，除非在低毒性溶剂的情况下基于质量的限值进行干预。

ICH Q3C 中列出的溶剂首先通过确定每日最大暴露量的程序进行检查，使用已发表的动物毒性研究作为主要数据来源。然后根据一种方案对它们进行分类，该方案能够识别那些除了在特殊和合理情况下应该避免的、具有需要特别限制的毒性的，以及质量考虑占主导地位的溶剂。如果出现新数据（并可能改变最初指定的分类），则可以修改限值，或在指南中增加其他溶剂。此外，通过在上市许可提交中应用 ICH Q3C 概念，以及使用其他杂质指导文件，可以在个别情况下支持未包括在指南中的溶剂水平。在下文中将更详细地说明这一点。

指南的范围包括原料药、赋形剂和由它们配制的药品中的残留溶剂。溶剂化物和用作产物组分的溶剂不包括在内。ICH Q3C 提醒人们应该评估和证明这些产品中的溶剂含量，但异常是不可避免的。许多止咳糖浆的乙醇含量为患者提供的量明显超过 ICH Q3C 标称允许的 50 mg /d（10 g 药品中 5000 ppm），指南限值仅由质量概念定义。与即使适度的社交饮酒相比，通常在治疗上服用的量也是微不足道的。关于相关药物的高乙醇含量的争论可以根据具体情况评估，尽管人们不得不怀疑是否可能更合理地将乙醇排除在 ICH Q3C 清单之外，或者给予特殊处理。

如上所述，该指南规定，在开发的临床研究阶段或追溯销售产品时，它不适用于调查药品或其成分。尽管如此，监管评论在这两种情况下并不罕见。在试验性新药申请和第 2 阶段临床试验阶段，本章的研究者不止一次被问过“如果我们不适用 ICH Q3C（或 ICH Q3A，或 ICH Q3B，视情况而定），为了患者的安全，我们应该应用什么？”未说出口的或有时是说出来的问题是“临床试验的患者是否比营销后暴露的人更不值得安全治疗？”答案需要一些思考，如果一个人容易受到这样的质询，那么最好事先考虑一下。在被批准产品的情况下可能发生类似的问题，例如，对规范或例行更新的无关修订为监管机构提供了探测残留溶剂水平的机会。

所有剂型和给药途径均在规定的限值范围内，第 7.3 节对此做了进一步考虑。ICH Q3C 中指出，较高的残留溶剂水平可用于短期期限（30 天或以下）或局部使用，但这一点可以理解为一个通行的意见，并没有进一步发展。警告：应评估与目标溶剂相关的毒性性质，以及数据库的全面性。并非所有的不良反应都取决于长期剂量，溶剂可能很容易透过皮肤。

7.3 日允许暴露量和浓度限值

日允许暴露量（PDE）【注：在制订 ICH Q3C 指南时，已经使用了基于安全的有毒工业化学品、食品添加剂、环境污染物等接触限值的各种术语。尽管对创造另一个术语有一些保留，“日允许暴露量”的概念被采用，以防止相同的术语采用不同的值（例如，当残留溶剂也具有 WHO-JECFA 指定的“日可接受摄入量”时），或避免在现有术语明确或默示地涉及特定的暴露途径或包含故意添加材料的情况下不适当的使用，而药品中的残留溶剂被认为对患者是没有好处的。】是关键限值，因为它根据安全考虑定义了每日允许的溶剂的实际摄入量，因此符合“剂量产生毒性”的基本毒理学原理。但是，为了适应分析的观点，ICH Q3C 指南允许第二种以浓度为导向的方法。后者（表示为选项 1）由下式给出：

$$浓度（ppm）=1000\times PDE（mg/d）/10（g/d）$$

由此产生的限制适用于所有原料药、药品或赋形剂。如果产品或各成分中测得的溶剂浓度符合限值，则不需要进一步计算，只要产品的日最大剂量（MDD）小于等于 10 g。如果日最大剂量超过 10 g，则应使用选项 2。

选项 2 基本上考虑了配方产品并非所有成分都达到浓度极限，但日最大剂量低于 10 g/ 日的情况。在前面的方程式中输入给定溶剂的实际日最大剂量和日允许暴露量，能够提供该溶剂在产品中允许的浓度，该浓度可以通过分析证明。如果已知原料药和相关赋形剂中的溶剂浓度，则可以计算、求和并显示每种溶剂对溶剂每日摄入量的贡献小于日允许暴露量。根据 ICH Q3C 指南，选项 2 的应用要求限值符合制造和分析标准和能力，也就是说，小于 10 g 的日最大剂量不允许自由开发利用日允许暴露量，如果这意味着产生的残留溶剂浓度不符合合理的基于质量的预期【注：不过，请注意，EMA Q&A 出版物《药品质量问题和答案：第 1 部分》http://www.ema.europa.eu/ema/index.jsp?curl=pages/regulation/general/quality_qa_part1. jsp&mid=WC0b01ac05801bf0c2#section10（2014 年 9 月 21 日访问）指出，2 类溶剂残留可以达到 ICH Q3C 的限值，无须额外收紧基于批次数据的规范，即：对于活性物质或医药产品中的 2 类残留溶剂，将规范限制在杂质指南注释中定义的浓度限值（百万分之几）：残留溶剂（CPMP/ICH/283/95&EMEA/CVMP/511/03）和相关维护指南或根据指南中列出的各自的日允许暴露量（mg/日）计算。QWP 同意无须根据批次结果进一步收紧规范，因为指南中的限值是基于安全性评估的。】。这些概念将通过一系列示例进行探讨。

7.3.1 示例

1）一种药品 A，日最大剂量为 4 g，含有活性物质和三种赋形剂，其中两种残留有乙腈（ACN），而第三种不含乙腈。总体构成如表 7-1 所示。

表 7-1　药品 A 的总体构成

组分配方中	含量（g）	残留乙腈浓度（ppm）	日暴露量（mg）
原料药	0.5	1000	0.5
赋形剂 1	0.8	2500	2
赋形剂 2	2.3	600	1.38
赋形剂 3	0.4	0	0
药品	4	970	3.88

乙腈的日允许暴露量为 4.1 mg，日最大剂量为 10 g 的产品的最高浓度为 410 ppm。除赋形剂 3 外，所有组分均不符合选项 1 的限值，且产品含乙腈超过 410 ppm。尽管如此，患者每天接触的乙腈量低于日允许暴露量，并且在满足质量标准的前提下是可以接受的。

2）另一种药品 B 日最大剂量为 4 g，也含有活性物质和三种赋形剂，在该案例中所有赋形剂都含有乙腈残留。总体构成如表 7-2 所示。

表 7-2 药品 B 的总体构成

组分配方中	含量（g）	残留乙腈浓度（ppm）	日暴露量（mg）
原料药	0.5	1000	0.5
赋形剂 1	0.8	2500	2
赋形剂 2	2.3	800	1.84
赋形剂 3	0.4	300	0.12
药品	4	1115	4.46

在这种情况下，赋形剂 3 仍然满足选项 1 的限值，但是制剂的其他单独组分和关键的最终药品都没有满足。虽然该产品的日最大剂量远低于 10 g，但计算出的乙腈摄入量超过 4.1 mg 的日允许暴露量，因此该产品是不可被接受的。对制造商开放的后续步骤是①分析产品以确定配制过程中的溶剂消耗是否将实际乙腈水平降低至低于 410 ppm；②进一步净化药物，改变赋形剂来源等；或者③根据基于清理的水平已降至合理可行最低水平的原则，证明现有的乙腈浓度是合理的，并且该产品具有充分的效益风险比。

请注意，即使适用于这两个选项的明显简单的规则也不能防止实际问题和理论问题的出现。很自然地，假定患者将以最高可用适当强度的形式服用他或她的处方药剂量。例如，对于作为含有 20 mg 或 100 mg 活性物质的片剂制造的产品 X，300 mg 每日剂量将由 3 × 100 mg 片剂组成，而不是 15 × 20 mg 片剂。尽管如此，不能完全排除后一种情况，并且由于赋形剂中残留溶剂的水平（如果配方组分的重量不成比例），高强度药片可能满足日允许暴露量，但较低强度药片可能超过日允许暴露量。另一种可能的情况是溶剂化物的存在，通常是原料药的存在。这种结果可能会引发一个问题，即为什么不选择替代溶剂，但如果所用的溶剂对以所需的物理形式分离原料药至关重要，这可能是不可行的。

7.4 溶剂分类

根据其感知的风险水平将溶剂分为不同的类别是必要的，并且会受到真实和明显的异常情况的影响。非临床数据对过程至关重要，也是大多数不确定性的来源。一项研究可能在所有意图和目的上都具有良好的信誉，但它产生的日允许暴露量可能大大低于其他几项关于同一溶剂毒性研究（见下文中甲苯的例子）的估计值。研究人员选择的剂量可能有显著影响，特别是当 ICH Q3C 的安全性系数放大其后果时。对在有效剂量下注意到的毒性重要性的主观评估也起作用，无明显作用水平是否存在也有影响。数据质量引发了争论：描述溶剂对动物的影响的论文可能在几十年前就已经发表了，其目的可能是显而易见的（也可能不是），并且 / 或者受到了偏见的影响。报告的作用是否反映了一个有限的评估，或对一系列综合终点的分析，可能还不完全清楚。高度详细的研究提出了一个挑战：在细胞或分子水平上的发现，或使用特殊的评估技术识别出的细微行为变化，往往难以解释，而且实际上无法与研究结果进行比较。例如，组织切片、常规染色和显微镜检查。如果考虑到这类专门研究，可能会对日允许暴露量产生深远和或许没有根据的影响，因而可能影响分类。在推导日允许暴露量时，是否应考虑这些研究？如果是这样，应该如何将安全性系数应用于调查结果？

尽管存在这些困难，指南中的溶剂根据现有信息被分配到不同类别。

7.4.1 1类溶剂：避免使用的溶剂

一般来说，这些物质包含已知的和被强烈怀疑的人类致癌物，以及两种被认为是危害环境的化合物（表 7–3）。这些溶剂中的一种，1，1，1- 三氯乙烷（1，1，1–TCE），乍一看似乎被错误分类，但 1 类溶剂的关键信息是，在制造原料药、赋形剂和药品时应避免使用其成员，其原理适用于 1，1，1–TCE，因为它是一种破坏臭氧层的药剂。具有讽刺意味的是，它是一项非常丰富的毒性研究的主题，是 ICH Q3C 限值 1500 ppm 的来源。请注意，仅对 1 类溶剂提供浓度限值；这再次表明，强烈不提倡使用这些溶剂【注：EMA / CVMP / 450/03–Rev.1，CPMP / ICH / 283/95 杂质：残留溶剂指南附件和 CVMP / VICH / 502/99 杂质指南：残留溶剂，2013 年 2 月 20 日声明：在制造成品中使用 1 类溶剂不被认为是可接受的。】。也就是说，“日允许暴露量”将传达不适当的信息。但是，缺乏 1 类溶剂的日允许暴露量有时会导致逻辑不一致。该指南认为，在生产特别重要的药品时可能需要使用 1 类溶剂。在这种情况下，如果 1，1- 二氯乙烷（限值 8 ppm）是所涉及的溶剂，那么至少可以论证，1 g /d 的产品中的 80 ppm 应是可防御的，因为它将导致 1，1- 二氯乙烷（0.08 mg/d）的摄入量与 10 g /d 的产品中的 8 ppm 完全相同。相反，虽然允许以超过 10 g/d 的剂量使用的药品是罕见的，但在这种情况下，该指南将有效地允许暴露于溶剂中超过浓度限制来源的日允许暴露量。即使溶剂的使用是合理的，产品中 8 ppm 的 1，1- 二氯乙烷的可接受性也会受到挑战。

表 7–3　Q3C（R5）中包括的 1 类溶剂

溶剂	浓度限值（ppm）	主要安全性关注
苯	2	致癌物
四氯化碳	4	毒性和环境危害
1，2- 二氯乙烷	5	毒性
1，1- 二氯乙烷	8	毒性
1，1，1- 三氯乙烷	1500	环境危害

7.4.2 2类溶剂：限制使用的溶剂

2 类溶剂的列表（表 7–4）是指南的关键，因为许多溶剂在制药生产过程中常用。对文献的评估表明，它们的毒性特征要求控制残留水平。这种情况的组合表明，就第 2 类溶剂而言，特别要理解构成日允许暴露量值基础的原则、差距、冲突和判断要素，以及修订日允许暴露量或建议增加清单内容所采用的方法。

动物研究中不良结果的性质和严重程度有很大差异，涉及一系列的结果，从明显的非基因毒性致癌作用（基因毒性致癌物可能是 1 类的候选物质）到关键器官系统损伤（如中枢神经系统、感觉、生殖系统），在某些情况下，这些损伤对肾、肝、造血、内分泌和其他靶器官及系统效应可能是不可逆的。与胎儿伤害有关的溶剂也属于 2 类。旨在确定溶剂的功能性生殖毒性、影响生育或出生后发育的研究很少被报道。

表 7–4　Q3C（R5）中包括的 2 类溶剂

溶剂	日允许暴露量（mg /d）	浓度限值（ppm）
乙腈	4.1	410
氯苯	3.6	360
氯仿	0.6	60
异丙基苯	0.7	70
环乙烷	38.8	3880
1, 2– 二氯乙烯	18.7	1870
二氯乙烯	6	600
1，2– 二甲氧基乙烷	1	100
N, *N*– 二甲基乙酰胺	10.9	1090
N, *N*– 二甲基甲酰胺	8.8	880
1, 4– 二氧六环	3.8	380
2– 乙氧基乙醇	1.6	160
乙二醇	6.2	620
甲酰胺	2.2	220
乙烷	2.9	290
甲醇	30	3000
2– 甲氧乙醇	0.5	50
甲基丁基酮	0.5	50
甲基环己烷	11.8	1180
N- 甲基吡咯烷酮	5.3	530
硝基甲烷	0.5	50
吡啶	2	200
环丁砜	1.6	160
四氢呋喃	7.2	720
四氢化萘	1	100
甲苯	8.9	890
1, 1, 2– 三氯乙烯	0.8	80
二甲苯 [a]	21.7	2170

注　a 通常是 60% *m*– 二甲苯，14% *p*– 二甲苯，9% *o*– 二甲苯和 17% 乙苯。

2 类溶剂的可用数据包在数量和质量上存在很大差异，在某些情况下，ICH Q3C 清单中保留了对行业重要溶剂的决定是边缘性的。例如，对于 2 类的几个成员，既不能找到足够的基因毒性数据，也不能找到啮齿动物致癌性生物测定数据，因此，对一般毒性研究设计进行了明智的评估，以确定日允许暴露量是否具有足够的可信度。在这些情况下，可能应用了一个大集合安全性系数，从而降低了限值。一般来说，在非临床研究中，溶剂是通过吸入给予的，反映了职业暴露。大多数医药产品都是口服的，不可避免的跨越路径和物种的推断结果可能会歪曲结论。显然，通过肺表面的吸收可能产生全身暴露和毒性，这与口服或注射后不同。这些和其他限制解释了（如果不是完全证实的话）安全性（不确定性）系数方法相对简单的使用，以及用于设置日允许暴露量的大量共同特性。对于某些 2 类溶剂（如二氯甲烷），有大量的信息可以将吸收、分布、代谢、排泄、毒理学和生理学元素混合到癌症风险评估的详细模型中，尽管其中大部分是从 1997 年 ICH Q3C 开发的第 4 步开始出现的。其他一些解决方案需要大量的文献资料，有时还需要反省，以便提供一个日允许暴露量。是否应根据可用的数据集对每种溶剂采用“最佳”（最复杂）程序？由于一致性和简单性，尤其是资源可用性，当前的方法已经胜出。但是，这不应妨碍提议在指南中添加新溶剂的缔约方将既定原则和替代、适当的方法应用于日允许暴露量的推导。如果后者导致更高的限值和其他考虑是支持性的，那么争论这个案例似乎是合理的。

7.4.3　3 类溶剂：低潜在毒性的溶剂

根据质量考虑，在通常医药产品中可接受水平上的 3 类溶剂（表 7–5）基本不存在对人体健康造成危险的证据。因此，在没有进一步理由的情况下，可以接受 50 mg/d 或更少的摄入量（根据选项 1 在 10 g 产品中为 5000 ppm 或 0.5%）。如果符合生产能力和药品生产质量管理规范，可以通过参考日允许暴露量在安全背景下为更高的量做出辩护。3 类溶剂的日允许暴露量和 2 类溶剂的推导方法相同，但超过 50 mg/d。

表 7–5　Q3C（R5）中包括的 3 类溶剂

乙酸	庚烷
丙酮	乙酸异丁酯
苯甲醚	乙酸异丙酯
1– 丁醇	乙酸甲酯
2– 丁醇	3– 甲基 –1– 丁醇
乙酸丁酯	甲基乙基酮
t–丁基甲基醚	甲基异丁基甲酮
二甲基亚砜	2– 甲基 –1– 丙醇
乙醇	戊烷
乙酸乙酯	1– 戊醇
乙醚	1– 丙醇
甲酸乙酯	2– 丙醇
甲酸	乙酸丙酯

7.5 估算日允许暴露量值：安全系数、异速比例和计算调整

7.5.1 一般原则

ICH Q3C EWG 在开创一项试图为制品制造中广泛使用的指定化合物设定特定限值的指导方针时，必须考虑在确认药物可以通过多种治疗途径中的任何一种或从一天到一生的时间段给予药物时所采用的粒度。“理想的”文件可能会离散地处理所有这些问题，但对于许多对行业重要或关键的溶剂而言，出版的文献极不可能提供支持这种方法的数据。选择的原则是假设终身暴露，并结合足够的安全限度，以允许所有传统的治疗途径被一个单一的日允许暴露量覆盖。这可以通过使用长期动物研究来实现，也可以通过将更可靠的安全系数应用于短期研究来实现。这种方法是基于这样的假设：对一部分人群来说，使用药物是必要的；在产品制造中使用溶剂，并且在实际应用中通常不能完全去除溶剂，并且超过指导限值的水平必须是有充分理由的。最后，一个有价值但实际不可行的目标是，日允许暴露量所依据的动物研究应始终遵循权威性的协议（经合组织、环境保护局、FDA 等）；为了评估已发表工作的质量，人们做了大量的努力，但信息不可避免地反映了研究的年代、来源和最初目标，并且这需要相当的主观判断。

7.5.2 1 类溶剂

分配到 1 类（表 7–1）的溶剂包含高毒性，在诱变性试验中引起遗传损伤，怀疑是人类致癌物或具有重大环境责任的溶剂。对于致癌化合物，建议采用风险评估方法，如 Gaylor–Kodell 线性插值技术 [3] 或将非常大的安全系数应用于研究无明显作用水平。四氯化碳（CCl_4）和 1，1– 二氯乙烯（1，1–DCE）的日允许暴露量分别为 0.04 mg /d 和 0.08 mg /d，它们是通过将四氯化碳的无明显作用水平（NOEL）和 1，1– 二氯乙烯的最低观察作用水平（LOEL）从小鼠致癌性研究中分离出来，综合因子为 12000。四氯化碳的遗传毒性的证据并不充分，并且肝细胞损伤和增殖的慢性循环可能是报告动物肝脏肿瘤的基础。然而，CCl_4 在其他方面具有高毒性，并具有显著的臭氧消耗潜力。使用多阶段模型估计 10^{-5} 的过量癌症风险，得出苯的日允许暴露量为 0.02 mg /d 和 1，2– 二氯乙烷的日允许暴露量为 0.05 mg /d。1，1，1 三氯乙烷是一种大气臭氧消耗物质，在许多基因毒性试验中都得到了测试，但只有有限的证据表明其效果；15 mg /d 的日允许暴露量是基于安全系数的计算结果。虽然对 1 类溶剂采用日允许暴露量处理，但允许计算标称剂量为 10 g /d 的药品的浓度限值（表 7–1），只有后者列于 ICH Q3C 中。如前所述，这符合应避免使用 1 类溶剂的“信息”，除非它们的使用能够被证明是制造代表重大治疗进展药品的唯一手段。

7.5.3 2 类溶剂

ICH Q3C 指南中作为日允许暴露量值计算基础的“安全性”或“不确定性”系数法最适用于 2 类溶剂。当剂量 – 反应关系的特征、决定这些关系的生物学现象（包括代谢的阈值和饱和度）和种间差异的数据有限时，该原理被广泛使用，最可信。使用的系数往往是保守的，很少或根本没有考虑到机械和毒性动力学信息。在 ICH Q3C 的早期开发中，考虑了更复杂的风险评估方法，但令人有些惊讶的是，缺乏对几十年来广泛使用的普通溶剂的安全性、吸收、分布和代谢命运的全面研

究，这将使这一目标对除少数人之外的所有人都不切实际。也可以预期，人类数据将在更大程度上得到利用。然而，大多数关于人类毒性的报告都是道听途说，依赖于作用的明显迹象，或是有限范围的预选标记者所讲述的故事。组织损伤和细微的行为变化很容易被忽略。非常恰当的、高剂量和仅在长期接触后才能见到的毒性很少被前瞻性地研究。因此，日允许暴露量的推导在很大程度上依赖于动物的观察，以研究的类型或持续时间为主题的关键问题构成的适当数据包，数据质量的评估和可接受的标准，不同终点的相对重要性，以及从多种非临床物种向人类推断风险的最实用和最适当的方法。

ICH Q3C 中溶剂的日允许暴露量计算的基本方程是

$$\mathrm{PDE(mg/d)}=\frac{\text{无明显作用水平(mg/kg)}\times\text{重量调整(人体重量kg)}}{\mathrm{F1\times F2\times F3\times F4\times F5}}$$

来自适当动物研究（口服、吸入、非肠道，优选长期的一般毒性或致癌性）中的无明显作用水平是日允许暴露量的优选基础；如果有超过一个这样的研究可用，通常选择最低的无明显作用水平。在没有无明显作用水平的情况下，可以使用最低观察作用水平，但随后将需要根据确定最低观察作用水平研究结果的性质和严重性，以及剂量反应关系特征的总和的主观判断来修改安全系数（F5）。

对于给药途径没有调整计算。溶剂通常容易被吸收到全身的隔室，包括吸入后，通常是皮肤给药；基本上假设 100% 吸收。

7.5.3.1 安全系数

F1 是处理从动物物种到人类外推的修正系数。最初在所有情况下它都被认为是 10，但后来被修改为包含一个种间比例的元素。这使用了体表面积是体重的 2/3 次方的近似依赖关系，即：

体表面积（S）$=kM^{0.67}$

如果体重（M）以 kg 表示，且 k=10，如在 ICH Q3C 中，则 S 的值将以 dm^2 表示。除以 100 得出表面积 m^2。严格地说，常数 k 将随物种而不同，尽管 10 的共同值为指南的目的提供了足够的精确度。对于体重 50kg 的人来说，系数本身是人体表面积与体重比的倍数。例如，对于该体重的人和 28 g 的老鼠计算的 S：M 分别为 0.0275 和 0.1326；0.1326/0.0275=11.8，调整为 12。对于常见的实验室物种，该等式得出以下 F1 值（见表 7–6）：

表 7–6　常见实验室物种 F1 值

物种	老鼠	大鼠	兔	狗	猴
F1 值	12	5	2.5	2	3

对所有种类的猴子都假设 F1=3；这对食蟹猴是合理的，食蟹猴通常被选作毒性研究对象，但不太适合较小的狨猴或较大的恒河猴。对于未列出的物种，假设任意值为 10。当然，系数的确切值将随所选的“代表性”体重而变化，但与将动物剂量（mg/kg）转换为人体等效剂量的除数非常相似，正如 FDA 首次人体临床试验指南 [4] 所给出的那样。

F2 考虑个体反应的变异性，并给定值为 10。关于整个人群对生物效应的敏感性范围有相当大的争论，可能超过一个数量级，但经验表明，除数 10 将覆盖绝大多数受试者。

根据计算所依据的研究持续时间，为 F3 赋值（见表 7–7）：

表 7–7　据研究持续时间为 F3 赋值

F3 值		1[a]	2	5	10
研究持续时间	啮齿动物（月）	≥ 12	6 ≤ n<12	3 ≤ n<6	较短的持续时间
	狗或猴（年）	≥ 7	3.5 ≤ n<7	2 ≤ n<3.5	较短的持续时间

注　[a]：在生殖毒理学研究中，至少一半寿命的时间，或怀孕动物的整个器官形成期间的暴露。

其中一些约定反映的是过时的和很少实现的理想，而不是现实；文献中很少（如果有的话）对非啮齿动物的溶剂“半寿命”安全性的研究，即使存在，它们也可能不符合现代标准。对狗或非人类灵长类动物的最长研究将涉及 9~12 个月的治疗，而这些研究相对较少。大多数溶剂毒性的研究都是在啮齿动物身上进行的。最后，几乎所有的分类方法都存在着与生物逻辑无关的急剧的截断值，有时需要一定程度的常识，例如，90 天的给药构成 3 个月的研究，即使学究认为后者至少应包括 91 天。

其余的修正系数规定性较小，需要毒理学家的判断。F4 随着评估的动物研究在作用剂量下观察到的毒性严重性而变化。对神经系统、生殖器官或诸如眼睛这样重要的感觉系统器官的损害被认为是令人关注的。ICH Q3C 中引用的不良反应的一个例子是非遗传毒性致癌作用。在这种情况下，F4 默认为 10；更有鉴别力的评估理想需要难以达到水平的理解。肿瘤是否绝对是非基因毒性的？是否报告过足够全面的遗传毒性试验？如果致癌机制是激素或与慢性低级别的组织损伤有关，那么它与人类有关吗？不确定性可能会造成一个不一定容易解决的困境。产生“缺失”遗传毒性测定数据是一项相对快速且廉价的工作，并且已经引用阴性结果及动物中致癌潜力的证据来支持产生后者研究结果溶剂的表观遗传机制。然而，有效和多位点肿瘤发生偶尔与在一些常见遗传毒性筛选中检测为阴性的化合物相关，并且建议仔细检查致癌性研究结果。对于 F4，生殖研究中的致畸性是一种特殊情况。没有母体毒性的胎儿畸形表明对子宫发育有直接影响，并且需要高安全系数（F4=10）。在存在母体毒性的情况下发现的畸形，特别是如果它们被认为与“压力”相关，则导致较低的系数（默认 F4 ≤ 5）。

F5 取值最高为 10，在 ICH Q3C 中说明，只有当最低观察作用水平可用且受所述毒性的性质调节时使用，尽管 F5>1 也可应用于研究或结果的特性不由其他系数处理的情况。

因此，在适当的情况下，根据物种的不同，可以在定义日允许暴露量的方程式中使用分母 1.2×10^5 到 2×10^4。在几乎所有情况下，应用于可靠数据的这一数量级的系数应足以合理地确保患者接触药品的安全。

在将 mg/kg 转化为 mg/d 时，假定成年人的体重为 50kg。虽然一些成年人的体重可能低于此，但用于确定日允许暴露量的其他因素被认为可提供足够的覆盖率。关于儿童安全性的讨论导致在指南中包括调整仅用于儿科用途药物的体重范围。如果建议进行此类调整，最合适选择是最可能成为患者的体重或儿科范围内标准体重的中点。对同时适用于成人和儿童的药物来说可能有点困难，尽管根据研究者的经验，有合理理由的数值很可能被接受。

计算溶剂摄入量（表 7–8）时假设的生理和其他常数均基于公布的数据表和实践经验。尤其是体重，可能与其他参考来源中使用的体重有很大差异；在为期 2 年的致癌性研究结束时，雄性 SD 大鼠的体重可从 200 g 增加到接近 1000 g，增加了 4 倍。在可能的情况下，日允许暴露量来源于长期研究数据，使用的一般毒理学物种的重量是代表成熟动物的重量。

表 7-8 用于计算日允许暴露量的生理参数值

参数	物种	数值
体重	老鼠	28g
	老鼠（怀孕）	30g
	大鼠	425g
	大鼠（怀孕）	330g
	豚鼠	500g
	猴[a]	2.5kg
	兔（包括怀孕的）	4kg
	狗	11.5kg
呼吸量	老鼠	43L/d
	大鼠	290L/d
	豚鼠	430L/d
	兔	1440L/d
	狗	9000L/d
	猴	1150L/d
	人	28800L/d
水消耗量	老鼠	5ml/d
	大鼠	30ml/d
食物消耗量	大鼠	30g/d

注 [a]：食蟹猴体重最适合。

7.5.3.2 示例：N，N- 二甲基乙酰胺

通过吸入途径进行用于 N，N- 二甲基乙酰胺（*N*，*N*-DMA）的日允许暴露量的研究。使用来自这些研究的数据提出了一个问题，即是否应该进行调整以反映动物通常每天暴露于测试材料几小时和少于 7 天 / 周的事实。大鼠暴露于含 100 ppm 或 350 ppm 的 *N*，*N*- 二甲基乙酰胺的大气中 2 年，6 h/d，5 天 / 周，*N*，*N*- 二甲基乙酰胺在 Kupffer 细胞中显示出肝细胞毒性和含铁血黄素的积累；25 ppm 是无明显作用水平 [5]。以 ppm 表示的浓度通过理想气体的公式 $PV=nRT$ 或 $n/V=P/RT$ 转换为 mg/L；R 取 0.0821Latm/（K · mol），T 取 298 K：

$$25\text{ ppm}=\frac{25\times 87.12(N,N\text{-DMA的分子量})}{24.45}=89\text{ mg/m}^3=0.089\text{ mg/L}$$

加上一个“连续给药”的“修正”：

$0.089\times 6\times 5/(24\times 7)=0.016$ mg/L

尽管在制药制造商协会针对美国药典一般章节 <467> 提出的有机挥发性溶剂限值程序的详细实例（例如，药典论坛 [6]）和其他设置中有所应用，但仍存在反对使用这种“修正”的合理论据。乘数 6/24 试图调整一天中持续吸入蒸汽的量，尽管 6 小时的暴露时间提供了溶剂的“剂量”，就像

口服一样，在后一种情况下，即使是系统半衰期短的化合物，也不会出现“持续暴露”的问题。在从 5 天 / 周给药到 7 天 / 周给药的转换过程中，也没有充分的生物学推理。任何溶剂的毒性作用都不太可能以线性方式从间歇接触转变为不间断接触，后者不反映任何现实的治疗方案。剂量调整被认为是引入了额外的“安全系数”5.6，当与 F1 到 F5 结合时，会导致更保守的日允许暴露量：

$$每日剂量=0.016\times290（大鼠每日呼吸量）/0.425=10.9\ mg/kg$$

$$日允许暴露量=\frac{10.9\times50}{5(F1)\times10(F2)\times1(F3)\times1(F4)\times1(F5)}=10.9\ mg/d$$

因为在研究使用大鼠确定日允许暴露量，F1=5。F2=10 以解释个体之间的差异。F3、F4 和 F5 都为 1，因为研究的 2 年持续时间有效地涵盖了动物的寿命，在效应剂量下记录的毒性不被认为是严重的，并且在可接受质量的研究中确认了无明显作用水平。

浓度限值 =1000 × 10.9/10=1090 ppm

7.5.3.3 示例：甲苯

甲苯的日允许暴露量为 8.9 mg /d（在日最大剂量 10g /d 的产品中 890 ppm），这是由美国国家毒理学计划[7]执行的研究中，为 F344 大鼠和 B6C3F1 小鼠通过口服强饲法给予高达 5000 mg/kg，5 天 / 周，为期 13 周的研究结果推导得出的。所有接受 5000 mg/kg 的动物在第一周内死亡，并且给予 2500 mg /（kg・天）的动物也发生死亡。在 1250 mg /（kg・d）的大鼠中脑损伤明显，肝脏和肾脏重量的增加被认为是适应性的而不是毒性的证据。结论，625 mg /（kg・d）的剂量是大鼠的无明显作用水平。

因为给药是在 5 天 / 周而不是 7 天 / 周进行的，所以第一步是调整“连续给药”，即，

调整剂量 =625 × 5/7=446 mg /（kg・d）

与 *N*，*N*– 二甲基乙酰胺一样，调整的理由是可疑的，也就是说，通过这种简单的线性转换估计的剂量几乎不可能通过一项研究来维持，在这项研究中，每周每天实际服用 446 mg/kg。同样，该步骤在实践中实现的是在将新的无明显作用水平插入相关计算中时生成更保守的日允许暴露量：

$$日允许暴露量=\frac{446\times50}{5(F1)\times10(F2)\times10(F3)\times5(F4)\times1(F5)}=8.9\ mg/d$$

在这里，F1=5，因为关键的无明显作用水平来自大鼠的研究。F2=10 以允许对所见效果的灵敏度的个体间变化。F3=10 是基于研究的持续时间【注：这反映了用于计算甲苯日允许暴露量的基本原理中的误差，或至少是异常。根据 ICH Q3C 指南，在啮齿动物的 3 个月（即 13 周）研究中，F3=5。在[8]中没有给出例外的理由。如果 F3 设定为 5，则日允许暴露量变为 17.8 mg /d（10 g 产品中为 1780 ppm）。】F4=5 是因为在大鼠中观察到毒性的显著性质。因为存在无明显作用水平，F5=1 成立，而且该研究是在一个备受尊敬的机构的支持下进行的。有争议的是，如果大鼠脑损伤的报告剂量更大，F4 可能设定为 10。然而，在确定甲苯的日允许暴露量时考虑了所有其他证据，包括美国国家毒理学计划的阴性致癌性研究，都产生了大于或等于 60 mg/d 的限值，这将甲苯分在了 3 类。采用的日允许暴露量完全保护患者。

$$浓度限值=1000\times8.9/10=890\ ppm$$

7.5.4 3 类溶剂

在设定 3 类溶剂的日允许暴露量时，自由度和主观性的程度是显而易见的。有些是常见的化合物，这些化合物在很长一段时间内已经为世界所熟知，并且可能在家庭中使用，在哺乳动物体内天然形成，作为通常被认为是安全的（GRAS）溶剂列出，作为食品添加剂被很自由地使用，公众可以从大量的商店中获得，为了社交目的而被故意摄取。也许由于这些原因，通常缺乏正式和良好执行的毒性研究。乙酸就是一个很好的例子；几个世纪以来，它一直被视为醋，其数量明显超过药品中可能遇到的数量，没有重大问题。重新审视 20 世纪 60 年代设定的食品添加剂限制几乎没有动力，而且普遍认为刺激性和腐蚀性是其最主要的不良反应。几乎所有可用的动物毒性研究都是年代已久（20 世纪 20 年代或 40 年代），并且根据现行标准存在严重缺陷。乙酸的 Ames 基因毒性试验为阴性，其日允许暴露量为 3200 mg，这是根据家兔口服胎儿发育研究得出的，其中 1.6 g/kg 为无明显作用水平。几乎找不到其他相关信息。

ICH Q3C 指南的 [8] 所依据的计算文件没有给出苯甲醚的日允许暴露量实际值，但根据长期和广泛的经验，低急性毒性，通常被认为是安全的，假设它超过 50 mg/d，并被用作食品添加剂。乙酸异丁酯也处于类似情况。例如，1- 丁醇和乙酸异丙酯在基因毒性测试系统中至少是阴性的，也是直接食品添加剂，但这些溶剂都不是重复剂量一般毒性研究的主题，允许使用前面所示的基本计算来估计日允许暴露量。

这些常见和长期使用的溶剂是否应包括在 ICH Q3C 中？如果严格遵守准入标准，它们是食品添加剂，可能不会引起对造成危害的怀疑；容忍被列为用于食品“无安全问题”的酯类和醇类，然后拒绝通过医药产品降低摄入量，这是很不合理的。此外，尽管本指南力求通过对因存在担忧而进行更全面研究的溶剂设定限值来努力维护患者的安全，但它仍然是一份实用文件，其目的不是通过过高的成本或不切实际的生产来阻碍获得药物。

乙醇引发了一个稍有不同的悖论。可能始于新石器时代的人类故意摄入、自然摄入和多种日常使用，使得人们对进行基于剂量 - 反应曲线的经典毒性研究几乎没有任何激励。然而，同样的考虑也引起了人们对乙醇细微影响的兴趣，如果采用足够敏感的技术，在人体中能够检测到摄入极少量的乙醇这一点也不足为奇。仅应用安全系数 F2 和 F5（由于这些调查的性质，通常不会确定无明显作用水平），就能给出一个暗示乙醇具有非常大毒性的日允许暴露量，并且浓度限值可能是现实生产实践无法实现的。相反，各国基于健康的建议支持通过酒精饮料每周至少摄入 80 g，因为这是没有重大风险的。实用主义是必需的。

7.5.5 毒性数据不足以支持推导日允许暴露量的溶剂（“4 类”溶剂）

如其他地方所述，ICH Q3C 指南中所述的溶剂没有以严格系统的方式进行确认，并且肯定或预期不会成为对制药行业有价值的最终列表。据称，目前感兴趣的 10 种溶剂的安全性数据库不足以确定日允许暴露量或根据其作为食品添加剂的既定用途推定可接受性（表 7–9）。这就构成了它们是否应该在指南中得到承认的困境。把它们包括进来将突出表明该行业认为它们很重要，并且可能被视为呼吁感兴趣的各方继续寻找被错过的实质性数据；或者说如果有足够的需要，就可以进行新的研究。不太有用的是，这也可能传达这样一种印象，即把这些溶剂添加到 1、2 和 3 类溶剂中形成一个“完整”列表。后者在一定程度上反映出，尽管没有使用 ICH Q3C 中的分类，但表 7–9 中的化合物被许多人称为“4 类”溶剂[9]。实际上，如果有适当的信息可用，就会有一个提出日允许暴露量值并对这些和任何新的重要溶剂进行分类的程序（参见第 7.7 节）。

表 7–9 Q3C（R5）中列出但未指定日允许暴露量的溶剂[a]

1，1- 二乙氧基丙烷	甲基异丙基酮
1，1- 二甲氧基甲烷	甲基四氢呋喃
2，2- 二甲氧基丙烷	石油醚
异辛烷	三氯乙酸
异丙醚	三氟乙酸

注 [a]：可用的安全数据不足以支持计算日允许暴露量。

7.6 分析和报告

上述内容主要涉及残留溶剂限值的基本原理和推导，它们的实际应用及在使用过程中发现或遇到的差异、异常。但是，显然有必要在实践中确定合规性。当已知生产或纯化过程能够导致其存在时，应进行残留溶剂的测试。有必要仅测试在原料药、产品或赋形剂的制造中使用或产生的溶剂。此外，应考虑诸如最终产品的接近度和制造过程的特性等因素。在早期阶段使用高挥发性溶剂，如二乙醚，不太可能在遗留方面存在显著风险，其中该方法涉及多个后续操作，例如产物结晶或溶剂蒸馏和干燥。对于其他类型的杂质，特别是那些具有诱变责任的杂质，这一理由是合理的[10]。

在首次编写 ICH Q3C 指南时有一些担忧，即辅料生产商希望避免泄露机密商业流程的愿望会导致不愿意或拒绝透露所用的溶剂。然而，这似乎不是主要问题。如第 7.3.1 节所述，累积计算可用于估计药品中的残留溶剂水平，其中可获得有关制剂所有成分的信息。或者可以对原料药或药品进行常规分析，或者仅用于确定在制造或配制过程中的损耗是否已将溶剂浓度降低到可接受的水平。

ICH Q3D 指南包含了考虑产品中一种元素的观察水平相对于相应日允许暴露量的重要性的规定，控制阈值为日允许暴露量的 30%[1]。如果所有来源的元素浓度始终低于日允许暴露量的 30%，并且假设有适当的数据评估和适当的控制策略，则不需要额外的控制。关于残留溶剂水平的平行方法，其应用范围比 Q3D 更窄。EMA 残留溶剂指南[11]的附件规定，当一种 1 类溶剂可能存在于另一种溶剂中时，在适当的中间体或最终原料药中对前者进行常规试验是不需要的，如果能够证明在 6 个连续的中试规模或 3 个连续的工业规模批次中持续存在不超过 30% 的规定限值。还必须满足与原始溶剂有关的两个附加条件[11]。

同一附件规定，如果可以证明在药物或适当中间体中使用的 2 类溶剂的含量不超过 ICH Q3C 指南中规定的可接受浓度限值的 10%，则在合成的最后阶段之前使用的 2 类溶剂不必包括在说明书中。在最终合成步骤中使用的 2 类溶剂的水平应在最终药物中进行常规控制。尽管此处应用了“10% 规则”，但与 Q3D 的“30% 规则”相比，在实践中前者通常会排除测试上游工艺中使用的多种溶剂。

在考虑质量方面，除了安全问题外，还应提出制造能力是否有助于确定溶剂限值的问题。特别是，如果溶剂的水平可以定期降低到远远低于安全数据支持的水平，是否应该调整有效限值以反映制造能力？答案是“不”。将溶剂浓度控制在等于或低于毒性研究结果系统性推导的限值，应排除进一步降低溶剂浓度的必要性。事实上，如果这样做且发现批次不符合严格的规范，对含有明显安全水平的溶剂的材料进行返工或销毁将不会对患者的利益有任何帮助。

药典中描述的程序可用于测定残留溶剂的含量。在这方面，美国药典的一般 <467> 章节（作为残留溶剂）的广泛修订是有价值的。否则，制造商可以自由选择最合适的经验证的分析程序（验证符合相关的当前 ICH 指南）。近年来，出现了各种有用的评论，覆盖了当前和不断发展的气相色谱技术，包括静态和动态顶空法、固相微萃取、单滴微萃取等[12~14]。如果只存在 3 类溶剂，可使用非特定方法，如干燥失重。

ICH Q3C 指南中提供了药物产品生产商或药物制品赋形剂生产商陈述的例子，这些陈述构成了可接受的残留溶剂含量的证据。应始终鉴定 1 类溶剂并进行具体量化。同样，应该鉴定和量化超过其各自的选项 1 限值的 2 类溶剂，或存在超过 0.5% 的 3 类溶剂。

7.7 ICH Q3C残留溶剂指南的维护和扩展

在采用 ICH Q3C 指南时，专家工作组同意，如果确定或进行了其他适当的毒性研究，溶剂日允许暴露量可以也应该更新。这是一项重要的规定，特别是关于 2 类溶剂，其中日允许暴露量将受益于基于更强有力的数据的确认，或对于 3 类溶剂，可能是对边界包装强度的“错误分类”。还认识到可能需要将新的溶剂添加到列表中，如果证明有日允许暴露量的数据集可用，则乐意采取这种行动。1999 年签订了一项主要维护协议，并成立了一个维护专家工作组。

ICH Q3C 中最初包含的溶剂主要是专家工作组成员及其同事联合建议的结果。整理清单遗漏了一些溶剂，“为什么溶剂 X 不在 ICH Q3C 中”这个问题出现的频率有点令人惊讶。反过来，人们也可能因为只需要相对较少的维护活动而感到好奇。在指南中加入新的溶剂，或接受对现有限值的修订，取决于与生成现有指南值相同类型计算的性能，并利用充分的定量和定性数据。日允许暴露量的数据和工作提交给维护专家工作组；在其积极审查和完成一段公共协商后，新的限值被纳入文件中，该文件以修订版的形式在修订版号下公布。根据可用的高质量美国国家毒理学项目致癌性研究，该方法已用于将四氢呋喃（THF）的日允许暴露量从 121 g/d 修改为 7.2 mg/d。这些结果显示了一些致癌的可能性，但伴随的基因毒性试验是阴性的，四氢呋喃也相应地从 3 类转移到 2 类。修订后的限值遵循与原指南相同的步骤程序；2002 年 9 月，新的日允许暴露量 ICH 指导委员会根据第 4 步对四氢呋喃进行了批准，修订后的指南更名为 ICH Q3C（R1）。

随后 N- 甲基吡咯烷酮（NMP）的日允许暴露量从 48.4 mg/d（2 类）改为 207 mg/d（3 类），这是在对另一项研究（本例为生殖毒性）进行评估时，对大鼠进行的一项新的 2 年喂养研究的结果，表明断奶前发育受损，认知功能增强。在整个器官发育过程中，雌鼠在 6 h/d 的时间暴露于 150 ppm N- 甲基吡咯烷酮下的幼鼠体内的离子。虽然该研究结果的性质并未影响 N- 甲基吡咯烷酮的 2 类状态，但日允许暴露量降至 5.3 mg/d（2002 年 9 月第 4 步；ICH Q3C（R2））。该修正案说明了依赖“最佳”或最合适研究与最低日允许暴露量研究之间的斗争以及剂量选择影响的变幻莫测。实际上，当有多个数据源可用时，通常大多数 ICH Q3C 所列溶剂的日允许暴露量是通过分析那些被认为具有可接受质量的研究而得出的最低日允许暴露量。依据剂量途径、设计、持续时间、出处或纯粹的行为卓越性，这也可能是“最佳”研究（尽管最后一个属性可能很难衡量），但如果 3 个月的研究比本质上更可靠的 2 年研究产生更低的候选日允许暴露量值，则可采用前一个限值。这是一个完全合理的方案，取决于给药途径、为研究选择的剂量水平的比例、测量的终点范围、结果的实际性质和严重性、无明显作用水平或最低观察作用水平的鉴定以及关键研究中测试的物种。基于信息的出现（2 年的大鼠喂养研究）判断其比得出初始日允许暴露量的大鼠吸入致癌性研究更为合适，初步愿意大幅提高 N– 甲基吡咯烷酮的日允许暴露量，这表明在评估数据源质量和一般适用性方面迈出了可喜的一步。然而，最适用的研究并不总是像在这种情况下看起来那样清楚，而且这种选择甚至不能算是接近同类的。大规模使用“最佳研究”也增加了专家意见（主观性）的争议性作用、对给定溶剂的所有研究和生成日允许暴露量（资源使用）的研究辩护的评估，以及为了一致性，对当前日允许暴露量的重新评估。其次，由于一篇报告吸入剂量胎儿发育研究结果的论文，在 207 mg/d 限值生效之前降低了 N– 甲基吡咯烷酮的日允许暴露量。对已发表的二手结果的解释并不总是直截了当的；在这种情况下，它们可能或可能不表明选择性功能神经毒性，这被认为是重新计算日允许暴露量的关键发现。然而，在这种情况下，谨慎原则胜出，将总安全系数 1250 应用于调整后的生殖研究剂量水平，并采用 5.3 mg/d 的日允许暴露量。2005 年 11 月的 ICH Q3C（R3）包括四氢呋喃和 N– 甲基吡咯烷酮的日允许暴露量以及对 N– 甲基吡咯烷酮计算的修正，尽管只有 2009 年 2 月的 ICH Q3C（R4）才正式更新了相关表格和附录 1，已包含这两种溶剂的修订日允许暴露量。

2011 年 2 月，对异丙苯的日允许暴露量进行了修订，将指南更名为 ICH Q3C（R5），说明了更具权威性研究的出现所带来的一个重要变化，虽然一些研究显示出了显著的毒性。最初的日允许暴露量为 55 mg/d（3 类），根据阴性基因毒性研究和 6 个月大鼠研究确定，口服无明显作用水平为 154 mg/kg，给药时间为 5 天 / 周，最低毒性为 769 mg /（kg · d）。由于这项研究的年代，发表日期是 1956 年，所以对它有些不满意。2008 年和 2009 年，美国国家毒理学项目报告啮齿动物吸入致癌性研究时，我们有机会重新审视日允许暴露量。总体研究结果给出了需要毒理学家判断的混合信号，在这种情况下，没有遵循最严格的保守路线。即使在最低浓度 250 ppm［6h/d，2 年 5 天 / 周；估计剂量 150 mg /（kg · d）］下，两性大鼠和雄性肾肿瘤的呼吸通路肿瘤发生率也升高。两种性别小鼠在 125 ppm［估计剂量 169 mg /（kg · d）］下气道肿瘤均增加，雌性小鼠的肝细胞腺瘤 + 癌的剂量相关增加。细菌诱变性分析结果仍然不受关注，而大鼠骨髓中的微核多色红细胞计数虽然在吸入异丙苯 3 个月后外周血红细胞中没有相应的作用，有少量但显著的增加。相反，小鼠肺肿瘤的 p53 和 K–ras 突变模式提示 DNA 损伤。

由于观察到大多数肿瘤都是通过给药途径特别暴露的组织，即吸入，尽管这模仿了一些药物的使用方法，并且肝脏和肾脏中存在肿瘤性变化，因此人们的担忧有所减轻。一些相关的分析表明基因毒性的可能性较低，而大鼠的微核研究表明肿瘤内存在致裂性和突变。在计算日允许暴露量之前，需要平衡这些看似冲突的元素。如果根据证据的权重判断异丙苯可能是一种基因毒性致癌物，正常的 ICH Q3C 实践应将其转移到 1 类。如果数据集允许对替代机制有足够的信心，则溶剂可保留在 2 类中，尽管应用了较大的复合安全系数。这一决定有利于后者：用小鼠的最低观察作用水平来获得日允许暴露量，其中包含了安全系数，F1=12（小鼠的确定性研究），F2=10（人类个体间变异），F3=1（终身治疗），F4=10（检测到致癌效应），F5=10（未建立无明显作用水平）。为 F4=10 提供的推理是有指导意义的：给予系数的值可以合理化，从广义上反映了严重毒性的表现，而不是有选择地表明人类致癌风险的研究结果。如果将啮齿类动物中增加的肿瘤发病率解释为对人类事件的预测，那么就会提出一个问题：非遗传毒性起源的肿瘤是否应该始终被认为没有直接与基因相互作用引发的肿瘤那么需要关注。作为第四部分，ICH Q3C 所附的数据分析中没有对机制或阈值的论证。然而，面对动物致癌性研究的类似结果，在提交修改溶剂日允许暴露量的案例时，这些考虑是有价值的。

自原始文件达到第 4 步近 20 年来，由于添加了溶剂，未对 ICH Q3C 指南进行修订，尽管 2015 年 7 月 ICH Q3C（R6）的公众咨询问题似乎注定要纠正这一点，如它提出了新溶剂三乙胺（TEA）的日允许暴露量，以及甲基异丁基酮（MIBK）日允许暴露量的修订。应用于修订甲基异丁基酮的日允许暴露量的推导与第 7.1 节中第一个例子中已经提供的非常相似，并且出现了相同的值 22.5 mg /d。将甲基异丁基酮从 3 类转为 2 类，建议三乙胺的日允许暴露量为 62.5 mg/d（6250 ppm，3 类）。基本上，限值是基于大鼠的单次吸入研究和缺乏诱变性的证据，没有生殖毒性数据，但整体包装并不比 ICH Q3C 指南中包含的其他几种溶剂的基础更稀疏。第 7.1 节提供了基于另一种溶剂（异丙醚）有限信息的示例计算，异丙醚是 ICH Q3C 采用的候选溶剂。

如果有的话，对某些溶剂（尤其是二氯甲烷）潜在的环境毒性的关注已经导致自愿和非正式地收紧现有清单。对环境风险的认识引起了人们对所谓“绿色溶剂”的兴趣，如以太分子、环戊甲基醚（CPME）和 2- 甲基四氢呋喃（2-MeTHF）。虽然 ICH Q3C 指南主要是为了保护患者免受直接输送残留“剂量”溶剂的不利影响，但考虑限制对更广泛环境的损害是完全合法的，顺便说一下，如果在其他方面合适，也可以使用毒性较小的溶剂。至少有两篇论文 [15, 16] 根据 ICH Q3C 原则对环戊甲基醚的非临床研究进行了回顾，但不幸的是，它们提出了一些实际问题和异常现象。Watanabe[15] 似乎避开了对大鼠进行为期 3 个月的吸入性研究，从仅持续 28 天的口服研究中获得了日允许暴露量。尽管将环戊甲基醚称为“低毒替代溶剂”，但日允许暴露量因此呈现为 1.5 mg /d，表面上看是 2 类溶剂中最有毒的。没有为日允许暴露量的推导提供任何帮助。Antonucci 等人 [16] 提到一项为期 3 个月的环戊甲基醚口服毒性研究，但几乎没有提供评估其质量的细节，建议日允许暴露量为 7.4 mg/d，对 2- 甲基四氢呋喃的日允许暴露量 6.2 mg/d 也没有任何解释。目前的论文都不能支持足够的案例来向 ICH Q3C 维护专家工作组提议日允许暴露量，也没有提交任何文件。这是令人遗憾的，我们希望在不久的将来，我们能够更加努力地鉴别和表征“绿色溶剂”。

尽管相对忽视了 ICH Q3C 所涵盖溶剂数量及修订现有限值的扩展机制，但在适当情况下仍需使用这一机制。以下更详细地介绍了其应用。

7.8 示例：修改现有残留溶剂限值的案例

在此，根据美国国家毒理学计划进行的研究结果和 2008 年文献 [17] 的研究结果，可以考虑修订目前为 3 类溶剂的甲基异丁基酮限值的可能性。美国国家毒理学计划啮齿动物致癌性研究是同行评审的，其质量一般有助于风险评估。据报道，甲基异丁基酮在广泛的体外和体内基因毒性研究中呈阴性，包括由美国国家毒理学计划进行的沙门氏菌逆转突变分析 [17]（IARC 审查的分析包 [18]）。F344 大鼠吸入甲基异丁基酮 6 h/d，5 天 / 周，2 年，浓度分别为 0 ppm、450 ppm、900 ppm 和 1800 ppm。在雄性中，肾小管腺瘤与合并腺瘤和癌的发生率在 900 ppm 和 1800 ppm 时略有增加。雄性和雌性在 1800ppm 时慢性肾病的发病率明显增加，雄性在 900 ppm 以上时肾盂过度上皮增生，以及所有暴露组的雄性肾乳头矿化。所有甲基异丁基酮暴露大鼠组的雄性均出现肾小管增生。这些研究结果被认为是肾小管上皮增生性病变进展的连续体。同样条件下暴露于 1800 ppm 甲基异丁基酮的

b6c3f1 小鼠显示肝细胞瘤发生率增加。

短期研究表明，甲基异丁基酮在雄性大鼠体内产生 α2μ– 球蛋白肾病，这种雄性大鼠特有的现象在肾脏癌变中的作用与人类无关。然而，IARC 委员会对美国国家毒理学计划研究结果的详细评估得出结论，不能排除肿瘤对人类反应的相关性[18]。这与 2 年研究的研究者提出的建议一致，即至少慢性进行性肾病的发病率增加取决于 α2μ– 球蛋白介导之外的机制。

没有证据表明大鼠甲基异丁基酮肿瘤的发生是基因毒性机制的结果。吸入浓度为 450 ppm 是肿瘤的无明显作用水平，尽管它只能被视为肾功能连续体的最低观察作用水平。

将 450 ppm 转换为 w/v 浓度，

450 ppm=450×100.16/24.45=1843 mg/m^3=1.84 mg/L

对连续暴露，调整剂量 =1.84×6×5/（24×7）=0.33 mg/L

日剂量 =0.33×290/0.425=225 mg/kg

$$日允许暴露量=\frac{225\times 50}{5(F1)\times 10(F2)\times 1(F3)\times 2(F4)\times 5(F5)}=22.5\ mg/d$$

浓度限值 =22.5×1000/10=2250 ppm

在本案例中，F1（大鼠研究）、F2（人类变异）和 F3（啮齿动物寿命研究）非常简单。然而，F4 和 F5 更容易引起争论。在设定 F4 时，应考虑甲基异丁基酮在大鼠和小鼠中引起过量肿瘤。尽管这显然是通过一种非基因毒性机制发生的，但在 450 ppm 浓度下大鼠中发现的慢性进行性肾病既不可能与肿瘤发生有关，也不可能与人类有关[18]；也就是说，可以对高于 2 的安全系数进行论证。F5 可以推理为 1，因为对肿瘤产生有无明显作用水平，但肾组织变化没有无明显作用水平。因此，F4 和 F5 之间的权重转移可能涉及向 ICH Q3C 维护专家工作组提交甲基异丁基酮限值修订的案例，但净结果可能会将此溶剂从 3 类转移到 2 类。

7.9 示例：向ICH Q3C指南列表中添加残留溶剂的案例

在本示例中，考虑了支持异丙醚（二异丙醚）的日允许暴露量的可能性，该溶剂最初被列为缺乏足够的毒理学数据。简要介绍了计算所依据的或排除的研究结果；更多细节可从引用的论文中获得。

异丙基醚［二异丙基醚（DIPE）、二异丙基氧化物、2– 异丙氧基丙烷、2，2– 氧基二丙烷；CAS 编号 108–20–3］

基因毒性

异丙基醚的基因毒性在可接受的极限浓度下在 Ames 细菌、酵母和哺乳动物细胞（小鼠淋巴瘤）测定中呈阴性，并且在 1200μg/ml 的原代大鼠肝细胞培养物中不产生染色体畸变[19]。

致癌性

使用在某些方面超过最低要求但缺乏其他重要因素的实验方案研究了异丙基醚的致癌可能性[20]。100 只雄性和 100 只雌性 SD 大鼠组口服给药，但仅在 4 天 / 周内给药 78 周而不是 2 年，然后停止给药直至自发死亡，仅使用两种剂量水平，250 mg /（kg · d）和 1000 mg /（kg · d）。研究者在两种剂量水平上报告了几种肿瘤类型和部位的发病率增加。显著的差异包括明显不受所提供结果支持的结论和未考虑历史控制数据等，导致欧洲化学品管理局（ECHA）分析得出结论，该研究在确定异丙基醚潜在致癌性方面的作用有限[21]。如果根据基因毒性测定结果和其他残留溶剂的先例，任何所声称的肿瘤发病率增加可视为具有实质内容，则异丙基醚将被视为非遗传毒性致癌物。标准计算的应用，包括 7 天 / 周的剂量调整，将提供 1.4 mg /d 的日允许暴露量，但欧洲化学品管理局对研究的评论使这一可靠性限值得怀疑，而且可能过于严格。

生殖毒性

妊娠雌性 SD 大鼠在整个器官发生过程中，通过吸入 0 ppm、430 ppm、3095 ppm 或 6745 ppm 的异丙基醚，6h/d[22]。在等于或大于 3095 ppm 的情况下，胎儿的第 14 根肋骨发育不全，尽管研究者指出，“观察到的……似乎不表明对发育有不利影响”。在最高浓度时，轻度母体毒性明显，但在 430 ppm（无明显作用水平）时，对母鼠或胎儿均无不良影响。

430 ppm=430 × 102.18/24.45=1797 mg/m^3=1.8 mg/L

对连续暴露，调整剂量 =1.8 × 6/24=0.45 mg/L

日剂量 =0.45 × 290/0.33=395 mg/kg

$$日允许暴露量=\frac{395\times 50}{5(F1)\times 10(F2)\times 1(F3)\times 1(F4)\times 1(F5)}=395\ mg/d$$

浓度限值 =395 × 1000/10=39500 ppm

这一数值是根据研究者的解释得出的，即对发育没有不利影响，也就是说，关于第 14 肋骨的观察结果基本上是异常的。更高水平的关注可能会将日允许暴露量降低 10 倍，至 39.5 mg/d（3950 ppm）。

动物毒性

大鼠口服的半数致死量为 6.4~16.5 ml/kg（4.64~12.0 g/kg）[23]。

SD 大鼠吸入 0 ppm、480 ppm、3300 ppm 或 7100 ppm 的异丙基醚，6 h/d，5 天 / 周，持续 3 个月[21]。在中高浓度时，肝脏和肾脏重量轻微增加，在 7100 ppm 时对雄性有轻微的形态学影响（肝细胞肥大和肾小管中的透明液滴；后者与人类无关）。这项研究似乎是高质量的，浓度为 480 ppm 可以作为非常保守的无明显作用水平。

480 ppm=480 × 102.18/24.45=2006 mg/m^3=2.0 mg/L

对连续暴露，调整剂量 =2.0 × 6 × 5/（24 × 7）=0.36 mg/L

日剂量 =0.36 × 290/0.425=245 mg/kg

$$日允许暴露量=\frac{245\times 50}{5(F1)\times 10(F2)\times 5(F3)\times 1(F4)\times 1(F5)}=49\ mg/d$$

浓度限值 =49 × 1000/10=4900 ppm

结论

如果日允许暴露量为 49 mg/d，则将异丙醚置于 ICH Q3C 2 类中。

通常情况下，对于所应用的一些因素和可用数据的强度存在意见分歧的余地，但在指南中包含的其他溶剂、排除致癌性研究结果的合理原因及对大鼠 3 个月研究的保守分析中，得出的日允许暴露量可以被认为是合理的。

7.10 第4步后17年对ICH Q3C残留溶剂指南的评估

考虑到许多溶剂缺乏足够的安全数据，“简单”的以不确定性系数为基础的限值方法的内在弱点，以及整个过程中固有的主观判断，ICH Q3C 残留溶剂指南经受住了时间的考验，也许在某些情况下比预期的要好。确定特定化学实体的个别限值的复杂性导致了一些异常和特殊性，但在确保安全的普遍保守态度和药品制造商的可接受性之间，这条道路似乎在很大程度上起到了作用。

这并不是说 ICH Q3C 没有嵌入的问题，被时间流逝所揭示的缺点，以及一定程度的停滞。在某些方面，指南显示了它的年代。例如，对非啮齿动物进行全寿命或半寿命研究的日子早已一去不复返，如果它们真的存在的话。必须承认，任何长期研究，在生命周期的背景中，都将在啮齿动物身上，并且几乎总是在大鼠或小鼠身上进行。多药的棘手和日益普遍的问题被回避了，它可能使添加剂暴露于多种活性成分和赋形剂超过日允许暴露量的残留溶剂中。然而，这仍然是规则，而不是例外，有指导原则，而且习惯上的理由是限值足够保守以适应大多数情况。

适用于 ICH Q3C 要素的一些惯例和适应性可能需要重新审查。由于使用浓度而不是日允许暴露量来定义它们在药品中的限值，1 类溶剂已成为一些评论的目标，特别是苯的限值被批评为不必要的低。如第 4.1 节中所述，1 类溶剂缺乏日允许暴露量导致某些异常，尽管希望强化在制造过程中应避免使用这些溶剂的信息，但浓度本身是由日允许暴露量计算得出的。苯的 ICH Q3C 浓度限值为 2 ppm，反映出日允许暴露量为 0.02 mg /d，这是基于 10^{-5} 的终身过量癌症（白血病）风险。环境保护局的估计已经更新，只给出了一系列的暴露量值 [24]。Snodin 和 McCrossen [25] 参考了世界卫生组织（WHO）、有毒物质和疾病登记处（ATSDR）及致癌效力数据库（CPDB）信息，其限值为 20~78 μg/d（10^{-5} 过量癌症风险）以及几百微克的环境暴露，认为 ICH Q3C 限值过于保守。此外，他们还提出，如果苯使用日允许暴露量（即剂量）而不是浓度，则将获得更大的灵活性和一致性，即使这仍然如目前所暗示的那样，在 0.02 mg/d（20 μg/d）水平。

安全性或不确定性系数方法的不成熟性质（在风险评估方面）引出了一个问题，即在信息的多样性和可靠性是足够的情况下，是否可以使用替代方法来生成日允许暴露量。通常不会出现这种情况，但出于环境原因对二氯甲烷等溶剂的兴趣导致了对其毒性和致癌潜力的深入调查，以及基于生理药代动力学方法的机械风险评估 [26]。如果这种或其他类型的计算增强了日允许暴露量的基本原理，但提高了限值，是否可以接受？方法的一致性是否优于风险评估的改进？此外，对更严格地使用“最佳”（通常被解释为最长）研究或产生最低日允许暴露量值的研究的指导可能会受到欢迎。这些研究可能会被证明是相同的，因为长期给药往往与无明显作用水平的降低有关，但还远不能确定，而且日允许暴露量不可避免地依赖于研究设计，特别是所选剂量水平的范围和分离。与此相关的问题是，在研究致畸潜能时，是否应根据无明显作用水平估算日允许暴露量，如果没有一般毒理学研究，则可能是这种情况，或者可能是因为计算得出的最低候选日允许暴露量来自此类研究。有一种观点认为，导致胎儿畸形的能力证据应影响安全系数（F4），但在这种特殊类型的评估中获得的无明显作用水平并不是最适合作为整个日允许暴露量的基础。如 Q3D 中所述，是否应考虑给药途径，并为每种溶剂生成多个日允许暴露量？当然，这样做是有理论依据的，但现实情况是，差距将比实质更大，尤其影响最重要的口服路径，除非人们诉诸人为的解决方案，而这些解决方案对目前的情况几乎没有（或根本没有）改善。

无论是现在，还是随着新数据的出现，与其他杂质指导原则的冲突都不太可能。ICH 指南并没有完全孤立地发展，但不可能使所有的过程和应用程序完全兼容。如果 ICH Q3C 中没有列出残留溶剂，则另一种选择（尽管不是理想的）是根据 ICH 的一般杂质指导原则来考虑。当且如果在 ICH Q3C 中添加新的日允许暴露量，它可能与 ICH Q3A[27] 或 ICH Q3B[28] 施加的先前限值有显著差异。另一种可能性是，新的信息将表明溶剂具有遗传毒性，并提出是否应受到 ICH Q3C 1 类参数的限制，或根据 ICH M7 指南 [29] 的条款限制的问题。到目前为止，还没有出现严重的冲突，但这些冲突仍有可能发生，而且这样做的后果一直是许多猜测的主题。也许 ICH Q3C 最令人失望的方面是其生命周期中发生的有限更新。

最初的溶剂清单几乎没有系统地拟定出来，而且预计将有一个持续的添加需求。虽然预期不是很多，新的研究将被公布，并推动对现有的日允许暴露量的修订。根据附加数据对四氢呋喃、N-甲基吡咯烷酮和异丙苯的日允许暴露量进行了修正，并提出了对甲基异丁基酮限值的修正。代谢论据支持乙二醇的日允许暴露量向上修正，但被维护专家工作组拒绝 [30]。已经有学者提交了一个将三乙胺添加到指南中的案例。据研究者所知，这是维护活动的范围。与此相关的是，人们对“绿色溶剂”的兴趣与日俱增，并报告了一些使用 ICH Q3C 原则进行评估的例子 [15, 16]。然而，到目前为止，信息或其介绍似乎还不足以提交给维护专家工作组。这些书籍中还说明了平衡广泛的环境效益和个体患者安全的必要性；现有信息可能支持前者，同时驱动一个对患者的风险比 ICH Q3C 中列出的大多数溶剂都大的日允许暴露量。这可能反映了目前缺乏足够的研究而不是溶剂本质上有更高的毒性，并且可以预期“绿色”溶剂将会添加到指南中，因为需要进行更多的工作来表征它们。

因为已经对最常用溶剂的允许残留水平进行了具体指导，业界或许已经太过松懈，不希望再去挑战命运。自 1997 年以来，人们一直批评指南的原则和细节，但也有赞赏 [31]，并且观察到指南的方法可以更有利地被广泛采用。尽管如此，应该允许流程和实际的日允许暴露量停滞不前。可以使用新的风险评估方法和新数据来挑战现状、长期利益以及指南的持续相关性。

参考文献

[1] International Conference on Harmonisation of Technical Requirements for Registration of Pharmaceuticals for Human Use. Guideline for Elelnental Impurities Q3D. *Step 2b*, July 26, 2013.

[2] International Conference on Harmonisation of Technical Requirements for Registration of Pharmaceuticals for Human Use. Impurities：Guideline for Residual Solvents ICH Q3C(R5). *Step 4*, February 4, 2011.

[3] Gaylor D. W., Kodell R. L. 1980. Linear interpolation algorithm for loW dose risk assessment of toxic substances. *Journal of Environmental Pathology and Toxicology*, 4, 305–312.

[4] US Food and Drug Administration. Guidance for Industry：Estimating the Maximum Safe Starting Dose in Initial

Clinical Trials for Therapeutics in Adult Healthy Volunteers. Center for Drug Evaluation and Research, JuIy 2005.

[5] Malley L. A. , Slone T. W. Jr, Makovec G. T. , et al. 1995. Chronic toxicity / oncogenicity of dimethylacetamide in rats and mice following inhalation exposure. *Fundamental and Applied Toxicology*, 28, 80–93.

[6] Committee on Rational Specifications for Impurities in Bulk Drug Substances—Pharmaceutical Manufacturer Association. (1990)Applicatioz of the PMA Procedure for Setting Residue Limits for Organic Volatile Soivents in Pharmaceuticals to Chloroforill. *Pharmacopeial Forum*, *May-June*, 541–582.

[7] National Toxicology Program. NTP Toxicology and Carcinogenesis Studies of Toluene(CAS No. 108–88–3)jn F344/N Rats and B6C3F1 Mice(Inhalation Studies). National Toxicology Program Technical Report Series. 1–253, 371, 1990.

[8] Connelly J. C. , Hasegawa R. , McArdle J. V. , et al. 1997. ICH guideline : residual Solvents. *Pharmeuropa (supplement)*. 9. S1–S68.

[9] Grodowska K. , Parczewski A. 2010. Organic Solvents in the pharmaceutical industry. *Acta Poloniae Pharmaceutica—Drug Research*, 67, 3–12.

[10] Teasdale A. , Elder D. , Chang S–J. , et al. 2013. Risk assessment of genotoxic impurities in new chemical entities : strategies to demonstrate control. *Organic Process Research & Development*, 17, 221–230.

[11] European Medicines Agency. Annexes to CPMP / ICH / 283 / 95 Impurities : Guideline for residual solvents&CVMP / VICH / 502 / 99 Guideline on impurities : residual solvents. Annex I : specifications for class 1 and class 2 residual solvents in active substances. Annex II : residues of solvents used in the manufacture of finished products. CPMP / QWP / 450 / 03—Rev. 1, EMEA / CVMP / 51I / 03—Rev. 1. February 20, 2013.

[12] Grodowska K. , Parczewski A. 2010. Analytical methods for residual solvents determination in pharmaceutical products. *Acta Poloniae Pharmaceutica—Drug Research*, 67, 13–26.

[13] Hu C. , Liu Y. 2011. Quality control in pharmaceuticals :residual solvents testing and analysis. In Akyar Y. Wide spectra of quality control, chapter 11, Rijeka, Croatia : Intech, p1–29.

[14] KaDil M. , Lata S. 2013. A review : residual solvents and various effective gas chromatographic techniques in the analysis of residual solvent. *International Journal of Pharma Research & Review*, 2, 25–40.

[15] Watanabe K. 2013. The toxicological assessment of cyclopentyl methyl ether(CPME)as a green solvent. *Molecules*, 18, 3183–3294.

[16] Antonucci V. , Coleman J. , Ferry J. B. , et al. 2011. Toxicological assessment of 2–methyltetrahydrofuran and cyclopentyl methyl ether in support of their use in pharmaceutical chemical process development. *Organic Process Research & Development*, 15, 939–941.

[17] Stout M. D. , Herbert R. A. , Kissling G. E. , et al. 2008. Toxicity and carcinogenicity of methyl isobutyl ketone in F344N rats and B6C3F1 mice following 2–year inhalation exposure. *Toxicology*, 244, 209–219.

[18] International Agency for Research on Cancer. Monographs on the Evaluation of Carcinogenic Risks to Humans 101. IARC / WHO, 2012.

[19] Brooks T. M. , Meyer A. L. , Hutson D. H. 1988. The genetic toxicology of some hydrocarbon and oxygenated

solvents. *Mutagenesis*, 3, 227–232.

[20] Belpoggi F., Soffritti M., Minardi F., et al. 2002. Resuits of long–term carcinogenicity bioassays on tert–amyl–methyl–ether (TAME)and di–isopropyl–ether(DIPE)in rats. *Annals oJ'the New York Academy of Sciences*, 982, 70–86.

[21] European Chemicals Agency. http://apps. echa. europa. eu / registered / data / dossiers / DISS–9d9a4cf8–17d0–2fad–e044–00144f67d249 / DISS–9d9a4cf8–17d0–2fad–e044–00144f67d249_DISS–9d9a4cf8–17d0–2fad–e044–00144f67d249. html(accessed October 5, 2014).

[22] Dalbey W., Feuston M. 1996. Subchronic and developmental toxicity studies of vaporized diisopropyl ether in rats. *Journal of Toxicology and Environmental Health*, 49, 29–43.

[23] Kimura E. T., Ebert D. M., Dodge P. W. 1971. Acute toxicity and limits of solvent residue for sixteen organic solvents. *Toxicology and Applied Pharmacology*, 19, 699–704.

[24] EPA: Integrated Risk Information System. Benzene http://www. epa. gov / iris/subst / 0276. htm(accessed October 23, 2014).

[25] Snodin D. I., McCrossen S. D. 2012. Guidelines and pharmacopoeial standards for pharmaceutical impurities: overview and critical assessment. *Regulatory Toxicology and Pharmacology*, 63, 298–312.

[26] Marino D. J., Clewell H. J., Gentry P. R., et al. (2006) Revised assessment of cancer risk to dichloromethane: part I Bayesian PBPK and dose—response modeling in mice. *Regulatory Toxicology and Pharmacology*, 45, 44–54.

[27] International Conference on Harmonisation of Technical Requirements for Registration of Pharmaceuticals for Human use. Impurities: Impurities in New Drug Substances Q3A(R2). *Step 4*, October 25, 2006.

[28] International Conference on Harmonisation of Technical Requirements for Registration of Pharmaceuticals for Human use. Impurities: Impurities in New Drug Products Q3B(R2). *Step 4*, June 2, 2006.

[29] International Conference on Harmonisation of Technical Requirements for Registration of Pharmaceuticals for Human use. Assessment and Control of DNA Reactive(Mutagenic)Impurities in Pharmaceuticals to Limit Potenjtial Carcinogenic Risk(M7). *Step 4*, June 23, 2014.

[30] Hasegawa R., Koizumi M., Hirose A. 2004. Principles of risk assessment for determining the safety of chemicals: recent assessment of residual solvents in drugs and di(2–ethylhexyl)phthalate. *Congenital Anomalies*, 44, 51–59.

[31] Rousseau G., Jeffs P. (2000)International Conference on Harmonization Impurity Guidelines—the industry perspective. *Drug Information Journal*, 34, 903–907.

8

ICH Q3D元素杂质

Andrew Teasdale and Sarah Thompson
AstraZeneca, Macclesfield, UK

8.1 简介

由于存在明显的安全隐患，医药产品中可能存在的金属杂质一直是人们关注的问题。从历史上看，这些关注点集中在铅等重金属上，已经通过使用简单的“湿化学”测试来解决。此类测试通常包括使用硫化氢，通过观察沉淀来测定金属的存在，以及通过与铅标准溶液进行比较来目测评估金属的存在水平。目前，在主要药典中，该测试有许多变化：

· 美国药典——目前的 3 种测试变体在第 231 章“重金属”中进行了描述。

· 欧洲药典——第 2.4.8 章包含八种变体。

· 日本药典——在第 1.07 章中定义了四种湿化学方法。

这些变体主要与样品制备有关。然而，测试中有许多缺陷，包括：

· 缺乏特异性——许多金属会形成不溶性硫化物，这意味着无法评估单个金属的含量。

· 相反，一些重要的金属不会形成沉淀物，因此很可能被试验忽略。

· 回收率——测试中低估了一些形成沉淀物的金属。样品制备过程中可能会丢失汞等挥发性元素。

· 敏感度也是一个问题，特别是在 ICH Q3D[1] 中所示的新制订的每日允许暴露限值水平上。

考虑到这些问题及电感耦合等离子体发射光谱法、电感耦合等离子体质谱法和 X 射线荧光等更专门和敏感的仪器技术的广泛应用，业界和监管机构都认为有必要解决这个问题。

1995 年，美国药典委员会发布了一篇激励性文章 [2]；这篇文章集中讨论了重金属限值测试 <231> 的具体问题。第二条激励条款 [3] 建议使用电感耦合等离子体质谱法作为替代方法，第三条在 2004 年 [4] 首次公开建议更换重金属限值测试。

与美国药典委员会的工作同时进行的，欧洲药品评估局（现在的欧洲药物管理局 EMA）制订了一个专门针对金属催化剂的指南 [5]。该指南于 2008 年完成并实施。指南首次确定了特定金属的正式限制，将金属分为三类：

1 类金属：有重大安全隐患的金属。该类金属包括已知或可疑的人类致癌物质或可能具有其他重大毒性的致病物。

2 类金属：安全性问题低的金属。这类金属对人体毒性较低。一般来说，在使用药物时，它们的耐受性很好。它们可能是营养所需的微量金属，也可能经常存在于食品或现有的营养补充剂中。

3 类金属：安全性问题最低的金属。这类金属没有明显毒性。它们的安全状况很好。它们通常具有良好的耐受性，其剂量远远超过药物给药时通常用到的剂量。它们通常在环境或动植物王国中无处不在。

有趣的是，该指南没有对分析方法提出具体建议，除了表明在大多数情况下使用非特异性沉淀试验是不合适的，并且通常应使用针对特定元素的技术。

同时，美国药典委员会继续发展其与元素杂质相关的原则，并于 2008 年在 PF 34（5）（2008 年 9 月至 10 月）– 无机杂质章节：重金属 [6] 中公布。其中列出了 31 个潜在的关注元素，并包括对每种元素的建议限值，包括口服和非口服。这远远超出了欧洲药物管理局指南的规定，即需要对金属造成的风险进行全面评估，从欧洲药物管理局指南对金属催化剂的具体关注转向更广泛地关注所有潜在的金属杂质来源。

显然，有必要在准则的有效范围方面，特别是关注的元素及其允许限值方面，解决方法上的分歧。这促使 2009 年建立了 ICH 概念文件 [7]，随后成立了正式的 ICH 专家工作组（EWG），以制订新的 ICH 指南，即 ICH Q3D 元素杂质指南。详细描述指南制订过程中面临的具体挑战超出了本章的范围，足以说明挑战是重大的，导致指南需要 5 年时间才能最终确定。该指南于 2014 年 12 月由 ICH 各方正式签署 [1]。除了指南本身之外，ICH 专家工作组在组建实施工作组（IWG）后立即采取了前所未有的措施，其主要任务是制作培训材料，以支持指南的实际实施。这些文件发表于 2016 年 4 月 [8]，我们将在下面进行研究。

目前，在指南的实际实施方面仍然存在挑战，本章将主要关注这些挑战。

8.2 指南的结构

本指南共 73 页，前 17 页包含了本指南的主体部分，包括参考文献和术语表。指南的其余部分采用一系列附录的形式：

· 附录 1：建立暴露限值的方法。

· 附录 2：确定通过口服、非肠道和吸入途径的元素杂质的日允许暴露量（PDE）。

· 附录 3：24 种元素单独的安全性评估。

· 附录 4：说明性示例。

8.3 适用范围

ICH Q3D 适用于上市产品，因此不适用于临床开发。与所有其他类似的 ICH 指南一样，指南中概述的原则预计将在临床开发阶段应用，并在营销应用之前，对风险和相关控制策略进行全面评估。重要的是，该指南明确指出，在发布后 18 个月内不会应用于新上市产品，在 36 个月内不会应用于现有产品。这承认了实施过程中的重大挑战，包括为进行彻底的风险评估而生成通常需要的数据所需的努力。

本指南适用于合成衍生药品（小分子）和生物制品，反映了指南涉及对潜在元素杂质来源的整体评估的事实，其中许多来源，例如水 / 工艺设备，对合成和生物药品都是通用的。然而，基因和细胞疗法被排除在外，如草药产品、放射性药物、疫苗、细胞代谢物、DNA 产品、全血和一系列血液衍生物。

尽管指南中没有明确说明，但认为定义的限值适用于不同的患者群体，也就是说，由于在指南中建立日允许暴露量时采用了保守方法，因此无须针对儿童做进一步修改。

8.4 潜在元素杂质的安全性评估

指南的第 3 节具体阐述了如何推导出限值，概述了整个流程所依据的基本高水平原则，交叉引用了指南的附录 1。对所采用的方法进行了详细的概述，包括计算中使用的修正系数的选择。指南中的限值是根据日允许暴露量定义的，这与 ICH Q3C[9] 中确定残留溶剂限值所用的过程一致。

日允许暴露量（PDE）是从最相关动物研究中无可见不良反应水平（NOAEL）或最低可见不良反应水平（LOAEL）推导出来的，如下所示：

$$日允许暴露量=\frac{无可见不良反应水平\times 重量调整}{F1\times F2\times F3\times F4\times F5}$$

日允许暴露量最好从无可见不良反应水平推导出来。如果未获得无可见不良反应水平，则可使用最低可见不良反应水平。推荐的将数据与人类联系起来的修正系数如下：

F1 是说明物种之间外推的系数，考虑相对体表面积，例如，F1=5 用于从大鼠到人类的外推。

F2=10 以说明个体之间的差异。通常对所有元素杂质都给定系数 10，并且在指南中一致使用 10。

F3 是一个说明短期暴露毒性研究的可变系数。

F4 是一个与观察到的毒性严重程度相关的系数。

F5 是一个未建立无可见作用水平情况下可以应用的可变系数。

例如，如果建立了无可见作用水平，F5=1；如果只有最低可见不良反应水平，F5=10。

质量调整假设任何性别的成人体重为 50 kg。

采用这种方法，总共确定了 24 种元素的限值；单个的评估在指南附录 3 中有详细描述。附录 2 描述了口服、非肠道和吸入给药途径的实际单个限值。这些限制复制并显示在表 8-1 中。

指南还提供了一些指导原则，这些原则可在寻求为其他给药路径设定限值时采用。指南提倡的出发点是把这些限值建立在指南中提供的口服日允许暴露量的基础上。Teasdale 等人[10] 公布了有关皮肤暴露于元素杂质的现有数据的详细评估。

表 8-1 元素杂质的日允许暴露量（PDE）

元素	分类	口服 PDE（μg /d）	非肠道 PDE（μg /d）	吸入 PDE（μg /d）
镉	1	5	2	2
铅	1	5	5	5
砷	1	15	15	2
汞	1	30	3	1
钴	2A	50	5	3
钒	2A	100	10	1
镍	2A	200	20	5
铊	2B	8	8	8

续表

元素	分类	口服 PDE（μg /d）	非肠道 PDE（μg /d）	吸入 PDE（μg /d）
金	2B	100	100	1
钯	2B	100	10	1
铱	2B	100	10	1
锇	2B	100	10	1
铑	2B	100	10	1
钌	2B	100	10	1
硒	2B	150	80	130
银	2B	150	10	7
铂	2B	100	10	1
锂	3	550	250	25
锑	3	1200	90	20
钡	3	1400	700	300
钼	3	3000	1500	10
铜	3	3000	300	30
锡	3	6000	600	60
铬	3	11000	1100	3

这突显了一个事实，即皮肤为元素杂质提供了一个强大的屏障。在皮肤内，外层即角质层，提供了最重要的屏障。角质层具有高度亲脂性，含水量极低，对皮肤上的任何物质（无论是有意使用软膏还是无意中出现在皮肤上的污染物，例如使用软膏中的金属杂质）都有速率限制。亲水性分子或带电分子的渗透特别困难；这些物质实际上无法进入脂质层，进而通过皮肤。尽管本质上是零碎的，但现有的数据仍然令人信服，表明皮肤接触金属的程度是有限的，通常远低于口服时观察到的10%。这完全符合皮肤的基本性质，特别是它对带电材料（如金属离子）的明显屏障。考虑到监管机构采取的可变方法，很明显，即使是最保守的可变方法[11]也和假定的与非肠道或口服接触的同等方法有很大不同。当然，密歇根州环境质量部和西弗吉尼亚州环境保护部规定的暴露水平小于5% 吸收率的假设与现有数据有很好的相关性。尽管指南建议对其他途径的评估应从口服限值开始，但在个案基础上评估此类风险似乎更为合适。这也会影响评估过程中需要考虑哪些类别的金属；根据数据，关注 1 类和 2A 类金属似乎是现实的。据了解，在本书编写的时候，实施工作组计划进一步研究这一问题。

8.4.1 元素杂质水平高于既定日允许暴露量的理由

指南允许在特定情况下建立高于日允许暴露量的限值；但是，与 ICH M7[13] 中定义的根据 Haber 定律的基于持续时间的限值不同，没有系统的方法，而是描述了以下情况：

· 间歇给药。

· 短期给药（30 天或更短）。

· 特定适应证（如危及生命、未满足的医疗需求、罕见疾病）。

指南提供了使用子系数的方法证明提高元素杂质水平的实例。这涉及修改系数 F2（默认值为 10）。F2 可以细分为两个子系数，一个用于毒代动力学（TK），一个用于毒性动力学（TD），每个子系数的范围从 1 到 3.16。在实践中，这可能具有挑战性，因为识别必要的数据，即相关元素的血浆半衰期可能是困难的。指南建议在适当的时机与监管机构进行讨论，例如在第 2 阶段简报包的末期。

8.5 元素分类

元素杂质按毒性和自然丰度两个因素分类，分为三类。指南还承认存在一系列未分类的无毒元素，这些元素包括铝、硼、钙、铁、钾、镁、锰、钠、钨和锌。这一方法与引言中前面描述的欧洲药物管理局的方法有明显的区别，不仅在所关注的元素列表上有所不同，而且在分类标准上也有所不同。虽然工业界接受日允许暴露量和分类系统的全球协调，但欧洲药物管理局指南的撤销（一旦 ICH Q3D 在欧洲区域内通过第 5 步）也代表着一个重大变化，需要注意不要混淆这一问题。

ICH Q3D 的三个分类如下：

1 类——这一类中定义了四种元素：砷（As）、汞（Hg）、镉（Cd）和铅（Pb）。这是基于它们的毒性、在制造过程中缺乏通用性和高自然丰度定义的。具体参考了矿用辅料中存在的潜在风险，本章第 8.6 节“风险评估”一节中进一步评估了这一点。评估“四大”风险所需的内容常常被曲解。指南指出，无论给药途径如何，必须评估四大元素所构成的风险。虽然它没有说明这必须涉及常规分析测试，但是至关重要。与任何其他元素一样，只有在风险评估明确指出需要控制 / 监控水平以确保不超过日允许暴露量限值的情况下，才需要进行测试。

2 类——根据自然丰度，进一步分为 2 个子类：

· 2A 类——包括根据其相对较高的自然丰度被认为存在风险的元素；关注的元素为钴（Co）、镍（Ni）和钒（V）。

· 2B 类——通常认为天然丰度较低的元素。只有在制造过程中有意添加此类元素（通常作为催化剂）时，才需要考虑。关注的元素有银（Ag）、金（Au）、铱（Ir）、锇（Os）、钯（Pd）、铂（Pt）、铑（Rh）、钌（Ru）、硒（Se）和铊（Tl）。其中一些具有非常特殊的用途，因此应用非常有限，例如铊。

3 类——该类中的元素被认为是低口服毒性。因此，只有在拟用于吸入 / 注射给药的产品中存在潜在风险时，才需要进行风险评估。这类元素包括钡（Ba）、铬（Cr）、铜（Cu）、锂（Li）、钼（Mo）、锑（Sb）和锡（Sn）。重要的是要认识到，指南（见表 8-2）提供了更大的粒度，因为尽管所有吸入产品都应进行排查，但只有锂、锑和铜用于非肠道药品时才需要进行排查。

在指南的早期草案中，还定义了一个类别，即 4 类，试图将被认为是低毒和 / 或受区域法规约束的元素分到此类。在最终确定的指南中删除了这一分类。它的取消无疑带来了一些挑战，特别是与受区域指导方针约束的铝等金属有关的挑战；由于缺乏区域指导方针的明确性 / 可视性，使得缺乏明确的全球限值更具挑战性。在美国，一个具体问题是预先存在的与允许的铝含量水平有关的营养指南[14]。

表 8-2　在风险评估中考虑的元素

元素	分类	是否有意添加（所有给药路径）	是否有意添加		
			口服	非肠道	吸入
镉	1	是	是	是	是
铅	1	是	是	是	是
砷	1	是	是	是	是
汞	1	是	是	是	是
钴	2A	是	是	是	是
钒	2A	是	是	是	是
镍	2A	是	是	是	是
铊	2B	是	否	否	否
金	2B	是	否	否	否
钯	2B	是	否	否	否
铱	2B	是	否	否	否
锇	2B	是	否	否	否
铑	2B	是	否	否	否
钌	2B	是	否	否	否
硒	2B	是	否	否	否
银	2B	是	否	否	否
铂	2B	是	否	否	否
锂	3	是	否	是	是
锑	3	是	否	是	是
钡	3	是	否	否	是
钼	3	是	否	否	是
铜	3	是	否	是	是
锡	3	是	否	否	是
铬	3	是	否	否	是

这表明，用于全肠外营养（TPN）治疗的大容量非肠道（LVP）药品的铝含量不得超过 25μg/L。

指南中描述的分类系统总结了风险评估中需要考虑的元素，见表 8-2。只有在合成过程中有意添加低天然丰度元素时才需要考虑，而口服药品不需要考虑低口服毒性的元素。

8.6　风险评估

8.6.1　一般原则

毫无疑问，ICH Q3D 实际实施中最具挑战性的方面是风险评估。指南明确指出，这应基于 ICH Q9[15]（质量风险管理）中概述的原则；此外，这应基于过程理解，符合 ICH Q8[16]（药品）和 ICH Q11[17]（原料药）的原则。最终的目的是评估药品的风险；然而，指南明确了整体风险评估的必要性，考虑到所有潜在的元素杂质来源。但是，指南并没有规定如何进行此类评估，也没有规定应使用哪些工具。本章后面所示的理论示例是基于故障模式、影响和关键性分析（FMECA）的使用，这是一种成熟的正式风险评估工具；但是，指南也允许其他方法，包括非正式和公司特定程序，前提是这些方法的使用是合理的。然而，指南试图定义一个风险阈值，该阈值小于关注元素日允许暴露量的 30%。最终由申请人来定义和证明他们的方法。考虑到缺乏一个完全定义的框架，一个令人担忧的问题是，在许多情况下，它可能会导致基于实质性筛选的高风险规避方法。行业和监管机构面临的挑战是确保风险评估始终名副其实，也就是说，它们正确反映了风险水平，并不会成为穷举测试的模板。

就总体评估过程而言，这基本上是一个三步过程，如图 8-1 所示。

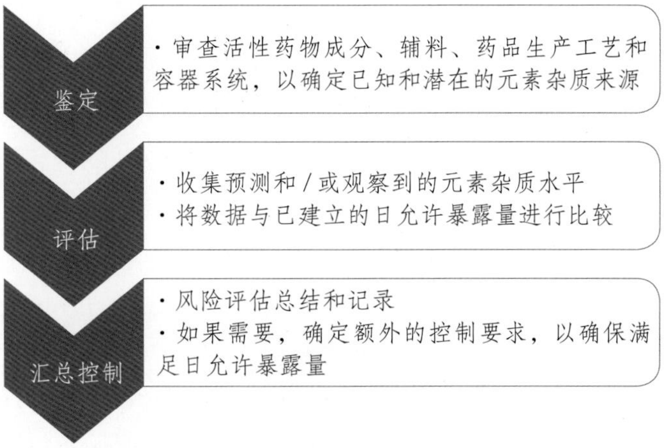

图 8-1　ICH Q3D 风险评估过程

重要的是要记住，这并不总是一个线性过程，正如下文中讨论的许多具体风险源所说明的那样。这个过程通常是一个迭代过程，随着知识和理解的不断发展，可能涉及一些步骤的重复。

尽管仅适用于营销阶段，但在临床开发期间，很可能会根据指南的原则进行适于目的的风险评估。在第一 / 第二阶段中，通常使用初始高水平方法，重点关注高风险源，例如金属催化剂。然后，这发展演变为一个全面的评估，这是最终提议的商业控制战略的基础。

检查每个步骤：

8.6.2　鉴定

鉴定潜在元素杂质源

指南为进行风险评估的初始阶段提供了一个有用的框架，如图 8-2 所示的鱼骨图所示。

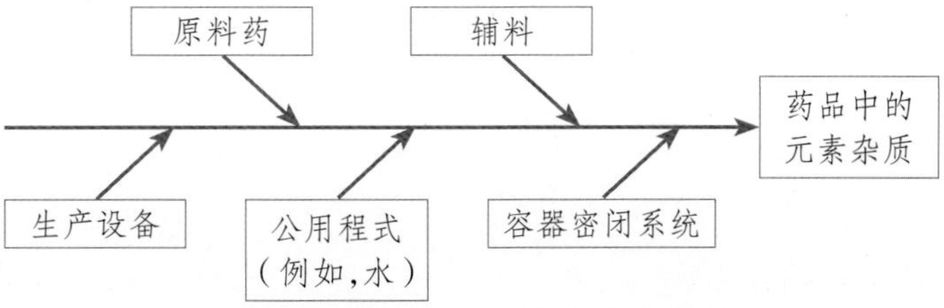

图 8-2　药品成品中潜在的元素杂质源

8.6.3 鉴定潜在元素杂质

该过程的第一步是检查过程的各个方面，并在此范围内评估实际中涉及的潜在元素杂质。在可能的情况下，这应当基于开发过程中直接获得的过程知识和 / 或通过评估发布的数据、供应商信息和其他相关数据。

8.6.3.1 原料药

就原料药而言，有争议的是，首先要解决的问题是评估应从何处开始。一些原料药的制造过程是漫长 / 复杂的合成过程；超过 20 个化学步骤的合成过程并不罕见。这种决定需要在个案基础上加以解决；但一般而言，从注册起始材料（RSM）或从活性药物成分的后期（2~3 步）进行风险评估似乎是合理的。一般来说，金属催化剂等元素杂质的来源对活性药物成分的四个或更多步骤的使用可能影响最小。大多数催化剂在性质上是多相的，例如木炭上 5% 的钯，在这些情况下，在使用时通过隔离 / 过滤进行净化。如果任何微量金属仍以可溶性形式存在，则下游工艺可能会进一步净化。一旦确定了起点，下一个阶段就是考虑与制造过程相关的可能导致整体元素杂质风险的成分。图 8–3 说明了与原料药制造有关的元素杂质的主要潜在来源。

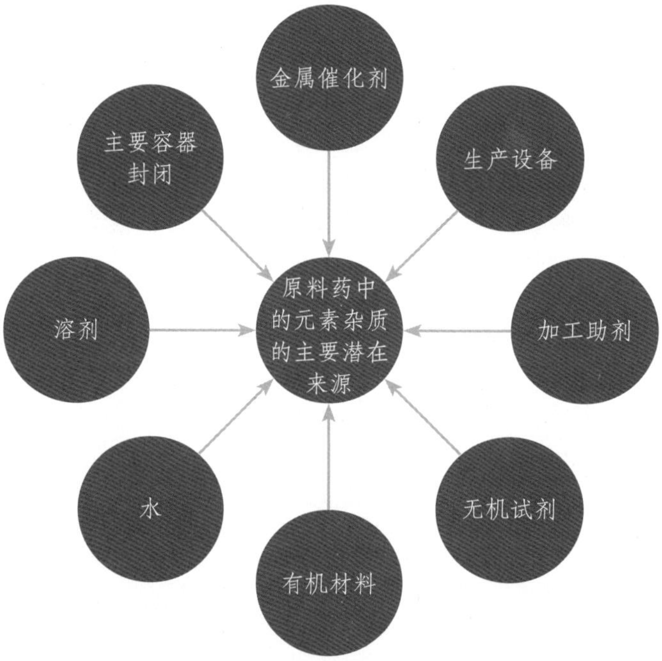

图 8–3 原料药中元素杂质的主要潜在来源

【金属催化剂】

原料药中最可能的元素杂质来源是有意添加的金属催化剂。显然，在这种情况下，风险的性质是透明的，也就是说，存在有问题的金属。在评估风险的程度时，需要考虑的关键因素包括催化剂加载，以及工艺中使用的催化剂的性质（即均相催化剂与多相催化剂）。多相催化剂如碳上的钯，通常很容易通过过滤从反应混合物中去除，因此，将元素杂质带入原料药中的风险通常很低。2008 年实施的欧洲药物管理局指南 [5] 的出现意味着许多组织已经开始在原料药中催化剂的水平方面积累了大量的知识，包括对典型工艺条件下净化的理解。

一个潜在的问题是络合；一些原料药是有效的螯合剂，例如霉酚酸在与不锈钢表面接触时与铁形成络合物（图 8–4）。

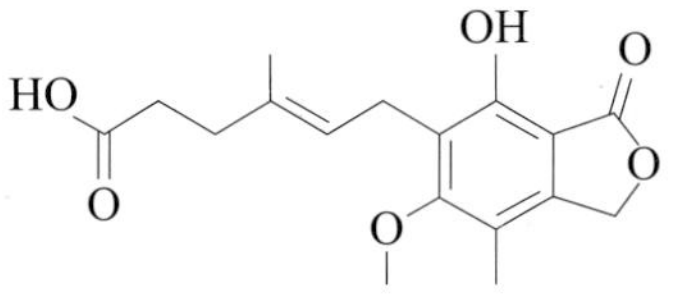

图 8–4　霉酚酸

在《美国化学会志》[18] 的一篇综述文章中讨论了铜的络合作用。

【生产设备】

指南指出，由于在合成过程中使用的典型更积极反应的条件（通过与典型的药品制造过程相比），与制造设备相关的风险通常更高。一般来说，在评估此类风险时，考虑到药品生产质量管理规范（GMP）发挥的关键作用是很重要的。在不合适 / 不兼容的设备上运行过程根本没有意义，无论是杂质问题还是成本（更换损坏的设备）。作为过程适应的一部分，药品生产质量管理规范通常涉及设备兼容性评估。文献 [19] 和设备供应商提供了大量数据，用于评估特定建筑 / 设备材料与通用工艺溶剂的相容性。这些研究旨在表明，元素杂质不会从生产设备中被过滤到工艺液体中，因此也不会渗入到原料药中。这是前面描述的数据驱动、迭代风险评估过程的一个清晰例子。此外，还清楚地了解了所涉及元素风险的性质，因为设备的组成在元素及其在不锈钢和哈斯特洛合金 C22 等材料中的含量方面都有很好的定义。这一知识与兼容性评估相结合，可以对在药品生产质量管理规范下运行的受控过程中的设备产生的元素杂质进行高度有效的控制。

与一系列过去的活性药物成分测试相关的大量数据进一步加强了这一点，这些数据证实，在按照药品生产质量管理规范操作的受控过程中，这不是一个重要的风险源。

【加工助剂 / 无机试剂】

加工助剂（如木炭、硅藻土）和无机试剂［如氯化钠（NaCl）和碳酸铯（Cs_2CO_3）］，通常用于原料药制造工艺中，并且可以大量使用，例如以摩尔当量的量级。主要关注的是，此类材料可能含有需要关注的其他环境元素杂质的痕迹。一般来说，除非在高浓度和 / 或腐蚀性反应条件下使用试剂，否则风险较低，例如使用极端 pH/ 高温。

【溶剂】

一般来说，溶剂不太可能对成品原料药的元素杂质产生贡献。只有一部分溶剂直接用于金属催化剂的制造，而且大多数溶剂是通过蒸馏来净化的，这将去除任何金属催化剂残留物。通常，只有在催化剂直接用于其制造且溶剂残留物集中在制造过程中，才需要进一步评估。

原料药中其他的元素杂质来源，如水和容器密封系统（CCS），将在下文中讨论。

关于原料药内元素杂质的控制，很明显，这必须通过设计（质量源于设计）来实现，不能简单地进行合规测试（质量源于测试）。简单的科学原理可以确保最终原料药中的元素杂质水平控制在适当的水平。

这些措施包括适当的设备选择 / 认证、采用适当的药品生产质量管理规范工艺 / 程序；这些措施与金属催化剂残留物的适当控制方案的定义和应用相结合，通常会导致生产出元素杂质水平远低于 ICH Q3D 限值的原料药。

8.6.3.2 辅料

很明显，在制订指南时，辅料特别是矿物辅料，被认为是潜在的实质性风险。预计这种辅料可能含有较高和可变水平的环境金属，特别是 1 类和 2A 类金属。基于辅料类别的相对风险如图 8-5 所示。

图 8-5　基于原料来源的辅料的潜在风险

在此阶段，对风险程度的了解仍然相对较低。然而，FDA[19] 最近进行的研究被证明是有启发性的。研究涉及 200 多个样本，涵盖多种辅料类型，包括植物源性、合成和矿物辅料。总体结果显示，即使是矿物辅料中的“四大”元素，也几乎没有实质性水平的证据。在二氧化钛中可检测到铅含量，但低于 10 ppm 的含量不太可能对典型的配方和给药方案构成威胁（二氧化钛通常用作水性薄膜包衣材料中的次要成分，通常以片剂核心的 3%w/w 施用）。此外，在评估的样本中，变异性（批次间或供应商间）并不显著。就其他 1 类元素而言，氢氧化镁和碳酸钙中的镉含量被认为超过了选项 1 的限值，但再次得出结论，这些含量极不可能对典型药品的总体质量产生不利影响。（这些辅料的用量通常显著低于每天 10 g。）金属杂质出现在可能出现的地方。在一些矿物辅料中以可感知的水平检测到 2A 类金属，例如，氧化铁样品中含有大约 100 ppm 的钒、镍和钴；类似地，碳酸铁中含有镍的水平较高。

再次认为，此类辅料不太可能代表药品成分的主要百分比，因此 2 类元素不太可能超过允许的日允许暴露量。

总的来说，很少有证据表明存在 2B 类金属，除非它们被有意用于制造辅料。这证实了 ICH Q3D 中给出的建议，即只有在故意使用此类金属时，才需要对 2B 类金属进行评估。论文中提供的一个例子是硅胶。所选的硅酮含有高达 8 ppm 的铂，考虑到铂在硅酮生产中用作催化剂，这并非完全出乎意料。

最后发现一些矿物辅料含有 3 类金属，如铬、钼、锡和钡，但均未超过选项 1 的限值。

虽然本阶段研究的规模及其提供的数据集不足以得出全面的结论，但研究确实支持一种总体观点，即对于大多数药物产品，即使是使用矿物辅料，与元素杂质相关的风险也可能很低。这一点在以下现有上市产品的匿名配方中得到了证明。配方中使用了两种矿物着色剂——深蓝色颜料。即使一起使用，含量也远远低于 1%，因此此类材料中的金属含量必须超过 1000 ppm，才能对整个配方药品产生影响（表 8-3）。

表 8-3 配方组成和辅料来源

组分	功能	每 400 mg 片剂的用量（mg）	非包衣片剂百分比（%）	类型（辅料）
核心				
活性药物成分	原料药	400	62.64	—
羟丙甲纤维素	黏结剂	21.7	3.4	植物
微晶纤维素	稀释剂	37.2	5.83	植物
乳糖一水合物	稀释剂	111.5	17.46	动物
交聚维酮	崩解剂	43.4	6.79	合成
硬脂酸镁	润滑剂	6.2	0.97	合成
包衣				
羟丙甲纤维素	成膜剂	11.16	1.75	植物
二氧化钛	色素	5.55	0.87	矿物
三醋酸甘油酯	增塑剂	1.49	0.23	合成
蓝铝色淀 A	着色剂	0.37	0.06	矿物
蓝铝色淀 B	着色剂	0.03	0.005	矿物

8.6.3.3 水

水被广泛用于制造原料药和药品。实际上，在非肠道配方中，尤其是大容量非肠道药物，水是最终药品的主要成分。因此，它显然是一个潜在的风险源。与加工设备一样，药品生产质量管理规范是对这一特定风险进行全面管理的组成部分。风险直接关系到用水的水质。在原料药制造过程中，药品生产质量管理规范要求在隔离原料药阶段和最终隔离阶段使用世界卫生组织最低标准的饮用水 [20]，例如美国药典纯化水 [21]。同样，药品的生产也需要类似的严格标准。关于水质对环境影响报告书影响的整体问题，在美国药典委员会的一篇激励文章 [22] 中进行了讨论，阐明了以下立场：

· 药品生产中使用的水源水必须符合世界卫生组织饮用水标准 [20]。当在当代的工厂中进一步净化水源水以产生纯净水和 / 或注射用水（WFI）时，使用 ICH Q3D 中定义的选项 1 控制策略，元素杂质水平应低于药品允许的可接受浓度。

· 作为标准的药品生产质量管理规范的一部分，应定期监测水质，净化系统和水的储存不应再引入元素杂质。

基于这一立场，水性配方，甚至是大容量非肠道药品中元素杂质水平升高的风险，被认为是可以忽略的。通过适当使用世界卫生组织标准的饮用水及在药物制造的最后阶段使用纯净水或注射用水（包括其隔离），也可以有效地消除在制造药物过程中使用水的相关风险。

8.6.3.4 容器密封系统

其中一个潜在的风险是 ICH Q3D 中定义的元素杂质来源是产品包装，通常称为容器密封系统

（CCS）。指南列出了评估此类系统风险时应考虑的一系列因素，包括：

· 与药品相关的物理化学参数主要集中在液体配方上；这些参数包括亲水性 / 疏水性、离子含量、pH、温度（冷链与室温对比和加工条件）、接触表面积、容器 / 成分组成、终端灭菌、包装工艺、成分灭菌和储存时间。

就配方类型而言，在物理接触仅限于固体 – 固体接触的情况下（例如片剂到瓶子或泡罩包装），甚至发生微量污染也是不可想象的。这与美国食品药品管理局的产业指南《包装人用药品和生物制品的容器密封系统》[23] 一致，该指南与可提取物和可沥滤物有关，认为固体与固体接触具有低风险。指南本身清楚地认可这一点，其中指出，“人们认识到，元素溶出固体剂型的可能性很小，在风险评估中不需要进一步考虑”。

然而指南还指出，“对于液体和半固体剂型，在产品保质期内元素杂质可能从容器密封系统中渗出的可能性更高”。这种风险当然取决于包装材料中是否存在元素杂质。2013 年出版了一篇关于作为包装药品中元素杂质来源的制造和包装系统材料的主要综述（Jenke 等人 [24]）。该综述总结了一些常用包装材料的现有文献数据，检查了每种情况下成分材料中的元素杂质水平（通过消化确定），以及从成分材料中提取的元素杂质。尽管数据零碎，但仍然令人信服，并得出了几个关键结论。虽然发现某些材料含有元素杂质，但元素杂质的存在主要与有意使用金属催化剂有关，例如，在制造聚对苯二甲酸乙二醇酯（PET）时使用锑。在聚对苯二甲酸乙二醇酯中，锑的含量约为 50 ppm（完全消化）。一些材料被认为含有可测量的 1 类元素，而成分材料中含有 2 类元素，例如，在聚氯乙烯（PVC）中报告的镉和铅含量高达 100 ppm。然而，在这种情况下，评估元素杂质的有效“可用性”是至关重要的。从 Jenke 论文 [24] 中提供的数据中可以清楚地看出，提取的元素杂质水平（在相关条件下）通常仅为成分材料中总元素杂质水平的一小部分，通常小于消化后观察到水平的 0.1%。因此，即使在成分材料中发现微量的某些元素，可用的元素杂质浓度通常也代表着极低的安全风险。

因此，总体评估应侧重于液体和半固体配方。此类评估的第一步是确定重大潜在风险，例如在材料制造过程中使用金属催化剂。结合这一文献检索，以确定可能存在的有关材料的可提取物和可浸出物数据（如有）。仅当相关包装成分的元素杂质提取数据不足或提取剂研究显示元素杂质水平高于毒理学问题阈值时，才需要进行详细的可浸出性研究。总结如图 8–6 所示。请注意，论文的重点是可提取物和浸出物，因此涉及 ICH Q3D 范围之外的元素。

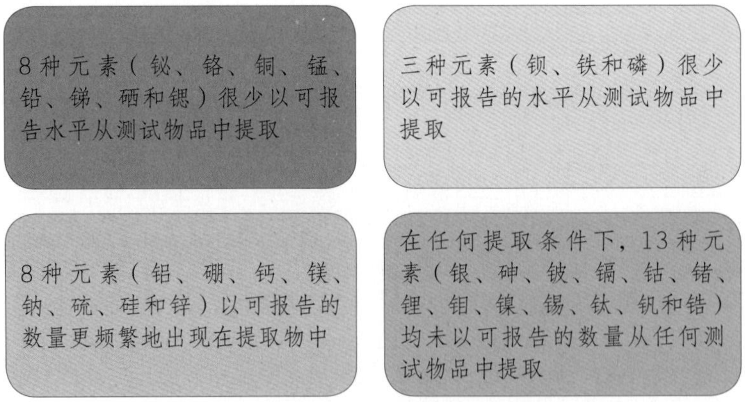

图 8–6 Jenke 等人的研究结果的总结 [24]

8.6.3.5 药品生产设备

一般而言，与药品生产相关的风险低于与原料药相关的风险，因为通常情况下所用条件的化学侵蚀性较低，避免了药品生产中常见的极端情况，即酸碱度和/或高温和高活性试剂的极端情况。然而，药品的制造可能仍然涉及溶剂或液体制剂的使用，因此需要考虑与制造设备接触产生元素杂质的潜在风险。此外，通常的条件也可能具有物理侵蚀性，导致制造设备磨损，例如磨机或微粉化器。此外，与原料药的制造不同，通常没有有效的机制来消除任何潜在的元素杂质，而且这种影响可能会对整个配方产品而不是单个成分产生影响。

【固体剂型】

即使对于固体药品制剂，生产也可能包括一系列不同的过程，例如粒径减小、固体混合（配料）、造粒、压片（压缩）和包衣。就过程中涉及的能量而言，这些可能有很大差异。

表 8-4 描述了典型的工艺操作，并根据工艺性质和所涉及的能量评估了所需的控制水平。与活性药物成分的生产一样，在最终选择加工设备之前，药品生产质量管理规范在评估药品生产设备的适用性方面发挥着关键作用。任何风险评估都应关注具体的要素，这基于施工材料。风险主要集中在 2A 类金属，如钒和镍，因为这些元素通常存在于制造设备中，例如 316L 不锈钢。不锈钢虽然主要由铁组成（低毒），但也含有约 10%w/w 的镍。了解药品生产设备的结构材料将是完成风险评估的关键因素。

在高能工艺（如微粉化）的情况下，物理研磨固体可能会随着时间的推移侵蚀制造设备的部件，尤其是引入材料的喷嘴。

表 8-4 用于药品生产的典型加工操作及其潜在影响和相关的动态药品生产管理规范控制

单元操作	动能	激进性条件	推荐的常规动态药品生产管理规范控制	评论
混合/成粒	低	干燥 = 无	不可用	例如设备旋转/平移速度低
	高（切变）	湿润 = 可能	定期目测检查有无磨损和/或腐蚀	尽管从低切变混合向高切变混合移动时，潜在元素杂质贡献的可能性增加，但重要元素杂质贡献的总体风险仍然很低
压片	高	无	定期目测检查，如前所述	染料/冲头上的正常磨损不太可能将任何明显量的元素杂质释放到产品中。然而，使用无机稀释剂，例如研磨性磷酸钙，会导致冲头磨损增加。这些配方通常需要更高水平的润滑剂来补偿。此外，许多压片工艺都进行了最终检查，包括除尘器/金属检查
封装(液体)填充，冻干	高	无	定期目测检查，如前所述	—
	低	可能	对于激进性条件，例如高 pH 值，定期目测检查设备是否腐蚀	实际腐蚀的影响，如压片冲头腐蚀，不太可能导致产品中所关注的元素杂质的实质性释放

续表

单元操作	动能	激进性条件	推荐的常规动态药品生产管理规范控制	评论
包衣	低	无	由常规动态药品生产管理规范覆盖，例如维护、清洁	—
粒径减小	高	可能	尽管能量很高，但预计粒径减小过程不会导致需要对与磨机结构材料相关的元素杂质进行常规药品测试。在绝大多数情况下，常规动态药品生产管理规范就足够了	虽然在此过程中金属转移的可能性由于磨损而很高，但是接近 ICH Q3D 中定义的极限水平的风险极低。可以通过数学评估来评估这种风险，评估在该过程中可能转移的金属的理论最大水平，将其与允许的限值进行比较。还可以通过比较进料和出料的元素杂质分布进行实际评估。这种评估还可以考虑类似工艺和物质的历史知识。这些方法可用于确定是否需要除动态药品生产管理规范之外的其他控制

以下示例说明了即使在可见磨损的情况下，安全风险也是可以忽略不计的。图 8-7 说明了一段时间内用于特殊磨料微粉化的喷嘴磨损情况。

图 8-7　喷嘴使用前后的视觉对比

在这个示例中，风险评估的第一步是确定磨损的程度。这相对简单，只需对喷嘴称重即可完成。基于此，得出的结论是，不锈钢的损耗约为 1 g。所讨论的喷嘴已用于制造多个批次，批次尺寸为 500 kg。然而，为了评估风险，采用了最坏情况，并假设所有损失发生在 1 批内（不太可能）。因此，总的来说，药品中的最大金属含量 =1 g/500 kg=2 μg/g。

根据不锈钢的成分和金属的相对毒性，钼被用作最差的指导物质。为了评估风险，钼的 ICH Q3D 限值为 3000 μg/d（口服给药方式）。根据所述不锈钢的成分（钼 3%），这将使钼水平为 60 μg/g。如果应用选项 1 限制，即 300 μg/d（基于 10 g 产品剂量），则该水平为允许水平。

8.6.3.6 生物技术衍生产品的特殊考虑

指南包含一个与生物技术产品相关的特定小节。这清楚地表明，由于此类产品的性质及用于生产它们的制造工艺和程序，元素杂质污染的风险通常较低。这反映了在制造过程中普遍没有使用金属催化剂及所采用的广泛纯化程序，包括色谱法、超滤等。在抗体药物结合物（ADC）的情况下，如果产品包括合成结构，则需要进行风险评估。实际上，在抗体药物结合物中，合成实体所代表的比例通常很低；这通常是一种剧毒 / 强效化合物，因此存在的水平非常低。

指南指出，对于生物技术衍生产品，最大的风险因素是制造设备和环境因素；然而，正如前面强调的，此类风险通过适当的药品生产质量管理规范控制应易于管理。因此，转基因生物技术产品的总体风险水平较低。

【质量方面：生物制品】

ICH Q3D 从毒理学安全的角度关注元素杂质，并确保元素杂质的水平控制在允许的限度以下；但是，在配方产品中存在与元素杂质有关的其他潜在质量相关甚至安全相关的风险。例如，金属催化氧化降解原料药或辅料可能是由于低水平金属的浸出，特别是在以溶解为基础药品的情况下。报告的例子包括铁、镍和氧化钨 [25~28]。在钨的情况下，这与从注射器筒中浸出钨有关，从而导致蛋白质聚集。可以通过使用“清除剂”如乙二胺四乙酸来“清除”金属以减少或消除这种影响。

8.6.4 评估

根据初步风险评估，可能得出存在具有重大潜在风险药品成分的结论，因此需要进一步评估，包括具体的分析筛选，以更好地了解风险。在许多情况下，这通常是与风险识别阶段并行的迭代过程。如果需要进行筛选，一般应将重点放在确定的元素杂质风险上，同时考虑到给药途径。一般而言，将采用多元素分析，通常为电感耦合等离子体质谱分析，但也可使用其他技术，例如 X 射线荧光。本阶段的测试将采用一个简单的筛查形式来报告整体风险评估，而不是作为整体控制策略的一部分的常规质量控制测试。因此，分析方法验证的水平必须符合目的。例如筛选方法验证可能包括一些有限的峰值恢复测试，而不是常规质量控制测试方法推荐的完整 ICH Q2[29] 或美国药典 <233>[30] 水平验证。

风险评估过程的下一阶段涉及风险评估，考虑到通过分析筛选、供应商信息或其他来源（例如文献数据）获得的任何特定数据。指南实施工作组培训模块，特别是模块 5，用一系列选项描述了风险评估的输出，总共四个选项。

无论结果如何，风险评估必须正式记录并充分全面，以提供对风险评估过程的完整描述，概述所考虑的因素、相关数据及对药品影响的最终结论。应确定任何重大风险及管理该风险所需的后续控制措施，并直接与总体控制策略相关联。指南为单个元素提供了 30% 的日允许暴露量基准水平，作为定义重要性和日常控制需求的基础。

另一个需要考虑的重要因素是变异性，包括与以下相关的变异性：

· 分析方法。

· 一个特定来源内的元素杂质水平。

· 配方产品内的元素杂质水平。

· 长期以来，人们一直假设，最可能的变异来源是矿物辅料。目前，与此类材料相关的风险程度和水平仍有待确定；然而，正如前面所述，初步研究的结果[31]支持观察到的低水平和有限的可变性。

显然，影响与配方产品中特定成分的水平成正比。当然，如果药品中使用的矿物辅料水平较低和/或药品日总剂量较低，那么矿物辅料中怀疑的变异水平不会有显著影响。

应当指出的是，指南并未明确描述风险评估摘要的具体格式，考虑到此类评估的个案性质，这并不令人惊讶；因此，申请人有责任定义哪些内容是适当的。

8.6.5 元素杂质的控制

虽然图 8-8 说明了评估阶段的一系列结果，但从实际情况和迄今为止的经验来看，有两种结果，要么没有识别出重大风险，要么识别出风险需要进行具体控制。如果需要控制，例如原料药、辅料或药品，则可能需要进行符合适当规范的质量控制测试。根据元素杂质风险的来源，可以对相关成分或最终配制的产品进行此测试。例如，如果与原料药相关的特定金属催化剂的水平被确定为一种风险，则测试通常将重点放在原料药上，以确保及时控制。

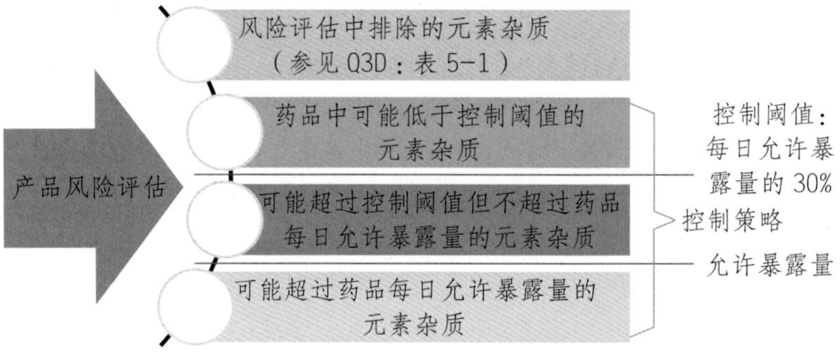

图 8-8　产品风险评估结果与控制策略之间的关系

当风险评估得出无实质性风险且所有元素杂质控制在日允许暴露量的 30% 以下时，仍然需要通过整个质量体系保持有效的控制，符合 ICH Q10[32] 中概述的原则，包括适当使用标准的动态药品生产管理规范和变更控制。这还需要考虑其他因素，例如：

· 外部供应链的安全以及每个供应商的质量历史（例如，审计历史/投诉/召回级别等）。

· 控制当前供应商的元素杂质规范和成分分析证书上的元素杂质报告。

· 内部供应链安全。

在产品生命周期中，变更控制尤为重要。对于可能影响产品质量的任何商业供应变更，应制订变更建议书。应审查每个变更建议书是否有可能引入新的或升高元素杂质水平。原始风险评估定位的适当文件将有助于审查未来的变化。以下示例中所示的故障模式、影响及危害性分析风险评估过程可以更新，以反映产品风险状况的任何重大变化。

为了有效管理成分供应商和药品制造商之间的接口，国际药用辅料协会制订了一份模板问卷（可通过国际药用辅料协会美洲网站访问）。

图 8-9 显示了美国亚利桑那州使用的一个基于国际药用辅料协会模板的调查问卷的首页。

前面的章节反映了指南中就风险评估过程概述的基本原则；指南本身的下一部分（第 7 节）概述了具体药品风险评估的选项及确定的控制策略。

潜在元素杂质的鉴定问卷

供应商名称:	**供应商电话号码:**
供应商地址:	**供应商电子邮件地址:**
制造商(如果与供应商不同的话):	**填表日期:**

阿斯利康要求提供所列材料的元素杂质情况，以便我们能够确生产药品符合国际人用药物注册技术协调会议(ICH)Q3D元素杂质指南(1)、欧洲药品评价局(EMEA)关于金属催化剂或金属试剂残留量限度规定的指导EMEA/CHMP/SWP/446/2000(2)和《美国药典》新通则＜232＞/＜233＞的要求(3)。

请在填写本文件时，请适当考虑到所有添加的原材料以及制造设备。

识别可能存在的元素杂质(填写材料名称)。如果存在，请确定预期浓度(或范围)，使用的分析方法以及检测限(如果知道的话)。

每种材料都需单独配备一份表格

材料名称:________________　材料等级:________________

材料编号:________________

材料来源:□矿物质 □矿物质来源 □植物 □植物提取物 □合成物 □发酵产提取物

其他(请说明):________________

该材料是否有未通过USP ＜231＞、EP ＜2.4.8＞或JP ＜1.07＞重金属测试的历史?

有□	没有□	未测试材料□

元素杂质	—	ICH Q3D 分类	制造过程中有意使用的金属? *		可能会出现 *			如果已知，请确定预期浓度/单位(或范围)	元素杂质是否通过规范测试控制?是/否(限值)	使用的分析方法(以及检测限，如有)	* 如果是，请评论元素杂质的来源、工艺理解和测试频率
砷(无机)	As	1	是□	否□	是□	否□	未知□	—	—	—	—
镉	Cd	1	是□	否□	是□	否□	未知□	—	—	—	—
汞(无机)	Hg	1	是□	否□	是□	否□	未知□	—	—	—	—
铅	Pb	1	是□	否□	是□	否□	未知□	—	—	—	—
钴	Co	2A	是□	否□	是□	否□	未知□	—	—	—	—
钒	V	2A	是□	否□	是□	否□	未知□	—	—	—	—
镍	Ni	2A	是□	否□	是□	否□	未知□	—	—	—	—
铊	Tl	2B	是□	否□	是□	否□	未知□	—	—	—	—
金	Au	2B	是□	否□	是□	否□	未知□	—	—	—	—
钯	Pd	2B	是□	否□	是□	否□	未知□	—	—	—	—
铱	Ir	2B	是□	否□	是□	否□	未知□	—	—	—	—
锇	Os	2B	是□	否□	是□	否□	未知□	—	—	—	—
铑	Rh	2B	是□	否□	是□	否□	未知□	—	—	—	—
钌	Ru	2B	是□	否□	是□	否□	未知□	—	—	—	—
硒	Se	2B	是□	否□	是□	否□	未知□	—	—	—	—
银	Ag	2B	是□	否□	是□	否□	未知□	—	—	—	—
铂	Pt	2B	是□	否□	是□	否□	未知□	—	—	—	—

续表

元素杂质	—	ICH Q3D 分类	制造过程中有意使用的金属？*		可能会出现 *			如果已知，请确定预期浓度 / 单位（或范围）	元素杂质是否通过规范测试控制？是/否(限值)	使用的分析方法（以及检测限，如有）	* 如果是，请评论元素杂质的来源、工艺理解和测试频率
锂	Li	3	是☐	否☐	是☐	否☐	未知☐	—	—	—	—
锑	Sb	3	是☐	否☐	是☐	否☐	未知☐	—	—	—	—
钡	Ba	3	是☐	否☐	是☐	否☐	未知☐	—	—	—	—
钼	Mo	3	是☐	否☐	是☐	否☐	未知☐	—	—	—	—
铜	Cu	3	是☐	否☐	是☐	否☐	未知☐	—	—	—	—
锡	Sn	3	是☐	否☐	是☐	否☐	未知☐	—	—	—	—
铬	Cr	3	是☐	否☐	是☐	否☐	未知☐	—	—	—	—
铁	Fe	不可用	是☐	否☐	是☐	否☐	未知☐	—	—	—	—
锌	Zn	不可用	是☐	否☐	是☐	否☐	未知☐	—	—	—	—
锰	Mn	不可用	是☐	否☐	是☐	否☐	未知☐	—	—	—	—
铝	Al	不可用	是☐	否☐	是☐	否☐	未知☐	—	—	—	—
硼	B	不可用	是☐	否☐	是☐	否☐	未知☐	—	—	—	—
钨	W	不可用	是☐	否☐	是☐	否☐	未知☐	—	—	—	—
钾	K	不可用	是☐	否☐	是☐	否☐	未知☐	—	—	—	—
钙	Ca	不可用	是☐	否☐	是☐	否☐	未知☐	—	—	—	—
钠	Na	不可用	是☐	否☐	是☐	否☐	未知☐	—	—	—	—
镁	Mg	不可用	是☐	否☐	是☐	否☐	未知☐	—	—	—	—
其他金属（名称）	—	不可用	是☐	否☐	是☐	否☐	未知☐	—	—	—	—
其他金属（名称）	—	不可用	是☐	否☐	是☐	否☐	未知☐	—	—	—	—

图 8–9　修改后的 IPEC 问卷

8.6.6　日允许暴露量与浓度限值之间的转换

表 8–1 中所示的日允许暴露量以剂量术语报告，即每天微克（μg /d）。然而，作为评估药品或其成分中的元素杂质水平（μg/g）的手段，将日允许暴露量转化为浓度通常是方便的。指南描述了一系列用于在日允许暴露量和浓度限值之间进行转换的选项。一些在“分析”阶段是有用的（为了确定适当的样品制备浓度以达到所需的检测 / 定量限值），有些在评估或控制阶段（确定药品或成分中元素杂质的浓度以确保药品不超过日允许暴露量）。它清楚地表明，只要所得到的允许浓度不超过日允许暴露量，申请人就可以使用这些选项中的任何一种。

8.6.6.1　选项 1：每日摄入量不超过 10 g 的药品中药品成分的常用允许浓度限值

这个选项假定药品的每天摄入量（量）为 10 g 或以下。使用下文中的公式 8.1 和每天摄入 10 g

药品，该选项计算药品中每个成分的常用允许目标元素浓度：

浓度（μg/g）=PDE（μg/d）/ 药品日剂量（g/d）　（8.1）

这种方法的好处是如果药品中的所有成分不超过风险评估中确定的所有目标元素的选项 1 浓度，则所有这些成分可在药品中以任何比例使用。这使得选项 1 限值成为评估通用辅料的有效目标。重要的是，如果其他配方成分中的元素杂质水平得到补偿（较低），或者药品的日剂量小于 10 g，则大多数配方中都可以使用超过选项 1 限值的辅料。实际上，一些材料，例如矿物辅料不大可能达到选项 1 的限值。严格应用这种方法可能会导致无法实现的限值，而实际上并不需要这样做。为避免排除常用辅料的可能性，方法的灵活性是必要的。

8.6.6.2　选项 2a：具有指定每日摄入量的药品中药品成分的常用允许浓度限值

这个选项实际上与选项 1 相同，不同之处在于使用实际药物日摄入量而不是假定的 10g 通用剂量。该选项为大多数剂量 <10 g /d 的药品提供了更灵活的限值。

选项 1 和选项 2a 可用于在风险评估的鉴定 / 分析阶段设定药品或成分的常用目标限值，此时元素杂质的实际水平或定量配方组成可能未知。

8.6.6.3　选项 2b：具有指定每日摄入量产品的各个成分中元素的允许浓度限值

这个选项允许申请人根据元素在单个成分中的分布来定义允许浓度；这种方法的优点是允许在特定成分中建立特定元素的更高浓度，这可以通过其他成分中的缺失或更低水平来有效平衡。然后计算最终药品中元素杂质的最大预期剂量（μg），同时考虑所述成分中元素的允许浓度及配方产品中以质量计的成分含量。计算结果如下：

$$\text{PDE}(\mu g/d) \geqslant \sum_{k=1}^{N} C_k \cdot M_k$$

其中

k= 药品中 N 种成分的指数

C_k= 成分 k 中元素杂质的允许浓度（μg/g）

M_k= 药品最大日摄入量中成分 k 的质量（g）

药品中元素杂质的总剂量应符合指南中给出的日允许暴露量（见表 8–1），除非根据指南的其他相关章节（例如短期给药 / 适应证）证明合理。至关重要的是，指南明确指出，如果风险评估已确定某一特定元素不是某一特定成分中的潜在杂质，则无须为该成分中的该元素建立定量结果（计算时可假定为零）。

这个选项对于评估分析数据、在风险评估的鉴定 / 分析阶段之后，或为药品的成分设定量身定制的规范（在风险评估之后确定需要控制的情况下）特别有用。在确定 / 分析阶段，如果药品中只有一种成分可能含有特定的元素杂质（例如金属催化剂），则在鉴定 / 分析阶段设置药品成分的目标限值也很有用。

元素杂质指南的合理实施联盟与国际药用辅料协会美洲分会合作开发了一个计算工具，以方便选项 2b 的计算（可通过国际药用辅料协会美洲分会网站访问）；模板示例如表 8–5 所示。相关网站上还提供了如何使用该简单工具的说明手册。

该工具中包含空白模板和预定义模板，说明了从简单片剂到大容量肠外注射物等多种配方类型。

表 8-5　每日剂量计算器

组分	类别	数量（mg/片）	剂量“x”片(mg/d)	砷含量 μg/g		配方每日剂量中的砷（μg）		铅含量 μg/g		配方每日剂量中的铅（μg）		汞含量 μg/g		配方每日剂量中的汞（μg）		镉含量 μg/g		配方每日剂量中的镉（μg）	
—	—	x =	2	总量	生物加速	总量	生物加速	总量	生物加速	总量	生物加速	总量	生物加速	总量	生物加速	总量	生物加速	总量	生物加速
片剂核心	—	—	—	—	—	—	—	—	—	—	—	—	—	—	—	—	—	—	—
有效成分	合成	100	200	0.00	—	0.00	0.00	0.00	—	0.00	0.00	0.00	—	0.00	0.00	0.00	—	0.00	0.00
甘露醇	合成	120	240	0.00	—	0.00	0.00	0.00	—	0.00	0.00	0.00	—	0.00	0.00	0.00	—	0.00	0.00
磷酸钙	矿物	65	130	0.11	—	0.01	0.00	0.02	—	0.00	0.00	0.00	—	0.00	0.00	0.03	—	0.00	0.00
变性淀粉	植物衍生	10	20	0.00	—	0.00	0.00	0.00	—	0.00	0.00	0.00	—	0.00	0.00	0.00	—	0.00	0.00
纤维素	植物衍生	10	20	0.00	—	0.00	0.00	0.09	—	0.00	0.00	0.00	—	0.00	0.00	0.00	—	0.00	0.00
硬脂酸镁	合成	3	6	0.02	—	0.00	0.00	0.01	—	0.00	0.00	0.00	—	0.00	0.00	0.00	—	0.00	0.00
二氧化钛	矿物	2	4	0.03	—	0.00	0.00	2.41	—	0.01	0.00	0.01	—	0.00	0.00	0.04	—	0.00	0.00
滑石	矿物	1	2	0.17	—	0.00	0.00	0.19	—	0.00	0.00	0.01	—	0.00	0.00	0.00	—	0.00	0.00
聚乙二醇	合成	1	2	0.00	—	0.00	0.00	1.00	—	0.00	0.00	0.00	—	0.00	0.00	0.00	—	0.00	0.00
氧化铁红	矿物	0.1	0.2	0.66	—	0.00	0.00	0.37	—	0.00	0.00	0.00	—	0.00	0.00	0.00	—	0.00	0.00
纯化水★	—	NA	—	—	—	—	—	—	—	—	—	—	—	—	—	—	—	—	—
片剂总重	—	312.1	624.2	—	—	—	—	—	—	—	—	—	—	—	—	—	—	—	—
所有元素	—	—	—	As	—	0.02	0.00	Pb	—	0.02	0.00	Hg	—	0.00	0.00	Cd	—	0.00	0.00
★注：PF 39.1 修订过程刺激物“药用水中的元素杂质”不包括符合专论电导率要求的药典水分析																			
—	—	—	—	—	—	—	—	—	—	—	—	—	—	—	—	—	—	—	—
—	—	—	—	—	—	—	—	—	—	—	—	—	—	—	—	—	—	—	—
允许限值	—	—	—	As	—	—	—	Pb	—	—	—	Hg	—	—	—	Cd	—	—	—
配方	—	—	—	Q3D	—	—	—	Q3D	—	—	—	Q3D	—	—	—	Q3D	—	—	—
口服 PDE	—	—	—	15	—	—	—	5	—	—	—	30	—	—	—	5	—	—	—
胃肠外 PDE	—	—	—	15	—	—	—	5	—	—	—	3	—	—	—	2	—	—	—
吸入 PDE	—	—	—	2	—	—	—	5	—	—	—	1	—	—	—	2	—	—	—

8.6.6.4 选项 3：成品分析

这个选项包括测量最终药品中每个元素的浓度。通常，将公式 8.1 与药品的最大日总剂量（g /d）一起使用，以计算元素杂质的最大允许浓度（μg/g）。虽然这显然是最简单的选择，但这并不能有效地与指导方针的核心风险评估原则相一致，单独使用时仅代表测试决定质量。选项 3 的一个主要缺陷是，如果药品失效，它不会给出根本原因的指示。

实际上，大多数公司可能会将每个选项的各个方面封装到他们的风险评估流程中。例如，可以使用选项 1 限值来计算用于通用辅料的框架分析的目标水平，可以使用选项 2a 或选项 2b 方法将单个药品成分中测量的水平与日允许暴露量进行比较，并且在开发阶段期间，任何高风险药品的选项 3 测试可优于成分分析并且结果反馈到整体风险评估，以完善风险评估并确定长期控制策略。

8.7 形态

指南明确规定，申请人不必提供与确切物种有关的确切数据，例如元素杂质的价态，除非申请人特别寻求根据这些因素证明更高或更低的限值。通过指南附录 3 所述的个别风险评估有效地解决了可能的形式。一个具体的例子涉及汞，对于来自海洋环境的材料，风险评估需要考虑有机汞杂质带来的风险。

8.8 分析程序

指南不提供关于使用何种程序 / 技术的具体指导，也不提供相关验证标准的任何有效指导。相反，它指的是药典程序。这些要求正在通过药典讨论组（PDG）制订，美国药典委员会作为协调机构。目前，欧洲药物质量管理局和美国药典委员会[29]提倡类似的仪器程序和认证 / 验证标准。

8.9 培训模块

2016 年 4 月，通过 ICH Q3D 实施工作组[8]发布了一系列培训模块。这些模块旨在加强指南并协助实际实施。重要的是要注意，它们不提供额外的指导，而是举例说明 ICH Q3D 中概述的原则。这些原则被组织成一系列共 10 个模块：

模块 0：概述。

模块 1：不同的给药途径。

模块 2：水平高于日允许暴露量的理由。

模块 3：非 ICH 元素。

模块 4：大容量肠外制剂。

模块 5：风险评估。

模块 6：控制。

模块 7：日允许暴露量转换为浓度。

模块 8：案例研究。

模块 9：常见问题解答。

8.9.1 模块 0

提供了所有模块的概述，其中包括一个非常有用的流程图（图 8-10），突出了从风险评估到控制策略定义的预期总体过程。

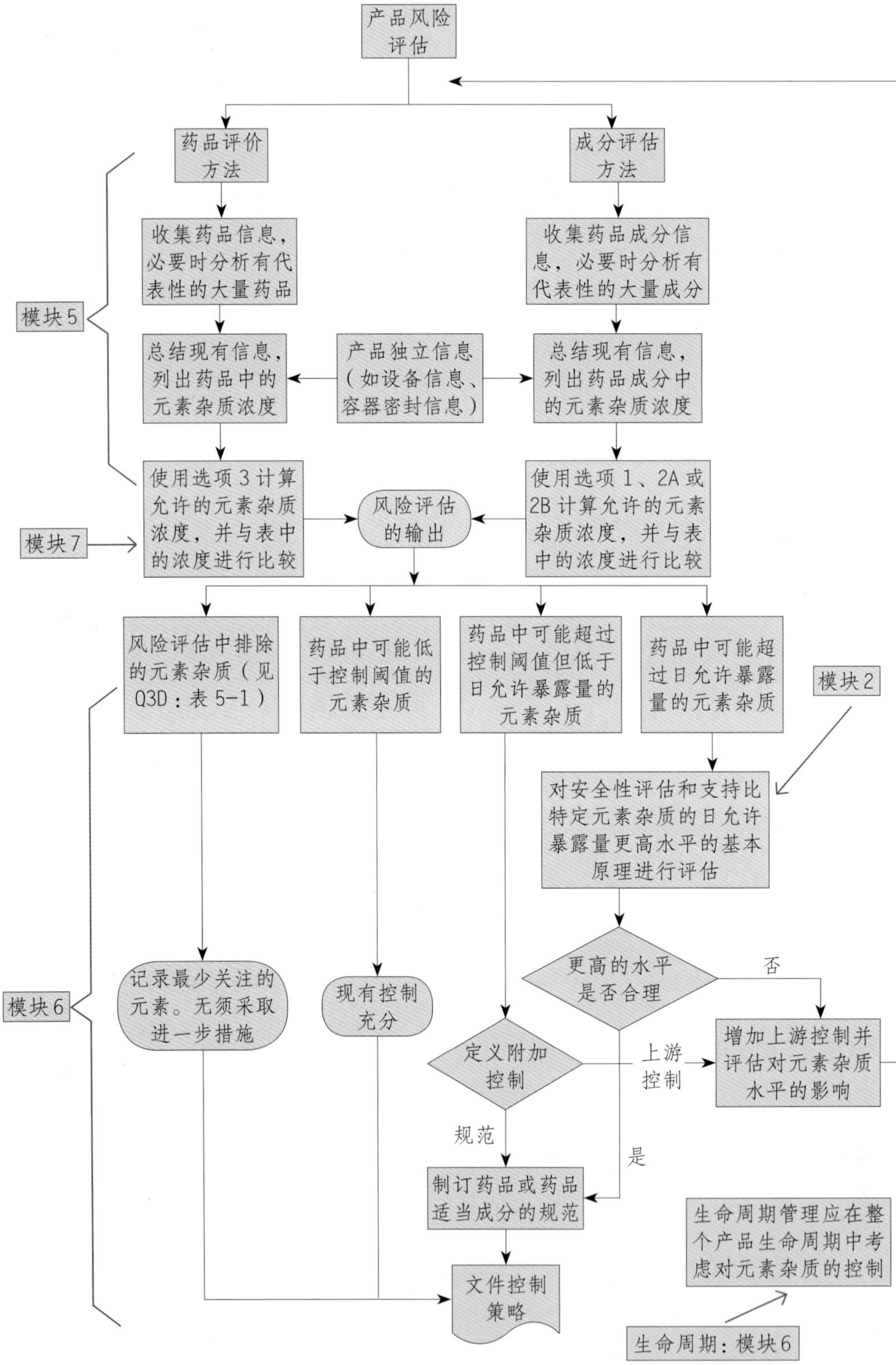

图 8-10　培训模块和元素杂质风险评估过程之间的关系

注　资料来源：ICH Q3D[1]由ICH提供。

模块 1—4 涵盖毒理学方面。

8.9.2 模块 1：不同的给药途径

模块 1 旨在就如何修改和推断 ICH Q3D 中定义的限值以适用于 ICH Q3D 中描述的其他给药途径（即口服、肠外和吸入）提供指导。本模块基于口服日允许暴露量的起点制订了一系列原则。它还描述了需要考虑局部效应和需要评估与考虑路径相关的生物利用度。如果生物利用度与口服观察到的生物利用度有很大差异，则应用校正系数。

该模块观察到口服生物利用度过高估计了皮肤的生物利用度；然而，这表明使用渗透增强剂（例如，一些透皮贴剂）可能需要比口服的日允许暴露量更低的起始点。鉴于 Teasdale 等人提出的证据[33]，这很难理解，相关书籍显示，即使是在一种专门设计的基于利多卡因的皮肤产品的情况下，系统性观察到的活性水平也比口服后观察到的水平低 6 倍。在金属离子的情况下，这种差异可能会明显更大。实际上，Teasdale 等人审查了 1 类和 2A 类金属的可用数据，表明金属的皮肤吸收率较低，通常远低于 10%，例如，从土壤中吸收的砷和镉含量分别为 3% 和 1%。

该模块还提供了一系列案例研究，涵盖皮肤和面部产品、滴耳液和滴眼液，这些是有用的指导。

8.9.3 模块 2：水平高于日允许暴露量的理由

该模块直接引用了指南的第 3.3 节，并再次强调了特定情况，其中高于标准日允许暴露量的限值可能是合理的（参见本章第 8.4.1 节）。模块中描述的方法涉及日允许暴露量计算的修改，特别是 F2（如第 8.4 节所述，F2 是考虑个体间变异的系数）。这是通过将系数分成两个来完成的，一个是 F2.1 毒代动力学，另一个是 F2.2 毒性动力学，两者的范围在 1 和 3.16 之间。

虽然可能具有吸引力，但问题在于数据的可用性。对于 F2.1，需要半寿命期数据。该模块及其中提供的案例研究均未建议何时 / 如何对 F2.2 进行修改。

可以修改系数 F3（持续时间）和 F4（严重性）。有趣的是，F4 并不一定与持续时间有关。

8.9.4 模块 3：为不在 Q3D 中的元素杂质开发可接受水平

这是一个以硫为示例的短模块。所述方法基于对现有文献的评估和日允许暴露量计算。

8.9.5 模块 4：大容量肠外制剂

指南就非肠道制剂做了如下声明：

最大日剂量达 2 L 的非肠道药品可通过最大日剂量计算许可浓度。对于标签规定和 / 或临床实践确定的日容量可能超过 2 L 的产品（如生理盐水、葡萄糖、全肠外营养、冲洗溶液），可使用 2L 的体积通过日允许暴露量计算许可浓度。

模块 4 概述了这一点的基础，特别是 2 L 的限值。这是基于 Holliday 和 Segar[34] 开发的方法，该方法仍然用作确定住院患者每日平均液体置换需求的基础。这是基于所消耗的每一卡路里所需的液体量。本单元还包括美国药典中与氯化钠注射液有关的案例研究。有趣的是，这个具体例子所描述的风险评估几乎完全基于第一原理和可用数据，在这种情况下，发布了与氯化钠中 1 类金属水平相关的数据。

模块 5—7 涵盖化学（质量）方面。

8.9.6 模块 5：风险评估

模块 5 涉及风险评估，讨论了药品生产质量管理规范在评估风险中的关键作用。这是与活性药物成分和药品生产有关的一个重要和有益的观点。它强调了设计、认证和维护程序的重要性。

特别是与制造设备产生的风险有关，人们普遍认为与活性药物成分制造相关的风险更高，因为与药品制造相比，活性药物成分的制造程序通常具有更高的化学侵蚀性。它甚至建议监测药物是否存在制造设备产生的潜在杂质（如不锈钢—铬、锰、钼、钒、镍）。这是一个问题，任何此类调查都应首先进行风险评估。事实上，作为药品生产质量管理规范的一部分，应主动评估兼容性；这是过程适应程序的一个关键要素，而不是依靠筛选来进行回顾性验证。

模块 5 强调了用于合成原料药的金属催化剂是元素杂质的重要潜在来源，特别是在合成的后一阶段。它还指出，"在最终原料药之前，对合成步骤中潜在元素杂质的了解可能会提供有助于准备风险评估的信息"。

尽管可以解释这在实践中意味着什么，但这说明了申请人需要在合成工作中退后多远。

模块中的另一个有趣点是"平台式"风险评估的潜力。这是适用于一系列产品的风险评估概念。例如，一个这样的平台可能是寡核苷酸。在这种情况下，如果试剂类型、设备和工艺条件方面的制造工艺类似，而与精确的最终产品无关，则应能够基于一个工艺进行评估，并使其与可比较的工艺相关 / 可转换。

8.9.7 模块 6：元素杂质的控制

模块 6 提出了产品生命周期中控制的重要性。在活性药物成分和药品的制造过程中，这需要对可能影响风险评估的工艺变更进行监督和管理，例如催化剂装载的变更。这些变更可能需要重新评估，并可能需要验证性测试。模块中强调的另一点是，除非存在确定的风险，否则不需要对 1 类金属，即砷（As）、汞（Hg）、镉（Cd）和铅（Pb）进行常规测试。这是一个非常重要和有益的观点，明确重申 ICH Q3D 的核心原则，即任何控制策略都应基于风险评估。

8.9.8 模块 7：计算选项

模块 7 涉及指南第 7 节及其所述的计算选项。这与将日允许暴露量转化为浓度及随后使用计算浓度评估药品 / 成分中元素杂质预测水平的重要性有关。提供了案例研究实例来说明可用的选项，即选项 1、选项 2a、选项 2b 和选项 3，这些选项通过口服、非肠道和吸入制剂的实例来阐明。重要的是要理解这些示例是理论上的，而活性药物成分、辅料和容器密封系统中描述的水平并不是基于实际数据。许多人对案例研究感到惊讶的一个领域是，在选项 2b 方法的所有三个示例中尝试获取实际测量值，然后将其与单个成分进行关联，以在成分级别设置单个规范。许多人质疑这种方法的必要性，特别是迄今为止的证据不支持这样一种观点，即有必要在成分水平上对元素杂质进行具体控制。

8.10 案例研究

下面的示例涉及固体口服剂型，其组成如表 8–6 所述。

配方的准确成分如表 8–7 所示。

表 8–6 案例研究配方

产品剂型	片剂
强度	200/400 mg 有效成分
治疗目标（为什么患者服用此产品）	骨关节炎
给药方案（给药频率和持续时间）	每日一片
每日最大有效剂量	400 mg 有效成分
剂量单位质量	638.6 mg
给药途径	口服
美国药典产品专论	无
制造场地	药品生产质量管理规范
包装场地	药品生产质量管理规范

表 8–7 配方组成

组分	功能	每 400 mg 片剂的用量（mg）	包衣片百分比（%）	类型（辅料）
核心				
活性药物成分	原料药	400	62.64	—
羟丙甲纤维素	黏结剂	21.7	3.4	植物
微晶纤维素	稀释剂	37.2	5.83	植物
乳糖一水合物	稀释剂	111.5	17.46	动物
交聚维酮	崩解剂	43.4	6.79	合成
硬脂酸镁	润滑剂	6.2	0.97	合成
包衣				
羟丙甲纤维素	成膜剂	11.16	1.75	植物
二氧化钛	色素	5.55	0.87	矿物
三醋酸甘油酯	增塑剂	1.49	0.23	合成
蓝铝色淀	着色剂	0.37	0.06	矿物
蓝铝色淀	着色剂	0.03	0.005	矿物

8.10.1 第一步：鉴定

过程的第一步是评估范围。这可以通过首先考虑以下因素进行研究：

· 基于成分的最高风险源是什么？

· 可以根据疾病区域和治疗时间等因素修改限值吗？

· 范围内有哪些元素？

就所讨论的产品而言，其活性成分剂量相对较高，最大 400 mg；因此，至少就百分比组成而言，其代表最高风险。作为一种慢性、非危及生命的疾病治疗方法，不太可能接受对允许限值的任何调整，最后作为口服治疗，风险评估应侧重于 1 级、2A 级和制造过程中使用的任何 2B 级 / 其他金属。与鱼骨图相关的下一阶段是开始评估潜在的高风险源。图 8-11 显示了可以考虑的问题类型。

更详细地考虑来源。

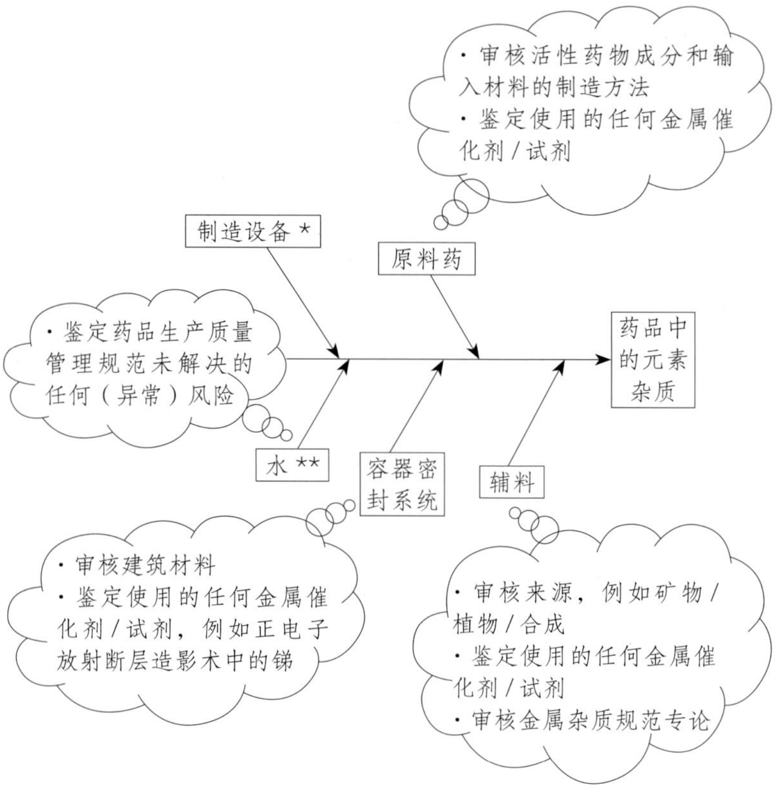

图 8-11　初步风险评估

8.10.1.1　生产

原料药和药品都是在符合药品生产质量管理规范的设施内制造的情况下，药品生产质量管理规范应规定可减轻某些风险因素的最低标准。这通常应包括：

· 设备兼容性，尤其是在活性药物成分的情况下，确保工艺和所用设备之间的化学兼容性（包括与活性药物成分的潜在螯合作用）。

· 清洁和检查。

· 使用药典级别的水。

通过这些过程，可以有效地消除设备和公用设施的影响。

8.10.1.2　活性药物成分

第 8.5.2.3 节前面详细讨论了活性药物成分产生的风险；关于案例研究，制造过程如图 8-12 所示。

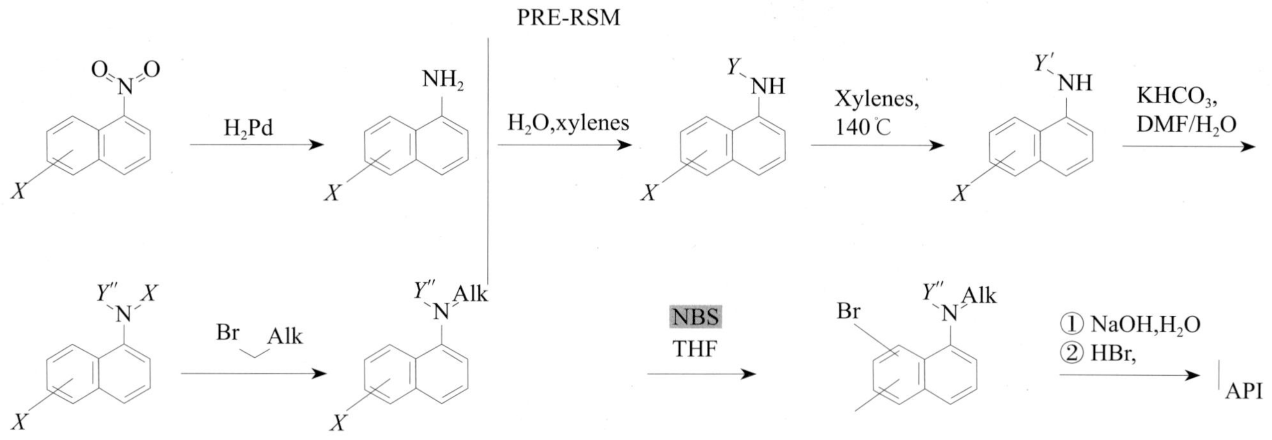

图 8–12　API 生产过程

在这个具体的案例中，金属催化剂钯被用于制造注册起始材料。在作为适应过程一部分的过程兼容性方面，由于 N– 溴代琥珀酰亚胺（NBS）具有腐蚀性，因此特别注意了使用它的步骤。

8.10.1.3　药品生产过程

生产过程如图 8–13 所示。

配方和成分		单元操作	—
乳糖 微晶纤维素 交聚维酮 羟丙甲纤维素	→ →	**阶段 1：干混合** 高剪切湿式造粒机 **阶段 2：高剪切湿式造粒羟丙甲纤维素** 高剪切湿式造粒机纯化水	—
—	—	↓	—
—	—	**阶段 3：湿法粉碎** 筛分机 **阶段 4：流化床干燥** 直接加热，流化床	—
—	—	↓	—
—	—	**阶段 5：粉磨** 筛分机	—
—	—	↓	—
交聚维酮	→	**阶段 6：混合** 硬脂酸镁扩散搅拌机（翻滚） **阶段 7：润滑** 扩散搅拌机（翻滚）	—
—	—	↓	—
—	—	**阶段 8：压缩** 压片	—
—	—	↓	—
薄膜衣	→	**阶段 9：薄膜包衣** 锅包衣 **阶段 10：包装**	—

图 8–13　生产过程

前面的第 8.6.3.5 节和表 8–4 检查了药品生产过程带来的风险。与案例研究相关，最高潜在风险定义为第 2 步：高剪切湿粒化。根据用水、停留时间短及检查时没有任何腐蚀迹象，被评估为低风险，并且没有进一步的评估。这完全符合指南第 5.2 节的规定，即通过过程理解 / 设备选择 / 认证和药品生产质量管理规范过程可以降低风险。

8.10.1.4 包装

【原料药包装】

原料药储存在双层低密度聚乙烯袋中，每袋用塑料扎带封闭。封闭的袋子存放在刚性外容器 / 滚筒内。

【药品包装】

片剂使用泡罩包装，其由未增塑的 PVC 膜层压到聚三氟氯乙烯（PCTFE）上并密封到推进式泡罩箔中。

活性药物成分和配方药品都是有效的固体剂型。ICH Q3D 特别声明：第 5.3 节——元素杂质浸到固体溶解形式的概率最小，在风险评估中不需要进一步考虑。

有关容器密封系统的公布数据进一步增强了这一点。 Jenke 等人 [24] 总结了许多常见包装材料的文献资料。

在 PVC 中报告了成分材料中存在有痕迹量级的元素杂质，例如镉和铅含量高达 100 ppm。然而，这与完全消化有关。实际上，需要考虑元素杂质的有效“可用性”。典型的提取水平低于消化后观察到的 0.1%。因此，即使在成分材料中发现痕迹量级的某些元素，可用的元素杂质浓度也代表着极低的安全风险。

8.10.1.5 公用设施

公用设施的风险如此之低，以至于它们实际上不在药品生产质量管理规范控制的范围之内。指南明确指出：

水：“如果在生产过程中使用纯净水或注射用水，则可以通过遵守药典（如欧洲药典、日本药典、美国药典公约）的水质要求来降低从水中含有元素杂质的风险。”

空气：“空气不太可能存在实质性风险；此外，空气质量也可以通过使用高效微粒过滤的空气等适当的药品生产质量管理规范进行管理。因此，一般不需要进行具体评估。”

8.10.1.6 辅料

从理论上讲，辅料被认为是一种潜在的风险；这在矿物辅料的情况下尤其如此，因为矿物辅料也被认为是一种变异风险。在示例案例研究的背景下，成分检查（见表 8–6）表明，矿物辅料以小于总体组合物 1% 的个体水平存在。因此，该药品中这些辅料的总体风险等级较低。然而，目前最大的挑战是缺乏数据来验证这一风险评估立场。

8.10.1.7 风险评分

在对所述因素进行检查的基础上，进行风险评估。

表 8-8　故障模式影响与危害性分析

单元操作 / 金属来源	故障模式（材料）	故障效应（相关金属）	每日允许暴露值（PDE）/ 产品每日用量（ug/g）	典型范围（ug/g）	概率（故障模式）	严重性	致命度指数	一般性意见 / 控制策略	控制限度（ug/g）	检测能力	风险顺序数	作用
原料药												
—	—	环保金属杂质	—	—	5	5	25	合成后期使用的有机试剂。	—	1	25	环保金属检测
—	—	钯	—	—	10	1	10	药物中间体的残留量控制在 10 ppm 以内 ×（典型水平 0.3 ppm）。	10 ppm	0.1	1	—
—	—	汞	—	—	5	5	25	可能由氢氧化钠引入	—	1	25	—
赋形剂	羟丙甲纤维素	—										
—	—	环保金属杂质	2.3	< 20 ppm	5	5	25	美国药典（USP）、欧洲药典（Ph Eur）和日本药典（JP）为重金属 20 ppm	20 ppm	1	25	环保金属检测
—	—	锡	10021.3	< 0.6 ppm	5	1	5	在供应商调查中很可能存在这种情况（根据 ICP-OES，12 个样品含量< 0.6 ppm）。	—	1	5	—
—	微晶纤维素											
—	—	环保金属杂质	2.3	≤ 10 ppm	5	5	25	美国药典（USP）、欧洲药典（Ph Eur）和日本药典（JP）为 10 ppm 重金属	10 ppm	1	25	环保金属检测
—	单水乳糖											
—	—	环保金属杂质	2.3	≤ 5 ppm	5	5	25	美国药典（USP）、欧洲药典（Ph Eur）和日本药典（JP）为 5 ppm 重金属	5 ppm	1	25	环保金属检测
—	交联聚维酮											
—	—	环保金属杂质	23.5	≤ 10 ppm	1	5	5	美国药典（USP）、欧洲药典（Ph Eur）和日本药典（JP）为 10 ppm 重金属	10 ppm	1	5	—
—	—	催化剂（？）	—	—	10	5	50	药物辅料手册建议使用催化剂。与供应商联系	—	1	50	联系供应商确认是否使用了金属催化剂。

续表

单元操作/金属来源	故障模式（材料）	故障效应（相关金属）	每日允许暴露值（PDE）/产品每日用量（ug/g）	典型范围（ug/g）	概率（故障模式）	严重性	致命度指数	一般性意见/控制策略	控制限度（ug/g）	检测能力	风险顺序数	作用
—	—	—	7.6	≤ 5 ppm	1	1	1	针对现有供应商提供的分析证明书（COFA）进行测试	—	1	5	—
—	—	—	2.3	≤ 2 ppm	1	1	1	针对现有供应商提供的分析证明书（COFA）进行测试	—	1	1	—
—	硬脂酸镁											
—	—	环保金属杂质	2.3	≤ 20 ppm	5	5	25	日本药典（JP）为 20 ppm	—	1	25	环保金属检测
—	—	镍	331.5	≤ 1 ppm	5	1	5	美国药典（USP）和欧洲药典（Ph Eur）为 5 ppm。经供应商调查，确定存在于原材料中	5 ppm	0.2	1	—
—	—	镉	7.6	≤ 1 ppm	5	1	5	美国药典（USP）和欧洲药典（Ph Eur）为 3 ppm	3 ppm	0.2	1	—
—	—	铅	7.8	≤ 1 ppm	5	1	5	美国药典（USP）和欧洲药典（Ph Eur）为 10 ppm。经供应商调查，具体标准为 5 ppm	5 ppm	0.2	1	—
—	—	砷	2.3	< 0.05 ppm	5	1	5	ICP-OES 定期检测，经供应商调查确认	1 ppm	0.2	1	—
—	—	汞	23.5	< 0.05 ppm	5	1	5	ICP-OES 定期检测，经供应商调查确认	1 ppm	0.2	1	—
涂层	薄膜涂层											
—	羟丙甲纤维素											
—	—	环保金属杂质	2.3	< 20 ppm	5	5	25	美国药典（USP）、欧洲药典（Ph Eur）和日本药典（JP）为 20 ppm 重金属	20 ppm	1	25	检测环保金属的涂层
—	二氧化钛											
—	—	环保金属杂质	7.8	≤ 20 ppm	10	5	50	美国药典（USP）、欧洲药典（Ph Eur）和日本药典（JP）为 20 ppm 重金属	20 ppm	1	50	—

续表

单元操作/金属来源	故障模式（材料）	故障效应（相关金属）	每日允许暴露值（PDE）/产品每日用量（ug/g）	典型范围（ug/g）	概率（故障模式）	严重性	致命度指数	一般性意见/控制策略	控制限度（ug/g）	检测能力	风险顺序数	作用
—	—	锑	1673	≤ 100 ppm	10	1	10	欧洲药典（Ph Eur）为 100 欧元	100 ppm	0.2	2	—
—	—	砷	2.3	≤ 1 ppm	10	1	10	美国药典（USP）为 1 ppm，欧洲药典（Ph Eur）为 5 ppm，日本药典（JP）为 10 ppm	1 ppm	0.2	2	—
—	—	钡	20357	—	10	1	10	所用测试不存在限值。基本不允许超过 2%	—	1	10	—
—	—	铁	20357	≤ 200 ppm	10	1	10	欧洲药典（Ph Eur）为 200 ppm	200 ppm	0.2	2	—
—	—	铅	156.6	≤ 60 ppm	10	1	10	日本药典（JP）为 60 ppm	—	1	10	—
—	三乙酸甘油酯											
—	—	环保金属杂质	—	—	1	5	5	—	—	1	5	—
—	蓝色 #2											
—	—	环保金属杂质	—	—	10	5	50	没有关于此物质的信息。涂层测试可显示风险水平	—	1	50	检测环保金属的涂层
—	—	铝	不适用	—	10	0	—	铝染色剂，低毒性	—	1		—
—	蓝色 #1											
—	—	环保金属杂质	—	—	10	5	50	没有关于此物质的信息。涂层测试可显示风险水平	—	1	50	检测环保金属的涂层
—	—	铝	不适用	—	10	0	—	铝染色剂，低毒性	—	1		—
设备	设备											
—	—	—	—	—	10	1	10	—	—	1	10	—
包装	普通包装：塑料泡沫											
—	—	潜在浸出金属	—	—	1	1	1	—	—	1	1	—
加工原材料	水											
—	—	环保金属杂质	—	—	1	5	5	—	—	1	5	—

示例说明了如何应用故障类型影响及临界性分析类型的方法。故障类型影响及临界性分析方法的一个基本原则是根据概率 / 严重性和可检测性逐步评估风险。

故障类型影响及临界性分析如表 8-8 所示。

【活性药物成分】

作为故意添加的金属催化剂，钯的概率评分为 10（1~10 评分）；但是这与起始材料的制造有关，因此，由于使用和活性药物成分之间存在多个杂质跟踪数据支持的净化步骤，因此严重性评分为 1。钯催化剂的可检测性得分为 0.1，因为钯残留由原料药上游的中间规范控制。

【配方产品】

尽管从总体成分来看，矿物辅料的含量较低，小于 1%，但由于缺乏数据，这些辅料暂时被认为是高风险的。即使在低风险辅料（例如乳糖）的情况下，缺乏实质性数据也促使我们得出结论，为了适当地评估风险，还是需要数据。虽然最终希望随着理解和可用数据的增多，可以在不进行大量测试的情况下评估此类风险。

8.10.2 第 2 步：评估

在初步风险评估的基础上，提出了一些元素杂质筛选，如表 8-9 所述。

表 8-9 拟议的测试

—	—	分析筛选中包含的元素杂质		—
金属杂质的潜在来源	待分析批次数量	环境和自然丰富的元素	有意添加的金属，例如金属催化剂 / 试剂	评论
羟丙甲纤维素	代表商业制造期间使用的质量 / 供应商 / 等级的三个批次	1 类：砷、镉、汞、铅 2A 类：钒、钴、镍	锡	—
微晶纤维素	三个批次	—	无	—
乳糖一水合物	三个批次	—	无	—
硬脂酸镁	三个批次	—	无	—
交聚维酮	无	—	无	通过详细的供应商响应解决
包衣	三个批次	1 类：砷、镉、汞、铅 2A 类：钒、钴、镍	—	铝色淀被用来涂蓝色
活性药物成分	三个批次	—	钯催化剂	—

在交聚维酮的具体情况下，供应商提供了数据，包括确认没有使用催化剂。

收集了金属杂质高 / 中危险源的电感耦合等离子体质谱数据。为了评估变异性，对每种材料的三个具有商业代表性的批次进行了分析。没有显示数据，原因很简单，即在试验的任何辅料中均未观察到 1 类或 2A 类元素。

8.10.3 控制

根据风险评估和生成的分析数据，得出结论，无须具体的控制。

这个例子是迄今为止的典型结果，反映了除少数情况外，在适当的药品生产质量管理规范的设施中生产的产品，使用高质量输入材料不太可能构成实质性风险的期望。

8.11 总体结论

在编写本章时，ICH Q3D 正进入现有产品的实施阶段。因此，仍有许多不确定性领域需要加以解决，这些领域包括。

· 方法验证的期望：风险评估筛选与常规质量控制测试。

· 药典挑战：关注 ICH Q3D 和美国药典 <232> 之间的差异及美国药典 <232> 和欧洲药典 5.20[35] 之间的差异。 Q3D 和 <232> 之间的协调减少了这种担忧，但它并没有消失。

· 欧洲药典 2.4.20[36] 与美国药典 <233> 之间的协调。

·“控制阈值”的应用（Q3D 中的新概念，旨在作为风险评估的工具）监管预期方面也存在不确定性。

· 风险评估应该出现在通用技术档案（CTD）的什么地方？

· 风险评估摘要中预期会有什么？

· 随着时间的推移，各地区的期望是否一致？

· 如何将现有产品的风险评估传达给监管机构？

在成分方面：

· 供应商应向客户提供哪些信息？

· 我们如何获得对既定活性药物成分的已关闭药物主文件（DMF）的访问权？

· 如果辅料供应商改变了生产流程，会怎么样？

这份清单并不详尽。

尽管存在这些顾虑，但重要的是不要忽视迄今为止有关实际风险的证据。这些证据，虽然在这一阶段并不确凿，但并不表明存在广泛的风险。例如，对辅料的试验表明，其含量较低，变异比可能预期的要小。有证据也表明，容器密封系统的风险可以忽略不计。

希望随着 ICH Q3D 的成熟，风险评估将考虑这些因素，并最终根据真正的基于风险的原则进行预测，而不是由广泛的测试驱动。

参考文献

[1] ICH Q3D. Guideline for Elemental Impurities，http ://www. ich. org / fileadmin/ Public_Web_Site / ICH_Products / Guidelines / Quality / Q3D / Q3D_Step_4. pdf. Accessed on April 12，2017.

[2] PF 21(6). November-December，1995. p1632.

[3] PF 29(4). July—August，2003，p1328-1331.

[4] Lewen N.，Mathew M.，Schenkenberger T.，et al. *J Pharm. Biomed. Anal.*，2004，35，739-752.

[5] EMEA. Guideline on the Specification Limits for Residual Metal Catalysts for Metal Reagents，2008，The docuemnt reference no：CPMP / SWP / QWP / 4446 / 00 cor.

[6] USP. Digest of Comments Received on the Stimuli Article “General Chapter on Inorganic Impurities：Heavy Metals” Published in Pharmacopeial Forum 34(5)，April 22，2009，http ://www. usp. org / sites / default /

files / usp_pdf / EN / USPNF / key-issues / 2009-04-22MetalImpuritiesCommentDigest. pdf. Accessed on April 12, 2017.

[7] ICH Q3D. Final Concept Paper Q3D : Impurities : Guideline for Elemental Impurities, July 17, 2009, http : //www. ich. org / fileadmin / Public Web Site / ICH_Products / Guidelines / Quality / QaD / Q3D_Final_Concept_Paper. pdf.

[8] ICH Q3D. Implementation of Guideline for Elemental Impurities. Document reference : CPMP / SWP / QWP / 4446 / 00 corr.

[9] ICH Q3C. Guideline for Residual Solvents, http : //www. ich. org / fileadmin / Public_Web_Site / ICH_Products / Guidelines / Quality / Q3C / Step4 / Q3C_R5_Step4. pdf. Accessed on April 12, 2017.

[10] Teasdale A. , Walsh P. , Ulman K. , et al. *Pharm. Technol.* , 2015, 39, 9, 44-51.

[11] EASE. Estimation and Assessment of Substance Exposure, HSE, 1999.

[12] National Environmental Policy Institute. Assessing the Bioavailability of Metals in Soil for Use in Human Health Risk Assessments. Bioavailability Policy Project Phase Ⅱ Metals Task Force Report, (Wlashington, DC, 2000).

[13] ICH M7. Assessment and Control of DNA Reactive(Mutagenic)Impurities in Pharmaceuticals to Limit Potential Carcinogenic Risk, http : //www. ich. org / fileadmin / Public Web Site / ICH Products / Guidelines / Multidisciplinary / M7 / M7 Step 4. pdf. *Accessed* on April 12. 2017.

[14] US Food & Drug Administration. Title 21—Food and Drugs Chapter Ⅰ—Food and Drug Administration Department of Health and Human Services Subchapter C—Drugs : General Part 201—Labeling Subpart G—Specific Labeling Requirements for Specific Drug Products. Sec. 201. 323 Aluminum in large and small volume parenterals used in total parenteral nutrition. https : //www. accessdata. fda. gov / scripts / cdrh / cfdocs / cfcfr / CFRSearch. cfm ? fr=201. 323. Accessed on April 12. 2017.

[15] ICH Q9. Quality Risk Management, http : //www. ich. org / fileadmin / Public_Web_Site / ICH_Products / Guidelines / Quality / Q9 / Step4 / Q9_Guideline. pdf. Accessed on April 12. 2017.

[16] ICH Q8. Pharmaceutical Development. http : //www. ich. org / fileadmin / Public_Web_Site / ICH_Products / Guidelines / Quality / Q8_R1 / Step4 / Q8_R2_Guideline. pdf. Accessed on April 12, 2017.

[17] ICH Q11. Development and Manufacture of Drug Substances(Chemical Entities and BiotechnologicallBiological Entities), http : //www. ich. org/fileadmin / Public_Web_Site / ICH_Products/Guidelines / Quality / Q11/Q11_Step_4. pdf. Accessed on April 12, 2017.

[18] Jones C. E. , Taylor P. A. , McEwan A. G. , et al. *J.Am. Chem. Soc.* , 2006, 128(29), 9378-86.

[19] Craig B. , Anderson D. , (Ed.), *Handbook of Corrosion Data*, ASM International, Materials Park, 1995.

[20] WHO. *Guidelines for Drinking Water Quality*, WHO, Genève, 2011.

[21] USP<1231>. Water for Pharmaceutical Purposes.

[22] Bevilacqua A. , Soli T. C. Stimuli to the Revision Process : Elemental Impurities in Pharmaceutical Waters, Pharmacopoeial Forum, 2013, 39(1).

[23] Guidance for Industry. Container Closure Systems for Packaging Human Drugs and Biologics. Chemistry, Manufacturing, and Controls Documentation, http : //www. fda. gov / downloads / Drugs / Guidancecomplian ceRegulatoryInforlllation / Gujdances / ucm070551. pdf ? _sm_an_=iJHnDqk055s57FQL. Accessed on April

12, 2017.

[24] Ienke D. R. , Stults C. L. M. , Paskiet D. M. , et al. *J*, *Pharm.Sci.Technol.* , 2015, 1-48, 69.

[25] Markovic I. *Am. Pharm. Rev.* , 2009, 12(4), 96, 98-101.

[26] Nashed-Sanmel Y. , Liu D. , Fujimori K. , et al. *Am. Pharm.Rev.* , 2011, 14(1), 74, 76, 78-80.

[27] Christensen S. , Moellar E. H. , Bonde C. , et al. M. *Eur.J.Pharm.Biopharm.* , 2007, 66(3), 366-371.

[28] Liu W. , Swift R. , Torraca G. , et al. *J. pharm.Sci.Technol.*, 2010, 64(1), 11-19.

[29] ICH Q2. Validation of Analytical Procedures : Text and Methodology, http : //www. ich. org / fileadmin / Public_Web_Site / ICH_Products / Guidelines / Quality/Q2_R1 / Step4 / Q2_R1_Guideline. pdf. Accessed on April 12, 2017.

[30] USP<233>. Elemental Impurities Procedures.

[31] Kauffman J. , Ulman K. L. , Schoneker D. , et al. *J.Pharnl. Sci.* , 2015, 104(12), 4197-4206.

[32] ICH Q10. Pharmaceutical Quality System, http : //www. ich. org / fileadmin/Public_Web_Site / ICH_Products / Guidelines / Quality / Q10 / Step4 / Q10_Guideline. pdf Accessed on April 12, 2017.

[33] Teasdale A. , Chery C. C. , Cook G. , et al. Pharm. Technol. , 2015, 39(3), 36-49.

[34] Holliday M. A. , Segar W. E. *Pediatrics*, 1957, 19(5), 823-832.

[35] European Pharmacopoeia supplement 9. 2. Chapter 5. 20 : Metal Catalysts or Metal Reagent Residues.

[36] European Pharmacopoeia supplement 9. 2. Chapter 2. 04. 20 : Determination of Metal Catalysts or Metal Reagent Residues.

9

ICH Q4：药典协调、ICH地区使用的药典文本的评价与推荐

David Elder
David P Elder Consultancy, Hertford, UK

9.1 引言

在成功实施 ICH Q6A[1] 和 Q6B[2] 之后，ICH 指导委员会认识到有必要推动三大药典（欧洲药典、日本药典和美国药典）中选定章节 / 程序的协调。这是为了避免由于地区药典之间的差异而引起的任何不必要的行业测试。通过协调可能实现的其他好处包括降低成本和上市时间，同时符合所有三部药典的要求：向主要市场提交文件的必要要求。为了说明这一点，摩尔 [3] 使用羧甲基纤维素钙专论作为案例研究。在 ICH Q4[4] 开发之前，一共有 37 项测试（美国药典 13 项，日本药典 13 项，欧洲药典 11 项）需要在所有三个区域进行完全独立的发布，而 ICH Q4 定稿后仅需 10 项测试。

鉴于对主要药典缺乏统一性的担忧，业界要求制订一项 ICH 指南以支持协调，从而形成了一个专家工作组（EWG），以帮助解决三个 ICH 区域（欧洲药物管理局、日本药品和医疗器械管理局、美国食品药品管理局）的监管机构最终如何干预并相互确认协调章节 / 程序的“互换性”。ICH Q4[4] 分为 Q4A（药典协调）和 Q4B（用于 ICH 区域的药典文本评估和推荐）。Q4A 指南解释了药典讨论组（PDG）和专家工作组（药典讨论组由欧洲药品质量理事会、日本药品和医疗器械管理局、美国药典委员会的代表组成）之间的工作关系；Q4B 指南是整个指南中最重要的部分。ICH Q4 和 Q4B 通常可以互换使用，本章也将如此。

2003 年 11 月，专家工作组 / 药典讨论组确定了 11 个通则（随后将含量均匀度和质量均匀度结合起来，减少到 10 个章节，重新命名为剂量单位的均匀度），以实现完全协调。2008 年 11 月，又增加了五个新的通则，通过 ICH Q4B[4] 专家工作组和药典讨论组实施。从一开始，协调一致一直被视为具有挑战性，因为三部药典代表了非常不同的团体，即政府（日本）、政府间（欧洲药典）和非政府（美国药典委员会）组织。

9.2 指南概述

9.2.1 协调过程

图 9-1 总结了 ICH Q4B[4] 设计和概述的协调过程。对于现有的或预期的新专论或章节，可以进行回顾性的协调。药典讨论组与各药典的专家合作，通过独立的公众咨询，对各章 / 程序进行协调

测试，然后酌情向专家工作组报告。公众咨询可包括应要求与业界和贸易机构会面。

协调的目标是开发可互换的方法或要求。通则协调的预期结果是，所讨论的方法将被指定为在

药典讨论组步骤 1/2	· 步骤 1：确认 · 药典讨论组确定需要协调的领域，指定一部协调药典 · 步骤 2：调研 · 协调药典从每个药典收集信息，包括现有的要求和任何支持的分析程序。协调的专论或章节草案与支持的理由一起产生
药典讨论组步骤 3	· 步骤 3：提议 · 协调专论或章节草案由其他两部药典的专家委员会（会议 / 协商）审查。专家评审将在 2~4 个月内与秘书处分享，秘书处将为药典起草提供评注。原版药典提供了一份协调的草案（步骤 4 草案），连同支持性的评论，并重新提交给其他两部药典
药典讨论组步骤 4	· 步骤 4：正式调查 · 第 4 步草案和评论发表在相关药典论坛上。在适当情况下，有关药典的国家秘书处发布翻译和澄清评注，即附加方法说明，其中所述方法以前未在该领域使用。这三部药典以相似的时间框架出版这些草稿。发表后 4~6 个月内邀请发表评论。药典在审查期结束后 2 个月内提供综合意见。协调药典准备一份协调文本草案（5A 阶段草案），并将此草案连同支持性的评注发送给其他两部药典
药典讨论组步骤 5	· 步骤 5A：共识——临时的 · 审查 5A 阶段草案，并在 4 个月的时间范围内整理评论。如果未达成共识，则编制并重新提交修订版（5A/2 阶段草案）。然后对该草案进行审查和评论，并且该过程反复进行（5A/n 阶段草案），直到达成共识或直到协调药典决定应按属性进行协调。在这种情况下，包含协调属性（+）和非协调属性（-）的文本在那些药典中都会突出显示，而这些药典不会规定此测试。如果这三个药典都不一致，则该属性被规定为“不协调属性”，相反，如果只有一个药典包含其被规定为“本地要求”的属性。最后，如果 5A/n 阶段草案基本上是与第 4 阶段草案不同，药典讨论组可能会决定重新发布为新的 4/n 阶段草案 · 步骤 5B：共识——临时的 · 最终的 5A/n 阶段草案在药典讨论组会议前 4 周提交给其他药典最终签
药典讨论组步骤 6	· 步骤 6A：区域采用——出版 · 根据当地药典本身的程序，这一过程以非协调方式进行。如果适用，5B/n 阶段草案将与当地修正案一起通过。如果药典在签字后包含一个局部属性，它将通知药典讨论组；但是，首选包括不协调的文本，以提醒其他药典。最后，通过美国药典和欧洲药典中的预备段落通知用户，或通过日本监管机构（PMDA）通知 · 步骤 6B：区域采用——实施 · 每部药典都会告知其他人计划的实施日期，这取决于出版时间表、翻译时间表和法律要求。在这三部药典正式出版之前，不能完全实现协调 · 步骤 6C：区域采用——协调的标志 · 所有药典都将引入一个统一的声明。日本使用协调文本，而美国药典和欧洲药典参考其他药典的相应文本。指定符号（◆）用于突出显示之间的差异。与 6A、6B 和 6C 阶段同时，药典讨论组和 ICH Q4B 专家工作组开始讨论，以获得协调文本的监管认可。
药典讨论组步骤 7	· 步骤 7：正式通知 · ICH 发布一份正式的监管验收通知，并在 ICH Q4B 输出中附加一份特定主题的附件 · 有趣的是，ICH Q4B 中具有特定主题附件的通则均未被指定为第 7 阶段（美国药典，2014 年）

图 9-1　药典协调过程

各个药典的各个章节之间进行协调，这样，使用三个通则中的任何一个获得的任何结果都将被视为等效的。同样地，当对专论进行协调时，目的是为产品，即辅料的所有属性确定相同的要求（完全协调）。然而，人们认识到，在某些情况下，由于法律地位或解释的不同，这可能是非常具有挑战性的。在这些情况下，药典讨论组决定继续批准和出版专论，协调尽可能多的属性（按属性协调）。如果存在差异，则将其视为不协调的属性，或者如果试验是针对个别药典的，则视为当地要求。一旦定稿，各方同意不会单方面修订任何协调的专论 / 章节。为了确保对变更的有效控制，制订了具体的变更标准。以下修订标准适用：①用更准确和更精确的程序替换现有技术；②制备现有专论中未涵盖的试剂或产品的新方法；③特定试剂或设备不可用；④健康和安全考虑。任何修订将由药典讨论组发起，并将确定一部协调药典，负责编写第 3 阶段草案，并附上支持性评论。此后，将遵循先前描述的协调过程（第 4~7 阶段）。加速 / 简化方法可能适用于健康和安全考虑。

9.3 初始过程

使用所描述的过程，确定一系列通则以进行协调。表 9-1 概述了协调通则的状态，除非另有规定，否则各区域药典专论的标题如 ICH Q4B[4] 附件所述。任何术语上的差异都会通过上标突出显示，并在相应的注释部分提供详细信息。

表 9-1 确定协调的通则

通则	ICH Q4B 附录	欧洲药典	日本药典	美国药典	评论
燃烧残渣 / 硫酸盐灰分	#1	2.4.14（01/2007）[1]	2.44[2]	<281> [2]	硫酸盐灰分 [1] 燃烧残渣 [2]
胃肠外制剂可提取体积的测试	#2	2.9.17（01/2006）	6.05	<1> [3]	官方文本被纳入美国药典的通则 <1>。注射，标题为“容器中的容积”一节 [3]
颗粒物质污染测试：不可见颗粒	#3	2.9.19（01/2005）[4]	6.07[5]	<788> [6]	颗粒污染：不可见颗粒 [4] 注射用不溶性颗粒物测试 [5] 注射中的颗粒物质 [6]
非无菌产品的微生物检验：微生物计数测试	#4A	2.6.12（01/2009）	4.05	<61>	—
非无菌产品的微生物检验：特定微生物测试	#4B	2.6.13（01/2009）	4.05	<62>	—
非无菌产品的微生物检验：药物制剂和药用物质的验收标准	#4C	5.1.4（01/2009）[7]	12 [8]	<1111> [8]	非无菌药物制剂和药用物质的微生物质量 [7] 非无菌药品的微生物特性 [8]
崩解测试	#5	2.9.1（01/2009）	6.09	<701>	—
溶解测试	#6	2.9.3（01/2010）[9]	6.1 （参见 9.5.4 节）	<711> [10]	固体剂型的溶解测试 [9] 溶解 [10]

续表

通则	ICH Q4B 附录	欧洲药典	日本药典	美国药典	评论
剂量单位的均匀性	#7	2.9.40（04/2012）[11]（参见 9.5.5 节）	6.02 [12]	<905> [13]	初次发布 04/2008，更新 04/2012[11] 初次发布 11/2008，更新 05/2013 [12] 初次发布 10/2010，更新 12/2011 [13]
无菌测试	#8	2.6.1（01/2009）[14]	4.06	<71>	无菌 [14]
片剂易碎性	#9	2.9.7（01/2010）[15]	26	<1216> [16]	无包衣片剂的易碎性 [15] 片剂易碎性 [16]
聚丙烯酰胺凝胶电泳	#10	2.2.31（01/2008）	23 [17]	<1056> [18]	十二烷硫酸钠－聚丙烯酰胺凝胶电泳 [17] 生物技术衍生产品：聚丙烯酰胺凝胶电泳 [18]
毛细管电泳	#11	2.2.47（01/2008）	4	<1053> [19]	生物技术衍生产品：毛细管电泳 [19]
分析筛选	#12	2.9.38（07/2008）[20]	3.04 [21]	<786> [20]	用分析筛选法估算粒度分布 [20] 粒度测定 [21]
粉末的体积密度和振实密度	#13	2.9.34（07/2010）	3.01 [22]	<616>	体积密度和振实密度的测定 [22]
细菌内毒素测试	#14	2.6.14（01/2010）[22]	4.01	<85>	细菌内毒性 [22]
颜色 [23]	#15	不可用	不可用	不可用	尚未正式统一 [23]

如果 ICH Q4B[4] 附件第 2 节中没有列出其他考虑因素，则章节的互换性没有前提条件。否则，附件第 2 节中的文本为申请人提供了关于作为区域实施一部分的任何具体区域要求的指导。图 9–2 总结了一些一般的实施注意事项。

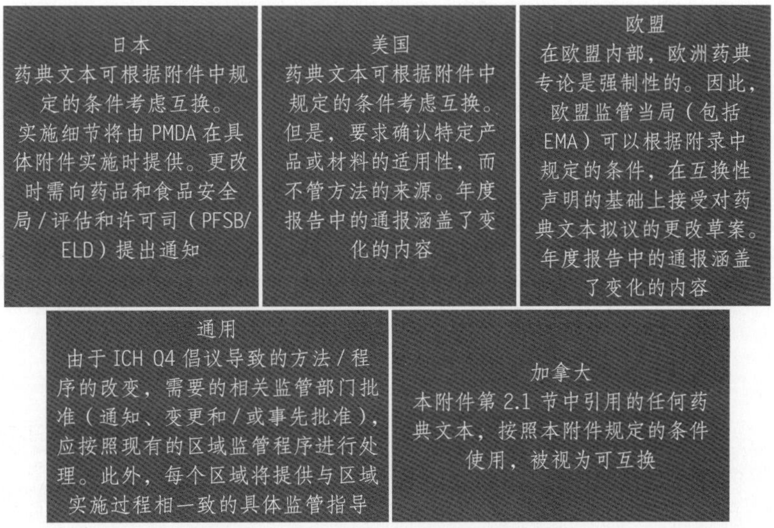

图 9–2　对 ICH Q4 实施的考虑

9.4 ICH Q4B附件

9.4.1 概述 / 摘要

肠外制剂可提取体积测试（附件 #2）完全统一，所有三种药典的验收标准相同。其他七项测试完全统一，但它们包含以下附加评论："在 ICH 地区可互换使用。评估的拟议文本不包含验收标准。"七项测试是非无菌产品的微生物检验 [微生物计数检验（#4A）]、非无菌产品的微生物检验 [特定微生物的检验（#4B）]、微生物检验非无菌产品 [药物制剂和药物使用的接受标准（#4C）]、聚丙烯酰胺凝胶电泳（#10）、毛细管电泳（#11）、分析筛分（#12），以及粉末的体积密度和振实密度（#13）。

然而，ICH Q4B 附件的其余部分确实有一些具体的实施考虑，这些考虑在表 9–2 中进行了总结。

表 9–2 有一些具体实施指南的通则

通则	ICH Q4B 附件	评论
燃烧残渣 / 硫酸盐灰分	#1	需要适当大小的样品（1~2 g）以确保灰化后的剩余量大于 1mg，因此可以通过重量分析精确测量。样本量 / 验收标准需要在档案中进行适当的证明。马弗炉需要进行适当的校准，以符合区域药品生产质量管理规范的合规要求
颗粒物污染测试：不可见颗粒	#3	除标称体积小于等于 100 ml 的非肠道产品外，测试是可互换的。日本标准比欧洲药典或美国药典的体积小于等于 100 ml 的更严格，因此不协调。仪器需要适当的校准和系统适用性测量，以符合区域药品生产质量管理规范的合规要求
崩解测试	#5	对于较大的固体口服剂型（>18 mm），有不同的非协调程序。对于带有功能涂层的固体口服剂型，例如延迟释放、抗胃或肠溶涂层，测试不协调。任何特定于产品的参数，例如介质、圆盘的使用等，都需要在档案中得到适当的证明。此外，规范验收标准不在专论范围内，需要在档案中适当证明
溶解测试	#6	装置 1（旋转篮）、装置 2（旋转桨）和流通装置的专著被认为是可互换的，后一种装置应在提交文件中明确描述，因为不同药典的编号不协调。 然而，对于互换性有大量的警告。如果在血管中层使用酶，或大容器（>1L），则测试不协调。与崩解一样，固体口服剂型与功能涂层的测试也不协调（见上文）。需要适当的校准和系统适用性测量，以符合区域药品生产质量管理规范的合规要求。需要额外的验证研究来评估探头（特别提到温度监测装置，但这与取样探头同样重要）对测试数据的影响。对于日本的解释，该测试不可互换。此外，规范验收标准不在专论范围内，需要在档案中适当证明。任何特定于产品的参数，例如设备类型、搅拌速度、介质、沉降器的使用等，都需要在档案中适当证明
剂量单位均匀度	#7	除非满足药片重量（>25 mg）或活性药物成分装载（>25% 重量）标准，否则使用试验的 MV/WV 变体是不合适的。互换性不适用于区域药典中的特定剂型有黑钻石符号附加文本的情况。如果在分析和含量均匀度使用不同的程序时需要校正因子，则需要在档案中适当地证明该因子的合理性

续表

通则	ICH Q4B 附件	评论
无菌测试	#8	从互换性的角度来看，稀释液和冲洗液不应具有固有的抗菌性能。对于标称体积小于等于 100 ml、批量大于 500 个容器的液体制剂，如果样品尺寸大于 2% 或 20 个容器（以较小者为准），则测试是可互换的。医疗器械的测试要求，例如缝合线，已在指南中给出
片剂易碎性	#9	从互换性的角度来看，三次测定的质量损失不应超过 1%，除非个别档案中另有规定
细菌内毒素测试	#14	任何药典技术都可以利用[a]。在不确定或争议的情况下，应使用凝胶凝块（LAL）极限试验。为了决定产品效用，三部药典的参考标准被认为是可互换的，因为它们都是根据世卫组织内毒素国际标准进行外部校准的。申请人应使用试剂供应商推荐的最佳工艺，对溶液 A–D 进行重复试验（至少一式两份）

注 LAL：鲎变形细胞溶解物。

9.5 关于ICH Q4B附件和具体实施指南的评论

9.5.1 燃烧残渣 / 硫酸盐灰分（附件 2，#1）

控制无机杂质的现行药典程序（见 ICH Q3D[5]）包括重金属测试（非协调——当前阶段 3）、燃烧残渣 / 硫酸盐灰分测试（协调：附件 2，#1）及其他湿化学测试。美国药典和欧洲药典在实施统一的 ICH Q3D 指南时，将删除现有的重金属专论的要求。目前还不清楚日本在编写时将采取什么样的方法。美国药典将为 2018 年 1 月实施的测试方法（<232>）和限值（<233>）引入新的通则。同样，欧洲药典将与 ICH Q3D 协调其要求，并将于 2017 年 12 月实施[6]。

9.5.2 颗粒物污染测试：不可见颗粒（附件 2，#3）

目前正在讨论这种协调测试是否真正符合目的，特别是在生物制药肠外产品方面。对于这些生物制品，人们担心聚集形成的颗粒可能是许多不良免疫原性反应的原因。当应用于某些类型的配方时，光遮蔽测试是具有挑战性的，例如，具有高黏度或混浊度的配方，或容易通气引起气泡形成导致错误的高颗粒计数的制剂，或颗粒可能出现半透明的制剂，例如蛋白质颗粒导致不准确的粒子计数。此外，尽管本测试集中在允许颗粒的数量上，但应考虑颗粒的类型，并不是所有颗粒在安全考虑方面都相同[7]。有趣的是，ICH 专家工作组 / 药典讨论组选择不协调可见颗粒的通则（美国药典、欧洲药典、日本药典），同时审查并协调不可见颗粒（检验条件在美国药典和欧洲药典之间已经协调）。

9.5.3 崩解测试（附件 2，# 5）

当试图协调程序时，一个特别的挑战是这三部药典中的试验技术规格略有不同。ICH Q4B[4] 通过说明具体方法标准将超出范围（即档案中适当证明了任何产品特定参数，如介质、圆盘的使用等）来规避这一问题。除了具有功能涂层的固体口服剂型，例如缓释和抗胃或肠溶衣片剂 / 胶囊（日本药典例外）的崩解外，测试是完全协调的。这是一个两阶段的测试，第一阶段评估胃部抵抗力，也就是说，剂型不应在酸性介质中分解，而第二阶段是在适当的酸碱度介质中进行的经典分解试验。考虑到日本药典对酸性介质中测试相关性的担忧（日本老年人口中胃酸缺乏的患病率很高），日本认为这种测试是无法协调的。此外，对于较大的固体口服剂型（长度大于 18 mm），有不同的非协调程序。其他不协调的属性包括排除了颗粒、干糖浆、药丸（日本药典）、辅助管（日本药典）和作为默认浸泡液的水。所有这些不协调的属性反映了日本国内对剂型体外测试的不同方法。

9.5.4 溶解测试（附件 2，# 6）

溶解测试的协调（附件 2，#6）可能是 ICH Q4 专家工作组 / 药典讨论组计划中最大的挑战之一。

与崩解试验一样，关于带有功能涂层的固体口服剂型，例如缓释和抗胃或肠溶包衣片 / 胶囊的溶解的通则不能协调一致（日本药典例外）。关注领域包括：

· 不协调的装置 3（往复式气缸）。

· 大于 1L 的容器。

· 样本汇集。

· 日本药典的解释 2（即如果不少于 10/12 剂量单位的个体溶解满足要求）。

· 如果在溶解介质中使用酶。事实证明，这是一个与美国药典委员会最近提议将酶引入测试的争论不断的领域，而欧洲药品质量理事会（EDQM）再次拒绝了一个统一专论的建议。

考虑到尝试协调溶解试验的固有挑战，对没有尝试改进 / 增强最常见的溶解装置，即装置 1（旋转篮）和装置 2（旋转桨），并不会令人惊异。例如，从高效混合和流体动力学的角度来看，旋转桨法设计不当，并显示出高水平的固有变异性。几项国际合作研究证实了这些发现 [8, 9]。在后一项研究 [9] 中，超过一半的参与实验室（15/28）对美国药典的校正片产生了失败的结果。

最近提交给 FDA 的一份技术报告 [10] 使用溶解速度曲线的计算流体动力学模拟装置中流体动力学的影响，表明在靠近容器底部的不同位置的流速和剪切速率存在显著差异，并且显著的差异发生在非常小的空间距离上。特别是，在桨轴的正下方有一个“近停滞区”。这意味着药片 / 胶囊的准确位置对产品性能至关重要，并且由于添加到容器中剂型的沉降过程固有的随机性，这些因素会给测试结果带来显著的不确定性。也就是说，该装置的设计不符合预期用途，这并不奇怪，因为它由一个小的半球形容器组成，没有挡板，但有一个缓慢旋转的桨（为了使其更具鉴别力），其中一种剂型是随机滴入的。他们评论说，这样的测试将导致 I 型（缺陷产品的放行）和 II 型（良品的拒收）错误。研究者提出了几个重要建议：

· 认识到在其当前实施方案中，溶解测试是基于对动态混合相关的基础物理原理的不充分理解。

· 停止尝试使用校正片为测试预先指定可变性的做法。需要认识到产品和测试的可变性不能分离。

· 停止尝试校准溶解设备的做法。由于设备本质上很简单，因此不需要校准。

· 接受基于总变异性的标准。

· 开始研究以更好地了解基于第一原理的固体口服剂型的体外释放，并使用这种增强的理解来开发更好的测试。

多年来，有几种策略旨在解决溶解装置的这些基本设计缺陷，其中包括峰值容器[11]、新月形主轴[12]、金属条[13]、作为挡板的永久在线探针[14]和偏心桨[15]。然而，这些方法都没有得到整个业界、学术界或监管机构的广泛支持。

9.5.5 剂量单位的均匀度（附件 2，#7）

剂量单位的均匀度仍然会导致药典之间的显著差异，特别是替代重量变化（WV）选项。美国药典与其他药典不一致，对于不符合 25 mg/25% 阈值限制的固体口服剂型，如果数据的变异性小于或等于 2% 相对标准偏差，则可使用 WV 而不是含量均匀度来测试。此外，在使用过程分析测试（PAT）工具，例如近红外光谱时，可能产生的大样本量（n=100~10000）的含量均匀度标准通常过于严格。标准样本量（n=20）的传统验收标准，基于 85%~115% 范围内允许的异常值数量，尤其是 75%~125% 范围内不允许的异常值，在样本量接近整个人群的情况下过于严格。欧洲药典提出了一个大样本剂量单位均匀度的附加测试（2.9.47），该测试采用两种等效统计方法（参数试验和非参数试验）。这两个替代测试使用与现有测试相同的统计概念[16, 17]。新的通则已经提出。

此外，许多活性药物成分在粒径分布上表现出一定程度的不对称性，这种“偏态分布”对含量均匀度的影响进行了建模[18]。模拟结果显示了过度效价的高风险，低效价的化合物显示出正偏态分布。这种风险可以通过筛选（去除过大的颗粒）或减小尺寸（碾磨或微粉化）来减轻。

在类似的情况下，Lunney 和 Anderson[19] 使用建模来评估统一含量均匀度测试的可预测性。他们发现测试对不合格品的检测相对不敏感。这是由于第一阶段测试的样本量（10 个单位）太小，无法合理估计总体标准偏差。研究者观察到，第一阶段的失败总是导致在第二阶段测试中获得额外的通过机会。他们反映，考虑到第一阶段的不敏感性，一个更合理的建议是在第一阶段失败后停止测试。然而，他们最关心的是第二阶段测试的不敏感性（30 个单位），这是因为计算的公差间隔太宽。他们确实评论说测试确实执行得一致而且稳健（参见早期版本），但对数据正态性的基本假设过于敏感，即数据显示出标准正态分布，而不是典型情况下的偏态分布[18]。

9.5.6 无菌测试（附件 2，#8）

同样，无菌测试只有部分协调。冲洗 / 稀释液不协调，抗生素制剂（例如青霉素和头孢菌素）的培养基也不一致。对已建立的铜绿假单胞菌（即藤黄微球菌）或产孢梭菌（即普通类杆菌）的替代有机体未达成一致意见。最后，对预灌装注射器、注射用抗生素固体、抗生素固体、散装物和混合物、无菌气雾剂产品和路径标记为无菌设备的要求存在分歧。然而，对结果的观察和解释是完全一致的。

9.5.7 片剂易碎性测试（附件 2，# 9）

压片（芯片或包衣片）的易碎性试验是一项非常简单的试验，使用一个非常简单的装置（带内部挡板的旋转鼓），将压片暴露在重力和摩擦力下[20]。片剂的固定样品重量（约 6.5g）在以固定速度旋转的圆柱形滚筒的固定转数（100 ×）期间发生的重量损失，为片剂在进一步加工阶段（薄膜包衣片芯）或在包装和分发过程中（薄膜包衣片）可能发生的损伤提供了一个实在的测量。测试要进行 3 次，默认限值小于 1%（除非档案中另有说明）。此外，如果测试后药片样品中存在明显的开裂、裂解或碎裂的药片，则样品失败。由于其固有的简单性，本测试 / 仪器的协调非常简单，并且在任何药典中都没有地方性规则。然而，标准药典测试在预测薄膜包衣或分配过程中双层或三层片剂的分层方面不是很好。对于这类剂型，通常推荐使用更坚固的磨损度测试器。

9.5.8 细菌内毒性测试（附件 2，#14）

FDA 最近提供了关于热原和内毒素测试的补充指南[21]，指出“由于药典章节和标准没有涉及某些监管观点，因此 FDA 在本指南中提供补充信息，以解释我们目前关于提交和维持 FDA 监管产品的热原和内毒素测试的想法”。附加指南的一个方面是设计决定质量（QbD）对内毒素评估的影响。FDA 表示，“内毒素测试策略应以产品和过程理解为基础，结合风险管理，确保最终产品质量一致。应使用适当的过程中测试来评估存在内毒素形成或侵入风险的生产过程区域。许多公司已经制订了计划来监测进入的活性成分和药品成分，包括加工用水，以防止内毒素污染。在确定每个生产测试阶段的工艺限制时，应考虑成品发布规范。为了评估产品污染的相对风险，定量测试可能比限值测试更可取，以便于进行产品质量趋势分析，并在偏差超过规范并导致产品失败之前识别和纠正偏差。内毒素限值应根据具体情况加以证明，并将作为每个相关营销申请或补充的一部分进行评估”。目前尚不清楚这些附加要求对细菌内毒素检查的协调状态有何影响（附件 2，#14）。

9.6 ICH Q4后的药典协调

2010 年 11 月，ICH 指导委员会解散了 ICH Q4B 专家工作组，因为其范围内的所有章节都已基本完成。药典讨论组承诺将之前根据 ICH Q4B[4] 协调的章节的任何未来修订通知 ICH 秘书处。2011 年后，所有药典协调都在药典 / 指南讨论组的主持下进行。本节将详细说明 2011 年后取得的进展[22]。在此期间，药典讨论组活动的重点是继续协调通则，并对辅料专论给予了额外的关注。现在将考虑这些活动的结果。

9.6.1 正在进行的药典通则协调

截至 2014 年，在 35 个通则中有 23 个被认为的是协调的（阶段 5 或更高，其中阶段 5 被定义为共识），包括在原始 ICH 过程中确认的所有专论。有趣的是，所有的章节没有达到阶段 7 的跨区域接受。美国药典和欧洲药典的通则涵盖协调状态 [美国药典 <1196>，欧洲药典 5.8（2014 年 1 月）]，但随后美国药典委员会停止更新美国药典 <1196>，而是首选基于互联网的流程（见第 9.6.2 节）。

比较这两个通则是有启示性的。虽然美国药典 <1196> 确认 22 个通则已达到第 6 阶段（区域采用和实施），欧洲药典 5.8 的 22 个通则中只有 18 个章节是协调的，省略了一些重要的通则（溶解和剂量单位的均匀性），以及微生物污染和蛋白质测定。这种中断的原因尚不清楚。

9.6.2 药典辅料专论的协调现状

除了通则的协调之外，还进行了一系列常用辅料的协调。截至 2014 年，在 61 个辅料专论中有 34 个被认为是协调的（阶段 5 或以上，其中阶段 5 被定义为共识）。再次，比较美国药典和欧洲药典关于通则的协调是有启示意义的。虽然美国药典 <1196> 确认 31 个具体专论已达到第 6 阶段（区域采用和实施），欧洲药典 5.8 的 31 个辅料专论只有 6 个是协调的。美国药典委员会已经认识到保持协调活动所固有的困难，截至 2014 年 12 月 1 日，他们中止了美国药典 <1196> 的协调。美国药典委员会指出，原因在于提高了协调过程对关键利益相关者的透明度。美国药典有三种类型的版本（印刷版、在线版和闪存版），这三种版本都需要相同；当出版周期中途发生变化时，美国药典需要在其公共网站（http://www.usp.org/）上公布。为了使协调过程更加透明，所有与协调相关的主题将发布在美国药典公共网站上（http://www.usp.org/usp-nf/communication）。从网站上，读者可以获得有关药典讨论组的历史、目的、过程和工作程序等的信息。其中一个重要的主题是“第 6 阶段协调文本的通知”（http://www.usp.org/usp-nf/official-text/stage-6），最近一次药典讨论组签署的专论或通则已经发布。该网站将允许美国药典委员会比使用通则更快的进度修改状态，允许利益相关者了解与协调相关的专论和通则的更新（RH.Lafaver,《与药典讨论组的个人沟通》，2014 年 9 月 29 日）。

回顾第 6 阶段（区域协调）确定的个别专论，对完全步调一致的最大障碍似乎是重金属测试（与 ICH Q3D[5] 相关）。这将在 ICH Q3D[5] 下解决，美国药典和欧洲药典对此做出承诺。为了与 ICH Q3D 步调一致，去除重金属测试的通则，并在 2017 年末 / 2018 年初引入新的测试 / 测试限值。在撰写本书时，日本药典的立场仍不清楚。

微生物通则的某些部分（微生物计数测试、ICH Q4B#4A 和特定微生物测试等）也影响了一些天然辅料（例如淀粉）的正在进行的协调。

9.7 其他倡议

同时，在 ICH/ 药典讨论组的协调倡议下，三个药典都参与了其他合作活动，例如，美国药典委员会与中国药典委员会（CHP）和英国药典（BP）合作，还有美国药典专论现代化倡议[23]等。监管机构要求他们解决某些感知到的问题，例如，FDA 向美国药典委员会提出的现代化要求，欧洲药物管理局向欧洲药品质量管理局提出的注射用水质量要求[24]，以及欧盟 / 欧洲药物管理局向欧洲药品质量管理局提出的建立外国活性药物成分供应商年度检查计划的要求[25]。

9.8 结论

不幸的是，ICH Q4 指南通常被视为 ICH 质量倡议中最不成功的一个。然而，这可能是不适当的判断。人们认识到，通则和特定专论的药典协调总是具有挑战性的；然而，有时进展非常缓慢。主要原因是，7 阶段的药典协调过程（见图 9-1）是一个漫长而反复的过程，非常容易偏移主旨，个人 / 区域观点肯定需要很长时间才能解决。其中一些挑战是法律地位、解释或文化方面的差异，考虑到涉及药典的不同地位：美国药典（非政府）、日本药典（政府）和欧洲药典（政府间），这些差异很可能会出现。到第 6 阶段协议（区域共识）的通则很少是完全协调的（根据定义）——大部分已经按属性协调，这些专论中仍然出现反映区域差异的“黑钻石”文本。

虽然实现了协调的主要目标，即支持 ICH Q6A[1] / Q6B[2] 指南的实施，但缺乏有意义的协调仍然导致业界的额外测试，这是非增值的。此外，药典协调支持全球提交的目标似乎比开始 ICH Q4 流程的可能性更小。现有的药典讨论组驱动的药典协调计划仅意在支持美国、欧盟和日本的提交。中国、印度、巴西、阿根廷等国家现在都希望遵守其国家药典。特别是中国的要求与 PDG/ICH 倡议中概述的要求非常不同。

FDA 在 ICH Q4B[4] 指南的总则中也指出，无论方法的来源如何，他们都可能要求针对特定产品或材料进行协调指南的适用性确认。这反映在所有通则的“黑钻石”文本中。因此，不能说这一举措有意义地降低了成本或缩短了上市时间。

截至 2014 年，只有 2/3（35 个中的 23 个）的通则和正在审议的特定专论中的一半（61 篇中的 34 篇）进行了有意义的协调（第 5 阶段或之后，其中第 5 阶段被定义为共识）。ICH[26] 反映说：“即使对于药典讨论组正在考虑协调的通则，各种药典所采取的基本方法也不总是一致的，使得实现协调的可能性不大。”

药典协调倡议（2011 年后）不同于最初的 ICH Q4 流程：药典讨论组现在独立于 ICH 专家工作组工作，该流程由药典专家工作组管理。美国药典和欧洲药典具有涵盖协调状态的通则［美国药典 <1196>，欧洲药典 5.8（2014 年 1 月）］；然而，美国药典 <1196> 最近被撤销，美国药典委员会现在利用“第 6 阶段协调文本通知”（http://www.usp.org/usp-nf/official-text/stage-6）来传达协调活动的进展。对辅料专论全面协调的主要障碍通常是重金属测试，但这是 ICH Q3D[5] 实施计划的一部分。

ICH Q4 网站不再更新当前正在进行的协调倡议的状态，没有通则或特定专论达到第 7 阶段（区域间接受，符合 ICH Q4B[4]）。事实上，协调现在似乎“被认同”为第 6 阶段接受（区域接受）——协调倡议的总体状态见表 9-3 和 9-4。最后，ICH Q4[4] 倡议所提供的一些非常实际的机会没有得到有意义的把握，特别是一些关键支撑分析仪器的技术方面的协调。最明显的例子是溶解装置。目前，溶解被视为 ICH QBD 倡议和临床相关规范的基础 [27]。因此，在目前的模式中，溶解测试必须是临床预测性的，同时也是一个强大的和可重复的质量控制工具 [27]。鉴于目前溶解装置［尤其是旋转桨（装置 2）］的技术缺陷，即使是药典和监管机构承认，该装置提供了非常差的水动力混合（尤其是在早期，即 <30 分钟），药典没有将一种改进的旋转桨叶装置作为协调过程的一部分，以解决这些关键技术问题。科学文献中提出了实质性的替代建议 [11~15]，但这些建议在协调过程中从未获得任何真正的吸引力。

表 9-3　药典通则的当前协调状态（美国药典，2016）

通则（括号中为修订版本）	协调阶段 [a]	协调药典	评论
氨基酸测定	6	美国药典	讨论组提议（ICH Q4B 之外）
细菌内毒性（R2）	4	日本药典	ICH Q4B,#14. 药典讨论组在 2011 年 6 月 16 日签署
生物技术衍生制品：聚丙烯酰胺凝胶电泳（R1）	6	欧洲药典	药典讨论组提议（ICH Q4B 之外）药典讨论组 2014 年 6 月 26 日签署
体积密度和振实密度（R3）	6	欧洲药典	ICH Q4B,#13. 药典讨论组 2013 年 11 月 6 日签署
电导率	2	欧洲药典	药典讨论组提议（ICH Q4B 之外）
颜色（仪器法）	3	欧洲药典	初始 ICH Q4B 倡议（#15）的一部分，但没有实质性进展
固体密度	5B	欧洲药典	药典讨论组提议（ICH Q4B 之外）
崩解	6	欧洲药典	ICH Q4B，#5

续表

通则（括号中为修订版本）	协调阶段[a]	协调药典	评论
溶解（R3）	6	美国药典	ICH Q4B，#6. 药典讨论组 2010 年 6 月 10 日签署
毛细管电泳	6	欧洲药典	ICH Q4B，#11
聚丙烯酰胺凝胶电泳	6	欧洲药典	ICH Q4B，#10
可提取体积	6	欧洲药典	ICH Q4B,#2——已修订
重金属	3	美国药典	药典讨论组提议（ICH Q4B 之外）
吸入	4	欧洲药典	药典讨论组提议（ICH Q4B 之外）
等电聚焦	6	欧洲药典	药典讨论组提议（ICH Q4B 之外）
激光粒度衍射测量	4	欧洲药典	药典讨论组提议（ICH Q4B 之外）
非无菌产品的微生物检验：微生物计数测试	6	欧洲药典	ICH Q4B，#4A
非无菌产品的微生物检验：特定微生物的测试	6	欧洲药典	ICH Q4B，#4B
非无菌产品的微生物检验：药物制剂和药用物质的验收标准	6	欧洲药典	ICH Q4B，#4C
光学显微镜	6	美国药典	药典讨论组提议（ICH Q4B 之外）
分析筛选（R1）	5B	美国药典	ICH Q4B，#12. 正在修订中
颗粒物污染测试：不可见颗粒(R1)	6	欧洲药典	ICH Q4B，#3，已修订
肽图	6	美国药典	药典讨论组提议（ICH Q4B 之外）
压汞仪	4	欧洲药典	药典讨论组提议（ICH Q4B 之外）药典讨论组 2007 年 5 月 8 日签署，日本将不执行本章节
粉末细度	6	美国药典	药典讨论组提议（ICH Q4B 之外）药典讨论组 2007 年 5 月 8 日签署
粉体流变	6	美国药典	药典讨论组提议（ICH Q4B 之外）
蛋白质测定	6	美国药典	药典讨论组提议（ICH Q4B 之外）
燃烧残渣 / 硫酸盐灰分（R2）	6	日本药典	ICH Q4B，#1，已修订
比表面积	6	欧洲药典	药典讨论组提议（ICH Q4B 之外）
无菌测试	6	欧洲药典	ICH Q4B，#8
片剂易碎性	6	美国药典	ICH Q4B，#9
粉末的热行为	3	欧洲药典	药典讨论组提议（ICH Q4B 之外）
剂量单位均匀性（R1）	6	美国药典	ICH Q4B，#7. 药典讨论组 2010 年 11 月 9 日签署
吸入量的均匀性(ICH Q4B之外)	2	欧洲药典	药典讨论组提议
水－固相互作用	3	欧洲药典	药典讨论组提议（ICH Q4B 之外）
X 射线粉末衍射	4	欧洲药典	药典讨论组提议（ICH Q4B 之外）

注 [a]：参见图 9-1。

表 9-4　药典辅料专论的当前协调状态（美国药典，2016）

辅料专论(修订版在括号中指定)	协调阶段[a]	协调药典	评论[b]
乙醇（R2 校正 2）	6	欧洲药典	除了描述之外，通过属性进行协调。地方鉴定要求、C 和 D（欧洲药典）、杂质清单（欧洲药典）和有效期（日本药典）。药典工作组于 2014 年 6 月 26 日签署
苯甲醇（R2）	6	欧洲药典	除了溶液的外观，通过属性协调。药典工作组于 2008 年 6 月 3 日签署
无水乙醇（R2 校正 2）	4	欧洲药典	与乙醇一样，药典工作组于 2014 年 6 月 26 日签署
对羟基苯甲酸丁酯（R1）	6	欧洲药典	通过属性协调。地方的要求是重金属 20 ppm（日本药典）。药典工作组于 2010 年 6 月 9 日签署
碳酸钙	4	美国药典	在现有的美国药典 37/NF31 专论中没有关于协调的评论
依地酸钙钠	6	日本药典	通过属性协调。不协调的属性是溶液的澄清度和/或颜色、重金属、通过红外吸收识别和氮基三乙酸的限制。地方的要求是说明（日本药典）和残余铁（欧洲药典）
磷酸二氢钙（和无水磷酸二氢钙）	6	日本药典	通过属性协调。非协调属性有重金属、氟化物和铁限值测试
羧甲纤维素钙（R1）	6	美国药典	参见“羧甲醚纤维素”
羧甲纤维素钠	4	美国药典	参见“羧甲醚纤维素”
羧甲纤维素	4[c]	日本药典	通过属性协调。非协调属性是重金属
醋酸纤维素（R2）	6	美国药典	除重金属测试外，通过属性进行协调。没有参与协调工作的日本药典不包括本专论。药典工作组于 2012 年 11 月 7 日签署[d]
邻苯二甲酸乙酸纤维素（R1）	6	美国药典	除重金属测试外，通过属性进行协调。地方要求是薄膜的溶解性（欧洲药典）。药典工作组于 2010 年 11 月 9 日签署[d]
微晶纤维素（R1）	6	美国药典	X
纤维素粉（R1）	6	美国药典	X
无水柠檬酸（R2）	6	欧洲药典	除重金属和细菌内毒素测试外，通过属性协调。地方要求是无菌（美国药典）和鉴定,水（欧洲药典）。日本药典不规定可接受摄入量的限值测试。药典工作组于 2010 年 6 月 9 日签署

续表

辅料专论（修订版在括号中指定）	协调阶段[a]	协调药典	评论[b]
一水合柠檬酸（R2）	5B	欧洲药典	同“无水柠檬酸”
共聚维酮	4	日本药典	在现有的美国药典 37/NF31 专论中没有关于协调的评论
交联羧甲纤维素钠	6	美国药典	X
交聚维酮	6	欧洲药典	除重金属和红外识别测试外，通过属性进行协调。美国药典未规定鉴定测试 C（红外）和过氧化物。药典工作组于 2010 年 11 月 9 日签署
乙基纤维素（R1）	6	欧洲药典	除重金属外，通过属性协调。日本药典不会规定也没有参与协调。地方要求是鉴定（欧洲药典）。药典工作组于 2009 年 10 月 27 日签署
羟苯乙酯	6	欧洲药典	X
明胶（校正 2）	6	欧洲药典	除定义中的用词“和 / 或酶水解”外,通过属性协调。药典工作组于 2014 年 6 月 26 日签署
一水合葡萄糖（和无水葡萄糖）	6	欧洲药典	新专论。通过属性协调。地方要求有：第一（比旋光度）和第二鉴定（薄层色谱法、显色反应）、致热原（欧洲药典）、鉴定（显色反应）、比旋光度（日本药典）和鉴定红外（美国药典）。药典工作组于 2015 年 11 月 4 日签署
丙二醇	3	美国药典	在现有的美国药典 37/NF31 专论中没有关于协调的评论
单硬脂酸甘油酯	2	美国药典	在现有的美国药典 37/NF31 专论中没有关于协调的评论
羟乙基纤维素	4/2	欧洲药典	在现有的美国药典 37/NF31 专论中没有关于协调的评论
羟丙基纤维素	6	美国药典	通过属性协调，除了描述、描述 / 溶解性、黏度和重金属。地方要求是浊点（欧洲药典）和铅（美国药典）。药典工作组于 2013 年 6 月 27 日签署
低取代羟丙基纤维素	4	美国药典	在现有的美国药典 37/NF31 专论中没有关于协调的评论
羟丙基甲基纤维素（R1，校正 2）	6	日本药典	通过属性协调，地方要求有描述（日本药典）、溶液外观（欧洲药典）和重金属（美国药典）。药典工作组于 2015 年 7 月 1 日签署
羟丙甲纤维素酞酸酯	6	美国药典	X
异麦芽酮糖醇	6	—	通过属性协调，重金属和旋光度除外。局部属性有鉴定（薄层色谱法、颜色反应）（欧洲药典）、鉴定颜色反应（日本药典）和鉴定薄层色谱法（美国药典）。药典工作组于 2013 年 6 月 27 日签署

续表

辅料专论（修订版在括号中指定）	协调阶段[a]	协调药典	评论[b]
无水乳糖（R4）	6	美国药典	通过属性协调，重金属除外。未规定的试验为α、β异构体（美国药典）、干燥损失（欧洲药典）、非强制性试验为α、β异构体（欧洲药典）。地方要求有鉴定B和C（美国药典）、微生物污染沙氏琼脂培养基（美国药典）、微生物污染沙氏琼脂培养基－沙门氏菌（日本药典）、粒度分布（美国药典）、体积密度和振实密度（欧洲药典）以及α、β异构体（美国药典要求标签上有限制）。药典工作组于2010年11月1日签署
一水乳糖（R2）	6	美国药典	除微生物和重金属测试外，通过属性进行协调。地方要求有鉴定测试B和C、检测限和粒度分布（美国药典）。注：日本药典定义还包括颗粒状乳糖（不超过4.0%的水），美国药典定义还表明，它可能含有不同数量的非晶形乳糖。药典工作组于2008年6月6日签署
硬脂酸镁（校正3）	6	美国药典	除微生物和SSA测试外，通过属性进行协调。日本药典将不规定镉、镍或铅的限值。药典工作组于2013年6月27日签署
甘露醇	6	欧洲药典	通过属性协调，重金属测试除外。地方要求有第二鉴定（欧洲药典）、无沙门氏菌（欧洲药典）和功能相关特征。日本药典没有规定微生物污染或细菌内毒素。药典工作组于2012年6月6日签署[d]
甲基纤维素（R2校正2）	6	日本药典	通过属性协调。地方要求有溶液外观（欧洲药典）、描述（日本药典）和重金属（美国药典）。药典工作组于2015年7月1日签署
对羟基苯甲酸甲酯	6	欧洲药典	X
矿物脂	4	美国药典	在现有的美国药典37/NF31专论中没有关于协调的评论
矿物脂，白色	4	美国药典	在现有的美国药典37/NF31专论中没有关于协调的评论
聚乙二醇	4	美国药典	在现有的美国药典37/NF31专论中没有关于协调的评论
聚山梨酯80	6	欧洲药典	通过属性协调。非协调属性是通过红外鉴定（欧洲药典）和重金属测试（美国药典）。药典工作组于2014年11月14日签署
聚维酮（R1校正2）	6	日本药典	通过属性协调。地方属性是重金属（日本药典）。鉴定C和D及存在/不存在1-乙烯基吡咯烷酮（欧洲药典）和鉴定B、C、D、E和铅（美国药典）。药典工作组于2015年7月1日签署

续表

辅料专论（修订版在括号中指定）	协调阶段[a]	协调药典	评论[b]
丙二醇	4	欧洲药典	在现有的美国药典 37/NF31 专论中没有关于协调的评论
羟苯丙酯	6	欧洲药典	X
邻磺酰苯甲酰亚胺（R1）	6	美国药典	除描述、熔化范围、甲苯磺酰胺和重金属限值外，通过属性协调。地方要求是鉴定试验 A、B、D 和 E（欧洲药典）。欧洲药典不会规定苯甲酸盐和水杨酸盐的限量。药典工作组于 2013 年 6 月 27 日签署
糖精钙	6	美国药典	X
糖精钠（R1）	6	美国药典	X
二氧化硅	4（R）	日本药典	在现有的美国药典 37/NF31 专论中没有关于协调的评论
二氧化硅，胶体	4（R）	日本药典	在现有的美国药典 37/NF31 专论中没有关于协调的评论
氯化钠（R3）	6	欧洲药典	通过属性协调，描述、溶液外观、砷、重金属、无菌性和细菌内毒素除外。药典工作组于 2013 年 11 月 6 日签署
十二烷基硫酸钠	6	美国药典	新专论。通过属性协调。地方要求的是水、乙醇总含量（日本药典）和乙醇总含量（美国药典）。药典工作组于 2014 年 11 月 14 日签署
羧基乙酸淀粉钠（R3）	5B	美国药典	通过属性协调，除了鉴定红外和重金属。地方要求是溶液的外观（欧洲药典），鉴定符合 pH 值测试（欧洲药典），鉴定悬浮液的形成（欧洲药典）和鉴定钠火焰测试（美国药典）。药典工作组于 2013 年 6 月 27 日签署
淀粉，玉米（R3）	6	美国药典	通过属性协调。地方要求是异物（欧洲药典/日本药典）和无沙门氏菌（欧洲药典）及无金黄色葡萄球菌/铜绿假单胞菌（美国药典）。日本药典将不规定微生物限值。药典工作组于 2012 年 6 月 6 日签署
淀粉，马铃薯（R2）	6	欧洲药典	通过属性协调。地方要求是异物（欧洲药典）和无沙门氏菌（欧洲药典）。日本药典不规定微生物污染。药典工作组签署日期未定
淀粉，预胶凝	3	日本药典	在现有的美国药典 37/NF31 专论中没有关于协调的评论
淀粉，大米（R1）	6	欧洲药典	通过属性协调，除了异物。地方要求不含沙门氏菌（欧洲药典）。药典工作组于 2013 年 11 月 6 日签署
淀粉，小麦（R2）	6	欧洲药典	通过属性协调。当地要求是异物（欧洲药典）和无沙门氏菌（欧洲药典）。日本药典不规定微生物污染。未记录药典工作组签署日期

续表

辅料专论（修订版在括号中指定）	协调阶段[a]	协调药典	评论[b]
硬脂酸	6	欧洲药典	通过属性协调，镍限值试验除外。药典工作组于2008年6月3日签署
蔗糖（R1）	6	欧洲药典	通过属性进行协调，鉴定和颜色值测试除外。药典工作组于2013年6月27日签署
容器内注射用无菌水	3	美国药典	在现有的美国药典37/NF31专论中没有关于协调的评论
滑石	6	欧洲药典	X
二氧化钛	5A2	日本药典	在现有的美国药典37/NF31专论中没有关于协调的评论

注 X：状态不明。

[a]：参见图9-1。

[b]：美国药典委员会一般会对标签、包装和储存及美国药典参考标准发表评论。

[c]：美国药典通则 <1191> 指出了第5阶段（区域协调）前的状态，但具体的美国药典专论强调了协调的重要因素。

[d]：药典工作组签署文件中的日期不清楚。

总之，药典协调本身就是一个令人钦佩的目标，但并没有真正实现预期的全球效益。事实上，药典协调的整个领域仍然是一个复杂的领域，几乎没有理由相信在不久的将来会取得实质性进展。事实上，中国、俄罗斯、印度、巴西和阿根廷等一些国家对遵守其国家药典的要求，使得全球统一提交的目标更加难以实现。

参考文献

[1] ICH Q6A. 1999. Specifications: Test procedures and acceptance criteria for new drug substances and new drug products：Chemical substances. Current step 4 version，October 6，1999.

[2] ICH Q6B. 1999. Specifications: Test procedures and acceptance criteria for biotechnological/biological products. Current step 4 version，March 10，1999.

[3] Moore K. 2012. Overview of the Pharmacopoeial Discussion Group: Harmonization from a Compendial Perspective. http://www. irvinepharma. com/pdf/Kevin_Moore_PDG_Presentation. pdf. Accessed on September 23，2014.

[4] ICH Q4B. 2007. Evaluation and recommendation of pharmacopoeial texts for use in the ICH regions. Current step 4 version，November 1，2007.

[5] ICH Q3D. 2014. Guideline for elemental impurities. Current step 4 version，December 16，2014.

[6] Schoneker D. 2015. ICH Q3D: Elemental impurities: How to prepare your company to comply with regulatory expectations，ExcipientFest Asia，March 25—26，2015，Renaissance Shanghai Zhongshan Park Hotel，China.

[7] Das TK. 2012. Protein particulate detection issues in biotherapeutics development: Current Status. *AAPS PharmSciTech*，13，732-746.

[8] Quershi SA，McGilveray IJ. 1995. A critical assessment of the USP dissolution apparatus suitability test criteria.

Drug Development and Industrial Pharmacy 21, 905–992.

[9] Quershi SA, McGilveray IJ. 1999. Typical variability in drug dissolution testing: Study with USP and FDA calibrator tablets and a marketed drug(glibenclamide) product. *European Journal of Pharmaceutical Sciences*, 7, 249–258.

[10] Armenante P, Muzzio F. 2005. Inherent Method Variability in Dissolution Testing: The Effect of Hydrodynamics in the USP II Apparatus A Technical Report Submitted to the Food and Drug Administration. http://www. fda. gov/ohrms/dockets/ac/05/briefing/2005–4187B1_01_04–Effect–Hydrodynamics. pdf. Accessed on May 16, 2016.

[11] Collins CC, Nair RR. 1998. Comparative evaluation of mixing dynamics in USP apparatus 2 using standard USP vessels and peak vessels. *Dissolution Technology*, 5, 7–18.

[12] Quershi SA. 2006. Comparative impact of stirring and shearing in drug dissolution testing with USP paddles and crescent shaped paddles. *Dissolution Technology*, 13, 25–30.

[13] Quershi SA, Shabnam J. 2001. Cause of high variability in drug dissolution testing and its impact on setting tolerances. *European Journal of Pharmaceutical Sciences*, 12, 271–276.

[14] Zhang Y, Bredael G, Aremante PM. 2013. Dissolution of prednisone tablets in the presence of an arch–shaped fiber optic probe in a USP dissolution testing apparatus 2. *Journal of Pharmaceutical Sciences*, 102, 2718–2729.

[15] Wang Y, Armenante PM. 2012. A novel off–center paddle impellor dissolution testing system for reproducible dissolution testing of solid dosage forms.*Journal of Pharmaceutical Sciences*, 101, 746—760.

[16] Holte Ø. 2011. The European Pharmacopoeia Draft on Large Sample Sizes, PQRI Workshop on Sample Sizes for Decision Making in New Manufacturing Paradigms, September 12—13, 2011. http://pqri. org/conferences–and–workshops/. Accessed on July 21, 2017.

[17] Leveau P. 2012. The European Pharmacopoeia: Harmonisation and Innovation, 44ème Congrès International SFSTP, June 6—7, 2012, Montpellier, France.

[18] Huang C–Y, Ku MS. 2010. Asymmetry effect of particle size distribution on content uniformity and over–potency risk in low–dose solid drugs. *Journal of Pharmaceutical Sciences*, 99, 4351–4362.

[19] Lunney PD, Anderson CA. 2009. Investigation of the statistical power of the content uniformity tests using simulation studies. *Journal of Pharmaceutical Innovation*, 4, 24–35.

[20] Chowhan ZT, Amaro AA, Ong JTH. 1992. Punch geometry and formulation considerations in reducing tablet friability and their effect on , 81, 290–294.

[21] FDA. 2012. Guidance for Industry Pyrogen and Endotoxins Testing: Questions and Answers. U. S. Department of Health and Human Services Food and Drug Administration Center for Drug Evaluation and Research(CDER) Center for Biologics Evaluation and Research(CBER) Center for Veterinary Medicine(CVM) Center for Devices and Radiological Health(CDRH) Office of Regulatory Affairs(ORA), June 2012. http://wwwfda. gov/Drugs/GuidanceComplianceRegulatoryInformation/Guidances/default. htm. Accessed on September 14, 2014.

[22] Long AG. 2013. Pharmacopoeial harmonization update. USP Convention, June 27, 2013.

[23] USP. 2013. Monograph Modernization, December 13, 2013. http://www. usp. org/usp–nf/key–issues/monograph–modernization. Accessed on May16, 2016.

[24] EMA. 2010. Water for Injection(EDQM), April 1, 2010. http://www. gmp-publishing. com / en / gmp-news / gmp-aktuell / water-for-injection-edqm/page / 33. html ? layout=print. Accessed on September 23, 2014.

[25] Benoit-Guyod E. 2012. EU GMP Requirements and Inspections of API Manufacturers Organized by EDQM. IPA / EDQM / WHO Mumbai Confefence, September 28, 2012. http://www. ipapharma. org / events / edqmphoto spresentation2012 / 12. pdf. Accessed 0n September 23, 2014.

[26] ICH Q3D. 2009. Final Business Plan. Q3D : Impurities : Guideline for Elemental Impurities, Dated Julv 17, 2009. http://www. ich. org / fileadmin / Public_Web_Site / ICH Products / Guidelines / Quality / Q3D / Q3D_Final_Business_Plan. pdf. Accessed on September 14, 2014.

[27] Shah V 2013. Progressive applications of dissolution : Its impact, and implications in the pharmaceutical world. *Jourrlal of Pharmaceutical Sciences*, 102, 2895-2897.

10

ICH Q5A：生物技术产品的病毒安全性

Daniel Galbraith
BioOursource Ltd., Glasgow, UK

10.1 引言

生物技术产品（生物制品）是使用哺乳动物、昆虫或微生物细胞系生产的，通常不适用于严酷的终端灭菌方法。这强调了在整个制造过程中确保不受外源性因子污染的安全性需要。许多生物技术产品的制造技术最初是用于生产疫苗的，而在生产疫苗方面所获得的知识在实施确保生物技术产品总体安全和质量的方法方面也很重要。病毒疫苗在绝大多数情况下都是安全的，尽管也有少数受污染产品或过程的案例。这些事件导致为疫苗制订了一系列指导方针，以减少此类安全风险。当ICH 制订生物技术产品安全指南时，考虑了从疫苗指南中获得的经验。由此产生的 ICH Q5A 指南（对源自人类或动物细胞系的生物技术产品的病毒安全性评估）中[1]解释了生物技术制造过程污染的风险，并描述了在减轻这些风险时预期要采取的方法。

生物制剂与小分子药物有根本不同，因为前者是在活细胞中产生的，通常使用重组 DNA 技术进行修饰。多年来，病毒疫苗是通过在细胞中培养病毒来制造的。许多这样的产品在生产过程中都有一个终端步骤，它能够使任何残留的传染源失活，包括病毒本身和任何污染的微生物。这有效地使疫苗成为一种低安全风险的产品，甚至可以用于健康儿童。另一方面，大多数生物制品无法承受疫苗行业采用的传统终端灭菌步骤，因此必须开发其他确保产品不含传染源的方法。

10.2 确保病毒安全性的总体方法

如 Q5A（R1）所述，业界已经发展出安全性三角（图 10–1），包括三种被认为是确保生物制品安全性所必需的方法。

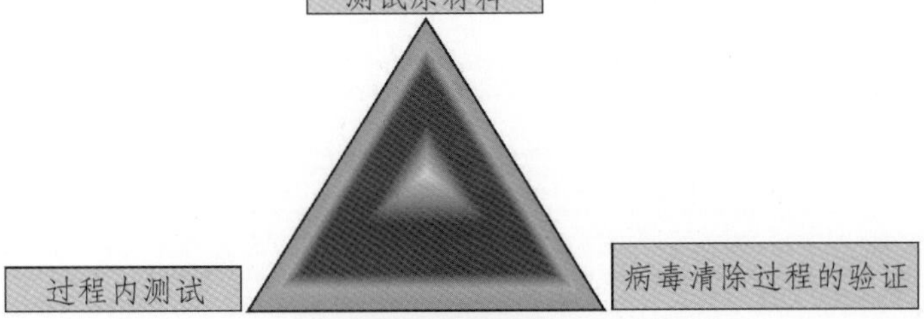

图 10–1　生物制品安全性测试三角

注　资料来源：经David Onions教授许可转载。

原材料在 Q5A（R1）中定义为生产细胞系和其他原材料，包括介质组件，“过程中测试”包括在适当的生产步骤（即批量发布）测试外源性因子。确认了测试作为确保安全的手段的局限性，并通过实施去除潜在病毒污染物的工艺步骤缓解了此类缺陷。因此，安全性三角的第三部分包括去除和 / 或灭活病毒纯化（清除）步骤的验证。

图 10–1 中显示的三种方法通过产品和过程的风险评估进行关联。所有生物制品都需要有药物开发人员在非常早期准备的病毒风险评估（如欧洲药典 5.1.7[2]；另见第 14 章）。作为临床试验申请评估的一部分，监管机构对此进行了详细审查。Q5A（R1）中的具体语言是“制造商在其确保病毒安全的总体战略中使用的方法应该得到解释和证明。除了所提供的详细数据外，病毒安全性评估的全面总结将有助于促进监管当局的审查”[1]。

如 Q5A（R1）所述，潜在的病毒污染物可通过生产细胞或生产过程引入。目前为止，细胞系如中国仓鼠卵巢细胞（CHO）和小鼠细胞系 NS0 和 Sp2/0 最常用于生产包括单克隆抗体在内的复杂生物制品。多年来，监管部门通过审查许多不同的产品应用，已经意识到与从此类细胞基底衍生产品相关的风险。因此，从这些特征良好的细胞衍生产品的测试要求几乎是系统化的。

例如，与用中国仓鼠卵巢细胞生产生物制品有关的风险不是理论上的。在生物制品生产过程中检测到病毒污染的报告案例有很多，这些案例导致对在未加工批量阶段进行检测的预期发生了变化。据报道，20 世纪 90 年代，细小病毒属小鼠微小病毒（MMV）是一种批量产品中的污染物，随后对这种病毒进行了测试。最近发生的这种病毒污染已经被报告[4, 5]，证实了这种测试的必要性。在 2013 年，Genzyme 公司报告了[6]中国仓鼠卵巢细胞生产过程中受到杯状病毒（疱疹病毒属）的污染。这实际上是中国仓鼠卵巢细胞处理中被这种病毒污染的第二次报告，因为第一次报告出现在 20 年前 [7]。因此，中国仓鼠卵巢细胞产品的病毒安全性测试系列应包括能够检测该病毒的分析。这些并不是中国仓鼠卵巢细胞制造过程中观察到的唯一病毒污染类型[8]。对适用于各种生产细胞类型的病毒污染潜在风险的认识不断变化，业界必须跟上最合适测试系列的最新认识。

如前所述，原材料测试（图 10–1）包括生产细胞系（主细胞库 MCB、工作细胞库 WCB 和处于体外年龄极限的生产细胞 / 细胞）及用于细胞培养的生长介质及其组分的测试。在考虑原材料时，特别强调任何动物源性材料，因为这些材料被认为是引入外源性污染物的最可能来源。

10.3 细胞系认证

ICH Q5A（R1）描述了用于生产的细胞库的使用，其中制备了几百个小瓶的细胞作为主细胞库，来自主细胞库的单个小瓶被扩展以产生一个或多个工作细胞库。在 Q5A（R1）中承认生产细胞系是病毒污染物的潜在来源。因此，将要求生产细胞库彻底测试可能的病毒污染物。病毒是不同类型的复杂混合物，因此不可能通过单一测定方法测试。因此，使用了一组正交病毒检测分析，详细描述了 Q5A（R1）指南中细胞库的测试，并总结在表 10–1 中（有关此测试的其他详细信息，请参阅原始指导文件）。

表10–1　对细胞库执行的测试

终点检测	主细胞库	工作细胞库	CAL[a]
逆转录病毒和内源性病毒			
感染性	+	–	+

续表

终点检测	主细胞库	工作细胞库	CAL[a]
电子显微镜	+	−	+
逆转录酶	+	−	+
其他病毒特异性测试	+	−	+
外源性病毒测试			
体外分析	+	+	+
体内分析	+	−	+
抗体产生测试	+	−	−
其他病毒特异性测试	+	−	−

注 资料来源：ICH Q5A（R1）[1]。由国际协调会议Q5A（R1）提供。
[a]：处于体外年龄极限的细胞(CAL)是在上游生产过程结束时，或是在少数通道之外，所采集的细胞。

10.3.1 检测内源性逆转录病毒

内源性逆转录病毒是值得关注的，因为这些病毒存在于通常用于生物制品的啮齿动物生产细胞系中，包括中国仓鼠卵巢细胞。由于逆转录病毒可以低水平复制或有时完全休眠（存在于宿主细胞基因组中的几千个核苷酸中），因此需要采用多种正交测试方法。感染性测试是鉴定所关注的逆转录病毒的最有用的方法。由于在病毒筛查测定（MRC-5，HEK-293 和 HeLa）中常用的人类检测细胞系的逆转录病毒感染后存在极少或没有可见的细胞形态变化，因此已开发出逆转录病毒特有的感染性测定。例如，焦点形成测定允许通过改变由缺陷性肉瘤病毒（S+L-）的逆转录病毒激活引起的细胞形态（转化灶的形成）来检测逆转录病毒。以这种方式，可以实现病毒的鉴定和定量。对于 S+L- 测定，通常使用貂（ATCC CCL-64.1 MiCl1 S+L-）或猫（ATCC CRL-2032 PG-4 S+L-）的细胞系。这些测定特异性地检测异嗜性或双嗜性小鼠逆转录病毒（即，在源宿主细胞以外的物种中生长的逆转录病毒），因为这些是从患者安全角度来看最受关注的逆转录病毒。通常认为猫 S+L- 细胞系在检测时比水貂 S+L- 细胞系更敏感[9]。这些 S+L- 细胞含有复制缺陷型鼠肉瘤病毒，并且在从测试材料感染第二种逆转录病毒后，“拯救”有缺陷的病毒并使检测细胞快速复制，形成在光学显微镜下可见的小病灶。每个焦点都等同于单一的传染性病毒。

使用的其他逆转录病毒检测分析包括使用杜氏小家鼠[10]或非人细胞或人类细胞的共培养分析和 XC 菌斑形成分析。这些分析解决了与使用鼠源生产细胞相关的特殊逆转录病毒风险，例如 NS0 或 Sp2/0。小鼠细胞系具有被表达的复杂的内源性逆转录病毒阵列，这些分析能够鉴定不同类型。这很重要，因为一些鼠逆转录病毒可以被认为是低风险，因为它们只能感染啮齿动物细胞（亲嗜性），而其他的可以感染任何细胞类型（两性）。杜氏小家鼠细胞能够[10]支持所有四类鼠白血病病毒（MuLV）的复制（即亲嗜性、异嗜性、双嗜性和水貂细胞聚焦形成）。为了增加从主细胞库细胞产生的病毒检测的灵敏度，首先将细胞与杜氏小家鼠细胞共培养长达 4 周的时间。在这两种细胞类型紧密接触的这段时间内，主细胞库细胞脱落的任何感染性逆转录病毒都可以在易感的杜氏小家鼠细胞中感染和扩增。然后可以将来自混合培养物上清液的采集物用于随后的终点，例如 S+L- 测定，以检测繁殖的逆转录病毒。据认为，与没有初始共培养的 S+L- 测定相比，该过程可以将这些方法的检测灵敏度提高 10 倍。或者特异性单克隆抗体可用于鉴定杜氏小家鼠细胞表面上的鼠白血病病毒类型。

XC 菌斑分析是一种检测生态性鼠白血病病毒的细胞检测系统，在本例检测细胞（XC）来源于大鼠。首先将试验样品接种到小鼠胚胎细胞系 SC-1 上，以扩增存在的任何生态逆转录病毒。然后对接种的 SC-1 培养物进行紫外辐照，并将 XC 细胞的单层覆盖到被辐照的 SC-1 细胞上。如果存在同向性病毒，则在培养物中观察到巨大的多核 XC 细胞（合胞体）。这些被列举并代表了逆转录病毒在紫外线照射时的滴度。

电子显微镜已在病毒学领域应用多年，以提供病毒结构的细节。在逆转录病毒的检测方面，电子显微镜特别有用。应用于固定细胞的方法允许观察细胞内的病毒颗粒（80~100 nm），以及通过细胞膜出芽释放病毒后的病毒颗粒。已知中国仓鼠卵巢细胞[11]会产生 A 型（细胞内）和 C 型的逆转录病毒颗粒（在细胞膜出芽后包膜）（图 10–2）。

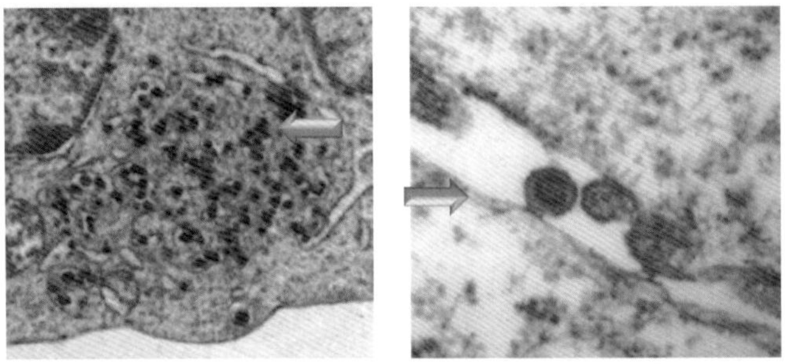

图 10–2　中国仓鼠卵巢细胞的电子显微图，显示 A 型和 C 型逆转录病毒颗粒

当使用电子显微镜测试主细胞库的细胞时，一小瓶细胞被解冻，用于产生生长细胞，然后固定。用切片机做细胞的超薄切片。穿过细胞中心的切片被染色并准备检查。中期的细胞用透射电镜（TEM）进行筛查。通常检查 100~200 个这样的细胞轮廓，计算表达 A 型和 C 型病毒颗粒的细胞百分比。对于中国仓鼠卵巢细胞来说，A 型颗粒在细胞库中高达 20% 的细胞中可见，而 C 型颗粒被观察到频率相对较低。

电子显微镜还可以识别细胞中的其他病毒颗粒，因此，如果存在意想不到的潜伏病毒，它是一个有用的工具。这种潜在病毒可能包括多瘤病毒科和疱疹病毒科的成员。尽管电子显微镜是一种非常有用的工具，但它在分析样品时确实有一个明显的缺点：能够测试的体积非常小。例如，相对于通常存在于细胞库小瓶中的 10^6~10^7 个细胞，对 200 个细胞剖面的评估只代表一个很小的样本。这只占一小瓶中细胞总数的 0.0002%，并且除非大部分细胞被感染（这在潜伏感染中不太可能），否则使用该方法很可能会遗漏污染。

针对逆转录酶（RT）的生物化学分析和基于聚合酶链反应（PCR）分析也可用作逆转录病毒的检测终点[12]。这种酶在逆转录病毒生命周期中被用来将病毒的基因组 RNA 转化为一种能整合到宿主细胞 DNA 中的 DNA 拷贝，是逆转录病毒相对特定的标记物。此外，随着病毒和病毒衍生产品数量的增加，逆转录酶的数量也会增加。选择的方法是聚合酶增强逆转录酶（PERT）分析，在病毒逆转录酶存在的情况下，一个合成模板 RNA 被用于合成一个 DNA 拷贝，可以通过聚合酶链反应进行测量[9]。聚合酶增强逆转录酶分析是敏感的，能够检测样本中少于 1000 个病毒颗粒。这种分析的一个缺点是，由于某些哺乳动物核酶能够模拟高水平的逆转录酶活性，因此有可能获得假阳性结果。为考虑这种可能性，应注意确保分析中包含正确的控制措施。

10.3.2 检测外源性病毒污染

基于聚合酶链反应的终点分析也用于检测各种外源性病毒，对这些病毒没有可用的细胞感染性分析。聚合酶链反应检测到的病毒包括逆转录病毒人类免疫缺陷病毒和人类T细胞白血病病毒、乙型和丙型肝炎病毒，疱疹病毒包括爱泼斯坦–巴尔病毒（人类疱疹病毒4）和人类多瘤病毒（如JC和BK病毒）。在后面的文章中，将进一步讨论聚合酶链反应分析在细胞库检测中的应用。

对非内源性或外源性病毒的测试还包括各种基于细胞的感染性筛查方法，这些方法旨在检测可能已感染细胞库的一系列病毒。这些包括体外病毒筛查、体内病毒筛查和抗体产生分析。

10.3.3 外源性病毒体外筛查分析

所谓的体外分析被广泛用于检测病毒，这些病毒能够①在检测细胞培养中感染和传播，②在可用的三个终点中的一个（即细胞病变效应的可视化、红细胞的血吸附或血凝集）中产生可辨别的效果。将来自储存细胞的细胞裂解液样品接种到生长检测器细胞单层上。检测细胞至少应包括人二倍体细胞、猴肾细胞和与生产细胞相同种类的细胞系。表10–2列出了可考虑的其他类型的探测细胞系。

表10–2 用于体外病毒筛查分析的检测细胞系的示例

细胞系	来源物种	注释
324K	人（智人）	这些细胞特别容易受到小鼠微小病毒（MMV）的影响，可以添加到测试中国仓鼠卵巢生产细胞和未加工的大批量采集的分析中
A549 CCL–185	人（智人）	强劲的细胞生长使其成为理想的检测细胞系。对腺病毒和疱疹病毒都敏感，但没有大量的文献证明能够检测其他类型的病毒
BHK–21 CCL–10	叙利亚金黄地鼠（金色大鼠）	通常用于检测虫媒病毒和一些疫苗病毒和疱疹病毒
CHO–K1 CCL–61	中国仓鼠（灰仓鼠）	用于测试中国仓鼠卵巢生产细胞，检测呼肠孤病毒和血管病毒
HEK–293 CRL–1573	人（智人）	细胞的异常混合形态可以观察到。能够支持多种病毒类型的生长，特别是腺病毒
HeLa CCL–2	人（智人）	用于检测腺病毒和多种其他病毒
LLC–PK1 CL–101	猪（野猪）	通常用于检测猪细小病毒或检测已暴露于猪材料（如胰蛋白酶）中的生产细胞
MDBK CCL–22	牛（奶牛）	广泛用于检测牛病毒，如牛病毒性腹泻病毒。用于牛血清病毒污染检测
MDCK CCL–34	狗（家犬）	一些生产商用于生产疫苗的流感病毒，用于检测正黏病毒科病毒

续表

细胞系	来源物种	注释
MRC-5 CCL-171	人（智人）	用于检测麻疹、巨细胞病毒和多种其他病毒的二倍体细胞[13]
RK13 CCL-37	兔（穴兔）	专门用于检测疱疹B病毒（恒河猴疱疹病毒1型），这是一种可能的原代猴细胞污染物。这种细胞还能检测其他类型的病毒
Vero CCL-81	非洲绿猴（黑长尾猴）	检测对人类和灵长类有传染性的各种病毒[13]

体外测定的最佳持续时间（即14或28天）取决于许多因素。Q5A（R1）中未指定持续时间。如果生产细胞系是非灵长类动物来源并且不知道是否支持人巨细胞病毒（CMV）的生长，那么接种培养物的观察期可以根据诸如1993年美国FDA指南的指导文件（考虑用于生产生物制品的细胞系的表征）[13]的限值14天。如果怀疑细胞支持人巨细胞病毒的生长，推荐的观察期为28天。尽管在接种后第5天可以在体外试验中观察到许多病毒污染物，但是某些病毒如人巨细胞病毒和麻疹病毒可以较慢地表现出细胞病变效应，因此对于细胞系表征，通常使用较长时间（即28天）的观察期以提供检测低水平污染物的最大机会。

将接种的培养物保存14天或28天，以留出病毒传播的时间。在此期间，可用光学显微镜观察细胞病变效应。在分析的不同时点，样品也可以进行血吸附和血凝集测试。

血吸附是红细胞与某些类型病毒感染细胞时表达的细胞表面糖蛋白牢固结合的能力。每个病毒家族或物种都有稍微不同的糖蛋白，反过来，这些糖蛋白对来自不同动物物种的红细胞具有不同的亲和力。这些糖蛋白还具有在不同温度下优先结合红细胞的能力（表10–3）。通常评估低温范围（2~8℃）和高温范围（室温或37℃）的血吸附。释放到培养基中的游离病毒也能与红细胞结合，引起一种叫作血凝集的效果。在这种情况下，一排一排的红细胞被病毒糖蛋白结合在一起。这些红细胞排可以悬浮在溶液中，也可以沉到96孔测试板的底部，形成一个不均匀的红细胞绒毯（扣状体），很容易从视觉上识别（未受感染的样品形成一个紧密的红细胞扣状体）。应该注意的是，必须要有足够高的病毒群体存在，以允许这种情况发生；因此，这可能是用于体外筛查的最不敏感的终点。许多病毒家族可引起血凝集的形成，这被认为是某些病毒（如正黏液病毒）的一个关键识别特征。

应当指出，许多与生物制品生产有关的病毒腺病毒、布尼亚病毒（例如卡奇谷病毒）、杯状病毒（例如疱疹病毒属2117）、环状病毒（例如猪环状病毒1和2）、嗜肝DNA病毒（例如乙型肝炎）、小核糖核酸病毒（例如鼻病毒、肠道病毒）和棒状病毒（例如狂犬病毒）不会在血吸附和血凝集试验中引起阳性终点反应，因此使用这些终点无法检测到。由于典型的筛查分析使用固定的红细胞组（如人或猴、豚鼠和鸡），从实际意义上讲，黄病毒属（如牛病毒性腹泻病毒、西尼罗病毒）和疱疹病毒也通常不能用这些终点检测到。

血凝集和血吸附是检测表10–3中提到的特定病毒家族的有价值的验证性终点。但是，应注意确保分析中使用的红细胞制剂含有在阳性对照病毒存在下能够凝集的细胞。如果不是新鲜的或在高温下保存的红细胞，可能会失去它们在分析中的功能。

表10-3　某些类型病毒的血凝素特征

病毒（科）	血凝集 / 血吸附	评论
流感病毒 A，B，C（正黏液病毒科）	+/+	人、豚鼠、火鸡或鸡的红细胞在低温和高温范围内均能产生阳性结果；然而，这在病毒分离株之间可能有所不同
副流感病毒 1~3（副黏液病毒科）	+/+	人、豚鼠和鸡红细胞有阳性反应，豚鼠是首选来源。两个温度范围都发生凝集
流行性腮腺炎病毒（副黏液病毒科）	+/+	人类的红细胞可以用，但是鸟类的，特别是鹅的红细胞能提供最好的结果。在较低的温度范围内，凝集作用更强
风疹病毒（披膜病毒科）	+/+	人、鹅和鸡的红细胞产生阳性结果
辛德毕斯病毒（披膜病毒科）	+/−	凝集鹅和羊的红细胞
麻疹病毒（副黏液病毒科）	+/+	猴（恒河猴或尾猴）红细胞产生阳性结果，在较高温度（37℃）下凝集增强
西尼罗河病毒（黄病毒科）	+/−	凝集鹅和羊的红细胞
疱疹 / 巨细胞病毒（疱疹病毒科）	+/−	无明显的血吸附，但在病毒滴度较高时会凝集绵羊红细胞
鼠微小病毒（细小病毒科）	+/−	豚鼠和小鼠红细胞在两个温度范围内都有阳性凝集结果
呼肠孤病毒 2 型（呼肠病毒科）	+/−	在两个温度范围内与猴子、豚鼠和鸡红细胞有弱和可变凝集

由于体外分析是一种筛查分析，因此必须使用正交方法对测试样品的阳性结果进行跟踪，以识别污染物。历史上，这是通过使用透射电镜和针对病毒家族或物种的特异性抗血清来完成的。所提出身份的确认涉及特异性聚合酶链反应分析。最近，这些历史方法已被下一代（深层）测序所取代。

业界专家最近发表的书籍建议对体外试验进行一些改变，包括扩大用于潜在地提高某些病毒的试验敏感性的细胞系。特别是，在减少或消除体内方法（体内筛查、抗体产生）的情况下，建议这样做。此外，还应考虑在较低温度（如 33~35℃）下培养指示细胞，以加强对呼吸病毒的检测，这些病毒可能在上呼吸道较低温度（如鼻病毒）下更好地传播。此外，可能会考虑优化检测细胞相关病毒的测试。细胞碎片可能干扰测试，但可能含有细胞相关病毒。可能需要包括额外的终点，例如，对最关注的特定病毒进行免疫荧光染色，或在培养物中扩增后采用广泛的聚合酶链反应质谱法进行一般检测。先前建议的标准体外试验的修改不需要修改 Q5A（R1），因为目前在该指南中没有关于体外病毒筛查方法的太多细节。生物制品制造商相对自由地优化方法，以便对所关注的特定病毒提供最佳的敏感性，同时考虑到生产细胞和上游工艺中可能使用的任何动物源性原料。

10.3.4 牛和猪（即特定物种）病毒的检测

在生物制品生产中常用的细胞（中国仓鼠卵巢、NS0、Sp2/0、HEK-293）在它们历史的某个时间是使用动物衍生材料（如牛血清或猪胰蛋白酶）培养的。由于这些物质来源于动物，因此在培养过程中，动物病毒有可能传播到生产细胞。Q5A（R1）中没有描述此类病毒的测试，尽管该要求可能包含在该指南的表 10-1 中的其他病毒特异性测试类别中。虽然 Q5A（R1）中没有对某些点暴露于动物源性材料的细胞库的特定测试进行说明，但预计需要进行此类测试。

多年来，已制订了涵盖动物源性原料中潜在病毒污染物检测的指南，但最全面和通常遵循的是美国联邦法规（CFR）9 CFR 113 第 46[14] 和 47[15] 部分。这些法规概述了应该在批量牛血清、猪胰蛋白酶和其他动物来源原料中测试的病毒，并规定了应使用的测试方法。测试至少使用了两种细胞系：猴肾细胞（长尾猴肾）和一种来源于测试材料的细胞系。将样品接种到检测细胞后，检测持续 3 周，并规定了培养物的通道数量。终点是细胞病变效应、血吸附和免疫荧光染色，可探测美国联邦法规中规定的一些病毒。尽管该方法专门用于测试原材料，但也适用于测试暴露于此类动物源性材料的细胞库。

10.3.5 外源性病毒的体内病毒筛查

所谓的体内方法是一种历史性的病毒检测方法，将动物作为病毒检测的宿主。根据 Q5A（R1），待接种的实验动物包括含胚的鸡蛋和成年及哺乳的小鼠。虽然在 Q5A（R1）中没有特别提及，但有时也接种豚鼠。该测试旨在检测使用体外筛查分析无法检测的病毒。这些动物在理论上对各种病毒易感，如表 10-4 所示。

表10-4 各种实验动物对病毒的敏感性

动物	评论
成年小鼠	对大量病毒敏感，但要特别注意淋巴细胞性脉络丛脑膜炎病毒、柯萨奇病毒、黄病毒、棒状病毒和囊膜病毒为特征
乳鼠小鼠	在出生 24 h 内接受测试。以对虫媒病毒、柯萨奇病毒、人肠道病毒和其他小核糖核酸病毒、α 病毒、疱疹病毒、黄病毒和狂犬病病毒的敏感性而闻名
鸡蛋	鸡蛋来自特定的无病原体鸡群。鸡蛋是通过不同的途径进行设置和接种的。利用尿囊途径可检测到 10~11 天大的胚胎、正黏液病毒（流感病毒 A 和 B）、副黏液病毒（腮腺炎病毒、麻疹病毒、副流感病毒 1~3）和 α 病毒。 使用带有 6~7 天大胚胎的卵黄囊途径，可检测到疱疹病毒、小角病毒、痘病毒和棒状病毒（狂犬病病毒）
豚鼠	这项试验通常使用幼年、成年动物。豚鼠并不以对许多病毒家族的易感性而闻名，但能被正黏液病毒、呼肠孤病毒和丝状病毒感染。应当指出的是，丝状病毒是一种极为罕见和极为意外的污染风险

成年小鼠的体重通常为 15~20 g，每个研究中至少使用 10 只动物。有许多不同的小鼠菌株可用，但通常使用 CD–1 或 BALB/C。这些小鼠来自一个封闭的群体，对动物的健康状况进行监测，以将获得假阳性结果的风险降到最低。动物可以通过多种途径接种（即腹膜内、肌肉内、皮下和颅内）。Q5A（R1）中未规定接种途径。最常见的是腹膜内和肌肉内途径的评估。这些途径可能是最有效地引入病毒，同时也是对动物最不严重和伤害最低的途径。接种后，对小鼠进行 28 天的监测，以观察任何感染迹象。如果动物出现注射相关创伤的迹象，则可将其排除在研究之外。老鼠可以在几个小时内表现出病毒病状的迹象。与载体对照动物相比，这可能涉及他们的皮毛状态、眼睛的警觉性及一般行为的变化。有明显临床疾病迹象的动物在遭受任何重大疼痛或痛苦之前都会被安乐死。根据 Q5A（R1），将这些动物的重要器官冷冻保存，以便进一步研究。理论上可以通过这种途径检测到多种病毒（表 10–4）。

给乳鼠接种测试物质，使其进入颅腔、腹膜和后肌肉，然后返回哺乳。对动物进行为期 14 天的健康监测。在接种过程中，哺乳期动物更容易受伤，注射创伤的动物可以从研究中移除。每项研究至少使用 20 只哺乳鼠。这部分体内分析有助于对虫媒病毒和各种其他病毒的检测（表 10–4）。

受孕的鸡蛋是从特定的无病原鸡群中获得的。在全球，这些鸡蛋只有少数供应商，他们的主要客户是流感疫苗制造商。因此，这些鸡蛋的需求量在疫苗生产的几个月（北半球 1 月至 6 月）达到峰值，而在其他几个月则很低。鸡蛋在低温下运输，以防止胚胎在运输途中发育。如果鸡蛋过热，这可能在夏季成为一个问题，并导致胚胎死亡。收到后，鸡蛋被放置在一个湿润的孵化器中，胚胎开始发育。发育中的胚胎通过在强光下“烛光”照射卵细胞来显示血管和监测胚胎的成熟。这个阶段的卵由不同的部分组成，包括卵黄囊、尿囊液、羊膜囊、绒毛尿囊膜和胚胎本身。尿囊液是最常用和最简单的给药途径。该途径最适合检测副黏液病毒、黄病毒和棒状病毒（表 10–4）。用这种方法可以分离出许多禽病毒。另一种常用的途径是卵黄囊。使用这种方法分离出许多哺乳动物病毒（表 10–4）。羊膜囊用于甲型流感病毒和腮腺炎病毒的初步分离。接种绒毛尿囊膜主要用于疱疹病毒和痘病毒的生长，在透明绒毛尿囊膜中病变（麻点）呈灰白色区域。这种接种途径只能在有很高的感染天花或疱疹病毒风险的地方使用。

在过去的几十年中，关于体内分析的有效性存在着相当大的争论，并且有人呼吁减少使用活体动物进行研究，努力争取取消这种测试。目前还没有使用体内分析检测到生物制品生产过程中的病毒污染物的实例。最近的文献 [16, 17] 提供了实验证据，证明与体外筛查相比，体内分析提供了相对较低的病毒检测灵敏度。这些文献描述了对添加到测试样品中的病毒检测，并没有反映实际的过程污染事件。如前所述，体内试验的目的是测试体外筛查检测不到的病毒。Gombold 等人研究 [17] 发现，与体外筛查相比，体内筛查仅能检测到流感病毒和水疱性口炎病毒。此外，从生物制剂安全的角度来看，最受关注的是在生产增长周期中繁殖并获得高滴度外源性因素。根据定义，只要使用与生产细胞相同种类的检测细胞，这些病毒应在培养中生长良好，并且应在体外试验中容易检测到。监管机构是生物制品检测方法类型的最终仲裁者，在修订 Q5A 之前，体内测试将保留在细胞库所需测试清单上。

10.3.6 抗体产生测试

啮齿动物细胞系，特别是中国仓鼠细胞，是生产生物制品中最常用的细胞。在生物制品史上，就曾有一个委员会列出了一系列可能引起关注的病毒，其中包括16种“小鼠”病毒（鼠痘病毒、小鼠轮状病毒、小鼠脑脊髓炎病毒、汉坦病毒、淋巴细胞脉络丛脑膜炎病毒、乳酸脱氢酶升高病毒、小鼠微小病毒、小鼠腺病毒、小鼠肝炎病毒、小鼠唾液腺病毒、鼠肺炎病毒、小鼠多瘤病毒和K病毒、呼肠孤病毒3、仙台病毒和小鼠胸腺病毒），5种仓鼠病毒（淋巴细胞脉络丛脑膜炎病毒、呼肠孤病毒3、仙台病毒、鼠肺炎病毒和猴肾病毒5），以及9种大鼠病毒（汉坦病毒、鼠脑脊髓炎病毒、基尔姆大鼠病毒、鼠肺炎病毒、呼肠孤病毒3、仙台病毒、图兰病毒，大鼠冠状病毒和唾液腺腺炎病毒）。开发用于检测这些病毒的测定称为抗体产生测定［例如小鼠抗体产生（MAP）测定，仓鼠抗体产生（HAP）测定和大鼠抗体产生（RAP）测定］。将测试样品分别接种到小鼠、仓鼠或大鼠中，然后将动物饲养28天，之后收集血清用于使用酶联免疫吸附测定或免疫荧光抗体染色测定进行测试，以确定动物是否已产生针对任何列出病毒的免疫应答。如果未检测到免疫应答，则认为测试样品不含这些病毒。淋巴细胞脉络丛脑膜炎病毒的检测需要执行额外的步骤。如果动物在生命早期感染这种病毒，就会产生对病毒的耐受性，如果在以后的生命中感染，就不会对病毒产生免疫反应。如果在测定中使用这种耐受性小鼠，则在测试样品含有淋巴细胞脉络丛脑膜炎病毒的情况下它们不会产生阳性免疫应答。为了确保研究中使用的动物易感，它们要接种淋巴细胞脉络丛脑膜炎病毒。如果动物易感，则会观察到临床病状；如果没有观察到临床病状，则测试失败，因为这些动物对病毒具有耐受性。

业界对抗体生产测试有一些批评。到目前为止，文献中还没有关于该分析的验证数据，因此，特异性和敏感性还没有被描述出来。对于那些试图减少在这些研究中使用的动物数量的人来说，使用聚合酶链反应分析的替代方法是可行的。在尝试使用抗体生产测试的替代测试时应小心。尽管有经验数据[18]和其中的参考文献表明，聚合酶链反应检测对抗体产生分析的敏感性是等效的或更高的，但在这方面应遵循Q5A（R1），除非获得监管机构的具体同意。

10.3.7 核酸扩增技术

近年来，聚合酶链反应技术的引入彻底改变了利用细胞和动物分析检测不到的污染病毒的能力。这项技术最初是在20世纪80年代末引进的，病毒检测是最早利用这一技术的领域之一。这种简单的技术可以将少量靶核酸（如病毒基因组的一个区域）扩增到一个容易被检测到的水平。这使得任何一种病毒都能在几个小时内找到合适的引物并被识别出来，其敏感度接近几个病毒拷贝。Q5A（R1）中规定，“如果用于生产的细胞系来自人类或非人类灵长类动物，则应进行额外的人类病毒测试，如引起免疫缺陷疾病和肝炎的病毒，除非另有理由。聚合酶链反应可以适用于检测这些人类病毒及其他特定病毒的序列。”[1]实际上，人类和非人类的灵长类细胞通过更大范围的聚合酶链反应测试进行评估，如表10–5所示。

表10–5 推荐用于不同生产细胞类型的聚合酶链反应测试组

生产细胞	推荐聚合酶链反应测试
人	甲型、乙型和丙型肝炎病毒，肠病毒（如诺瓦克病毒），人类免疫缺陷病毒，嗜人T淋巴细胞，环状病毒，细小病毒B19，人乳头状瘤病毒，多瘤病毒，人腺病毒，爱泼斯坦–巴尔病毒，人巨细胞病毒和疱疹病毒6、7、8
非人灵长类猴	多瘤病毒、猴泡沫病毒、猴免疫缺陷病毒、猴逆转录病毒、猴嗜T细胞病毒

10.3.8 下一代测序

自 1997 年 Q5A（R1）发布以来，病毒检测的进展产生了新的方法，这可能是对目前应用于细胞系特征鉴定测试组的有益补充。其中之一是下一代测序（NGS），也被称为大规模并行测序或深度测序。下一代测序的优点在于，它是一种监测所有已知病毒的主细胞库或处于体外年龄极限的细胞样本的方法[19]。这项技术涉及对样本中所有核酸的测序，如细胞库或批量采集。然后使用检测到的序列挑战所有已知病毒序列的数据库，以发现是否有任何序列与特定病毒匹配。目前，该技术最有可能应用于新型疫苗细胞基质[20，21]或发展历史可能存在缺口的生产细胞系的表征。阻碍更常规地使用该技术的障碍包括：①高成本；②公共数据库中缺乏足够的病毒科或种的序列信息；③发现可能或可能不代表病毒污染物的未识别序列的可能性。后者会给制造商和监管机构带来解释上的问题。因此，在进入常规服务之前，该技术可能需要一些调整。如前所述，美国食品药品管理局预计，在拟用于疫苗生产的新型细胞基质的情况下，将提供使用非特异性抗原的下一代测序分析。

10.4 动物源性原料的认证

除了生产细胞本身之外，上游或下游生产过程中可能使用的任何其他动物源性材料都是潜在的病毒引入点。因此，安全三角的第一个方面（图 10–1）包括任何动物源性原材料的认证。从历史上看，最常用的动物衍生材料是牛血清和猪胰蛋白酶。不常用的材料包括牛凝血酶、牛白蛋白和其他材料。降低使用这些材料风险的一种方法是减少或消除生物制品生产中的动物源性材料。使用定义的无血清生长培养基和重组胰蛋白酶、凝血酶和白蛋白就是这方面的例子。

牛血清与流行性出血病病毒[22]、膀胱病毒 2117[6，7]、呼肠孤病毒 2 型[8]和卡奇谷病毒[8]的制造过程污染有关。在牛血清不能从上游过程中消除的情况下，风险的降低涉及三种途径：①采购策略，②实施用于潜在病毒污染物灭活的 γ – 反应步骤，③测试。采购策略意味着从信誉良好的供应商处获取血清，他们对血清进行发布测试，并追踪所使用的血清池的地理来源。γ 射线照射 25–40kGy 可降低许多最常见病毒污染物（尤其是卡奇谷病毒、兽疫病毒和呼肠孤病毒）的风险。测试涉及之前讨论的 9 CFR 113.47 方法[15]。这相当于在非洲绿猴肾细胞和牛细胞中的测试，例如从一个容器的血清中检测到 200 ml 的 BT 细胞，并且解释为什么这个测试中的阴性结果几乎不能保证整个批次没有污染病毒。

使用牛血清的三种方法也可以降低使用猪胰蛋白酶的风险。这些包括材料来源，通过紫外线处理、γ 辐射或电子束处理使病毒失活，以及测试。猪胰蛋白酶也用 9 CFR 113.47 方法进行检测[15]。通常，胰蛋白酶被中和，然后应用于非洲绿猴肾细胞和猪细胞，如 LLC–PK1。同样，对一个容器中相对少量的材料进行试验，并不能完全保证根据所获得的结果假设整个批次是安全的。

10.5 过程中和批次发布样品的测试

在生物制品的制造过程中，上游过程通常涉及生产细胞从一小瓶工作细胞库膨胀到 10000 L 的最终生物反应器体积。在这一膨胀过程中，污染病毒可能从各种来源（原料、环境、操作人员等）进入产品流。此外，内源性或潜伏性病毒有可能在细胞扩增生产过程中被激活和扩增。因此，Q5A

（R1）指南讨论了在未加工批量中测试病毒的必要性。这构成了安全三角的第二个方面（图 10-1）。

指南建议，收集样本以监测病毒的理想时间点是在发酵期结束后，以及任何净化步骤之前。这被认为是检测可能存在的污染病毒的最佳时间点。在某些情况下，未处理的批量采集不是单次收集，而是在一段时间内收集并最终汇总。未经处理的批量所需的病毒测试集中于检测外源性病毒，包括历史上已针对特定生产细胞类型检测到的任何特定病毒污染物（表 10-6）。

表10-6　对“未加工批量”进行病毒检测试验

测试	频次
所有类型的细胞	
逆转录病毒的电子显微镜	计数前三个批次
体外病毒筛查分析	所有批次
中国仓鼠卵巢生产细胞	
小鼠微小病毒特异性检测分析	所有批次
疱疹病毒属特异性检测分析	所有批次

为了估计每毫升样品中逆转录病毒粒子的总数，需要对前三批未加工的批量采集材料进行透射电子显微镜检查。根据这一估算，估计到下游纯化的病毒负载量，并可计算出以足够的安全裕度去除或灭活该逆转录病毒负载所需的系统病毒清除能力（另见第 14 章）。

外源性病毒污染的体外筛查是常规病毒安全性的主要检测手段。这种分析方法与用于测试细胞库的方法类似，但在这种情况下，测试材料是批量采集材料的样品。体外检测通常持续 14 天（人类生产细胞 28 天），同时使用细胞病变效应和血吸附终点。在进行风险评估的基础上，还可以对批量采集增加其他测试。例如，一些使用中国仓鼠卵巢生产细胞的制造商根据涉及这些病毒的历史污染事件（表 10-6），为已知的相关病毒（如小鼠微小病毒或疱疹病毒属）添加了聚合酶链反应或传染性分析。这些可以同时作为过程中分析（针对业务风险）和批发布分析（针对法规遵从性）实施。

如 Q5A（R1）所示，已检测到外源性病毒的批量采集材料不得用于制造药物。在这些情况下，预计将进行调查，以确定根本原因和制造过程和 / 或测试策略的修改，这些通常预期用于预防和促进后续污染事件的检测。

10.6　病毒清除（去除和灭活）研究

生物制品的病毒安全三角的第三个方面（图 10-1）是下游纯化过程（DSP）对病毒清除（去除或灭活）容量和能力的表征。进行病毒清除研究的主要原因有两个：①提供下游纯化过程对内源性病毒（尤其是逆转录病毒）灭活或去除有效的证据；②提供间接证据表明下游纯化过程可能灭活或去除外源性病毒污染物。内源性病毒代表存在于生产细胞基因组中的病毒，而外源性病毒则是从生产细胞以外的来源（即其他原材料、培养基、操作人员或环境）进入生产过程的病毒。Q5A（R1）中说明了该测试的基本原理，“目标应是获得产品无病毒污染的最佳合理保证”[1]。不能假定原材料的认证和测试及未加工批量的测试为病毒安全提供了充分的保证。下游纯化过程表示的病毒清除也是这种保证的必要方面。

病毒清除研究既费时又费钱，但对于获得临床研究批准和营销授权始终是必要的。病毒验证研究的设计或实施不充分，以及对这些研究周围的问题缺乏了解，是批准生物制品的常见障碍。由于处理高滴度病毒和实验设计的复杂性，这些研究经常外包给专门的实验室。

病毒清除研究范围的最初考虑是与生产细胞、其他原材料和生产过程相关的固有病毒风险。在设计下游纯化过程时，制造商应包括一些公认的病毒灭活或去除步骤（表 10–7）。正交的病毒去除步骤通常需要得到监管部门的批准。依赖于单一清除步骤（如过滤或色谱分离）工艺成功的可能性较小。制造商的另一个常见错误是包括两个或更多明显不同步骤的结果，这些步骤实际上利用了相同的病毒去除或灭活机制。

表10–7　具有病毒清除能力的下游纯化步骤

纯化步骤	评论	有效性
色谱法	有许多不同的类型，包括蛋白质 A 和其他亲和力、离子交换、尺寸排除等	更有效的包膜病毒，因为它们往往结合阴离子交换树脂，由于净负电荷。这些方法通常不被认为是稳健的
纳米过滤	经常用作流程的最后一步。一些过滤器能够排除小于 15nm 的微粒	用于细小病毒的可预测且稳健的步骤。由于病毒峰值中的聚合而具有挑战性
热处理	巴氏灭菌法长期以来被认为是一种有效的细菌治疗方法，但对某些病毒也有用。但是有一个缺点，有些蛋白质不耐热	病毒的耐热性各不相同。在热处理过程中或热处理后，产品聚集可能是一个问题
低 pH 值步骤	常用的步骤与色谱法结合作为“保留”步骤。很少使用低于 3.0 的 pH 值	在 pH3.5 左右对包膜病毒有效。在这种酸碱度下，逆转录病毒迅速失活。疱疹病毒是灭活的，但更慢，灭活可能是不完整的。在 pH4 以上，结果的变化更大
溶剂或清洁剂	许多不同的清洁剂和溶剂被用来破坏病毒蛋白质。这种处理可能会损害产品	仅对包膜病毒有效；工艺流中的脂质含量可影响治疗效果；工艺流应无总聚集物。处理后，需要确保有效去除溶剂或清洁剂
沉降法	用沉淀法选择性地去除产品不是一个可靠的步骤，也不经常使用	聚乙二醇、乙醇和辛酸都曾被使用过。如果病毒与产品共沉淀，很难显示有效的清除

典型的病毒清除研究评估了 4~6 个净化步骤，每个步骤都适当地缩小，并证明有全面的代表性。根据 Q5A（R1），每一步都要逐步评估，以便确定各个步骤的贡献。此外，应尽可能确定清除机制（即去除或灭活）。对于失活步骤，需要确定失活的时间动力学。用于挑战这些步骤的模型病毒数量从 2 个（早期临床阶段）到 4 个或更多（晚期临床阶段和上市药物）不等。这些病毒被选择尽可能广泛地覆盖可能污染这一过程的病毒（包括内源性和外源性病毒）。此外，模型病毒应尽可能覆盖广泛的物理特性（尤其是大小和包膜状态）。因此，大多数研究包括小尺寸和大尺寸的包膜和非包膜病毒（表 10–8）。

表10-8　不同家族模型病毒的粒径范围

	小（<50 nm）	大（>50 nm）
包膜病毒	黄病毒科、披膜病毒科	疱疹病毒科、逆转录病毒科、副黏液病毒科、棒状病毒科、痘病毒科、正黏液病毒科
非包膜病毒	细小病毒科、小核糖核酸病毒科	腺病毒科、呼肠病毒科

挑战病毒库存，有时称为峰值，可从专业服务实验室获得，作为纯化的库存，已经在滴度、特性和蛋白质含量等特征方面得到了很好的表征。病毒因常规获得的滴度而异。例如，细小病毒原种可以在每毫升超过 1012 个感染性病毒的滴度制备。另一方面，逆转录病毒通常可以每毫升约 108 个感染性病毒的滴度制备。使用基于细胞的感染性分析或聚合酶链反应分析来确定峰值和加工步骤结束时存在的病毒量（滴度）。后者无法区分灭活病毒和传染病毒，因此主要用于确定病毒的去除。用于产生单克隆抗体产物的典型病毒清除研究的实例显示在图 10–3 中。这些研究需要一式两份进行（即两项独立研究）。在 Q5A（R1）中还讨论了对每项研究使用适当的对照，以及进行毒性和干扰研究，以排除用于确定对数降低值的基于细胞或聚合酶链反应终点的产品流效应。

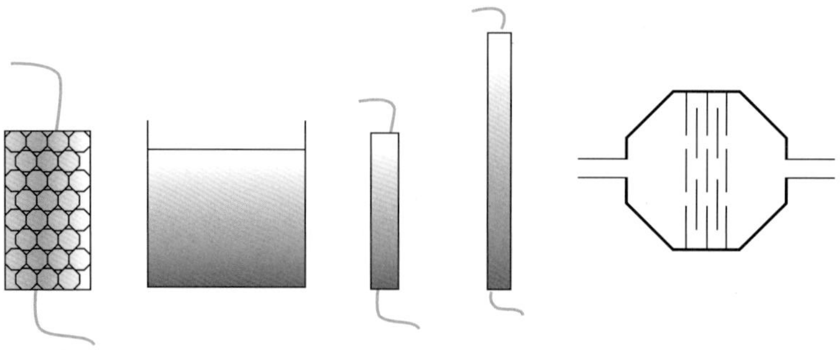

纯化步骤					
模型病毒	蛋白质 A 亲和力	低 pH 值	保留尺寸	排阻离子交换	纳米过滤
逆转录病毒	2[a]	>5	2	0	>5
疱疹病毒	2	4	0	0	>5
细小病毒	<1	<2	0	0	>6
腺病毒	<2	<2	0	0	>6

注　a：每个步骤确定的病毒$\log_{10}$降低量。

图10–3　病毒清除研究的一个例子

研究了五个步骤：一个灭活步骤（低 pH 值）和四个去除步骤。使用四种模型病毒（逆转录病毒、疱疹病毒、细小病毒和腺病毒）。

通过为那些值大于 1 的步骤加上 log10 的降低值，可以计算下游纯化过程去除或灭活的病毒总数。模型逆转录病毒获得的总清除值与发酵过程结束时可能存在未加工批量中的逆转录病毒量进行比较。如前所述，用于估计体内逆转录病毒量的测试通常是透射电镜。根据 Q5A（R1），下游纯化过程“应该能够消除比单剂量当量未加工批量中估计存在的多得多的病毒”。在前面提到的例子中，下游纯化过程有能力清除 10^{14} log10 的逆转录病毒。典型透射电镜计数约为 104 / ml。对于这样一个过程，逆转录病毒的清除能力将超过 10 log10（另见第 14 章）。

目前，每个制造过程都需要完成一个特定的验证研究。如果制造工艺发生任何重大变化，则必须重复清除特征。虽然在 Q5A（R1）中没有提到，但通用平台验证研究在行业中已得到广泛讨论 [23]。在通用验证中，将验证特定使用参数下使用特定过滤器的下游纯化过程步骤（如纳米过滤）以减少病毒。对于不同的产品，在相同参数下使用相同的过滤器，类似的过程可以要求相同的有效对数降低。也就是说，纳米过滤不需要专门针对新产品进行验证。在实践中，很少调用这样的平台或通用验证。

10.7 总结

ICH Q5A（R1）指南提供了一种评估和减轻生物技术产品制造相关病毒风险的系统方法。图 10–1 所示的安全三角涵盖了指南所表示的期望。三角形的每个方面都被视为确保生物技术产品安全的必要条件。图 10–4 总结了 Q5A（R1）在实践中的实现。相对于整个生产过程，显示了病毒最常见的入口点，并显示了需要实施的风险缓解策略。

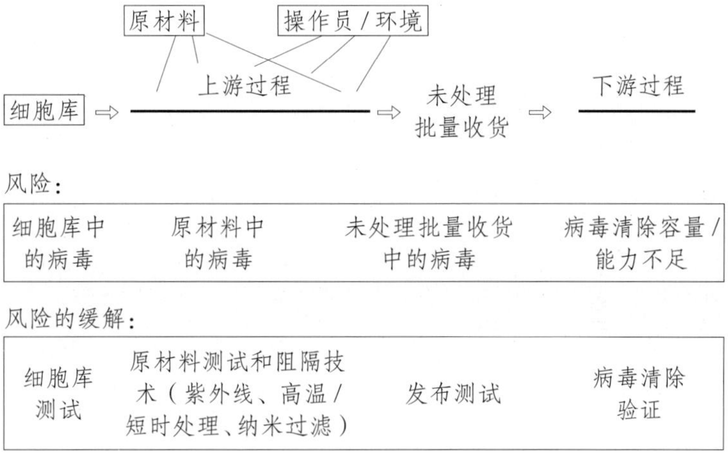

图 10–4 ICH Q5A（R1）实践

病毒入口点显示在框中。主要威胁是影响上游（细胞培养过程）的威胁。操作员和环境威胁最好通过使用封闭流程来缓解。下游过程包括病毒清除步骤

相对于用于检测病毒污染物的分析方法的持续改进，Q5A（R1）指南有点过时。病毒安全领域的专家，包括本书的作者，呼吁修订指南的以下方面：①消除执行体内病毒筛查的要求；②用适当的聚合酶链反应组替换抗体生产分析。这些变化反映了这样一种观点，即在可能的情况下，应尽量减少动物试验，实证数据表明，与抗体生产方法相比，聚合酶链反应方法具有同等或优越的性能 [18]，而且事实上，体内方法在过去对生物制品的安全性贡献不大 [16]。

生物技术制造过程中固有的风险并不总是显而易见的，而且业界不断地从披露的病毒污染事件中学习，如Genzyme公司[6]报告的事件。由于这些披露，监管预期可能会发生变化，测试策略可能需要相应地改变。新的分析技术可能为今后生物制品的病毒安全性提供更多的保证。

参考文献

[1] International Conference on Harmonisation(ICH) Q5A(R1). 1997. Viral safety evaluation of biotechnology products derived from cetl lines of human or animal origin.

[2] European Pharmacopoeia. Chapter 5. 1. 7 Viral Safety. 01 / 2008 / 50107.

[3] Garnick RL. 1996. Experience with viral contamination in celI culture. *Dev Biol Stand* 88 : 49–56.

[4] Moody M, Alves W, Varghese J, et al. 2011. Mouse minute virus(MMV) contamination—a case study : detection, root cause determination, and corrective actions. *PDA J Pharm Sct Technol* 65 : 580–588.

[5] Skrine J. 2011. A biotech production facility contamination case study—mouse minute virus. *PDA J Pharm Sci Technol* 65 : 599–611.

[6] Qiu Y, Jones N, Busch M, et al. 2013. Identification and quantitation of vesivirus 2117 particles in bioreactor fluids from infected Chinese hamster ovary cell cultures. Biotechnol Bioeng 110 : 1342–1353.

[7] Oehmig A, Bfittner M, Weiland F, et al. 2003. Identification of a calicivirus isolate of unknown origin. *J Gen Virol* 84 : 2837–2845.

[8] Nims R. 2011. Adventitious viral contamination ofbiopharmaceuticals : who is at risk? *BioProcess* J 10 : 4–10.

[9] Hughes JV, Messner K, Burnham M, et al. 1996. Validation of retroviral detection for rodent cell–derived products and gene therapy applications. *Dev Biol Stand* 88 : 297–304.

[10] Lander MR, Chattopadhyay SK. 1984. A Mus dunni cell line that lacks sequences closely related to endogenous murine leukemia viruses and can be infected by ecotropic, amphotropic, xenotropic, and mink cell focus–forming viruses. *J Virol* 52 : 695–698.

[11] Shepherd AJ, Wilson NJ, Smith KT. 2003. Characterisation of endogenous retrovirus in rodent celI lines used for production of biologicals. *Biologicals* 31 : 251–260.

[12] Lovatt A, Black J, Galbraith D, et al. 1999. High throughput detection of retrovirus–associated reverse transcriptase using an improved fluorescent product enhanced reverse transcriptase assay and its comparison to conventional detection methods. *J ViroIMethods* 82 : 185–200.

[13] US FDA. 1993. Points to consider in the characterizatiOn of cell lines used to produce biologicals. FDA / CBER.

[14] Code of Federal Regulations(CFR)1993. Detection of cytopathogenic and/or hemadsorbing agents.9 CFR 113. 46.

[15] Code of Federal Regulations(CFR)1995. Detection of extraneous viruses by the fluorescent antibody techniques. 9 CFR 113. 47.

[16] Sheets RL. 2013. Opinion on adventitious agents testing for vaccines : whv do we worry so much about adventitious agents in vaccines. *Vaccine* 31 : 2791–2795.

[17] Gombold J, Karakasidis S, Niksa P. et al. 2014. Systematic evaluation of in vitro and in vivo adventitious virus assays for the detection of viral contamination of cell banks and biological products. *Vaccine* 32 : 2916–2926.

[18] Mahabir E, Brielmeier M, Schmidt J. 2007. Microbiological control of murine viruses in biological materials : methodology and comparative sensitivity. A review. *Scand Jab Ahim Sci* 34 : 47–58.

[19] Barzon L, Lavezzo E, Militello V, et al. 2011. Applications of next–generation sequencing technologies to diagnostic virology. *Int J Mol Sci* 12 : 7861–7884.

[20] Ma H, Galvin TA, Glasner DR, et al. 2014. Identification of a novel rhabdovirus in *Spodoptera frugiperda cell lines*. *J Virol* 88 : 6576–6585.

[21] Shabram P, Kolman JL. 2014. Evaluation of A549 as a new vaccine cell substrate : digging deeper with massively parallel sequencing. *PDA J Pharm Sci Technol* 68 : 639–650.

[22] Rabenau H, Ohlinger V, Anderson J, et al. Contamination of genetically engineered CHO-cells by epizoofic haemorrhagic disease virus(EHDV). *Biologicals* 21 : 207–214.

[23] Brorson K., Krejci S., Lee K., et al. 2003. Bracketed generic inactivation of rodent retroviruses by low pH treatment for monoclonal antibodies and recombinant proteins. *Biotechnol Bioeng* 82 : 321–329.

11

用于生产重组DNA衍生蛋白产品的细胞系中表达结建的ICH Q5B分析

Jianxin Ye[1,2], Zhong Liu[1,3], and David Pollard[1,2]
1.Merck &Co.Inc., Kenilworth, NJ, USA
2.Currently at: Amicus Therapeutics, Cranbury, NJ, USA
3.Currently at: Adello Biologics, Piscataway, NJ, USA

11.1 引言

国际协调会议 Q5B [1] 是一份指导文件，涉及引入真核细胞或原核细胞中表达构建的表征，这些细胞用于生产重组 DNA（r–DNA）衍生的蛋白质产品。该指南于 1996 年 7 月完成第 5 步，欧盟于 1995 年 12 月、美国 FDA 于 1996 年 2 月、日本厚生劳动省于 1998 年 1 月分别实施。

Q5B 指南为表达式构造的分析提供了依据，并描述了应提供的关于表达构建表征的信息类型（即被认为是有价值的信息）。还明确指出，本指南不打算涵盖 r–DNA 衍生蛋白产品的全部质量方面，因为这些内容可能在其他 ICH 文件［如 Q5A（R1）[2] 或 Q5D[3] 中提到］。如本书更详细描述的，对表达构造的分析被认为是对蛋白质产品的整体质量评估的一部分，以及对重组蛋白本身的结构特征和功效的表征。

为准备监管文件，本章讨论的信息应包括在通用技术文件（CTD）第 3.2.S.2.3 节《材料控制》中。

11.2 表达构建

根据 Q5B，术语“表达构建”是指“包含重组蛋白编码序列的表达载体”[1]。除了重组蛋白的编码序列外，表达构建还含有促进生产细胞表达重组蛋白的必需遗传因子。这些包括启动子、增强子、多腺苷酸化信号、复制起点、抗生素抗性基因和选择标记。当重组蛋白由多种不同的肽组成时，如单克隆抗体（mAb）的情况，编码不同肽的 DNA 序列可位于单个或分开的载体上。

根据 Q5B，分析表达构建的目的是“确定产物的正确编码序列已经整合到宿主细胞中并在培养期间保持到生产结束”[1]。这里的关键词是“正确”和“保持”。在将表达构建引入宿主细胞后，或者作为染色体中的整合拷贝或作为染色体外组件，重组蛋白质的编码序列可以经历突变。虽然预期这种突变以极低的速率发生，但这些不希望的事件可能潜在地改变编码蛋白质产品的性质。

通常期望各种蛋白质分析技术用于产品表征。这些技术可用于确认表达蛋白的初级和高级结构，鉴定任何翻译后的修饰，并确定产品的异质性。由于不同的分析技术仅评估特定的产品属性，Q5B 指南表明“没有单一的实验方法可以检测到对蛋白质的所有可能的修饰”[1]。在这方面，在蛋白质和核酸水平上经常需要正交方法以确保表达的蛋白质产品正确的一级结构。例如，核酸测序证实了对蛋白质正确的 DNA 或 mRNA 序列编码，而不是蛋白质氨基酸序列本身。

可根据情况对 DNA 或 mRNA / cDNA 进行核酸分析。在表达构建的多个拷贝整合到生产细胞染色体中的情况下，这些拷贝中的一些可能不具有转录活性。在这种情况下，mRNA / cDNA 分析可能比检查基因组 DNA 更合适。在染色体外表达的情况下，直接从细胞系分离的质粒 DNA 是这种分析最合适的受试者。编码序列的验证不旨在鉴定所有可能的突变。该方法也可能不包括低丰度的变体。相反，它们旨在验证编码初级蛋白质结构的遗传信息是正确的。

表征表达构建基本原理的另一个关键方面是确保产品的正确编码序列“在培养期间保持到生产结束”。这是“遗传稳定性”的重要因素。还应提供基因稳定性数据及表明编码序列正确性的表征数据，这将在第 11.3 节中进一步讨论。

根据 ICH Q5B，用于这些表征测定的分析方法需要被验证，包括低丰度序列变体的检测限的估计。

11.3 表达系统的表征

Q5B 的第 III 部分《表达系统的表征》描述了应在监管文件中提供的信息类型，以支持表达构建的表征。该部分包括三个子部分：①用于开发主细胞库（MCB）的表达构建和细胞克隆，②细胞库系统和③用于生产的体外细胞年龄的限值。

在以下内容中，将使用单克隆抗体产品作为示例来说明如何满足 ICH Q5B 指南的期望要求。通常采用的测试和方法的类似要求适用于其他类型的 r–DNA 蛋白。如果组织内部具有此类能力，则可以由产品制造商执行此测试，或者可以将其外包给具有必要专业知识的各种合同测试组织。

11.3.1 用于开发主细胞库的表达构建和细胞克隆

11.3.1.1 编码蛋白质核苷酸序列的起源

根据 ICH Q5B，制造商应提供关于引入生产细胞的核酸序列来源的信息。这可能包括最初分离序列细胞的源生物和任何序列修饰。例如，对于典型的单克隆抗体产品，轻链和重链肽的编码序列的产生可涉及动物免疫 / 杂交瘤的产生（或基因缺失株筛选）、亲本 cDNA 序列的鉴定和任何后续蛋白质工程，例如人源化。需要描述这些步骤。例如，免疫源的来源、免疫动物的品种、亲本抗体的序列、用于人源化的人免疫球蛋白主干的种系类型，以及对互补决定区及重链和轻链肽其余部分的任何氨基酸序列修饰必须描述。由于密码子优化目前是促进生产细胞蛋白质表达的常见做法，因此还应提供密码子优化后得到的 DNA 编码序列。图 11–1 说明了在高水平上描绘在产生单克隆抗体生成细胞期间通常采取的步骤。

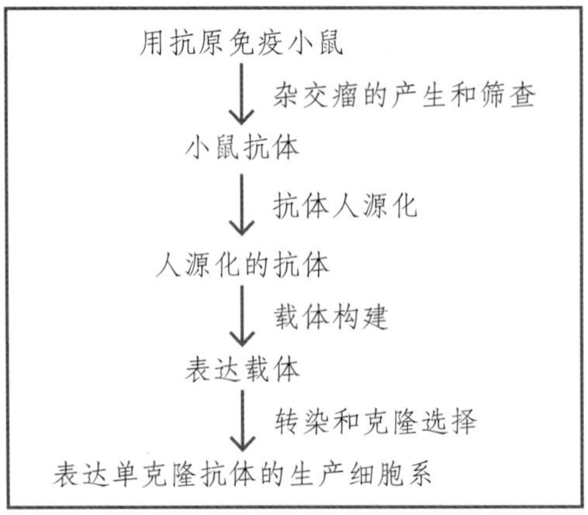

图 11-1　开发表达单克隆抗体生产细胞的总体策略

11.3.1.2　表达构建的组装

为了正确表达靶重组蛋白，需要将 DNA 编码序列组装成合适的表达载体。该过程通常涉及一个或多个 DNA 克隆步骤。根据 Q5B，需要提供这些克隆步骤和消化过程中涉及的限制性内切核酸酶的详细描述，还应提供有关源载体的信息。

为了说明最终的表达载体，应提供详细的组分图谱和质粒的完整注释序列。例如，必须显示用于驱动重组蛋白表达的增强子 / 启动子、聚腺苷酸化信号、复制起点、抗生素抗性基因、选择标记等。所有的表达蛋白，包括感兴趣的产品和选择标记，都应在图上标明。应对完全组装的表达载体进行 DNA 测序以确认重组蛋白的编码序列（包括插入的连接）是正确的。如果蛋白质表达涉及其他因子，如内含子或侧翼序列，那些区域也应该测序。对于表达构建的其余部分，应指出序列是否来自文献或通过测序确认。图 11-2 显示了单克隆抗体表达载体的示意性组分图。

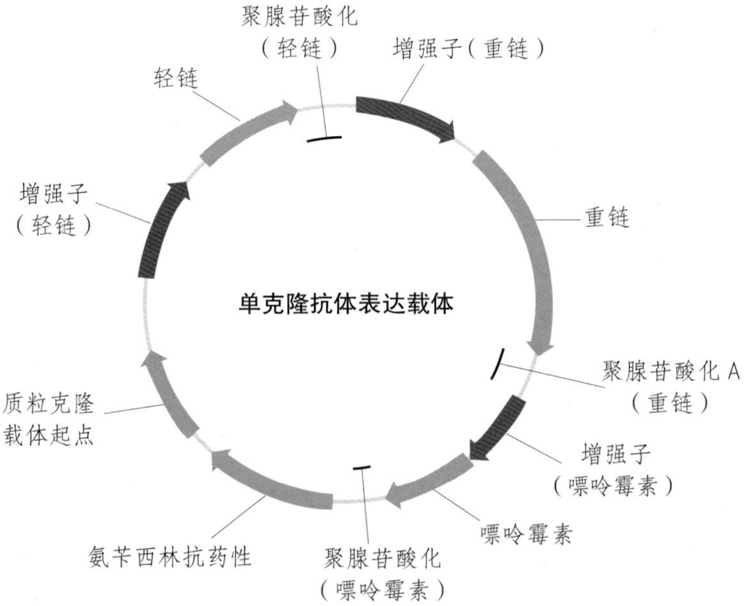

图 11-2　单克隆抗体表达载体的示意性组分图谱

11.3.1.3　生产细胞克隆的产生

一旦产生最终表达载体，就会将其转染到宿主细胞中以产生生产细胞克隆。需要详细描述用于将表达构建体引入宿主细胞的方法。

应尽可能避免使用动物源性材料，并应充分记录所使用的材料。如果涉及 DNA 扩增，还应提供用于扩增的详细方法，详细描述典型的生产细胞系生成活动，如细胞系筛选、克隆选择和亚克隆。

作为一种常见做法，如前所述生成多个细胞克隆候选，并在选择最终制造克隆之前进行评估（另见第 13 章）。在评估（筛选过程）期间，应在蛋白质和核酸水平上确认正确的蛋白质序列（表 11–1）。由于测序方法的灵敏度限制，在用于转染的 DNA 中存在低水平的突变体污染。此外，突变也可以在转染过程中发生。这些最终可导致整合到宿主基因组中的表达构建中的突变。为了降低选择序列不正确克隆的风险，在亚克隆之前维护多个克隆或转染的细胞池是一个好习惯。

表 11–1　根据 ICH Q5B 需要做的测试总结

目的	要求	终点	典型方法
生产克隆的表征	评估表达的蛋白质	氨基酸	序列肽图谱，液相色谱
		核酸序列	mRNA 或 cDNA 直接测序
主细胞库和工作细胞库的表征	分析染色体整合的表达构建	编码序列	mRNA 或 cDNA 直接测序
		整合位点分析	限制性内切酶
		基因缺失 / 插入分析	图谱 /Southern 印迹分析
		拷贝数量	定量聚合酶链反应
	染色体外表达构建的分析	编码序列	质粒直接测序
		含有该构建的生产细胞系的百分比	质粒损失分析
处于体外年龄极限细胞的表征	表达构建（整合）分析	编码序列	mRNA 或 cDNA 直接测序
		整合位点分析	限制性内切酶
		基因缺失 / 插入分析	图谱 /Southern 印迹分析
		拷贝数量	定量聚合酶链反应

此外，在选择用于细胞库的最终制造克隆之前，应确认蛋白质初级结构和核酸序列（表 11–1）。对于每个 ICH Q5B 的细胞系产生的上述信息需要与 ICH Q5D 指南（参见第 13 章）一致，该指南指定了应报告的关于细胞基质的信息。

对于重组蛋白产品，最终的细胞克隆应来源于一个单细胞祖。这种单克隆性的目的是通过具有均一的生产细胞群来确保蛋白质产品具有正确的序列。单克隆性也意味着一个可复制的产品，它对监管机构很重要。因此，应讨论用于证明单克隆性的方法和获得的结果。

11.3.2　细胞库系统

通常使用双层细胞库系统来生产重组蛋白质。这在 Q5A（R1）（见第 10 章）和 Q5D（见第 13 章）中有更详细的讨论。细胞库系统由主细胞库和一个或多个工作细胞库组成。主细胞库通常衍生自携带表达构建的所选最终生产克隆，代表从相同细胞库制备并适当储存的多个等分试样。如前所述，重组蛋白的编码序列应在建立主细胞库之前得到确认。

工作细胞库是通过扩展一个或多个主细胞库安瓿得到的。在实践中，对于早期临床阶段，临床材料的生产可以源自主细胞库，因为在该阶段仅需要有限数量的批次。在这种情况下，工作细胞库可能尚未生成。

所有细胞库都需要使用适当的测试来进行表征，以确定其代表的表型或基因型特征及不存在外源性因子（测试要求在第 13 章中有更详细的描述）。还应提供细胞库中表达构建体的分析结果。

对库存细胞的表达构建分析包括编码序列和表达构建的物理状态（表 11-1）。对于其中表达构建已整合到染色体中的生产细胞，编码序列确认的优选方法涉及 mRNA 或 cDNA 的直接测序。限制性内切核酸酶图谱 / Southern 印迹可用于分析整合位点和潜在的基因缺失 / 插入。为了增加对该分析结果的信心，通常使用几组限制酶或酶组合来产生特定的消化模式。对于基因拷贝数量分析，通常使用实时聚合酶链反应（也称为定量聚合酶链反应）。随着下一代测序（NGS）技术的最新进展，可以预见这种方法可能会用于这些目的，并且下一代测序最终可能取代用于表征构建的一些传统技术，尤其是表达构建的物理状态[4]。对于构建位于染色体外的生产细胞，表达构建应直接从库存细胞中分离而不进行亚克隆。然后可以通过核酸分析表征构建。这样做是为了确保分析能够代表库存细胞群。此外，应确定保留表达构建的生产细胞的百分比（表 11-1）。

11.3.3 生产体外细胞的年龄限制

正如前面所讨论的，ICH Q5B 中阐述的目的中的两个关键词“确定产品的正确编码序列已被整合到宿主细胞中并在培养期间保持到生产结束”[1] 是“正确”和“保持”。本节重点关注“保持”的要求。

为了评估体外年龄极限的细胞，来自工作细胞库等分试样的生产细胞扩展到典型（中试或全规模）生产过程的末端。然后将此时采集的细胞用于评估（这些有时被称为“生产细胞末端”）。应该进行表达构建分析以评估主细胞库，包括确认正确的编码序列。每次生产运行不需要体外年龄极限细胞的核酸分析，但每个主细胞库应至少进行一次。

如果过程变化导致从工作细胞库小瓶解冻到生产结束的较长时间段，则应提供数据以证明延长的体外细胞年龄限制。这通常涉及使用新的工艺条件重复体外年龄极限的细胞分析。

11.4 结论

生产细胞系表达构建的表征和由 r-DNA 生物技术制造方法产生的蛋白质产品的评估对于确保重组蛋白产品的质量都是重要的。ICH Q5B 中描述了监管提交中要求的信息类型，该指南和其他 ICH 文件中解决了工程细胞克隆和细胞库的基本原理，尤其是 ICH Q5D（在第 13 章中讨论）。因此，应在生产细胞的设计和构建期间尽早参考这些指导文件，以便捕获并记录各种所需数据，以满足明确的期望要求。在本章中，我们使用单克隆抗体生产细胞的创建作为实现 ICH Q5B 期望要求的示例，包括通常用于满足这些要求的分析类型的示例。

参考文献

[1] International Conference on Harmonisation(ICH). QSB. Analysis of the expression construct in cell lines used for production of r-DNA derived protein products. 1996.

[2] International Conference on Harmonisation(ICH) Q5A(R1). Viral safety evaluation of biotechnology products derived from cell lines of human or animal origin. 1997.

[3] International Conference on Harmonisation(ICH) Q5D. Derivation and characterisation of cell substrates used for production of biotechnological / biological products. 1998.

[4] Metzker M. 2010. Sequencing technologies—the next generation. *Nature Rev Genet* 11 : 31-46.

12

ICH Q5C生物技术/生物制品的稳定性测试

John G. Davies[1], DiGao[2], YoenJooKim[1], Richard Harris[2], PatriciaW.Cash[1], TimothyL. Schofield[1,3], Roujian Zhang[2], and QiangQin[2,*]

*Corresponding author

1.Medlmmune, Gaithersburg, MD, USA

2.AatraZeneca, Frederick, MD, USA

3.Current Affiliation:GlaxoSmithKline, Rockville, MD, USA

12.1 引言

ICH Q5C 指南 [1] 于 1995 年发布，通过专门说明生物药物与小分子药物相比的独特性，补充了 Q1A（R2）指南 [2]。该文件涵盖了广泛的充分表征的蛋白质和多肽，这些蛋白质或多肽是从天然来源纯化或由重组 DNA 技术生产的。该指南也适用于常规疫苗和重组疫苗。在过去的 20 年中，生物技术产业为市场带来了许多新的生物疗法和疫苗。因此，生物产品正成为传统“制药”公司和生物技术公司的产品组合中不可或缺的一部分。

生物制品比小分子药物更复杂，因为它们来自复杂的生物过程，这些过程受到环境和遗传变异的影响。最终产品通常是具有略微不同的结构但具有相同或相似生物活性的产物变体的混合物。这些变体中的一些是翻译后修饰（例如糖基化）的产物，而一些是在生产和储存过程中降解的产物（例如脱酰胺）。这些修改可以是组合的，并且可以以重复和协同的方式影响分子的稳定性。这可能使生物大分子药物的稳定性建模、数据外推和保质期预测比合成小分子药物更具挑战性。由于这些复杂性，Q5C 非常清楚地表明，对于生物制品，需要“长期、实时、真实条件”的稳定性研究来确定所需的储存期。稳定性研究的实验设计和方案应考虑到这一要求。然而，如下文所述，Q5C 仍然提供逐案检查的可能性和利用其他数据的可能性（例如使用加速稳定性数据外推保质期）。

对于典型的稳定性研究，Q5C 在物流方面相对清晰。本章将重点介绍在设计和进行此类稳定性研究期间遇到的典型问题 / 模糊性。

12.2 稳定性研究的目的

ICH Q1A（R2）和 Q5C 指南都提到了不同类型的稳定性研究，要求在这些研究中使用不同的储存条件。所评估的研究和储存条件在产品开发的不同阶段和产品生命周期中具有多种目的，至关重要的是要理解每项稳定性研究的目标及其设计。根据研究目的，有些必须在推荐储存条件下和药品生产质量管理规范环境下在代表性容器中进行，而其他研究可能不需要有这样的限制。

12.2.1 分析方法的开发

在产品开发的早期阶段，开发了一套分析方法，以促进初始工艺和配方开发。在这一阶段进行压力稳定性或强制降解研究，产生更多量和更多种类的降解物，以帮助分析方法的开发。分析方法的一个子集应是稳定性指示，以确保在生产和储存过程中对所有降解物进行监测和控制。此类研究通常由公司的分析和配方研究与开发职能部门进行。共同降解途径的平台知识和特殊分子的关键质量属性可以指导方法的开发。与相对均匀的小分子药物相比，生物药物通常是结构相关变体的异质混合物，例如大小和电荷变体、不同的糖形式等。要使用的分析方法应该能够量化这些变体。

12.2.2 配方开发

一种广泛采用的配方开发方法是将不同配方的产品置于不同的稳定性 / 压力条件下。随后可进一步评估在各种条件下表现出最佳稳定性的配方，以供最终配方选择。在过去的 20 年里，这一领域积累了大量的知识和经验 [3]。

12.2.3 降解途径阐明

稳定性研究特别是加速和压力稳定性研究，可用于阐明被评估产品的降解途径。生物制品和疫苗的生产和配制在推荐的储存条件下有最大的稳定性，在这些储存条件下通常不会观察到降解物。在加速和压力条件下，降解被加速，降解物可以在更早的时间点和更大的数量中被监测。

在推荐的储存和加速条件下出现的降解物应加以表征，并应评估其临界性。如果此类降解物可能影响产品的安全性和有效性，则应实施控制策略，并可能需要特定降解物的过程或发布规范。有时，在推荐的储存条件下，这种降解物仅以微量存在。压力研究用于产生更多的降解物，以便于阐明它们的特性（结构）。对于仅在压力条件下出现的降解物，了解降解的性质（机理）仍然是有益的。然而，由于降解的复杂性（例如光应力作用后），有时完全描述降解途径具有挑战性。对于小分子来说，这是正确的，而对于大生物分子则更是如此。ICH Q1A（R2）建议，“如果已经证明某些降解产物不是在加速或长期储存条件下形成的，则可能不需要专门检查这些降解产物”[2]。

12.2.4 保质期（使用截止日期）的建立

原料药和最终药品的保质期应主要根据“长期、实时、真实条件”的稳定性研究确定。稳定性样品应从具有代表性的生产工艺中获取，并应储存在具有代表性的容器中（如有需要，可按比例缩小）。在建议的保质期结束时，必须证明原料药和药品符合预定的规范。这种稳定性研究通常是按照药品生产质量管理规范的程序进行的。应按照测试机构和研究发起人的既定内部质量体系，对任何意外、不符合趋势或不符合规范的结果进行充分调查。这种调查可能试图确定异常结果是由于实验室误差、方法变异性还是测试材料不能满足规定的质量要求。

对于中间体（例如生产过程中产生的净化库），还应根据使用代表性材料和条件进行的稳定性研究确定允许的保持时间和保持条件。这些可以在开发实验室而不是在质量控制环境中执行。

生物降解是一个多方面、复杂的过程，典型的阿伦尼乌斯方程可能不适用于特定的降解途径。

或者阿伦尼乌斯分析可能适用于一个属性，但不适用于其他属性。尽管 Q5C 指南明确指出，需要实时、真实条件（温度、容器）的稳定性数据来确定有效期，但某些机构可能比其他机构更开放，以便使用加速 / 压力稳定性数据来延长有效期。一个全面的数据包（例如阿伦尼乌斯行为证明）将有助于证明这种推断的合理性。

12.2.5 储存 / 运输 / 使用中条件偏差

在生产、处理、运输和临床使用期间，有时原料药或药品可能会在短时间内受到超出建议储存条件的影响。例如，一小瓶液体单克隆抗体产品可能不经意地在室温下放置一天，而不是按规定存放在冰箱中。药物的安全性和有效性是否受到影响？在加速条件下进行的稳定性研究，包括高于最佳温度和相对湿度（视情况而定）及多次冻融循环，可以提供所需的数据，以证明原料药或药品在储存条件下偶尔出现偏差时的可接受性。

12.2.6 可比性 / 相似性

稳定性研究是可比性研究不可或缺的组成部分（另见 ICH Q5E[4] 第 15 章）。对于任何两种产品（工艺变更前后的相同产品或生物仿制品与创新产品），其稳定性曲线也应具有可比性。假设观察到的任何降解模式或速率差异可能代表所关注产品的差异，这些差异可能通过其他可比性方法检测到，也可能不会检测到。

对于单克隆抗体等产品，典型的加速（例如 25℃）和压力条件（37℃或 40℃）可能不足以使产品降解。在这种情况下，可使用更严酷的强制降解条件（例如低于产品融化温度 60℃或 10℃）。尽管有一个共同的趋势 / 期望是相对于完整的蛋白质将产品降解到 10%~20%，但实现这一点的能力和必要性在很大程度上取决于正在研究的特定属性和分析方法的能力。对于精确的方法（例如尺寸排除色谱法），尽管降解程度有限，但可以证明一段时间内的线性一致的降解率。只要能准确测量降解率，这些结果仍然与证明可比性有关。

由于此类降解研究的目的是证明可比性，且这些数据不用于确定或推断到期日，因此可使用与典型稳定性研究中使用的不同储存条件和容器。例如，要确定冻干药品的保质期，必须使用储存在实际 / 代表性药品容器中的冻干状态产品进行稳定性研究。然而，为了证明工艺变更前后的可比性，冻干药物可以在缓冲液中重新组合，并从原始容器（例如小瓶）转移到不同的容器中，以便于在相同条件下快速比较两种产品的降解情况和速率。与在药品生产质量管理规范的质量控制实验室进行的典型加速和应力稳定性研究相比，在开发实验室进行此类研究的时间要短得多（例如 2~3 周）。

12.3 治疗性蛋白的降解途径

由于治疗性蛋白是最重要的一类生物药物，本节重点介绍在这些分子中观察到的最常见的降解途径。疫苗降解机制已在最近的一篇综述中进行了描述[5]。

蛋白质在生产、储存、运输和最终用户处理过程中会经历各种降解途径。在典型推荐的储存温度（例如 2~8℃）和条件（例如避光保护）下，降解率通常较低，可能需要数月或数年才能发现变化。最常见的蛋白质降解途径是聚集、破碎、氧化、脱酰胺 / 异构化、二硫键紊乱 / 互换、糖基化和去唾液酸。

12.3.1 聚集

聚集是治疗性蛋白最常见的降解途径之一[6~9]。当一个单体分子通过共价或非共价相互作用与其他单体结合，形成二聚体、三聚体、多聚体或高分子量种类时，就会产生聚集。聚集物的形成可以是可逆或不可逆的。聚集可能导致不可见或可见颗粒的形成。对于治疗性蛋白，由于其潜在的免疫原性，聚集物和颗粒都是一个安全的问题。

蛋白质聚集是由于各种原因和各种情况下发生的，例如蛋白质表达过程中的错误折叠、纯化过程中天然构象的扰动、配方、冻融、冷冻干燥、超滤 / 渗滤、小瓶或注射器填充、泵送、运输或储存等。

稳定性研究中经常观察到聚集物 / 颗粒形成的增加。最常用于检测蛋白质聚集的分析方法有尺寸排阻色谱法（SEC）、分析超速离心（AUC）、动态或静态光散射及不对称流场分离（AFFF 或 AF4）。通常，通过使用在不含任何树脂的溶液中进行的正交方法（例如分析超速离心）来验证尺寸排阻色谱法不具有任何树脂 - 分析物相互作用，是一种良好的做法。一旦验证了没有相互作用，就不必在整个稳定性研究中运行正交方法。

12.3.2 破碎

破碎是指由于化学或酶反应破坏蛋白质中的肽（酰胺）键。热量、一定酸碱度、自由基、微量金属和光都能促进蛋白质的破碎[10]。某些氨基酸之间的肽键（例如天门冬氨酸和脯氨酸残基之间的肽键）也是潜在降解点，内在地易受化学水解[11]。据报道，在许多生物制品中存在的残留蛋白酶（如组织蛋白酶家族）在有利于蛋白酶活性的条件下可导致生物制品的破碎[12，13]。

单克隆抗体的铰链区（图 12-1）是另一个分裂的“热点”。在这一区域中，由分裂产生的碎片通常会导致具有较大互补碎片的小碎片分解得更碎，互补碎片是从主峰部分分解出来的[15~17]。

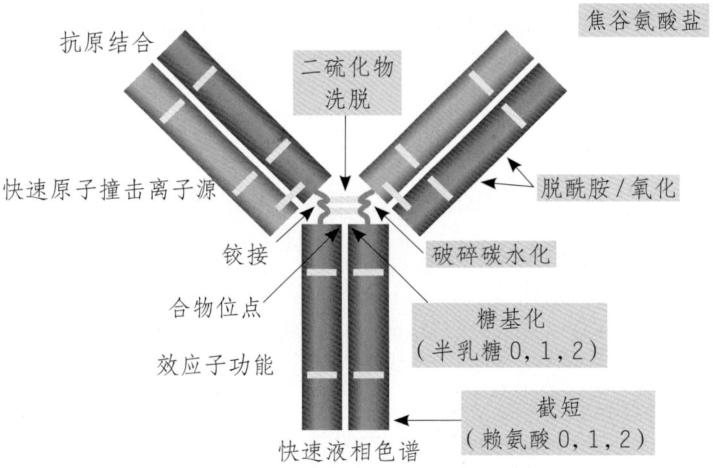

图 12-1 治疗性抗体的结构特征

用于检测和定量破碎的常用方法包括在天然或变性条件下的尺寸排阻色谱法、还原的和非还原的十二烷基硫酸钠 - 聚丙烯酰胺凝胶电泳（SDS-PAGE）和毛细管电泳（CE-SDS）和反相高效液相色谱（RP-HPLC）。

12.3.3 氧化

热、光、微量金属和氧自由基都可以氧化易感氨基酸，特别是蛋氨酸、色氨酸和组氨酸。蛋氨酸是最易被氧化的氨基酸残基。蛋白质氧化的影响很大程度上取决于被氧化的氨基酸残基的位置。对于位于互补决定区（CDR）的残基，氧化可能影响单克隆对抗原的亲和力，影响产品的生物活性。众所周知，在 Fc 区氧化蛋氨酸残基会影响单克隆抗体对新生儿 Fc 受体（FcRn）的亲和力，从而潜在地影响抗体的血清半衰期 [18~20]。

色氨酸氧化在稳定性研究中也很常见，特别是在光稳定性研究中。色氨酸降解途径复杂，常常导致多种降解物，并可引起治疗性蛋白的变色 [21, 22]。

蛋白质配方中使用的聚山梨酸盐在光或金属存在下可能会降解，并可诱导随后的蛋白质氧化。

生物制剂的氧化可以通过有或没有质谱的反相高效液相色谱法肽图谱监测。单克隆抗体的 Fc 区中的甲硫氨酸氧化（图 12-1）也可以通过蛋白质 A 亲和层析来测量。使用混合模式（即，通过尺寸和疏水性分离）柱也已经实现了抗体氧化物质的良好分辨率 [23]。

据报道，蛋白质氧化会影响多种蛋白质的特性，包括与抗原的结合亲和力、效应子功能和血清半衰期。因此，氧化被认为是治疗性单克隆抗体开发中的主要问题之一，可用于防止单克隆抗体药品不良氧化的策略包括使用适当的二次包装和增加添加剂的配方，尽量减少氧气和活性氧种类（例如包括蛋氨酸或 EDTA 作为自由基和金属清除剂）[24]。

12.3.4 脱酰胺 / 异构化

蛋白质脱酰胺是指从天门冬酰胺（Asn）或谷氨酰胺（Gln）残基中损失的酰胺官能团。丁二酰亚胺中间体的后续水解产生羟基，形成天门冬氨酸（和异天冬氨酸）或谷氨酸残基。最易受脱酰胺作用的蛋白质序列是天门冬酰胺 / 谷氨酰胺残基紧跟甘氨酸（Gly）组（Asn / Gln-Gly）成员 [25, 26]。图 12-2 说明了天门冬酰胺残基的脱酰胺途径。

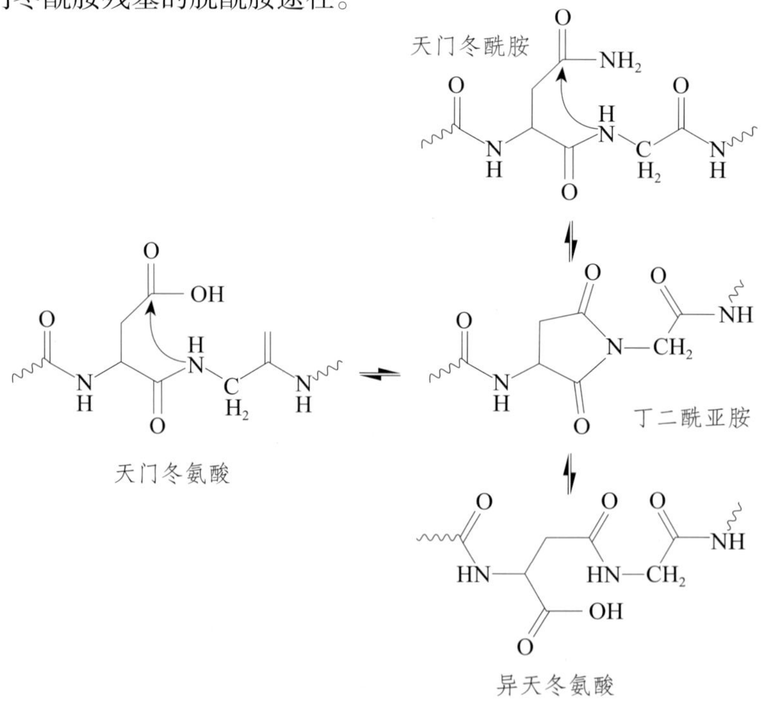

图 12-2 天门冬酰胺去酰胺途径的典型方式

脱酰胺是一种常见的蛋白质降解途径。除了上述蛋白质固有结构的敏感性外，脱酰胺速率还取决于酸碱度、温度、离子强度和缓冲液类型。

高 pH 值条件通常对脱酰胺有利，而异构化可能在酸性条件下发生。脱酰胺对治疗性蛋白生物活性的影响很大程度上取决于修饰的位置。据报道，单克隆抗体的 CDR 中的脱酰胺 / 异构化会影响效力 [28]，而单克隆抗体分子的 Fc 区的脱酰胺通常被认为影响较小 [29]。

12.3.5 二硫键紊乱 / 互换

二硫键在维持治疗蛋白结构完整性方面起着关键作用。单克隆抗体包含多个链内和链间二硫键。对于 IgG_2 亚类的抗体，已知多种二硫亚型共存 [30, 31]。蛋白质骨架中的一些半胱氨酸可能以还原形式存在，其中一个自由硫醇基可用于反应。这种游离硫醇可能会引起二硫键紊乱，并诱导蛋白质聚集 [32]。

12.3.6 糖化

当蛋白质在还原糖（如果糖或葡萄糖）的存在下培养时，会发生糖化作用。这也被称为非酶糖基化。氨基酸的胺基，通常是赖氨酸（Lys），与还原糖的羰基反应形成共价键 [33]。葡萄糖和其他还原糖（例如半乳糖）偶尔存在于培养基中，并且糖化可在上游细胞培养过程中发生。还原糖通常不存在于最终药物或产品配方中。然而，非还原糖如蔗糖或海藻糖，在配方中被广泛用作稳定剂 / 散装剂。这些非还原糖可以在储存过程中进行水解，并可以产生还原糖，可以与蛋白质发生反应，随着时间的推移导致糖化产物的产生。

硼酸亲和色谱法可以通过含顺二醇的糖部分与苯基硼酸树脂的亲和力来评价蛋白质的糖基化。最近，完整蛋白质的质谱已被用于估计糖基化的总体程度，肽标测与串联质谱法结合可提供特定糖基化位点的详细特征 [34]。

12.3.7 （糖蛋白的）去唾液酸

唾液酸或神经氨酸是一种九碳单糖，广泛存在于哺乳动物糖蛋白中。对于糖蛋白治疗（如促红细胞生成素），唾液酸在生物活性和 / 或体内半衰期中起着关键作用。在稳定性研究中，唾液酸的损失可能在储存过程中缓慢发生。聚糖标测可用于监测唾液酸的损失。

表 12–1 总结了治疗性蛋白中观察到的常见降解途径和相应的分析方法。

表 12–1 治疗蛋白的常见降解途径及相关分析方法

物理 / 化学降解	加速条件	常用方法	其他特征化方法
聚集	热、光、切变、搅拌、酸碱度	SEC、CE–SDS（非还原）	AUC、AFFF
破碎	热、光、切变、搅拌、酸碱度	SEC、CE–SDS（非还原）	RP - HPLC、MS
氧化	热、光、氧化剂、金属、过氧化氢	肽标测、蛋白质 A 亲和力层析	MS
脱酰胺	高 pH 值	cIEF、IEX	聚焦层析、MS

续表

物理 / 化学降解	加速条件	常用方法	其他特征化方法
去唾液酸	热	cIEF、IEX、唾液酸分析	聚糖标测
糖化	热、酸碱度	cIEF、IEX	硼酸亲和色谱法、MS
二硫键加扰	热、酸碱度、金属	Ellman 试剂法、肽标测	RP - HPLC、IEX

注 AFFF：不对称流场分离。AGC：分析超速离心法。CE - SDS：毛细管十二烷基硫酸钠 – 聚丙烯酰胺凝胶电泳。cIEF：毛细管免疫电泳。IEX：离子交换色谱法。MS：质谱法。RP - HPLC：反相高效液相色谱法。SEC：尺寸排除色谱法。

12.4 稳定性测试协议

发布和稳定性测试是用于证明生物产品质量、纯度、安全性和效力的总体控制策略的关键部分。与小分子相比，生物 / 生物技术产品的降解可能是复杂的，并可能遵循各种途径，包括化学降解（氧化 / 脱酰胺 / 糖基化等）、破碎、聚集、高阶结构变化及与容器 / 封闭组分或辅料的相互作用。

在提交新生物制品的营销申请时，应充分了解分子的降解途径。降解途径 / 曲线的知识可从在强制降解条件下进行的稳定性研究中获得，包括加速和压力条件，这是在产品开发期间作为正式稳定性计划的一部分进行的。这些信息也可以通过针对分子化学修饰的特定强制降解研究获得。一个全面和稳健的稳定性协议应该包括设计用于检测特定分子降解途径的测试以及监测生物活性和安全性的方法。

12.4.1 稳定性指示概要

ICH Q5C 建议，“总的来说，没有单一的稳定性指示分析或参数来描述生物技术 / 生物产品的稳定性特征。因此，制造商应提出稳定性指示的概况，以确保能够检测到产品的同一性、纯度和效力的变化”[1]。稳定性指示参数应为预计在原料药或药品的保质期内会发生变化的参数，这些参数可能会影响患者的安全性或疗效。

由于可能要测试多个属性，应注意仅选择有影响力的属性。应进行风险评估来选择属性和设计，能够在整个保质期内提供有关产品质量的有意义的信息，并限制非增值测试的负担，以及在调查假阳性或不符合趋势 / 不符合规范结果时的风险和相关工作。

12.4.2 分析选择

12.4.2.1 物理化学完整性

通常，一种生物产品的纯度由一种以上的方法来确定。应选择能够检测可能由化学降解、聚集和破碎引起变化的方法。常规用于监测纯度的分析方法包括高分辨色谱法（尺寸排阻色谱法、反相色谱法、离子交换色谱法）、凝胶电泳技术（还原和非还原凝胶电泳、等电聚焦）和肽标测。有些方法比其他方法更具有稳定性，在设计稳定性协议时应优先考虑。对于一个典型的单克隆抗体分子，尺寸排阻色谱法和基于电荷的方法（离子交换色谱法或等电聚焦法）是对检测变化最敏感的方法。

12.4.2.2 生物活性

效力测试衡量产品达到预期生物效果的能力，是任何生物产品稳定方案的关键部分。选择并包含在营销申请中的效力方法应与产品的作用机制相关，或至少有一个与反映作用机制分析桥接的替代分析。对于某些具有复杂作用机制的生物制品（例如双特异性 T 细胞接合器），单一生物测定可能不够，可能需要进行多重效力分析以提供足够的生物活性测量。

测量生物活性的三种主要方法包括结合法、基于细胞的生物测定和基于动物的分析。结合法（例如酶联免疫吸附分析、表面等离子体共振）提供抗体 – 抗原相互作用的测量。如果单独使用，这些方法仅适用于作用机制完全由配体结合决定的产品。基于细胞的生物测定在体外测量定义的生物学效应（确切的机制是针对所讨论的分子）。基于动物的方法测量体内的生物效应，但由于在进行此类试验时存在挑战，因此很少用于常规批次发布或稳定性分析。通常，体内生物测定成本高、执行时间长，而且通常与高水平的分析变异性有关。

效力测试方法应包括国际参考标准或合格的内部参考标准（如果不存在国际标准）。测试样品的效力结果应相对于参考标准活性进行报告。虽然生物测定应包括在治疗性蛋白和疫苗的稳定性方案中，但这些可能并不代表非常敏感的稳定性指示方法：①在推荐的储存条件下，诸如单克隆抗体等生物制剂相对稳定，并且在其建议的保质期内，它们的效力可能不会显著改变；②在稳定性研究中储存期间预期发生的某些降解途径，可通过更敏感的分析检测到，可能不会影响效力。尽管考虑到这些因素，监管机构希望看到证据证明生物测定是稳定的，以确保分析可以监测效力变化。这可以通过集中的强制降解研究来实现，在这种研究中，产品会经历严重的降解，而在推荐的储存条件下通常不会观察到这种降解。

在产品的生命周期中，由于在连续工艺验证过程中积累了越来越多的数据，在稳定性研究过程中去除或减少生物测定测试可能是合理的。

12.4.2.3 数量（分析）

对于蛋白质，数量通常用理论或实验推导的消光系数由 280 nm 的紫外线吸收率确定。在稳定性研究过程中，蛋白质药品的数量或含量应当保持不变。然而，有可能导致表观蛋白质含量变化的因素：①从容器 / 封口中产生的可浸出化合物导致在 280 nm 处的紫外线吸光度升高；②如果容器 / 封闭剂的完整性受到损害，在稳定性研究中会发生蒸发；③生成在 280 nm 处具有比蛋白质本身更高的紫外线吸光度的降解物（例如美拉德反应的副产物）[35]；④由于黏附在主容器内表面而导致溶液中蛋白质损失（这只能在非常低浓度的产品中观察到）；⑤微生物污染。

配方中的某些添加剂或辅料（例如聚山梨醇酯）可能对产品稳定性至关重要。如果有任何迹象表明此类材料的降解可能对药品质量产生不利影响，则可能需要在稳定性研究期间监测这种降解。

12.4.2.4 安全性

无菌药物在保质期内保持无菌是至关重要的。无菌检查应作为药品稳定性测试的一部分，以证明产品在整个有效期内的安全性。根据现行的 FDA 指南 [36]，无菌测试应在药品发布期间进行（因为容器 / 封闭完整性测试不能证明初始无菌性），但在随后的稳定时间点，容器 / 封闭完整性测试可代替无菌测试。欧洲监管当局提供了类似的科学指导："无菌检测至少应在保质期结束时进行，但可以用容器封闭完整性检测来代替它。"[37] 常用的容器 / 封闭完整性方法包括广泛采用但不太敏感的方法，如染料进入、真空衰减和微生物挑战，以及新技术，如高压泄漏检测和激光气体顶空分析。

也可考虑对原料药稳定性方案进行安全性测试。如果原料药稳定性协议使用减少尺寸的容器（在产品接触材料方面具有代表性，但不一定在与药品生产质量管理规范制造中的实际原料药相同的条件下填充），那么更合适的方法可能是围绕测试实际的全尺寸容器制订控制策略，该容器将用于将原料药保持在该过程中的各种操作停顿点。当在每个时间点从全尺寸容器中取样时，将安全性测试纳入药物稳定性方案是确保材料在其保质期内保持在可接受范围内的有效方法。常用的原料药安全性测试包括生物负载、无菌性和内毒素。

12.4.2.5 其他产品特性

在稳定性测试期间，应监测视觉外观、酸碱度和不可见颗粒物。对于冻干药品，还应包括重组时间和水分含量。如果要使用渗透性或半渗透性容器 / 密封件，也可能需要考虑水分变化。

视觉外观测试应包括颜色和清晰度的测量和可见颗粒物的评估。稳定性研究期间的视觉外观变化可能表明产品质量发生了显著变化。特别是对于生物制品 / 生物技术产品，由于蛋白质有形成微粒的倾向，对可见 / 不可见颗粒水平的控制尤为重要。这一直是一个关于调节器的热门话题，一种量化粒子数的方法及区分内在（产品固有）和外在（非产品固有）可见粒子的方法是可取的。有基于仪器的颜色和清晰度测量方法可用，并可报告与国际颜色 / 清晰度参考材料相关的结果。量化可见颗粒的主要方法仍然是目视检查。这是一种相对主观的方法，需要对分析师进行适当的培训。

生物产品通常不希望在稳定期间发生 pH 变化。当出现这种情况时，可能表示辅料分解或产品与容器 / 封闭物相互作用产生的可浸出物。pH 值的变化可能导致产品的化学降解。

作为药品稳定性测试的一部分，应定期监测注射产品和非肠道灌注产品的不可见颗粒的水平。测量尺寸大于 10 μm 的不可见粒子数量最常用的技术是光遮蔽法。由于对可能的免疫原性的担忧，近年来监管机构对小于 10 μm 的可分辨部分进行了更严格的审查[8, 38, 39]。虽然目前没有要求在较小尺寸的不可见颗粒（即小于 10 μm）设定验收标准，但应实施一种方法，以便在药物产品稳定性研究期间捕获和报告此类数据。目前，还没有公认的测量小于 10 μm 的颗粒水平的方法。

对于半透性容器 / 密封中的药品，应进行水分损失测试。这可以通过在低湿度条件下储存后监测容器重量来实现。对于储存在不透水容器中的药品，这不是一项要求。在稳定性研究过程中，容器 / 密封完整性测试可用于替代水分损失测试。

12.5 稳定性条件和时点

12.5.1 长期储存条件

长期储存条件表示产品储存的规定温度（即容器标签上显示的储存条件）。ICH Q5C 定义了长期储存条件下的推荐测试频次，如下所示［这类似于 ICH Q1A（R2）中的建议］：

· 当建议保质期为 1 年或以下时，实时稳定时间点应包括前 3 个月的每月测试以及之后的 3 个月间隔测试。

· 对于建议保质期超过 1 年的产品，实时稳定时间点应包括第一年储存期间每 3 个月、第二年储存期间每 6 个月及此后每年进行一次测试[1]。

12.5.2 正式稳定性研究的加速和应力存储条件

与 ICH Q1A（R2）三方指南不同，ICH Q5C 并未就中间和加速测试时间点提出具体建议，也未定义加速和压力条件（相反，指南声明生物制品应根据具体情况考虑这些条件）。然而，Q5C 确实提出了一个强有力的建议，即对原料药和药品进行加速和压力研究。

ICH Q1A（R2）将加速测试定义为通过将夸大的储存条件作为正式稳定性研究的一部分，来提高原料药或药品的化学降解或物理变化速率的研究。这些数据旨在提供有价值的数据，可用于本章第 12.2 节所述的多种用途。

表 12–2 说明了正式稳定性研究中常用的加速和应力条件示例。

表 12–2 生物制品常用的加速和压力条件

长期储存条件	加速储存条件	压力储存条件
−90~−70℃，−50~−30℃	2~8℃	23~27℃
2~8℃	23~27℃	38~42℃

注意，表 12–2 中列出的压力储存条件代表了常规稳定性研究中用于证明治疗性蛋白降解的温度示例。

对于某些生物制品，25℃可能足以显示降解，而对于其他生物制品，甚至 40℃也可能不够。例如，冻干药品在这些温度下通常表现出稳定性，可能需要更高的温度或更长的暴露在 40℃下才能显示出可检测到的降解。应根据具体情况选择条件和时点。虽然没有正式要求将热压力条件作为常规稳定性的一部分，但建议在临床开发早期将这些条件应用于某些稳定性研究，以支持实时稳定性研究的分析方法选择。热压力条件也为临床开发和进入商业稳定阶段的稳定性提供了价值。来自多个批次的热降解数据可以更准确地理解和建模过程中批次之间的可变性，并为使用热稳定性作为证明可比性的工具提供更强的信心。

12.5.3 其他压力测试

除了常规稳定性的热压力条件外，还应进行额外的压力测试［如 ICH Q1A（R2）第 2.1.2 节所述］。虽然所选的实际条件通常是根据具体情况确定的，但生物产品的压力条件通常包括热压力、极端 pH 暴露、氧化（化学）、震动 / 剪切、多次冻融步骤和光解。ICH Q1B[40] 中描述的光照条件对生物制品来说通常过于苛刻，并导致严重的复合降解。模拟生产和医疗机构设置的更温和、更相关的光照条件对于理解产品在生产、存储和临床 / 商业使用期间的光敏感性更有意义。

12.5.4 批次选择

在产品开发的临床阶段，应评估至少一个临床测试使用材料的生产过程的批次代表。典型的业界实践是在第一批临床批次之外，将对一批代表性的开发材料（通常来自毒理学批次）进行稳定性评估。在制造工艺变更的情况下，或者为了支持在生产过程中可能发生偏差的材料和 / 或批次发布测试已证明偏离趋势（但仍在规范内）的结果，或只是为了收集有关批次间差异的更多信息，可以对其他产品批次进行稳定性评估。在后期临床开发过程中，如果生产工艺和产品介绍与商业阶段的建议一致或类似，而且在后期开发过程中不进行重大更改，将稳定性评估批次数量增加到至少 3 个来支持营销申请的保质期是有利的。

在一份营销申请中，至少应提供三批有代表性的原料药和药品的稳定性数据，至少应包括 6 个月的稳定性数据（对于计划储存期少于 6 个月的原料药和药品，应根据具体情况确定所包含的最小数据量）。这与 ICH Q1A（R2）相反，后者规定小分子药物至少应收集 12 个月的稳定性数据。监测的原料药和药品批次应能代表生产规模。然而，从中试规模得出的稳定性数据可在监管文件中提供，并承诺将前三批生产规模的批次纳入长期稳定性计划。中试规模是指“通过完全代表和模拟将在生产规模上应用的程序生产原料药或药品。除生产规模外，细胞扩增、收获和产品纯化的方法应相同”[1]。这就允许利用临床稳定性数据来设定初始商业规模的保质期（前提是临床材料属于中试规模的定义范围，且储存容器和温度与商业规模相同）。

应提供稳定性数据以支持材料预期用途的所有方面（例如一种原料药可能被冷冻或在 2~8℃温度下，则必须收集稳定性数据，以支持在这些条件下使用该原料药生产的药品）。同样，如果允许对药物进行多次冻融，则必须生成稳定性数据，以支持由冻融原料药生产的药物产品。还应提供稳定性数据，以支持中间体的任何建议保持时间。

12.5.5 样品容器 / 密封

在产品开发的所有阶段，处于稳定状态的原料药应储存在代表生产过程中使用的实际储存容器的容器中。允许使用缩小尺寸的容器，前提是接触材料和容器 / 密封系统与生产中使用的相同。

不同容器取向的药品应包括在稳定性研究中，以评估蛋白质 / 容器相互作用的潜在影响。一般来说，小瓶都是倒置和直立存放的，而注射器则是水平存放的。在产品开发的早期，应该为这些取向收集数据，并且能够被用来为以后的研究证明最坏的使用情况。许多生物药品在浓度、灌装量、容器尺寸和给药装置方面有多个陈述。应采用基于风险的方法设计一个有效但可防御的稳定计划，以涵盖所有这些陈述。ICH 指南 Q1D[41] 允许在稳定性研究设计中采用包围法和矩阵法。

12.6 稳定性/保质期规范

稳定性评估的一个主要目标是分配并支持研究性产品和将要商业化销售产品的保质期。保质期被定义为生产后的一个时间段，在此期间产品预期保持在认可的保质期规范内，前提是它储存在容器标签上规定的条件下。对于生物 / 生物技术产品，ICH Q5C 特别要求将原料药（散装材料）和药品（最终产品）的稳定性数据纳入监管提交文件。不需要为中间产品（如过程中的材料库）指定保质期，但应生成支持此类中间产品的建议保存时间的数据。应对原料药进行稳定性评价并确定保质期，以证明原料药可以在预定的储存条件下储存特定的一段时间，而不会影响使用该原料制成的最终药品的质量。

在产品开发的不同阶段，可以使用不同的方法来设定保质期。

欧洲药物管理局（EMA）已经描述了在临床试验期间为生物 / 生物技术产品分配保质期的可接受方法，并指出“如果相关数据支持和证明，可接受将保质期延长到实时稳定性数据所涵盖的时间之外”[42]。虽然建议使用实时稳定性数据来分配保质期，但在临床试验期间，允许分配替代保质期的替代手段。例如，允许在规定的参数范围内进行外推（延长后的最大保质期不应超过原始保质期的两倍，且不应超过代表性批次可用的实时稳定性数据 12 个月）。稳定性数据的任何外推都假设产品的任何降解过程都是可预测的，并且将继续应用于可用的实时数据之外。支持外推保质期的一般统计方法见 ICH Q1E[43] 第 2.6 节。产品的外推保质期不应超过适用稳定性方案的计划长期取样时间。

欧洲药物管理局指南还考虑到用于支持保质期的先验知识（例如平台经验和生产单克隆抗体的知识）。虽然仅平台知识可能不足以指定保质期，但可以将其用作支持数据。先前生产过程（如适用）中稳定性数据的应用也可用作支持数据，或在某些情况下可用于将保质期指定给使用类似工艺生产的材料。在后一种情况下，应证明可比性（降解模式和速率）。

加速和压力测试可用于此方法，目的是比较使用新工艺和原始工艺生产的材料的降解模式和速率。利用加速降解模式对新工艺进行验证，以证明降解产物与前一工艺的相似性，并且可以使用等效试验评估降解速率，以证明降解速率的任何差异都在预定限值内。我们的目标是证明现有工艺所确定的稳定性可以被用来分配在新工艺中生产材料的保质期，而不是直接利用加速的数据来推断新工艺在长期条件下的保质期。当然，使用这种方法分配的任何保质期最终都应通过对使用新工艺生产的产品进行实时稳定性研究进行验证。

在提交营销申请时，生物 / 生物技术产品的保质期应得到实时稳定性数据的支持，根据 ICH 指南 Q5C，提交时至少有 6 个月的数据可用。这与 ICH Q1A（R2）和 ICH Q1E 中给出的指南直接相反，其中允许使用外推法设定保质期。这种差异的一个可能原因是 ICH Q1A（R2）和 ICH Q1E 涉及小分子药物，其中降解途径相对简单，通常遵循阿伦尼乌斯方程。另一方面，生物 / 生物技术产品可能对温度特别敏感，在热挑战下观察到的降解可能不代表长期储存条件下的降解途径。通常小分子降解遵循一级动力学，因此可以从加速数据推断到长期储存条件。生物 / 生物技术产品降解可能遵循或不遵循一级动力学。生物产品降解的二阶或更高阶动力学可能由多种分子形式的多重相互作用引起（复杂生物分子的特征）。这些可能会导致后续稳定性数据建模的复杂性。ICH Q1E 附录 1 中提出的保质期评估决策树概述了在到期日外推中应用加速数据的考虑因素，该决策树是在考虑小分子的情况下编写的，可能不适合评估生物 / 生物技术产品的稳定性。

为中试规模材料生成的稳定性数据可用于支持营销申请中提出的保质期，只要能够证明中试规模的材料完全代表商业规模的产品，尽管规模有所减小。一般来说，这项规定为纳入后期临床试验材料生成的稳定性数据打开了大门，同时警告说，生产过程（而非规模）没有改变，容器 / 密封和储存条件保持不变。

在这种情况下，应证明中试材料和商用材料的降解模式和速率的可比性。在这种可比性研究中，应至少评估每种工艺规模的三批材料。

通常，监管机构仍然希望在申请许可时对生物制品进行实时推荐储存条件保质期稳定性研究。但是，如果提供了合理的科学依据、全面的数据集和适当的风险分析，机构可能会允许根据具体情况从加速条件中对保质期数据进行外推。

12.7 用于为市场营销申请确定保质期数据的方法

制订保质期稳定性规范一直是行业和监管机构面临的一个挑战。在制订稳定性规范时，患者安全性和药物疗效始终是首要考虑因素。然而，由于生物分子及其降解模式的复杂性，很难将特定的分子质量属性与药物的安全性联系起来。在制订稳定性规范时，应考虑工艺能力、生产数据、临床暴露经验、质量属性的关键性（对安全性和有效性的影响）和分析方法能力的组合。监管机构通常预先考虑申请发起人采取保守的方法来保护患者，而不是降低业务风险。应进行风险 / 效益分析，以证明建议的保质期和相关规范的合理性。下面的假设示例为建立保质期和相关稳定性和发布规范的典型方法提供了一个案例研究。

保质期估算的统计方法详见 ICH Q1E[43]。在下文的案例研究中显示了可能对稳定性数据进行的分析示例。

12.7.1 建立稳定性规范的案例研究

对三批药品将长期稳定性评估。产品纯度的最低稳定性规范为 96.0%，可根据临床经验证明。假设数据集如表 12-3 所示。请注意，表 12-3 中所示的数据报告为小数点后三位（五位有效数字）。在大多数情况下，报告值的精度应与相关规范中使用的精度相同。为了进行数据分析和建模，经常有必要使用未舍入的数据来减少可变性。

各批次纯度的长期稳定性数据图如图 12-3 所示。

表 12-3 在推荐储存条件下保存的假想药品的长期稳定性数据

时间点（月）	产品纯度（%）		
	批次 1	批次 2	批次 3
0	98.891	99.199	99.078
3	98.423	99.086	98.724
6	98.085	98.855	98.462
9	97.611	98.324	97.611
12	96.922	98.034	97.623
18	96.444	97.856	97.145
24	96.450	97.523	96.805
36	95.401	96.423	95.811

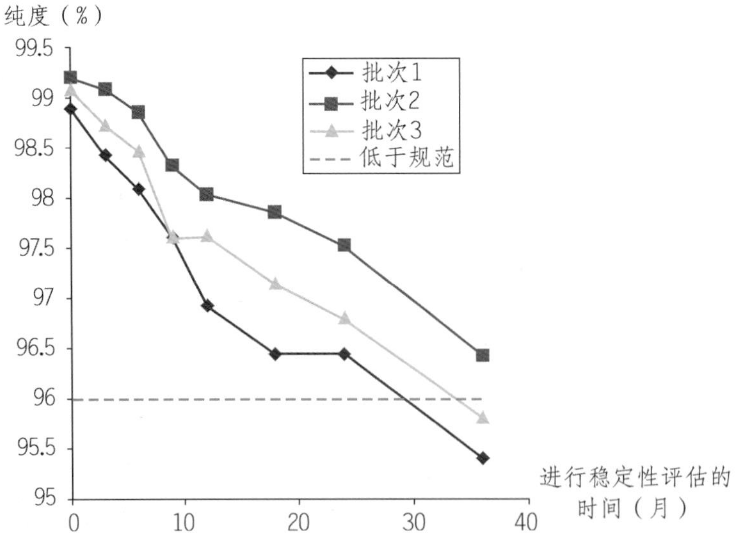

图 12-3 三批假想药品的长期稳定性数据图

【通过单独的稳定性测量计算保质期】

由单独的稳定性测量确定的保质期为 24 个月。第 1 批和第 3 批在 36 个月的时间点不符合纯度规范；因此，保质期是根据每批通过的最后一个时间点确定的，即 24 个月。

【用统计分析计算保质期】

根据表 12-3 所示数据确定本产品保质期的另一种方法是根据 ICH Q1E 所示大纲对稳定性数据进行统计分析。更全面的分析是使用所有三个批次的数据。协方差分析用于测试可获得数据批次之间的斜率和截距是否相等。表 12-4 显示了以下可能的结果。

表 12-4 从三个假设产品批次的数据统计分析中确定保质期的可能结果

斜率均一性	Y 轴截距均一性	保质期确定
相等	相等	保质期可根据汇总数据确定
相等	不相等	保质期可以通过使用最坏情况批次的汇总斜率确定
不相等	相等 / 不相等	保质期应根据最坏情况批次确定

采用统计软件包分析表 12-3 所示的数据。分析的第一步是确定是否可以使用一个集合斜率来对数据进行建模。表 12-5 显示了三个批次协方差分析检验假设的结果。

表 12-5 三个假想药品批次的纯度与时间相等斜率假设的协方差分析测试

源	自由度	平方和	*F* 统计量	*P*（>*F*）
批次	2	3.1479	24.3431	<0.0001
时间	1	22.5434	348.6589	<0.0001
时间 × 批次	2	0.1816	1.4046	*0.2711*

源"时间 × 批次"用于测试三个百分比纯度与时间关系斜率的均一性。计算 F 检验统计量及相关显著概率 [（*P*（>*F*）]。在这种情况下，确定斜率均一性的显著概率为 *P*（>*F*）=0.2711。ICH Q1E 建议使用 0.25 的显著性水平来确定均一性 [43]。因此得出结论，在这种情况下，纯度百分比与时间斜率可以合并，因为确定的 *P*（>*F*）为 0.2711>0.25。

进行类似的分析，以确定 Y 轴截距的均一性（估计批次的时间 0 纯度）。表 12-6 给出了此协方差分析的结果。

表 12-6 三个假想药品批次的纯度与时间等 Y 轴截距假设的协方差分析测试

源	自由度	平方和	*F* 统计量	*P*（>*F*）
批次	2	3.147918	23.3965	*<0.0001*
时间	1	22.54336	335.1018	<0.0001

源"批次"用于测试百分比纯度与时间关系的三个 Y 轴截距的均一性。截距相等的显著性概率为 *P*（>*F*），确定为 <0.0001。在这种情况下，由于 *P*（>*F*）<0.0001<0.25，没有得出 Y 轴截距相等的结论。

根据表 12-5 和 12-6 所示的结果，必须使用适用于最坏情况批次的汇总斜率来确定假设产品的保质期，如图 12-4 所示。最差批次（批次 1）的拟合线是使用图 12-4 所示的三个批次的汇总斜率生成的。该直线拟合的 90% 置信区间用于推导拟合线上较低的单侧 95% 置信区间。分析报告第一批产品 95% 置信下限与纯度规范下限的最早交叉点是 26 个月。这就成为假设药品纯度的保质期规范。

根据纯度与时间数据分析确定的保质期可用于预测三个稳定性研究批次在 26 个月内保持 96% 或更高纯度，置信度为 95%。然而，这种统计推导的结果不能确保未来初始纯度结果在这三个稳定批次分布之外发布的药物批次将会保持所需的纯度。如图 12-5 所示，同一斜率但初始纯度不在三个稳定批次分布范围内的商业批次不满足 26 个月的保质期要求。

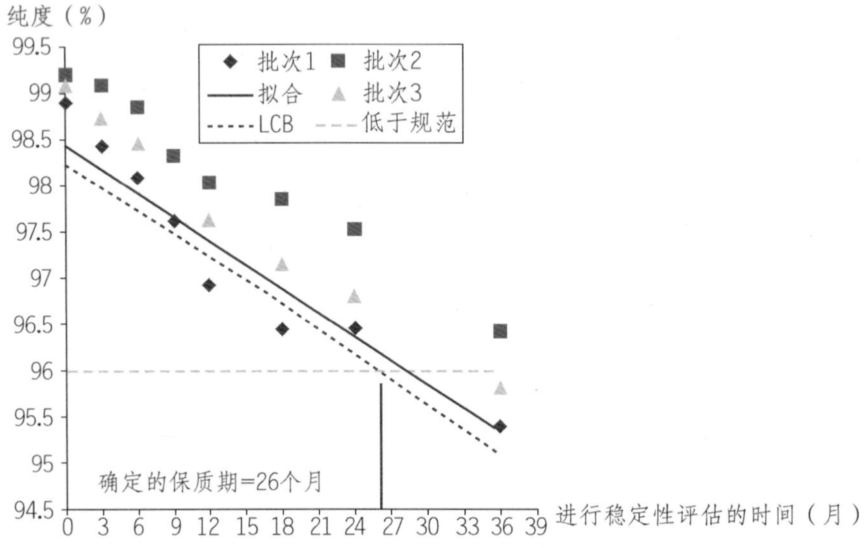

图 12-4　三批药品 90% 置信区间的线性回归分析及应用

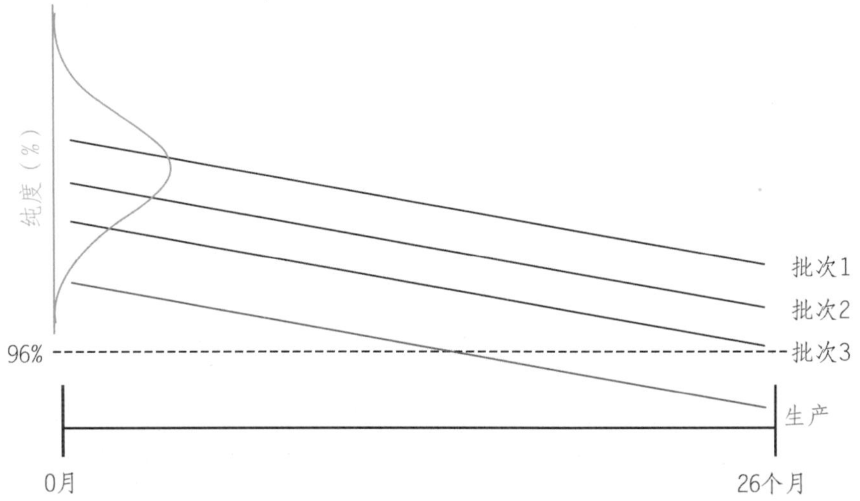

图 12-5　对发布纯度超出用于指定保质期的三个稳定批次的分布范围的生产批次，纯度监测超过 26 个月

12.7.1.3　用稳定性数据建立发布规范

后一种可能性可以通过使用稳定性数据来计算相应的批量发布规范来减轻。这使得可以设置批次释放规格，以确保（95% 的置信度）发布的药品在整个预期保质期内保持在规范范围内的纯度。如图 12-6 所示，预期保质期为 24 个月（发布、储存和分发材料所需的时间）。这又一次假设了额

外批次的降解斜率等于指定保质期的三个稳定批次的汇总斜率。

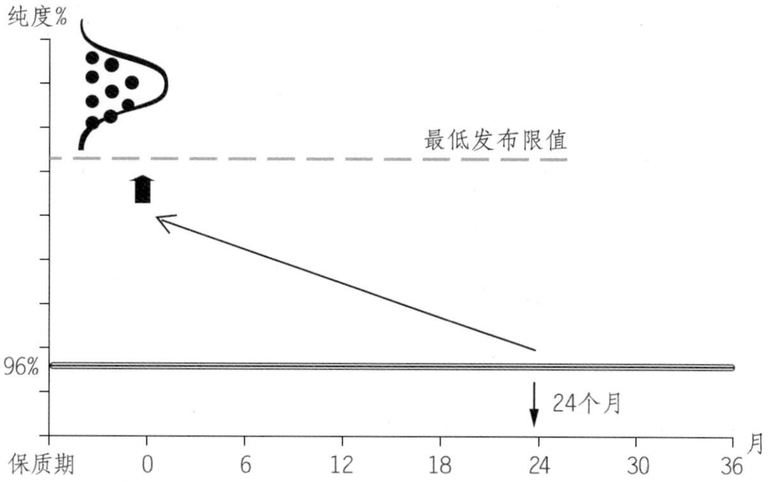

图 12-6 最低纯度发布规范，确保满足 24 个月的保质期要求（箭头表示在稳定性、组合斜率和发布分析变异性方面估计的 24 个月纯度损失）

在这种情况下，纯度发布规范可使用从用于确定保质期的稳定性批次的统计分析中获得的值来确定。假设预期保质期确保有足够的时间分发药品（24 个月），计算所需纯度发布规范所需的方程式为：

$$发布时间=96\%-24 \cdot b+t_{0.95,\ df}\sqrt{(24 \cdot s_b)^2+s^2_{Assay}}$$

式中，b 是纯度与时间（稳定性）关系曲线的汇总斜率，$t_{0.95}$ 和 df 是从确保 95% 置信度的 t 分布统计表中得出的值，S_b 是汇总斜率的标准误差，S_{Assay} 是发布纯度分析的变异性。上面纯度分析的这些值见表 12-7 和表 12-8。

表 12-7 具有均方根误差的单个批次的分析总结（s_{Assay}）

分析总结	
R 平方	0.9570
R 平方调整	0.9450
根均方误差（s_{Assay}）	*0.2543*
响应平均	97.6994
观察	24

表 12-8 汇总斜率估计（b）和斜率的标准误差(s_b)

项目	b（%/ 月）	s_b	t	P（>t）
Y 轴截距	98.8650	0.0828	1193.88	<0.0001
批次 1	−0.4210	0.0749	−5.62	<0.0001
批次 2	0.4631	0.0749	6.18	<0.0001
批次 3	−0.0420	0.0749	−0.56	0.5807
时间	*−0.0863*	*0.0047*	−18.31	<0.0001

使用分析变异性（s_{Assay}=0.2543）、斜率（b=−0.0863%/ 月）、斜率的标准误差（s_b=0.0047）和 18 自由度（$t_{95,18}$=1.734）统计表中的 t 值及预期的保质期（24 个月），在 24 个月保质期结束时支持 96% 纯度的纯度发布限值计算如下：

$$发布限值=96\%-24\times(-0.0863)+1.734\sqrt{(24\times0.047)^2+0.2543^2}=98.6\%$$

12.8 总结

ICH Q5C 为生物产品注册所需核心稳定性测试包提供了指导，与母指南 ICH Q1A（R2）类似，该指南解决了聚焦于小分子治疗的同一主题。生物制品和小分子治疗需要执行的操作有许多相似之处；然而，生物物质的性质往往需要更复杂和不同的方法。生物制品通常是复杂的大分子，维持分子构象（高阶结构）对维持生物活性至关重要。因此，生物制品更不稳定，在储存期间可能对环境因素特别敏感，为避免降解和保持活性，可能需要严格的储存条件。也可能需要复杂的分析方法来测量降解和分析生物活性。ICH Q5C 阐明了应该为支持营销申请而提供的稳定性测试包的监管期望，并且应该与 ICH Q1A（R2）一起考虑，而不是独立于 ICH Q1A（R2）。

参考文献

[1] ICH Q5C. Quality of Biotechnolgical Products：Stability Testing of Biotechnological / Biological Products. 1996.

[2] ICH Q1A(R2). Stability Testing of New Drug Substances and Products. 2003.

[3] Manning MC，Chou DK，Murphy BM，et al. Stability of protein pharmaceuticals：an update. *Pharm Res*，2010. 27(4)：544–575.

[4] ICH Q5E. Comparability of Biotechnological / Biological Products Subject to Changes in Their Manufacturing Process. 2004.

[5] Kulrtru OS，Toshi SB，Smith DE，et al. Vaccine instability in the cold chain：mechanisms，analysis and tbrmulation strategies. *Biologicals*，2014. 42（5）：237–259.

[6] Moussa EM，Panchal JP，Moorthy BS，et al. hnmunogenicity of therapeutic protein aggregates. *J Pharm Sci*，2016. 105(2)：417–430.

[7] Narhi LO，Schmit J，Bechtold–Peters K，et al. Classification of protein aggregates. *J Pharm Sci*，2012. 101(2)：493–498.

[8] Singh SK，Afonina N，Awwad M，et al. An industry perspective on the monitoring of subvisible particle：as a quality attribute for protein therapeutics. *J Pharm Sci*，2010. 99(8)：3302–3321.

[9] Roberts CJ. Protein aggregation and its impact on product quality. *Curr Opin Biotechnol*，2014. 30：211–217.

[10] Vlasak J，Ionescu R. Fragmentation of monoclonal antibodies. *MAbs*，2011. 3(3)：253–263.

[11] Piszkiewicz D，Landon M，Smith EL. Anomalous cleavage of aspartyl–proline peptide bonds during amino acid sequence determinations. *Biochem Biophys Res Commun*，1970. 40(5)：1173–1178.

[12] Bee JS，Tie L，Johnson D，et al. Trace levels of the CHO host cell protease cathepsin D caused particle formation in a monoclonal antibody product. *Biotechnol Prog*，2015. 31(5)：1360–1369.

[13] Robert F，Bierau H，Rossi M，et al. Degradation of an Fc–fusion recombinant protein by host cell proteases：identification of a CHO cathepsin D protease. *Biotechnol Bioeng*，2009. 104(6)：1132–1141.

[14] Chirino AJ， Mire-Sluis A. Characterizing biological products and assessing comparability following manufacturing changes。 *Nat Biotechnol*， 22 : 1383-1391.

[15] Liu H， Gaza-Bulseco G， Sun J. Characterization of the stability of a fully human monoclonal IgG after prolonged incubation at elevated temperature. *J Chromatogr B Analyt Techn of Biomed Life Sci*， 2006. 837(1-2) : 35-43.

[16] Salinas BA， Sathish HA， Shau AU， et al. Buffer-dependent fragmentation of a humanized full-length monoclonal antibody. *J Pharm Sci*， 2010. 99(7) : 2962-2974.

[17] Yan B， Yates Z， Balland A， et al. Human IgGl hinge fragmentation as the result of H_20_2-mediated radical cleavage. *J Biol Chem*， 2009. 284(51) : 35390-35402.

[18] Gaza-Bulseco G， Faldu S， Hurkmans K， et al. Effect of methionine oxidation of a recombinant monoclonal antibody on the binding affinity to protein A and protein G. *J Chromatogr B Analyt Technol Biomed Life Sci*， 2008. 870(1) : 55-62.

[19] Pan H， Chen K， Chu L， et al. Methionine oxidation in human IgG2 Fc decreases binding affinities to protein A and FcRn. *Protein Sci*， 2009. 18(2) : 424-433.

[20] Mo J， Yan Q， So CK， et al. Understanding the impact of methionine oxidation on the biological functions of IgGl antibodies using hydrogen / deuterium exchange mass spectrometry. *Anal Chem*， 2016. 88 (19) : 9495-9502.

[21] Qi P， Volkin DB， Zhao H， et al. Characterization of the photodegradation of a human igGl monoclonal antibody formulated as a high-concentration liquid dosage form. *J Pharm Sci*， 2009. 98(9) : 3117-3130.

[22] Li Y， Polozova A， Gruia F， et al. Characterization of the degradation products of a color-changed monoclonal antibody : tryptophan-derived chromophores. *Anal Chem*， 2014. 86(14) : 6850-6857.

[23] Pavon JA， Li X， Chico S， et al. Analysis of monoclonal antibody oxidation by simple mixed mode chromatography. *J Chromatogr A*， 2016. 1431 : 154-165.

[24] Zhou S， Zhang B， Sturm E， et al. Comparative evaluation of disodium edetate and diethvlenetriaminepentaacetic acid as iton chelators to prevent metal-catalyrzed destabilization of a therapeutic monoclonal antibody. *J Pharm Sci*， 2010. 99 (10) : 4239-4250.

[25] Geiger T， Clarke S. Deamidation， isomerization， and racemization at asparaginyl and aspartyl residues in peptides. Succinimide-linked reactions that contribute to protein degradation. *J Biol Ckem*， 1987. 262(2) : 785-794.

[26] Rivers J， McDonald L， Edwards IJ， et al. Asparagine deamidation and the role ofhigher order protein structure. *J Proteome Res*， 2008. 7(3) : 921-927.

[27] Licensed under CC BY-SA 3. 0 via Wikimedia Commons-http : //commons. wikimedia. org / wiki / File : Deamidation_Asn_Gly. png#mediaviewer / File : Deamidation Asn Gly. png. No machine-readable author provided. “http : //commons. wikimedia. org / wiki / User : WillowW” WillowW assumed(based on copyright claims). (accessed April 9， 2017).

[28] Yan B， Steen S， Hambly D， et al. Succinimide formation at Asn 55 in the complementarity determining region of a recombinant monoclonal antibody IgGl heavy chain. *J Pharm Sci*， 2009. 98(10) : 3509-3521.

[29] Liu YD， van Enk JZ， Flynn GC. Human antibody Fc deamidation *in vivo*. *Biologicals*， 2009 37 (5) : 313-322.

[30] Dillon TM, Ricci MS, Vezina C, et al. Structural and functional characterizatiOn of disulfide isoforms of the human IgG2 subclass. *J Biol Chem*, 2008. 283(23) : 16206–16215.

[31] Liu H, May K. Disulfide bond structures of IgG molecules : structural variations, chemical modifications and possible impacts to stability and biological function. *MAbs*, 2012. 4(1) : 17–23.

[32] Franey H, Brych SR, Kolvenbach CG, et al. Increased aggregation propensity of IgG2 subclass over IgGl : role of conformational changes and covalent character in isolated aggregates。 *Protein Sci*, 2010. 19(9) : 1601–1615.

[33] Bozhinov AS, Boyanova M, Niwa T, et al. Evidence for the presence of glycation adducts in protein therapeutics. *Biotechnol Biotechnol Equip*, 2010. 24(2) : 1904–1909.

[34] Miller AK, Hambly DM, Kerwin BA, et al. Characterization of site—specific glycation during process development of a Euman therapeutic monoclonal antibody. *J Pharm Sci*, 2011. 100(7) : 2543–2550.

[35] Fitzpatrick K, Kendrick B, Santos C, et al. Freeze–dry mediated formation of 5–(hydroxylmethyl)furfural, *in Developments in Biotechnology and Bioprocessing*. 2013, American Chemical Society, p 129–145.

[36] FDA. Guidance for industry : Container and Closure System Integrity Testing in Lieu of Sterility Testing as a Component of the Stability Protocol for Sterile Products. 2008.

[37] Earopean Medicines Agency : Quality of Medicines Questions and Answers : Part 2 http : //www. ema. europa. eu / ema / index. jsp?curl=pages / regulation / q_and_a / q_and_a_detail_000072. jsp#sectionl6, 2009(accessed April 9, 2017).

[38] Corvari V, Narhi LO, Spitznagel TM, et al. Subvisible(2–100 μ m)particle analysis during biotherapeutic drug product development :part 2, experience with the application of subvisible particle analysis. *Biologicals*, 2015. 43(6) : 457–473.

[39] Narhi LO, Corvari V, Ripple DC, et al. Subvisible(2–100 μ m)particle analysis during biotherapeutic drug product development : part 1, considerations and strategy. *J Pharm Sci*, 2015. 104(6) : 1899–1908.

[40] ICH Q1B. Stability Testing : Photostability Testing of New Drug Substances and Products. 1996.

[41] ICH Q1D. Bracketing and Matrixing Designs for Stability Testing of New Drug Substances and Products. 2002.

[42] EMA / CHMp / BWP / 534898 / 2008 : Guideline Oil the requirements for quality docnmentation concerning biological investigational medicinal products in clinical trials. 2010.

[43] ICH Q1E. Evaluation for Stability Data. 2003.

13

Q5D生物技术/生物制品生产用细胞基质的衍生与表征

Mark Plavsic
Lysogene, Cambridge, MA, USA

13.1 引言

细胞基质是用来制造生物产品的细胞。对于重组蛋白产品，细胞基质构成携带编码治疗蛋白基因的工程细胞。如果不使用定义明确且具有适当特征的细胞基质，就无法实现哺乳动物细胞衍生产品［重组蛋白、单克隆抗体（mAb）、病毒疫苗、用于基因治疗的病毒载体等］的制造。这些细胞基质通常被称为生产初始材料，它们被视为生物技术公司可能拥有的重要资产之一。因此，细胞基质的构建、选择、生产、测试、表征和储存是确保成功生产具有必要安全性、纯度和效力的高品质生物产品的最基本和最重要的先决条件。国际协调会议（ICH）指南 Q5D[1] 旨在为生物制品制造商提供关于生产细胞基质的衍生、产生和表征的监管预期指导。本指南范围内考虑的所有生产细胞基质均受细胞库系统的约束。

本章旨在探讨以中国仓鼠卵巢（CHO）细胞为模型的 Q5D 指南的实际实施情况。概述的原理可广泛适用于其他哺乳动物（后生动物），并在很大程度上适用于重组蛋白生产中使用的原生动物宿主细胞系统。然而，我们认识到，原生动物细胞基质可能具有某些哺乳动物细胞不常见的特异性，因此需要在本章范围之外额外考虑。然而，本书概述的原则在一系列细胞类型中具有广泛的适用性。

13.2 细胞基质的来源、历史和生成

Q5D 指南的初始部分概述了对生产细胞基质总体历史的支持性文档的预期。如指南所述，细胞系记录历史中的广泛缺陷将导致对细胞系特征的其他方面的依赖性增加（例如彻查）。

13.2.1 生产细胞系和预主细胞库的生成

生产细胞系的创建包括几个步骤，其中可能包括：

· 选择亲本宿主细胞系。

· 高表达载体的构建。

· 将载体转染到亲代细胞中。

· 选择稳定和高产细胞库。
· 克隆高产稳定细胞库。
· 克隆评估和表征。
· 克隆库（预主细胞库）。

13.2.2 宿主细胞和亲代细胞系

从历史上讲，细胞基质的产生通常是从选择未受感染的宿主细胞开始的，也被称为亲本细胞系。在基于 CHO 的生产平台的情况下，宿主细胞 / 亲本细胞系可以（但不限于）CHO–DG44、CHO–DXB11、CHO–K1SV、CHO–S 或衍生自其中之一的细胞系。对亲本细胞系的仔细管理是至关重要的，因为它是未来用于新产品开发和生产的转染细胞系（生产细胞、细胞基质）创建平台。由于最初的宿主细胞可能具有遗传可塑性，因此，为了选择具有特定生长和代谢特性的细胞克隆，可以在宿主细胞水平上进行特定生长条件下的细胞克隆。同时，建议使用"平台"基础培养基适应无动物来源或化学定义的条件。在此背景下，基础培养基被定义为一个配方平台，可用于培养多个细胞系 / 克隆，从早期克隆选择到医药产品生产，而无须改变基础培养基（但对于表达不同分子的不同细胞系，可能需要优化培养基补充方案）。克隆并适应平台细胞培养基后获得的具有所需特性的宿主细胞，进行储存、测试和维护，以满足未来的需要。宿主细胞应具有明确的来源、历史、培养要求和培养特性，并应测试是否存在外源性因子。必须有明确和完整的记录，明确宿主细胞的来源、可追溯性、系谱、历史、身份、纯度和质量。

13.2.3 细胞工程与蛋白质表达技术

细胞培养表达的重组蛋白数量取决于活细胞密度的时间积分和细胞的特定蛋白生产率。为了提高活细胞密度积分，细胞系工程策略主要是延长细胞培养的寿命，加速特定的生长速度，提高最大的活细胞密度。特定细胞生产率可能受到精心的载体设计、表达平台和细胞系工程的影响[2]。

使用多种细胞系工程策略来靶向 CHO 细胞的多种细胞功能，如凋亡、自噬、增殖、细胞周期调节、蛋白质折叠、蛋白质分泌和代谢产物生成及活细胞密度积分。

通过调节转录活性可以提高细胞培养的特定生产率 (SPR)。这通常是通过表达载体工程调节产物和选择标记基因的共表达、选择标记的严格性、载体上携带的 DNA 调节元件及宿主细胞基因组上整合位点的靶向来完成的。不同的蛋白表达技术可以依赖于转染载体和表达组件设计和载体整合。示例包括：

· 内部核糖体进入位点（IRES）。
· 选择标记衰减。
· 基质结合区（MAR）。
· 位点特异性重组（例如 Cre–LoxP 重组酶、λ 整合酶）。
· 人工染色体表达。

基因编辑工具如锌指核酸酶（ZFN）、转录激活样因子核酸酶（TALEN）、巨核酸酶和聚类规则间隔短回文重复相关内切酶（CRISPR–Cas）的发现进一步促进了转基因的特定基因组整合。这些工具提供了一个在某些已知位置切割（编辑）宿主细胞 DNA 分子的机会，在这些位置可以插入一个转基因。在靶基因位点产生的双链 DNA 断裂，随后通过与切割位点同源区域的转基因共转染进行修复。这导致通过同源末端连接在核酸酶靶向切割位点的转基因整合 [2, 3]。

目前，细胞系开发技术基于起源于 20 世纪 80 年代的甲氨蝶呤（MTX）扩增技术或谷氨酰胺合成酶（GS）系统 [4, 5]。两种系统都利用特定药物来抑制细胞代谢所必需的可选择酶标记物。甲氨蝶呤抑制甲氨蝶呤扩增系统中的二氢叶酸还原酶（DHFR），蛋氨酸亚砜亚胺（MSX）抑制谷氨酰胺合成酶系统中的谷氨酰胺合成酶。与这些药物 / 酶对互补的是缺乏这些酶的细胞系。虽然自 20 世纪 80 年代以来已经建立了缺乏二氢叶酸还原酶的 CHO 细胞系，但是缺乏谷氨酰胺合成酶的细胞系仅在最近才开发出来。在用含有重组蛋白和选择标记基因的表达组件的载体转染后，选择细胞用于稳定的转染子并用选择药物（例如甲氨蝶呤或蛋氨酸亚砜亚胺）进行基因扩增。使用甲氨蝶呤系统，可以通过应用增高水平的选择药物来进行基因扩增。在这种情况下，基因扩增是指通常与甲氨蝶呤应用相关的细胞中重组基因拷贝数的增加。还可以逐步增加甲氨蝶呤浓度，以通过进一步的基因扩增提高细胞蛋白质的生产率。

13.2.4 转染

在生产细胞系开发背景下，转染是将外来兴趣基因（g.o.i.）（转基因）引入活细胞以产生能够有效表达兴趣蛋白的生产细胞系的过程。转染的遗传物质稳定或瞬时存在于细胞中，这取决于许多因素。对于稳定转染，引入的兴趣基因（转基因）整合到宿主细胞基因组中，即使在宿主细胞复制后也导致持续的转基因表达。相反，瞬时转染的兴趣基因不整合在宿主细胞基因组中，因此该蛋白在有限的时间内表达。在随后的细胞分裂后，瞬时表达的基因可能被稀释并丢失。

有许多转染方法可供选择，这些方法可分为生物法、化学法和物理法。

生物学方法依赖于病毒介导的转染。一般来说，由于逆转录病毒整合到宿主细胞基因组中，逆转录病毒（如小鼠白血病病毒）被用来实现可持续的转基因表达。用于生物转染（转导）的其他病毒包括单纯疱疹病毒、腺病毒、腺相关病毒、牛痘病毒和辛德毕斯病毒。病毒介导的转染通常效率很高；然而，病毒包装大转基因的空间有限。此外，病毒对细胞有细胞毒性，也可能破坏正常的细胞生理学。逆转录病毒在宿主基因组中随机整合，可能破坏肿瘤抑制基因，激活癌基因，或中断正常宿主细胞基因的功能 [6]。

化学法是当代研究和发展中最古老、应用最广泛的方法。常用的化学品包括阳离子聚合物（二乙氨乙基葡聚糖、聚凝胺、聚乙烯亚胺）、磷酸钙、阳离子脂质（脂质体、D-OTAP、DOTMA）和阳离子氨基酸。化学方法显示包装核酸 / 兴趣基因的转染效率相对较好，细胞毒性低，无诱变，无大小限制 [6, 7]。

物理法依赖于使用某些物理工具将兴趣基因送入细胞。这些方法包括电穿孔、微注射、金颗粒输送（生物）和激光导入。电穿孔是最广泛使用的物理工具，因为它是直接、可靠、简单、快速的，一旦优化了转染条件，它可以在短时间内转染大量细胞 [6, 7]。

影响转染效率的因素很多。有些特定于靶细胞，而另一些特定于方法。影响转染的细胞相关因素包括细胞密度、细胞大小、复制状态、传代数、细胞健康状况、细胞培养基质量和转基因浓度。方法的具体因素包括试剂质量、实验条件、浓度、pH 值、电压、电容等。

13.2.5 稳定高产细胞库的选择

在用含有兴趣基因和选择标记的表达载体转染宿主细胞系后，在选择培养基（即含有选择剂的培养基）中培养被转染细胞，以使稳定库增殖。当使用基因扩增系统时，选择药物（如甲氨蝶呤）的浓度可以逐步增加，以获得更高效的细胞克隆。为兴趣蛋白表达筛选出库，分离并克隆出最佳生产库用于单个细胞克隆选择。

可以为每个库生成一个研究细胞库作为备份策略，以减轻与开发过程相关的业务风险。

13.2.6 细胞的转染后分析

在任何转染过程之后，重要的是评估转染的效率和对细胞的影响（如果有的话）。转染分析可以像确认兴趣基因的表达一样简单。然而，在许多情况下，评估涉及确定兴趣基因的总表达水平、群体内转染细胞的数量，以及所表达的目的蛋白质的视觉确认。在此范围内使用的分析工具包括以下[8, 9]：

· 流式细胞术，以确定转染群体中阳性细胞的数量。

· 荧光测定法，基于荧光定量兴趣蛋白质的表达水平。

· 光度测定法，用于基于荧光素酶表达的蛋白质表达定量分析。

· 显微镜检查，直接观察转染细胞。

· 实时定量聚合酶链反应（RT-qPCR），用于量化转基因的表达水平。

· 分光光度法，通过测量比色变化来确定转染效率。

· Western 印迹分析，以鉴定和量化来自细胞群的转基因总表达。

分析工具选择基于许多因素，并且取决于具体的应用。在大多数情况下，使用多种分析工具进行更彻底的克隆 / 库评估。

13.2.7 高产稳定克隆的克隆与选育

克隆是从初始的最佳产生细胞库中分离出单一最佳产生稳定转染细胞（单克隆）。除了作为监管要求之外，还有几个原因说明为什么确保单克隆性是重要的[2]。

由于外来兴趣基因的随机整合及随后药物选择基因扩增系统对基因组的破坏，在细胞系发育过程中获得克隆的细胞库可能高度异质，从而导致大范围的细胞特定生产率和低百分比的高产细胞。因此，在高重组蛋白生产率对产品的商业生存至关重要的情况下（例如生产单克隆抗体疗法），可能需要筛选数千个克隆以获得一组生产克隆。虽然筛选过程可以借助现代技术和机器人技术进行辅助，但细胞生产系的开发过程仍然是一项时间、劳动和资本密集型的工作，通常需要 6~12 个月才能完成。

最广泛使用的克隆方法包括两轮有限稀释克隆（LCD）到 96 孔或 360 孔板中，其稀释水平足以统计预测单克隆性。最近，一些监管者推荐了更强大的克隆状态视觉文档（见图 13–1），因为有限稀释克隆方法不能排除“黏性”细胞的双重性。在几百个甚至数千个经过筛选的克隆中，通常每个库中有 20~30 个被挑选出来，并在摇瓶中进行增扩。在对生长、生产率和某些产品质量属性进行额外评估后，选择克隆的一个子集（例如 6~10）用于细胞系稳定性测定、增扩产品质量测试和初始过程评估。根据这些数据，将选择一个主克隆和一个备份克隆。可以对最佳生产克隆进行第二轮克隆，以提供更好的单克隆性；或者可以采用一轮克隆，然后在接种第 0 天和随后的几天对孔板进行成像（图 13–1）。通过此过程可以选择特定生产率 > 50 pg /（细胞 · 天）的克隆。克隆的遗传稳定性和转基因的基因测序不构成克隆状态，尽管这些可用于表征所选克隆的其他分析工具。

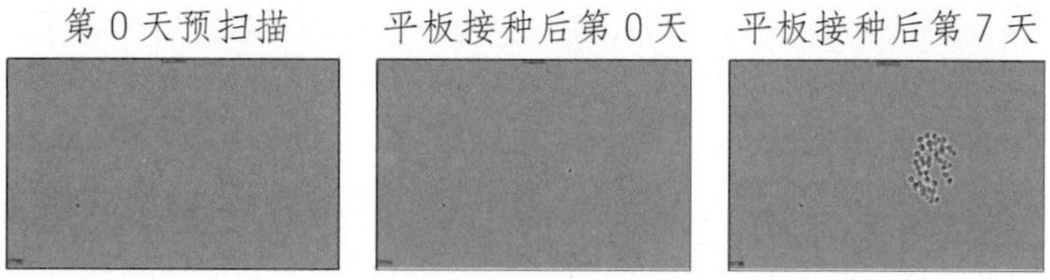

图 13–1 使用孔板成像技术演示单克隆性

照片拍摄于细胞平板接种前后第 0 天。培养细胞使克隆得以发育。在第 0 天，只检查似乎包含单个细胞克隆孔的图像，以确认单克隆性。

第 0 天预扫描：这是平板接种细胞之前的图片，平板仅含有细胞培养基。孔中有一个看起来类似于细胞的缺损，但它是人工制作的，因为它在平板接种之前就存在并且永远不会改变。平板接种后第 0 天：该图像提供了仅放置单个细胞的所需证据。平板接种后第 7 天：从单个克隆中扩增细胞。显示的所有图像都是孔的区域，其中单细胞克隆生长。全孔图像用于证明孔的其余部分（未示出）中不存在其他细胞或生长物。

重要的是，培养细胞和蛋白质效价分析［酶联免疫吸附试验（ELISA）或八位体技术］的附加步骤用于确定克隆的蛋白质产量。

克隆筛选技术的进步可以减少鉴定和选择罕见高产细胞克隆所需的时间和精力。本节简要讨论了三种此类技术 [2]。

13.2.7.1 基于荧光激活细胞分选（FACS）的筛选

荧光激活细胞分选机能够以高速度（10^8/h）同时监测与细胞相关的多个荧光波长的水平。待分析的细胞作为移动的聚焦流单独进入荧光激活细胞分选分拣机，并由一个或多个激光束进行查询。通过相关的光学探测器测量细胞产生的荧光，并对收集到的数据进行量化和分析。然后，仪器对含有细胞的液滴施加电荷，将其分类成特定的收集管或孔板。根据荧光信号，还可以得到细胞的粒度和尺寸等参数。然而，基于荧光激活细胞分选的高生细胞克隆筛选的准确性取决于仍然与细胞相关的荧光信号。因此，它更适合选择不将重组蛋白分泌到培养基中或具有与兴趣重组蛋白共表达的细胞表面报告蛋白的高产细胞克隆 [2, 10, 11]。

13.2.7.2 ClonePix

ClonePix 系统是一种自动化的菌落选择器，能够在短时间内筛选大量克隆并鉴定高产克隆 [12]。通过在半固体培养基中培养单细胞以允许形成单个菌落来启动 ClonePix 的过程。培养基的高黏度允许单个细胞的后代保持为单个菌落，并且还将分泌的重组蛋白质捕获在紧密分泌的菌落附近。这些分泌的重组蛋白被此前添加到半固体培养基中的异硫氰酸荧光素（FITC）缀合抗体捕获。在通过抗体捕获表达重组蛋白质后，这些蛋白质作为免疫沉淀物沉积在分泌细胞克隆周围，因此形成晕圈荧光结构。因此，克隆根据晕圈结构的荧光强度排列。然后通过微针吸出高排列高产细胞克隆并转移到新的孔板中进行进一步表征。对 10000 个细胞克隆进行成像和选择高产细胞克隆的整个过程在 1 小时内完成，其灵敏度足以分离出仅占细胞群的 0.003% 的稀有高产克隆。由于该方法的高通量性质，ClonePix 系统已被用于不同的研究，以一致地选择表达一系列重组蛋白和抗体的高生产细胞克隆[2]。

与手动克隆法的情况一样，为了确保生产细胞系的单克隆性，应使用荧光激活细胞分选和 ClonePix 技术进行至少两轮克隆。

13.2.7.3 Cell Xpress™

Cell Xpress™ 技术由 Cell Xpress™ 软件模块和基于激光介导半导体制造技术原理的激光分析和处理（Leap™）平台组成。Leap™ 平台的一个优点是它是为高吞吐量操作而设计的，因此整个筛选过程是完全自动化的，并且由机器人完成。Cell Xpress™ 技术结合了活体细胞成像和激光介导的细胞操作，以识别和纯化样品孔中最高的生产细胞克隆。Cell Xpress™ 技术的多色活细胞成像是通过同时使用荧光检测试剂实现的，荧光检测试剂专门与细胞克隆或表达的重组蛋白相关联。此外，样品孔上覆盖有捕获基质，以调节表达重组蛋白的原位捕获，因为大多数重组蛋白是从细胞中分泌出来的。例如，如果表达治疗性抗体，蛋白 G 通常用于捕获分泌的抗体。通过测量各检测试剂的荧光强度，根据分泌的重组蛋白数量对同一孔中的每个细胞进行排序。因此，孔中排序最高的细胞将被认为是最合适的高产细胞克隆。随后，激光介导的细胞纯化将开始，激光束通过大视场光学和振镜转向引导到同一孔中排序较低的细胞克隆，以诱导光机械裂解。任何留在孔内的高产细胞都将被允许生长，并转移到更大的孔中进行扩展[2]。

13.2.8 克隆评估及库存

当大量高产克隆被分离出来时，摇瓶中的克隆增扩将能够对所选克隆进行初始评估。对细胞的生长特性、培养基利用率、代谢产物、倍增时间、大小、形态、活力、凋亡和蛋白质表达进行评估。转基因测序和细胞系稳定性也可以在这一阶段进行评估。商业生产需要确定数量的细胞生长、生产率、产品质量和遗传稳定性。如果之前没有尝试，也可以在该阶段尝试克隆适应新的化学定义或无动物源的细胞培养基。本次评价的结果是在给定的培养条件下，对具有理想特性的克隆进行分类和选择。

预主细胞库通常是从早期通道研究库小瓶生成的。它是生产细胞库生成的源库。首先测试前主细胞的纯度，以确保在将来自该库的小瓶转移到药品生产质量管理规范设施之前不受外来因子（细菌、病毒和支原体）的影响。

13.2.9 药品生产质量管理规范细胞库的生成

一个用于生产生物制品的连续细胞系将被储存起来，这是一个监管期望。因此，Q5D 指南详细讨论了两级药品生产质量管理规范细胞库系统及细胞库特征描述和测试的基本原则。药品生产质量管理规范细胞库包括一个主细胞库和一个或多个工作细胞库。这些细胞按照药品生产质量管理规范原则生产，经过测试和储存（冷冻保存），直到进一步用于生产。

13.2.10 细胞基质开发中应考虑的要点

生产细胞基质的开发，从最初的载体设计和宿主细胞的选择到产生药品生产质量管理规范细胞库，都是非常劳动密集的。这些活动需要专门的技术专长、设备和广泛的试剂和原材料。为了确保持续生产高质量产品并满足当前的监管标准，在整个过程中执行高质量和文件化工作至关重要。应特别注意减少外源性因子引入的风险，特别是病毒和支原体。这些试剂可以作为无声污染物存在于细胞中，通常使用标准测试技术很难检测到。外源性因子可通过受污染的原材料和试剂或从操作员或实验室 / 制造环境引入。因此，有必要引入有效的控制措施，如选择高质量和安全的原材料和试剂、使用药品实验室管理规范（GLP）、无菌实验室技术、适当清洁和消毒的设备和工作区域及经过适当培训的操作人员。

所有原材料和试剂应来自信誉良好的供应商，并附有证书和记录。从细胞系发育和细胞适应的最早期阶段开始，应考虑避免使用动物源和人源性材料。细胞基质的可追溯性和谱系是必要的，并且应适当记录。与表达载体设计、宿主细胞、转染、克隆、分析评估、细胞库和整个过程中使用的原材料相关的所有文件都应明确、详细且易于检索，因为每个细胞基质都需要监管部门的批准。

最后，应在特定点（如预主细胞库）进行风险评估，以评估交叉污染的风险，并在产生药品生产质量管理规范库之前确定每个细胞基质的生物安全测试水平（另见第 14 章）。

13.3 细胞库表征

细胞库表征是保证产品质量和安全性的关键组成部分，这个主题在 Q5D 中有详细讨论。

细胞库表征出现在几个点上，即亲本细胞、预主细胞库、主细胞库、工作细胞库和生产末端细胞（EOPC）。表征测试的类型和范围取决于细胞库的类型和动物物种的起源。通常，必须测试药品生产质量管理规范级的细胞库（即主细胞库、工作细胞库、生产末端细胞）的一致性、纯度（细胞纯度和不含不确定的污染物）、细胞核学、致瘤性 / 致癌性和遗传稳定性。

13.3.1 一致性测试

要进行适当的测试以确定库存的细胞是它所代表的。表型或基因型特征均可用于一致性测试。通常对主细胞库进行一致性测试。此外，通常对每个工作细胞库执行有限的一致性测试。在过去，同工酶分析已足以确认来源于人类或动物来源的细胞系的起源物种。目前，线粒体细胞色素氧化酶 I（CO1）条形编码（动物细胞）和短串联重复序列（STR）分析（人类细胞）等最新的检测方法正取代同工酶分析[13]。后者满足监管建议，即“只要新方法的特异性、敏感性和精密度至少与现有方法相当”“在细胞基质表征和测试中使用最先进的方法和技术改进”[1]。特定细胞标记、独特标记、所需产品的表达、细胞遗传学分析、DNA 指纹和单核苷酸多态性（SNP）分析的证明也是一致性测试方法组合的一部分。

13.3.2 纯度测试

细胞基质的纯度被定义为没有其他类型的细胞和外源性微生物因子，如细菌、真菌、支原体和病毒。一种细胞系与另一种细胞的交叉污染，虽然在现代细胞培养应用中很少见，但在某些情况下可能会发生[14]。细胞系鉴定（真实性）的检测能够确保不受其他类型细胞的影响。

细胞培养系统容易受到外源性微生物和病毒因子的污染。污染的风险不是理论上的；在许多情况下，在生物制品生产过程中检测到了病毒污染[15~23]。污染因子可能与细胞基质本身［例如内源性逆转录病毒（ERV）］有关，也可能在细胞系发育和细胞培养过程中，通过使用受污染的试剂、原材料或违反药品实验室管理规范和药品生产质量管理规范无意中引入。CHO 细胞以其产生内源性缺陷（即非感染性）逆转录病毒颗粒的能力而闻名[24]。CHO 细胞培养生产过程中的外源性因子污染也已记录在案。目前已经证明，CHO 细胞对来自至少 11 个病毒家族的病毒敏感，包括细小病毒（例如小鼠微小病毒）、呼肠孤病毒（例如呼肠孤病毒和鹿流行性出血热病毒）、杯状病毒（例如疱疹病毒属 2117）、布尼亚病毒（例如卡奇谷病毒）和小核糖核酸病毒（例如脑心肌炎病毒）[21]。

拟用于生物制品的符合药品生产质量管理规范生产的细胞库必须被证明不受病毒、细菌、真菌、支原体和其他微生物细胞类型的污染。使用非常特殊的外源性因子检测分析，这些在 ICH Q5A（R1）指南[25]中有详细说明（另见第 10 章）。表 13-1 概述了以 CHO 细胞培养为模型的外源性因子测试。关于更具体的分析细节，读者可参考 ICH Q5A（R1）、世卫组织文件 TRS 878 附件 3[29]和欧洲药物管理局的生物技术研究产品病毒安全性评估指南[30]。请注意，ICH Q5D 并未具体说明母细胞和预主细胞库的测试要求。表 13-1 中显示的预主细胞库测试是研究者推荐的。

表 13-1　中国仓鼠卵巢生产细胞的细胞库外源性因子检测

检测类型	检测目的	前主细胞库（建议的最低测试）	主细胞库	工作细胞库	细胞体外年龄限值
微生物测试					
无菌	检测细菌和真菌制剂	是	是	是	是
支原体	检测外源性支原体	是	是	是	是
外源性病毒测试					
体外分析	检测细胞培养系统中的外来病毒	是	是	是	是
体内分析	检测几种动物模型中的外来病毒	否	是	否	是
逆转录病毒测试					
电子显微镜	类病毒颗粒的可视化与定量	是	是	否	是
逆转录酶 (RT)	检测逆转录病毒 RT 酶	否	是	否	是
感染性	检测感染性逆转录病毒	否	是	否	是
特定物种的病毒测试					
HAP	在测试物品接种后检测仓鼠中特定病毒的抗体	否	是	否	否
MAP	在测试物品接种后检测小鼠中特定病毒的抗	否	是	否	否
猪病毒[1]	检测猪病毒	否	视情况而定	视情况而定	视情况而定
牛病毒[2]	检测牛病毒	否	视情况而定	视情况而定	视情况而定

续表

检测类型	检测目的	前主细胞库（建议的最低测试）	主细胞库	工作细胞库	细胞体外年龄限值
检测其他病毒					
MVM（MMV） 疱疹病毒属 2117LCM 病毒	尽管 ICH Q5A 和 ICH Q5D 没有特别要求对这些病毒和其他病毒进行检测，但应根据特定于每个细胞基质的风险评估，考虑到细胞的起源、来源、动物源性原材料和培养历史（另见第 14 章）				
牛多瘤病毒 猪圆环病毒 1/2 牛细小病毒 2/3 其他特定因子	根据细胞的起源和所采用的制造工艺，应根据具体情况考虑对其他特定物种的因子进行额外测试。还应考虑下一代测序（NGS）在细胞基质测试和表征中的应用				

注 猪病毒和牛病毒的检测是在牛和猪衍生成分用于细胞基质的产生和生产的情况下进行的[1, 2]。测试方法的设计符合牛和猪源材料的 9 CFR[26] 和 EMA[27, 28] 指南文件。由于这些方法有局限性，某些病毒可能无法检测到，因此应考虑采用其他方法来确保细胞库的安全。目前在制造人类药物产品中使用的牛血清[27] 指南规定："血清供应商和使用者也应该知道牛流感病毒的出现，并鼓励调查牛血清中是否存在这种因子，并采取适当的行动消除或减少血清中任何新病毒的存在。"

13.3.3 细胞核学、致瘤性和致癌性

对于高度纯化且不含细胞（如单克隆抗体）的药品，通常不认为有必要进行细胞核学和致瘤性测试，前提是通过工艺验证研究或批量发布测试证明残留宿主细胞 DNA 的适当限值始终符合要求。非二倍体啮齿动物细胞系也不需要进行细胞核学测试。对于在基因未经修饰的 MRC-5 或 WI-38 二倍体细胞中生产的产品，由于已经对这些细胞系进行了广泛地表征和发表，因此细胞基质不需要进行细胞核学或致瘤性评估。然而，对于每一个生成的 MRC-5 和 WI-38 工作细胞库，制造商应一次性确认以生产中使用的方式生长的细胞确实是二倍体，并且具有预期的寿命。对于新的或以前未经标记的二倍体细胞基质，应通过细胞核学或其他倍性分析技术确认二倍体的稳定，并应使用来自主细胞库的细胞确定致瘤潜能。

致瘤性被定义为细胞基质在接种的动物试验系统中形成肿瘤的性质。这些肿瘤来自接种的细胞基质，并衍生自与细胞基质相同的细胞。虽然有体外测试可用，但体内测试仍然是评估致瘤性的标准。来自主细胞库或工作细胞库的细胞，繁殖至用于生产或超出拟议的体外细胞年龄（即生产末端细胞），应检查致瘤性。额外的群体倍增确保即使在"最坏情况"的假设下，致瘤性测试的结果也可用于评估产品的总体安全性，因此提供安全缓冲。

体内致瘤性分析。测试细胞系和对照细胞在 4~7 周时分别注射到不同组中的 10 只雄性小鼠体内（Nu/Nu 基因型）。每周观察和触诊所有动物至少 4 个月，检查注射部位或其他部位（转移处）是否有肿瘤形成的证据，这表明细胞基质具有致瘤性。

13.3.3.1 体内致瘤性分析

这个分析依赖于转化细胞保持存活的能力，和当悬浮在软琼脂糖中时由于对细胞 - 细胞或细胞 - 基质黏附的增殖需求减少而形成菌落的能力。软琼脂的这一特性是评估细胞基质致瘤可能的有用技

术。在这个分析中，将测试细胞和对照细胞的连续稀释液接种到制备的琼脂细胞培养基中。将细胞培养 4 周，定期显微镜观察多于 10 个细胞的可见菌落，这表明细胞基质的体外致瘤性。

致癌性是无细胞试剂诱导动物细胞成为肿瘤细胞的特性。因此，在致瘤性分析中出现的肿瘤包含来自接种细胞，而在致癌性测定中出现的肿瘤来自宿主动物。来自细胞基质的致癌性可能是由细胞基质 DNA（和可能的其他细胞组分）或细胞中存在的致癌病毒剂引起的。

13.3.3.2　体内致癌性测试

对主细胞库进行致癌性测试。新生（即 <3 日龄）裸鼠、新生仓鼠和新生大鼠已被用于评估细胞系的致癌潜能。虽然致瘤性测试中的动物数量可以是每组 10 只，但由于预期的肿瘤发生率较低，致癌性试验中的 数量应该更大。通过观察和触诊每周检查所有动物至少 4 个月，以证明在注射部位或其他部位（转移）形成肿瘤，这表明细胞基质的致癌性。

世卫组织文件《世卫组织关于将动物细胞用作生产生物制品的体外基质的要求》中可找到有关进行细胞核学和致瘤性分析方法的详细说明 [29]。

13.3.3.3　基因稳定性测试

ICH Q5D 中引入了细胞基质稳定性的概念，并在 ICH Q5B[31] 中进一步讨论（见第 11 章）。任何形式的基因不稳定性都可能影响最终产物的质量。因此，了解培养物中的细胞是否以可能影响表达产物的性质或安全性的方式发生变化是很重要的。具体的测试将根据产品的性质而有所不同，但总的来说，其目的是证明从主细胞库或工作细胞库的几个通道内的细胞获得的转基因数量和特征与从生产末端细胞获得的一致。对于重组蛋白产品，重点是蛋白质序列和翻译后修饰。对于含有 DNA 表达结构的细胞系，这些结构在主细胞库 / 工作细胞库和生产末端细胞之间的稳定性通常是确定的。有几种分析方法可用于稳定性测试。该主题在 ICH Q5B[31] 中有更详细的论述（见第 11 章）：

· 应确定构建的拷贝数，如果相关，还应确定染色体插入的位置。这是通过将测序延伸到转基因侧翼区域来完成的。

· 荧光原位杂交可以提供有用的附加信息。

·细胞内结构的测序通常使用常规或大规模并行测序（下一代测序）技术进行。通过常规测序，可以获得一个一致的序列，但是通过大规模的平行测序，可以确定单个基因插入物或其转录物的序列。

在克隆选择的早期，通常使用小规模模型评估初始生长和生产率稳定性（超过生产用体外细胞年龄的限制）。生长和生产稳定性对工艺经济性和工艺稳健性很重要。然而，从调控的角度来看，一致性生产是指维持生产细胞表达的蛋白质特性的能力。为了证明细胞基质在制造过程中的适用性，应至少评估两个时间点：一个使用具有最小群体倍增数的细胞，另一个使用处于或超过用于生产体外细胞年龄限制的细胞。生物化学分析（肽标测、基质辅助激光解吸电离飞行时间质谱、电喷雾质谱、十二烷基硫酸钠聚丙烯酰胺凝胶电泳测定、电聚焦、蛋白质活性或产品定量分析）和遗传技术（测序、印迹法、Southern 印迹法等）用于证明结构完整性，并检测拷贝数、mRNA 水平和载体整合位点随着细胞年龄增长的潜在变化。

13.4 总结

ICH Q5D 中提供的指导对于打算将新分子引入临床试验的制造商至关重要。在创建生产细胞之前，应仔细考虑本指南中阐述的所有要求。当只关注生产细胞生成过程结束时的这些方面时，更难满足文档要求并降低外源性因子污染的风险。新的分析技术可能能够减轻对有文档缺陷的细胞系的关注。例如，用于细胞系纯度测试的下一代测序具有识别未知病毒或支原体污染物的能力，这些污染物可能存在于细胞库中，因为在某一点暴露于受污染的原材料中。新的细胞识别技术（如短串联重复序列分析）可以根据单个供体水平识别人类细胞，而动物细胞识别技术（如线粒体细胞色素氧化酶 I 条形编码）与传统方法相比具有更大的特异性。细胞系工程的策略使得细胞基质具有更高的生产率，克隆技术的改进使得确保生产细胞的单克隆性变得更加容易。

参考文献

[1] International Conference on Harmonisation(ICH)Q5D. 1997. Derivation and characterisation of cell substrates used for production of biotechnological / biological products.

[2] Lai T, Yang Y, Ng SK. 2013. Advances in mammalian cellline development technologies for recombinant protein production. *Pharmaceuticals* 6 : 579–603.

[3] Sander JD, Joung JK. 2014. CRISPR–Cas systems for editing, regulating and targeting genomes. *Nat Biotechnol* 32(4) : 347–355.

[4] Camire J. 2000. Chinese hamster ovary cells for the production of recombinant glycoproteins. *Art* Sci 19 : 150–151.

[5] Durocher Y, Butler M. 2009. Expressions systems for therapeutic glycoprotein production. *Curr Opin Biotechnol* 20 : 700–07.

[6] Kim TK, Eberwine JH. 2010. Mammalian cell transfection : the present and the future. *Anal Bioanal Chem* 397 : 3173–3178.

[7] BioRad Laboratories. Transfection methods overview. www. bio–rad. com / transfection(accessed April 7, 2017).

[8] Lee C, Ly C, Sauerwald T, et al. 2006. High–throughput screening of cell lines expressing monoclonal antibodies. *BioProcess Int* 4 : 32–35.

[9] BioRad Bulletin 10–0503 Rev A 2010. Post–transfection analysis of cells. http : //www. bio–rad. com / webroot / web / pdf / isr / literature / Bulletin_5969. pdf faccessed April 25, 2017).

[10] Yang G, Withers SG. 2009. Ultrahigh–throughput FACS–based screening for directed enzyme evolution. *Chembiochem* 10 : 2704–2715.

[11] Black CB, Duensing TD, Trinkle LS, et al. 2011. Cell–based screening using high–throughput flow cytometry. *Assay Drug Dev Technol* 9 : 13–20.

[12] Dharshanan S, Chong H, Hung CS, et al. 2011. Rapid automated selection of mammalian cellline secreting high level of humanized monoclonal antibody using Clone Pix FL system and the correlation between exterior median intensity and antibody productivity. *Electron]Biotechnol* 14. 10. 2225 / voll4–issue2–fulltext–7.

[13] Nims RW, Sykes G, Cottrill K, et al. 2010. Short tandem repeat profiling : part of an overall strategy for

reducing the frequency of cell misidentification. *In Vitro Cell Dev Biol Anim* 46 : 811–819.

[14] Capes–Davis A, Theodosopoulos G, Atkin I, et al. 2010. Check your cultures!A list of cross–contaminated or misidentified cell 1ines. *Int J Cancer* 127 : 1–8.

[15] Rabenau H, Ohlinger V, Anderson J, et al. 1993. Contamination of genetically engineered CHO–cells by epizootic haemorrhagic disease virus(EHDV). *Biologicals* 21 : 207–214.

[16] Burstyn DG. 1996. Contamination of genetically engineered Chinese hamster ovary cells. *Dev Biol Stand* 88 : 199–203.

[17] Garnick RL. 1996. Experience with viral contamination in cell culture. *Dev Biol Stand* 88 : 49–56.

[18] Oehmig A, B ü ttner M, Weiland F, et al. 2003. Identification of a calicivirus isolate of unknown origin. *J Gen Virol* 84 : 2837–2845.

[19] Nims R. 2011. AdventitiOILS viral contamination of biopharmaceuticals : who is at risk?*BioProcess J* 10 : 4–10.

[20] Moody M, Alves W, Varghese J, et al. 2011. Mouse minute virus(MMV)contamination—a case study : detection, root cause determination, and corrective actions. *PDA J Pharm Sci Technol* 65 : 580–588.

[21] Potts B. 2011. Adventitious agent control and regulations ofraw materials used in biopharmaceutical manufacturing. *Am Pharm Rev* 14 : 76–79.

[22] Skrinel J. 2011. Abiotech productionfacility contamination case studv—mouse minute virus, *PDA J Pharm Sci Technol* 65 : 599–611,

[23] Qiu Y, Jones N, Busch M, et al. 2013. Identification and quantitation ofvesivirus 2117 particles in bioreactor fluids from infected Chinese hamster ovary cell cultures. *Biotechnol Bioeng* 110 : 1342–1353.

[24] Shepherd AJ, Wilson NJ, Smith KT. 2003. Characterisation of endogenous retrovirus in rodent cell lines used for production of biologicals. *Biologicals* 31 : 251–260.

[25] International Conference on Harmonisation(ICH) Q5A(R1). 1997. Viral safety evaluation of biotechnology products derived from cell lines of human or animal origin.

[26] Code of Federal Regulations(CFR) 2012. Requirements for ingredients of animal origin used for production of biologics. 9 CFR 113. 53.

[27] European Medicines Agency 2012. Note for Guidance on the use of bovine serum in the manufacture of human biological medicinal products. EMA EMA / CHMp / BWp / 457920 / 2012.

[28] European Medicines Agency 2014. Guideline on the use of porcine trypsin used in the manufacture of human biological medicinal products. EMA/CHMP / BWP / 814397 / 2011.

[29] World Health Organization(WHO)2010. Recommendations for the evaluation of animal cell cultures as substrates for the manufacture of biological medicinal products and for the characterization of cell banks. Proposed replacement of TRS 878, Annex l, 2010. WHO Expert Committee on Biological Standardization, Geneva.

[30] European Medicines Agency 2008. Guideline on virus safety evaluation of biotechnological investigational medicinal products. EMEA / CHMP / BWP / 398498 / 2005.

[31] International Conference on Harmonisation(ICH) Q5B. 1996. Analysis of the expression construct in cell lines used for production of r–DNA derived protein products.

14

进行风险评估：合规ICH Q5A和ICH Q5D的一个组成部分

Raymond W.Nims
RMC Pharmaceutical Solutions, Inc., Longmont, CO, USA

14.1 引言

本书评述的各个 ICH 质量文件的共同主题是评估和减轻与各种类型小分子和生物制品相关的患者安全风险。风险评估要么在文件中明确讨论，要么隐含在指南中阐述的期望中。例如，Q6B[1] 中所述的特定生物制品制造工艺产品和工艺相关杂质规范的制订是基于与这些杂质相关的安全风险评估。与工艺相关的杂质（如残留溶剂）的风险可能表现为毒性、诱变性或致癌性。对于与产品相关的杂质（例如产品变体、聚集物、截短形式等），风险可能包括免疫原性、毒性和其他不利影响。合规 Q6B 指南要求进行各种风险评估分析，需要考虑产生的杂质量、已知或怀疑的杂质毒性及制造工艺清除杂质的能力。本主题将在第 17 章和第 18 章中详细讨论，在此不再详细阐述。

在 ICH Q9（质量风险管理）[2] 中定义的风险管理的整个过程中，任何风险评估的一个关键方面是对给定风险事件可能的严重性进行评估。Q5A（R1）[3] 和 Q5D[4] 指南文件旨在采用安全风险 / 效益分析的形式，减轻与制造过程中潜在的内源性和外源性因子污染物相关的安全风险。

在 Q5A（R1），风险评估在文档的几个部分中进行了讨论。例如第 III.C. 节提到了用于确定制造细胞可接受性的风险 / 效益分析，“通过考虑基于以下风险 / 效益分析：产品及其预期临床用途、污染病毒的性质、它们感染人类或引起人类疾病的可能性、产品的纯化过程（例如病毒清除率评估数据），以及对纯化的大批量进行病毒检测，监管当局将个别考虑含有内源性逆转录病毒以外病毒的细胞系的可接受性”[3]。因此，这种特定的风险评估适用于已知被内源性逆转录病毒以外的病毒感染的制造细胞基质的相对独特的情况。这种制造细胞基质可用于制造亚单位疫苗或制造基因治疗载体。

对下游净化过程清除与某些类型制造细胞（特别是人、小鼠和仓鼠）相关的内源性逆转录病毒颗粒能力的评估是另一种风险评估形式。Q5A（R1）附录 5 中描述了这个评估。本章描述了进行此类风险评估时可能使用的流程示例。

在 Q5D 第 2.1.2 节中，描述了降低生物制品制造过程中受到外源性因子污染的风险：关于细胞基质的生成，申请人应就接触传染源的程序进行彻底讨论。应当描述培养基的成分，特别是关于细胞暴露于人或动物来源的材料如血清、酶、水解物或其他活细胞的信息。说明应包括来源、制备和控制方法、测试结果和质量保证。有关这些方面的相关文献可以参考使用。该信息将允许对这些来源的外源性因子的潜在进入途径进行详细分析，并将作为产品风险效益分析的一部分[3]。Q5D 这一节所要求的风险评估类型的实施可通过本章讨论的两种补充方法来解决：①实施正式和记录在案的动物源性材料（ADM）评估计划；②对制造过程进行全面的外源性因子风险评估。

综上所述，这四种类型的风险评估具有不同的目的，但共同的目标是向监管机构提供证据，说明制造商认真考虑了生物制品制造中与外源性因子安全性有关的各个方面。这些类型的风险评估的结果是书面评估，这些评估可直接加入在美国申请的新药研究申请（NDA）或生物制剂许可证申请（BLA）的相关章节，或在美国、欧盟和日本提交的通用技术文件（CTD）。

14.2 对已知感染非内源性逆转录病毒以外病毒的细胞基质的使用进行风险/效益分析

用于制造生物制品的细胞预期不含除（在啮齿动物细胞中）内源性逆转录病毒以外的病毒。根据 Q5A（R1）监管当局将个别考虑含有内源性逆转录病毒以外病毒的细胞系的可接受性，并考虑基于产品的益处及其预期临床用途、污染病毒的性质及其感染人类或引起人类疾病的可能、产品的纯化过程（例如病毒清除评估数据），以及对纯化大批量进行病毒测试的程度。

因此，这种特殊的风险评估适用于已知感染了内源性逆转录病毒以外病毒的制造细胞基质的情况。例如所述制造细胞基质可用于亚单位疫苗制造或用于制造基因治疗载体或溶瘤病毒制剂。在大多数情况下，病毒将以最终剂量形式保留，这些非内源性病毒将以某种方式进行设计，以减弱或消除其对人类受体的潜在传染性或致病性。这可能是通过删除感染或致病性所需的关键基因组含量，或通过表型修饰（如给予温度敏感性）来实现的。

风险 / 收益分析应包含前面引用的 Q5A 段落中特别要求的每个要素的讨论。对于亚单位疫苗和其他预期在最终剂型中无病毒的产品，将对产品的纯化过程的验证（例如病毒清除验证）及对纯化后的大批量进行的病毒测试的范围进行更严格的审查。对于基因治疗载体或溶瘤病毒疗法，如果病毒预期以最终剂量形式存在，则将增加对已实施治疗病毒成分的基因工程的审查，以确保患者安全。在后一种情况下，主要论点可来源于载体或溶瘤病毒本身的构造和表征。文献[5]中提供了腺相关病毒（AAV）载体风险评估的示例。

如 Q5A 段落所示,风险分析的一部分是等式的有益方面（即产品的益处及其预期的临床用途）。治疗使用现有方式不易治疗的使人衰弱的遗传性疾病或癌症的可能性可以提供足够的益处，以减轻这些类型治疗所涉及的潜在风险。

在过去 10 年中，发现用于产生轮状病毒疫苗的 Vero（长尾猴）细胞含有感染性猪圆环病毒 1（PCV-1）。这是在疫苗本身中发现 PCV-1 和 PCV-2 基因组序列之后[6]。随后在疫苗制造商的新闻中证实了这一发现。疫苗中 PCV 基因组序列的存在归因于在制备疫苗的 Vero 细胞基质的培养过程中使用了猪胰蛋白酶。所使用的胰蛋白酶经过 γ 射线照射以在使用前灭活外源性病毒，尽管 γ 射线似乎不能非常有效地灭活这种特殊的小包膜病毒[7]。回溯性地确定了制造细胞库已被 PCV-1 感染，并且由于在细胞系表征时未进行能够检测病毒的测定，因此未检测到这种情况。在 FDA 审查轮状病毒疫苗中 PCV-1 的潜在存在期间，确定几乎没有证据表明该病毒对人类具有传染性或致病性。在做出这一决定时，疫苗制造商已经制订了风险评估方案，例如之前引用的文章中的 Q5A

（R1）所要求的风险评估[8]。这提供了一个明确的案例，风险 / 效益评估得出的结论是，从药物中获得的益处超过了外源性因子的存在所带来的任何特定风险。

14.3 对内源性逆转录病毒的病毒清除能力进行评估

已知某些类型的啮齿动物制造细胞（例如老鼠、中国仓鼠和叙利亚仓鼠）在其基因组序列中含有编码逆转录病毒颗粒的基因序列，这些逆转录病毒颗粒一旦被表达可能是感染性的，也可能不是。众所周知，这些制造细胞将这种内源性逆转录病毒颗粒表达到培养基中，从而进入用于制造原料药的大批量收获材料中。即使在中国仓鼠卵巢细胞等已知表达的逆转录病毒颗粒是非感染性的情况下[9~12]，也要求下游纯化过程有足够的能力清除（去除）这些颗粒。要求［参见 Q5A（R1）的附录 5］制造商进行计算，以确定可能存在于用于产生最终患者剂量的原料药收获量中的此类颗粒的理论数量，并将该理论值具有下游净化过程清除这些颗粒的能力进行比较。

这个评估采用以下步骤的形式（图 14–1）：①收集必要的输入信息，②计算患者剂量的理论最大病毒载量（TMVL），以及③添加适当的安全系数。然后，计算结果与下游清除逆转录病毒过程的经验确定能力进行比较，以确定纯化过程对逆转录病毒清除的充分性。

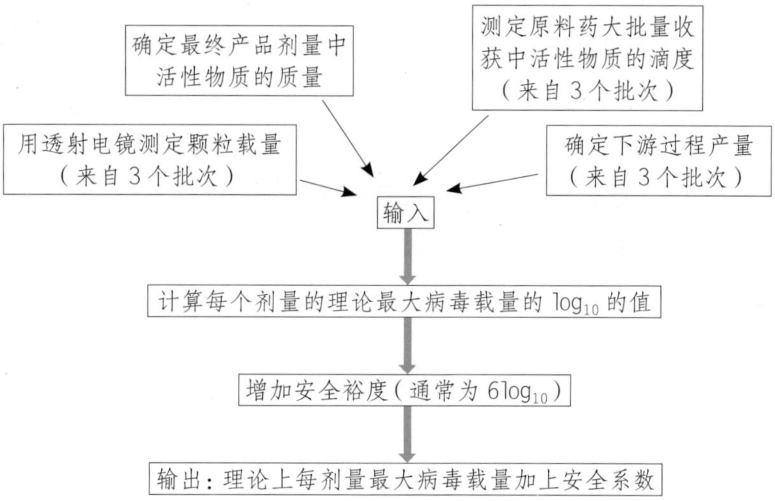

图 14–1 计算每个患者剂量的理论最大病毒载量

如图 14–1 所示，在完成计算之前必须获得各种输入。这些数据包括以下数据，通常从三批原料药的制造中获得：

（1）活性物质平均（或最低）滴度（原料药大批量收获质量 /ml）。

（2）用透射电子显微镜测定的原料药每毫升批量收获的平均（或最高）病毒颗粒负荷。

（3）下游处理步骤的平均（或最低）总产量（%）。

此外，风险评估还需要以下信息：

（4）用作患者剂量的活性物质质量（mg / kg）。

（5）通过重复进行适当验证研究确定的关于下游处理步骤清除逆转录病毒的总体能力的信息，并将模型逆转录病毒用作挑战性病毒。

一旦收集到上述信息，可按如下方式计算每个患者剂量的理论最大病毒载量：

$$\text{TMVL}=\left[\frac{\text{（患者剂量中活性物质质量（mg/kg）× 患者体重（kg）}}{\text{批量收货中活性物质滴度（mg/ml）× 下游产量（\%）/100\%）}}\right]\times \text{病毒颗粒载量（粒 /ml）}$$

计算时，假设患者体重为 70kg。产生的理论最大病毒载量以每剂量的粒子数为单位。这通常转化为每剂量 $\log_{10}$ 颗粒，以便于下一步骤，即增加适当的安全裕度（通常为 $6\log_{10}$）。然后可以将值［TMVL（$\log_{10}$ 颗粒）+$6\log_{10}$］与在一式两份的逆转录病毒清除验证研究中获得的结果进行比较。对于该比较，通常使用在两次重复验证研究中获得的最低 $\log_{10}$ 逆转录病毒清除值。足够的 $\log_{10}$ 逆转录病毒清除能力值大于 TMVL+$6\log_{10}$。该评估的摘要通常包含在 CTD 模块 3.2.S.2.3（材料控制）中，并在模块 3.2.S.2.5（过程验证和 / 或评估）中有更详细的描述。

14.4 实施动物源性材料评估计划

在有可能避免使用动物源性材料制造生物制品的地方，最好这样做。这是因为动物源性材料代表了外源性因子［如病毒、柔膜细菌和传染性海绵状脑病（TSE、朊病毒）因子］污染的潜在来源。在监管文件中，要求鉴定制造过程中使用的所有人源和动物源性材料，或最终产品配方中的辅料。这些材料预期将作为对制造过程整体风险评估的一部分进行讨论（见第 14.5 节）。

如果必须在制造过程中使用人源或动物源性材料，则必须实施动物源性材料评估程序。此类计划需要鉴定所有使用的动物源性材料，进行风险评估以确定此类材料造成的相对安全风险，并可直接纳入监管文件相关章节（例如 CTD 模块 3.2.A.2 外源性因子安全性评估、3.2.S.2.3 材料控制和 3.2.P.4.4 规范的合理性等）。这些风险评估也可用于第 14.5 节所述的整体外源性因子风险评估。

通常，动物源性材料风险评估由一个来自运营（制造）、质量控制和技术服务（如病毒学支持）的主题专家组成的团队进行。对于小型或虚拟公司，这种类型的支持也可以通过合同服务提供商从外部获得。涉及的基本步骤包括：

（1）制造集团根据物料清单编制用于制造产品的动物源性材料清单。

（2）制造集团或采购集团从供应商处获得有关每种动物源性材料的以下信息（另见欧洲药典第 5.2.8 章）[13]：

①来源动物物种。

②动物年龄和组织来源（对传染性海绵状脑病风险尤其重要）。

③与病毒 / 特异性消失基因风险相关的采购信息（例如原产国）。

④原材料保管的可追溯性。

⑤收集过程（例如捐助者、屠宰场）。

⑥动物屠宰的条件和批准（传染性海绵状脑病风险尤其重要）。

⑦适用性证明（适用于传染性海绵状脑病风险）。

⑧质量控制测试，包括外源性因子测试，由供应商执行，并在为材料提供的分析证书中说明。

⑨与材料的特定来源物种相关的病毒列表，包括新的和新出现的病原体。

⑩用于制造动物源性材料的制造工艺。

⑪ 供应商或生物制品制造商在动物源性材料加工过程中的病毒 / 传染性海绵状脑病灭活和 / 或去除（包括热、紫外线照射、电子束照射和 γ 照射等处理方法）。

⑫ 由动物源性材料供应商 / 制造商进行的风险评估。

⑬ 与动物源性材料供应商 / 制造商有关的质量审计报告。

⑭ 控制供应链、动物源性材料运输和储存条件。

一旦收集到上述信息，评估团队就可以进行正式的风险评估。如图 14–2 所示，风险评估考虑了材料中可能存在的外源性污染物的类型（考虑到其物种 / 组织 / 地理来源），以及供应商提供的关于材料制备过程的信息。后者可以根据严格程度降低与材料使用相关的风险。在评估与材料相关的风险时，也可以考虑由动物源性材料供应商及生物制品制造商在收到动物源性材料后进行的外源性因子测试。注意，对动物源性材料有特定的检测要求，如牛血清 [14~17] 和猪胰蛋白酶 [14, 15, 18]。生物制品制造商也可考虑在使用动物源性材料的制造阶段（如上游与下游早期或后期）及使用动物源性材料后可能有助于降低潜在污染物相关风险的任何加工步骤。

如果必须考虑生物制品本身的制造或净化过程，以证明可接受的动物源性材料风险，那么动物源性材料风险评估结果必须被视为“产品特殊性”，并且必须予以记录。如果相同的动物源性材料随后用于不同产品的制造，则必须考虑到该过程的具体情况，进行单独的风险评估。

动物源性材料的风险评估结果应记录在风险评估报告中，该报告可能采用图 14–2 所示工具的形式。这应该是由进行审查的团队成员签署的控制文件版本。这种评估是特定于评估过程中使用的信息，因此报告和支持信息必须以可链接的方式存档。如果用于对动物源性材料进行风险评估的任何信息发生重大变化，则需要重新进行风险评估。

原料病毒 / 传染性海绵状脑病风险评估

原材料：
供应商：
供应商位置：
规格 #：
来源动物种类：　　　　来源动物组织：
地理来源：　　　　适用证书：
供应商提供的信息：

[总结供应商提供的与病毒 / 传染性海绵状脑病风险评估相关的信息。这可能包括有关制造过程、质量控制测试等信息。总结的信息应通过供应商提供的文件加以证实，并合并为不可修订的受控文件，其位置如下所示]

病毒 / 传染性海绵状脑病风险评估：

[输入风险评估小组对与原料相关的病毒 / 传染性海绵状脑病风险的共识意见。如有需要，用文献引证予以证实]

执行摘要：

根据原材料供应商提供的采购、加工和 / 或测试信息（如适用，以及 [输入贵公司名称] 用于制造 [输入产品名称] 的工艺相关信息），[输入贵公司名称] 风险评估团队得出结论：没有与 [输入原料名称] 相关的病毒风险。[重申通过粘贴上述部分的文本得出此结论的原因]

引用文献：（如适用，否则删除）

[输入文献引文，包括文章、书籍章节等不可修订记录（pdf）的受控文件编号。]

用于执行此评估的信息的位置（电子）：
风险评估小组进行评估的日期：[输入评估会议日期]

图 14–2　可作为动物源性材料评估计划部分使用的原材料评估工具示例

14.5 对制造过程进行全面的外源性因子安全评估

要求对每个生物制品制造过程进行外源性因子安全评估。这应考虑到各种可能的病毒源、柔膜细菌或传染性海绵状脑病的引入和适当的控制（例如采购、测试、许可、制造工艺设计、设施设计、净化服、无菌技术、培训），以保护最终产品。虽然这在 Q5D 第 2.1.2 节的语言中是隐含的，但这种分析在欧洲药典第 5.1.7 章（病毒安全性）中也有要求[19]。后者比 ICH 文件提供了更详细的关于此类风险评估中应考虑的因素种类，但它是针对病毒的。然而，《欧洲药典》这一章的确是进行这一总体安全性评估的良好起点。与本章中描述的其他类型的风险评估一样，一旦完成，整个外源性因子安全评估可直接输入监管文件的相关模块（如 CTD 模块 3.2.A.2 外源性因子安全评估）。

在下文中描述了对生物制品进行全面外源性因子安全评估的过程，并考虑了各种因素。在风险方面，因素包括动物源性材料的使用、制造细胞的类型和历史、制造过程的某些方面（例如开放操作、工艺干预、培养时间、细胞基质类型等）以及制造设施的设置。图 14–3 显示了其中一些风险和相关问题。通过第 14.4 节所述的动物源性材料风险评估、供应商或生物制品制造商对动物源性材料进行的病毒安全测试、Q5D 中讨论的药品生产质量管理规范细胞库方法的使用及制造细胞库的病毒安全测试（主细胞库、工作细胞库和最终制造细胞库，如 Q5D 所述）。有关设施的进一步有益的指导可在各种国际标准化组织（例如标准 14644）[20, 21] 和动态药品制造管理规范（例如欧盟医药产品规则和法规的集合第 4 卷第 1 部分[22] 和美国联邦法规[23]）的设施要求中找到。在产品性质允许下游纯化的情况下，某些纯化步骤的病毒清除能力验证提供了风险缓解的额外证据。在安全性评估期间，也可考虑患者概况和给药方案。

细胞基质：	关注：
·小鼠骨髓瘤（如 NSO，SP2/0）	传染性逆转录病毒，MMV
·中国仓鼠卵巢（如 CHO）	逆转录病毒颗粒，MMV
·叙利亚仓鼠（如 BHK）	逆转录病毒颗粒，MMV
·人（如 HEK293、HT-1081、MRC-5）	传染性逆转录病毒，腺病毒
使用动物源性材料：	关注：
·无	很少关注
·牛血清	地中海果蝇 V 病毒、呼肠孤病毒、鹿流行性出血热病毒、疱疹病毒属、柔膜细菌
·猪胰蛋白酶	猪细小病毒、猪圆环病毒
·其他初级材料	取决于所用材料
下游过程能力：	关注：
·广泛的病毒清除	很少关注
·有限的病毒清除	患者的安全部分取决于药品生产质量管理规范
·没有病毒清除	患者的安全完全取决于药品生产质量管理规范
患者概况：	关注：
·健康	引入医源性疾病的风险
·非终末期	疾病风险 / 效益分析必须有利
·终末期	疾病风险 / 效益分析必须有利
建议给药方案：	关注：
·单次或短期	引入医源性疾病的机会较少
·长期	引入医源性疾病的机会较多

图 14–3 对制造过程和相关问题进行全面外源性因子安全评估的一些要素

注 箭头表示各种因素之间的时间关系（即上游制造与下游加工，最后是患者概况和剂量）。

安全评估采用的格式不如其内容重要。应注意的是，风险评估可针对不同类型的外源性因子（即柔膜细菌、传染性海绵状脑病、病毒等）单独进行，考虑到与每种因素相关的某些具体情况，而不是将每种因素分为一个单独的风险评估。最终结果可能仍然是一份报告，其中包含单独的章节，最后的结论性评论要将单个风险的评估联系在一起。

安全性评估报告应涉及各种相关主题，并应作为支持文件予以批准和存档，其中部分内容可直接纳入之前讨论过的监管文件。

安全性评估应该确认 ICH Q5A / Q5D 指导文件的首要理念，其实质是生物制品的安全性基于以下要素：

· 根据先前的材料和供应商质量认证及对外源性污染物的认证测试来选择和发布原材料。

· 在制造过程的适当阶段对各种外源性污染物进行测试，包括原材料、原料（库、种子）和制造中间体。

· 评估原料控制中使用的病毒清除步骤，并测试下游纯化过程的能力和容量，以清除（去除或灭活）工艺流中潜在的外源性污染物与传染性海绵状脑病因子和柔膜细菌相关的风险主要通过采购策略和适用于制造动物源性材料期间可能使用的动物源性材料的屏障处理来解决（如第 14.4 节所述）。

将哺乳动物制造细胞用于生物制品制造是病毒污染的固有风险，这不仅归因于细胞培养过程中可能使用的原材料，还归因于制造细胞本身及制造环境。病毒安全风险评估的实施由 Q5A（R1）和欧洲药典 <5.1.7>[19] 驱动。

根据 ICH Q5A（R1），“不同制造步骤所需的病毒测试和病毒清除研究的类型和范围将取决于各种因素，并应根据具体情况逐步考虑。应考虑的因素包括细胞库表征和认证的程度、检测到的任何病毒的性质、培养基成分、培养方法、设施和设备设计、细胞培养后的病毒测试结果、清除病毒过程的能力、产品类型和预期临床用途”[3]。

同样根据 Q5A（R1），“制造商在确保病毒安全的总体战略中使用的方法应该得到解释和证明。除了提供详细的数据外，病毒安全性评估的总体摘要将有助于促进监管机构的审查。这个摘要应简要描述病毒安全性研究的各个方面及用于预防病毒污染的策略，因为它们与本文件有关”[3]。

欧洲药典 <5.1.7> 病毒安全性 [19] 中提供了此类病毒安全风险评估内容的框架。要考虑的因素包括制造细胞的种类和组织及潜在的病毒污染物，鉴于制造细胞的起源，来自制造过程的潜在病毒污染物（例如使用的动物源性材料、制造过程和设施设计特征），鉴定潜在病毒污染物对人类的感染性和致病性，用于制备人用剂量的大批量收获，应用于原料和最终产品的对照（测试），以及净化过程去除或灭活潜在病毒污染物的能力和容量（评估逆转录病毒清除能力的过程见第 14.3 节）。其中一些因素和相关风险如图 14–3 所示。

解决上述每个问题并讨论产品的制造和测试跟踪记录（即已创建和测试的尽可能多的药品生产质量管理规范批次材料的安全测试结果）的评估应满足监管评审员的期望。许多相同的主题将在 CTD 模块 3.2.A.2 中讨论，因此提前进行评估将更好地为制造商准备监管文件。

14.6 结论

在本章中，研究者提供了为满足 ICH Q5D 和 Q5A（R1）中提出的期望而进行的风险评估类型的示例。这些类型的风险评估不同于通常用于风险分析和管理的工具（例如故障模式和影响分析、风险矩阵分析、初步危险分析、故障树分析等），因为它们专门关注安全风险。

指南文件本身［如 Q5A（R1）和 Q5D］中提到了进行此处所述风险评估类型的必要性，但指南对此类风险缓解和表征活动的实际实施提供的细节很少。希望本章所传达的信息能够澄清在试图满足这些监管预期时可能遵循的流程。完成的评估将有助于编制监管提交文件，也有助于满足设施检查期间可能出现的监管问题。

参考文献

［1］International Conference on Harmonisation(ICH) Q6B. 1999. Specifications：test procedures and acceptance criteria for biotechnological / biological products.

［2］International Conference on Harmonisation(ICH) Q9. 2005. Quality risk management.

［3］International Conference on Harmonisation(ICH) Q5A(R1). 1997. Viral safety evaluation of biotechnology products derived from cell lines of human or animal origin.

［4］International Confefence on Harmonisation(ICH) Q5D. 1998. Derivation and characterisation of cell substrates used for production of biotechnological / biologicaI products.

［5］Tenenbaum L，Lehtonen E，Monahan PE. 2003. Evaluation of risks related to the use of adeno-associated virus-based vectors. *Curr Gegle Ther* 3：545-565.

［6］Victoria JG，Wang C，Jones MS，et al. 2010. Viral nucleic acids in live-attenuated vaccines：detection of minority variants and an adventitious virus. *J Virol* 84：6033-6040.

［7］Plavsic ZM，Bolin S. 2001. Resistance of porcine circovirus to gamma Irradiation. *BioPharm* 14(4)：32-36.

［8］Dubin G，Toussaint J-F，Cassart J-P，et al. 2013. Investigation of a regulatory agency enquiry into potential porcine circovirus type 1 contamination of the human rotavirus vaccine，Rotarix™Approach and outcome. *Hum Vacc Immunother* 9：2398-2408.

［9］Adamson SR. 1998. Experiences of virus，retrovirus and retrovirus-like particles in Chinese hamster ovary(CHO) and hybridoma cells used for production of protein therapeutics. Dev Biol Stand 93：89-96.

［10］Hojman F，Emanoil-Ravier R，Lesser J，et al. 1989. Biological and molecular characterisation of an endogenous retrovirus present in CHO / HBs—A Chinese hamster cell line. *Dev Biol Stand* 70：195-202.

［11］Dinowitz M，Lie YS，Low ML，et al. 1992. Recent studies on retrovirus-like particles in Chinese hamster ovary cells. *Dev Biol Stand* 76：201-207.

［12］Shepherd AJ，Wilson NJ，Smith KT. 2003. Characterisation of endogenous retrovirus in rodent celllines used for production of biologicals. *Biologicals* 31：251-260.

［13］European Pharmacopoeia Chapter 5. 2. 8 Minimising the risk of transmitting animal spongiform encephalopathy agents via human and veterinary medicinal products.

［14］Code of Federal Regulations(CFR)1995. Detection of extraneous viruses by the fluorescent antibody techniques. 9 CFR 113. 47.

［15］Code of Federal Regulations(CFR)2012. Requirements for ingredients of animai origin used for production of biologics. 9 CFR 113. 53.

[16] European Medicines Agency 2013. Guideline on the use of bovine serum in the manufacture of human biological medicinal products. EMA / CHMP BWP / 457920 / 2012 rev. 1.

[17] United States Pharmacopeia<1024>Bovine serum.

[18] European Medicines Agency 2013. Guideline on the use ofporcine trypsin used in the manufacture of human biological medicinal products. EMA/CHMp / BWP / 814397 / 2011.

[19] European Pharmacopoeia Chapter 5. 1. 7. Viral safety.

[20] International Organization for Standardization(ISO)Standard 14644 : Cleanrooms and Associated Controlled Environments—Part 1 : Classifiction of Air Cleanliness.

[21] International Organization for Standardization(ISO)Standard 14644 : Cleanrooms and Associated Controlled Environments—Part 4 : Design, Construction and Start-up.

[22] EudraLex. 2014. Volume 4, part 1. Good Manufacturing Practice for Medicinal Products for Human and Veterinary Use.

[23] Code of Federal Regulations(CFR)2015. Current Good Manufacturing Practices. 2l CFR 211.

15

ICH Q5E受制造工艺变更影响的生物技术/生物制品的可比性：ICH Q5E指南的总结与分析

Ramani R. Raghavan[1] and RobertMcCombie[2]
1.Merck &Co.,Inc., Rahway, NJ, USA
2.Genentech Inc., San Franciso, CA, USA

15.1 引言

历史上，生物制品的质量与制造工艺密切相关。生物产品的制造工艺在产品生命周期的不同阶段不断展开，从早期开发（支持人类临床研究）到关键临床研究、商业启动和批准后营销阶段。制造商可能出于多种原因选择改变给定产品的制造工艺。其中包括希望通过采用新技术、扩大规模或遵守监管要求的变化来实现更好的产量、更高的产品纯度。生物制品制造方法的变更可能需要对可比性进行评估，以确保这些方法不会对产品的安全性、同一性、纯度和/或功效产生不利影响。

虽然蛋白质治疗学的分析方法在过去十年中有了很大的发展，但制造工艺仍然是界定产品的重要组成部分。对产品及其制造工艺的良好理解，加上稳健的控制策略，构成了良好表征的生物产品的支柱，该产品的每一个批次都具有一致的质量、安全性和功效属性。对变更前和变更后的产品进行可靠的可比性评估，将确保充分了解制造变更对产品安全性和疗效的影响，因为它们与患者有关。随着分析方法的发展，评估制造工艺变更影响的能力已经提高到可以考虑可比性概念的程度。因此，美国和欧洲的监管当局发布了若干监管指南。

美国食品药品监督管理局（FDA）是第一批向该行业提供有关评估生物技术产品可比性监管指南的机构之一。1996 年和 1997 年，FDA 发布了关于评估生物技术产品可比性的单独指导文件[1, 2]，并建立了一种独特的监管途径，通过使用可比性方案提交生物产品的拟议变更。在申请中提交可比性方案不仅允许制造商就验证制造变更所需的内容达成一致，还可以减少特定变更的报告类别。

欧洲药物管理局（EMA）发布了两个单独的指南，涵盖了制造商在授予营销授权之前或之后对产品进行制造变更所需的可比性研究，以及声称与另一个已授权产品（生物仿制药）相似产品所需的可比性研究[3, 4]。

ICH Q5E 指南[5]关注生物技术/生物产品在制造工艺中发生变化时的可比性评估，于 2005 年 6 月生效。本指南提供了一种统一的方法，用于在制造工艺变更后对生物技术产品进行可比性评估，并评估产品质量属性中任何观察到的差异对产品安全性和/或功效的影响。

15.2 ICH Q5E指南的一般原则和范围

指南提供了一套统一的国际公认原则，用于评估生物和生物技术产品在改变原料药或药品的制造工艺之前和之后的可比性。本指南中使用术语“制造工艺变更”来描述制造方法的变更，包括但不限于初始材料 / 原材料、细胞培养和纯化技术的变更，以及可能对产品潜在“关键质量属性”产生影响的设施和设备变更。关键质量属性可定义为物理、化学、生物或微生物属性，必须在规定值的范围内，以确保产品在给患者服用时具有所需的安全性、同一性、纯度和 / 或功效。产品制造商最终有责任证明变更前和变更后的产品之间具有充分和适当的可比性。指南中提出的原则适用于市场化产品和正在开发的产品。第 15.4.9 节进一步解释了开发中产品可比性评估的考虑因素。本指南的范围包括蛋白质、多肽及其由重组或非重组细胞培养表达系统产生的衍生物，以及它们作为成分的产物（例如蛋白质 – 药物结合物）。本指南也适用于其他产品类型，如从组织和体液中分离出的蛋白质和多肽；但是，谨慎的做法是咨询相关的区域监管机构，以确定在这种情况下的适用性。

可比性评估的目的不是证明同一性，而是证明变更前和变更后产品之间的高度相似性，并且现有知识具有充分的预测性以确保任何观察到的质量属性差异对药品的安全性和有效性都无不良影响。在大多数情况下，现有的产品和工艺知识在提供强大的数据包以支持变更前和变更后产品的可比性评估方面至关重要。

可比性的确定可被视为一种基于工艺和产品风险评估、分析测试、生物分析，以及在某些情况下，非临床与临床数据相结合的多层方法。可比性的一个基本原则是，在特定条件下，蛋白质产品可以仅根据分析测试结果就可以被认为是可比的。然而，比较生物材料的能力完全取决于所采用的测试，因为没有一种单一的分析方法能够比较蛋白质结构或功能的各个方面。任何给定方法的优缺点取决于所表征的蛋白质性质。变更前和变更后产品质量数据的比较可能包括常规批次分析、过程中控制、工艺验证 / 评估数据、产品特性和稳定性测试的数据。如果基于分析研究有充分的可比性保证，则可能无法通过非临床和临床研究对产品进行进一步测试。产品可比性的确定程度，或任何观察到的分析差异是否可接受，取决于对物理化学和生物质量属性与安全性和有效性之间联系的理解，包括药代动力学和作用机制。随着产品在开发生命周期中的不断开发，对这些联系的理解也在增加。但是，如果特定质量属性与产品安全性和有效性之间的关系尚未明确确定，并且发现变更前和变更后产品的质量属性之间存在差异，则在可比性评估中也应包括非临床和 / 或临床研究。

必须进行稳健的风险评估，以确定给定制造工艺变更对产品可能产生的影响。此外，在比较变更前和变更后产品生成的质量数据时，预先定义适当的标准以证明高度相似的变更后产品将产生对可比性的更客观评估。以这种方式进行的可比性评估通常导致以下结果之一（图 15–1）：

· 变更前和变更后的产品非常相似，因此被认为具有可比性。预计不会对安全性或疗效产生不利影响。

· 变更前和变更后的产品看起来非常相似；但是评估中使用的分析程序没有充分识别可能影响产品安全性和有效性的相关差异。因此，进一步的表征测试或非临床和临床测试以确定可比性是有必要的。

· 产品看起来非常相似，但在质量属性上观察到一些差异。然而根据先前的知识、制造经验、相关风险评估和文献数据，预计不会对安全性和疗效产生不利影响。因此，变更前和变更后的产品可以被视为具有可比性。

· 产品看起来非常相似，但是已经观察到质量属性的一些差异，不能排除对安全性和有效性的潜在不利影响。在这种情况下，可能需要进行非临床和临床评估。

· 在变更前和变更后产品之间观察到的质量属性差异如此显著，以至于产品不能被视为高度相似，因此不具有可比性。这种情况不在 ICH Q5E 可比性指南的范围内，本章不讨论。

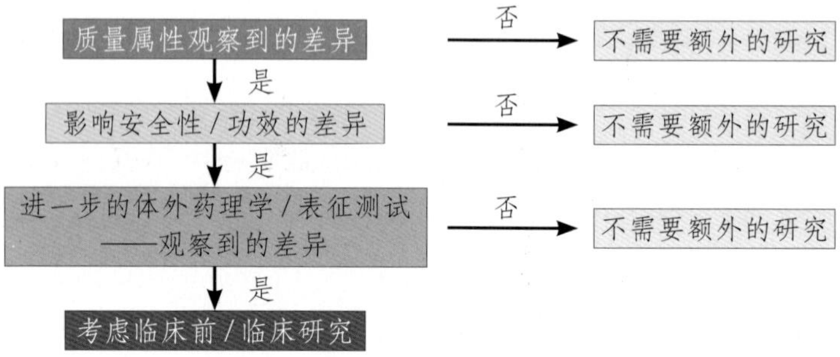

图 15-1　可比性评估可能的结果

15.3　制造工艺

当产品的制造工艺变更时，变更对产品的影响取决于几个因素，包括变更的类型和复杂性及产品特性。变更前和变更后产品的可比性测试计划及确定影响的方法很大程度上依赖于制造商对产品及其制造工艺的知识和经验。一个明确定义的制造工艺和相关的过程控制将确保制造的每一批产品都是高质量的，并且始终符合该产品的一套预先确定的验收准则。与原始工艺相比，变更后工艺中的过程控制应提供类似或更高的产品质量保证。

需要仔细考虑计划的变更对下游步骤的潜在影响，包括对相应质量参数的可能影响（例如过程控制 / 规范、保持时间、操作限制和验证 / 评估）。这将有助于为可比性评估确定适当的测试和相应的验收准则。为了支持工艺变更和变更前及变更后产品的相应可比性评估，首选并经常需要商业规模批次的数据。例如，通常有助于证明特定中间体具有可比性，或改进后的工艺能够提供适当水平的去除与工艺和产品相关杂质的能力（另见第 17 章和第 18 章），包括工艺变更新引入的杂质。

特定产品和工艺的过程评估应考虑以下因素：工艺步骤和拟议变更的关键性、过程中变更的位置和对其他工艺步骤的潜在影响，以及变更的类型和程度。有助于评估的知识体系包括流程平台经验、流程开发研究的数据、特定于该产品的早期工艺变更经验及文献数据。可能经常受到影响的特性可以根据现有的知识体系和对该产品工艺变更的健全理解来预测。如果预期产品特性发生变化，则必须选择监测这些特性的方法，并确保适当的验证和精度水平。有时，预期不会发生特征变化，但测试不应被忽略；证明关键属性得以保留也是很重要的。

应重新评估和 / 或验证修改后的工艺步骤是否合格。过程中控制，包括关键控制点和过程中测试，应确保变更后的工艺得到良好控制，并保持产品质量。对于简单的工艺变更，重新评估或验证可能仅限于受影响的工艺步骤，前提是没有证据表明对下游（即净化）工艺步骤的性能或后续步骤产生的中间体质量有影响。然而，对于影响不止一个步骤的复杂工艺变更，更广泛的变更分析和结果验证可能是适当的。应分析适当数量的变更后批次，以证明一致的工艺性能。应证明建立可比性所需的批次数量是合理的，并且可以基于许多因素，例如工艺能力、工艺和产品知识、平台工艺知识和制造设施历史。描述工艺变更的监管提交文件应包括一份并列的说明，概述变更前和变更后的制造工艺，并清楚地描述工艺变更和相应的控制措施。

变更制造工艺的控制状态证明可包括但不限于以下内容：

· 为原材料、初始材料和试剂制订适当的规范。

· 在制造的体外细胞年龄限制下，对改变后的细胞库和细胞进行适当的生物负载和 / 或病毒安全性测试。

· 外源性因子的清除。

· 去除产品和工艺相关杂质，如残留的宿主细胞 DNA 和蛋白质。

· 纯度水平的相似性或合理改进（例如减少宿主细胞蛋白质的数量）。

15.4 可比性的测定：方法和注意事项

15.4.1 可比性计划的开发

可比性评估的目的是确定变更前和变更后的原料药和 / 或药品在质量、安全性和疗效方面具有可比性。这一目标要求在最适合检测相关质量属性变化的工艺步骤（可能在产品制造的多个阶段）对产品进行仔细评估。因此，在某些情况下，收集有关原料药和药品的数据以建立可比性可能是适当的，即使所有工艺变更可能仅在原料药制造工艺中发生。应根据变更对产品质量、安全性和有效性的潜在影响、开发的阶段及产品和工艺知识和经验的范围制订可比性方案。可比性评估中包含的各个方面有一个层次，从分析和工艺可比性、动物药代动力学 / 药效学和毒理学研究开始，最后按顺序充分推进到人类生物等效性和临床试验（表 15–1）[6]。

表 15–1 可比性测试的层次结构

分类	测试（根据具体情况确定）
A– 基本包	1）发布规范测试
	2）变体和杂质的扩展表征
	3）加速降解 / 压力测试
B– 生物表征	1）体外功能生物测定与结合研究
	2）实时和加速稳定性研究
C– 动物药代动力学 / 药效学	1）啮齿动物药代动力学
	2）灵长目动物药代动力学 / 药效学
D– 人类生物	等效变更前和变更后产品的直接比较
E– 人类临床试验	确认安全性、有效性和 / 或免疫原性

在所有评估中，分析可比性数据是核心，通常决定了需要在多大程度上开发附加数据来证明可比性。加速或压力稳定性研究为深入了解产品降解途径中的潜在产品差异及产品相关物质和工艺相关杂质中的潜在差异提供了有价值的见解。

许多制造工艺的变更，虽然在本质上被认为是微小的，但实际上可能对产品的质量产生不利影响，从而影响产品的安全性和有效性特征。例如，由于原材料的改变或构建的单位操作材料的变更，在 CHO 衍生的人源化单克隆抗体中会观察到糖基化模式的变异。这些变更可能导致可浸出微量金属含量的细微差异，一些微量金属已知会影响细胞培养过程中的翻译后修饰[7]。例如，已知细胞培养基中存在的有效铁和锰会影响糖基化[8]。

在大多数情况下，变更前和变更后的可比性可以根据质量研究单独确定，但有时这些可能需要非临床或临床可比性桥接研究的支持。证明可比性所需的数据包将取决于以下几个因素：

· 引入变更的制造步骤和变更的复杂性。

· 可用历史数据的范围包括可用于评估变更对产品质量（包括物理化学和生物特性）影响的产品和工艺知识及制造经验。

· 能够识别产品中可能因制造工艺变更而产生的任何差异的适当分析技术的可用性。

· 基于整体非临床和临床经验的质量属性与安全性和疗效之间的关系。

15.4.2 建立可比性验收准则

在进行正式的可比性评估时，必须预先确定可比性验收准则。在早期临床开发过程中，准则的数量可能相对较少，并且可能具有广泛的可接受范围，与产品和工艺知识的数量相称，在这些知识的基础上对产品的疗效进行评估。随着临床开发对产品和工艺经验的增加，应用测试的数量通常会增加，相关的验收准则也会在一定范围内收紧。一般来说，验收准则应基于现有批次和特征数据，并应考虑工艺和方法的变异性。

如果在安全性和有效性方面充分了解了分子的属性，那么确定可接受范围就可以反映出这一知识。例如，对于已知不影响疗效的变体，较宽的接受范围可能更适合于已知与疗效有关联的变体或变更对疗效影响未知的变体。这种对产品变体的了解不一定总是来自正在研究的蛋白质，而是可能来自其他相关分子，例如，在同一治疗平台内被证明合理的。

设置可比性验收准则时需要考虑的其他重要方面包括产品开发阶段、患者保护、剂量研究、治疗适应证、治疗人群和先前临床暴露的属性水平。

验收准则不应仅基于对历史工艺数据的统计分析，而不了解产品或适应证的非临床或临床背景，以及分析方法的能力或工艺能力。

尽管满足所有预先确定的验收准则，但在某些情况下，变更前和变更后产品之间可能会出现细微差异，并且可以确定对产品质量没有负面影响。在这种情况下，必须参考受影响的产品属性及影响安全性和 / 或功效的任何已知联系，充分支持任何可比性声明，尤其是在可比性协议中未预先预期或定义的差异出现时。同时，不符合验收准则或承认产品在分析上不具有可比性并不总是意味着不具有可比性。如果能够清楚地证明对安全性或疗效没有负面影响，可比性评估的结果可能仍然是成功的。需要注意的一个重要方面是，未能证明可比性包括以下情况：产品质量的意外改进是由变更引起的。

可以使用广泛的方式建立可比性验收准则，包括但不限于：

· 根据产品规范制订验收准则。

· 使用基于历史数据的统计方法（如公差间隔[9]或等效方法[10]）。

· 基于测试方法能力的图形化趋势分析方法。

· 这些方法的任意组合，如果适用于相关属性。

除了这些技术外，通常还包括使用批量发布方法、扩展表征方法和比较加速或压力稳定性样品对产品变更前和变更后批次进行直接并列比较。色谱图、电泳图或光谱数据也可与参考标准和 / 或变更前材料进行比较，以评估工艺和产品一致性。

15.4.3 取自于规范的验收准则

仅使用变更前产品规范作为评估可比性的验收准则可能足以对早期产品开发过程中发生的工艺变更进行可比性评估。对于后期或批准后的变更，规范可用作质量属性的验收准则，有科学合理的理由认为这些属性不可能受到变更的影响。例如，可以通过正式的工艺风险评估来确定这一点，该评估得出的结论是，变更本质上是集中的，不太可能影响某些质量属性或影响下游进一步的步骤。使用产品规范作为可比性验收准则也可以接受“强制性”质量属性，这些属性由国家药典定义或由权威指南（例如外观、颜色、透明度、同一性）指定，是任意的或与配方相关的（pH 值、渗透压），或与设施或环境相关并与一般安全性相关（例如内毒素、生物负载）。

15.4.4 制订验收准则的统计学方法

使用公差间隔（TI）方法证明可比性要求每个单独的变更后结果都在预定的公差间隔内。为了证明工艺的可比性，经常使用 95/99 TI。这描述了 99% 的测试结果将落在 95% 置信度的范围内。当使用这种方法时，验收准则范围通常基于以变更前制造工艺的平均历史值为中心的公差间隔。

等效性的统计测试用于比较变更前和变更后产品的测试结果的平均值。对这些平均值进行评估，以确定对产品质量的任何影响都可能被视为实际重要的差异。这种方法在比较置于并排加速或压力稳定性研究中的变更前和变更后产品的变化率时特别有用[10]。

15.4.5 案例研究 1：微小工艺变化后原料药制造工艺的目标可比性

本可比性案例研究涉及对商业单克隆抗体药物制造工艺的微小修正。在供应商发起的原材料改变后，需要进行这一变更，以使原料药回到历史制造趋势，原材料改变导致了原料药糖基化模式的转变。发起人评估了拟议纠正工艺修改的潜在影响，包括对所涉及原材料的改变和细胞培养基的额外微量元素的补充。对变更的初步评估确定，除了工艺验证外，还需要一个可比性方案，目的是确定在纠正性修改之后，原料药将与变更前的原料药具有可比性。具体来说，可比性评估旨在证明对特定产品特性或与产品和工艺相关的杂质概况没有影响。这一目标是通过执行一个有针对性的产品可比性分析计划来实现的，在该计划中，扩展的产品表征测试集中于可能受到纠正工艺修改影响的属性。

计划用三个变更后药物批次建立与变更前原料药的可比性，并实现工艺验证（商业规模的工艺验证批次）。为了选择和证明哪些测试要包括在可比性评估中，发起人利用广泛的特定于产品和平台的工艺知识来评估工艺变更的可能影响。该产品特定知识库包括以前工艺现场和规模转移的数据、广泛的小规模工艺特性研究，以及实时和加速的稳定性研究。这些数据一起输入工艺评估风险评估，评估纠正工艺修改对药物质量属性和杂质概况的潜在影响。评估结论是，工艺的变更可能只会如预期的那样影响糖基化模式。

此外，由于对产品质量产生影响的残余风险，工艺风险评估告知并证明了哪些测试应包括在可比性协议中。所选测试包括所有原料药发布测试。此外，扩展的分析表征侧重于选择与产品和工艺相关的杂质属性，并在方案中包括实时和加速的原料药稳定性研究。可比性方案验收准则主要根据风险评估的结果制订。原料药发布测试验收准则取自原料药发布规范，但有一些合理的例外。基于风险评估，几个发布测试结果被确定为具有更高的脱离历史趋势的风险，因此，在这些情况下，可比性验收准则采用 95/99 TI 方法设置得比发布规范更严格。用于确定 95/99 TI 的数据来自观察到的糖基化模式转变之前（即在供应商发起的原材料改变之前）制造的批次。此外还包括了其他定性验收准则，例如要求在工艺色谱图中没有观察到新的波峰。表 15–2 描述了本案例研究的可比性评估试验和相关验收准则。

制造三个纠正性修改批次以进行工艺验证，并根据研究方法建立可比性。关于细胞培养和纯化性能、杂质清除率和前面描述的扩展表征方法，这三个批次都满足所有预先确定的可比性验收。总体而言，证明了纠正工艺修改后制造的原料药与在观察到的糖基化模式转变之前制造的原料药的可比性，并且工艺修改已成功注册并在商业制造中实施。

表 15–2　案例研究 1：可比性研究方法测试和验收准则

参数 / 方面	产品属性可比性评估验收准则
原料药发布测试高风险原料药发布测试[a]	可比性批次必须符合现行的原料药发布规范 效能测定： · 使用 95/99 TI 设置的可接受范围 高效液相色谱法 1： · 百分比面积峰值 A：使用 95/99 TI% 设置的可接受范围 · 百分比面积峰值 B：使用 95/99 TI% 设置的可接受范围
目标扩展表征	高效液相色谱法 2： · 百分比面积峰值 A：使用 95/99 TI% 设置的可接受范围 高效液相色谱聚糖法： · 变更后和变更前药物之间的可比较洗脱曲线 · 个体相关的聚糖种类百分比面积在 95/99 TI 以内体外抗体依赖性细胞毒性（ADCC）测定： · 使用 95/99 TI% 设置可接受范围
工艺相关杂质 （HCP、DNA 和蛋白质 A 配体）	可比性批次必须在适当的合理单元操作池中满足以下验收准则： CHO 宿主细胞蛋白（HCP）（ng/mg）： · 使用 95/99 TI% 设置可接受范围 CHO 宿主细胞 DNA（pg/mg）： · 使用 95/99 TI% 设置可接受范围 蛋白质 A 配体（ng/mg）： · 使用 95/99 TI% 设置可接受范围
实时稳定性和加速稳定性研究	单一可比性批次将在加速稳定条件下放置 3 个月，并在注册的原料药保质期的实时储存条件下放置。稳定性研究的验收准则是根据既定的商业保质期结束规范制订的

注 [a]：在风险评估过程中被确定为受工艺修改影响的较高风险。

15.4.6　分析方法学

由于治疗蛋白的复杂性，对初级结构、翻译后修饰和其他分子变体的分析可能会揭示在工艺变更前后制造的产品之间的细微差异，这些差异可能不是明显来自批量发布分析。因此，在评估产品的可比性时，考虑采用扩展的生化表征技术，以评估这些细微的潜在差异是很重要的。应选择和优化用于可比性研究的一套测试，以最大限度地检测由拟议制造工艺变更导致的产品质量属性的相关差异。为了处理全范围的物理化学和生物特性，可以使用正交方法来评估相同的质量属性（例如分子量、杂质、二级 / 三级结构）。由于分析的局限性和某些产品分子异质性的复杂性，选择用于证明可比性的分析方法和验收准则可能是可比性工作中最困难的一步（图 15–2）[11, 12]。

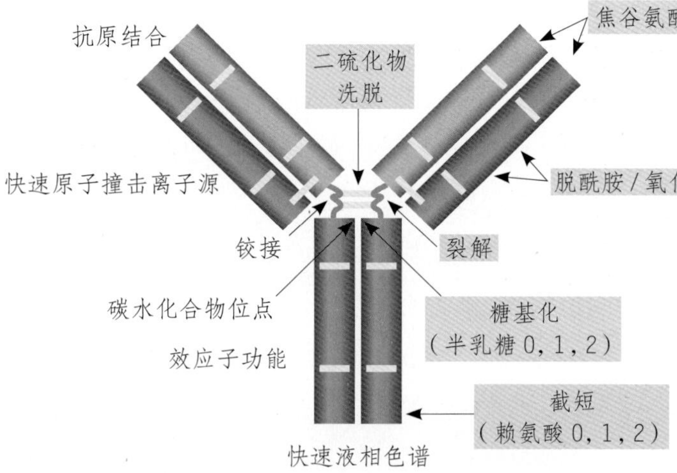

图 15–2　蛋白质异质性的典型形式

在可比性评估开始时，重要的是确定现有方法是否适合预期用途，或者是否需要任何修改或新方法。例如，制造工艺的变更可能导致宿主细胞蛋白质中的杂质分布不同。需要确认用于定量这些杂质的原始分析方法是否适合预期用途，因为在某些情况下可能需要进一步修改。在特征研究中使用经验证的方法并不是每个 ICH 明确的监管要求；但是，所使用的测试方法必须科学合理，并提供一致、可靠的结果。对于用于测试和发布产品（批量发布）及监测产品稳定性的分析方法，必须遵循符合 ICH 指南［Q2（R1）[13]、Q5C[14]、Q6B[15]］的验证实践。

可比性评估应包括变更前和变更后产品的并列分析概况比较，证明所选表征测试和工艺属性（如细胞培养性能、纯化工艺产量、杂质水平，以及其他相关的质量标准）的一致性。

分析方法在产品开发过程中经常被优化或替换。重要的是要注意，如果验收准则是基于使用以前方法（例如公差间隔法）生成的历史批次数据的统计分析，可比性方案应考虑这些方法变更可能带来的任何数据移位或差异的先验。

15.4.7　案例研究 2：变更给药途径后药物的可比性

可比性案例研究 2 涉及一种商用静脉给药单克隆抗体的皮下剂型的开发。新剂型的开发需要改变产品配方和药品制造工艺，也需要改变药品制造工艺。除了刻意改变的配方相关属性外，皮下原料药和药品规格与静脉原料药和药品规格基本相同。由于新的给药途径、强度和配方，卫生当局需要关键的临床试验来证明新皮下药品的临床安全性和有效性。由于这些广泛的临床试验，发起人确定不需要对皮下和静脉原料药和 / 或药品进行广泛的可比性评估。临床研究中使用的用于填充 / 药品成品的皮下原料药是在专用的临床材料制造场所制造的。在成功的临床研究之后，原料药制造工艺被转移到预定的商业制造场所，该场所已经制造了注册的静脉注射原料药。制造工艺现场转移只有很小的制造工艺变更，但不涉及小型设备装配和制造规模。

为了成功注册皮下剂型，发起人认为有必要证明在商业场所制造的皮下原料药与在临床场所制造的皮下原料药具有可比性。因此，将在商业场所制造的三个皮下原料药批次与在临床场所制造的三个皮下原料药批次进行比较，并将其与参考标准进行比较，参考标准是由通过静脉原料药制造工艺制造的原料药制成的。

在对现场转移的潜在影响进行风险评估后，确认原料药制造工艺操作变化是微小的，根据它们确定抗体主要结构、N 链糖基化模式、与产品相关的变体、生物活性和高阶结构的能力，选择建立可比性试验。为此，以下测试用于评估这些属性：

· 通过还原原料药的电喷雾质谱（ES–MS）分析和抗体胰蛋白酶图的液相色谱 – 质谱（LC–MS）分析评估原料药的主要结构。使用液相色谱 – 质谱分析，通过比较色谱曲线和比较药物批次中氧化和脱酰胺的水平，评估批次间的一致性。

· 使用尺寸排除色谱法和毛细管电泳法评估原料药粒度变异的分布。通过比较电泳和色谱曲线，以及通过整合电泳图获得的尺寸变化分布的比较来评估批次间的一致性。

· 使用离子交换色谱法和等电聚焦法评估药物电荷变体的分布。通过比较色谱图和电泳图谱，以及通过整合色谱图和电泳图获得的电荷变量分布，目视评估批次间的一致性。

· 抗体 N– 链寡糖的分布通过标记聚糖的色谱分析进行评估。通过比较色谱曲线和通过整合色谱图获得的寡糖分布来评估批次间的一致性。

· 用效价生物测定法测定抗体的生物活性和结合力，用表面等离子体共振分析法测定原料药与靶受体的结合力。通过比较两种分析中的原料药活性来评估批次间的一致性。

· 用圆二色光谱法研究抗体的高阶结构。光谱曲线用于评估批次间的一致性。

除了确定与产品相关的种属和杂质分析可比性外，还进行了一次评估，以确定制造工艺在工艺相关杂质和原料清除方面的可比性。商业皮下原料药批次的评估涉及去除工艺相关杂质，例如宿主细胞相关蛋白质以及 DNA 和工艺相关杂质（例如细胞选择性压力试剂、细胞培养基成分、消泡剂、色谱配体和有机溶剂）。

来自这些分析的数据证实抗体与目标受体的结合以剂量依赖性的方式发生。根据这些分析确定，商业原料药批次、临床原料药批次和参考标准具有可比性。

15.4.8 产品的表征

对可能影响质量属性的制造工艺变更进行变更前和变更后可比性评估必须包括产品表征测试。表征测试的程度取决于许多因素，包括产品复杂性、开发阶段和反映对产品和工艺良好理解的历史数据。制造工艺的变更（例如细胞培养和纯化过程中）可能导致蛋白质的物理化学性质（如氨基酸序列或翻译后修饰）发生显著差异。这些变化可以改变重组蛋白治疗产品的纯度和杂质，从而影响产品的临床疗效和安全性，包括引起不良反应和免疫原性。当制造工艺发生变更时，要保证对变更后的产品进行表征测试（营销申请中提交的所有或部分测试），以比较质量属性的任何变化，从而对产品的安全性和功效进行分析。对于导致产品特性曲线与非临床和临床研究中使用的材料或其他适当的代表性材料（例如参考材料、上市批次）不同的工艺变更，应适当评估这些变更的重要性。关键临床试验批次的特征数据可为后续的可比性评估提供有用的参考点。

15.4.8.1 理化性能

涉及变更前和变更后产品的可比性研究的设计和实施应考虑 ICH Q6B 指南中阐述的与所需产品及其变体概念相关的原则。物理化学表征程序至少包括对所需产品的组成、物理性质和初级结构的测定。蛋白质具有固有的结构异质性，这是由于活的有机体用来制造蛋白质的生物合成工艺。因此，所需产物可以是预期翻译后修饰形式（例如糖型）的混合物。可比性评估应考虑蛋白质在分子异质性程度方面的复杂性。单克隆抗体的变异可发生在氨基酸主干或糖基化蛋白的碳水化合物部分（图 15–2）。执行风险评估可能有助于了解哪些变体可能受到变更的影响，并允许进行集中的可比性评估。蛋白质不均一性可归因于二硫键洗脱、脱酰胺、蛋氨酸氧化、N 端谷氨酰胺残基环化为焦谷氨酸及 C 端赖氨酸缺失 [11]（图 15–2）。

上游细胞培养工艺的变化可诱导治疗蛋白翻译后修饰的变化。这可能导致多糖结构的不同添加，如岩藻糖、替代甘露糖分支键、半乳糖残基（称为 G0、G1、G2 分子种）和唾液酸化的部分。

蛋白质产品的高阶结构（二级、三级和四级结构）变化可由制造工艺变更引起。制造工艺变更后的可比性评估应尝试确定变更后产品中维持高阶结构（二级、三级和四级结构）。

18.4.8.2 生物活性变化

生物活性评估是建立蛋白质治疗产品完整表征描述的重要步骤。生物分析结果有助于确认产品质量属性，这些属性对表征和批量分析很有用，在某些情况下，还可以作为与临床活动的联系。正如我们之前所看到的，制造工艺的变更会导致蛋白质治疗产品的物理化学和结构属性发生变化，进而影响产品的功效。这种变化可以通过改变蛋白质的生物活性直接发生，也可以通过糖基化的变化间接地改变蛋白质的药代动力学或生物利用度。例如，将糖蛋白中的总唾液酸含量去除约 20%，可导致循环蛋白质损失 50% 或更多 [16]。

生物分析的任何局限性，如高变异性，可能会妨碍检测由于制造工艺变更而产生的差异，应作为可比性评估的一部分仔细考虑。对于某些单克隆抗体产品，在整个产品制造工艺和可比性评估过程中监测碳水化合物异质性至关重要，因为不同的唾液酸化、半乳糖基化和岩藻糖基化会影响临床功能，包括补体依赖细胞毒性、抗体依赖细胞毒性、药代动力学和抗原结合。生物分析通常作为物理化学测试的补充，例如，高阶结构测定的替代测试。在这种情况下，使用具有适当精度和准确度的相关生物分析可能提供有关特定高阶结构变化与制造工艺变化之间关系的宝贵信息。如果物理化学或生物分析不足以确认变更前产品的高阶结构得到维持，则可能需要进行非临床或临床研究。

可比性研究的设计应力求评估所有相关的功能活动。因此，对于具有多种生物活性的产品，一套旨在评估活性范围的相关功能分析可能是适当的。当多活性中的一个或多个与临床安全性或疗效没有足够的相关性，或当不了解作用机制时，应提供证据证明非临床或临床活动在变化后的产品中不受影响。

15.4.8.3 免疫学特性

免疫原性的变化可能由于制造工艺的变更而触发，必须进行严格的评估。该表征应包括对已知或可能关注的分子变体或聚集物的评估，无论是从该分子的直接临床经验还是从文献中。这些可能包括抗体的聚合种属或基于抗体的产品。应确认变更前和变更后的产品与免疫相关的这些特定属性具有可比性。

15.4.8.4 纯度、杂质和污染物

必须仔细评估变更后产品纯度和杂质分布的差异，以确定对安全性和有效性的潜在影响。当变化导致新杂质出现时，必须对新杂质进行鉴定和适当的表征。在某些情况下，还可以根据杂质的数量和类型进行非临床和临床试验，以确认对药品的安全性或有效性没有不利影响。一般而言，应在变更前后的产品之间保持纯度和 / 或杂质水平。若制造工艺变更专门改善了杂质概况，则应在可比性方案中明确确定受影响杂质的预期差异，并用预先确定的验收准则加以证明。

15.4.8.5 规范

ICH Q6B 指南将规范定义为测试列表、分析程序参考，以及适当的验收准则，即所述试验的数值极限、范围或其他准则。根据规范进行的测试旨在确认按照既定制造工艺制造的产品常规质量。作为可比性研究的一部分，分析数据的开发应包括对变更前和变更后产品的发布测试结果的比较。虽然这些结果确实提供了对产品质量的理解，但它们可能不足以评估制造工艺变更的全部影响。

制造工艺变更后进行的可比性测试还应评估规范在确保产品质量方面的充分性。如果先前的测试不再与变更后产品的常规批次分析相关，则可能需要添加测试或删除或修改现有测试。例如，从上游细胞培养过程中去除牛血清将可以避免在规范中需要的某些测试（例如无牛病毒测试），或者可能需要对在制造工艺变更之后可能形成的新杂质进行定量的新测试。符合既定验收准则但超出历史制造控制趋势的结果可能表明需要进行额外研究或分析的产品差异。一般来说，除非合理，否则在发布规范中扩大验收准则是不合适的。

15.4.8.6 稳定性

生物制造工艺的变更可能改变蛋白质的结构和纯度。应评估这些变化对稳定性的影响 [14]，因为蛋白质通常对缓冲成分、加工和保持条件及有机溶剂的使用等变化敏感。对比变更前和变更后产品的并列稳定性研究应视为可比性评估的一部分。稳定性研究可以作为产品特性研究的补充，因为它们通常可以检测到通过特性研究不容易检测到的细微差异。例如，一种蛋白酶的微量存在可能只能通过在较长时间内发生的产品降解来检测。在某些情况下，从容器 / 密封系统中滤出的二价离子可能会影响稳定性曲线，因为在变更前产品的稳定性研究中未检测到微量蛋白酶的激活 [17]。实时温度稳定性研究为制造变更对变更后产品稳定性的影响提供了有价值的线索，因此应酌情启动。原料药制造工艺的某些变化可能会影响药品。在这种情况下，稳定性评估应包括单独的药品稳定性研究，以确定对药品的影响。

加速和压力稳定性研究在阐明变更后产品降解曲线差异方面非常有用，应纳入可比性评估。ICH Q5E 指出，“任何可能改变蛋白质结构或纯度和杂质分布的变化都应评估其对稳定性的影响，因为蛋白质通常对这种变化敏感”。[5] 一般来说，强制降解条件可能不代表可以观察到的加速降解途径。在推荐的储存条件下，在检测变更产品之间的差异时很有用。因此，不应使用强制降解研究

来定量估计可能适用于推荐储存条件的变更产品保质期之间的潜在差异。

所用的压力条件应在合理的时间范围内导致可测量的降解，以评估降解率和任何降解产物。

15.4.9 开发中产品的可比性评估

随着产品开发的进展，制造工艺中通常会发生多种变更，这些变更可能会影响药品的质量、安全性和疗效。开发阶段的可比性评估产生的数据表明，使用变更前产品生成的非临床和临床数据适用于变更后产品，以支持进一步开发和 / 或营销授权。开发中产品的可比性研究受产品开发阶段、已验证分析程序的可用性，以及产品和工艺知识的范围等因素的影响。一般来说，可比性评估的深度和程度与临床发展阶段相称（见图 15-3）。

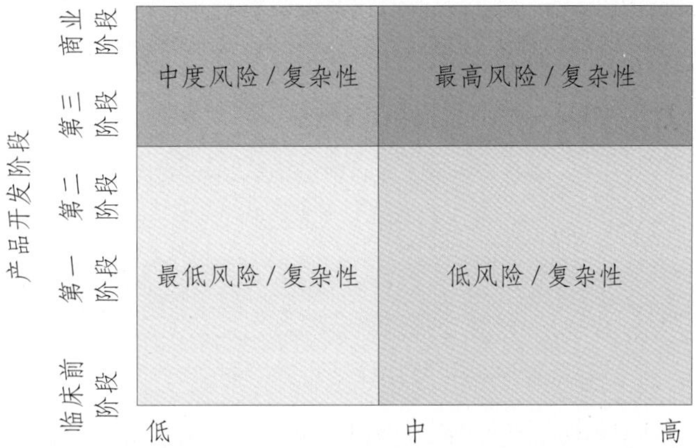

图 15-3 可比性复杂性的影响因素：
产品开发的阶段和变更对关键产品质量的影响

在产品开发的早期阶段，可比性测试通常不像有限可用的产品知识那样广泛。随着开发的进展，获得了更多的制造经验和产品和工艺知识，并提供了适当和具体的分析方法来描述产品。从风险管理的角度来看，开发中后期所做的变更比早期实施的变更具有更高的风险。因此，监管机构将期望从此类可比性评估中获得更多的数据，并对开发后期所做的制造工艺变更应用更严格的可比性标准。

在开发过程中用于可比性评估的分析方法应适合其预期目的。虽然这些方法可能尚未得到充分验证，但它们应科学可靠，并提供可靠和可重复的结果。由于分析工具在早期开发中的局限性，单凭物理化学和生物测试可能不足以确定可比性。因此，可能需要桥接非临床和 / 或临床研究的数据。

15.4.10 非临床和临床考虑

如果可以通过分析研究来保证产品的可比性，那么产品的可比性只能基于质量考虑。当质量数据不足以建立可比性时，来自非临床和临床研究的额外证据是适当的。评估可比性的非临床和临床研究需要基于以下考虑：

· 质量考虑：变更前和变更后产品之间的差异程度，以及是否形成新的杂质或产品相关变体，可能需要在毒理学、动物药代动力学，甚至人类生物等效性研究中进行鉴定。此外，可比性研究中使用的测试能力和限制可能需要对产品进行非临床和 / 或临床评估。

· 产品知识：

– 由于产品的复杂性（包括异质性和高阶结构），理化和体外生物分析可能无法检测结构和/或功能的差异。

– 质量属性与安全性/有效性之间的关系可能无法完全理解（结构–活性关系）。

– 治疗性蛋白与内源性蛋白的关系及其对免疫原性的影响。

– 作用模式（未知与已知、单个与多个活性位点）。

· 现有的非临床和临床数据：

– 治疗适应证/目标患者组——不同患者组之间产品差异的影响可能不同（例如免疫原性风险）。因此，应针对每个迹象分别进行风险分析。

– 剂量学（如给药方案、给药途径）——与短期给药相比，慢性给药的免疫原性风险更高。同样，皮下给药比静脉给药更容易诱发免疫原性。

– 治疗窗口/剂量–反应曲线——对于具有宽治疗窗口的产品，某些变化的影响可能与具有窄治疗窗口的产品不同。具有陡峭或钟形剂量反应曲线产品的安全性或功效可能受到药代动力学或受体结合的微小变化的影响。

– 以前的经验（如免疫原性、安全性）——从原产品或同一产品类别的其他产品中获得的知识在评估不良事件风险（如免疫原性风险）时很有价值。

– 药代动力学/药效学关系、分布和清除。

研究类型——非临床和临床研究能够比较变更前和变更后的产品。这些可能包括药代动力学研究、药效学研究、药代动力学/药效学研究、临床疗效研究、特定安全性研究、免疫原性评估和药物警戒研究。在适当的情况下，这些研究应作为直接比较研究（即变更前与变更后）进行。

15.5 结论

制造工艺的变更是产品开发的一部分，在生物产品的生命周期中是不可避免的。虽然工艺变更在本质上看起来可能很小，但这种变更可能对治疗性蛋白的安全性和有效性产生重大影响。因此，制造商必须对产品及其制造工艺有很好的了解，包括对关键产品属性的了解以及产品结构特征和功能之间的关系。在设计可比性研究时，应考虑分子固有的特性，包括异源性和高阶结构。研究者提供了示例和案例研究，以进一步说明 ICH Q5E 指南在实际生物产品制造中的应用。早期开发、验证研究、稳定性研究和临床数据中相关数据的可用性决定了表征生物产品所需测试的性质和范围。随着产品通过市场授权从早期开发转向后期开发，对可比性研究的数据期望也随之增加。由于每个产品和变更都是独一无二的，在设计可比性研究之前，可比性评估必须考虑到制造商对该产品拥有的知识体系。

参考文献

[1] United States, Food and Drug Administration(US FDA)1996. FDA guidance concerning demonstration of comparability of human biological products, including therapeutic biotechnology—derived products.

[2] United States, Food and Drug Administration(US FDA)1997. Guidance for Industry on changes to an approved application for biological products and specified biotechnology and synthetic biological products.

[3] European Medicines Agency 2003. Guideline on comparability of medicinal products containing biotechnology-derived proteins as active substance : Quality issues. EMEA / CpMP / BWP / 3207 / 00 / Rev1.

[4] European Medicines Agency 2003. Guideline on comparability of medicinal products containing biotechnology—derived proteins as active substance : Non—clinical and clinical issues. EMEA / CPMP / 3097 / 02 / Finai.

[5] International Confefence on Harmonisation(ICH) Q5E. 2004. Comparability of iotechnological / biological products subject to changes in their manufacturing process.

[6] Lewis RM, Cosenza ME. 2010. Summary of DIA workshop : Comparability challenges : Regulatory and scientific issues in the assessment of biopharmaceuticals. *Ther Innov Regul Sci* 44 : 485–504.

[7] Hendrickson TL, Imperiali B. 1995. Metal ion dependence of oligosaccharyl transferasP : Implications for catalysis. *Biochemistry* 34 : 9444–9450.

[8] Pacis E, Yu M, Autsen J, et al. 2011. Effects ofcell culture conditions on antibody N-linked glycosylation—What affects high mannose 5 glycoform. *Biotechnol Bioen* 108 : 2348–2358.

[9] Bower KM, Germansderfer A. 2010. Determination of comparability criteria : Statistical strategies to address the challenges imposed by limited data. *Genet Eng Biotechnol News* 30.

[10] Cowley D, Kendrick BS, Sidor L, et al. 2011. Demonstrating comparability of stability profiles using statistical equivalence testing. *BioPharm Int* 24 : 36–42.

[11] Chirino AJ, Mire-Sluis A. 2004. Characterizing biological products and assessing comparability following manufacturing changes. *Nat Biotechnol* 22 : 1383–1391.

[12] Parenteral Drug Association(PDA)2015. Analyrical method development and qualification for biotechnology products. Parenteral Drug Association(PDA)Technical Report NO. 57-2.

[13] International Conference on Harmonisation(ICH) Q2(R1). 1994. Validation of analytical procedures : Text and methodology.

[14] International Conference on Harmonisation(ICH) Q5C. 1995. Quality of biotechnological products : Stability testing of biotechnological / biological products.

[15] International Conference on Harmonisation(ICH) Q6B. 1999. Specifications : Test procedures and acceptance criteria forbiotechnological / biological products.

[16] Van Den Hamer CJ, Morell AG, Scheinberg IH, et al. 1970. Physical and chemical studies on ceruloplasmin. IX. The role of galactosl residues in the clearance of ceruloplasmin from the circulation. *J Biol Chem* 245 : 4397-4402.

[17] Niazi SK. 2004. *Handbook of Pharmaceutical Manufacturing Formulations* : *Sterile Products*. CRC Press, Boca Raton, London, New York, p 98.

16

ICH Q6A 规范：新原料药和新药品测试规程及接受标准：化学物质

David Elder
David P Elder Consultancy, Hertford, UK

16.1 引言

ICH Q6A[1] 将规范定义为“测试列表、分析程序参考和适当的接受标准，这些标准是所述测试的数字限值、范围或其他标准”。它建立了一套预先确定的标准（这些标准已经得到内部批准或已由适当的监管机构批准），为了被认为适合其预期用途，活性药物成分或药品应符合这些标准。因此，规范是与整体产品性能相关的关键质量标准（CQS），由申请人提出并认可，并由相关监管机构或药典机构审查和批准。有趣的是，一个机构（如美国食品药品管理局）的接受并不一定意味着/导致其他机构（如欧洲药物管理局、日本药品和医疗器械管理局）的批准，因此，活性药物成分/药品的通用规范概念通常难以实现，尽管这被明确规定为本指南的关键目标[1]。这在药典测试中尤为明显（见第 9 章，全面了解所面临的挑战）。

重要的是，选择规范是为了确认活性药物成分和药品的基本质量，而不是建立关键工艺参数（CPP）和关键质量属性（CQA）的完整表征，这些参数是质量源于设计（QbD[2]）提交文件的一部分。因此，本规范侧重于那些被确定对建立和维护活性药物成分和药品的安全性和有效性具有重要意义的关键质量属性。

16.2 ICH Q6A的范围

16.2.1 ICH Q6A 概览

决定活性药物成分和药品内在质量的因素有设计阶段（质量目标产品概况）、开发过程中获得的知识（QbD [2]）、支持制造工艺的优化（包括适当的过程中控制和验证）、支持药品生产质量管理规范的基础设施及支持（过程中、释放时和保质期末）规范。请注意，某些机构只承认保质期末的规范（例如美国食品药品管理局和日本药品和医疗器械管理局）。有关更全面的讨论，请参见第 16.3 节。

ICH Q6A[1] 指南指出，规范构成了总体控制系统（或控制策略）的一部分，有助于确保活性药物成分和药品在释放时和保质期结束时的质量。尽管规范是这一过程的重要组成部分，但不应孤立地考虑这些其他因素，这些因素对于确保高质量的活性药物成分和药品的一致制造至关重要。本控制策略的其他方面包括（但不限于）全面的活性药物成分 / 药品表征（设计空间、关键质量属性、关键工艺参数、经验证的可接受范围和可接受范围），在开发过程中获得的理解，以及严格遵守药品生产质量管理规范（GMP）及其基础要求，例如适当的设施、经验证的测试和制造工艺、过程中和原材料测试、活性药物成分和药品的稳定性测试等。

规范接受标准通常包括数字限值（通常为单侧，即不超过 0.2%）、范围（通常围绕中间值不对称，即 98.0%~101.5%）或其他适用于所述测试的标准（即无菌）。因此，"符合规范"是指当根据规范进行测试时，活性药物成分和 / 或药品将符合预先确定的接受要求。因此，声称为美国药典等级的活性药物成分必须符合该活性药物成分在美国药典专论中的所有测试。尽管规范定义了关键质量标准，但并非所有概述的测试都是关键质量属性，但所有测试都将是质量属性；同样，并非所有关键质量属性都必须是规范测试。例如，诱变杂质可以根据规范（选项 1，ICH M7[3]）进行控制，但同样可以使用其他商定的方法（选项 2~4，ICH M7）进行控制。

规范也可能定义额外的过程中测试、定期（跳过）测试或其他测试，这些测试并非总是在每批产品上定期进行（见第 16.3 节）。在这些情况下，制造商需要指定那些通常用于释放所有批次的测试，以及全面测试频次的说明和适当的理由，例如一年两次。在进行全面测试的情况下，要求活性药物成分和 / 或药品符合所有测试的接受标准，包括非常规测试。

16.2.2 规范说明

最终在新药申请（NDA）/ 市场授权批准（MAA）申请中提交的规范是与相关监管机构持续对话的结果，即贯穿在临床开发计划的过程中的多个研究性新药（IND）/ 研究性药品档案（IND/IMPD）提交和相关会议。但是，在提交时，建议的规范仍然需要充分的支持理由。应为每项测试和每项建议的接受标准提供理由。理由应包括监管对话历史、相关开发数据、相关药典标准及关键非临床安全和关键临床研究中使用的活性药物成分或药品的相关试验数据，以及可用的加速和长期稳定性研究的所有结果。此外，应考虑预期分析和制造变异性的"合理"范围。本综述还应考虑支持方法的分析目标概况（ATP）[见 ICH Q2（R1）[4]]。尽管可以考虑给定工艺或接受标准的理论变异性，但实际数据构成了任何批准的主要依据。这是指南文件中唯一提到的变异性，这是一个主要缺陷，因为许多 / 大多数规范不能准确反映可能的变异性，或人为地受到限制，不可能反映典型的变异性，即仅根据临床批次性能收紧规范，不考虑开发过程中使用的所有批次的性能，包括稳定性考虑。这将在本章后面更深入地讨论（见第 16.5 节）。

在定义和证明规范时，应评估稳定性批次的数据，尤其是放大和 / 或验证批次的数据（特别关注主要稳定性批次）。如果申请多个制造现场，那么在制订任何规范接受标准时，可能有必要评估这些附加现场的数据，尤其是在任何附加现场制造活性药物成分或药品的数据有限的情况下。但是，如果在制订规范接受标准时只使用了一个制造现场的数据，那么随后在另一个制造现场制造的任何产品都应符合这些释放标准。

16.2.3 ICH Q6A 在开发过程中的适用性

ICH Q6A 指南旨在正式应用于新活性药物成分 / 药品，包括固定剂量组合（FDC）产品的上市批准。因此，它们从未打算用于在药物开发临床研究阶段的活性药物成分或药品。在开发过程中，关键质量属性的知识可能会受到限制，因为活性药物成分的预期合成 / 工艺和药品的配方 / 工艺都会发生重大变化。ICH M3（R2）[5] 为开发阶段的杂质鉴定提供了一些有用的见解："ICH Q3A 和 Q3B 中概述了鉴定杂质和降解物的方法。如果有必要进行特定的研究以确定杂质或降解物的质量，通常这些研究在第 III 阶段之前是不合理的，除非有变更导致新的杂质分布，例如，新的合成途径、由组分之间的相互作用形成新的降解物。"随着活性药物成分和药品向最终的商业流程发展，关键质量属性将被鉴定、趋势化和详细说明。为了充分说明可接受范围的关键质量属性限值，可能需要按拟定的商业规模制造一些批次。

然而，最近的一份行业刊物对于测试批次产生的数据不能预测全面制造批次的默认观点提出警告说："这种基于科学和风险评估的结果应该集中在规模依赖的真正风险上，而不是在开发过程中对商业规模广泛涉及空间进行验证的宽泛期望。[6]"

尽管存在这些警告，但实际情况是 ICH Q6A 指南在业界和监管机构的开发过程中被广泛使用（通常是不恰当的，即要求将杂质的全部细节包含在早期临床规范中，在某些情况下结合明确确定接受标准的要求），如果不利用 ICH Q6A 指南的某些方面，很难设想如何编制任何早期监管提交，例如 IND 和 IMPD。需要非常小心，以确保在早期阶段不会基于有限的数据固定规范，因为这可能会人为地在营销时约束正式的规范，特别是在有意删除早期版本中指定测试的情况下。例如，如果可以清楚地证明使用最终注册工艺不会形成这种杂质，则不适合在注册规范中添加早期活性药物成分工艺产生的杂质。

16.2.4 规范范围（ICH Q6A 对比 ICH Q6B）

尽管 ICH Q6A[1] 指南可用于合成和半合成抗生素、低分子量肽或寡核苷酸，但它肯定没有充分描述高分子量肽、多肽和生物技术 / 生物产品的规范。这一点在补充的 ICH Q6B[7] 指南中得到了解决，该指南专门针对生物技术 / 生物制品的规范、测试和程序的制订。放射性药物、草药产品、发酵产品、寡核苷酸和动物或植物衍生的"粗"产品也同样不包括在内，但本指南有助于促进规范的制订。

16.2.5 规范格式

就格式而言，ICH Q6A[1] 指南细分为适用于所有活性药物成分和药品的通用测试，即说明书、鉴定、含量测定和杂质，以及适用于具体情况的特定测试。然而，不应认为该指南是包罗万象的，因为新的分析技术和对现有技术的升级正在不断发展。因此，应在适当和合理的情况下使用此类创新技术。

固体口服剂型即片剂、胶囊，液体口服剂型即溶液、悬浮液、乳剂和肠外注射物，无论体积大小，都是本指南的重点。本指南可能适用于其他药品。因此，鼓励将指南概念应用于其他剂型，例如吸入剂型（粉末、溶液等）、外用剂型（乳膏、软膏、凝胶等）及透皮系统。然而，尽管在 ICH 委员会会议上进行了多次讨论，但原始指南从未更新过，也没有列入更新 / 新 ICH 指南文件的未来工作计划。有趣的是，在美国药典 <1151> 药物剂型 [8] 中，美国药典委员会对 ICH Q6A 未涵盖的其他产品类型的要求提供了更广泛的视角。

16.2.6 规范和变更控制

由于规范是活性药物成分 / 药品控制的关键部分，并通过与监管机构的提交流程达成一致，因此对规范的任何批准后修改都需要得到相应监管机构的批准。根据变更的性质，这可能是主要（事先批准）或次要的监管提交。

16.3 ICH Q6A—般概念

以下一般概念在协调规范的制订中至关重要，但必须注意，真正的协调可能无法完全实现（见 ICH Q4[9]）。本指南简要概述了每一个一般概念及其可能相关的情况。这些内容在表 16–1 中进行了总结，如图 16–1 所示。

表 16–1 ICH Q6A 一般概念

一般概念	概况
定期或跳过测试（或定期验证测试）	对预选批次和 / 或预定间隔（而不是每批）进行规定的测试，例如，残留溶剂、杂质或微生物测试。但是，所有未经测试的批次仍然必须满足为该产品制订的所有接受标准。它需要在启动前由监管机构进行预先论证。如果数据随后证明需要恢复常规测试，则应恢复批次释放测试 实际执行此类测试制度的一个主要挑战是，测试之间（定期）有多少批（跳过）和 / 或多长时间？无论是在 ICH Q6A 还是任何其他正式指南中，都没有针对这一点提供明确的指导，因此申请人应发起监管对话，以解决这些问题
释放与保质期接受标准	与保质期结束时相比，制订更严格的药品规范接受标准，例如分析或相关物质规范。在欧盟，这是一项法律要求。相比之下，在日本和美国，从产品释放到产品保质期结束，接受标准保持不变。申请人可决定在释放时采用更严格的“内部”规范，以保证产品在整个保质期内仍将保持在规定的接受标准范围内
过程中测试	在活性药物成分或药品的制造过程中进行的，而不是作为正式释放规范的一部分。通常，这些测试不包括在释放规范中，例如，单个药片重量、硬度和易碎性。如果接受标准与释放要求相同或更严格，例如溶液或悬浮液的 pH 值，则可使用此标准代替测试（当试验包含在规范中时）
设计和开发注意事项	1）可能会建议排除或替换某些基于基础开发知识的测试，例如，药品容器中的可浸出物，其中在药品中未发现可浸出物 / 可提取物，或其水平符合公认标准 2）活性药物成分或药品诱变杂质，其中已一致证明活性药物成分或药品中未发现诱变杂质，或含量符合 ICH M7[3] 中规定的可接受标准（即选项 2–4） 3）粒径测试，根据其对药品性能的重要性，作为过程中试验或释放测试进行 4）生物药剂 I 类药物的速释固体口服剂型的溶出度测试可替换为崩解测试，前提是这些产品历史证明具有快速药物释放特性 5）已证明不支持微生物生长或微生物生存能力的活性药物成分和固体剂型的微生物测试（通常基于水活性参数），例如，美国药典 <1112> 水活性和完整的微生物风险评估，美国药典 <1115> 非无菌药物的生物负载控制和产品，欧洲药典 5.1.4. 非无菌药物制剂和药物使用物质的微生物质量

续表

一般概念	概况
存档时可用的数据有限	当更多信息可用时，可以重新评估最初批准的规范，目的是潜在地修改已注册的规范。理论上，这可能涉及规范接受标准的松动和收紧，尽管前者的方法可能非常具有挑战性 在产品被快速跟踪的情况下，基于有限数据设置规范尤其具有挑战性，通常跳过临床试验阶段，例如肿瘤产品。在这种情况下，很重要的一点是确保规范不会被人为地收紧，从而导致可能实际上不会影响产品性能的任意失败。很有意思的是，快速跟踪药品开发的拟议监管指南[9, 10]将如何解决这一问题
参数释放	可以在线或在制造线采样进行，也可以作为活性药物成分或药品常规释放测试的替代方法。这种方法的一个示例是肠外药品的无菌测试，其最终释放基于对关键工艺参数的持续评估（例如温度、压力和时间）的可接受输出，这些参数作为灭菌程序的一部分被持续监控。这些关键工艺参数比标准的最终产品无菌测试更能预测无菌保证。重要的是，在执行参数释放时，被间接控制的属性（例如无菌性）仍然包含在规范中，并作为批释放的一部分定期执行。有关于参数释放[11]和实时释放测试的指南可用[12]
替代程序	这些替代程序将活性药物成分或药品的关键质量属性控制到与正式程序相当或甚至更高的程度，例如快速微量方法[15]与微生物测试相比或近红外用于分析与高效液相色谱法。但是，在这两个示例中，正式程序仍然用于证明在产品的整个保质期内符合规范的接受标准
药典测试和接受标准	在可能的情况下，这些测试应始终用作活性药物成分规范测试，例如水、重金属、硫酸化灰等，或新药品试验，例如崩解、溶解、含量均匀度等。但是，如果 ICH 区域之间存在规定的药典程序和 / 或接受标准的差异，只有在所有 ICH 区域的监管机构都能接受这些测试的情况下，才能制订统一的规范（见 ICH Q4B[8]）。三部药典都在其专论中确定了测试是否具有可比性和可互换性，以及对协调测试和接受标准的适当参考是否适用于三个 ICH 区域的任何规范
新的分析方法	当这些新的分析方法被认为能够提供质量、安全性或功效的额外保证时，或者在其他方面得到合理证明时，应使用这些新的分析方法。当无法保证任何一项测试的特异性时，增加正交纯度测试，例如蛋白质、寡核苷酸、寡糖和药品含量测定测试。快速微生物学测试与标准药典测试相比具有显著优势[13]
活性药物成分与药品规格	不需要（也不要求）测试药品是否具有与活性药物成分唯一相关的质量属性。不必对活性药物成分规范中控制的合成杂质进行测试，只要它们不是降解产物。此外，如果可以证明活性药物成分的外消旋化在药品制造或储存过程中不会发生，则不需要对药品进行手性纯度或手性同一性测试

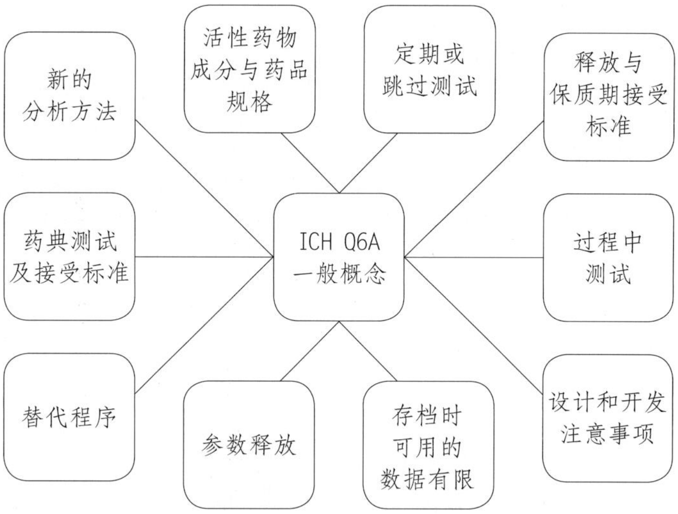

图 16-1　显示 ICH Q6A 一般概念的示意图

16.4　ICH Q6A指南

16.4.1　通用测试 / 标准

说明书、鉴定、含量测定和杂质（或药品杂质的降解物）通常适用于所有新的活性药物成分和药品。

16.4.1.1　说明书

说明书是关于物理状态的定性陈述，如活性药物成分的固体、液体、颜色和一般外观。对于药品，说明书将描述外观（包括颜色和任何印刷或压印的标志或特征，如药片破裂线或胶囊的封边或唯一识别码）和固体口服剂型的物理尺寸（如药片和胶囊）。对于液体陈述，说明书还将包括容器封口，如 150 ml 带有防儿童帽的琥珀色玻璃瓶，或 1ml 吹填密封安瓿（或喷雾剂），以及物理状态（固体、液体、颜色和一般外观，如无色透明，无可见颗粒物）。外观有时可能被错误地用来代替说明书，但更正确的做法是将其视为说明书的一个子集。

通常，规范中不包括其他感官因素，如味道或气味，以阻止分析员品尝或嗅闻烈性药理活性物质。然而，如果有一种明显的气味可以在不主动嗅闻活性药物成分的情况下辨别出来，那么应该加以评论，例如，苯甲醛有一种典型的杏仁气味。相比之下，对于液体药品，作为设计意图的一部分，很可能添加了调味剂，在这种情况下，应说明这一点，即具有明显柑橘风味的橙色黏性液体。如果这些属性中的任何一个在存储过程中或在稳定性上发生变化，则应评估这种变化并采取适当的措施。如果在光稳定性测试期间发生重大变化（见 ICH Q1B[14]），则可通过定量测量补充活性药物成分 / 药品的说明书，如使用孟塞尔颜色标号或三色激励比色法。Hetrick 等人 [15] 概述了三色激励比色法在质量源于设计开发战略中的作用。他们表明，三色激励比色法可以消除影响颜色视觉评估的一些主观性，尤其是颜色变化，这可能导致不同的评估（操作员与操作员之间的偏见）。

16.4.1.2 鉴定

理想情况下，鉴定测试应能区分活性药物成分和密切相关的结构，这些结构可能以杂质的形式存在。鉴定测试应该是针对活性药物成分的特定（或选择性）测试，例如红外光谱和核磁共振光谱拷贝。使用非特定方法进行鉴定通常被认为是不适当的。如果活性药物成分是盐或共晶体，那么鉴定测试应针对单个平衡离子 / 构型。如离子色谱法、离子交换高效液相色谱法（IEX-HPLC）或电感耦合等离子体质谱法（ICP-MS）可用于钠、钾和其他平衡离子。

对于对称合成的纯活性药物成分，鉴定测试需要能够区分对映体和外消旋混合物。对于外消旋的活性药物成分，通常在两种情况下，立体特异性鉴定试验适合于释放测试：①单一对映体很可能被外消旋体取代，或②当有数据表明优先结晶可产生非外消旋混合物的意外形成时。ICH Q6A[1] 决策树 5 指示了活性药物成分和药品何时或是否需要进行手性鉴定测试、杂质测试和含量测定。

同样，药品的鉴定测试也应该是特定的（或选择性的）。然而，非特异性鉴定测试如紫外线特异性分析可与特异性鉴定测试（如高效液相色谱）结合使用。没有重复鉴定测试的要求，其中属性的鉴定已在活性药物成分中明确证明，平衡离子的鉴定、手性纯度等（参见表 16-1：活性药物成分与药品的比较）。

16.4.1.3 含量测定

含量测定需要使用特定的稳定性指示方法来测定原料药和相应药品中的活性药物成分的含量。尽管不一定总是采用相同的操作条件，也不一定期望或实现相同的灵敏度，但也可以采用相同的程序，如高效液相色谱法来同时测定活性药物成分和杂质。此外，出于灵敏度的考虑，杂质含量测定可能需要某种类型的选择性萃取或基质去活化［见第 5 章：ICH Q2（R2）］。同样，相同的程序（如高效液相色谱法）通常用于活性药物成分和药品的含量测定，但同样，并不总是采用相同的操作条件。药品含量均匀性测试的输出也可用于药品的含量测定，前提是前者所用的方法也适用于含量测定，即特定的方法。在非特异性分析可以证明的情况下（如活性药物成分含量测定的非水滴定法具有较高的精度）需要使用其他正交分析方法来获得可接受的特异性，例如，合适的杂质含量测定。当辅料干扰可能用于非特异性含量测定时，应始终对药品使用特定的方法。

对映选择性含量测定应构成活性药物成分规范的一部分可以使用手性含量测定方法或使用非手性含量测定，以及适当的正交方法来控制任何对映体杂质，这被认为是足够的。对于药品规范而言，非手性含量测定可能是令人满意的（参见表 16-1：活性药物成分与药品的比较）。ICH Q6A 决策树 5 显示了活性药物成分和药品何时或是否需要进行手性鉴定测试、杂质测试和含量测定（适当的稳定性指示）。

16.4.1.4 杂质

杂质测试，包括相关杂质和 / 或降解产物、残留溶剂［见 ICH Q3C（R5）[16]］、残留金属（见 ICH Q3D[17]）和诱变杂质（见 ICH M7[3]）。活性药物成分合成过程中产生的杂质和活性药物成分 / 药品降解过程中产生的杂质应分别在原活性药物成分和药品规范中进行监测。对于药品，确定单个降解产物（包括已鉴定和未鉴定的降解产物，视情况而定），以及总降解产物的接受限值。但是，在这些情况下，如果活性药物成分合成路线中的杂质也是降解产物，则需要对其进行监测和控制，并且需要将其纳入总降解产物限值中（见表 16-1：活性药物成分与药品规格）。ICH Q6A[1] 决策树 2 根据现有开发数据确定降解产品的有效限值。

当活性药物成分主要是单一对映体时，由于与这些非常低水平的量化相关的实际分析挑战，反向或“不需要的”对映体不受 ICH Q3A（R2）[18]/Q3B（R2）[19] 中给出的认证和鉴定阈值的限制。然而，这些“不需要的”对映体杂质仍然需要使用这些指南［Q3A（R2）[18] / Q3B（R2）[19]］中建立的原则进行控制和详细说明。此外，通过适当的理由对起始材料或中间体进行适当的测试也可以提供更好的控制保证（参见表 16-1：活性药物成分与药品规格）。ICH Q6A 决策树 5 指示了活性药物成分和药品何时或是否需要进行手性鉴定测试、杂质测试和含量测定。

16.4.2 特定测试 / 标准

活性药物成分（见表 16-2）或药品（见表 16-3 和表 16-4）规范可能需要进行以下附加试验。对关键质量属性的测试可能包含在活性药物成分和 / 或药品规范中，但也有可能排除在外的情况（见选项 2-4，ICH M7[3]）。但是，在特定情况下或获得新信息时，可能需要进行除以下文本中突出显示的测试之外的测试。

16.4.2.1 活性药物成分特定测试

表 16-2 ICH Q6A 活性药物成分的附加特定测试

附加测试	评论
理化特性	这些测试是由活性药物成分的物理性质及其计划用途来定义的。这些测试反映化合物的内在性质，如熔点 / 范围、折射率等。所用方法在相关药典中有很好的定义，例如熔点（美国药典 <741>，欧洲药典 2.2.14），折射率（美国药典 <831>，欧洲药典 2.2.6）等
粒径和相关特性	对于溶解性差的活性药物成分，例如生物药剂学分类系统 [20]，即 BCS II 类（溶解性差 / 渗透性好）/IV 类（溶解性差 / 渗透性差）化合物，拟用于固体或悬浮剂剂型，则粒径可影响溶解速率、生物利用度，以及在某些情况下影响稳定性。因此，可能需要进行粒径分布测试，并评估相关接受标准。可使用不同的分析技术评估粒径，例如，通过分析筛选估算粒径分布（美国药典 <786>，欧洲药典 2.9.38），光衍射测量（美国药典 <429>，欧洲药典 2.9 31）。其他免费技术包括光学显微镜（美国药典 <776>，欧洲药典 2.9.37）和气体吸附比表面积（美国药典 <846>，欧洲药典 2.9.26）。ICH Q6A[1] 决策树 3 提供了有关何时应对粒径测试进行评估的附加指南
同质多象形式	对于溶解性较差的化合物，例如 BCS（生物药剂学分类系统）[20] II/IV 类，其中多态性（也包括水合物 / 溶剂化物、共晶或盐）的差异可能影响药品的质量、加工性或体内性能，则应详细说明和表征适当的固态。适当的测试包括光学显微镜、热法（如熔点）、热段显微镜、差示扫描量热法（DSC）、热重分析法（TGA）和差示热分析法（DTA）、X 射线技术、光谱法（如红外、拉曼光谱和固态核磁共振等） 一些多态形式可能有非常不同的习性（见图 16-2），并且对可加工性的影响非常明显。ICH Q6A 决策树 4（1）~4（3）提供了关于何时以及如何监测和控制多态形式的补充指导。决策树 4（1）和 4（2）评估活性药物成分是否显示多态性，以及这些不同的多态性形式是否会随后影响药品性能。决策树 4（3）仅在 API 出现多态性并影响这些关键属性时应用

续表

附加测试	评论
同质多象形式	出于灵敏度的考虑，通常很难测量药品的多态性变化。但是，这是新药申请 / 上市许可申请审查人员的常见请求。或者其他测试，例如溶出度测试，通常可以代替这些特定的多态性测试来定期监控产品性能。该指南表明，多晶型含量只能用做最后的测试手段［见决策树 4（3）］
含水量	在已知活性药物成分具有吸湿性或易水解，或已知活性药物成分为化学计量水合物（或可形成化学计量水合物）的情况下，本规范测试至关重要。规范限值可根据水化或吸湿 / 吸收影响的信息进行证明。在某些情况下，干燥损失程序被认为是足够的（美国药典 <731>，欧洲药典 2.2.32.）；但是优选水的特定程序，例如卡尔费休滴定法（美国药典 <921>，欧洲药典 2.8）
无机杂质	包含残留金属杂质（如催化剂）的限值测试和接受标准的要求在单独的章节中进行讨论（ICH Q3D[19]）
诱变杂质	包含诱变杂质的过程中测试或限值测试以及接受标准的要求将在单独的章节中讨论（ICH M7 [3]）
微生物限值	如果活性药物成分的微生物质量很重要（无菌产品的制造），或者“可用”水的水平很高，从而引起对微生物变质的担忧，则应详细说明该测试。这是利用需氧微生物总数、酵母菌和霉菌总数以及特定致病细菌（如金黄色葡萄球菌、大肠杆菌、沙门氏菌、铜绿假单胞菌）的缺失来完成的。此外，无菌和内毒素检测也适用于无菌制造的活性药物成分（如无菌结晶抗生素）或用于制备无菌药品的活性药物成分 微生物限值应根据适当的药典方法进行测试（美国药典 <61>，美国药典 <62>，美国药典 <1116> 非无菌药物和产品的生物负载控制，欧洲药典 5.1.4.，非无菌药物制剂和药物使用物质的微生物质量）。微生物测试的类型和适当的接受标准基于活性药物成分的性质、制造方法和药品的预期用途。ICH Q6A 决策树 6 提供了适用于微生物限值的补充指南

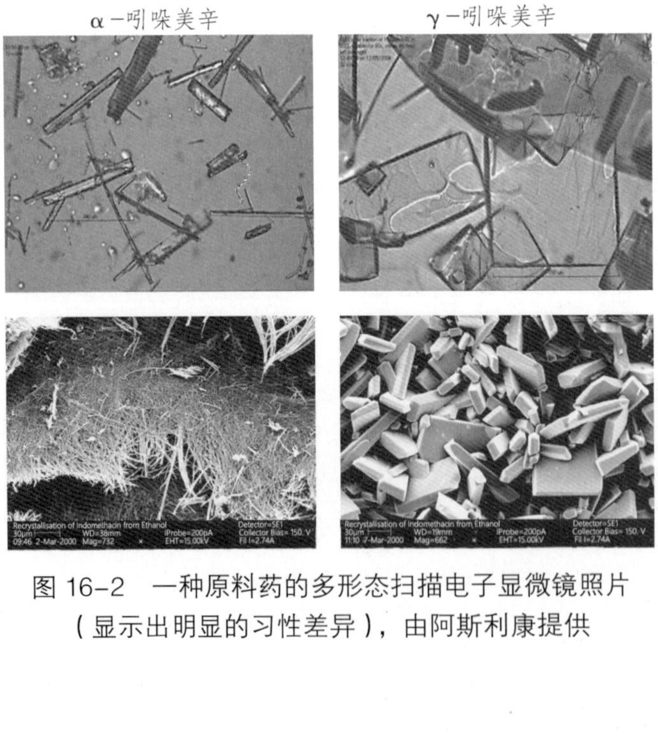

图 16-2　一种原料药的多形态扫描电子显微镜照片
（显示出明显的习性差异），由阿斯利康提供

表 16–3 药品（固体口服剂型）的附加特定测试

药品附加测试	评论
崩解度	固体口服剂型的规范通常包括测量药物产品中原料药的体外释放（即溶解）的测试。但是，在速溶剂型的情况下，该测试可替换为崩解测试［见决策树 7（1）］最近的一篇评论在将崩解度视为溶解替代时提供了一些额外的指导 [21]。该测试在所有药典（如美国药典 <701>，欧洲药典 2.9.1）和 Al–Gousous 和 Langguth 的文章 [21] 中都有充分的描述。尽管不同药典之间的测试是协调的，但是存在一些不协调的地方要求
溶解（速释）	单点测量例如 30 分钟，通常被认为适用于速释剂型，特别是 BCS 1 类（良好的溶解性、良好的渗透性）药品 [22]。但是，对于速溶剂型或 BCS 3 级（溶解性好，渗透性差），15 分钟单点测量可能更合适 [24]。例如，当评估速释药品的长期稳定性时，通常会进行多点测量（15 分钟、30 分钟和 45 分钟），因为这有助于将溶解曲线作为储存时间和储存条件的函数进行比较，包括证明带有一条功能性中断线的减半片剂的等效性。当体外溶出率的变化已被证明对生物利用度有显著影响时，开发能够区分具有不良生物利用度批次的测试条件是很重要的。如果配方或工艺条件的变更会显著影响溶解，并且这些变更不受另一种规范试验的控制，那么也可能需要使用能够区分这些变更的溶解试验条件，也就是说，接受标准应拒绝生物利用度不合格的批次［见决策树 7（2）］。否则，溶出度测试条件和接受标准应征得同意，通过临床可接受的批次［见决策树 7（2）］。不幸的是，方法能力的讨论很少作为这些讨论的一部分（这将在工艺能力和规范设置一节中进一步讨论）。尽管不同药典之间的测试是一致的，但也有一些不一致的地方要求
溶解（改良释放）	对于改良释放（或控释或缓释）剂型，应建立适当的溶出测试条件和时间点。这些剂型需要多个时间点，例如早期、中期和晚期，以完全表征释放曲线。延迟释放剂型，例如肠溶衣药物产品，通常需要两阶段溶出测试（使用具有不同 pH 的介质）。FDA [23] 和 EMA [24] 也提供了相关的额外指导。对于这些药品，在设计测试和接受标准时，必须同时考虑患者人群和可能的药物共服，例如服用质子泵抑制剂的患者（胃 pH 升高）、胃酸缺乏的患者（胃 pH 升高）和老年患者（不同胃肠道转运时间，胃 pH 升高，共同调控，例如质子泵抑制剂） 对于改良释放药品，当体内生物利用度数据可用于表现出不同体外释放速率的制剂时，体外 / 体内相关性（IVIVC）可用于定义体外接受标准。如果没有这样的数据（这通常是常态）并且药物释放不能显示独立于体外试验条件（这通常也是常态），那么应在可用批次的基础上建立体外接受标准数据。通常，在任何给定时间点的平均体外释放速率的可接受的变异性不应超过 ±10% 的总差异，即总变异性为 20%。因此，20%±10% 的要求相当于 10% 至 30% 的可接受范围，除非适当的体内研究可以支持更广泛的范围［参见决策树 7(3)］。该测试在药典中有充分描述（例如美国药典 <711>，欧洲药典 2.9.3），并且还定义了释放标准（例如美国药典 <724>，药物释放）
硬度 / 易碎性	通常硬度（破断力）和 / 或易碎性测试作为工艺控制进行（见表 16–1：过程中测试）。因此，这些属性通常不包括在药品说明书中。但是，如果它们被认为是关键质量属性，例如咀嚼片，则需要在规范中包含适当的接受标准。所有药典都对该测试进行了详细描述如硬度（美国药典 <1217>，欧洲药典 2.9.9）和易碎性（美国药典 <1215>，欧洲药典 2.9）

续表

药品附加测试	评论
剂量单位均匀性（固体口服剂型）	这可以包括剂型的质量变异性或剂型内药物的含量均匀性。这些测试在各种国家药典中是协调的（参见 ICH Q4），例如，美国药典 <905>，欧洲药典 2.9.40。但是，在样本量方面存在一些分歧。在这些情况下，欧洲药典已提出对大样本量的剂量单位均匀性进行额外测试（2.9.47）。通常，规范应包括一个或另一个，但不包括两个测试变体。通常，前者（WV）用于具有高 API 负载的固体口服药物产品，后者（CU）用于药物产品具有低药物负载量的情况。对于前者，申请人应在药物开发期间证明药品均匀性是足够的（包括减半药片的均匀性，其中产品具有功能性断裂线）。如果合适，这些测试可以作为过程中测试（有正当理由）或作为规范测试来执行
微生物限值	如果适用，应在非无菌口服药物产品规范中，包括微生物限度测试（详情见表 16–2：活性药物成分微生物限值）
微生物限值	微生物限值测试以及测试和质量保证被视为药品生产质量管理规范的一个方面。应进行微生物风险评估（美国药典 <1115>，欧洲药典 5.1.4），以评估是否需要进行微生物限值测试。水也是微生物生长的关键部分，建议评估配方的水活度（美国药典 <1112>，欧洲药典 2.9.39）。药典提供了微生物限值指南（美国药典 <1111>，欧洲药典 5.1）。在合理的情况下，跳过测试可能是一种可接受的方法（参见决策树 6，用于辅料的微生物测试）。最近，监管机构[25]采用了“快速微生物学方法”，允许快速转变测试并促进更快的决策[13]。药典还包括涵盖快速微生物学测试领域的通论（美国药典 <1223>，欧洲药典 5.1.6）。决策树 8 提供了关于微生物限值测试的使用的额外指导
含水量	如果适用，应在口服固体药物产品规范中包括含水量测试（更详细的内容见表 16–2：活性药物成分含水量）

16.4.2.2　药品（固体口服剂型）特定测试

以下特定测试与固体口服剂型密切相关，例如片剂（包衣和未包衣）和硬凝胶胶囊，其中许多测试也适用于软胶囊和颗粒。

此外，以下测试也适用于液体和半固体剂型，包括无菌产品（见表 16–4）。

表 16–4　药品附加特定测试（液体 / 半固体剂型）

药品附加测试	评论
pH 值	在适用和合理的情况下，应提供 pH 值的接受标准（通常是一个范围，而不是规定值）。该测试在所有药典（如美国药典 <791>，欧洲药典 2.2.3）中均有详细描述
含水量	如果适用，应在需要重构和非水肠外口服产品（例如乳剂、胶体和脂质体制剂）的规范中包括含水量测试。含水量测试和接受标准可能是必需的。测试要求与口服固体剂型相同（详见表 16–2：活性药物成分含水量）
溶解（口服悬浮液和可重组干粉悬浮产品）	对于溶解性差的活性药物成分来说，包括口服悬浮制剂和可重组的干粉悬浮产品的溶出测试可能是合适的。溶出测试应在释放和稳定性研究时进行，并支持计划的变更。测试要求与速释口服固体剂型相同。接受标准基于已证明体内可接受性能的批次以及开发和注册批次的溶解曲线

续表

药品附加测试	评论
剂量单位的均匀性（口服液体和悬浮剂型）	本测试适用于口服液体（包括无菌液体）和口服悬浮液的单剂量或多剂量容器。应该注意的是，剂量单位被认为是患者服用的代表性剂量。如果剂量单位受到控制，则可以直接测量，也可以根据药物的总测量重量或体积除以预期剂量总数来确定。请注意，产品标签（如未定义的口服溶液，5 mg/ml）定义了评估是以 mg/g（重量）还是 mg/ml（体积）为基础进行的。如果标准配药设备，如滴剂或瓶子的滴头，是容器密封系统的基本组成部分（首选情况），则应使用该配药设备确定剂量。否则，应使用标准体积测量。通常在包装开发过程中确定要使用的分配设备。同样，对于一些无菌液体，例如预灌装注射器，分配设备是容器密封系统的一部分。对于用于重组的粉末，通常认为重量变异性测试是可接受的。剂量单位的均匀性通常用于支持产品在保质期（见 ICH Q1）。因此，如果一种产品被设计为提供 28 天的治疗过程，那么剂量单位的均匀性测试应在 28 天的时间段内进行，即第 1 天的剂量单位 1，第 2 天的剂量单位 2 等。这表明在正常的分配条件下，患者可以通过遵循规定的给药说明来递送同质、均匀的产品
微生物限值	如果适用，应在药品规范中包括微生物限度测试（详细信息见表 16-2：活性药物成分微生物限值） 微生物限值测试以及测试和质量保证被视为药品生产质量管理规范的一个方面。应进行微生物风险评估（美国药典 <1115>，欧洲药典 5.1.4），以评估是否需要进行微生物限值测试。水也是微生物生长的关键部分，建议评估配方的水活度（美国药典 <1112>，欧洲药典 2.9.39）。药典提供了微生物限值指南（美国药典 <1111>，欧洲药典 5.1）。在合理的情况下，跳过测试可能是一种可接受的方法。（参见决策树 6，用于辅料的微生物测试）。最近，监管机构 [25] 采用了“快速微生物学方法”，允许快速转变测试并促进更快的决策 [13]。药典还包括涵盖快速微生物学测试领域的通论（美国药典 <1223>，欧洲药典 5.1.6）。决策树 8 提供了关于微生物限值测试使用的额外指导
抗菌效果测试和防腐剂含量	对于需要使用抗菌防腐剂系统的口服液或悬浮液，防腐剂含量的适当接受标准应合理。这些接受标准需要根据在产品整个保质期（包括在用保质期）内保持产品微生物质量所需的抗菌防腐剂水平进行评估。从安全的角度来看，需要确定有效控制微生物所需的最低规定浓度的抗菌防腐剂。但是，可能需要稍微增加产品中规定的最低浓度，以解决防腐剂系统在整个保质期内的化学和物理不稳定性问题。 抗菌效果测试通常在产品释放、保质期结束、产品在用保质期结束或药品制造工艺发生重大变更时（例如在放大过程中）的关键稳定性研究中进行。通常，规范中包括防腐剂含量的测定，但不包括抗菌效果测试。在某些情况下，防腐剂的过程中测试可以代替释放测试。但是，当防腐剂含量作为一个过程中测试进行时，接受标准仍然是发布规范的一个组成部分。通常，释放和保质期结束限值比释放时更宽，以反映更大的内在不稳定性。该测试在所有药典中均有详细描述（如美国药典 <51>，欧洲药典 5.1.3）
抗氧化剂含量	通常需要进行抗氧化剂含量的释放测试。在合理的情况下，保质期测试可能是不必要的，在适当的情况下，过程中测试可能是足够的，而不是发布测试。然而，许多抗氧化剂，例如抗坏血酸，在性质上是牺牲性的，也就是说，它们将优先氧化药品中的活性药物成分，因此需要监测和控制。根据防腐剂含量，当抗氧化剂含量测试作为过程中测试进行时，接受标准应仍然是规范的一部分。如果进行了释放测试，则应在制造工艺发生重大变更或容器 / 密封系统发生变更时重新评估该决定。通常，释放和保质期结束限值比释放时更宽，以反映更大的内在不稳定性

续表

药品附加测试	评论
浸出物[a]	该测试通常仅适用于口服液和口服悬浮产品（液体在整个产品保质期内与容器 / 密封系统持续接触）。对于无菌液体和悬浮液，测试被认为是至关重要的。对于用于重组的粉末，通常不需要进行可提取物试验。事实上，如果开发和稳定性数据证明包装材料中的可提取物通常低于已证明的可接受和安全水平，则通常可以批准取消该测试。但是，如果容器 / 密封系统或配方发生变化，即药品发生重大变更，则应重新评估。如果有明显的需求（见表 16–5），容器 / 密封系统组件（如塑料瓶、瓶盖衬垫、橡胶塞等）的可提取物测试是针对装在有非玻璃封口的玻璃容器中，或装在非玻璃容器中的口服溶液进行的
乙醇含量	尽管新的口服液体 / 悬浮液产品（尤其是儿童配方）通常避免使用乙醇作为共溶剂，但仍有一些情况下，由于活性药物成分的固有溶解性较差，仍需要乙醇。在这些情况下，乙醇含量应控制在规范之内。通常需要含量测定或计算（不太常见）。释放和保质期结束限值比活性药物成分更广泛，以反映更大的可变性
粒径分布	评估本测试要求时，应评估开发数据。虽然粒径分布通常被用来代替固体口服剂型的溶解测试，但在口服悬浮产品（或可重构悬浮产品）的情况下，配方的复杂性和不溶性辅料（如悬浮剂）的存在使这种方法在分析上具有挑战性，如果不是不必要的话。请注意，使用分析筛选法评估粒径不适用于口服悬浮产品，尽管它可能适用于可重构悬浮产品 接受标准应包括给定尺寸范围内总颗粒的百分比。应适当定义平均、上限和 / 或下限粒径。在产品开发过程中，应使用冷冻 / 解冻循环（见 ICH Q1）评估颗粒生长的可能性，即奥斯特瓦尔德熟化 应在释放时进行粒度分布试验。此外，当支持数据证明合理时，可将其作为过程中测试进行。但是，如果产品已被证明具有一致的快速释放特性，则可建议将该试验排除在规范之外 不幸的是，在 ICH Q6A 指南中没有关于吸入给药（即肺部给药或鼻内给药）的关键影响的评论。然而，美国药典（和其他药典）确实有一个涵盖这一领域的通则，即美国药典 <601>。还有来自 FDA[26] 和 EMA[27] 的指导文件。对于一般的背景，感兴趣的读者应查阅相关文献（如参考文献[28~31]）
再分散性	口服悬浮液是热动力不稳定的，通常会在储存时沉积（或沉淀）；因此，通常需要可再分散性的验收标准。应定义再悬浮程序，以允许患者使产品再分散。特别是应明确说明通过规定程序实现适当再悬浮所需的时间（并在产品说明书中充分说明）。产品开发过程中产生的数据可能足以支持间歇测试（见表 16–1：定期或跳过测试），或者可以建议将该测试从规范中删除
流变学特性	对于黏性口服液体，尤其是悬浮产品，可能需要在产品规范中包括流变性能测试，即黏度和 / 或比重测试。应确定测试和验收标准。该测试在所有药典（如美国药典 <911>，欧洲药典 2.2.8）中均有详细描述。可使用旋转流变仪测试（例如美国药典 <912>，欧洲药典 2.2.9）来测定黏度，或滚动球黏度计试验（例如美国药典 <913>，欧洲药典 2.2.10）。可建议跳批测试或从规范中删除此测试（见表 16–1：定期或跳过测试） 对于摇溶悬浮液，由于产品的固有黏度在取样 / 测试过程中被破坏（即产品被剪切稀释以允许倾到），因此本测试的适用性有限。但是，监管机构仍可能要求将其作为监管提交的一部分。作为提交前流程的一部分，建议申请人与监管机构进行讨论

续表

药品附加测试	评论
重构时间	因为需要重组的干粉产品或分散片（包括泡腾片）提供重组时间的适当验收标准。重建时间需要耐心调整（即通常小于 2 分钟）。稀释剂的选择应在产品标签上进行评估和定义。影响重组时间的因素包括多孔性、固态形态、结晶度和润湿性[32]。可建议跳过批量测试或从规范中删除此测试（见表 16–1：定期或跳过测试）
无菌性	无菌检测（如美国药典 <71>，欧洲药典 5.1.9）主要在所有药典中协调。无菌性还依赖于有效防止无菌产品微生物污染的程序措施，如洁净室技术和其他药品生产质量管理规范。如果在开发过程中生成无菌数据，并进行适当地验证，以证明参数释放是合理的，则可针对最终灭菌的药品提出此策略
内毒性 / 热源	无菌产品（以及用于无菌产品的原料药）的规格要求使用鲎 – 阿米巴样细胞溶解物（LAL）试验等程序进行内毒素检测。该测试在所有药典（如美国药典 <85>，欧洲药典 2.6.14）中均有详细描述。 目前用于容器 / 瓶塞和医疗器械 / 植入物的热源测试（如美国药典 <1031>，欧洲药典 2.6.8）可作为内毒素检查的替代
不溶性微粒	除无菌悬浮液外，无菌液体产品应进行颗粒物测试。该试验在所有药典（如美国药典 <788>，欧洲药典 2.9.20）中均有详细描述。 规范通常包括可见颗粒物和 / 或溶液澄清度的验收标准，以及视情况而定的不可见颗粒物。在这些情况下，由于技术原因，产品不能通过光遮蔽法（例如乳剂、胶体和脂质体制剂）进行测试，这些产品应通过显微镜方法（例如美国药典 <788>，欧洲药典 2.9.19）进行分析
肠外给药系统的功能测试	装在预灌装注射器、自动注射器筒或等效物中的无菌产品需要与输送系统功能相关的测试程序和验收标准。这些测试可包括注射能力控制[33]、施加压力、密封完整性（作为泄漏测量）和 / 或“端盖移除力、活塞释放力、活塞移动力和动力注射器功能力”的评估。这些试验可作为过程试验进行。可以建议跳批测试或从规范中删除部分或所有这些参数（见表 16–1：定期或跳过测试）
血浆渗透浓度	如果在标签上声明无菌产品的紧张性，则应适当控制其渗透压。过程控制试验、跳批试验（见表 16–1：定期或跳批试验）或直接计算该属性可提出

注 [a]：在指南中称为提取物，但正确的术语是浸出物。

表 16–5　提取物 / 浸出物测试要求概述

与给药途径相关的关注程度	不同类别药物的包装问题		
	高	中	低
最高	吸入气溶胶和溶液	吸入粉末	—
	注射	无菌粉末	—
	注射悬浮液	注射用粉末	—
高	鼻气溶胶和喷雾剂	—	—
	眼科溶液和悬浮液	—	—
	透皮软膏	—	—
	贴剂	—	—

续表

与给药途径相关的关注程度	不同类别药物的包装问题		
	高	中	低
低	外用溶液和悬浮液	外用粉末	口服片剂
	外用和舌用气溶胶	口服粉末	口服（软硬明胶）胶囊
	口服溶液和悬浮液	—	—

注 资料来源：改编自 FDA 指南[34]。

16.5 ICH Q6A决策树

ICH Q6A 指南包含 8 个决策树，旨在帮助申请者掌握建立验收标准所需的各种行动，如图 16–3 所示。

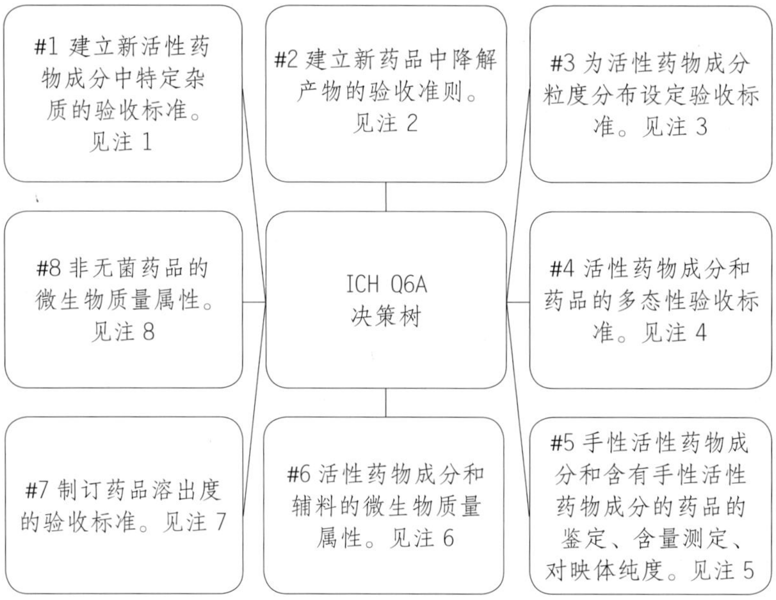

图 16–3 ICH Q6A 决策树概览

注 1：见 ICH Q3A[18]。相关批次是在开发、试制造、扩大批次（如有商业批次的话）期间合成的批次。
2：见 ICH Q3B [19]。相关批次是在开发、试制造、扩大批次（如有商业批次的话）中制造的批次。
3：可能不是关键质量属性。
4：可能不是关键质量属性。
5：原料药通常不需要。
6：可能不是关键质量属性。
7：讨论了崩解和溶解的比较作用，还讨论了单点和多点溶解规范的验收标准。没有提及是否为关键质量属性。
8：这通常不是必需的。微生物风险评估（美国药典 <1115> 和欧洲药典 5.1.4）可用于争取删除测试或将其作为跳批测试。

16.6 工艺能力和规范设置

ICH Q6A 不包括任何关于工艺能力的讨论。然而，随着质量源于设计理念的出现，在制订可靠的规范之前，需要全面了解工艺的可变性和支持方法的影响。

工艺能力通过使用能力指数测量的工艺规范限值来测量“控制中”工艺的输出。这是通过使用标准偏差单位评估工艺规范宽度与工艺值分布的比率来实现的。随着工艺的改进，扩展性或变异性会变紧，并在规范限值之间变得更加紧密集中。大多数测量值都在规范范围内的过程是一个 6σ 的过程。这在表 16–6 中进行了总结。正在进行的讨论（见表 16–6）假设数据集中在规范范围内，即活性药物成分的功效为 100%，规定范围为 ±2%，即 98.0%~102.0%。然而，可以容易地看出，通常不是这种情况，并且杂质的存在意味着该过程实际上以 100%–x% 为中心，其中 x 是通常在该过程中发现的所有杂质的总值。这通过脱靶工艺能力指数反映出来。工艺能力为 2 的过程可以具有 1.5 的工艺能力指数，这相当于每百万次评估中 4 个缺陷的失败率。因此，逻辑上工艺能力或可变性是设置稳健规范的关键参数之一。

表 16–6　工艺能力和不符合规范（OOS）的结果

标准差范围	工艺能力	数据在规范限值内的概率	不符合规范的发生
6.00	1.00	99.73	1/370
7.55	1.25	99.98	1/5655
9.00	1.50	99.993	1/147150
12.00	2.00	99.9999998	$1/5.1 \times 10^8$

然而，监管机构已经表示“将分析方法验证中确定的方法变异性添加到批次结果中所见的差异是不合适的，因为这种变异性已经包含在批次结果中，因此将被计算两次”。[35] 该观点基于测量不确定性总是小于批次变化的观点。如果所讨论的批次的样本量足以反映总量（通常至少 30 批次），则情况确实如此 [36]。然而，在实践中，许多新药产品将仅提供三批大规模批次，并在中试规模的许多开发批次中进行补充。这就引出了关键问题，“如何才能确保制造过程的可变性被规范涵盖，并在提交时提供有限数量的制造规模批次？这些标准是反映在产品的临床经验中，还是仅基于工艺性能的限值 [35]？”

因此，如果规范是人为约束的和 / 或不考虑工艺 / 方法的变异性，则它可以将有能力的工艺转变为导致不符合规范结果的非能力工艺。不幸的是，这在监管审查期间越来越常见，审评人员认为，通过进一步约束拟议的规范，他们将使工艺 / 规范更具区别性并确保患者安全。事实上，所有发生的都是质量合格的产品批次失败。让我们使用活性药物成分含量测定规范进一步检查这一点。

16.6.1　活性药物成分含量测定规范

分析方法的中间精度是评估工艺能力最合适的方法验证参数，因此在提出任何规范限值时，或在规范受到约束的情况下评估方法的能力时，就像活性药物成分含量测定的情况，即 98%~102%。人们普遍认为方法的变异性通常大于制造工艺的变异性，特别是对于活性药物成分的工艺。Tsang 等人 [37] 证明，对于在 3σ 下操作的任何拟议活性药物成分含量测定规范，即过程平均值 ±3σ，规范值为 ±2%（4% 范围）等于总变异性为 0.67%，因此方法的变异性至少需要为该值的一半，即 0.34%（或更小）。允许的方法变异性进一步受到约束，因为规范的真实平均值小于 100%，即 100%–（杂质 + 残留溶剂 + 水百分比）。因此，这些方法需要显示出更高的工艺能力（即 6σ），因而，总方法偏差必须小于等于总允许扩散或公差的 1/12[38]，即 0.17%（或更小）。即使是加倍的高效液相重复含量测定仍然需要 0.64%（或更低）的分析标准偏差。使用 2% 的分析范围（98%~100%，即理论平均下限），可分别获得 0.73% 和 0.85% 相对标准偏差的允许精度。在欧洲药典中，对活性药物成分功效价含量测定规定了最大允许的高效液相色谱系统精度，这取决于活性药物成分规范上限和方法中重复注射的数量。同样，FDA 和加拿大指南建议高效液相色谱系统的精密度不超过 1% 相对标准偏差（图 16–4）。

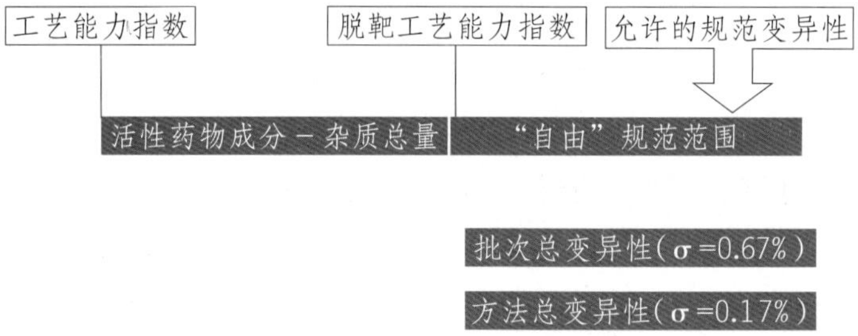

图 16–4　显示杂质、工艺能力和方法能力对允许的活性药物成分规范变异性影响的示意图

从通用容许活性药物成分规范（98%~102%）的角度来看，滴定法的处理能力大于 6σ，而通常大多数高效液相色谱分析方法的处理能力仅为 3σ。

基于这一显著的高效液相色谱法变异性，假设允许的活性药物成分规范范围为 ±2%，一些注释者[39~41]对标准高效液相色谱含量测定法监测原料药质量的实用性表示了严重的疑虑。也就是说，准确预测活性药物成分纯度的变化，在稳定性储存时预测活性药物成分质量的真实变化，释放真正功效在 98%~102% 范围内的活性药物成分批次，或拒绝真正功效在 98% 范围外的批次，或有意义地调查可能归因于方法可变性而非规范失败的不符合规范结果。Skrdla 等人[42]支持这一观点，即"由于与之相关的含量测定变异性较大，因此含量测定结果不具有稳定性（……）"。事实上，高效液相色谱法变异性对不符合规范结果的影响也受到 FDA 2006 年[43]指南的显著影响，该指南要求"所有单个样品复制，以及平均值，应符合验收标准"。Hofer 等人[40]使用建模评估发现一个错误的不符合规范的概率，这一发现非常依赖于方法变异性和活性药物成分批次的真实平均值。他们还指出，当标准偏差为 0.6%，真实平均值为 99.4% 时，不符合规范结果的概率只有 1%；但当标准偏差增加到 1%，真实平均值相同时，不符合规范结果的概率增加了 9 倍。例如，在常规稳定性测试过程中，根据同一批次的测试总数，发现假不符合规范结果的概率也会增加。因此，如果实际批量平均值为 99.6%，并且内在方法变异性分别建模为 0.6%、0.8% 或 1%（相对标准偏差），则观察到"假不符合规范"的概率相对较低，即分别为 0.4%、2.4% 或 6.3%。然而，如果将该批次置于 5 个时间点（0、3、6、12 和 24 个月）的稳定状态，并且在每个时间点进行独立的重复含量测定，即总共 10 次含量测定，则获得"假不符合规范"的机会显著增加。因此，使用相同的真实平均值和相同的方法变异性（0.6%、0.8% 或 1% 相对标准偏差），概率分别增加到 4%、22% 和 49%。综上所述，对于稳定的活性药物成分，在极少数的测试中仍可能观察到"假不符合规范"结果。研究者认为这是对资源的严重浪费，可能导致非制造性对策，因为质疑的批次没有本质问题。相反，它是该方法的统计学人工因素[40]。当然，这可以通过注册基于工艺能力更广泛的规范来解决，而不是基于监管预期更窄的规范（通常为 98%~102%）。然而，监管审查人员不太可能接受这些更广泛、更有意义的规范范围。

Hofer 等人[40]反映了“高效液相色谱分析更像是对实验室实现高精度能力的测试，而不是对药物质量的测试”，并分别使用标准的外部标准高效液相色谱含量测定和质量平衡高效液相色谱含量测定，对比了八批活性药物成分的数据。尽管平均含量测定数据相似（99.85 %vs99.75%），但前者的数据精度（集合 σ 0.55，范围 0.31~0.80）比相应的质量平衡高效液相色谱分析方法（集合 σ 0.09，范围 0.04~0.20）高 6~8 倍。事实上，Skrdla 等人[42]建议在释放或稳定性研究中完全删除现有的外部标准高效液相色谱百分比含量测定，替换为更精确的质量平衡高效液相色谱含量测定方法。研究者声称，质量平衡高效液相色谱含量测定方法更好地符合当前 ICH 对杂质和降解产物的报告实践（<0.05%），其引入可出现更好的趋势和明显更少的不符合规范的报告。然而，相比之下，EMA 指出，在分析活性药物成分和原料药时，应使用外部标准方法（计算 %w/w）来评估和排除任何质量不平衡因素。相反，对于由“化合物家族”组成的活性药物成分来说，例如，相关抗生素，区域标准化可能是可以接受的[43]。

如果目前的活性药物成分规范限值不放宽 98%~102%，那么毫无疑问，必须严格保留使用现有的标准高效液相色谱含量测定来监测活性药物成分的质量。Tsang 等人[37]对来自质量控制制造实验室和研发实验室的四种不同活性药物成分的含量测定数据进行了回顾性分析，结果表明，默认的 4% 规格范围（即 98%~102%）不允许在注册过程中出现任何有意义的变化。事实上，研究者反映了分析数据将支持使用 5% 规格范围，即 97.5%~102.5%。结果表明，采用杂质数据和其他支持性数据对高效液相色谱功效数据进行整体评价，可以更准确地评价活性药物成分的质量。有趣的是，这是药典规范的原始概念（至少在欧洲）。欧洲药典[44]指出了含量测定的特殊性，“对于化学活性物质专论的详细阐述，委员会通常首选的方法是通过设计良好的测试部分提供杂质（工艺相关杂质和降解产物）的控制，并采用稳定性指示方法，而不包括对活性部分有特异性的含量测定。因此，这是专论的全套要求，旨在确保产品在使用期间具有适当的质量”。

16.7 基于概率的规范限值

在标准方案中，规范已经明确定义接受和拒绝区域（参见图 16–5）。

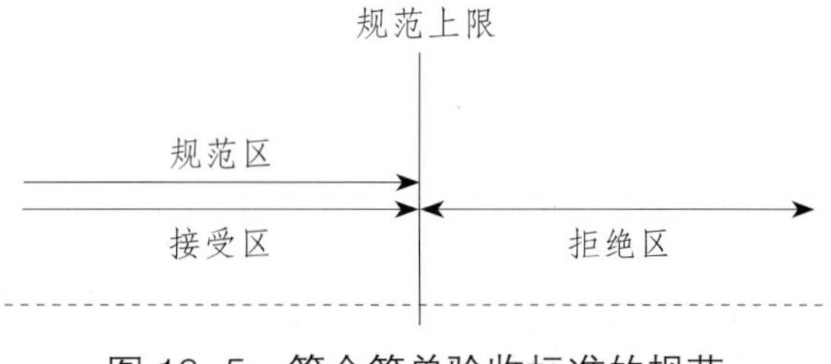

图 16–5 符合简单验收标准的规范
（改编自埃利森[45]，经欧亚化学公司许可转载）

美国药典和其他药典正在评估和实施基于概率评估的决策规则，该概率评估承认 MU 及其在接受或拒绝基于遵守预定规范的结果时所起的作用[46]。MU 被定义为“与测量结果相关联的参数，其特征可以合理地归因于被测量值的分散”。这些决策规则通过评估以下因素来支持决策：①测量结果，②规范限值（两种现行做法），③ MU，以及④做出错误决定的可接受概率（两种新工艺）。此外，如果操作特性的标准偏差是最大标准偏差的 1/3，则认为其不重要。规范决策规则将引入规范中接受区和拒绝区之间的防护带或过渡区的概念（见图 16–6）。

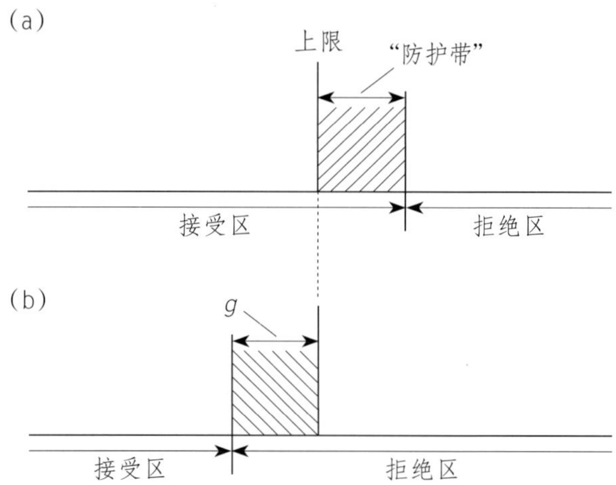

图 16-6　使用验收标准的规范

注　(a)放宽接受(不合格测试)和(b)严格接受(合格测试)。改编自埃利森[45]，经欧亚化学公司许可转载。

在过渡区内，如果高于或低于指定的规格上限或下限的概率超过 2.5%，且目标 MU 等于 1.02 的标准偏差，则认为产品不符合要求。然而，由杂质或方法本身的偏差引起的偏差将影响该可接受值。如果偏差为 1.0%，则需要将标准偏差降低至 0.6%，以解决这些标准。此外，最新的 IUPAC/CITAC 指南[47]提供了如何基于 MU 的考虑来研究不符合规范数据的建议。

16.8　ICH Q6A和设计质量倡议(ICH Q8、Q9、Q10和Q11)

最初，质量源于设计(QbD)[2,48~50]倡议被认为有可能增强 ICH Q6A 的许多方面[1]，特别是将现有的反应性决策过程转变为基于对多变量的更深入理解的过程。所涉及的因素，将注意力集中在设计过程中，以超越当前的监管期望，重要的是，了解关键变量，实现基于统计的过程控制状态，与公司的质量管理体系(QMS)相结合，以实现持续改进[51]。最近，尚不清楚如何积极看待这两项倡议，尽管正在进行对话，但拟议的新的 ICH 举措中将不会提供更新的 ICH Q6A 指南。事实上，FDA / 学术研究者最近关于质量源于设计的概述文件没有提及 ICH Q6A[52]，最近药品质量研究所行业领导小组也没有将质量源于设计应用于速释和改良释放剂型的开发、扩大和批准后的变更控制[53]。与行业和监管思想领袖的个人讨论使研究者相信基于质量源于设计的控制策略(设计空间、关键质量属性、关键工艺参数、经验证的可接受范围等)和经典的 ICH Q6A 规范(在制和发布)都是控制策略的一个子集，"根据当前产品和工艺理解得出的一套有计划的控制措施，可确保工艺性能和产品质量[2]。"展望未来，可能会通过实施工作组(QbD-IWG)的主持来澄清这些指南之间的相互关系。

在新的质量源于设计模式中，一个越来越常见的场景是仅仅基于临床衍生的关键质量属性来设置规范，而不考虑工艺能力参数(工艺能力评估清楚地表明，这些建议的规范变更将使这成为一个不可行的工艺，即 3σ 工艺)。一个可行的方法是尝试在管理阶段转向临床衍生的规范。因此，行业将从相当数量的批次中生成数据，例如，大约 30 个批次(允许对总体变异性进行实际评估)，并根据修订后的工艺能力评估调整规范。然后，最终的规范调整可以基于对工艺能力的评估[54]。然而，对于一些小批量产品，这些大量的制造批次是进取的。

16.9 结论

在过去的 15 年中，ICH Q6A 指南为行业和监管机构提供了良好的服务。然而，质量源于设计指南的出现使双方都在努力理解这些指南的相互关系和优先顺序。

尽管几年前 ICH Q6A 可能会被更新以更好地阐明质量源于设计世界中规范的作用，但这在不久的将来不会发生。相反，如果情况需要改善，那么质量源于设计实施工作组需要澄清立场的可能性越来越大。

然而，无论控制策略的强度如何（由对关键工艺和质量属性的广泛理解作为基础），如果规范不适当地收紧，那么即使是最有能力的工艺（6σ）也可能变成失败的 3σ 工艺。规范与支撑它们的方法之间的关系是关键，并且实施不切实际的规范，使得支持方法必须超出其设计空间，即将溶解规范从 30 分钟时的 Q=80%提高到 20 分钟时的 Q=80%，不会使该方法更具有识别力或生物相关性，只会显著降低其稳定性，并可能使可接受的批次失败。也就是说，您会在不显著改善患者安全性的情况下增加不符合规范结果，这是一种“双输”情景。希望各方围绕这一关键点继续对话。

参考文献

[1] ICH Q6A. 1999. Specifications : Test procedures and acceptance criteria for new drug substances and new drug products : Chemical substances. Current step 4 version, October 6, 1999.

[2] ICH Q8(R2). 2009. Pharmaceutical development. Current step 4 version, August 2009.

[3] ICH M7. 2014. Assessment and control of DNA reactive(mutagenic)impurifles in pharmaceuticals to limit potential carcinogenic risk. Current step 4 version, June 23, 2014.

[4] ICH Q2(R1). 2005. Validation of analytical procedures : Text and methodology. Current step 4 version, November 2005.

[5] ICH M3(R2). 2009. Guidance on nonclinical safety studies for the conduct of human clinical trials and marketing authorization for pharmaceuticals. Current step 4 version, June 11, 2009.

[6] Thomson NM, Seibert KD, Tummala S, et al. 2014. Case studies in the applicability of drug substance design spaces developed on laboratory scale to commercial manufacturing. Organic Process Research and Development. 19(8) ; 925-934.

[7] ICH Q6B. 1999. Specifications :Test procedures and acceptance criteria tor biotechnological / biological products. Current step 4 version, March 10, 1999.

[8] ICH Q4B. 2007. Evaluation and recommendation of pharmacopoeial texts tor use in the ICH regions. Current step 4 version, November 1, 2007.

[9] Pilot Droject on adaptive licensing. 2014. EMA / 254350 / 2012, March 19, 2014.

[10] FDA 2014. Expedited programs for serious conditions, Drugs and Biologics, May 2014.

[11] FDA 2010. Guidance for industry submission of documentation in applications for parametric release of human and veterinary drug products terminally sterilized by moist heat processes. U. S. Department of Health and Human Services Food and Drug Administration Center for Drug Evaluation and Research(CDER), Center for Veterinary Medicine(CVM), Center for Biologics Evaluation and Research(CBER), February 2010 CMC.

[12] EC 2015. Eudralex, the rules governing medicinal products in the European Union, Volume 4, EU guidelines for good manufacturing practice for medicinal products for human and veterinary use, Annex 17 : Real time release testing, September 15, 2015 [Reference : Ares(2015)3808922].

[13] Duguid J, Balkovic E, du Moulin GC. 2011. Rapid microbiological methods : Where are we now ? American Pharmaceutical Review 14(7). http : //www. americanpharmaceuticalreview. com / Featured-Articles / 37220-Rapid-Microbiological-Methods-Where-Are, They-Now / . Accessed on April 29, 2017.

[14] ICH Q1B. 1996. Stability testing : Photostability testing of new drug substances and products. Current stage 4 version, November 6, 1996.

[15] Hetrick EM, Vannoy J, Montogemery LL, et al. 2013. Integrating tristimulus cotorimetry into pharmaceutical development for color selection and physical appearance control : A quality-by-design approach. *Journal of Pharmaceutical Sciences* 102 ; 2608—2621.

[16] ICH Q3C(5). 2011. Impurities : Guidelines for residual solvents. Current step 4 version, February 4, 2011.

[17] ICH Q3D. 2014. Guideline for elemental impurities. Current step 4 version, December 15, 2014.

[18] ICH Q3A(R2). 2006. Impurities in new drug substances. Current step 4 version, October 25, 2006.

[19] ICH Q3B(R2). 2006. Impurities in new drug products. Current step 4 version. June 2, 2006.

[20] FDA 2015. Biopharmaceutics system(BCS)guidance. http : //www. fda. gov/AboutFDA / CentersOffices / Office of MedicalProductsandTobacco / CDER/ucml28219. htm. Accessed on Mav 16, 2015.

[21] Al-Gousous J, Langguth P, 2014. Oral solid dosage form disintegration testing—The forgotten test. *Journal of Pharmaceutical Sciences* 104 ; 2664-2675.

[22] FDA 2015. Dissolution testing and specification criteria for immediate-release solid oraI dosage forms containing biopharmaceutics classification system class 1 and 3 drugs guidance for industry. U. S. Department of Health and Human Services Food and Drug Administration Center for Drug Evaluation and Research(CDER), August 2015, Biopharrnaceutics.

[23] SUpAC MR 1997. Modified release solid oral dosage forms. Scale, Up and Postapproval Changes : Chemistry, Manufacturing, and Controls ; In Vitro Dissolution Testing and In ViVO Bioequivalence Documentation. U. S. Department of Health and Human Services, Food and Drug Administration, Center for Drug Evaluation and Research(CDER).

[24] EMA 2014. Guideline on quality of oral modified release products, Match 20, 2014, EMA / CHMP / QWP / 428693 / 2013 Committee for Medicinal Products for Human Use (CHMP).

[25] St rmer M, Vollmer T, Henrich B, et al. 2009. Broad-range real-time PCR assay for the rapid identification of cell-line contaminants and clinically important mollicute species. *International Journal of Medical Microbiolow* 299 ; 291-300.

[26] FDA. 2002. Nasal spray and inhalation solution, suspension, and spray drug products—Chemistry, manufacturing, and controls documentation, July 2002. http : //www. fda. gov / downloads / drugs/guidanceco mplianceregulatoryinformation / guidances / ucm070575. pdf. Accessed on July 27, 2015.

[27] EMA. 2006. Guideline on the pharmaceutical quality of inhalation and nasal products, June 21, 2006, EMEA/ CHMP / QWP / 49313 / 2005 Corr. http : //www. ema. europa. eu / docs / en_GB / document library /

Scientific_guideline / 2009/09/WC500003568. pdf. Accessed on July 27, 2015.

[28] Shekunov BY, Chattopadhyay P, Tong HHY, et al. 2007. Particle size analysis in pharmaceutics : Principles, methods and applications. *Pharmaceutical Research* 24 ; 203–227.

[29] Patton JS, Byron PR. 2007. inhaling Pnedicines : Delivering drugs to the body through the lungs. *Nature Reviews Drug Discovery* 6 : 67–74.

[30] Labiris NR, Dolovich MB. 2003. Puhnonary drug delivery. Part h Physiological factors affecting therapeutic effectiveness of aerosolized medications. *British Journal of ClinicalPharmacology* 56 ; 588–598.

[31] Crowder TM, Rosati JA, Schroeter JD, et al. 2002. Fundamental effects of particle morphology on lung delivery :Predictions of Stokes' Law and particular relevance to dry powder inhaler formulation and development. *Pharmaceutical Research* 19 ; 239–245.

[32] Hiwali H, Amin A, Kumar L, et al. 2008. Variables affecting reconstitution time of dry powder injection. Pharmaceutical Technology, July 2, 2008. https : //www. ncbi. nlm. nih. gov / pubmed / 19921439. Accessed on April 29, 2017.

[33] Kumar R, Palmieri MJ. 2010. Points to consider when establishing drug product specification for parenteral microspheres. *AAPS Journal* 12 : 27–32.

[34] FDA. 1999. Container closure systems for packaging human drugs and biologics, May 1999. https : //www. fda. goV / downloads / drugs / guidances / ucm070551. pdf. Accessed on April 29, 2017.

[35] EMA. 2011. Report on the expert workshop on setting specifications for biotech products, European Medicines Agency, London, September 9, 2011, EMA / CHMP / 30584 / 2012.

[36] Porter WR. 2012. Impact of stability on setting and meeting specifications in an uncertain world, MSBW 2012. http : //www. mbswonline. com / upload / presentation_5–25–2012–10–43–30. ppt. Accessed on July 27, 2015.

[37] Tsang PKS, Larew JSA, Larew LA, et al. 1998. Statistical approaches to determine analytical variability and specifications : Application of experimental design and variance component analysis. *Journal of Pharmaceutical and Biomedical Analysis* 15 ; 1125–1141.

[38] Dejaegher B, Jimidar M, De Smet M, et al. 2006. Improving method capability of a drug substance HPLC assay. *Journal of Pharmaceutical and Biomedical Analysis* 42 ; 155–170.

[39] Ermer J. 2001. Validation in pharmaceutical analysis. Part I : An integrated approach. *Journal of Pharmaceutical and Biomedical Analysis* 24 ; 755–767.

[40] Hofer JD, Olsen BA, Rickard EC. 2007. Is HPLC assay for drug substance a seful quality control attribute ? *Journal of Pharmaceutical and Biomedical Analysis* 44 ; 906–913.

[41] Ermer J. 2005. Method Validation in Pharmaceutical Analysis. A Guide to Best Practice. In : Ermer J, Miller JHMcB, Eds. Wiley–VCH GmbH and Co. , KGaA, Weinheim, p. 88.

[42] Skrdla PJ, Wang T, Antonucci V, et al. 2009. Use of a quality–by–design approach to justify the removal of the HPLC weight % assay from routine API stability testing protocols. *Journal of Pharmaceutical and Biomedical Analysis* 50 ; 794–796.

[43] EMA 2014. Guidelines on setting specifcations for related impurities in antibiotics, June 30, 2012, EMA / CHMP / CVMP / 199250 / 2009corr.

[44] Ph. Eur. 2. 2. 46. Chromatographic separation techniques. http : //libray. njucm. edu. cn / yaodian / ep / EP5. 0 / 02_methods_of_analysis / 2. 2_phyrsical_and_physicochemical_methods / 2. 2. 46. % 20Chromatographic % 20separation% 20techniques. pdf. Accessed April 29, 2017.

[45] Ellison, SLR, Williams, A. (Eds). 2007. Eurachem / CITAC guide : Use of uncertainty information in compliance assessment. Available from httr://www, eurachem. org. Accessed on July 24, 2017.

[46] Weitzel J. 2014. Lifecycle management of analytical procedures : What is it all about ? http : //www. aaps. org / uploadedFlles / content / sections_and_Groups/Regional_Discussion_Groups / Southern_California Pharmaceutical / Resources / Applying% 20Lifecycle% 20Approach% 20to% 20a% 20Method%20rev% 202. pdf. Accessed on September 2, 2014.

[47] IUPAC / CITAC. 2012. Investigating out-of-specification test resuits of chemical composition based on metrological concepts(IUPAC technical report). *Pure Applied Chemistry* 84 ; 1939-1971.

[48] ICH Q9. 2005. Quality risk management. Current step 4 version, November 9, 2005.

[49] ICH Q10. 2008. Pharmaceutical quality system. Current step 4 version, June4, 2008.

[50] ICH Q11. 2012. Development and manufacture of drug substances (chemical entities and biotechnological / bioIogical entities). Current step 4 versio, Mayl, 2012.

[51] Hussain AS. What impact should ICH Q8 have on ICH Q6A decision trees ? http : //www. fda. gov / ohrms / docketslac/OS / slides/2005-4187s1_10 hussain. ppt. Accessed on August 30, 2014.

[52] Yu LX, Amidon G, Khan MA, et al. 2014. Understanding pharmaceutical quality by design. *AAPS Journal* 4 ; 771-783.

[53] Van Buskirk GA, Asotra S, Balducci C, et al. 2014. Best practices for the development, scale-up, and post-approval change control of IR and MR dosage forms in the current quality-by-design paradigm. *AAPS PharmSciTech*. http : //www. ncbi. nlm. nih. gov / pmc / articles / PMC4037495 / . Accessed on August 30, 2014.

[54] Moran E, Perry M. 2011. Setting specifications, statistical considerations, EuropaBio Meeting. http : //www. ema. europa. eu / docs / en_GB / document_library/Presentation / 2011 / 10 / WCS00115818. pdf. Accessed on September 4, 2014.

17

ICH Q6B规范：生物技术/生物制品的测试程序和接受标准

Scott R. Rudge and Raymond W.Nims
RMC Pharmaceutical Solutions, Inc., Longmont, CO, USA

17.1 引言

规范列出了一组产品属性、每个属性的测试、测试的分析程序参考及分析程序的适当接受标准。规范规定了药品（DP）、原料药（DS）、原材料、中间体或其他与药品制造相关材料评估其预期用途的可接受性标准。因此，制订规范是整体控制策略的关键部分，这有助于确保过程的一致性和产品质量。作为产品营销申请的一部分，监管机构要求提供规范。ICH Q6B 文件为制订适用于商业生物产品的规范提供了指导，但规定范围不适用于临床前和 / 或临床研究材料的管理[1]。然而，在实践中，提交研究性新药申请（IND）或药物研究档案（或等效的欧盟或日本文件，其中 ICH 标准已协调）也需要一份分析方法和相关的接受限值清单，以确保药物的同一性、强度、质量和纯度符合预期[2]。欧洲药物管理局（EMA）还要求临床试验中使用的生物研究性药品的分析方法和相关接受标准[3]。因此，也需要临床产品的规范，并且通常遵循 ICH Q6B 指南来创建这些规范。

1999 年，Q6B 指南的现行版本被欧盟、日本和美国的监管机构采纳。从那时起，已经发布了各种补充 Q6B 的附加指南，并专门针对在药物开发期间制订规范的挑战[4~7]。许多新的指导性文件可追溯到 Q6B，因此很明显，Q6B 指南中的原则可用于制订临床规范。根据 ICH Q6B 制订规范时应考虑的原则将在本章后续章节中讨论。

在制订科学合理的规范时，应考虑 Q6B 中讨论的以下要点：

- 规范应与特定的制造工艺相关联。
- 规范应考虑原料药和药品的稳定性。
- 规范应与临床前和临床研究联系起来。
- 规范应与相关分析方法的性能联系起来。

在产品开发的早期阶段，用于建立规范的支持数据的数量和质量可能会受到限制。对于第 1 阶段的规范，初始接受标准通常基于非临床研究中使用的有限数量的开发批次，涉及尚未验证的分析方法。在产品开发的这个阶段，稳定性数据也可能非常有限。尽管数据可能有限，但应仔细考虑可能影响患者安全的质量属性。在确定这些属性的规范时，应考虑所有可用信息，包括产品类型、计划剂量和给药途径及给药持续时间。

如果可用的数据可能太有限，无法为给定的产品特性建立相关的接受标准，则该属性仍应包含在规范中，其接受标准或许可以是报告结果。另一方面，监管机构可能期望初步规范具有良好表征的生物制品[4]。在这些情况下，可根据公司对特定类别分子和/或公开信息的经验制订初步规范。

由于数据的可用性有限，在产品开发的早期阶段，分配给各种属性的接受标准可能比较宽泛。在产品开发生命周期中，规范可能会随着给定属性的可用数据的增加而变化。监管机构承认这一点，并了解到在开发过程中可能会对新药实体的制造工艺进行修改。因此，初始规范可能不能完全反映工艺能力。此外，最终产品配方通常直到临床第 3 阶段才确定，此时可在规范中添加额外的产品属性（例如 pH 值、容器中的体积、渗透压和功能性辅料的测试）。正是由于这些原因，在提交营销申请之前，监管机构不要求最终确定的产品规范。

随着药物开发继续进入临床第 2 阶段和第 3 阶段，更多的数据可用，预计将根据需要对规范进行审查和更新。规范修订的需求可能由工艺开发制造活动、分析方法开发活动及稳定性研究产生的数据所驱动。在审查规范时，必须考虑所有这些信息源，以确保其保持相关性。必须记录对规范的任何变更，并提供科学依据。应记住，在产品开发的后期阶段，删除属性和放宽属性的接受标准可能会导致监管机构的进一步审查。随着产品开发的进展，各种属性的规范将细化，接受标准可能会更加严格，每项标准的理由都应得到批量数据的证实[6]。

进入第 3 阶段的临床研究，预期应明确最终的制造工艺，实施最终的配方，接近完成分析方法的验证。这些因素，连同临床、制造和稳定性数据，应提供足够的信息，以建立与提交市场营销申请时存在的规范相近的规范。应适当收紧接受标准，并加强规范的合理性。此时还应执行过程中规范。这些规范将用于支持工艺验证。一旦建立了第 3 阶段的规范，任何额外的变更都应该仅仅是为了增强支持营销申请的理由。

从前面的讨论中可以清楚地看到，规范通常在产品生命周期的过程中演变。由于有更多的商业制造数据可用，规范甚至可能需要在营销后进一步完善。在本章的最后，将介绍案例研究，进一步详细讨论在产品开发的早期建立单克隆抗体药品的规范及在产品开发的后期建立质粒药品的规范。

17.2 制订规范时应考虑的原则

了解分子的结构和功能对于制订有意义的规范至关重要。生物分子有四种化学结构，即一级、二级、三级和四级（图 17-1）。一级结构是指分子的氨基酸序列，或者 DNA 或 RNA 药物中的核苷酸序列。二级结构是通过链内共价键（主要是半胱氨酸之间的二硫键）和糖基化作用赋予分子的结构。多核苷酸没有类似的结构特征。三级结构是折叠分子的结构。在蛋白质中，主要由 α 螺旋和 β 折叠片组成。在多核苷酸中，这包括链内碱基对和卷曲。

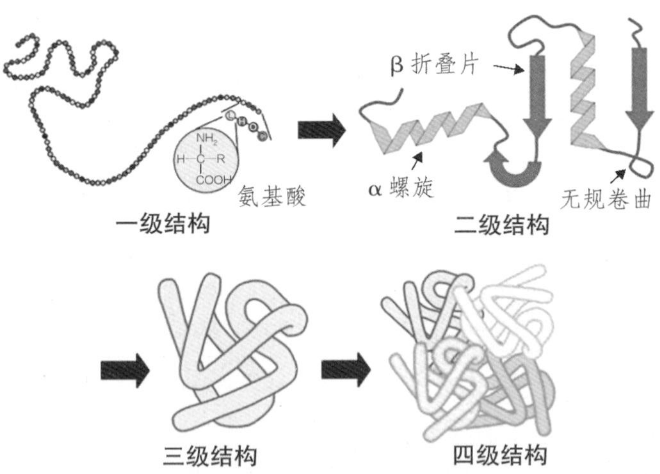

图 17-1　四级蛋白质结构

四级结构是对亚单位相互作用的描述，其中两个或两个以上的分子，无论是相同的还是不同的，结合形成最终的活性分子。确定这四个结构等级的一些示例方法如表 17–1 所示。

表 17–1 用于测定治疗性蛋白结构的分析方法

分析方法	结构等级
N 端氨基酸序列测定	一级
肽标测（还原和非还原）	一级和二级
质谱法	一级
糖化高效液相色谱法	二级
带质谱仪和质谱仪串联的肽标测	一级和二级
二硫化物含量	二级
傅立叶变换红外光谱	三级
二阶导数紫外光谱法	三级
核磁共振	三级和二级
差示扫描量热法	三级和四级
尺寸排除色谱法	四级
十二烷基硫酸钠 – 聚丙烯酰胺凝胶电泳（还原和非还原）	四级

这些测量对产品质量的重要性是根据具体情况来确定的。选择纳入规范的属性应提供高水平的保证，确保分子的所有结构特征在批次之间是一致的，并且在稳定性研究中的储存期间得以保存。

对于多核苷酸产品，例如质粒或反义多核苷酸，只要核苷酸没有经过化学改变以提高稳定性（通常是合成多核苷酸的情况），使用的方法列表要小得多。通常测序和限制性酶分析足以显示一级结构，并且使用某种形式的高效液相色谱或电泳来区分超螺旋形式、开放圆形形式和线性形式来确定三级结构。其他类型的方法可用于基于 DNA 和 RNA 的治疗性产品。

17.3 规范的内容

Q6B 指南讨论了与原料药和药品制造步骤相关的产品质量属性。通常包含在原料药与药品规范中的质量属性几乎相同，但有两个例外。首先，原料药规范包括工艺杂质测试（有关本主题的更深入讨论，参见第 18 章），而此类测试通常不在药品规范之中。其次，药品规范包括针对最终剂量配方的试验（例如 pH 值、容器体积、无菌性、渗透压和功能性辅料测试），而原料药规范中通常没有此类测试。

如引言中所述，最初制订规范是为了支持第一阶段的首次人体（FIH）研究。必须对质量、同一性、纯度、功效和安全性进行测试，以确保正确控制原料药或药品的制造[2]。安全性测试应包括工艺杂质试验（如宿主细胞 DNA、宿主细胞蛋白质和蛋白质 A）、外源性因子测试（如微生物和病毒）和细菌内毒素测试。

初始规范应从 ICH Q8[8] 中定义的目标产品概况（TPP）开始。目标产品概况阐述了产品的初始设计要求，包括临床预期用途、给药途径、剂型和强度、容器密封、期望 / 所需的药代动力学特性及质量标准，如无菌性、预期储存条件和纯度要求。这份文件是为患者群体设计的产品基础，它是质量源于设计（QbD）的基础。

根据预测的质量属性和给定类别分子的接受标准、公司经验、行业知识和监管指导，进一步完善初始规范。这通常考虑对可用的毒理学、工艺、分析表征、分析方法性能、稳定性和配方信息的评估。根据组织的原则，可以将这些属性无限制地放置在规范上，也可以设置内部规范，但不会立即向监管机构报告。

当额外的产品和工艺数据可用时，尤其是在实施工艺变更时，应重新评估所有属性的适用性。为了支持营销申请，属性应基于具有接受标准的规范进行定义，或根据认为该属性没有安全和/或功效风险的支持数据从规范中删除。如前所述，从一个规范中删除属性可能会导致监管机构进行更多的审查。本章末尾的一个案例研究中描述了从早期到后期产品开发过程中原料药规范的改进示例。

关键质量属性（CQA）是必须在适当的限值、范围或分布范围内的物理、化学、生物或微生物属性或特性，以确保所需的产品质量。无法定义对产品质量至关重要的属性，或无法建立关键质量属性的接受标准，可能造成安全和有效性风险[8]。此外，在规范范围内但临床经验之外的关键质量属性差异可能具有未知但潜在的重大后果[7]。因此，最佳做法是根据 ICH Q9[9] 中所述的原则评估产品质量属性的关键性，以降低安全性和有效性风险。风险评估是对危害发生的可能性及危害的严重性或后果的评估。可以评估产品质量属性对安全性和有效性的影响，然后使用故障模式和影响分析等方法评估影响的严重性、发生的可能性和发生的可检测性，然后根据一组预先定义的规则对结果进行排序。风险评估有助于定义必须监控/控制的关键质量属性，并为拟定的初始规范限值建立基础。

表 17-2 概述了与治疗性蛋白质产品相关的质量属性和测试。

表 17-2　通常与治疗性蛋白质产品相关的质量属性和测试

制造步骤	质量属性	测试
原料药/药品	浓度	280nm 紫外线吸收
原料药/药品	外观/颜色/清晰度	目测
原料药/药品	纯度/产品相关杂质（电荷变体、聚合、肽段、错误折叠、截断等）	RP - HPLC,SEC - HPLC,CEX - HPLC,SDS - PAGE,CE - SDS,cIEF
原料药/药品	同一性	RP - HPLC,IEX - HPLC,cIEF
原料药/药品	功效	活性测试,ELISA
原料药/药品	无外源性因子（细菌内毒素、病毒、无菌性、生物负载、支原体）	美国药典 <61><62><63><77><85> 欧洲药典，日本药典
药品	一般特性	pH 值[a]、体积、渗透压[a]、容器内容积、不可见颗粒、功能性辅料
原料药	工艺相关杂质：宿主细胞 DNA、宿主细胞蛋白、蛋白质 A	qPCR,ELISA,SDS - PAGE

注　CE-SDS：十二烷基硫酸钠的毛细管电泳。CEX - HPLC：阳离子交换高效液相色谱法。cIEF：毛细管免疫电泳。ELISA：酶联免疫吸附测定。LAL：鲎变形细胞溶解物。qPCR：定量聚合酶链反应。RP-HPLC：反相高效液相色谱法。SDS-PAGE：十二烷基硫酸钠-聚丙烯酰胺凝胶电泳。SEC-HPLC：尺寸排除高效液相色谱法。

[a]：pH 值和渗透压也是原料药规范中常见的测试。

产品属性通常分为若干类别，包括同一性、质量（有时称为“特性”）、分析或功效、纯度 / 杂质，以及微生物或外源性因子的安全性。如 Q6B 指出，建立同一性可能需要多个测试（理化、生物和 / 或免疫化学）[1]。

这也适用于建立纯度和功效。应考虑分子的复杂性和多种适当的正交分析方法的可用性。例如，可能需要三个测试来定义纯度：尺寸排除高效液相色谱法测试可用于检测聚集体，阳离子交换高效液相色谱法测试用于检测电荷变体，反相高效液相色谱法或十二烷基硫酸钠的毛细管电泳用于检测错误折叠变体（图 17–2）。类似地，单克隆抗体产品的功效可以通过结合抗原和刺激细胞凋亡的能力来定义，需要一种酶联免疫吸附测定和一种基于细胞的测定以在早期阶段建立功效。通常在基因治疗产品中发现多种功效测定，其中指南建议必须证明每种表达分子的转染效率、表达和活性[5]。

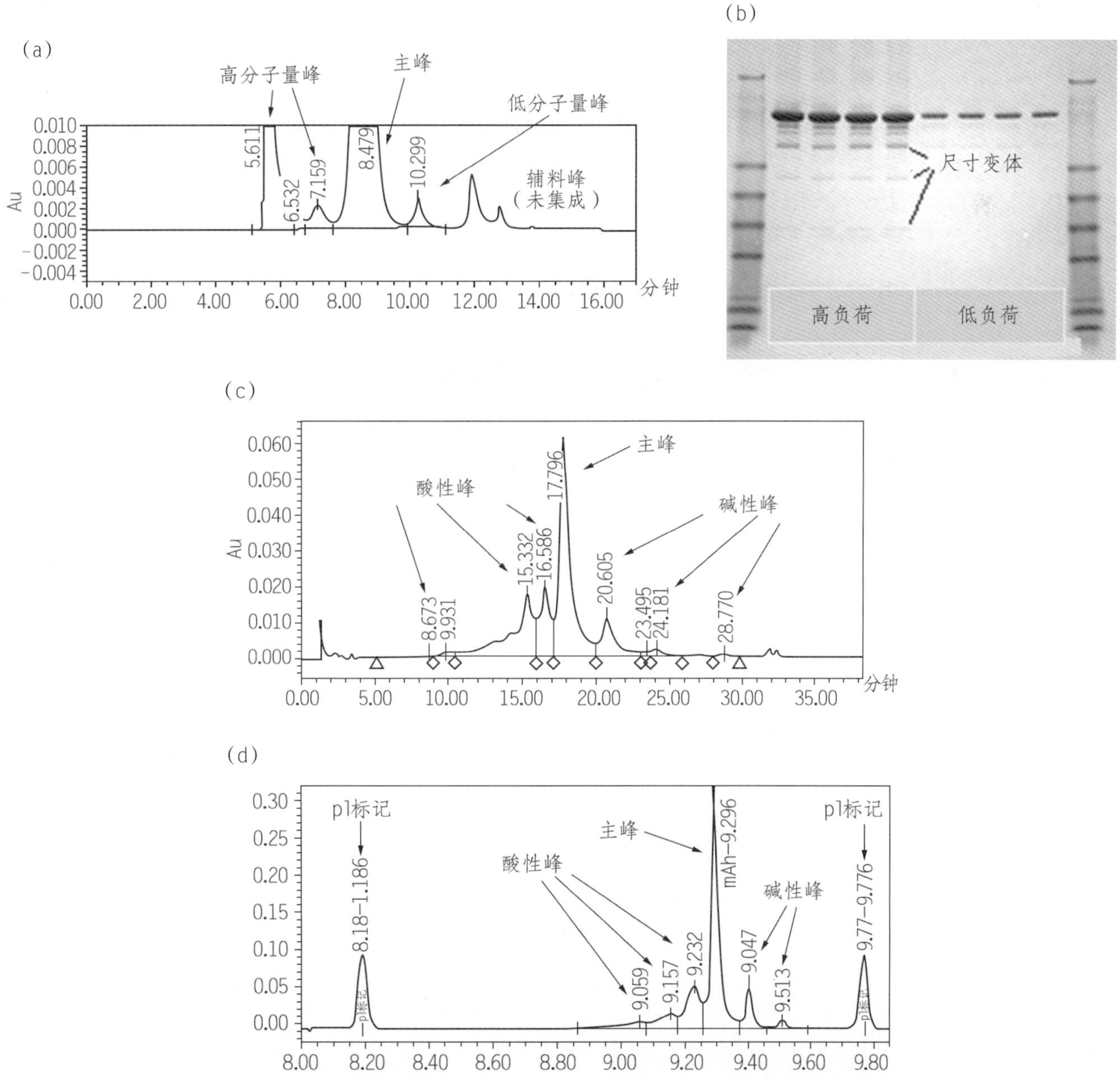

图 17–2 使用 SEC–HPLC（a）和 SDS–PAGE（b）显示尺寸变体及使用 CEX–HPLC（c）和 cIEF（d）显示电荷变体

Q6B 指南也在第 4.2.3 节《纯度和杂质》中指出，“如果杂质的定性和定量（即相对量和 / 或浓度）与原料药中的（在药品中）相同，则无须进行测试”[1]。该指南适用于宿主细胞相关杂质如宿主细胞蛋白和 DNA 含量的情况，因为在药品工艺中不存在这些杂质来源。对于其他类型的杂质，原料药和药品的组成和制造工艺通常不会影响其水平。即使原料药与药品相似，在药物开发的早期阶段通常也没有关于药品稳定性的数据。因此，原料药规范中列出的纯度和工艺相关杂质的测试通常在药品规范上重复，具有相同的限值。

最终规范基于详细的产品和工艺表征、制造数据、稳定性和临床经验。接受标准应基于通过相关和验证分析方法测试的批次的统计分析。

17.4 参考标准

从早期开发开始，必须为所有新产品制订参考标准。通常，参考标准由早期批次中分离出来的材料构成，一般会有一个批次用于有助于研究性新药申请的毒理学测试。对于生物技术产品，通常没有对参考标准样品进行额外的纯化。然而，参考标准品通常在较低温度下（例如在 −80℃下 1ml 冷冻管）以比通常用于原料药或药品较小的量存储。参考标准是否来自原料药或药品并不重要，只要这些标准品具有类似的配方。如果有偏好，通常是为了保存珍贵的早期材料而使用更稀释的材料。例如，从原料药批次的样品中进一步稀释作为参考标准并不罕见，因为分析要求的量很小，参考标准通常在使用前进一步稀释。

如前所述，尽管参考标准代表与原料药或药品中相同的活性药物成分，但其在材料方面与两者不同。总而言之，以下是一些可能的差异：

- 储存温度。
- 储存容器。
- 浓度。
- 容器容积。

由于这些差异，通常必须在单独的研究中评估参考标准的稳定性。稳定性测试无需符合 ICH Q5[10] 标准，只需科学可靠。例如，仅每年进行一次测试并不罕见。很难设计好的参考标准稳定性测试，因为唯一有效的比较器可能是参考标准本身。通常，参考标准的最重要测试是含量测试、结构完整性测试和生物活性测试。如果可行，参考标准的生物活性可与第三方提供的材料进行比较测量。

17.5 方法验证

所有分析方法必须经过验证，以纳入营销许可证申请［通用技术文件（CTD）、生物制品许可证申请（BLA）或新药申请（NDA）］。然而，在产品规范的开发过程中，分析方法通常没有得到充分的验证。术语“认证”通常用于定义一个测试阶段，该阶段提供有关方法适用性的数据，而没有完全验证方法。术语“阶段适当的验证”也用于表示与认证相同的事情。在产品开发的早期阶段所需的方法认证的范围由开发人员自行决定，但安全性测试除外，如生物负载、无菌和内毒素试验。后一种药典方法通常在人体试验新的生物制剂之前根据美国药典 <1226>[11] 进行验证。

由于在开发阶段早期，非安全性方法的认证协议中存在自由裁量权，因此行业内的实践差异很大。对于含量和纯度方法，最低限度测试了准确度和精密度。当纯度方法为极限测试时，通常确定检出限和定量限。有时，特别是与产品相关的杂质方法，会进行样品稳定性测试。测试样品矩阵对分析方法的影响。对于同一性和活性方法，特异性是一个重要参数，特别是当同二聚体或异二聚体可能具有与单体不同的活性时（反之亦然，取决于产物）。在开发阶段早期，对简单的药典方法，如酸碱度和渗透压，几乎很少要求认证（如果有的话）。

在认证过程中，协议是书面的，但接受标准往往被省略或非常宽泛。由于含量测定的性能在这一点上通常没有被很好地表征，这是一种可接受的做法。如果测量的性能使任何给定方法的准确性受到质疑，则可能需要进一步的开发，即使没有违反接受标准。

17.6 过程控制

在某些情况下，过程控制可以用作释放测试的替代。减少有利于过程控制的药品释放测试是过程分析技术（PAT）[12] 和 QBD[13] 倡议的既定目标。一般的概念是通过数据确定在过程中的某一点满足某一标准的产品将作为最终产品强制满足商定的释放标准。一个常见的例子是通过红外光谱在线监测干燥过程中的含水量。如果含水量处于或低于烘干机可接受的水平，且材料没有明显的吸湿性，则可以确保达到释放规范，并且不需要在批量释放时再次测试含水量。另一个经常给出的例子是蛋白质产品中宿主细胞蛋白质的水平。过程中测试可以通过过程中的每个步骤建立宿主细胞蛋白质的日志清除，如果过程中测试确定了单元操作的典型性能，则可以从原料药的释放规范中排除宿主细胞蛋白质测试。

在细胞培养收获样品中检测外源性因子（细菌、支原体、病毒）是一个过程控制的例子，该过程控制可能会影响批次的释放。外源性生物测试通常在未加工的收获样品上进行，这些样品通常在体外年龄的限值下含有完整的或溶解的细胞。要测试这些样品是否存在病毒、细菌和支原体，这些不应存在于细胞培养物中。如果确认其中一种污染物的存在，必须拒绝该批次。对于这些测试是否正式出现在最终产品规范上，整个行业的实践各不相同。但是，如果在过程中不符合生物安全标准，则会导致该批产品失效。

17.7 原材料

所有工艺添加剂（如缓冲剂、介质成分、赋形剂）、工艺助剂（如絮凝剂、沉淀剂、硅藻土）和所有产品接触材料（如过滤器和容器 / 密封组件）的原材料规范都应明确。通常，药典（即美国药典或欧洲药典）规范就足够了。复杂的原材料（意味着不同的和 / 或表征不良的混合物）通常不是药典的，设定对这些类型的原材料具有工艺意义的规范可能很困难。例如，酵母提取物和大豆水解物通常含有氨基酸和维生素，这些氨基酸和维生素可能影响制造细胞的生长和制造力，以及所表达蛋白质产品的纯度。然而，这些原材料通常过量使用，制造细胞有途径相互转化各种基质。因此，对任何一种氨基酸或维生素的要求限值是未知的，从实际意义上讲，是不可知的。因此，对特定氨基酸和维生素水平的测试被认为是无效的。无论如何，所有非药典原材料规范都要有理由。

17.8 案例研究：早期治疗性单克隆抗体

建立由 CHO 细胞产生抗体的规范是相当简单的。随着抗体技术的不断发展和改进，建议读者为基准测试寻找最新的参考资料。表 17–3 列出了一组为进入第一阶段临床试验的假想单克隆抗体药品建立的规范。在随后的文本中讨论了包含各种属性和限值的基本原理。

表 17–3 源于 CHO 细胞的早期单克隆抗体产品的药品规范

属性	测试	接受标准	测试方法
质量	外观	透明无色至淡黄色溶液，无可见颗粒	目测
质量	pH 值	5.8~6.2	美国药典 <791>
质量	渗透压	270~330mOsmol/kg	美国药典 <785>
质量	容器容积	3.25~3.45ml	美国药典 <1>
质量	聚山梨酯 80	报告结果	气体色谱法
功效	蛋白质浓度	9~11mg/ml	紫外光谱
功效	结合酶联免疫吸附测试	50%~200%, 相对于参考值	酶联免疫吸附测试
同一性	结合酶联免疫吸附测试	与参考值可比	酶联免疫吸附测试
纯度	全部低分子量峰	≤ 2%	尺寸排阻色谱法
	主峰	≥ 97%	
	全部高分子量峰	≤ 1%	
	报告新峰值≥ 0.05%，具有相对保留时间	报告结果	
纯度	酸性峰	与标准可比；酸性峰总和 15% ± 5%	阳离子交换色谱法
	主峰	65% ± 15%	
	碱性峰	与标准可比；碱性峰总和 20% ± 7%	
纯度	还原	在约 25 和 50kD 有两个十二烷基硫酸钠聚主带，与参考值一致	丙烯酰胺凝胶电泳
	非还原	在约 150kD 有一个主带，与参考值一致	
微生物安全性	细菌内毒素	≤ 0.25 内毒素单位 /mg	美国药典 <85>
微生物安全性	无菌	无细菌生长	美国药典 <71>

17.8.1 同一性

抗体同一性的最终测试是证明其对相关抗原的特异性亲和力。这似乎是抗体同一性测试的现行标准。一些证明抗体对其抗原亲和力的附加方法是酶联免疫吸附测试、蛋白斑点印迹法、亲和珠和免疫印迹法。在这些方法中，也许蛋白质斑点印迹和亲和珠是最方便的。无论采用哪种方法，都应进行抗体结合测试、另一种非特异性结合测试（阳性对照）和最后一种缓冲测试（阴性对照）。由于同一性测试是“通过 / 未通过”测试，因此这些测试不需要定量限值。这些测试也适用于对原材料进行测试，以确认释放测试的同一性。除了鉴定抗原的结合亲和力外，某些其他类型的测试也可用于确定单克隆抗体的同一性。这些包括肽标测、质谱分析和十二烷基硫酸钠聚丙烯酰胺凝胶电泳。

17.8.2 功效

对于单克隆抗体，最常用的测定功效（分析）的方法是通过测量 280 nm 处的紫外线吸收率和用酶联免疫吸附测定的特异性抗原的结合效率的蛋白质测定。用酶联免疫吸附测定法测定的样品的结合效率通常与参考标准品的结合效率进行比较。标示量通常以 mg /ml 和 / 或 mg / 小瓶为单位表示，该值周围的限值通常相当严格（在这种情况下为 ±10%）。另一方面，与结合酶联免疫吸附测定的功效相关的相当宽的范围反映了与该测定相关的更高的变异性。

17.8.3 纯度

在药品水平上，单克隆抗体的纯度分析通常设计用于检查各种与产品相关的杂质，包括尺寸变体（重链和轻链片段、单体、二聚体、多聚体和其他聚集物）、电荷变体、错误折叠变体和可能在药品水平考虑的工艺相关杂质。在这种情况下，使用尺寸排除色谱法和十二烷基硫酸钠聚丙烯酰胺凝胶电泳检测尺寸变体，而电荷变体通过阳离子交换色谱法检测（图 17–2）。大多数与工艺相关的杂质都是通过在原料药水平建立的规范来控制的。对于在 CHO 细胞中产生的单克隆抗体，这些抗体可能包括宿主细胞蛋白质和 DNA，以及相关的工艺溶剂（有关工艺相关杂质规范的建立更深入讨论参见第 18 章）。应根据所用分析方法的能力、产品的批次，以及毒理学研究中杂质暴露水平确定各种纯度分析的限值。后者需要与非临床开发团队密切协调，因为需要考虑种间转换因素，以及剂量、频次和持续时间的差异。

17.8.4 微生物安全性

非肠道产品的最终产品规范必须始终包含内毒素和无菌测试。内毒素限值以每毫克或每毫升内毒素单位表示。内毒素限值是根据给药途径（肠外给药与鞘内给药）、患者体重（单位：kg）和 1 小时内给药的最大剂量（mg/kg）确定的（见美国药典 <85>[14] 了解更多关于这一计算的详细描述）。为了简化计算，通常假定患者体重为 50 kg。内毒素的规范限值通常设定为远低于计算的内毒素限值，特别是如果较低的值可以常规达到。无菌测试是一种“通过 / 未通过”测试，因此该测试不需要定量限值。

17.8.5 其他质量属性

各种基本产品表征测定通常集中在“质量”或“一般特性”类别下。这些可能包括外观和可见颗粒分析、酸碱度、渗透压（用于非肠道药物）和容器容积。不仅是基于优化产品稳定性，而且为了防止给药过程中注射部位疼痛，制订了 pH 值限值。注射用产品的渗透压应大致与血浆等渗（人血浆的渗透压约为 290 mOsmol/kg），并相应设置表 17–3 中所示的限值。容器容量是一个重要的规范，因为必须能够从主要容器中回收足够的产品以满足剂量要求，但另一方面，可能会导致患者过量用药。在本例中，3.25~3.45 ml 的容器规范容积保证了 3 ml 的标称剂量。对于这种单克隆抗体药品，在药品的配制过程中添加聚山梨酯 80 作为辅料，以保护活性成分不受搅拌和剪切应力的影响。由于目前批次历史不足以确定接受范围，因此规定了“报告结果”的接受标准。在产品开发的后期，这个标准将被改变为一个定量范围。

17.9 案例研究：晚期质粒产品

表 17–4 列出了一组为假想质粒原料药建立的规范，这些质粒原料药用于为第 3 阶段临床研究制造药品。在随后的文本中讨论了包含各种属性和限值的基本原理，以及相对于本原料药规范早期版本所做更改的理由（如表 17–4 所示）。

表 17–4 一种质粒产品的原料药规范演变

属性	测试	早期接受标准	修订的接受标准
质量	外观	无色透明溶液，基本上不含可见微粒	无色透明溶液，基本上不含可见微粒
质量	pH 值	报告结果	6.8~7.2
质量	渗透压	报告结果	280~320 mOsmol/kg
同一性	限制酶切分析	符合标准	符合标准
功效	转染[a]	无	>5 拷贝 / 细胞
功效	表达	表达 50%~150%，相对于标准	50%~150%，相对于标准
功效	生物活性	无	表达产品的活性为参考质粒表达产品活性的 50%~200%
功效	260 nm 紫外线吸收率测量核酸浓度	≥ 3 mg/ml	≥ 3 mg/ml
纯度	A_{260}/A_{280} 比值	1.8~2.2	1.8~2.2
纯度	所有圆形	≥ 90%	≥ 95%
纯度	所有超螺旋形	报告数值	≥ 90%
杂质	宿主细胞 RNA	<1%	<1%
杂质	宿主细胞蛋白质	<1%	<500 ppm
杂质	宿主细胞 DNA	<1%	<1%
微生物安全性	细菌内毒性	<5 EU/mg	<54 EU/mg
微生物安全性	总好氧微生物计数	<10 CFUml	<10 CFU/100ml
微生物安全性	总霉菌及酵母菌计数	<10 CFU/ml	<10 CFU/100ml

注 [a]：当使用转染剂，例如非复制病毒包装，或质粒与阳离子聚合物一起传送时，要求有转染效率。

17.9.1 同一性

对于质粒产品，根据适用指南[15]，限制性酶分析被认为适用于仅制造一种质粒产品设施的释放测试。如果至少一种限制性酶没有在质粒的一个唯一区域内进行切割，如果制造设施制造多于一种质粒产品，则可能需要第二种方法，如测序。唯一质粒区域的一个例子是为在患者中表达的产品进行序列编码。

17.9.2 功效

质粒产品的功效通常是通过测量编码基因的表达和生物活性来确定的[15]。在这种情况下，对所有三个属性使用单独的测定来测量效价。第二种方法（测定 260 nm 处的紫外线吸收率）用于测定原料药中的核酸浓度。

17.9.3 程度和产品相关杂质

根据目前质粒的制造和稳定性经验，建立了质粒的圆形和超螺旋形规范。在稳定性方面，圆形在质粒总数中至少占 98%，超螺旋形在 95% 及以上。FDA 指南[15]建议，在缺乏制造经验的情况下，应将超螺旋形式作为初始规范，至少达到 80%。因此，在第 3 阶段制造之前，更新圆形和超螺旋形状的规范符合本指南。但是，本规范不适用于规范变更前已制造的批次。可从 260 nm（核酸最大值）与蛋白质（280 nm 最大值）的吸收度中获得样品中核酸相对含量与蛋白质量的测量值。大于 1.0 的 A_{260}/A_{280} 比率反映了相对纯的核酸溶液[16]，并据此制订了规范。

17.9.4 工艺相关杂质

更新残留宿主细胞 RNA、DNA 和蛋白质标准以提高额外的精确度。这与 ICH Q3B（R2）[17]第 5 节一致，第 5 节指出，低于 1% 的杂质应报告到小数点后两位，高于此水平的杂质应报告到小数点后一位。

17.9.5 微生物安全性

调整内毒素规范以反映当前临床使用的患者剂量。稍后可以根据额外的制造经验考虑进一步收紧该规范。按照注射用水规范收紧生物负载规范。先前的规范适用于早期制造，此时无法获得该级别测定认证的样品量。由于大批量质体溶液在 0.2 μm 过滤并在无菌条件下填充到试管中，因此修订后的生物负载规范有望实现。

17.9.6 其他质量属性

由于质粒的配方从注射用水配方改为磷酸盐缓冲盐水配方，因此添加了 pH 和渗透压规范。改变配方是为了给患者一个等渗的平衡剂量，同时减少药物制剂的用量。报告结果的规范适用于非缓冲配方，但不适用于添加辅料的配方。因此，修订后的规范旨在对应于等渗磷酸盐缓冲盐水。

17.10 结论

在产品开发过程中，随着对关键产品质量属性、分析方法能力和工艺一致性的深入了解，生物产品的规范通常会不断发展。例如，在开发的早期阶段，药品规范可能会对杂质测试要求报告结果而不是接受范围或限值。在产品开发的后期，接受标准可能会改变，以反映同一杂质的实际限值或可接受范围。特定工艺杂质的测试可在原料药或药品规范演变过程中移除，例如，如果通过工艺表征 / 验证证明已获得给定工艺杂质的一致清除。在原料药和药品规范的演变过程中，应记住，在产品开发的后期，删除属性（前面提到的具体情况除外）和放宽属性的接受标准可能会导致监管机构的进一步审查。ICH Q6B 中公布的预期是，随着产品开发的进展，各种产品属性的规范将被细化，接受标准可能会被收紧，每种标准的理由都会用实际的批次历史数据加以证实。这些期望是合理的，对于一个受控且具有良好表征的制造工艺应该是可以实现的。一个质粒产品规范的示例被用来说明从早期到后期的进化过程。

参考文献

[1] International Conference on Harmonisation(ICH)1999. Q6B. Specifications：Test procedures and acceptance criteria for biotechnological / biological products.

[2] United States，Food and Drug Administration(US FDA)2015. General principles of IND submission+Code of Federal Regulations，Title 21，Part 312. 23.

[3] Aropean Medicines Agency 2012. Guideline on the requirements for quality documentation concerning biological investigational medicinal products in clinical trials. EMA / CHMP / BWP / 534898 / 2008.

[4] United States，Food and Drug Administration(US FDA)1995. Guidance for Industryr—Content and format of Investigational New Drug Applications (INDs) for phase 1 studies for drugs，including well-characterized，therapeutic，biotechnology-derived products. Center for Biologics Evaluation and Research.

[5] United States，Food and Drug Administration(US FDA)2008. Guidance for FDA reviewers and sponsors：Content and review of chemistry，manufacturing，and control(CMC)information for human gene therapy hwestigational New Drug ADplications(INDs). Center for Biologics Evaluation and Research.

[6] United States，Food and Drug Administration(US FDA)2003. Guidance for Industrv：INDs for phase 2 and phase 3 studies—Chemistry，manufacturing，and controls information. Center for Drug Evaluation and Research.

[7] Rao A. 2014. Regulatory perspectives on setting relevant specifications in early development and throughout product lire cycle.

[8] International Conference on Harmonisation(ICH) Q8(R2). 2009. Pharmaceutical development.

[9] International Conference on Harmonisation(ICH) Q9. 2005. Quality risk management.

[10] International Conference on Harmonisation(ICH) Q5. 1995. Stability testing of biotechnological / biological products.

[11] United States Pharmacopeia<1226>Verification of compendial procedures.

[12] United States，Food and Drug Administration(US FDA)2004. Guidance for Industry PAT ~ A framework for innovative pharmaceutical development，manufacturing，and quality assurance. Center for Drug Evaluation and Research，Center for Veterinary Medicine，and Office of Regulatory Affairs.

[13] Woodcock J. 2004. The concept of pharmaceutical quality. *Am Pharm Rev* 7：10-15.

[14] United States Pharmacopeia<85>Bacterial endotoxins test.

[15] United States，Food and Drug Administration(US FDA)2007. Guidance for Industry. Considerations for plasmid DNA vaccines for infectious disase indications.

[16] Held P. 2008. Measure your purity. Assessment of nucleic acid purity via UV absorbance，*GIT Lab J* 5：9-11.

[17] International Conference on Harmonisation(ICH)2006. Q3B(R2). Impurities in new drug products.

18

生物药品中与工艺相关的杂质：深入研究ICH Q6B

Anil Raghani[1], KimLi[2], Jeanine L. Bussiere[2], Joel P.Bercu[3], and Jinshu Qiu[2]*
*Corresponding author
1.Coherus Bio Sciences, Inc., Camarillo, CA, USA
2.Amgen Inc., Thousand Oaks, CA, USA
3.Gilead Sciences, Inc., Foster City, CA, USA

18.1 引言

Q6B[1] 提供了关于制订生物药品的释放和过程中规范以及证明产品和工艺相关杂质规范一般原则的指导。该指南旨在确保这些药物在交付给患者时的质量、安全性和有效性。Q6B 指南描述了两种类型的杂质：产品相关和工艺相关的杂质。产品相关杂质是生物药品的分子变体，可能与活性分子不具有相同的活性、功效和安全性。产品有关杂质的示例有截短体、翻译后修饰和聚集体。另一方面，工艺相关杂质是从制造工艺中衍生出来的杂质，如细胞基质、细胞培养和发酵介质成分及下游工艺衍生杂质。

第 17 章介绍了产品释放、过程中和产品相关杂质规范的制订。本章的目的是更详细地描述在生物药品中为工艺相关杂质（特别是工艺试剂）设定安全限值和分析策略的程序，以确保符合 Q6B。

生物药品中工艺相关杂质规范的建立原则和策略已经取自于适用于化学衍生原料药的类似指导文件。例如，ICH Q3A（R2）[2] 和 Q3B（R2）[3]（第 6 章）分别为原料药和药品中杂质的报告、鉴定和认证提供了框架。杂质在这些指导文件中被分类为有机杂质（与工艺和药物相关的）、无机杂质和残留溶剂。关于获得不同类型工艺杂质限值的更多细节在其他 ICH 指南中有所描述，例如 Q3C（R5）[4]（第 7 章）关于残留溶剂，Q3D [5]（第 8 章）关于元素杂质，以及 M7[6] 关于诱变杂质。

在本章中，将提供示例来说明 ICH Q3A（R2）和 Q6B 之间的相互关系，以对生物药品制造工艺中产生的工艺相关杂质进行风险评估。

18.2 控制工艺相关杂质

大量工艺试剂（原材料术语）用于生物制药产品的制造，它们是工艺相关杂质的主要潜在来源。降低与工艺相关杂质相关风险的策略之一是测试下游净化步骤中工艺试剂的清除率。在确保产品质量和安全的同时，尽量减少不必要的工艺试剂清除测试是任何控制策略的关键要素。这在一定程度上是通过对试剂进行适当分类来实现的。根据其安全概况和安全使用历史，工艺试剂可分为两类：一般公认安全（GRAS）的试剂和潜在安全问题（PSC）的试剂[7]。一般公认安全的试剂是可接受的辅料，可用于商业性肠外药品[8~10]和肠外营养治疗[11]，具有肠外允许每日暴露（PDE）限值[5]的微量元素，以及 FDA 数据库[12]中所列的肠外产品的非活性成分。因此，本章中使用的一般公认为安全术语的定义比联邦法规[13]中定义的术语一般视为安全的定义更窄。任何不被视为一般公认为安全的试剂都被归类为有潜在安全问题的试剂。

本章经常使用两个术语：清除测试和规范测试。前者是指产品在其工艺开发、工艺表征和工艺验证阶段所需的工艺试剂测试，后者是指产品商业化制造过程中批量释放所需的测试。工艺试剂的清除测试和相关规范测试的要求可通过考虑四个风险因素来确定[7]：①试剂的安全性曲线，②制造工艺中使用的试剂的起始量，③产品的最大剂量和产生该剂量所需原料药的量，④试剂在整个制造工艺中的引入点。

由于一般公认安全试剂的安全性和安全使用历史，以及制造工艺去除它们的能力，使得这些试剂的清除测试不是必需的。应仔细考虑在下游后期纯化步骤中以高浓度引入的一般公认安全试剂（即未遵循其他纯化过程的步骤）的评估，并在必要时进行分析以确保在安全性和质量方面的水平均可接受。对于潜在安全问题试剂，必须评估前面描述的四个风险因素。在下一节中，描述了评估清除测试要求的一般程序。确定潜在安全问题试剂规范测试需求的过程包括导出允许每日暴露量限值（PDE）、杂质和控制策略评估、工艺评估、安全裕度计算及采用故障模式和影响分析（FMEA）的风险评估。

18.3 推导工艺相关杂质限值的一般方法

当通过上游和下游工艺将浓度降低到可接受的水平时，工艺试剂就被充分清除了。残留在原料药中的工艺试剂浓度的可接受性是根据其浓度和对接受相关药品患者的潜在毒理学影响来确定的。为了确定原料药或药品中工艺试剂的适当毒理学限值，可得出允许每日暴露量或可接受摄入量（AI）。允许每日暴露量或可接受摄入量（药物中杂质的每日最大可接受暴露量[4~6]）用于为暴露于残留杂质的患者制订基于健康的保护限值。允许每日暴露量或可接受摄入量是通过分析所有潜在的毒性影响得出的，如动物和人类的急性、慢性、生殖毒性和致癌性。根据这些信息，最敏感的影响被应用到评估中。

在 Q3C（R5）[4]中描述了用于导出残留溶剂允许每日暴露量的方法。这是一种标准化方法，采用透明方法选择毒理学研究、临界影响和修正系数。由于溶剂完全具有生物可利用性，因此根据 Q3C（R5）开发的允许每日暴露量通常适用于所有暴露途径。类似的方法也已在 Q3D[5]中应用于无机元素和金属，另外考虑了不同的暴露途径，如口服、肠外或吸入。

生物药品中的大多数工艺相关杂质是低分子量有机和无机化合物。因此，当为生物药品的化学试剂建立限值时，Q3C（R5）和 Q3D 中描述的方法也被认为是适用的。

对于非致癌影响，采用以下允许每日暴露量计算：

PDE=NOEL 或 LOEL× 体重（kg）/ 修正 ×a

其中，体重调节范围在 50~70 kg 之间

NOEL 为无可见作用水平，LOEL 为最低可见作用水平

请注意：无可见作用水平或最低可见作用水平是与人类的非致癌作用，如急性、慢性、生殖和发育毒性有关的最敏感作用（最低剂量）。如果可用，最好使用人类数据。毒理学研究经常报告无可见不良作用水平（NOAEL）或最低可见不良作用水平（LOAEL），其中一个可以替代无可见作用水平或最低可见作用水平用于允许每日暴露量的计算。

修正系数包括下列各项：

（1）F1= 种间外推

a）从大鼠外推到人类，F1=5。

b）从小鼠外推到人类，F1=12。

c）从狗外推到人类，F1=2。

d）从兔外推到人类，F1=2.5。

e）从猴外推到人类，F1=3。

f）从其他动物外推到人类，F1=10。

（2）F2= 个体差异

考虑个体间差异的系数为 10。

（3）F3= 暴露时长

a）至少持续一半寿命的研究（啮齿动物或兔子为 1 年），F3=1。

b）涵盖整个器官发生期的生殖研究，F3=1。

c）啮齿动物 6 个月研究或非啮齿动物 3.5 年研究，F3=2。

d）啮齿动物 3 个月研究或非啮齿动物 2 年研究，F3=5。

e）短时间研究，F3=10。

（4）F4= 毒性性质

a）可用于严重毒性情况的系数，例如非毒性致癌性、神经毒性或致畸性。

b）在生殖毒性研究中，使用以下系数：

①与母体毒性相关的胎儿毒性，F4=1。

②无母体毒性的胎儿毒性，F4=5。

③具有母体毒性的致畸作用，F4=5。

④无母体毒性的致畸作用，F4=10。

（5）F5= 数据质量

如果未确定无可见作用水平，可使用的可变系数。当只有一个最低可见作用水平可用时，根据观察到作用的严重性，可以使用高达 10 的系数。

（6）α = 生物利用度调整

大分子很可能是非经肠给药，如静脉或皮下途径。如果考虑中的试剂口服生物利用度较低，从口服数据外推时应使用生物利用度调整。当只有口服数据或其他途径的数据可用时，将使用给定途径的生物利用度外推到肠外限值。

对于致癌作用，假设没有阈值，任何剂量都可能导致致癌反应。可接受摄入量是导致癌症超过背景过度风险的可忽略不计的剂量[6]。根据 ICH M7，致癌杂质的可接受的过度癌症风险为 10 万分之一。可接受摄入量的计算基于动物生物有效剂量的线性外推。在可获得特定致癌数据的情况下

（如致癌性效力数据库中的数据）[14]，这些数据通常以 TD_{50} 值的形式用于确定化合物特定的限值。对于诱变的工艺试剂（即艾姆斯诱变测定中呈阳性），并且没有具体的致癌性数据，则使用毒性关注阈值（TTC）来获得可接受摄入量。毒性关注阈值是一个阈值（例如 1.5 μg/d，终生），当诱变化合物的剂量 – 反应关系未知时，不太可能超过 10 万分之一的癌症过度风险[15, 16]。

虽然前面描述的方法使用线性方法来进行致癌性分析，但有几个示例表明，使用可接受摄入量或毒性关注阈值方法不能正确评估致癌终点。例如，当一种致癌物通过非诱变机制起作用，并且可以确定阈值时，则应采用允许每日暴露量的方法[6]。例如，可以基于在大鼠中观察到的脾肿瘤使用阈值方法，因为它们具有非线性剂量反应，并且诱变性 / 遗传毒性不是苯胺诱导的致癌性作用模式的核心[17]。允许每日暴露量是使用 Q3C（R5）中定义的过程导出的。最后，有一些特定于某些非人类动物物种 / 菌株的致癌机制，这些动物模型被认为与人类无关。在这种情况下，不根据这些致癌性数据开发允许每日暴露量或可接受摄入量，而是根据其他类型的毒性数据（例如生殖或慢性毒理学研究）开发允许每日暴露量。

一些工艺试剂具有有限的毒理学数据集，并且可能没有足够的数据来获得允许每日暴露量或可接受摄入量。在这种情况下，应采用 Q3A（R2）中所述的“获取和评估数据的过程，以确定单个杂质的生物安全性或在规定水平上的给定杂质分布”[4]。原料药剂量≤ 2g/d 的工艺试剂的认证限值为 0.15%或 1 mg /d，以较低者为准。原料药剂量 > 2 g /d 的认证限值为 0.05%。如果要使用高于此认证限值的工艺试剂，则应根据 Q3A（R2）对其进行毒性测试。或者可以考虑通过制造工艺将杂质水平降低到认证限值以下。

Q3A（R2）指南强调，如果工艺杂质具有异常毒性，则应设置较低的阈值。异常毒性工艺试剂的一个例子是诱变和 / 或致癌性试剂。对于此类杂质，可应用 ICH M7 中描述的推导限值（即可接受摄入量）的毒理学原理，因为这些通常是低分子量杂质。可能存在诱变性和致癌性以外的毒性影响，导致工艺杂质被视为潜在安全问题，但数据不足以计算允许每日暴露量。这种情况是根据具体情况来处理的，关注毒性阈值可用于解释这种非诱变作用，从而得出允许每日暴露量[16, 18]。

一旦为工艺试剂计算出允许每日暴露量或可接受摄入量，就可以为原料药或药品导出暴露限值（L_e）。通过将工艺试剂的允许每日暴露量或可接受摄入量除以药品的最大日剂量来计算 L_e。因此，L_e 的单位是 μg/ 剂量。L_e 是确定工艺试剂安全范围的关键参数。

在大多数情况下，在确定允许每日暴露量或可接受摄入量时，不会对特定药物或患者群体进行调整。这允许保守的允许每日暴露量或可接受摄入量应用于不同的原料药类型。但是，在某些情况下，由于工艺限制或适用于杂质的分析方法的灵敏度限制，不能满足基于毒理学的认证限值。在这种情况下，允许每日暴露量或可接受摄入量可根据药品的知识、适应证和患者群体进行调整。这就产生了特定于产品的允许每日暴露量或可接受摄入量。例如，患者群体（即肿瘤学）可能需要更高的产品特定允许每日暴露量或可接受摄入量限值。开发阶段（早期临床试验与上市药物对比）、生物利用度调整、毒理学研究水平鉴定或暴露 / 给药间隔时间（例如每月一次、每 3 个月一次、每 6 个月一次等）也可能为产品特定的允许每日暴露量提供保证[19]。

18.4 杂质评估和控制策略

工艺相关杂质会影响药品的安全性和有效性。ICH Q6B 认为，对确保安全和有效性至关重要的药品属性被称为关键质量属性（CQA）。被鉴定为药品关键质量属性的工艺相关杂质必须低于规定限值。

可采用几种策略来控制生物工艺中产生的工艺相关杂质。一种方法是遵循 ICH Q8（R2）[20] 中描述的质量源于设计（QbD）的原则。在工艺开发过程中，经常评估工艺试剂质量、工艺性能和产品质量之间的相互依赖性。如果工艺试剂的质量与产品质量之间有很强的相关性，严格控制此类工艺试剂的质量是控制关键质量属性的可接受策略。制造商经常采用的另一种控制策略是在一个或多个单元操作中测试潜在安全问题试剂的清除（去除）。当潜在安全问题试剂被确定为关键质量属性时，必须为原料药或药品中的试剂制订规范，以便在制造原料药或药品期间不超过确定的限值。

18.5 工艺能力及清除杂质能力的评价

为了确保规范测试集中于那些被视为关键的参数和属性，生物药品制造商可以采用基于风险的方法来证明潜在安全问题试剂的充分清除，并排除规范测试的必要性。对杂质特性和制造工艺的良好理解是进行风险评估的关键，以证明取消杂质的规范测试是合理的。以下是基于风险的方法中考虑的一些因素，以最小化潜在安全问题试剂的规范测试：

- 工艺清除杂质的能力。
- 工艺清除杂质的容量。
- 工艺清除杂质性能的一致性。
- 潜在的工艺变更。
- 扩大规模对杂质清除的影响。
- 在工艺流程中观察到的潜在安全问题试剂的起始浓度相对于确定的基于毒理学的暴露限值。

了解清除工艺相关杂质的能力对于基于风险的评估确定是否需要进行规范测试至关重要。与下游或工艺流程末端附近清除的潜在安全问题试剂相比，从净化步骤上游清除的潜在安全问题试剂通常不太可能造成风险，因为上游提供了比下游更高的工艺能力，通过额外的清除和净化步骤去除潜在安全问题试剂。同样，潜在安全问题试剂的理化性质和化学结构在风险评估中也起着重要作用。如果列柱化步骤涉及对生物制药分子的高度特异性，并且潜在安全问题试剂相对于生物药品分子具有明显不同的物理化学或结构性质，则更可能有效地将潜在安全问题试剂与产品分离。

在评估规范测试要求时，每个单元操作清除的工艺相关杂质的结果也是至关重要的。当一个工艺步骤有很大的清除潜在安全问题试剂能力时，这些潜在安全问题试剂不太可能超过其确定的暴露限值出现在药品中。当该单元操作之后是可能有助于清除杂质的其他操作时尤其如此。因此，在工艺设计阶段，必须确定清除潜在安全问题试剂的工艺能力和容量，以便确定潜在安全问题试剂规范测试的需要。

当工艺规模发生变更时，可能需要对工艺能力和容量进行比较，以清除每个规模的工艺相关杂质。如果小规模模型合格，并且有小规模去除潜在安全问题试剂的数据可用，则可能不需要对此类潜在安全问题试剂进行大规模测试。这一论点尤其适用于工艺具有较大的过剩能力来清除潜在安全问题试剂的情况。在这种情况下，规模放大过程中发生的变化不太可能显著影响清除潜在安全问题试剂的工艺能力，因此，这应该能够取消任何规范测试的需要。

除了深入了解工艺能力和清除工艺相关杂质的容量之外，还必须了解预期出现的作为工艺试剂或工艺副产品的杂质相对于其已知毒性的浓度，这对使用基于风险的方法来确定规范测试是必要的。例如，如果工艺流中存在的潜在安全问题试剂的浓度远低于其暴露限值，假设全部潜在安全问题试剂都通过下游加工与产品共纯化，则可能不需要对该试剂进行规范测试。

18.6 安全裕度和确定清除和规范测试的需求

安全裕度（S）定义为患者每天可安全接触潜在安全问题试剂而没有长期的毒性作用的暴露限值（L_e）与在产品剂量中的最高水平（M）之间的差值。它表示为暴露限值与产品剂量中最高试剂水平之比，$S=L_e/M$[7]。

安全裕度将三个关键因素试剂毒性、试剂量和药物剂量结合到一个单独的计算中，并提供一个无单位的数值来测量试剂安全性的大小。安全裕度表明，如果产品剂量中存在的工艺试剂的最大量等于暴露限值，S 等于 1。安全裕度 $S=1$ 是一个临界值，可作为确定试剂安全性的标准。当 $S \geqslant 1$ 时，产品剂量中存在的试剂最大量等于或小于暴露限值，且试剂不会引起安全问题。当 $S<1$ 时，产品中存在的试剂量过高，可能对患者安全造成不利影响。因此，安全裕度可作为确定清除测试和规范测试需求的科学依据。

根据计算中使用的潜在安全问题试剂的来源，安全裕度可分为估计安全裕度（S_e）和测量安全裕度（S_m）。S_e 值可用于确定工艺开发阶段的清除测试需求，而 S_m 值可用于确定后期和商业制造阶段的清除和规范测试需求。

18.6.1 估计安全裕度的计算

估计安全裕度（S_e）如等式 18.1 所示：

$$S_e=L_e/M_e \qquad (18.1)$$

其中，L_e 是潜在安全问题试剂的暴露限值（单位：μg/ 剂量），M_e 是每产品剂量中潜在安全问题试剂的估计最大量（单位：μg/ 剂量）。通过将添加到生物反应器中的试剂总量除以产生的原料药总量，然后将此比率标准化为原料药剂量，假设在整个净化过程中没有发生试剂清除，即可计算出 M_e 值。例如，如果添加的潜在安全问题试剂总量为 0.12 g/L（或 120000 μg/L），则产生的原料药总量为 3.1 g/L（或 3100000 μg/L），药物剂量为 800000 μg，则 M_e 计算为

$$M_e=120000\,(\mu g/L)/3100000\,(\mu g/L)\times 800000\,(\mu g/\text{剂量})=30968\ \mu g/\text{剂量}$$

当 $S_e<1$ 时，每一原料药剂量的潜在安全问题试剂的估计量高于其暴露限值，在工艺开发阶段需要对潜在安全问题试剂进行清除测试。当 $S_e \geqslant 1$ 时，每一原料药剂量的潜在安全问题试剂的估计量低于其暴露限值，在任何开发阶段都不需要对潜在安全问题试剂进行清除测试。

18.6.2 测量安全裕度的计算

测量安全裕度（S_m）的计算如式 18.2 所示：

$$S_m=L_e/M_m \qquad (18.2)$$

式中，M_m 是每种产品剂量所测量的最大试剂量（单位：μg/ 剂量），L_e 是潜在安全问题试剂的暴露限值（单位：μg/ 剂量）。当 $S_m<1$ 时，应改变工艺试剂或修改制造工艺，以确保在人类使用产品前 $S_m \geqslant 1$；动物物种的额外试验可提供修改 L_e 的数据，或根据特定患者群体和 / 或给药频率（即

基于特定产品的允许每日暴露量或可接受摄入量）。另一方面，如果 S_m 足够高，以至于工艺中观察到的中等波动不会导致产品中潜在安全问题试剂的量接近其暴露限值，则可能不需要对产品中的潜在安全问题试剂进行规范测试。例如，如果潜在安全问题试剂的 S_m 值为 10，在目标工艺参数下的暴露限值为 40 μg/ 剂量，并且如果该试剂测量值的批量变化为 4 ± 2 μg/ 剂量，则这些批量的 S_m 值将为 6.7~20 不等。该范围足够宽，可以证明这样一个受控的工艺不需要通过规范测试进行监控，从使用这种工艺制造的每批产品中清除工艺试剂。如果 S_m 较低（1~5），则任何给定批次的 S_m 都可能小于 1，这是由于批次间的变化较大。在这种情况下，监管机构可能需要对每批潜在安全问题试剂进行规范测试，作为释放测定。另一方面，高 S_m 值（≥ 5）提供了不需要测试的合理理由。

图 18-1[7] 显示了使用 S_e 和 S_m 确定产品开发生命周期不同阶段的清除和规范测试需求的图解。

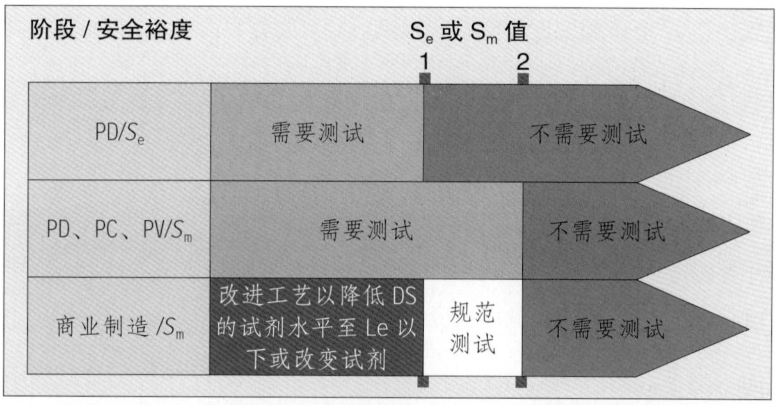

图 18-1　安全裕度（S_e 或 S_m）是确定工艺开发（PD）、工艺表征（PC）、工艺验证（PV）和商业制造阶段潜在安全问题试剂的清除和规范测试要求的标准

18.7　进行取消规范测试的风险评估

许多生物技术公司采用平台方法来制造生物药品。平台方法包括使用一组先前开发的工艺操作条件来制造新的分子。平台工艺的应用使制造商能够在产品生命周期内更快地开发出新的分子。由于不同分子多次应用相同的工艺操作条件，获得了广泛的应用经验，平台工艺得到了很好的理解。这些经验有助于确定工艺试剂的清除测试要求。如果制造商已证明从给定平台工艺中清除了工艺试剂，则可以认为不需要通过应用于不同分子的相同平台工艺进一步证明工艺试剂的清除。在这种情况下，监管机构可以接受这些论点，允许制造商在工艺开发的早期阶段取消试剂清除测试。当平台流程的操作参数足够宽，且相关工艺参数位于该操作空间内时，这一点尤其适用。

工艺试剂规范测试的需求应在深入风险评估的基础上，按照失效模式及影响分析等程序进行进一步评估。失效模式及影响分析的三个关键组成部分是评估①影响的严重性（即毒性），②影响的发生率，③影响的可检测性[21]。从这三个组成部分得出的总风险评分提供了与工艺试剂的给定失效影响相关的总风险指示。

18.7.1　估计安全裕度作为严重性的度量

工艺流中潜在安全问题试剂总量与基于毒理学的接触限值的比较提供了一个 S_e。该 S_e 提供了风险严重性的指示，在建立规范测试要求的失效模式及影响分析中必须考虑这些风险。在净化的每个单元操作中量化潜在安全问题试剂不仅可以了解制造工艺中可清除潜在安全问题试剂的点，还可以了解这些操作清除潜在安全问题试剂的容量。估计安全裕度的倒数（$1/S_e$）提供了整个过程达到潜在安全问题试剂安全水平所需的最低清除的指导。

18.7.2 折叠清除作为发生率的量度

去除工艺中杂质的容量可以通过计算折叠清除来测量。折叠清除是在工艺开始和结束时测定潜在安全问题试剂量，从而得出的从工艺中去除的潜在安全问题试剂量。进行失效模式及影响分析时，可将折叠清除数据用作发生率的度量。折叠清除的建立通常在工艺开发阶段和工艺验证期间实现。当工艺开发阶段所示的给定杂质的折叠清除相对于产品被认为安全所需的最低清除高出若干个数量级时，可能不需要在每批产品释放期间对该杂质进行特殊测试。因此，收集多个产品批次的折叠清除数据以证明取消潜在安全问题试剂的规范测试是很重要的。

18.7.3 测量安全裕度作为可检测性的度量

可能是某些潜在安全问题试剂未从该过程中完全除去，导致产品中残留有潜在安全问题试剂。在进行清除测试后，应计算 S_e 值 <1 的任何潜在安全问题试剂的 S_m。如果 S_m 在 1 和 5 之间，则应在工艺表征和验证阶段进行清除测试。当产品中测量的工艺试剂量接近工艺试剂的暴露限值时，应保证工艺试剂的规范测试（S_m 在 1 和 5 之间），特别是当产品中观察到的工艺试剂的量从一个制造批次到另一批次有很大变化时。因此，S_m 可作为失效模式及影响分析风险评估程序中可检测性的良好度量。

18.7.4 解读失效模式及影响分析

工艺杂质的总风险可以通过与影响的严重性、发生率和可检测性相关的评分来量化。如前所述，这些风险因素是根据估计安全裕度、折叠清除和在产品中观察到的潜在安全问题试剂量来确定的。表 18–1 提供了解释严重性、发生率和可检测性评分的一般指南。风险缓解的需要通常是根据总体风险评分来确定的。更高的分数（如表 18–1 中的总分为 9 分或更高）意味着对特定潜在安全问题试剂进行更严格的控制和规范测试。

表 18–1 在风险评估期间对严重性、发生率和可检测性进行评分以确定规范测试的必要性的示例

FMEA 成分	性能	参数范围	评分	解读
严重性	S_e（理论上估计安全裕度）	0~1	9	需要规范测试
		>1	1	不需要规范测试
发生率	折叠清除	0~1	9	改进工艺能力或实施规范测试
		1.1~4.9	7	可能需要规范测试
		5~10	3	工艺具有可接受的去除杂质的能力；无须进行规格测试
		>10	1	工艺具有超量的去除杂质的能力；无须进行规格测试

续表

FMEA 成分	性能	参数范围	评分	解读
可检测性	S_m（测量安全裕度）	0~1	9	改进工艺能力
		1.1~4.9	7	可能需要规范测试
		5~10	3	不需要规范测试
		>10	1	不需要规范测试

18.8 杂质、风险评估和规范测试需求之间相互关系的案例研究

由于生物药品制造中使用了大量的工艺试剂，因此在制造工艺开发阶段，生物制药产品应采用本章所述的程序，以使清除测试或规范测试能够集中在潜在安全问题试剂上，有时还包括一些一般公认安全试剂，如果它们在原料药或药品中的含量较高，可能会影响产品质量并引起安全问题。前几节讨论了评估工艺试剂、工艺能力、规范测试和潜在风险的一般过程。后续文本中描述的案例研究使用假设数据，案例研究的目的是提供执行这些过程的详细程序。程序的工作流程如图 18-2 所示。

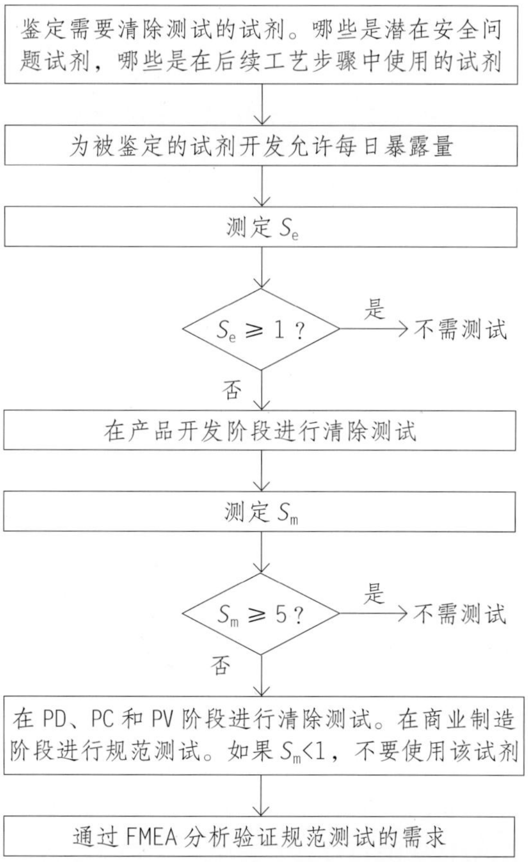

图 18-2 确定 PD、PC、PV 和商业制造阶段的试剂清除测试和规格测试需求的程序

18.8.1 开发允许每日暴露量

在下一节中，描述了为 4（2- 羟乙基）1- 哌嗪烷磺酸（HEPES）（CAS 7365-45-9）、3-N- 吗啉丙烷磺酸（MOPS）（CAS 1132-61-2）、甲氨蝶呤（MTX）（CAS 59-05-2）和普朗尼克 F68（泊洛沙姆 188；CAS 9003-11-6）开发基于毒理学的允许每日暴露量值所采取的步骤。对于 HEPES 和 MOPS，彻底的文献检索没有显示足够的毒理学数据来获得允许每日暴露量（表 18-2）。HEPES 和 MOPS 都是浓度分别高达 10~25 mm 和 20 mm 的哺乳动物细胞培养常用的缓冲液，在这些浓度下被认为是无毒的。HEPES 作为静脉诊断性放射性药物氧化喹啉铟（6 mg/ml）中的缓冲非活性成分进行给药[22]。这些数据表明 HEPES 和 MOPS 的毒性等级较低，但这些数据本身不足以计算允许每日暴露量。因此，这些工艺杂质不被视为“异常有毒”，并根据 ICH Q3A（R2）产生限值。

表 18-2　基于毒理学的工艺试剂允许每日暴露量（PDE）

试剂	临界影响	修正系数						PDE（μg /d）
		F1	F2	F3	F4	F5	α	
HEPES	没有足够数据推导 PDE 使用 ICH Q3A 限值	–	–	–	–	–	–	NA
MOPS	没有足够数据推导 PDE 使用 ICH Q3A 限值	–	–	–	–	–	–	NA
MTX	类风湿关节炎的最低临床剂量 0.125 mg/（kg·周）平均为 0.018 mg/（kg·d）	1	5	10	10	2	1	1.1
普朗尼克	在 3 个月的皮下犬研究中，NOAEL 为 20 mg/（kg·d）	2	10	5	1	1	1	12000
F68	在畸胎皮下大鼠研究中，NOAEL 为 10 mg/（kg·d）	5	10	1	1	1	1	12000

MTX 临床应用已有 50 多年，拥有广泛的临床和非临床数据集。MTX 抑制二氢叶酸还原酶，用于治疗某些肿瘤性疾病、严重银屑病和成人类风湿性关节炎。可通过肌内、静脉内、动脉内或鞘内途径给药。它是一种众所周知的发育 / 生殖毒性药物，被列为妊娠 X 类药物[23]。考虑了所有相关的非临床和临床终点，选择使用的关键毒理学影响是类风湿性关节炎的低剂量，7 天内平均单次剂量为 7.5 mg/ 周或 1.1 mg/d[23, 24]。将总累积修正系数 1000 应用于每日剂量以获得允许每日暴露量。在某些情况下应用非传统安全因素，以反映临界影响是基于临床试验中观察到的敏感终点，不良反应最小[25]。以 mg/kg 体重表示的允许每日暴露量也比显示的导致大鼠发育毒性（腹腔注射 0.1 mg/kg）的最低剂量低 5000 倍以上。

普朗尼克 F68 作为一种非活性成分存在于 FDA 批准的口服、局部、眼科、皮下和静脉注射药物中[12]。临床和非临床数据可用于普朗尼克 F68。有两个关键影响都导致了相同的允许每日暴露量。第一个临界影响是亚慢性（3 个月）皮下犬研究中观察到的 20 mg/（kg·d）天的无明显不良作用水平，这是最高剂量的试验。第二个临界影响是在大鼠皮下畸胎学研究中观察到的 10 mg/（kg·d）的无明显不良作用水平。在 100 mg/（kg·d）及以上时观察到头部和腹部出血轻微增加[26]。将总累积修正系数 50~100 应用于两项研究的每日剂量，以得出允许每日暴露量值（表 18–2）。

表 18–2 中显示的允许每日暴露量值以 μg/d 或 μg/ 周为单位表示。由于药物每天或每周给药，因此通过将允许每日暴露量值除以剂量 /d 或剂量 / 周来获得 μg/ 剂量的 L_e 值。四种试剂的 L_e 值如表 18–2 所示。

18.8.2 估计安全裕度和清除测试

可根据 S_e（等式 18.1）确定去除工艺相关杂质的测试要求。本节提供的案例研究使用了假设的工艺试剂量和工艺条件示例。

MTX 在哺乳动物细胞培养过程中用作选择剂。剂量归一化量为 0.04 μg/ 剂量。即使假设 MTX 总量与产品共净化，此过程中使用的 MTX 量也远小于其 1.1 μg/ 剂量的暴露限值。这导致估计的安全裕度 S_e 为 27.5。在这种情况下，无须进行清除测试。工艺试剂共纯化的假设是一个最坏的假设，因为工艺杂质（如 MTX）通常预期通过纯化过程去除。估计的 27.5 的安全裕度在工艺没有严格控制的情况下提供了显著的容限。

应用于普朗尼克 F68 的风险评估提供了类似的结果（表 18–3），前提是该工艺试剂的 S_e 高于 6。然而，由于 HEPES 和 MOPS 的 S_e 均小于 1.0，因此必须对纯化产品中的这些试剂进行清除试验（表 18–3）。

表 18–3 确定清除试验的需求

风险因素	工艺试剂			
	甲氨蝶呤	普朗尼克 F68	HEPES	MOPS
引入单位操作试剂反应器蒸馏塔	N–3 细胞袋	制造生物	制造生物	第三净化
在无清除率的情况下，原料药中估计的最大试剂量（μg/ 剂量）	0.04	1975	67601	3760
估计暴露限值，L_e（μg/ 剂量）	1.1	12000	1000	1000
估计安全裕度，S_e	27.5	6.1	0.01	0.3
测试要求（S_e<1.0）	否	否	是	是
不超过暴露限值（折叠）所需的最小工艺清除	无	无	100	3.7

18.8.3 测量安全裕度和规范设置

一个假设的工艺使用 67.6 mg/ 剂量的 HEPES 来控制制造过程中细胞培养的 pH 值。HEPES 的暴露限值为 ICH Q3A 限值 1 mg/ 剂量，估计安全范围为 0.01（表 18–4）。该工艺必须能够去除 1/0.01（100 倍）的 HEPES，以确保杂质低于药品中的安全水平。由于估计安全裕度小于 1，因此必须在工艺开发阶段测试该工艺相关杂质的去除情况。最终产品中该杂质的含量低于 1.28 μg/ 剂量的定量限值（表 18–4），这表明该工艺有足够的容量去除 HEPES，与工艺中使用的该试剂的起始量相比，其清除率为 52813 倍。因此，计算测量安全裕度（S_m）为 781。由于 S_m 远高于 5，因此在工艺表征和工艺验证阶段不需要进行清除测试，也不需要对批量释放进行规范测试（图 18–1）。

表 18–4　去除工艺相关杂质的假设工艺能力

风险因素	工艺试剂	
	HEPES	MOPS
在无清除的情况下，原料药中估计的最大试剂量（μg/ 剂量）	67601	3760
估计暴露限值，L_e（μg/d）	1000	1000
不超过暴露限值（折叠）所需的最小工艺清除	67.6	3.8
原料药中观察到的试剂量（μg/ 剂量）	<1.28	860
实际达到的折叠清除	52813	4.4
测量安全裕度，S_m	781	1.2

另一方面，在这一假设过程中，纯化过程的最后一个柱层析步骤中，3.7 mg/ 剂量的 MOPS 用作洗脱缓冲液。基于 ICH Q3A（R2）的 MOPS 暴露限值确定为 1 mg/ 剂量（表 18–4），提供 0.27 的估计安全裕度。该结果表明，需要进行清除测试，以证明 MOPS 已被清除到安全水平。该工艺必须从起始量中去除至少 3.8 倍的 MOPS，以使该杂质低于安全水平。测试后，在最终产品中观察到 860 μg/ 剂量的 MOPS，结果 S_m 为 1.2。虽然产品中 MOPS 的量低于其暴露限值，但从安全角度来看，没有足够的自由度。小的 S_m 值表示必须对批量释放进行规范测试（图 18–1）。

通过采用故障模式和影响分析风险评估程序，可以进一步验证规范测试的必要性。在这种情况下，该工艺只能去除最多 4.4 倍的 MOPS，导致高发生率评分为 7（表 18–1）。乘以严重性评分 9（S_e）、发生率评分 7（倍数清除率）和可检测性评分 7（S_m），总体故障模式和影响分析评分为 441。这样高的总体风险评分证实了对 MOPS 的规范测试的要求是作为批次释放的一部分。

18.9　总结和结论

本章的目的是说明如何在生物药品的试剂（工艺相关）杂质实践中实施 ICH Q6B 指南。描述了涉及假设工艺的风险评估。风险评估从对工艺试剂的毒理学评估开始。该毒理学评估用于确定原料药中杂质的残留限值。使用允许每日暴露量（非致癌物或基于阈值的致癌物）、可接受摄入量（诱变剂 / 诱变致癌物）和最大日剂量计算限值。导出这些限制的方法改编自 ICH Q3C（R2）、ICH Q3D 和 ICH M7。在某些情况下，彻底的毒理学分析无法提供足够的数据来获得限值。在这些情况下，利用 ICH Q3A（R2）的限值来推导出原料药中的限值。

可使用风险评估（FMEA）方法确定给定工艺相关杂质的规范测试要求。这种评估考虑了添加到工艺中的工艺试剂的量、添加和可能去除工艺试剂的工艺步骤及去除试剂的程度（折叠）。反过来，这些工艺数据必须与工艺试剂的毒理学概况结合起来，作为风险评估的一部分。故障模式和影响分析可以对是否需要工艺相关杂质的规范测试进行客观、合理的评估。

参考文献

[1] International Conference on Harmonisation(ICH) Q6B. 1999. Specifications : Test procedures and acceptance criteria forbiotechnological / biological products.

[2] International Conference on Harmonisation(ICH) Q3A(R2). 2006. Impurities in new drug substances.

[3] International Conference on Harmonisation(ICH) Q3B(R2). 2006. Impurities in new drug products.

[4] International Conference on Harmonisation(ICH) Q3C(R5). 2011. Guideline for residual SOIvents.

[5] International Conference on Harmonisation(ICH) Q3D. 2014. Guideline for elemental impurities.

[6] International Conference on Harmonisation(ICH) M7. 2014. Assessment and control of DNA reactive(mutagenic) impurities in pharmaceuticals to limit potential carcinogenic risk.

[7] Qiu J, Li K, Miller K, et al. 2015. Risk—based strategy to determine testing requirement for the removal of residual process reagents as process-related impurities in bioprocesses. *PDA J Pharm Sci Tech* 69：334–345.

[8] Nema S, Brendel RJ. 2011. Excipients and their role in approved injectable products：Current usage and future directions. *PDA J Pharm Sci Tech*. 65：287–332.

[9] Powell MF, Nguyen T, Baloian L. 1998. Compendium of excipients for parenteral formulations. *PDA J Pharm Sci Tech*. 52：238–311.

[10] Rowe RC, Sheskey PJ, Cook WG, et al. 2012. *Handbook of Pharmaceutical Excipients*, 7th Edition, Pharmaceutical Press, London.

[11] Howard L 2005. Enteral and parenteral nutrition therapy, In Harrison' s PrincipMs of Internal Medicine(Kasper D, Braunwald E, Hauser S, et al. Ed.) 16th Edition, p 415–422, McGraw–Hill, New York.

[12] United States, Food and Drug Administration(US FDA)2015. Inactive ingredient search for approved drug products. http：//www. accessdata. fd. gov/scripts / cder / iig / getiigWEB. cfm(accessed April 7, 2017).

[13] United States, Food and Drug Administration(US FDA)2015. Food and Drugs：Substances Generally Recognized as Safe. Code of Federal Regulations, Title 21, Part 182. http：//www. accessdata. fda. gov / scripts / cdrh / cfcfr / CFRSearch. cfm?CFRPart=182(accessed April 7, 2017).

[14] Carcinogenic Potency Database 2015. The carcinogenic potency prolect. http：//toxnet. nlm. nih. gov / cpdb / cpdb. html(accessed April 7, 2017).

[15] Miiller L, Mauthe RJ, Riley CM, et al. 2005. A rationale for determining, testing, and controlling specific impurities in pharmaceuticals that possess potential for genotoxicity. *Regul Toxicol Pharmacol* 44：198–211.

[16] Kroes R, Renwick AG, Cheeseman M, et al. 2004. Structure–based thresholds of toxicological concern(TTC)：Guidance for application to substances present at low levels in the diet. *Food Chem Toxicol* 42：65–83.

[17] International Conference on Harmonisation(ICH) M7(R1). 2015. Addendum to ICH M7：Assessment and control of DNA reactive(mutagenic)impurties in Dharmaceuticals to limit potential carcinogenic risk, Current Step 2 version.

[18] Dolan DG, Naumann BD, Sargent EV, et al. 2005. Application of the threshold of toxicological concern concept to pharmaceutical manufacturing operations. *Regul Toxicol Pharmacol* 43：1–9.

[19] Betcu JP, Sharnez R, Dolan DG. 2013. Advancing toxicology in RiskMAPP: Setting ADEs based on the subsequent drug substance.*Regul Toxicol Pharmacol* 65：157–161.

[20] International Conference on Harmonisation(ICH) Q8(R2). 2009. Pharmaceutical development.

[21] International Conference on Harmonisation(ICH) Q11. 2012. Development and manufacture of drug substances (chemical entities and biotechnological/biological entities).

[22] GE Healthcare, Medi-physics, Inc. 2013. Prescribing information for Indium In-111 oxyquinoline solution.

[23] Pfizer Laboratories 2012. Prescribing infcIrmation for methotrexate injection.

[24] Williams HJ, Willkens RF, Samuelson CO Jr, et al. 1985. Comparison of low-dose oral pulse methotrexate and placebo in the treatment of rheumatoid arthritis. A controlled clinical trial. Arthritis Rheum. 28 : 721-730.

[25] European Medicines Agency(EMA)2014. Guideline on setting health based exposure limits for use in risk identification in the manufacture of different medicinal products in shared facilities. EMA / CHMP / CVMP / SWP / 169430 / 2012.

[26] United States, Food and Drug Administration(US FDA)2000. Summary basis of approval for Norditropin(Somatropin [rDNA origin] Injection). http : //www. accessdata. fda. gov / drugsaffda_docs / nda / 2000 / 21-148_Norditropin cfm (accessed April 7, 2017).

19

ICH Q7活性药物成分（API）的生产质量管理规范

Gordon Munro
Munro-Elbrook Associates, Welwyn, UK

19.1 引言及ICH Q7所依据的原则

19.1.1 引言

1998年2月，ICH指导委员会决定讨论拟定的主题，即制订与活性药物成分（API）有关的原材料的生产质量管理规范指南，这被定义为第1阶段。在ICH Q7A[1]成立之时，其目的是建立其他阶段的指导方针，涵盖其他主题，包括辅料、生物制品的源材料和放射性药物的目标材料。后来，决定不继续讨论这些主题，而赞成制订质量风险管理（Q9）[2]和药品质量体系（Q10）[3]的统一指南。关于ICH Q7，在1998年指导委员会会议之后成立了一个专家工作组（EWG），负责起草与原料药有关的文件草案。成员包括当时六名ICH成员的代表：

1）美国食品药品管理局（FDA）。

2）欧洲药品评估局（EMEA）。

3）日本厚生劳动省（MHLW）。

4）美国药物研究与制造商协会（PhRMA）。

5）欧洲制药工业和协会联合会（EFPIA）。

6）日本药品制造商协会（JPMA）。

当时ICH的正常观察员是加拿大卫生组织、世界卫生组织（WHO）、欧洲自由贸易协会（EFTA）、国际仿制药联盟（IGPA）和世界自疗业联合会（WSMI）。

此外，来自澳大利亚、中国和印度的监管机构和国际药品检查合作组织（PICS）也应邀出席专家工作组会议。会员资格的构成决定了活性药物成分行业日益全球化的性质，以及世界各地对拟议指南的广泛兴趣。

2000年11月，在经过广泛讨论和协商后，专家工作组签署了最终草案。在接下来的18个月里，在ICH地区及后续的地区实施了这一计划。

当时，ICH Q7A是ICH的一个标志性项目，因为它是第一个解决药品生产质量管理规范问题的ICH指南。一旦获得批准，它将逐步用一份统一的文件直接取代现有的指导方针，如由美国医药研究与制造商协会（PhRMA）、世界卫生组织、美国食品药品管理局、国际药品检查协定（PIC）/

国际药品检查合作组织（PICS），以及欧洲制药工业和协会联合会（EFPIA）/ 欧洲化学工业理事会（CEFIC）发布的指南。在 Q7A 之前，不同地区、不同国家、不同监管机构和受监管机构对活性药物成分的生产质量管理规范解释有所不同。因此，该指南的主要目标之一是制订一个统一的指南，同样重要的是，在监管机构和受监管行业之间建立一个共同、一致的理解。两者的目的都是为了促进一致的合规性，以支持将活性药物成分纳入供应给人类患者药物质量的统一高标准保证。专家工作组成员在美国、欧洲和日本各地的多个场所建立和交付的综合培训计划进一步支持了这一意图。

ICH Q7A 中几乎没有什么新的内容，它有效地整合了许多先前发表的指南，包括 FDA、PIC/PICS 和 EFPIA/CEFIC 的指南。使用这种方法确保了对现有的药品生产质量管理规范原则的巩固和澄清，并促进了 Q7A 的实施。最显著的例子是关于代理、经纪人、贸易商、分销商、重新包装者和重新贴标者的新概念，正式引入了杂质分布的概念，并且使用术语活性药物成分起始材料（如 Q7A 中所定义）来确定指南中规定的药品生产质量管理规范应该何时开始适用于生产工艺。有趣的是，在创建 ICH Q9[2] 之前，在起草文件时使用了基于风险的方法。这种基于风险的方法在文本的许多方面都很明显，例如在许多部分中定义和频繁使用“关键”一词。

19.1.2 ICH Q7A 所依据的原则

ICH Q7A 依据的主要原则是：

1）虽然许多适用于成品的生产质量管理规范概念可能适用于活性药物成分的制造，但这些概念的应用可能不同，指南应清楚地反映这一点。这反映了活性药物成分和产品制造之间的差异。活性药物成分的制造结合了化学反应和 / 或生物反应，这些化学反应和 / 或生物反应通常允许对某些物理过程进行净化，而成品药的制造主要涉及物理过程，在这些物理过程中，产品主要没有进一步净化的机会。也许令人惊讶的是，在采用 ICH Q7A 的时候，没有类似的动力来制订成品药的统一生产质量管理规范指南。据推测，造成这一现象的原因与各个国家和地区的药品生产质量管理规范有关，这些规范得到了更好的发展，而且还体现在不同的法律体系中，使得制订针对产品的具体的 ICH 指南具有挑战性和边际价值。

2）该指南应是一份以生产和销售供人使用的活性药物成分的生产质量管理规范为重点的综合性文件，该文件确立了将生产质量管理规范应用于此类材料的技术上合理的方法。它不包括兽药、活性药物成分的注册和归档要求或药典要求、疫苗、血液和血浆衍生物、基因治疗原料药、医用气体、散装包装的药品或放射性药物。

3）指南中定义的生产质量管理规范应从活性药物成分的起始材料（如 Q7A 中定义）用于合成制造工艺的时点开始适用，并根据具体情况适用于其他工艺。

4）除非相关监管文件中有规定，否则制造商应定义、证明并记录活性药物成分生产的起始点。

5）活动越接近活性药物成分的分离和纯化阶段，控制水平应越高。

6）使用术语表中定义的“关键”一词，将风险评估 / 管理概念实施到指南中。

7）应验证关键工艺步骤。

8）在采用 Q7A 作为标准的国家 / 地区，“应当”一词在文本中使用时“确定了一些建议，这些建议在被遵守时，将确保符合生产质量管理规范”，但只要满足监管和法定要求，也可以使用替代方法。

在使用ICH Q7A之前，阅读整个文件尤其是术语表有助于清楚理解整个指南中使用的关键词/术语的定义，例如“关键”“活性药物成分起始材料”“隔离”“再加工”和“返工”。

19.2 ICH Q7A主要特征

在理解指南的范围时，主要的关键是第1节中的表1。这显示了本指南所涵盖的七种活性药物成分的制造类型，并提供了关于Q7A定义的生产质量管理规范应开始应用于每种制造类型的信息。这必须与活性药物成分起始材料的定义一起阅读；同时在指南的第1节中，这一点在表中被多次提及。

定义包含有关构成活性药物成分起始材料的三个主要论题：

1）“用于制造活性药物成分，并作为重要的结构碎片纳入活性药物成分的结构中”。

2）可能是“一种商业物品，一种根据合同或商业协议从一个或多个供应商处购买的材料，或者是内部生产的材料”。

3）“通常具有规定的化学性质和结构”。

尽管Q7A不适用于表19-1中突出显示的制造工艺阶段，但这并不意味着不需要控制这些阶段。这意味着制造商应定义和应用适用于所用材料和工艺的质量控制/保证标准。

表19-1　将本指南应用于活性药物成分的制造（来自ICH Q7A）

制造类型	将本指南应用于此类制造中使用的步骤（灰色显示）				
化学制造	生产活性药物成分的起始材料	引入活性药物成分的起始材料	生产中间体	分离并纯化	物理加工和包装
来源于动物的活性药物成分	收集器官、液体或组织	切割、混合和/或初始加工	将活性药物成分的起始材料引入工艺	分离并纯化	物理加工和包装
从植物源提取的活性药物成分	收集植物	切割和初始提取	将活性药物成分的起始材料引入工艺	分离并纯化	物理加工和包装
草药提取物用作活性药物成分	收集植物	切割和初始提取	—	进一步提取	物理加工和包装
由粉碎或粉末状草药组成的活性药物成分	收集植物和/或种植和收获	切割/粉碎	—	—	物理加工和包装
生物技术：发酵/细胞培养	建立主细胞库和工作细胞库	维护工作细胞库	细胞培养和/或发酵	分离并纯化	物理加工和包装
“经典”发酵生产活性药物成分	建立细胞库	维护细胞库	将细胞引入发酵	分离并纯化	物理加工和包装

增加GMP需求 →

19.3 质量管理

19.3.1 原则

Q7A 第 2 节中的大部分指南并不是新的，但其表述提供了对工作人员的期望，尤其是质量部门在生产活动中的作用。当没有法规要求时，决定不使用“生产”或“制造单位”等术语来避免对组织要求做出规定，所涉及的任务可以由来自不同部门的员工执行，例如工程、技术支持或共享服务及生产。

在质量管理中定义的关键原则，除了显而易见的质量应该是生产中每个人的责任、质量部门独立于生产、质量涉及所有与质量相关的事项外，还有如下：

1）应建立一个文件化的质量管理体系，除质量部门外，管理和生产人员还应积极参与其中。在随后的 ICH Q10 指南：药品质量体系（03）中更全面地发展了一个概念。

2）应指定授权释放中间体和活性药物成分的人员。

3）所有质量活动都是同时记录的，也就是说，在执行时做记录。

4）应记录和解释任何偏差，调查关键偏差，并记录结论。

5）尽管通常做法是只有在质量部门完成评估后才释放材料，但如果有控制系统或包括跟踪运输和使用的适当系统来管理，则允许在现场或同一组织的运营单位之间进行隔离释放。

6）升级到相关管理潜在重大质量事件的程序，如监管检查、产品缺陷和严重的生产质量管理规范缺陷。

19.3.2 质量部门的责任

Q7A 的这一部分列出了质量部门不应委派的活动，特别是使用三个概念。理解它们的含义很重要。

1）释放：最终授权由质量部门批准与释放过程相关的关键文件，例如活性药物成分的主批生产和实验室记录，以及制造公司以外使用的所有活性药物成分和中间体的拒收或释放。

2）审查和批准：质量部门有职责。但是，这可以与其他个人或团体分享，前提是明确记录任何责任授权。

3）问责：如前所述，责任可以委托，但最终问责仍由质量部门承担。在委托责任的情况下，必须通过适当的系统进行管理，质量部门应通过自我检查确保系统的稳健性。质量部门还必须监督任何与质量有关的投诉的调查。

19.3.3 生产活动的责任

根据组织的规模、结构和文化，生产活动可以在一系列部门内进行，因此，如 Q7A 所述，“应以书面形式描述此类活动的责任”，并应包括但不限于所提供清单的内容。

1）按照书面程序编制、审查、批准和分发中间体或活性药物成分生产说明。

2）根据预先批准的说明生产活性药物成分和中间体。

3）审查所有生产批次记录，确保这些记录已完成并签字。

4）确保报告和评估所有生产偏差，调查关键偏差并记录结论。

5）确保生产设施清洁，适当时进行消毒。

6）确保进行必要的校准并保存记录。

7）确保厂房和设备得到维护，并保持记录。

8）确保验证方案和报告得到审查和批准。

9）评估产品、工艺或设备的拟议变更，包括在制造开始前获得变更的批准。

10）确保新的（在适用时）和修正的设施及设备是通过认证的。

生产活动责任清单上的大多数活动通常在 Q7A 发布前在质量部门之外进行，在使用该清单时，必须记住第 19.3.2 节中定义的概念适用。例如，“根据书面程序准备、审查、批准和释放中间体或原料药生产说明”清单中的项目 1 证明了这一点，“审查和批准”的使用表明与质量部门共享的活动，例如，主批次说明。另一个例子是“确保新的（在适用时）和修正的设施及设备是认证的”。这是一个明确的例子，其中可能涉及许多部门，但负责生产活动的人将监督和检查所承担的任务是否达到要求。

19.3.4 人员

Q7A 第 3.1 节主要包含仍然反映当前行业实践和常识的建议。然而，通常没有给予足够重视的两个方面是：

1）培训的定期审查。

2）培训顾问的要求，与常任工作人员的要求相同，包括记录保存。

这两点对于确保员工和顾问得到适当的培训和教育，以高效、有效的方式执行任务，同时遵守不断变化的运营、质量和监管要求至关重要。

19.4 建筑物和设施

19.4.1 建筑物

本节的主要目的是对设计和施工、公用设施、隔离、照明、污水和垃圾，以及卫生和维护的关键特征提供充分指导，同时反映出这些领域与成品制造领域的差异。

本节下面的基本论题是，建筑物和设施的设计和建造通常允许使用不同的工艺进行制造，以保护操作人员和产品，并且当使用“开放”系统时，工艺控制更为重要。

在起草 Q7A 时采用的基于风险的方法如下：

·“当设备本身（如封闭或密封系统）对材料提供充分保护时，此类设备可位于室外”的规定。

·对认证和监测公用设施的重点仅限于那些可能影响质量的公用设施，比如与产品接触的公用设施，例如蒸汽、气体、压缩空气和通过暖通空调系统输送的空气，尤其是空气循环设施。

·除非另有理由，否则工艺用水应符合世卫组织饮用水指南 [4] 的建议，除非这不足以确保活性药物成分的质量。这种方法的一个应用实例是对最终分离和纯化步骤中使用的水的具体要求，该步骤需要监测和控制总微生物计数、有害生物和内毒素。在这种情况下，使用药典级水（例如美国药典纯化水 [5] 或美国药典注射用水 [6]（无菌活性药物成分）是合适的。

19.4.2 隔离

隔离区规定的要求包括可能需要专用生产区的情况。除青霉素等高致敏材料的经典实例外，还包括：

· 需要建立和实施程序，以防止人员和材料在区域之间移动造成交叉污染。

· 不得在用于活性药物成分的建筑物和 / 或设备中制造剧毒非制药材料。

其中一个更困难的挑战是测量和证明预防措施的可接受性，例如为防止污染而采取的隔离措施。Q7A 没有提供关于这个论题的具体建议。然而，最近的欧洲药物管理局关于在共享设施中制造不同药品的风险识别中设定基于健康的接触限值的指南在这一领域提供了全面、有用的建议[7]。这是基于使用相关临床前数据［例如未见不良反应水平（NOAEL）］为残留化合物建立允许每日暴露量（PDE）限值的原则，以及 ICH Q3C[8] 中提出的允许每日暴露量推导公式。

19.4.3 照明、污水和垃圾

ICH Q7 第 4 节的最后一小段包括照明、污水、垃圾和卫生设施，概述了基本要求，以确保生产区和设备得到适当维护和清洁。

虽然这些要求看起来很明显，但往往被忽视，对产品质量造成不利影响，例如，当使用杀鼠剂、杀虫剂和消毒剂时，应制订并遵循书面程序。

19.5 工艺设备

19.5.1 设计和建造

ICH Q7 第 5.1 节中简短的初段是对关键质量要求的一个优秀且高水平的总结，在后续段落中有更详细的定义。尽管所有这些都很重要，但在实施 Q7 过程中经常被忽视的三个问题是：“与设备操作有关的任何物质，如润滑剂、加热液或冷却剂，不应接触中间体或活性药物成分，以改变活性药物成分或中间体的质量，使其超出官方或其他既定规范。应评估与本规程的任何偏差，以确保不会对材料的适用性产生不利影响。在可能的情况下，应使用食品级润滑剂和润滑油。”本段中经常不被完全理解或误解的一个关键点是，尽管不希望与设备操作相关的物质在实践中与活性药物成分或中间体接触，但此类物质的含量较低，很难在 100% 的时间内避免。因此，重要的警告是，任何此类接触都不应“改变活性药物成分或中间体的质量，使其超出官方或其他既定规范”。此处引用的 Q7A 段落中的最后一句提供了关于简化对与设备操作相关的低残留物质水平影响的任何调查的方法的具体建议。此外，“应保留一套设备和关键装置的当前图纸，如仪表和公用设施系统，以及适当时应使用封闭式或密封式设备。在使用开放式设备或打开设备的情况下，应采取适当的预防措施，将污染风险降至最低”。

19.5.2 设备维护与清洁

与本主题相关的主要论题，需要制订书面的预防性维护计划和程序，以及清洁程序到位并在使用中，对于活性药物成分和配方药物的生产来说都是常见的。然而，Q7A 中采用的清洁方法有两个非常重要的差异，反映了活性药物成分和配方药物的生产差异。这两种方法是许多或大多数早期的活性药物成分制造，包括化学或生物工艺，和通常是专门用于净化的最后步骤。这与配方药物形成了鲜明对比，配方药的制造大多数操作都是物理操作，不存在净化的机会。因此，在活性药物成分制造工艺中的清洁可用于被鉴定为交叉污染风险较大或将杂质携带进入活性药物成分成品的加工步骤。

在本节的要求中，最常被忽略的要求有：

· 需要在程序中包括清洁剂的稀释要求。

· 清洁过程中设备拆卸和重新组装的完整说明。

· 需要在适当的（规定的和合理的）时间间隔内对连续使用的设备进行清洁，以防止污染物（如降解物）的积聚和携带，并需要设定清洁剂残留物的限值[7]（清洁程序验证的要求见 Q7 A 第 12.1 节）。

19.5.3 设备校准

Q7A 中关于校准控制、称重、测量、监控和测试设备的基本原理通常都得到了很好地理解和遵循。对偏离批准校准状态调查的必要性和开展情况的理解不够，尤其是对自上次成功校准以来使用设备制造的所有批次中间体和 / 或活性药物成分的偏差影响的评估。风险评估应以彻底评估质量 / 合规影响为基础，而不是简单地集中于证明材料的转发处理或释放的合理性。

19.5.4 计算机系统

本节提供了非常高水平的生产质量管理规范要求的陈述，但很少详细说明如何在实践中满足这些要求。国际制药工程协会（ISPE）的优秀自动化制造规范（GAMP）指南[9]现在被广泛认为提供了关于这一主题信息最丰富的最佳指南。

19.6 文档和记录

本节提供了与批量制造相关的生产和实验室控制记录的文件系统和规范要求的核心总体定义。这一点在后续章节中得到了信息的补充，这些信息涉及支持活性药物成分，以及中间体的成功制造和鉴定标识、验证等所需的活动。成功实施这些要求的重要考虑因素包括：

· 对必须保留文件的时间长度有明确的定义（通常当已知从活性药物成分衍生的成品药的有效期时，保留期比从特定批次活性药物成分衍生的最后一批成品的有效期长 1 年）。然而，许多组织保存文档的时间要长得多，例如直到产品从所有市场中撤出，所有库存耗尽，并且超过了最后一批投放市场的有效期。这通常是为了支持未来可能的诉讼。

· 如果记录保存在原件以外的介质中，则必须是经核实的真实副本，并且在文件的整个保存期内必须保持检索记录的方法。当组织保留记录的时间超过最低要求时，特别重要的是确保记录保存在稳定的介质中，因为纸质副本可能会褪色。此外，如果选择了非电子文件存储方式，则必须考虑为长期存储大量文件提供适当、足够的容量。

· 确保第 2.2 节中定义的质量部门和生产活动责任指南适用于文件的创建、控制和使用。

· 只要满足 Q7A 相关章节中规定的标准，就没有针对主记录和生产批次记录（或任何其他记录）的单一首选或正确系统。

其他一些被忽视或误解的要点是：

· 产量应设定为范围，但可以变化，例如在一次生产活动的第一批和最后一批之间，其中的“残余料”正在被贮藏或被收获。

· 中间体或活性药物成分的储存说明，包括需要建立、记录和遵守时间限制的标签、包装和储存条件。

· 批次记录和关键工艺步骤的实验室控制记录应在活性药物成分批释放或分发前由质量部门审查和批准。（但是质量部门可以委托中间产品的释放责任和权限，除非这些产品在制造公司的控制范围之外装运。）

· 必须记录所有偏差，并调查关键偏差，包括可能受到影响的所有其他批次。

19.7 材料管理

为了理解本节的范围和解释方法，建议查阅术语表并审查相关定义（此处转载以帮助读者），特别是“关键”“活性药物成分起始材料”“材料”“原材料”“工艺助剂”和“隔离”。

关键

描述工艺步骤、工艺条件、测试要求或其他相关参数或项目，这些参数或项目必须控制在预定的标准内，以确保活性药物成分满足其规范。

活性药物成分起始材料

一种原料、中间体或活性药物成分，用于生产活性药物成分，并作为重要的结构碎片纳入活性药物成分的结构中。活性药物成分起始原料可以是一种商品，一种根据合同或商业协议从一个以上供应商处购买的原料，也可以是内部生产的原料。

材料

用于表示原材料（起始材料、试剂和溶剂）、工艺助剂、中间体、活性药物成分，以及包装和标签材料的通用术语。

原材料

用于表示用于生产中间体或活性药物成分的起始材料、试剂和溶剂的通用术语。

工艺助剂

用于制造中间体或活性药物成分，但其本身不参与化学或生物反应的辅助材料（如助滤剂、活性炭等），不包括溶剂。

隔离

材料在物理上或通过其他方式隔离的状态，等待对其随后的批准或拒绝做出决定。

根据这些定义，很明显，虽然需要对所有材料（起始材料、中间体、试剂、溶剂、工艺助剂、活性药物成分、包装和标签材料）制订规范，但 ICH Q7A 强制要求对关键材料的供应商进行评估，即任何材料必须“控制在预定的标准内”，以确保活性药物成分符合规范。

材料管理的其他主要特征是，所有“材料”的供应都应从一个或多个经质量部门批准的供应商处采购；每个容器或容器组在收到时必须进行外观检查，以确定标签的准确性和损坏，并在抽样 / 检查 / 测试前进行隔离。重要的是，ICH Q7A 允许隔离可以是物理的，也可以通过其他有效的手段，如安全的基于计算机的材料管理 / 仓库系统。然而，由于当地法规或其解释，一些监管机构很难确信不需要物理隔离。

非专用货轮的散装运输应特别注意避免交叉污染的风险。达到所需控制水平的方法包括清洁证书、微量杂质测试、供应商和提供货轮的运输公司的审计。

应对每批材料进行同一性测试，某些例外情况除外，如加工助剂、危险或剧毒材料，以及从同一公司其他单位转移的材料。任何此类例外情况都应以书面证明为依据（例如，对于加工助剂，可根据材料的既定惰性性质制作箱子，对于高活性材料，可适当进行用户试验）。同一性测试结果和供应商的批准证书可以用来释放材料。

在室外储存材料时，应使用合适的容器，并贴上清晰的标签。在使用容器所含材料之前，应清洁容器。

Q7A 中供应商批准的最低要求是，在降低完整分析的测试水平与预定时间间隔的批准证书到期之前，包含令人满意地完成至少三个批次全面分析的充分证据。自从 Q7A 被批准和采用以来，供应链完整性和供应商质量管理受到了更多的关注，需求得到了更全面的定义（见参考文献[10~12]）。特别是在技术协议中，明确了质量协议或质量章节，规定了合同授予方和接受方的责任。在这种情况下，变更控制、进行审计的访问权及用于释放活性药物成分的最终批准是至关重要的。

取样、测试和储存要求在很大程度上遵循成品制造中长期存在的要求。需要特别注意的两个方面是，在规定的位置取样以防止污染，以及重新评估的具体条款，表明材料应重新评估，以确定其适用性，例如，在长期储存或暴露于高温或潮湿环境后。“长时间储存后”示例允许重新评估和创建使用可能被丢弃材料的书面理由。但是，重新评估不应成为补偿获取和维持材料供应的不良实践的常规做法。

19.8 生产和过程中控制

本节的重点是生产操作、最终限值、过程中取样和控制、中间体和活性药物成分批次的混合及污染控制。成功遵循 Q7A 指南的一些关键因素如下：

· 关键的称重、测量或细分操作有人见证（解释为监督操作，但可由同行见证）或受同等控制——同等控制指通过第二种独立方式确认，例如从电子或机械来源打印出来。这种双重检查的主要目的是确保记录的完整性，特别是在进行变更时。

· 应根据历史性能数据，以及记录和解释的任何偏差将实际产量与预期产量进行比较；关键步骤的偏差需要记录调查，以评估其对受影响批次质量的影响。

· 应在主批记录中确定完成单个加工步骤和 / 或整个工艺的时限，并记录和评估与该时限的偏差。在加工至目标值（如干燥至预先确定的规范）的过程中，其中控制是通过规定的限值（例如残

留溶剂 / 水位）实行的，这样的时限可能不合适。

· 根据 ICH Q7A 中嵌入的指导原则，过程中测试在早期处理中可能不那么严格，在后期处理过程中控制更严格。所有过程中测试应反映正在生产的活性药物成分的性质，以及工艺中特定步骤 / 阶段对活性药物成分的影响。这符合 ICH Q11[13] 中概述的活性药物成分关键质量属性和影响这些属性的材料特性的概念。

· 中间体和活性药物成分的混合是一个重要的过程，是指将同一规格的原料结合起来生产均质中间体或活性药物成分的过程。这意味着不符合规范的材料不能混合。为了进一步加工而对多个批次中的部分进行的过程中组合或对单个批次中的部分进行的混合不被视为混合。连续制造在评估生产的材料是否符合规范方面提出了额外的挑战。在验证过程中，最好通过加强监测来解决这些问题，从而为过程中的取样计划提供明确和记录的理由。可以通过按经过的制造时间定义批次来解决成品测试。

所有引入混合物的批次应采用既定工艺进行制造，并测试混合物是否符合规范。应验证物理特性对随后使用混合过程至关重要的活性药物成分，以确定批次的均匀性。

如果混合过程可能影响稳定性，则应进行稳定性试验，混合批次的有效期或重新测试日期应以最早的输入材料的制造日期为基础。

· 剩余材料可从相同中间体或活性药物成分的一个批次转移到另一个批次，并受到适当的控制。应证明任何此类转移不会对活性药物成分或中间体的杂质分布造成不利影响。这尤其与在活动工作期间不在批次之间执行清洗有关。所有生产操作都应以防止污染的方式进行，特别是在活性药物成分最终净化步骤之后的阶段。

19.9 活性药物成分和中间体的包装和鉴定标签

本节所包含的基本原则是，容器必须适合其用途，并提供足够的保护，防止退化或损坏。标签在储存和使用过程中受到严格控制，标签应提供清晰的标识和可追溯性。当材料在制造公司的质量体系控制范围之外运输时，可追溯性尤为重要，并且对预期的内容有明确的要求。

通常被忽视的一些具体要求是包装材料不应与用于储存的材料发生反应，也不应吸收或添加任何东西，例如通过浸出。当储存的材料是干燥的固体时，通过浸出的污染不太可能发生，但仍应进行评估。如果容器被重复使用，必须按照形成文件的程序彻底清洗，并且必须更换或销毁所有以前的标签。

对标签和印刷包装材料的控制经常是不足的，忽视了对进入储存区的控制，过量的带有批号的标签和过时的标签没有被及时销毁，用于包装操作的打印标签的打印设备没有得到充分的控制，以确保打印符合为其使用批次所指定的内容。

19.10 存储和分发

除了一般认为所有材料的储存设施（包括温度和湿度控制）足够且记录得到保存外，还有许多其他要点值得注意：

· 任何拒收的材料、退回的货物和召回的材料都应保存在隔离区。

· 除非有一个提供同等安全性的系统，例如计算机控制的安全的随机位置，否则应存在已定义的隔离区。

· 经质量部门批准后，可以在同一公司控制的地点将材料从一个地点运输到另一个地点，或者在同一公司控制的地点内进行隔离。不允许向第三方提供被隔离的物品。中间体和活性药物成分都应由质量部门释放。

· 制造商有责任确保运输活性药物成分和中间体的供应商遵守所有相关的运输和储存条件。这些应在产品开发过程中定义，如果生产在包括合同制造商的工厂之间转移，则应作为技术转移包的一部分。对于寻求在欧洲销售其产品的公司，必须检查化学品注册、评估、授权和限制（REACH）法规 [14] 的影响，并在必要时确保其符合该法规。这涉及为进入、成为业务的一部分和退出业务的每种化学品建立清单，评估其危险特性、记录保存和注册要求。

· 如果需要，应该有一个允许召回的稳健系统，包括对所有客户和公司内部，以及监管机构的升级路线的完全可追溯性。

19.11 实验室控制

活性药物成分生产测试实验室和支持药物剂型生产实验室对管理规范的要求和期望之间没有根本差异。

尽管在实践中有基本的相似之处，但活性药物成分的生产质量管理规范中更强调的一个领域是杂质和杂质分布。这是因为与剂型制造相比，活性药物成分制造中产生的潜在残留物、污染物和副产品通常更多。由于其性质，许多与工艺有关的杂质含量很高。如果在制造工艺中使用或产生诱变试剂，则需要控制到非常低的水平。这在本书第 24 章对照 ICH M7[15] 进行了研究。由于这些原因，关于杂质和杂质分布的章节值得特别注意。总之，ICH Q7A 规定，应为每种活性药物成分建立杂质分布（对于来自草药或动物组织来源的活性药物成分通常不需要），这包括已知的特定特性，或其他促进批次间比较的方法，例如保留或相对保留时间，以及观察到的正常范围。还应记录杂质类型，如溶剂、副产品、降解物或无机杂质。ICH Q3A[16]、Q6A[17]、Q6B[18] 和 Q1A（R2）[19] 中包含了关于杂质的有用的附加、更详细的指南。杂质分布通常是特定于一种受控合成方法的，应从一个更典型的批次中生成。

ICH Q7A 建议，应在适当的时间间隔将批次的杂质分布与监管文件或历史数据中的杂质分布进行比较。但是，作为批准每个批释放的一部分，这样是很好的做法。在监管检查期间，越来越多地建议 / 要求这样做。

所有分析方法均应按照 ICH Q2A 和 Q2B（现为 ICH Q2R1[20]）标准进行验证，其程度反映了它们的目的，这意味着验证水平应随着被测试材料的性质，以及应用于对活性药物成分或关键中间体的属性影响更大的工艺而提高。

当使用药典方法时，验证要求有一个例外，但与所有分析测试一样，应证明这些方法在实际测试材料上有效。

有时忽略的一个要求是，需要保存对已验证分析方法的所有修改的记录，包括数据，以验证使用修改方法获得的结果与修改前的方法一样具有可复制的准确性。

关于活性药物成分的稳定性监控有一节需要注意的是，这是一个旨在监控正在进行的常规制造的程序，不应与为生成支持工艺变更的数据所进行的稳定性测试混淆。

该程序的目的是监测活性药物成分的稳定性特征，并确认其指定的储存条件和重新测试或失效日期。该程序还提供了一种检测影响产品质量的工艺或材料中“漂移”的附加方法。

为了与散装活性药物成分的稳定性相关，储存用于测试样品的容器应模仿用于全尺寸制造的容器，这一点非常重要，例如，小尺寸的袋子和容器应使用与制造规模相同的材料。

通常，前三个生产批次包括在预先确定的和有文件记录的程序中，每年至少有一个批次，当然，除非在任何给定的年份中没有生产。保质期短的活性药物成分可能需要比最小年度要求更频繁的测试，这些要求适用于更稳定的活性药物成分。

ICH Q7A 中没有要求加速储存研究，尽管这是 ICH Q1A [19] 中规定的注册申请新药物总体评估所必需的。

除了稳定性监测程序外，还需要单独保存备用样品，以便将来对每批生产的活性药物成分的质量进行评估。与稳定性监测样品一样，这些样品应保存在与散装活性药物成分相同的包装中，或至少提供相同或更多保护的包装中。必须持有足够的材料，以允许根据规范进行至少两次完整的分析。样品应在制造商规定的有效期后保存 3 年，或在完全分发后保存 3 年，以较长者为准。然而，其他因素可能决定较长的保留期，但这些因素应合理地反映稳定性。

在可能的情况下，建议将储备样品保存 1 年，使其超过加入活性药物成分的最后一批成品剂型的保质期，但在不知道所有剂型保质期的情况下，这可能很困难。

ICH Q7A 允许同时使用重新测试和到期日期，并提供了如何推导和支持这些日期的指导，尤其是当中间体在制造公司控制范围外运输时，必须指定一个有效期或复验日期，并将其包含在标签和分析证书中。

19.12 验证

尽管自 ICH Q7A 完成以来，有关验证的讨论一直在继续，但它提供的大部分指导仍然高度相关，因为它代表了一种务实、主要是基于科学的方法。大多数方法、定义和文件要求都应该很容易被任何有医疗产品制造经验的人认可。这方面的例子包括验证协议和报告、设计认证、安装认证、操作认证和运行认证的要求，以及三种允许的工艺验证方法：前瞻性、并发性和回顾性。尽管在 ICH Q7A 通过 13 年后需要进行回顾性验证，并且通常应该进行前瞻性验证，但这三者的基本原则是否仍然具有相关性，这是值得怀疑的。

该指南还偏离了使用三个批次作为预期或同时验证所需批次的时间标准，要求注意是否需要考虑其他因素，如工艺的复杂性或正在进行的变更，以确定最合适的数量。它还包括定期审查系统和工艺的要求，以确认其生产的材料符合规范和既定杂质分布。

ICH Q7A 反映了药品与活性药物成分生产之间的差异。对于药品，所有的生产步骤都需要经过验证，而对于活性药物成分，只有关键的工艺步骤才被评估为对活性药物成分的质量和纯度有影响。这个方面在 ICH Q11[13] 中进行了详细检查，特别是第 5 节《起始材料的选择》。应该认识到这是一个具有挑战性的领域，本书第 23 章探讨了与 ICH Q11[13] 相关的内容。

清洁验证部分的主要特点是，它应集中在污染或材料携带对活性药物成分或中间体的质量和纯度造成风险的情况或工艺步骤。如果选择中间体或活性药物成分作为一系列此类材料清洁验证的代表，则应根据溶解性和清洁难度进行选择；取样可通过擦洗、冲洗或其他方法，尤其是检测不溶性残留物。欧洲药物管理局的共享设施指南[7]提供了有关这方面的有用信息。

还应记住，如果需要控制无菌活性药物成分制造中使用的非无菌原料药的生物负载，那么清洁验证应包括微生物检查，必要时还应包括内毒素检查。

19.13 变更控制

变更控制的重要性通常得到了很好的理解；但是，当计划或执行不当时，它也是一个常见的问题来源。Q7A 指南中的指导很短，但非常集中，包括对可能影响中间体或活性药物成分生产和控制的所有变更制订正式变更控制系统的要求。所有与药品生产质量管理规范有关的变更，不仅要由相应的组织单位起草、审核、批准，还要由质量部门审核、批准。合同制造商的变更必须遵守变更控制系统，并向合同捐赠人报告，以供最终评估 / 批准，这一点至关重要。

有时不按可接受标准执行的三项要求是：

· 文档，尤其是分类变更的理由。

· 并非所有受变更影响的文件都会及时审查。

· 对影响失效或重新试验日期的实际变更的可能性没有进行全面评估，包括在需要时未能进行加速稳定性试验。

然而，另一种可能由对变更的关键风险评估不当引起的做法是使用过多的样本进行稳定性测试。公司不进行全面的风险评估，而是将样本进行稳定性测试作为节省时间的短期手段。由于风险评估不充分，稳定性测试可能不是评估变化的适当方法，或者没有或很少稳定性样本是可接受的。

最后，在本节中，应将计划内或计划外的所有关键变更通知所有已纳入其中的药品制造商，以便他们能够评估对其运营 / 产品的任何潜在影响。

19.14 材料的拒收和再利用

本节的一个基本原则是，任何不符合其规范要求的中间产品或活性药物成分都应该被隔离。

拒收后有两种选择：

1）再加工：将中间体或活性药物成分放回工艺中，重复已建立的一个或多个工艺步骤。如果再加工成为一种常见现象，则应将其纳入标准制造工艺中。

2）返工：用中间体或活性药物成分执行一个或多个工艺步骤，这些步骤不属于既定工艺的一部分，但已向相关监管机构备案，适用于所供应的市场。

允许回收反应物、中间体、活性药物成分和溶剂，前提是存在已批准的程序（并已归档），并且回收的材料符合适当的规范。ICH Q7A 允许在相同或不同的工艺中使用回收的溶剂，前提是该工艺得到了适当的控制和监控。此外，如果证明回收材料的使用令人满意，则允许将回收的溶剂与新的供应品混合。如果不可能的话，建立这样的证据是非常困难的，特别是对于剧毒或致敏材料，如细胞毒性或青霉素。因此，在实践中，从这类工艺中回收的材料通常只用于回收的工艺中。

用于再加工和返工的原料来源之一是中间体和退回给制造商的活性药物成分。这是允许的，前提是容器处于令人满意的状态，如密封件和标签完好无损，并且有数据表明材料已正确地储存和运输。无论对退货、再加工、返工或销毁做出什么决定，都需要创建和维护记录，并以合理的理由阐明决定。

必须准确记录所有回收材料的使用情况。

19.15 投诉和召回

本节内容简单、准确、易于理解。有时被忽视的一个要求是，不仅应保留投诉记录，还应监测和评估趋势，以确保在必要时采取措施缓解负面趋势，以纠正不合规情况或更好地防止出现其他任何情况。尽管要求相对简单，但监管和其他审计中的负面发现数量表明，许多组织没有充分注意建立和维护其投诉和召回制度。这可能是由于活性药物成分制造商收到的投诉水平相对较低。

19.16 合同制造商（包括实验室）

合同制造商在 ICH Q7A 中定义为“代表原始制造商执行某些制造方面工作的制造商”。本节应适用于定义所涵盖的所有制造商，特别强调防止交叉污染和保持可追溯性，这两个领域在今天与在编写指南时同样重要。

本书给出了高水平的关键陈述，如果遵循这些陈述，将为合同授予方及其接受方之间的良好控制、记录和商定的工作方式提供一个强有力的框架。鉴于目前在 ICH 区域以外进行的活性药物成分生产量，使用合同制造商的公司了解和理解这些要求并确保其合同接受方理解和遵守这些要求至关重要。变更控制是一个非常重要但未被充分涵盖的特定领域。

19.17 代理商、经纪人、贸易商、分销商、重新包装和重新贴签者

与其他法规和指南相比，这是 Q7A 指南中唯一一个全新的章节，反映了世界各地的监管机构尤其是世卫组织的关注。该标题反映了当时已知的各种术语，以描述该节适用的组织，但它不是一个全面的列表。文本中的定义“除原始制造商外，任何可能交易和 / 或占有、重新包装、重新贴标签、操作、分发或储存活性药物成分或中间体的一方”旨在确保使用任何名称，所列活动均符合 ICH Q7A 中所述的生产质量管理规范。

应特别注意一些关键要求：

· 避免交叉污染。

· 双向共享信息的责任。

· 在所有活动中防止产品变质。

· 保持可追溯性。

这四点都进行了强调，因为大家都知道它们是以前出现过问题的领域。

其他通常执行得不太好和应解决的要求是保留和向客户提供原始制造商的名称和地址，保留真实的分析证书，保留所有投诉的记录，必要时与原始制造商一起审查，并确保中间产品的重新包装与原产品不同，有足够的稳定性数据来支持新包装中分配的有效期。

19.18 细胞培养/发酵（CCF）

成功使用本节的关键步骤是理解：

· 它不是一个独立的部分，但应被视为解决其他问题和细胞培养 / 发酵的指导。此外，ICH 指南 Q5A（本书第 10 章）[21] 和 Q5D（第 13 章）[22] 应与 Q7A 一起阅读，尤其是涉及病毒安全问题

和/或细胞库的情况下。

· 本指南不适用于主细胞库和工作细胞库的建立，也不适用于经典发酵细胞库的维护，尽管其他生产质量管理规范的要求可能适用。

· Q7A 总体指南不适用于疫苗、全细胞、全血和血浆、血液和血浆衍生物及基因治疗原料药，但包括以血液或血浆为原料生产的活性药物成分。

在前面三点的上下文中，第一个章节介绍和概述了流程控制。接下来是四个章节（细胞库维护和记录保存；细胞培养/发酵；收获、分离和纯化；病毒去除/灭活步骤），为活性药物成分细胞培养/发酵的具体附加/不同要求提供更详细的指导。

指南中的差异反映了使用细胞培养/发酵制造的活性药物成分的性质，即所采用的生产方法需要更多的控制，存在潜在感染源污染的风险，并且与化学合成法生产活性药物成分相比，生产工艺的改变可能对产品质量产生不同的后果。

19.19 临床试验使用的活性药物成分

本节认识到，ICH Q7A 早期设定中定义的控制并不都适用于在工艺和控制仍在开发过程中用于临床试验的活性药物成分的生产。然而，药品生产质量管理规范的概念应与反映过程开发阶段、分析方法，以及中间体和活性药物成分的现有知识的控制一起应用。应制订基本的控制标准，例如所用设备经过校准、清洁，并适合其预期用途；应采取预防措施，将污染和交叉污染的风险降至最低。文档仍然是必要的，但可以放在实验室笔记本、批记录或其他类似的方法中。产量可能更具变化性，开发早期的验证可能被控制、验证和设备认证的组合所取代。但是，当批量生产用于商业用途时，无论所用装置/设备的规模如何，都应进行工艺验证。

虽然在开发过程中预计会发生变更，但应将其作为过程/测试/方法/中间体/活性药物成分历史的一部分加以记录和维护。分析方法无须验证，但应科学合理。

虽然诸如测试等质量功能可以在其他组织单位（如研发部门）完成，但仍然需要一个独立的质量部门来释放批次。

随着工艺知识、理解及从试点到大规模制造的转变，预计全面的 ICH Q7A 生产质量管理规范的控制和应用的总体水平将增加。

19.20 ICH Q7A问答

2012 年 10 月，ICH 指导委员会批准成立一个实施工作组（IWG），以解决与 ICH Q7A 部分章节解释相关的感知不确定性的问题。明确了具体要澄清的问题：

· 在供应链、控制和承包商/供应商管理（外包）中的应用。

· 杂质分布监测。

· 质量系统。

· 生物制品/生物技术的适用性及与 ICH Q5D 的关系。

· 开发阶段的生产质量管理规范期望（临床试验制造）。

· 实施 ICH Q8/11、Q9 和 Q10 对 Q7 的影响。

实施工作组工作的一项主要输入是药品检查协定和药品监察检查合作计划（PIC/S）实施 ICH

Q7A 的经验，如药品检查协定和药品监察检查合作计划的活性药物成分专家圈建立的问答中所述。

阅读 2015 年 6 月 ICH 指导委员会批准的 ICH 问答文件[23]，很难评估有多少具体问题得到了充分解决。例如，只有一个特定的问答文件（11.1）涉及杂质分布；变更控制只有一个特定的章节（13.1）；开发阶段的生产质量管理规范预期仅在与制造设备使用相关的问答文件第 19.1 章节中间接提及。

总体而言，问答有助于规范监管机构和行业对 Q7A 的解释。不幸的是，鉴于 2000 年 ICH Q7A 获得批准后发生的变化，例如更加重视供应商质量、改变了验证方法、在生产质量管理规范系统中使用基于风险的方法，可能会错过通过更新所描述的部分来提高指南价值的机会。

19.21 结论

在批准 14 年后，ICH Q7A 仍然具有高度的相关性，并被制药行业及其监管机构广泛接受。尽管它早于 ICH Q8[24]、Q9[2]、Q10[3] 和 Q11[13]，但该文件非常适合它们的意图和内容，同时提供其他文件所不具备的活性药物成分的特定信息。

ICH Q8（24）和 Q11（13）为技术和科学信息提供了非常有用的信息，这是制造可接受的活性药物成分和成品的基础。Q9 提供了适用于整个产品生命周期（包括活性药物成分制造）的基于风险的方法的指导，而 Q10[3] 提供了一种完善的开发方法，并主要维护了涵盖从开发到停止的产品生命周期的总体质量体系。在这方面，ICH Q10 涵盖了药品开发管理规范（GXP）的所有方面，其中，用于活性药物成分的生产质量管理规范（Q7A）是一个不可分割的非常重要的部分。

最近 ICH Q7 问答文件的批准可能进一步有助于保持对原始文件的一致解释，尽管它可能被视为在为关键领域提供更多信息方面错失机会，这些领域在 Q7 的生命周期中具有更重要的意义。例如，供应商质量，供应链完整性，以及与质量体系或中间体和活性药物成分相关的基于风险决策方法的应用。

鉴于 ICH Q7 的持续成功，可能是时候重新考虑 2003 年做出的不通过 ICH 讨论任何其他与生产质量管理规范相关话题这一决定了。尽管已经发布了有关辅料、供应商质量和合同制造等主题的指南，但 Q7 所示的世界主要监管机构和行业代表一致认同的标准的好处不应被忽视。

参考文献

[1] ICH Q7A—Good Manufacturing Practice for Active Pharmaceutical Ingredients，November，2000.

[2] ICH Q9—Quality Risk Management，November，2005.

[3] ICH Q10—Pharmaceutical Quality System，June，2008.

[4] WHO Guidelines for Drinking Water Qualicv 4th Edition，2011.

[5] Purified Water，USP 39 / NF34，November，2015.

[6] Water for Injection USP39 / NF34，November，2015.

[7] Guideline on setting health based exposure limits for use in risk identification in the manuNcture of dlfferent medicinal products in shared facilities，European Medicines Agency 2015.

[8] ICH Q3C(R5)Impurities：Guideline For Residual Solvents，February，2011.

[9] GAMP5 A Risk Based Approach to Compliant G&P Computerised Systems Guide ISPE 2008.

[10] FDA Guidance for Industry—Contract Manufacturing Agreements. Draft guidance, May 2013(final version—issued November 2016).

[11] European Commission, GMP for Medicinal Products for Human and Veterinary Use, Chapter 7, Outsourced Activities, June, 2012.

[12] The International Pharmaceutical Excipients Council Quality Agreement Guide and Template 2009.

[13] ICH Q11—Development and Manufacture of Drug Substances(Chemical Entities and Biotechnological / Biological Entities May, 2012).

[14] Regulation(EE)No 1907 / 2006 of the European Parliament and the Council of 18 December 2006, concerning the Registration, Evaluation, Authorisation and Restriction of Chemicals (REACH) establishing a European Chemicals Agency.

[15] ICH M7—Assessment and Control of DNA Reactive(Mutagenic) Impurities in Pharmaceuticals to limit Potential Carcinogenic Risk, June 2014.

[16] ICH Q3A(R-2)—Impurities in New Drug Substances, October, 2006.

[17] ICH Q6A Specifications—Test Procedures and Acceptance Criteria for New Drug Substances and New Products—Chemical Substances, October, 1996.

[18] ICH Q6B Specifications—Test Procedures and Acceptance Criteria for Biotechnological / Biological Products, March, 1999.

[19] ICH Q1A(R-2)Stability Testing of New Drug Substances and Products Q1A(R2), February 2003.

[20] ICH Q2R1(previously coded Q2A, Q2B)—Validation of Analytical Procedures : Text and Methodolog~October 1994 / November, 1996.

[21] ICH 05A Rl—Viral Safety Evaluation of Biotechnology Products Derived from Cell Lines of Human and Animal Origin, September, 1999.

[22] ICH Q5D—Derivation and characterisation of substances Used for Production of Biotechnologicals / Biological Products, July, 1997.

[23] ICH Q7 Q&As Good Manufacturing Practice Guide for Active Pharmaceutical Ingredients, Questions and Answers, June, 2015.

[24] ICH Q8(R2)—Pharmaceutical Development, August, 2009.

20

Q8（R2）：药物开发

Per Holm, Morten Allesø, Mette C. Bryder, and René Holm
Chemical and Pharmaceutical Research, H. Lundbeck A/S, Valby, Denmark

20.1 引言

药品被设计为高质量产品，旨在持续缓解或治愈有明确需求的患者的疾病。根据生产质量管理规范（GMP），此类产品必须符合预期目的，符合营销授权（MA）或临床试验授权（CTA）的要求，而不是将患者置于因安全性、质量或功效不足而导致的风险[1]。从历史上看，使用质量控制（QC）方法确保了这种合规性。然而，制药行业与其他行业相比，现有方法存在许多不必要的负面效应，例如药物研发的长周期导致制药行业和监管机构的文档负担增加。由于药企对已投入市场产品进行持续改进的动力不足，且大多数药物研发的质量问题与最初的产品设计有关，因此药物研发引入了质量源于设计（QbD）[2~5]，并且需要建立更灵活的体系以便于药物审批后的更新。因此，在 21 世纪初，监管机构开始鼓励制药行业更好地了解制剂和制造过程如何相互关联并对产品质量产生影响。在最新的制药行业的监管指南中，FDA 的关键路径倡议[6]、过程分析技术（PAT）倡议[7]及 CMC 试点计划的质控管理[8, 9]，从一个广泛的战略角度提供了关于制药业如何改善其生产过程及相应产品的入手方法[10]。特别是人用药品注册技术要求国际协调会议（ICH）为药物研发提供了一个一般性指导，包括通过建立相互关联的指导方针来支持药品所需的质量体系 Q8（R2）[11]、Q9[12]、Q10[13]和 Q11[14]。

ICH Q8（R2）[11]在药物开发活动中引入了许多新的监管概念，设计空间和实验设计（DoE）在科学文献中占据了显著地位[15~17]。然而，公司内部文档知识等先验知识和技术平台的潜在应用并未得到足够关注。因此，在这一重要领域，业界可获得的指导较少。本章的目的是解释 ICH Q8（R2）[11]和质量源于设计的概念，特别是怎样在 ICH Q8（2）[11]和 ICH Q9[12]指南的框架下设计一个药物开发流程，使得药物开发和验证阶段提升药物有效性和开发效率。基于口服速释（IR）片剂平台技术和辊压（RC）干法制粒工艺，我们将通过先验知识和第一原理模型的实际应用来增强对药物开发工艺的机械理解。

20.2 ICH Q8（R2）药物开发概述

ICH Q8（R2）[11]为监管提交中的药物开发部分内容提供了指导，即新药申请（NDA）或上市许可申请（MAA），即通用技术文件（CTD）模块 3 中的第 3.2.P.2 节[18]。该指南描述了药物开发的概念，为设计空间、规范和生产控制的建立提供科学解读，并进一步提出质量源于设计的概念，指出“质量不是从产品中检测出来的，也就是说，质量应该通过设计来建立”。因此，该指南提出了一种新的方法专用于支持药物开发过程，包括药物研发阶段和随后在商业制造领域的质量控制阶段。该方法鼓励制药公司对药物开发采用系统、科学的方法。这不是 ICH Q8 独有的，在 ICH Q11 中也采用了类似方法 [14]。

20.2.1

无论采用何种方法，药物开发的目的是提供商业药品，旨在满足患者的需求和预期的产品性能。该活动的策略因公司和产品而异，基于多种因素，包括化合物的性质、预期的目标产品概况（TPP）、以往的经验和可用的设备等。ICH Q8（R2）[11] 指南提供了产品开发的经验模式或体系模式，或两者的结合。系统方法通常被定义为质量源于设计，并且根据指南，可以包括在产品的整个生命周期中纳入既有知识、实验设计、过程分析技术工具、质量风险管理（QRM）[11] 和知识管理（另见 ICH Q9 [12] 和 Q10 [13] 的章节）。该指南开辟了一种从监管角度理解产品开发的新方法。因此，这两种策略（即经验模式和体系模式）都是在发展战略做出理性选择时需要考虑的重要选择。

20.2.1.1 质量源于测试（QbT）

经验性的产品开发，即质量源于测试（QbT），一直是唯一的监管模式。简单地说，该策略通过全面的原材料测试、原料药规范、固定的药品制造工艺、过程中控制，特别是最终产品测试来确保产品质量 [19]。这一战略背后的理念是，如果所有要素都是标准化的，那么这个工艺应该在整个生命周期中始终如一地运行。然而，这种方法的成功意味着工艺中固有的变异性需要在终端产品测试中全面把控。定期监测所有相关的变异性来源，在药品生产之前排除不合规的原材料。也就是说，该过程处于完全监控之下。

原材料和原料药的质量根据批准的规范或药典质量标准（即欧洲药典或美国药典）进行监测。如果材料符合预定义标准，则可以用于药品。在生产中，按照批准的管理文件进行过程中控制，如质量均匀性、片剂硬度、易碎性、崩解性等。未向相关机构提交补充文件，不得进行变更 [8]。对于在多个国家销售的产品，考虑到不同的监管实践，提交后变更可能成为一个重大挑战。最后，通过评估成品是否符合制造商批准的监管规范，对成品进行质量测试，该规范适用于速释口服固体剂型，包括外观、特性、分析、杂质测试、含量均匀性（CU）和体外溶出度测试。如果指标不合格，则该批次将被废弃，并以制造商承担经济风险和损失为代价。但是，最终发布的测试报告本身并不一定提供了问题发生的根本原因，制造商应该调查偏差的原因并启动预防措施以确保相同的偏差不再发生，即纠正和预防措施（CAPA）[13]。如果原始规范被认为是不必要的限制，制造商可以选择证明拟议的变更对患者不会有疗效和安全性上的影响，从而要求更灵活的监管，例如批准一个限制性较小的规范。在制药业中，这种固定制造步骤的组合和广泛的测试确保了许多传统产品的质量。

在产品开发过程中，主要关注的是确定在整个保质期内，在预定义规范内提供一致产品质量的制剂和工艺。活性药物成分的规范（例如粒度），通常使用研发过程中的历史数据来确定。结合基于风险和科学的方法，经验性的研发方式也能足以确保产品质量可接受。对于一个简单的药品生产过程，例如口服溶液，其过程和规模相对简单，或者是一个面向更有限市场的产品，从资源的角度来看，这种开发和质量模式可能是最好的选择，而不是资源密集度更高的质量源于设计战略。由于 ICH Q8（R2）[11] 允许根据这个模式进行持续产品开发，任何新产品开发之初，应先对质量源于设计和质量源于测试策略进行评估。

20.2.1.2 质量源于设计（QbD）

ICH Q6A[20]、ICH Q11[14] 和 ICH Q8（R2）[11] 指南将质量定义为“药物或药物产品对其预期用途的适宜性。这一术语包括同一性、浓度和纯度等属性”。但是，这些指南也提供了可以适用于质量源于测试和质量源于设计策略的补充定义，后者在指南 ICH Q8（R2）[11] 的附件中有更广泛的描述。质量源于设计是一个系统、科学、基于风险、务实和积极的产品开发方法，特别强调产品和工艺理解及相关的控制策略。开发从最初的目标产品质量概要（QTPP）开始，这是从患者的角度识别质量关键特征所必需的。然后，必须将此信息转换为关键质量属性（CQA）。为满足该指标，应建立结合关键工艺参数来持续制造符合规范要求的药品。这就要求在制剂和制造工艺变量与任何潜在的输入变量（包括活性药物成分和原材料），以及由此产生的产品特性之间建立关系。然后，这可以用来实现一个灵活和稳健的制造工艺，从而可以在整个产品生命周期中适应并生产出一致的产品。下一节将对此进行描述。

理想情况下，在质量源于设计范例中，药品质量的保证是通过理解和控制制剂及生产变量来实现的，终端产品测试仅用于确认产品质量。因此，应根据其与体内性能的相关性来定义规范，例如，在定义和批准的制剂和工艺“设计空间”内的溶解和变异。理论上，在这个设计空间内所做的任何变更都应该提供一致的产品质量，并且不需要经过监管部门的批准。然而，设计空间并不一定是质量源于设计备案的必然结果，因为建立工艺理解的努力应该与工艺和产品的复杂性和风险相称[21]。

对于药物产品，例如湿法制粒生产的速释片剂，将存在大量原料和工艺变量。因此，必须要达到要求的理解水平，以提供对所有产品关键质量属性的充分了解。简单来说，ICH Q8 附件的图 1 显示了双因素响应面。非线性响应面建模需要优化设计［例如中心复合面（CCF），如果包含 3 个中心点，则需要 11 个实验 / 批次］。在早期制剂开发期间，由于活性药物成分供应有限，这种设计通常是不切实际的（通常受活性药物成分路径优化的限制，与药物开发并行）。缓解这一挑战的一种方法是，在任何新的化学实体（NCE）的实际制剂开发之前，提前获得（至少部分）制剂和工艺理解。这可以通过使用既定平台技术并应用现有知识获得。因此，高优先级项目和具备先验知识的资源密集型项目应考虑遵循质量源于设计路径。

20.2.2 监管法规中描述的药物开发

上一节中描述的两个开发范例（质量源于测试和质量源于设计）包含许多相同的元素，本节对此进行了简要描述，而下一节则专门针对那些对质量源于设计方法很重要的元素。支持性开发活动最终会保存在监管文件中，该文件应描述所获得的知识以支持所选剂型，并确保制剂和制造工艺“适合目的”。根据 ICH Q8（R2）[11] 指南，“至少应确定对产品质量至关重要的原料药、辅料、容器封闭系统和制造过程的这些方面，并证明控制策略是合理的”，其中“关键”被定义为影响药品质量的任何变化。

应在 CTD 第 3.2.P.2 节对药品（即制剂）由规定数量的原料药和辅料组成的成分进行表征和描

述，并特别强调与药品的相对重要性。对于活性药物成分，这应包括对性能的物理化学和微生物描述，这可能会影响药物产品的性能或其可制造性。例如吸湿性、粒径、盐形态、多态性、溶解度、pH 溶解度分布、跨膜渗透性、生物制药分类系统（BCS）类别的评估等。对于所定义的辅料，其在制剂内的相对浓度及其对产品性能的潜在影响（例如抗氧化剂提高氧化稳定性的能力或防腐剂系统抑制微生物生长的能力）和 / 或制造应当相对于它们的预期功能进行讨论。此外，应适当证明辅料在产品的整个保质期内保持其功能的能力，例如抗氧化剂、防腐剂和崩解剂。在进行相容性评估后，选择辅料是任何合理药物开发中显而易见的第一步；但是，对于测试和选择合适的辅料没有通用的明确定义的原则。尽管存在这样的事实，药物和辅料的不利组合可能会改变制剂中药物的稳定性和生物利用度 [22, 23]。还需要确定辅料范围，并讨论与制剂有关的体外和体内研究，以将临床制剂与商业制剂联系起来。开发过程的这一部分通常采用内部方法，但随后根据正式的稳定性研究做出最终判断 [24]。

制造工艺的描述应包括与工艺相关的一系列信息，以及在开发过程中确定的影响产品质量的关键工艺参数。不仅应讨论设备的适用性，还应讨论工艺开发历史，以支持和形成工艺控制要求、过程中控制和一般控制策略的基础。应收集在不同制造规模（即工艺放大）下产生的数据，以促进对工艺的理解。

最后，有必要描述为最终产品选择容器封闭系统的基本原理，包括一次和二次包装的合理性。这些注意事项应包括容器的预期用途、运输、存储和相关的适用性。此外，如果使用剂量装置［例如笔式注射装置、干粉吸入器（DPI）等］，则应证明其适用性，并证明其可重复性和准确地输送预期剂量的能力。这应该在“模拟产品使用的测试条件下”进行，也就是说，如果预期用于欧洲药物管理局的区域，应根据设备的预期用途 [25] 或 ISO 标准 62366[26]，在患者和 / 或医疗保健专业人员中进行人为因素研究。

先前的描述仅涵盖指南中描述的某些方面，因此建议参考完整的指南以获取更多详细信息。如果其他数据可以提供见解，并支持与药品或其制造工艺有关的选择决定，则应在文件中进行介绍和讨论，以使审阅者可以更好地理解最终药品。

20.2.3 药物开发中质量源于设计要素

质量源于设计的主要内容包括：

· 目标产品质量概要的定义。

· 确定药品的潜在关键质量属性。

· 产品设计的确定，包括确定辅料的关键材料属性和活性药物成分的关键质量属性。

· 根据原料药的理化性质选择合适的生产工艺。

· 通过既有知识、实验和风险评估，确定关键工艺参数，并充分了解将关键材料属性和关键工艺参数与关键质量属性相关联的扩大原则。

· 控制策略的定义，包括药物、辅料和药品规范及生产工艺的控制，其中可能包括设计空间和过程中监控和实时释放测试（RTRT），即潜在使用 PAT[7]。

· 考虑工艺能力和持续改进，使工艺真正迭代。

经验性开发包括许多相同的要素；然而，它可能会忽略系统的研究，而侧重于在预先确定的范围内确定最佳产品。

20.2.3.1 目标产品质量概要

目标产品质量概要是对药品的质量特性的总结，以确保所需的质量，反映药品的安全性、有效性和使用情况。

用于速释片剂制剂的目标产品质量概要可以非常简单并且在产品（例如仿制药）之间很相似，但是临床文献可以提供对在目标产品质量概要需要获取的重要给药间隔和释放曲线的一些见解。其他更复杂的制剂，例如用于吸入的粉末或皮下注射生物制剂，可能需要更多的知识来构建目标产品质量概要。

许多公司都拥有干式或湿式制粒等平台技术（请参阅下一节），并具有其他产品的相关先验知识，可以使用基础工作来确保更有效和高效的开发过程。应基于这些最初的考虑和合理的科学方法（包括支持科学的文献），确定产品的关键质量属性。关键质量属性比目标产品质量概要更定量，并根据指南定义为“物理、化学、生物或微生物性质，或应在适当的限制、范围或分布内的特性，以确保所需的产品质量”，其中可能包括含量测定、杂质等元素，以及颜色、形状、大小等物理属性，基于科学判断和对患者的相对危害风险来确定关键质量属性的初始列表的优先级。鉴于产品和过程开发的迭代性质，在开发过程中，随着获得更多信息，可能会从初始清单中完善目标产品质量概要和关键质量属性。例如，产品的关键质量属性可以链接到制造工业的特定变量，即工业参数及材料属性和变异。可以使用实验设计和多元建模来建立参数之间的功能关系。药品的关键质量属性通常包含在最终产品规范中，或者在功能上与最终药品规范中包含的其他测试［即代替粒径分布（PSD）的溶出度测试］相关。因此，关键质量属性应该既基于科学又基于经验，并对患者的影响进行评估。因此，将严重性评估与建议的制造工业风险分析相结合可以成为一个很好的优先级排序工具，有助于制剂研究员将精力集中在最关键的活动上，以获得易于理解的工艺，从而获得适当的产品质量[12]。

20.2.3.2 制剂开发

制剂开发及产品设计的关键目标是开发一个功能强大的产品，既可以满足目标产品质量概要的要求，又可以满足患者的需求。质量源于设计模式下的关键要素在很大程度上与药物开发历史方法（如前所述）中所描述的相同，但是，人们越来越注重更好地理解关键属性和参数之间的相互关系。优化制剂的研究是必不可少的，应确保稳健的制剂不会处在“失败的边缘”。如果没有这些研究，由于制剂本身或原料性能的变化，制剂可能不太理想，对药品的质量有不利影响[27, 28]。制剂优化工作应当：

· 确保一个稳健的制剂，包括建立产品关键质量属性和输入变量（如辅料的关键材料属性）、原料药的关键质量属性和关键工艺参数之间的关系。

· 为原料药、辅料和药品的控制策略提供科学依据。

批准后的变更很可能会在输入材料中发生。因此，关键材料属性对于研究以确保制剂的未来稳健性非常重要。当辅料的功能影响对患者至关重要的属性时，例如在缓释片剂中羟丙甲纤维素的批次间变化尤其如此[29]。这项工作应以科学为基础，并应与风险评估一起确定用于澄清风险的试验。

此外，应该使用它来开发模型，以确定风险对于产品质量是否确实至关重要。应将关键材料属性定义为获得所需质量所需的适当限值或范围，并应基于优化工作的数据及制剂设计师的专业知识。这些类型的评估可以构成设计空间的一部分，并且可以从监管的角度来使用，因为它们可以为非关键性的变化提供科学依据，这些非关键性的变化在未来计划内或计划外的工艺变更中不受监管批准的约束[21]。

20.2.3.3 工艺设计

制药生产工艺通常包括一系列旨在生产最终产品的单元操作。这可以是批处理模式，也可以（很少使用）链接在一起以提供连续的制造工艺。组成整个制造工艺的各个子工艺包括各种不同的工艺参数。这些通常被称为操作参数［例如高剪切（HS）混合器制粒中的叶轮速度、黏合剂液体流速等］和 / 或工艺变量，例如温度和压力。与制剂参数一样，当工艺参数的可变性影响最终产品质量时，工艺参数至关重要，因此应对其进行监控或控制。

在使用实验设计方法的工艺筛选、优化和稳健性研究期间，主要研究过程参数和材料属性变化的影响。对这些研究的分析将确定关键工艺参数与关键材料属性、相关的关键质量属性，以及这些输入变量之间的关键关系。建立工艺理解的步骤与产品理解的步骤基本相同，可以包括以下步骤：

· 确定可能影响工艺性能的已知工艺参数。

· 使用风险评估[12]、预实验、科学知识及已有确定潜在关键参数和属性。

· 为这些潜在关键参数和属性建立的适当级别或范围。

· 使用实验设计定义和进行试验，以便绘制相关图关键参数和属性之间的关系。

· 分析数据并开发一个模型，该模型能够将关键材料属性及关键工艺参数与关键质量属性和规模的影响联系起来。

· 制订控制策略及相关的设计空间。

进行全面的 DoE 试验会带来巨大的经济负担，因此最好的策略是建立具有试验规模的制剂和工艺，并通过更大规模的适当试验来确认可扩展性。合理的方法是寻求适当水平的过程或最佳的机制上的理解，并应用创新的设备设计（请参阅后面的部分）。

20.2.3.4 控制策略

在药品开发过程中积累的所有知识都应成为建立控制策略的基础。在质量源于测试模式下，控制策略将包括对材料、工艺参数和最终产品测试的严格控制。由于对材料、制剂和工艺之间的相互关系了解有限，因此任何变更都需要获得监管批准。

在质量源于设计模式下开发制剂时，可以选择实施实时释放测试。实时释放测试是控制策略的结果，通过结合制造工艺中进行的工艺信息和输入或过程中材料属性测量来确保产品质量，以代替传统的离线最终产品测试。在可以监视输入物料的情况下，可以基于对物料和过程的了解在已建立的设计空间内自动调整过程参数，以确保确定的关键质量属性在定义的接受标准之内。

控制策略可包括以下内容：

·根据对生产工艺和产品质量产生影响的知识，控制输入材料，例如辅料、原料药和包装材料。

· 产品规范[20]。

· 控制中间体（例如颗粒的粒径分布），这可能会影响后续工序或最终产品。
· 过程中或实时释放测试。
· 一个用于验证数学模型的持续能力的监控程序。

因此，控制策略取决于关键质量属性的开发，而关键质量属性的开发又基于全面的科学工作。

20.2.3.5 持续改进

ICH Q8（R2）[11] 和 ICH Q10 [13] 都描述了持续改进措施，这些措施适用于所有产品，而与法规文件中记录的发展策略无关。持续的改进不仅是为确保满足市场需求而进行的一系列活动，而且还是一种科学的方法来获取随时间推移观察到的材料中的某些变化。这需要对常规生产的批次进行收集和分析，并对任何潜在的变化进行趋势分析以识别因果关系。

20.3 利用先验知识促进制剂开发中的质量源于设计

20.3.1 引入平台的概念

确定固体剂型的最佳组成并为后续生产选择最有效的加工技术是一项多学科的任务。应该理解活性成分的属性、辅料功能和加工环境之间的关系，以便提供可靠的制剂和制造工艺。如前几节所述，潜在的关键参数和属性的初始风险评估、设计实验，以及及时且适当地应用分析工具（PAT [7] 或离线）是建立这种关系的关键工具。虽然正确应用质量源于设计原则可以保证产品质量，但是在新化学实体上执行完整的质量源于设计程序，并不一定提供有效的开发工作流程。质量源于设计可能需要研究大量输入变量。因此，风险等级 [12] 是过滤变量的有用工具，从而确保适当关注最可能影响过程性能和 / 或产品质量的参数。需要根据 FDA 关于工艺验证的指南进行评估 [30]，该指南强调只有将早期实验室规模的开发批次与商业规模的批次信息联系起来，才能完全实现对工艺的理解。制药行业在质量源于设计模式方面所面临的挑战可以通过“项目管理三角图”来说明，其中显示了产品质量的三个约束：范围、资源和时间（见图 20–1）。在质量源于测试模式中，通常要求提高输入产品的质量、严格控制输入材料、进行过程中的参数设置或进行最终产品测试，从而给制造商带来经济效果。相反，在质量源于设计模式中，只有通过增加制剂开发的范围、资源和 / 或时间，并在较小的工艺可扩展性上才能实现对提高产品质量的要求。在药物开发中，时间通常不是可变参数，因为根据控制关键临床试验持续时间的时间表是固定的。而且由于临床试验的成本已经很高，并且在开发新化学实体时承担相对较高的风险，因此增加制剂开发中消耗的资源数量常常是不现实的。这只是扩大范围作为提供基于质量源于设计的制剂和工艺开发及随后提高产品质量保证的可行选择。一种扩大范围的创新方法是使用平台技术和这些参考文献 [31~33] 中的先验知识，是在实际的新化学实体制剂开发之前获得对制剂 / 过程理解的一部分方法。先验知识是每种平台技术的基础，并且进行定义非常重要，特别是因为它是监管文件中广泛使用的缓解风险术语。根据 Yu 等人的文章 [4]，“先验”一词不仅意味着先于，而且与一般公众无法获得的所有权和机密性相关。换句话说，被视为先验知识的信息是通过给定公司内部产生的经验获得的，并且必须记录在案。相反，通过教育和科学文献获得的信息称为公共知识。因此，尽管“技术平台”是许多公司中广泛使用的术语，但在内部获得该特定技术的经验是将其真正用作平台技术的前提。

平台技术在不同行业中的应用差异很大，但是它们都具有相同的目的：利用先前在产品通用方面获得的知识，简化未来产品的开发。通用部分也可以视为先前产品和新产品之间共享的属性。例如，为汽车、电动工具和玩具等各种产品生成的模块化设计[34]，其中的一个例子是乐高®及其轮式平台，可以用于降低正在开发的新乐高®车辆的制造成本[35]。

因此，制药技术平台可以通过确保主要重点是理解严重依赖于新化学实体的关键质量属性，而不是受赋形剂功能性（可由先验知识涵盖）支配的特性，从而提高产品开发的有效性。由于在制剂组成方面，尤其是在制造工艺选择（干法制粒与湿法制粒及单位操作次数）方面做出了更多合理/受限的选择，因此开发效率的提高也可以降低成本。Lundbeck 选择根据制剂类型（例如速释或缓释）、制剂元素（辅料选择、组成）和应用的工艺技术元素（例如直压、辊压、流化床造粒和高剪切湿造粒）来定义平台技术。关键是，在这些平台技术上获得的内部经验是可转移的，并侧重于了解制剂和工艺技术之间的相互作用，以及通过相关分析工具（如过程分析技术[7]）评估的一组通用产品特性（见图 20-2）。

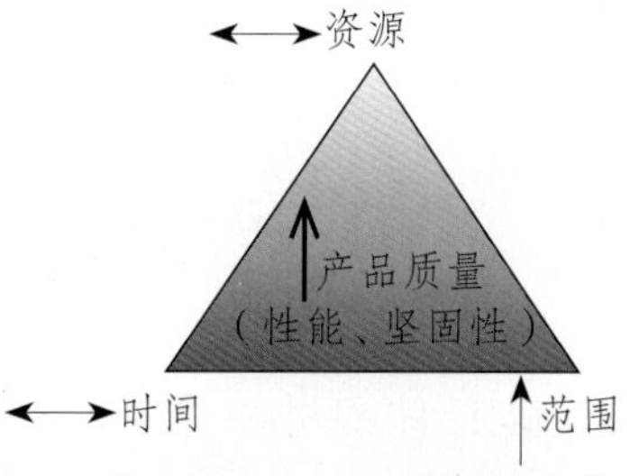

图 20-1 项目管理三角形和影响产品质量项目交付的三个约束（资源、时间、范围）

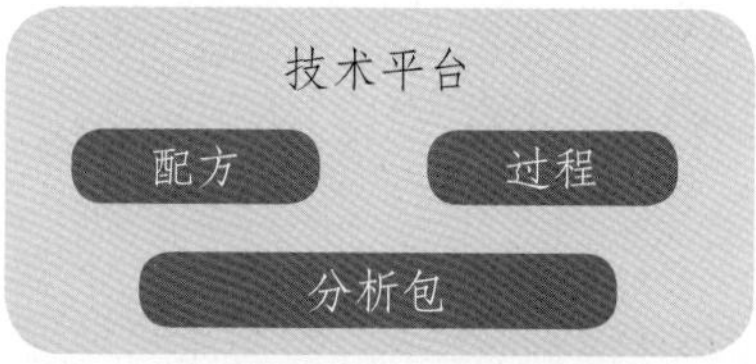

图 20-2 制药技术平台包含的要素

应该强调的是，基于平台的方法并不适用于所有药品。当活性药物成分具有相对较高的效力时，它们通常以低浓度存在于片剂产品中（例如 <10%w/w）。在这些情况下，所得片剂的许多性能主要取决于辅料的功能性（例如流动性、压缩特性等），以及辅料和活性药物成分的物理参数（粒度和形态），这些参数影响活性药物成分和辅料在混合物/片剂中的分布。因此，可以通过区分活性药物成分特定的产品属性和辅料相关的属性预先获得对工艺的大部分理解，并在更大的背景框架中进行描述（见图 20-3）。使用要求高活性药物成分负载产品的公司必须包含其他相关的活性药物成分属性（例如流量属性、压缩属性、溶解度等），以充分了解所需平台的应用范围。

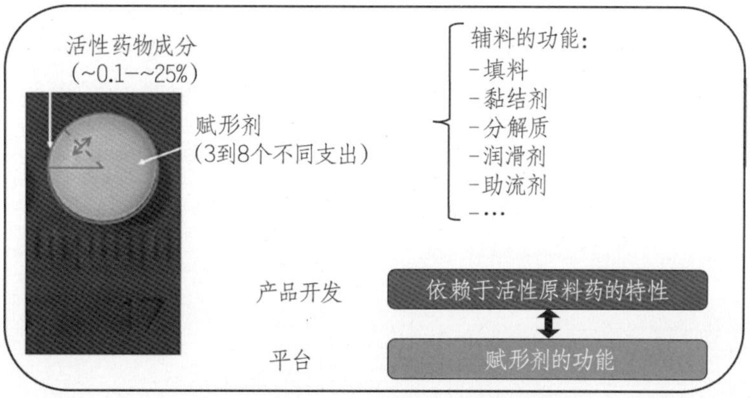

图 20-3 简化的平台技术

平台中获取的知识涵盖了主要受赋形剂影响的质量属性。作为实际新化学实体产品开发的一部分，对依赖于活性药物成分的特性（如溶解性、稳定性）进行了更详细的探讨。

构建平台后，通常使用公司特定的模型活性药物成分，就可以主动使用它来预测新化学实体制剂开发的最佳起点，如图 20–4 所示。稍后部分将介绍 Lundbeck 构建和应用我们的辊压技术速释平台的方法。图 20–4 说明了应用平台技术 / 先验知识的较广泛环境。

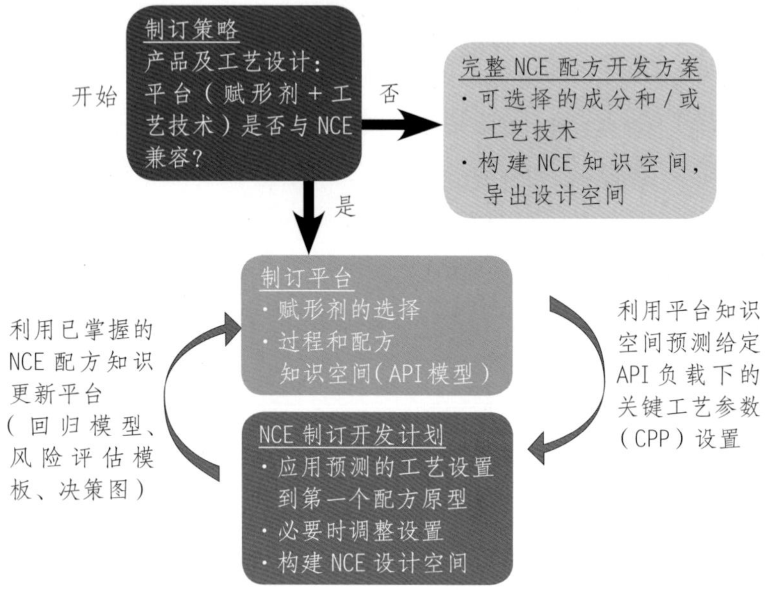

图 20–4　制剂平台如何应用于新化学实体制剂开发的示例，制剂设计的结果触发了平台的应用

在早期可行性评估和兼容性研究的基础上，就制剂和制造工艺达成一致。这些选择基于从内部经验（即先验知识），以及公开可获得的文献中获得的科学见解。选择最有效的制造工艺是一项重要的工作，因为通常不会在产品的整个生命周期中变更此工艺。一旦获得监管批准，变更制造工艺就不再现实。例如，将昂贵的流化床工艺改为便宜的直压工艺需要一个完整的开发包，包括一个新文件，并且可能需要桥接生物等效性（BE）研究（取决于活性药物成分的生物制药特性）。但是，制剂设计师有时倾向于选择他们最熟悉的工艺技术，从而忽略了更具成本效益的替代方案，这些替代方案可能会提供相同或更高的药品质量。这再次强调了此类关键决策的多学科性质及合理的科学判断的重要性。

在图 20–5 中概述的各个步骤中，建议应用适当水平的工艺理解以支持决策。对于可能对产品质量变化性有很大影响的单元操作，只要可行，瞄准第一原则模型或机械理解可能是有益的。第一原则模型是基于理论上的理解，因此最初不需要试验，它们可以帮助设置与直压产品相关的活性药物成分粒度规范，但也可以用于将流化床产品的关键工艺参数转换为与颗粒形成更相关的参数。与平台技术一样，第一原理模型用于提高制剂开发过程的整体有效性。

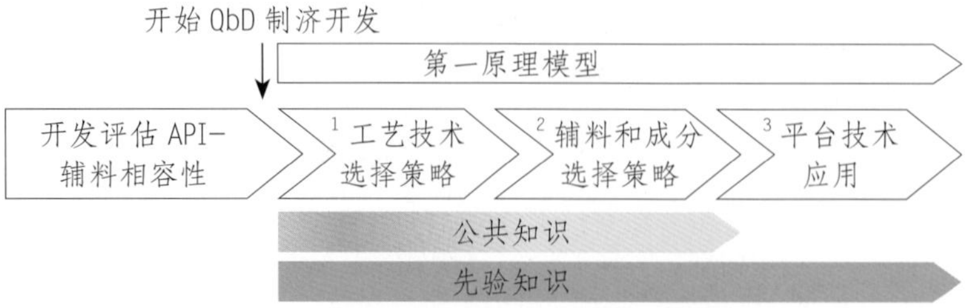

图 20–5　一个质量源于设计制剂开发过程的示例

可提供符合预期目标产品质量概要且具有生产可行性的最终制剂。工艺和辅料选择的背后应用了公开知识和专有知识（仅有内部实践经验的平台技术）。第一原理模型将三个阶段结合了起来。

20.3.2 辅料、成分和工艺技术的合理选择

制剂和工艺技术的选择都是基于经验的考虑，这在历史上已经证明对其他产品有效，这是很正常的。但是，这并不总是一种合理或有效的利用方法。相比之下，质量源于设计模式需要一种科学的、基于风险的产品开发策略，在该策略中科学地选择辅料、成分和工艺技术是合理的[11]。片剂制剂中辅料的合理选择与技术平台的选择自然相关联[29]。后面描述的合理选择标准是基于使用BCS[36]I类活性药物成分速释片剂具有相对较低浓度（例如 <100 mg）的假设。

20.3.2.1 工艺技术选择

下一节举例说明如何根据公共和先验知识定义选择工艺技术的合理选择标准（参见本章后面关于辊压产品的案例研究）。此外，制造分类系统（MCS）[37]的提议提供了额外的见解，包括使用适当的专家系统。

速释片剂产品的一般技术要求在相应的目标产品质量概要中指定（见表 20–1）。应当对片剂组成和工艺条件的选择进行优化，以满足这些通用标准。

表 20–1 速释片制作的技术规范（根据 QTPP 确立）

片剂特性	定量规范	定性规范
质量变化	＜ 1%	—
崩解时间	＜ 3 分钟	对压缩力的相对稳健性
溶出度	＞在 60 分钟内释放 85%	对压缩力的相对稳健性
脆碎度	＜ 0.2%	无边缘断裂
外观	表面粗糙度规格	未观察到冲头或粘连
硬度	＞ 40~80N（大小依赖）	在较宽泛的范围内与压缩力呈近似线性相关
含量均匀度	RSD ＜ 4% 补偿了质量变化。 根据制片过程中定期取样的药片含量计算（n ＞ 20）	制作片剂过程中检测呈现无趋势（无离析）

在开发阶段早期，剂型通常是胶囊，因为剂量范围尚未完全确定，并且胶囊具有更大的自由度来调节剂量。在临床概念证明（POC）之后，通常首选片剂作为最终上市产品。在这个阶段，最终制剂和制造工艺的选择已达成共识，并且在整个开发过程中通常保持不变，以避免进行任何不必要的生物等效性研究。工艺技术的选择取决于活性药物成分的剂量、稳定性和物理化学性质，例如粒径分布和颗粒形态。工艺技术的优先级排序应基于风险缓解策略，并且是在最小化工艺复杂性和满足主要与活性药物成分特性相关的工艺和产品要求的能力之间的折衷。片剂制造的主要工艺技术是直压、辊压和湿法制粒方法（请参见表 20–2）。为了减少关键工艺参数和扩大规模变量的数量，与辊压和湿法制粒相比，由于减少了过程复杂性 / 成本，理想的选择是直压。但是，直压要求严格控

制活性药物成分的粒径，以便获得具有适当流动性和压实性的稳定共混物，以便在高剪切压片机上压片，同时满足压片时剂量均匀性的要求。对于活性药物成分负载小于压缩重量的 1%~2% 的低剂量产品，可以通过微粉化活性药物成分并使用具有较大“载体”粒径的填充剂［例如在高剪切混合器中的微晶纤维素（MCC）］中的活性药物成分来获得稳定的混合物。在这种情况下，会形成稳定的非离析共混物，片剂的可压实性主要取决于主要的辅料，即填充剂（例如微晶纤维素）。在较大的相对剂量下，活性药物成分的较小粒径分数可能对剂量均匀性、压片过程中的分离、与冲头的黏附性，以及混合物的压实度至关重要。由于在活性药物成分生产过程中可能难以控制粒径分布，因此通常通过机械研磨或喷射空气研磨的微粉化间接控制粒径。但是，这会导致活性药物成分的内聚性增强，从而难以使用直压流程进行处理。因此，尽管直压是最明显的工艺技术，但通常仍需要选择对粒径分布变化不敏感的工艺技术（见表 20-2）。

表 20-2　制粒或片剂制造的主要工艺技术以及相关参数

工艺技术类型	过程复杂性的程度和扩大变量的数量	对 API-PSD 的灵敏度	产品离析风险—剂量的不均匀性
直压技术（DC）	*	****	特别是如果涉及到混合料的气力输送技术时 ****
辊压干法制粒技术（RC）	**	***	由于辊压带状物中含有大量较小粒径的成分 **
流化床湿法制粒技术（FBG）	***	**	颗粒粒度分布窄 *
高速剪切湿法制粒技术（HSG）	****	*	颗粒粒度分布窄 *

注　****：最高级别的工艺流程、对 API-PSD 敏感，或有产品隔高风险。

从历史上看，通过高剪切制粒或流化床制粒的湿法制粒是用于生产速释片剂的最常用的工艺技术。但是，在过去 10 年中，趋势是看到辊压的使用量增加，因为这是一种具有成本效益的低复杂性过程，易于开发和扩大规模，这表明原料药粒径在相对较大剂量范围内的影响有限范围（请参阅下一节）。对于新化学实体，高剪切混合湿造粒仅应用于制粒过程中及其他工艺技术失败的情况下需要致密化的高黏性药物。高剪切混合湿造粒是一项困难的技术，因为扩大规模参数是高度定性的，并且不能基于通用平台。高剪切混合湿造粒在机制上更易于理解，并可基于第一原理模型（FPM）进行规模化。与辊压（尤其是直压）相反，可以通过将药物颗粒“互锁”为以高剪切混合湿造粒获得的相对较窄的粒径分布为特征的颗粒，从而最小化影响片剂剂量均匀性的颗粒分离风险。如果原料药在不同颗粒大小部分之间分布不均匀（应对所有颗粒产品进行研究），或者在压缩之前使用较大比例的颗粒外填充物，则高剪切混合湿造粒产品的分离将成为一个剂量均匀性的危险因素。此外，湿法制粒还引入了进一步破坏活性药物成分稳定性的风险（例如水解、结晶形式改变或水合物形成）[29]，这再次使直压和辊压成为首选的加工技术。

图 20-6 显示了基于活性药物成分粒度选择合适的工艺技术的一般指南。该指南是根据在建立直压、辊压和高剪切混合湿造粒技术平台工艺中获得的经验而设计的。由于未考虑活性药物成分颗粒形态，因此简化了所描述的分类，这可能会显著影响可制造性（例如针状晶体与板状晶体）。

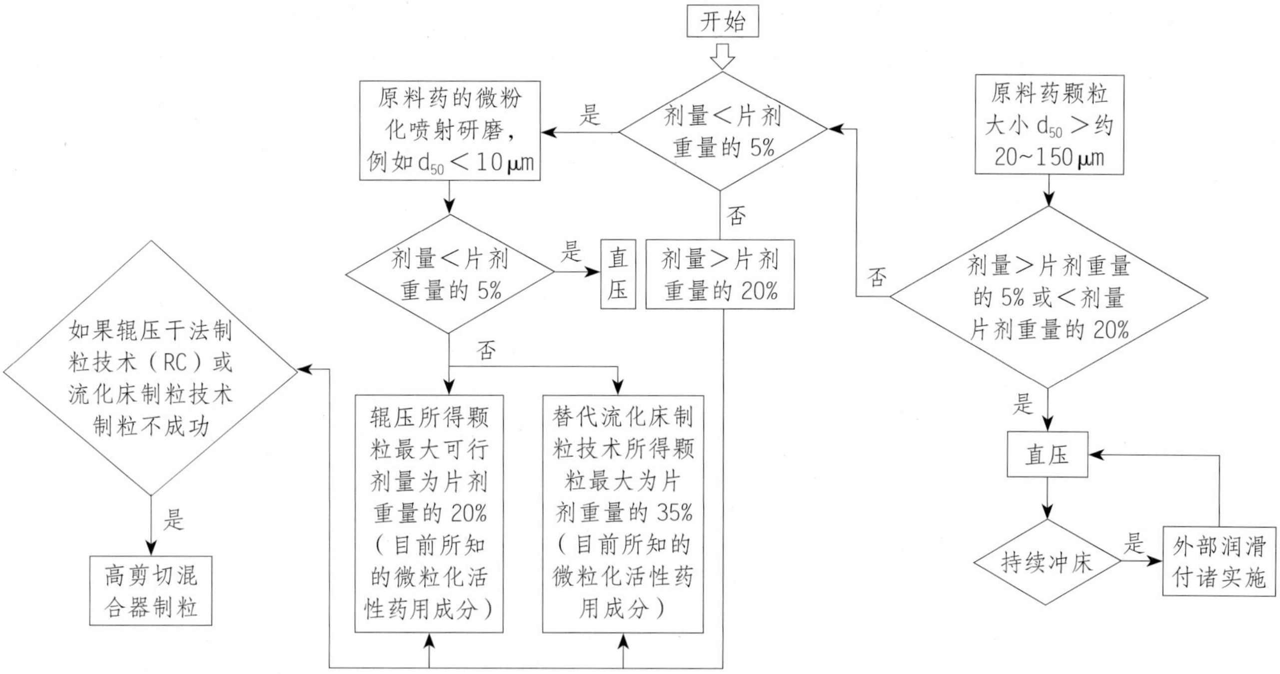

图 20-6　以原料药（规则形晶体）的中位体积粒径（d_{50}）和相对片剂重量 % w/w 为标准来选择制粒工艺技术

20.3.2.2　辅料的选择和制剂的组成

整个制剂的基本原理应坚持简单的原则，仅引入被证实为合理的辅料[29]，并且其浓度必须满足目标产品质量概要和关键过程中参数或关键质量属性。基于这种策略，我们选择并评估了一些用于速释片剂的首选辅料。以下示例描述了选择某些辅料背后的理由，以及它们如何与作为通用技术平台的直压和辊压保持一致。

出于实际原因，选择片剂填充剂仅限于三种不同的辅料：微晶纤维素、甘露醇和乳糖。众所周知，微晶纤维素具有突出的可压缩性。它在升高的湿度下吸收水分，但是水在内部结合到聚合物中，并不一定会带来产品不稳定的其他风险。此外，过氧化物的含量低，因此在已知活性药物成分的氧化降解风险的情况下，这种辅料是一个不错的选择。

乳糖也通常用作片剂填充剂或稀释剂。然而，通过美拉德反应[38]，它与伯胺和仲胺不相容，这可能导致产品不稳定。与乳糖相比，甘露醇是一种非还原性糖，不与胺发生反应，在升高的湿度下仅吸收极少量的水分。乳糖和甘露醇均不含残留的过氧化物。

尽管在文献中依靠填充剂（例如微晶纤维素和乳糖）混合物并不少见，但这种方法的最大缺点是活性药物成分不相容的可能性增加。因此，在 Lundbeck 的文章中，所有平台的制剂都是使用单一填充剂开发的，在某些情况下，其添加的黏结剂量很少，以补偿所选填充剂的压缩性能不足。然后，可以通过简单地选择另一种辅料（例如基于微晶纤维素的平台制剂）来解决活性药物成分与任何给定填充剂（例如乳糖）之间的不相容性。

我们通过研究特定功能相对于不同工艺技术（例如直压、辊压或高剪切混合湿法制粒）的变化，为这三种填充剂建立了一个“知识空间”。对于任何给定的工艺技术平台，这都导致了一些关于填充剂、黏合剂、崩解剂和润滑剂的首选的通用准则。

20.3.3 应用第一原理模型（FPM）促进科学驱动的开发过程

20.3.3.1 第一原理模型在药物开发中的重要性

第一原理模型是数学模型，可在过程输入和输出之间建立定量关系。与基于历史数据的输入和输出变量之间的经验数学或统计相关性相反，这些模型基于基本工程、物理或化学原理。稍后将描述第一原理模型的两个示例。这些示例讨论了活性药物成分的初始粒径分布规范（一种关键材料属性），重点是含量均匀性和溶出度，这两个都是与药品高度相关的关键质量属性。众所周知，活性药物成分的粒径分布规范是具有挑战性的，特别是在产品开发的早期阶段，那里只能提供数量有限的活性药物成分批次。因此，只有有限的数据可用于建立活性药物成分粒径分布与含量均匀性之间的经验相关性或所得药物产品的溶出度。

20.3.3.2 示例 1：直压中最佳混合阶段的计算

粒径分布对混合均匀性的影响是基于这样的假设：当在统计基础上将两个粒子系统随机混合时，可以将二元混合视为最佳混合[39]。此外，还需假设颗粒不发生物理相互作用而是自由流动，但情况并非总是如此。根据经验，该模型基于大量不同的直压产品而被证明是可靠的，这表明与试验含量均匀性数据具有令人满意的相关性。通过将填充剂的组合粒径分布近似作为输入变量，该模型还显示出可以使用活性药物成分和两种填充剂的三元混合物，但并未考虑其他次要成分，例如润滑剂或崩解剂。与特定片剂重量（w）和片剂浓度相关的最佳混合均匀度（$\mathrm{CU}=S_{\mathrm{A,rel}}\%$）的计算公式如下：

$$S_{\mathrm{A,rel}}\%=100\sqrt{\frac{P_{\mathrm{B}}(P_{\mathrm{B}}w_{\mathrm{a}}+P_{\mathrm{A}}w_{\mathrm{b}})}{P_{\mathrm{A}}w}} \tag{20.1}$$

其中 w_a、w_b 是活性药物成分和填充剂单颗粒的平均重量，P_A、P_B 分别是活性药物成分和填充剂的相对含量，其中 (PA +PB)=1。组分 a 或 b 的单个颗粒的平均重量 w_a、w_b 是根据等式从体积大小分布计算得出的。

方程式 20.2 使用从激光衍射测量获得的体积粒径分布数据：

$$w_{\mathrm{a}}=\frac{\pi}{6}\rho\sum_{i}v_i d_i^3 \tag{20.2}$$

式中，v_i 为组分 i 的颗粒体积，d_i 为组分 i 的平均粒径，ρ 为气体比重瓶法测定的颗粒密度。

可以使用 Excel® 确定模型，允许直接输入试验确定活性药物成分、填充剂和颗粒密度粒径分布数据。此外，可以将不同的模拟活性药物成分的粒径分布用作输入参数，也可以将其用于基于不同输入活性药物成分的粒径分布数据（作为初始粒径分布规范输入）的关键材料属性的敏感性分析（假设满足理论含量均匀性输出）。第一原理模型数据必须与产品开发过程中获得的试验性含量均匀性数据相关联，以充分验证模型并为最终活性药物成分粒径分布规范提供最佳基础。图 20-7 显示了一个基于第一原理模型的含量均匀性与实验确定的含量均匀性（补偿片剂质量变化）之间的相关性示例。这些数据基于不同强度的直压制剂，其中将不同的活性药物成分的粒径分布与一种主要的片剂填充剂（即微晶纤维素）混合。如图 20-7 所示，第一原理模型为设置活性药物成分的粒径分布规范提供了合理的指导。在此示例中，药物的平均粒径应为 d_{50}<40μm，以在所需剂量范围内产生令人满意的含量均匀性。

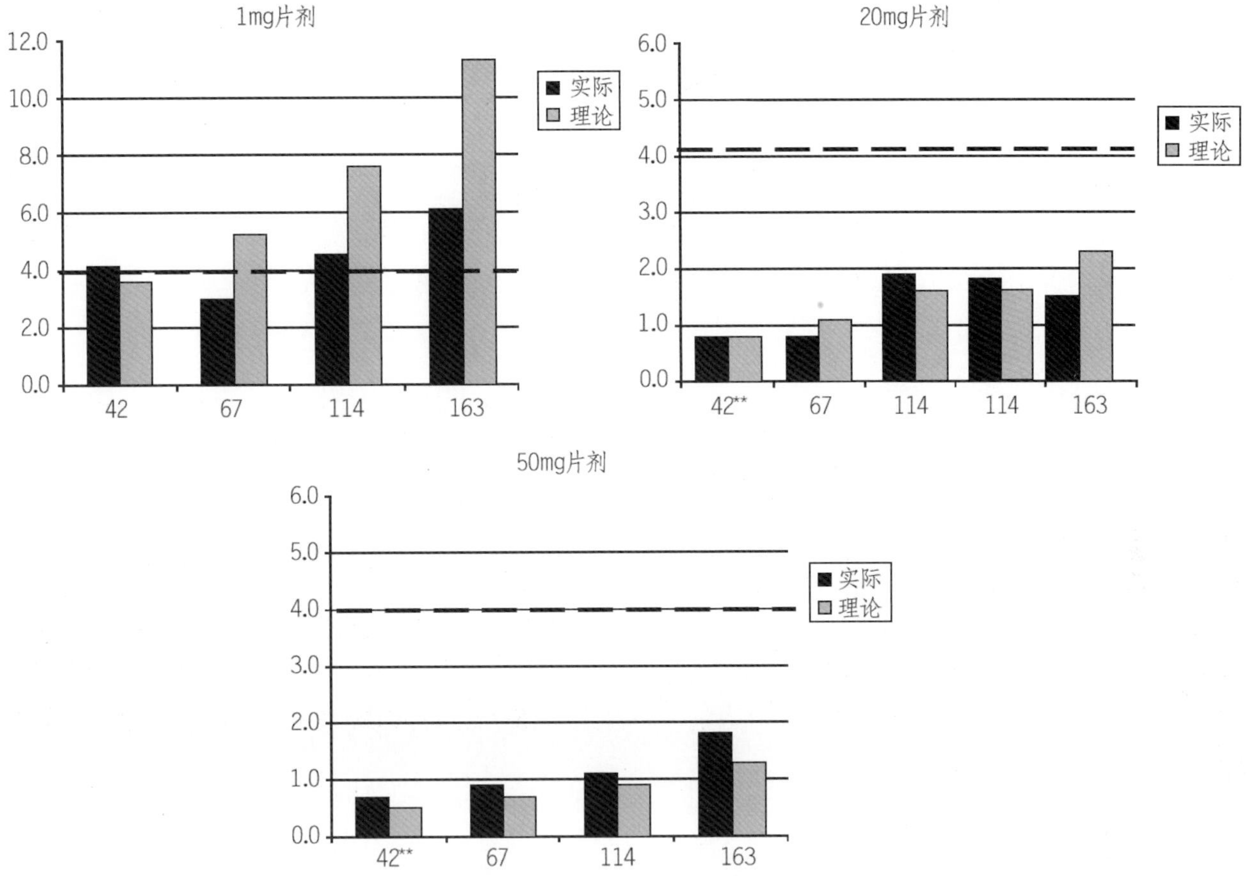

图 20-7　API PSD（$D50$，μm）

注　基于相对标准差（RSD）的超过 100 分钟总制剂时间的片剂批次采样的成分均匀性变化的示例。每 10 分钟分析 2 颗片剂成分，其成分最高允许相对标准差为 4%，如图虚线所示。冲压表面粘贴可被观察到。X 轴表示活性药物成分的平均体积颗粒尺寸。

20.3.3.3　示例 2：活性药物成分粒径对溶解行为的影响（体外 / 体内）

Hintz 和 Johnson [40] 在简化的第一原理模型中描述了活性药物成分的粒径分布对溶出度和口服吸收的影响。基本原理是将活性药物成分的粒径分布分为离散的粒度级别，并从每个单一的粒度级别计算溶出速率。对于特定粒径类别，平均半径 r_i 包含 N_i 颗粒，其溶解速率 dX_i/dt 由 Noyes-Whitney 方程确定 [41]，其中 C_s 是活性药物成分在溶解介质中的溶解度，而 C_v 是溶解的活性药物成分在给定的溶解时间下，浓度由方程式 20.3 给出：

$$\frac{dX_i}{dt}=N_i 4\pi r_i^2 \mathrm{IDR}\ \frac{(C_s-C_v)}{C_s} \tag{20.3}$$

固有溶出度（IDR）[mg /（cm² · min）] 是根据水槽条件下活性药物成分的压缩圆盘确定的。所有粒径类别的药物溶解量与时间的总和会在特定介质中产生理论溶出曲线。通过激光衍射实验确定的活性药物成分的粒径分布输入，可以轻松地将溶解模型转移到 Excel。类似地，如果需要，可以将灵敏度分析应用于模拟的活性药物成分的粒径分布，以设置初始粒径分布规范。对于所有第一原理模型，重要的是根据试验溶出度数据验证模型，最终使固有溶出度适应系统的更具代表性的值。该模型可方便地用于口服吸收数据的计算。将吸收率加到等式的质量平衡中，方程式 20.3 需要使用诸如基于 Caco–2 细胞的数据，通过估计的肠通透性常数输入。该模型已高度简化，因为未考虑诸如肠道通过过程中体内 pH 或通透性变化等变量及依赖于 pH 的活性药物成分溶解度或活性药物成分沉淀。因此，非常重要的一点是，其他更复杂的仿真模型软件（如 SimCyp 或 GastroPlus）支持口服吸收的第一原理模型。但是，该模型可以视为开发过程的起点。

20.3.4 平台技术：辊压

20.3.4.1 辊压技术简介

辊压，也被称为干法造粒，除了片剂压缩之外，还引入了额外的压缩步骤。辊压的加工阶段大致可分为①送粉至压实区，②粉末致密化成带状（或片状），③将带状研磨 / 尺寸缩小成最终颗粒产品[42]（见图 20–8）。

辊压是一个连续的单元操作，主要的“批”可以分为几个子批，并以各种工艺参数组合进行处理。通过调整压辊速度或间隙尺寸，该方法可实现有效的制剂开发及在各种尺度之间的灵活变动。仅当了解对颗粒质量的影响时才应采用后一种方法（请参阅辊压知识空间）。或者可以保持工艺的吞吐量 / 规模，并可以通过并行使用其他制粒机来解决容量方面的问题（“并行阵列”方法）。关键工艺参数在下一节中讨论。以下各节中描述的工作是在小型机器上进行的。有关过程设置的更多详细信息，请参见 Allesø 等人的文章[33]。

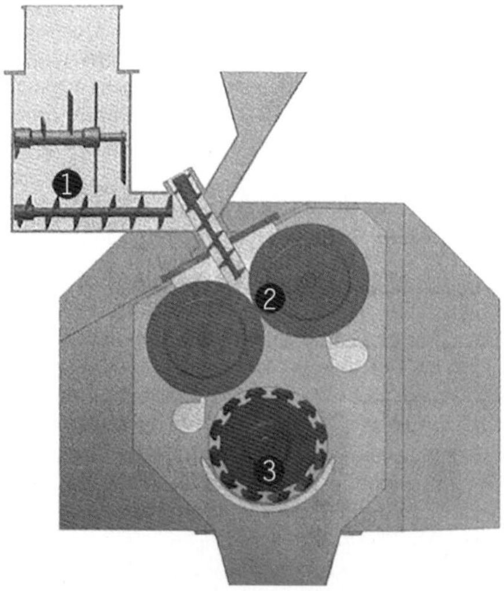

图 20–8 辊压机示意图 (Gerteis 型)

注 1 给料处、2 压制、3 尺寸控制及碾磨。

20.3.4.2 平台制剂组成和辊压参数分级

建议选择公司内具有良好工艺历史的活性药物成分模型物质。当前工作中使用的模型物质和测试物质均具有相似的分子量，即 400~500 g / mol，并且其各自的溶解度与速释固体剂型的使用一致。

由于能够塑性变形，微晶纤维素是辊压干法制粒的首选填充剂。有时人们认为，塑性变形材料应与脆性材料（如乳糖）混合，以减少加工硬化效应[43]。然而，通过施加的辊压控制颗粒孔隙率，可以克服塑性变形材料的再压缩性的损失。通过将色带孔隙率保持在规定的限度内（通常在 20%~40% 范围内），可确保足够数量的颗粒间黏合位点可用于随后的片剂压缩（参见下一部分）。用于辊压的基于微晶纤维素的平台制剂组成显示在表 20-3 中。活性药物成分填充重量范围约为 1%~20% w/w，涵盖了 Lundbeck 现有产品的大部分。然而，在此范围内，中间产物和最终产物的物理性能仍然受主要填充剂组分（即微晶纤维素而非活性药物成分）的影响而决定。

表 20-3 基于微晶纤维素的辊压配方组成

分层	组成	范围（% w/w）
颗粒内部物质	原料药（灵北药厂商品）	1.1%
	微晶纤维素	填料
	交联羧甲基纤维素钠	3.0%
	硬脂酸镁	0.5%
颗粒外部物质	硬脂酸镁	0.5%~1.5%

确定制剂后，应注意关键工艺参数（因素）和质量属性（关键过程中属性和关键质量属性响应）。各种输入和输出变量之间的层次结构链接如图 20-9 所示。为了构建平台，重要的是所选的关键过程中属性或关键质量属性主要受辅料的影响，而活性药物成分的理化性质则要小得多。可接受的属性是颗粒 / 片剂的物理 / 技术性能，可能是细粉、片剂硬度等的一部分，以及与活性药物成分和辅料之间的物理相互作用相关的属性，例如混合均匀性和片剂含量均匀性。相比之下，应该花费更少的精力来优化模型活性药物成分的溶出度，因为后来加入新化学实体通常会显示出不同的溶度（由于溶解度、润湿性、润滑敏感性等的差异）。因此，应在实际的新化学实体制剂开发过程中研究依赖活性药物成分的关键质量属性，而不应将其作为平台构建的一部分。

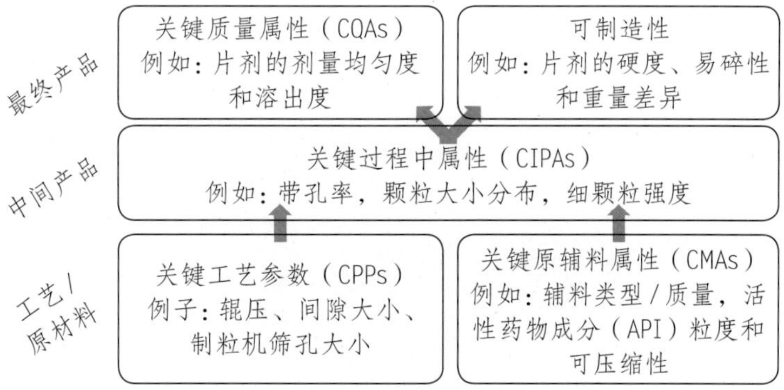

图 20-9 辊压工艺关键输入输出变量及其相互关系的示例

第二个问题涉及过程参数的重要性排名。在辊压的情况下，可能需要研究许多工艺参数，即填塞 / 进料螺旋速度、轧制力 / 速度 / 类型、间隙尺寸、造粒机类型 / 速度 / 角度和筛子类型 / 尺寸。对所有这些变量进行详尽的实验设计研究非常耗时且不合逻辑，因为其中一些参数对颗粒质量的影响可忽略不计。此外，使用间隙控制功能可自动调节高通量压实机上的进料螺杆速度。这种间隙控制功能有效地减少了工艺变量的数量，从而减少了早期制剂开发过程中的工作量[44]。对于带孔隙率（关键过程中属性），有三个主要因素：轧制力 > 间隙尺寸 > 轧制速度。这些参数在辊压过程中的影响点如图 20-10 所示。

已知辊力和间隙尺寸对带状孔隙度和颗粒尺寸分布产生最大影响，并且为了产生平台知识空间，这些是任何实验设计的主要关注点（见下一部分）。作为对比，在量产时滚动速度这一参数是关键研究对象。

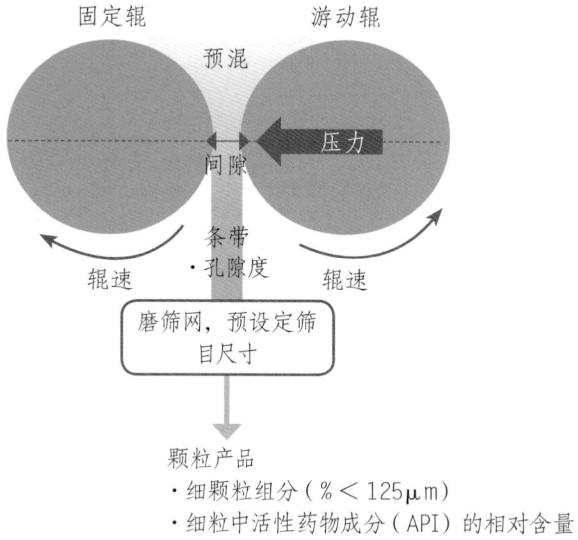

图 20-10　辊压干法造粒原理

注　Mini-Pactor 上的滚筒实际上是倾斜的。

如图 20-10，显示了关键工艺参数（CPP）和选定的关键工艺质量属性（CIPA）。关键工艺参数包括压力、间隙和轧制速度，而关键工艺质量属性则包括预混合带孔隙率。

20.3.4.3　知识空间（实验设计）

平台知识空间是通过阶乘设计构建的，最终的预测方程式描述了关键过程中属性（y 变量，响应）与制剂 / 工艺参数（x 变量，因子）之间的关系。图 20-11 说明了应用于辊压的设计方法。选择了中心复合面设计，因为它可以量化平方项，从而对非线性行为进行建模。根据工艺参数的初始风险等级，轧辊压力和缝隙大小，以及活性药物成分的颗粒内含量都会有系统的变化。由于辊压过程参数是实时调整的，因此这样的设计仅需几个活性药物成分批次即可完成（每个活性药物成分负载一个批次）。在辊压的情况下，活性药物成分粒径保持固定在 D_{50} 为 65 μm。片剂的初步压实试验证实，粒径在 40~165 μm 之间变化对所得压块的孔隙率影响很小。如图 20-11 所示，在片剂压缩过程中，针对片剂含量均匀性（关键质量属性）评估了活性药物成分粒径。还应注意，每个单元操作（辊压和数位板压缩）的知识空间是相互独立构建的。由于两个单元操作中的几个因素（x）和响应（y）混杂在一起，因此可以对实验设计数据进行明确的解释。例如，带孔隙率在辊压阶段是关键过程中属性响应变量（y），而在片剂压缩过程中，它可被视为可控制的输入变量（x），影响片剂产品的可制造性（y），例如硬度（见图 20-9）。因此，合并实验设计是无意义的且不推荐的。除了单独的实验设计（数据未显示）之外，稍后还可以对整个数据集（辊压和药片压缩）使用主成分分析（PCA）/ 偏最小二乘（PLS）进行多变量分析，以便调查辊压和药片压缩变量之间的相互关系。

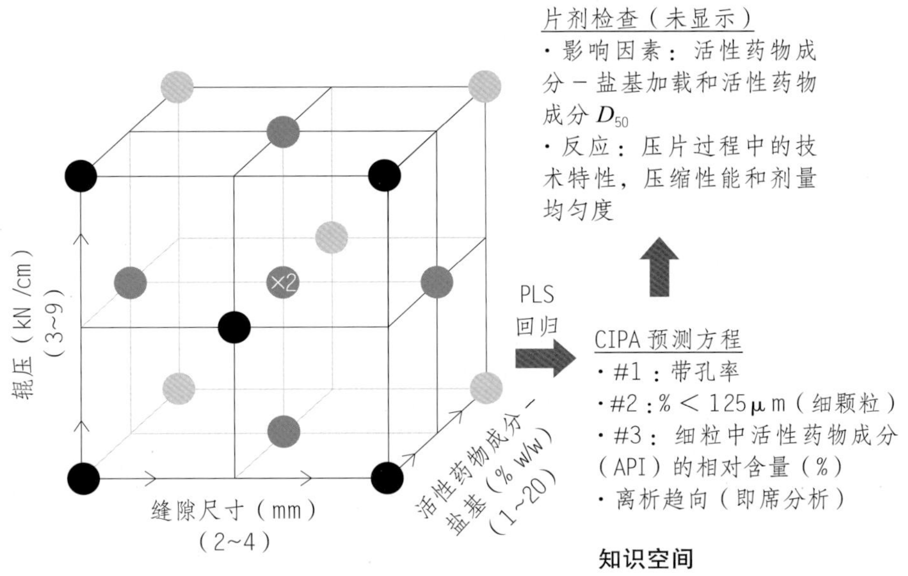

图 20-11　辊压的设计方法

上图说明了开发基于微晶纤维素的辊压平台制剂的方法。通过中心复合面优化设计来构建造粒知识空间。导出的关键过程中属性预测方程用于计算最佳工艺设置，从而提供可接受质量的颗粒。将所得颗粒压制成片剂，由此独立地产生片剂知识空间。

一旦执行了实验设计，描述关键过程中属性（y）和因子（x）之间关系的系数（β）通过合适的最小二乘回归项计算：

$$y=\beta_1x_1+\beta_2x_2+\beta_3x_3+（平方项＋相互作用项）＋常数 \qquad (20.4)$$

在这项工作中，由于响应之间存在协方差，因此应用了偏最小二乘（MODDE，Umetrics MKS）作为多元线性回归（MLR）的更可靠替代方案。带孔隙率模型（关键过程中属性 -1）解释了数据集总差异（R2）的 92%，根据交叉验证（Q2）解释了 83%。关键过程中属性 -2（粉尘 <125 μm 的百分比）和关键过程中属性 -3（粉尘的相对活性药物成分含量）提供了较差但可接受的模型性能，R2 / Q2 分别为 75% / 65% 和 80% / 71%（表 20-4）。

表 20-4　平台数据输出与 PLS 回归模型性能

CIPA#	设计数据范围（%）	PLS 回归模型性能	
		R2	Q2
1. 带孔率	20~45	0.92	0.83
2.% < 125μm（细颗粒）	15~39	0.75	0.65
3. 细粒中活性药物成分（API）的相对含量（%）	20~66	0.80	0.71

这些预测方程式构成了平台制订方法的基础，现在可用于预测新活性药物成分及其他颗粒内效价水平的知识空间。

20.3.4.4　申请测试物质

选择了适用于辊压处理的新 Lundbeck 分子作为测试化合物，以验证平台的适用性。第一步，确定此新活性药物成分的性能与预期的制剂策略匹配的程度，以及平台涵盖的制剂和工艺参数变量的范围（因子水平）。表 20-5 显示了平台和测试制剂的选定属性。

表 20-5　平台和测试制剂的属性比较

性质	平台（PF）范围	测试制剂（TC）	TC 是否在 PF 范围内？（是 / 否）
赋形剂的选择	微晶纤维素（MCC）/镁盐（Mg-St）	微晶纤维素（MCC）/镁盐（Mg-St）	是（没有稳定性问题）
活性药物成分（API）加载	1%~20% w/w	9%（10mg 剂量） 28%（90mg 剂量）	是
活性药物成分（API）体积平均粒径	D_{50}：40~165 μ m	50~150 μ m	否（外推法）
活性药物成分（API）微粒形态	砖块形状	层状	无（可能会影响预混合和进料）

该活性药物成分与首选填充剂微晶纤维素兼容。但是，高剂量使颗粒的活性药物成分负载量达到 28%，超过了平台中研究的 1%~20% w/w 范围。较高的活性药物成分可能会导致诸如粉末流动性差（风险 #1），进料到压实区的进料不良及用于压片的粉末混合物的致密性不足（风险 #2）等问题 [12]。通过在制剂中添加少量助流剂，风险 #1 可以减轻。风险 #2 不会引起问题，因为对试验化合物的初步压缩研究证实其具有适当的塑性，其压缩性优于平台开发过程中使用的模型物质。因此，为了进一步确保与含量均匀性（关键质量属性）一致，将 28% 活性颗粒的目标带孔率（关键过程中属性 -1）设置为低于通常的 20%~25%，这将导致更少的细粉颗粒，从而降低分离的风险。由于某些市场需要降低浓度的片剂，因此还开发了 9% 的活性颗粒，该颗粒在平台活性药物成分的载荷范围内，允许孔隙率在 25% ~35% 之间。细粉含量不应超过 30%，百分比 <125 μm（关键过程中属性 -2），并且该部分中的相对活性药物成分含量必须低于 45%（关键过程中属性 -3）。使用来自平台（模型化合物）的预测方程式，计算出 9% 和 28% 的颗粒内载荷时的设计空间。28% 活性颗粒的外推设计空间在图 20-12 中显示为"最佳点"图，显示了工艺参数、辊压和间隙尺寸的哪些组合有望提供质量可接受的颗粒产品（上部区域）。

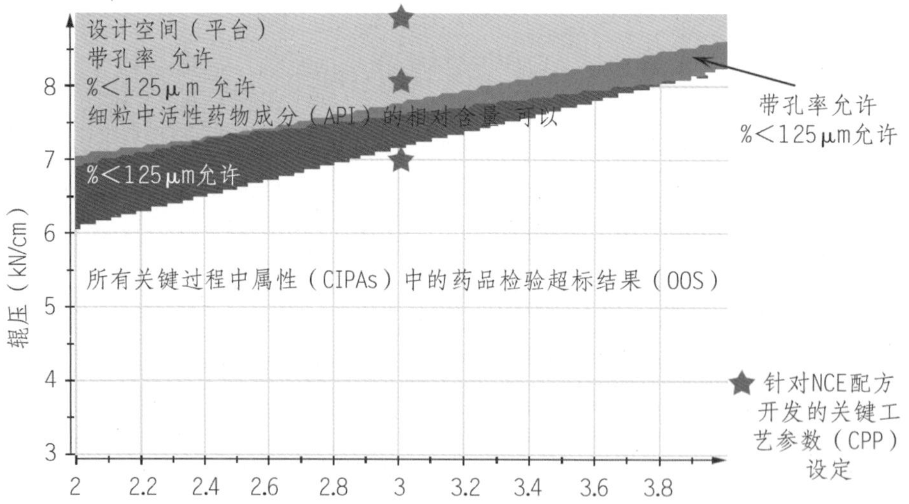

图 20-12　28%w/w 活性药物成分颗粒内荷载下基于微晶纤维素的平台制剂设计空间区域（星号表示应用于试验化合物的工艺参数设置，未显示 9%w/w 颗粒的设计空间）

决定以 3 mm 的间隙尺寸进行生产，并选择了三个辊压起始点。第一个是在上部区域（9 kN/cm）内，所有关键过程中属性均在规范范围内。在失效边缘的第二个（8 kN/cm）；最后一个为 7 kN/cm，其中所有关键过程中属性都不符合规范。这些构成了小规模进行的第一个实验。将每个辊压约 500 g 的预混料辊压实，并在单个冲床上压制成片剂。表 20-6 中列出了从初始筛选（活动 I）中测得的关键过程中属性结果，以较大规模的活动（活动 II 和 IV），以及一批对活性药物成分规范进行了测试并使用其他活性药物成分品质的活动（活动 III）。

表 20-6　碾压测验结果

批量活动	药物成分	效力（%w/w）	辊压（kN/cm）	关键过程中属性 -1		关键过程中属性 -2		关键过程中属性 -3	
				带状孔隙度（%）		%<125 μm		细粉含量（<125 μm）	
				测量（n=3）	预测值（95%conf.）	测量	预测值	测量	预测值
I(500 g 级别）	A	28%	7	24% ± 1%	27% ± 3%	N/A	N/A	N/A	N/A
		28%	8	22% ± 0%	24% ± 3%	N/A	N/A	N/A	N/A
		28%	9	18% ± 1%	20% ± 3%	N/A	N/A	N/A	N/A
II（10 kg 级别以上）	B	9%	6.5	30% ± 1%	32% ± 1%	45%	26% ± 1%	56%	43% ± 3%
		28%	9	20% ± 1%	20% ± 3%	32%	27% ± 4%	32%	40% ± 7%
III	C	28%	8	20% ± 0%	24% ± 3%	35%	29% ± 3%	N/A	N/A
	D	28%	8	19% ± 0%	24% ± 3%	34%	29% ± 3%	N/A	N/A
	E	28%	8	20% ± 0%	24% ± 3%	33%	29% ± 3%	N/A	N/A
IV（30 kg 级别以上）	F	9%	6.5	31% ± 1%	32% ± 1%	33%	26% ± 1%	24%	43% ± 3%
		28%	8	22% ± 1%	24% ± 3%	38%	29% ± 3%	28%	44% ± 7%

第一次试验中测得的带状孔隙度与平台的预测值非常吻合。尽管发现了关键过程中属性 -2 和关键过程中属性 -3 的预测值与实测值之间存在差异，但平台在带孔隙率方面的适用性也已在 10 kg 和 30 kg 级别下得以确定（活动 II 和 IV）。10 kg 批次（活动 II）的细粒含量（关键过程中属性 -2）和细粒效价（关键过程中属性 -3）比平台模型预测要高得多。辊压颗粒的双峰分布使得代表性采样难以进行。平台配制是小规模准备的，制粒过程中实时收集颗粒（实验设计中每个子批次 500 g）。因此，采样就代表了平台制剂。相反，在制造整个 10 kg 批次之后，从 10 kg 批次中与测试化合物一起收集颗粒。因此，所收集的颗粒可能比整个 10 kg 批次的平均含量更高。实时收集了第三次和第四次试验的颗粒。最后，关键过程中属性 -2 和关键过程中属性 -3 的偏最小二乘模型

的不准确性也增加了总体不确定性（请参见上一节）。

考虑到新活性药物成分（活动 III）的较高可压缩性（较低的带孔隙率），决定在 8.0 kN/cm 辊压下制造 28% w/w 批次，并在使用 6.5 kN/cm 9% w/w 批次。对于 28% w/w 负载，该辊压力提供 19% ~22% 的带孔隙率，与所使用的活性药物成分批次无关，其在最初针对平台模型的目标 20%~25% 内。 随后的压片表明即使对于由低孔隙率带（9.0 kN/cm）加工的颗粒，也具有优异的片剂紧密度（20~110 N）。

关于建立片剂可制造性的知识空间，在上一节中已经表明，应该将其与中间颗粒产品分开构建，以保持高度的可解释性。在辊压中，带孔隙度（辊压过程中的关键过程中属性响应变量（见图 20-9））在制片压缩工艺中成为可控制的输入参数。因此，可以单独进行一次实验设计，以量化压片力和颗粒的（带）孔隙率对压片硬度的影响。对于测试物质，这种相关性的响应面如图 20-13 所示。通过在相应的色孔隙率范围内施加冲压力，可以控制药片的硬度（参见表 20-6）。

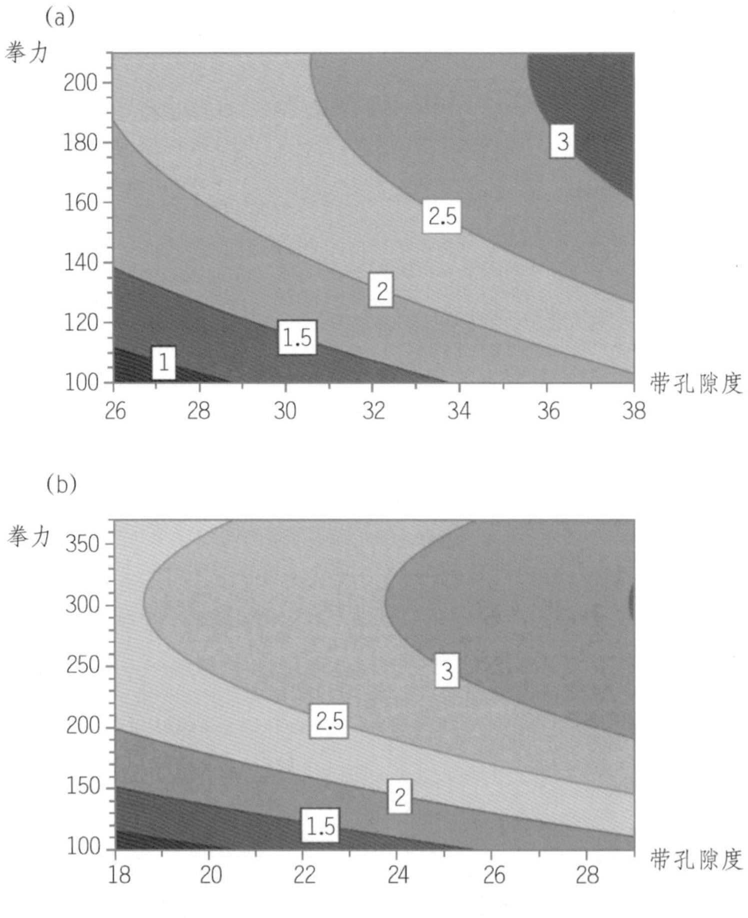

图 20-13 （a）9% 颗粒和（b）28% 使用测试物质的比抗碎强度（SCS）（即硬度相对于片剂横截面面积归一化）的响应面图

该示例说明了如何在平台技术中积累模型化合物的现有制剂和工艺知识，并将其应用于新的测试化合物。这使开发科学家可以快速做出基于风险和科学的制剂组成和工艺参数决策，而无须牺牲对工艺的理解和对产品质量的控制。对于辊压，在计算机上只花了一个工作日就可以验证平台策略建议的制剂选择和工艺设置的可行性。图 20-14 总结了构建和应用辊压平台的方法。

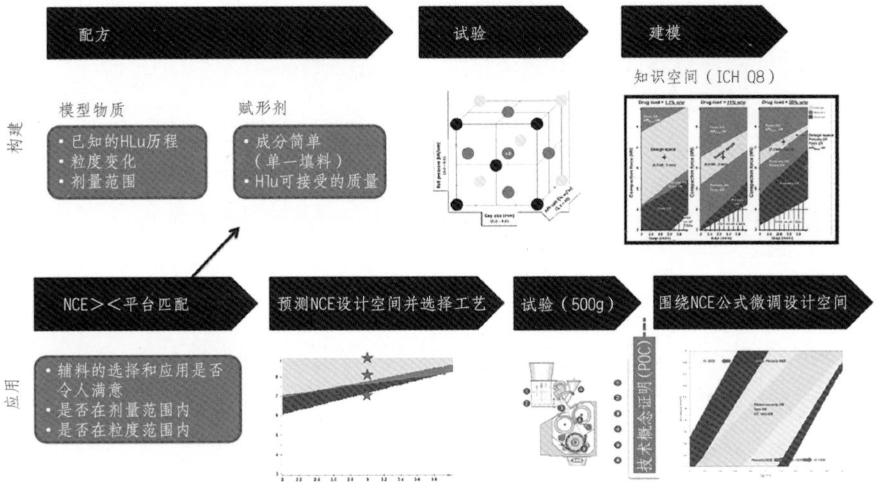

图 20-14　构建和应用辊压平台的方法

20.3.4.5　理解量产（规模化生产）

成功进行大规模生产的目的是通过适当调整工艺参数，为不同规模的产品创建相似的加工条件。可以通过较大规模的经验测试找到合适的比例因子，或者从第一原则模型中更合理地得出比例因子。但是，从实验室 / 试点规模扩大到商业规模可能带来难以预见和缓解的挑战，这不仅是因为这些问题发生在开发后期，通常制剂是固定的。由于这种允许的放大控制策略仅限于工艺参数的调整和设计变更，后者通常仅在新设备作为其安装和鉴定程序的一部分时才现实。对放大参数的正确理解源于对给定工艺技术及其各种规模的机械洞察力。因此，有必要将它们作为技术平台的一部分进行调查，并主动将知识应用于未来的产品。 第一原则模型方法的示例包括热动力质量 - 能量平衡计算和流化床湿法制粒中的喷嘴液滴尺寸分布，以及切换到更大直径的滚筒时在干法制粒中的辊隙角 / 面积计算 [45]。在辊压中，咬合角表示粉末致密化的开始，因此决定了在给定的轧制力下施加于粉末的总压力，最终影响了带孔隙率。假设制粒机筛子的尺寸在两个刻度之间固定，则带孔隙率是辊压颗粒压缩特性和尺寸分布最重要的质量指标。从图 20-15 可以明显看出，活性药物成分含量

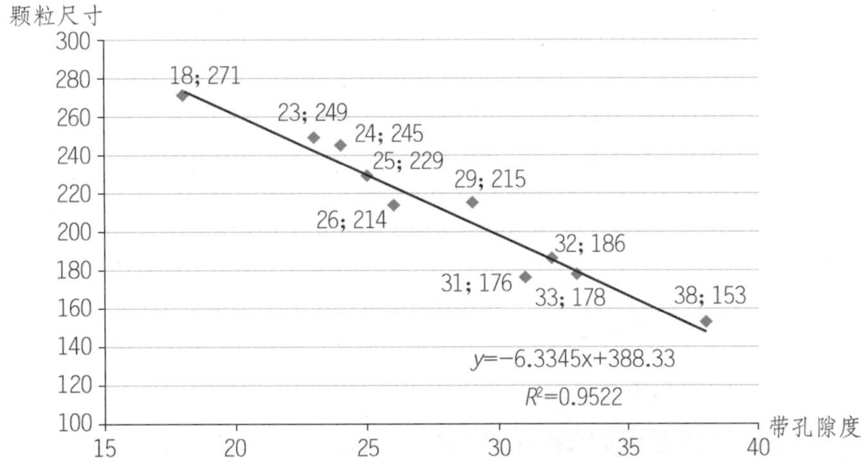

图 20-15　9% w/w 和 28% w/w（活性药物成分）共混物的五个批次的带孔隙率与颗粒平均几何尺寸（μm）之间的关系

注　在筛分分析之前，将所有颗粒细分，以确保具有代表性的采样和最准确的 Dgw 测定。

分别为 9% ~28% 的子批次的色带孔隙率与颗粒几何平均直径（D_{gw}）之间的关系（如前所述）。粉末混合物已经在辊压和间隙尺寸的各种组合下进行了辊压处理，以分别在 9% 和 28% 的载荷下产生 26%~38% 和 18%~29% 的带孔率。对于两种混合物，无论活性药物成分负载如何，带材孔隙率和最终颗粒尺寸之间都存在线性关系，即带材越硬，细颗粒的数量越少，反之亦然。

因此，当放大辊压工艺时，应该关注带孔隙度作为主要的中试放大属性。作为第一原理模型的替代品。通过 Joint-Y 偏最小二乘回归模拟 [46] 来自小规模辊压的历史数据，并将其应用于预测具有较大辊直径的较大规模压实机辊压的比例因子。然而，通过不同设备规模的创新设计，也可以避免辊压中的一些扩大规模的挑战。Gerteis 压片机的旗舰型号包括 Mini-Pactor 和 Macro-Pactor。两台压实机的尺度可比前视图如图 20-16 所示。Mini-Pactor 通常被用于中试规模，尽管该单元操作的连续性使其适用于实验室规模。原则上，生产规模取决于处理时间。Macro-Pactor 是 Gerteis 的生产规模压片机。它与 Mini-Pactor 非常相似，两个最显著的差异是更宽的压辊（25 mm 对 100 mm）和双螺旋喂料系统（与 Mini-Pactor 上的单一进料相比），以适应更大的产量。滚筒在两个秤之间具有相同的直径，这确保了相同的辊隙区域，因此辊压和间隙尺寸对混合物具有相似的影响。因此，其声称带孔隙率与规模大小无关。据我们所知，没有任何研究可以证实这一假设，因此将这一主张作为平台的一部分进行调查研究是合理的。

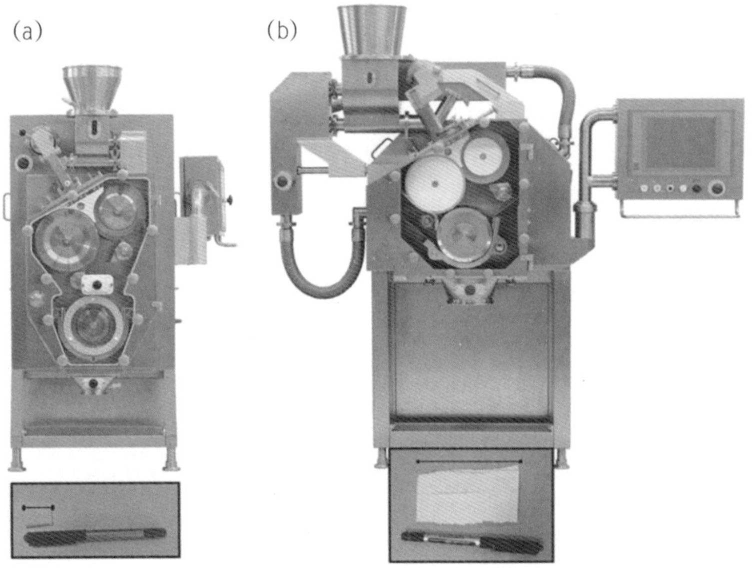

图 20-16 同比例尺的（a）Gerteis 的 Mini-Pactor 和（b）Macro-Pactor 正视图

注 如图中底部所示，Macro-Pactor 的滚筒和带的宽度是 Mini-Pactor 的 4 倍。

在这些研究中，使用了两种基于微晶纤维素的安慰剂混合物，并配制为获得不同的流动性，从而对较大的 Macro-Pactor 上的进料系统提出了挑战。仅由 Avicel PH101 和润滑剂组成的混合物代表流动性最差的安慰剂批次，根据剪切试验研究，其分类为临界内聚性 / 易流动性。第二批安慰剂包含流动性更好的 Avicel PH102，以及润滑剂和助流剂，被归类为易流动 / 自由流动的临界水平。为了确认所要求的轧制力和间隙的 1 : 1 可扩展性，使用相同的辊压参数设置在两种压实机规模上对每种测试混合物进行处理。轧制力和间隙根据 2^2+1DOE 筛选设计进行系统的改变。差距水平为 2~4 mm，而施加力的范围为 5~9 kN/cm。根据经验，这些范围的组合可提供 20% ~40% 的带孔隙率，这是一个现实的范围（如前所述）。

图 20-17 展示了 Avicel PH101 和 PH102 安慰剂批次的带孔率结果及使用上述平台预测的值。由于基于微晶纤维素制剂的辊压平台是使用 1%~20% w/w 的活性药物成分装载量开发的（请参见上一节），因此在此项目中，使用 1% w/w 的活性药物成分装载量来近似安慰剂混合物，并且因此避免外推。由于 PH101 和 PH102 等级的粒子密度相似，因此该方程式也适用于 Avicel PH101。通常，两个刻度尺上的设备带孔率之间具有良好的一致性，两个刻度尺之间的偏差从 0%~3%。

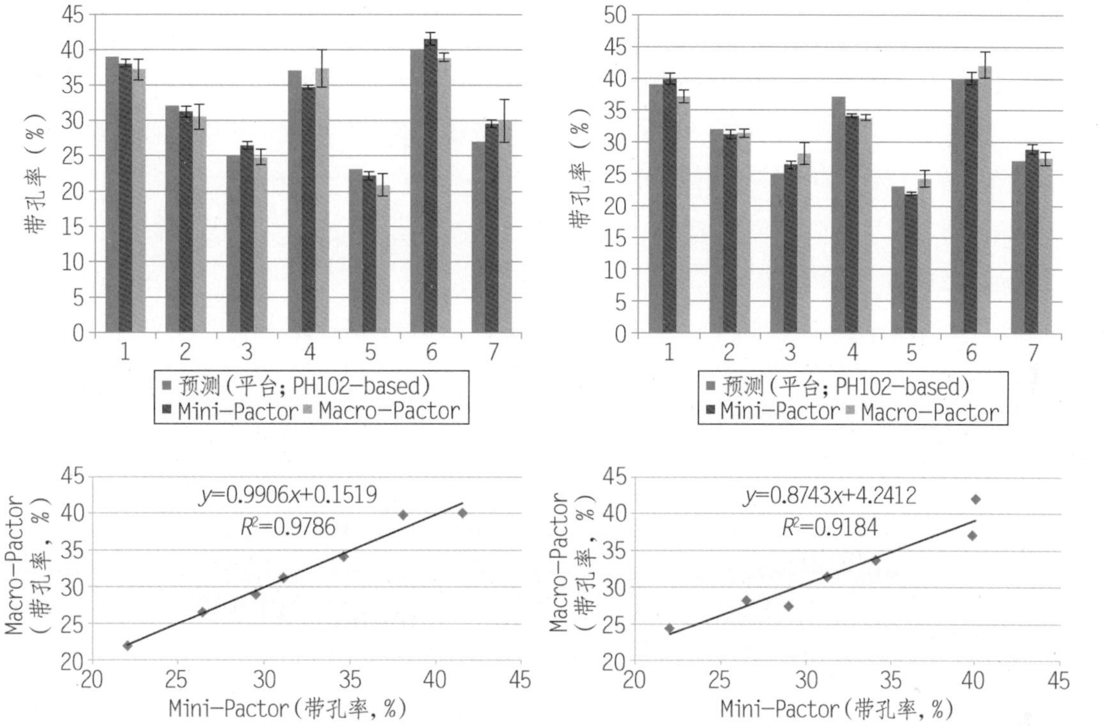

图 20-17 柱状图（上）和散点图（下）

注 散点图证实了在相同的间隙和轧制力下，Mini-Pactor 和 Macro - Pactor 的带孔率之比为 1：1。

结果证实了 Mini-Pactor 到 Macro-Pactor 预期的 1：1 扩展性，并演示了逻辑设备设计如何减轻潜在的中试扩大风险。这显著减少了制剂设计师在放大研究中花费的时间，从而使他们能够专注于其他中试放大风险，例如冲头黏附和压片前碾压过颗粒的分离。这些风险在很大程度上取决于活性药物成分，因此在新化学实体制剂开发过程中应进行最合理的调查研究。

20.4 结论

总体而言，ICH Q8（R2）[11] 鼓励制药公司通过将基于科学的可靠开发工作与质量源于设计结合起来，使用风险管理和实验设计来评估产品的质量，以评估随后影响关键质量属性的关键制剂和工艺参数。最重要的好处是，使用质量源于设计原理对产品进行的这种系统，合理的开发可确保最终产品的稳定可靠，同时在其生命周期内出现问题的风险较小，从而降低了制造商的经济风险并提高了产品对患者的安全性。此外，这有助于建立一个设计空间，在其中可以调整参数以传递预期的目标产品质量概要。但是，必须强调的是，ICH Q8（R2）[11] 并不排除基于经验的开发方法的应用，这对于简单或小批量产品而言可能更具成本效益。

根据质量源于设计，含有新化学实体的固体剂型的合理产品开发的关键工具可能包括以下要素：

· 用于选择辅料的合理选择标准[29]及基于内部决策工具中的公共知识和先验知识进行的处理风险的管理方法和实验设计辅料选择的合理选择标准[29]和基于内部决策工具的公共和先验知识的处理应用风险管理方法和实验设计。

· 第一原理模型（如果可能）和机械知识的应用支持工艺设置，制剂规范的选择，例如使用模型探索药物粒径对含量均匀性或溶出度的影响，以及随后的控制策略。

· 验证制剂技术平台对特定新化学实体的适用性，并最终相应地调整设计空间。

我们的经验表明，这种方法可以显著减少与产品和过程相关的变量，因此在产品开发过程中需要进行调查研究。此外，随着在许多产品的开发过程中获得先验知识，通用工具和平台技术可以不断得到改进和扩展。这包括更新数据库 / 表中包含的信息和 / 或从初始实验设计为预测方程添加更多数据。这些措施确保了组织内部灵活而强大的平台基础。为了实现平台技术的全部好处，重要的是将平台工作的结果整合到对用户友好的工具中，例如作为内部开发手册，并培训从事产品开发工作的学者和技术人员发展。风险评估[12]是所有新化学实体制剂开发的组成部分，而文件对于支持关键性陈述至关重要。平台中生成的知识可被视为先验知识，并被添加到给定制剂和相关工艺技术的监管模板中。因此，可以在新化学实体制剂开发的早期阶段预先准备法规文件的一部分，并从平台获取完整的文档以支持风险分级方法。

总而言之，该技术平台在我们的工作中起着关键作用，并支持基于质量源于设计的制剂开发，并且该概念应考虑到所有药物供应系统。

参考文献

[1] EU. 2014. Pharmaceutical Quality System. In：*Guidelinesfor good manufacturingpractice for medicinal products for human and veterinary use*. https：//ec. europa. eu / health / documentsleudralex / vol-4_en. Accessed on July 6，2017.

[2] Rathore AS，Mhatre R，(Eds). 2011. *Quality by design for biopharmaceuticals：principles and case studies*. Hoboken：J0hn Wiley & Sons，Inc.；2011.

[3] Elliott P，Billingham S，Bi J，et al. 2013. Quality by design for biopharmaceuticals：a historical review and guide for implementation. *Pharmaceutical Bioprocessing* 1；105–122.

[4] Yu LX，Amidon G，Khan MA，et al. 2014. Understanding pharmaceutical quality by design. *The AAPS Journal* 16；771–783.

[5] Juran JM. 1992. *Juran on quality by design：the new stepsforplanning quality into goods and services*. New York：The Free Press；1992.

[6] FDA' s Critical Path Initiative. 2004. http：//www. fda. gov / ScienceResearch/SpecialTopics / CriticalPathInitiative / ucm076689. htm. Accessed on June 4, 2006.

[7] Food and Drug Administration CDER. 2004. Guidance for industry，PAT：a framework for innovative pharmaceutical development，manufacturing，and quality assurance. September，2004.

[8] Food and Drug Administration (FDA)2004. Pharmaceutical CGMPs for the 21st century：a risk based approach.

September，2004.

[9] Food and Drug Administration (FDA)2005. Submission of chemistry，manufacturing and controls information in a new drug application under the new pharmaceutical quality assessment system；notice of pilot program. *Federal Register* 70；40719–40720.

[10] Van Buskirk GA，Asotra S，Balducci C，et al. 2014. Best practices for the development，scale-up，and post-approval change control of IR and MR dosage forms in the current quality-by-design paradigm. *AAPS Pharm Sci Tech* 15；665–693.

[11] ICH Q8(R2). 2009. Pharmaceutical development. Current step 4 version，August，2009.

[12] ICH Q9. 2005. Quality risk management. Current step 4 version，November 9，2005.

[13] ICH Q10. 2008. Pharmaceutical quality system. Current step 4 version，June 4，2008.

[14] ICH Q11. 2012. Development and manufacture of drug substances(chemical entities and biotechnological / biological entities). Current step 4 version，May 1，2012.

[15] Kushner J，Langdon BA，Hicks I，et al. 2014. A quality-by-design study for an immediate-release tablet platform：examining the relative impact of active pharmaceutical ingredient properties，processing methods，and excipient variability on drug product quality attributes. *Journal of pharmaceutical Sciences* 103；527–538.

[16] Huang J，Kaul G，Cai C，et al. 2009. Quality by design case study：an integrated multivariate approach to drug product and process development. *International，Journal of Pharmaceutics* 382；23–32.

[17] Peterson JJ，Lief K. 2010. The ICH Q8 definition of design space：a comparison of the overlapping means and the Bayesian predictive approaches. *Statistical Biopharmaceutical Research* 2：249–259.

[18] The Common Technical Document. 2002. The common technical document for the registration of pharmaceuticals for human use：Quality—M4Q(R1) Quality overall summary of module 2，module 3：Quahty，Current Step 4 version，September 12，2002.

[19] Yu LX. 2008. Pharmaceutical quality by design：product and process development，understanding，and control，*Pharmaceutical Research* 4：78l–791.

[20] ICH Q6A. 1999. Specifications：test procedures and acceptance criteria for new drug substances and new drug products：chemical substances. Current step 4 version，October 6，1999.

[21] ICH. 2012. Guidance for industry Q8，Q9 and Q10，questions and answers including appendix for training sessions.

[22] Serajuddin ATM，Thakur AB，Ghoshal RN，et al. 1999. Selection of solid dosage form composition through drug-excipient compatibility testing. *Journal of Pharmaceutical Sciences* 88；696–704.

[23] Verma RK，Garg S. 2005. Selection of excipients for extended release formulations of glipizde through drug-excipient compatibility testing，*Journal of Pharmaceutical and Biopharmaceutical Analysis* 38；633–644.

[24] ICH Q1A(R2). 2003. Stability testing of new drug substances and products. Current step 4 version，February 6，2005.

[25] Food and Drug Administration CDRH. 2011. Draft guidance for industry and food and drug administration staff：applying human factors and usability engineering to optimize medical device design. June，2011.

[26] ISO Standard No. 62366. 2007. Medical devices：application of usability engineering to medical devices.

[27] Awotwe-Otoo D, Agarabi C, Wu GK, et al. 2012. Quality by design : impact of' formulation variables and their interactions on quality attributes of a lyophilized monoclonal antibody. *International Journal of Pharmaceutics* 438 ; 167–175.

[28] Nazzal S, Nutan M, Palamakula A, et al. 2002. Optimization of a self-nanoemulsified tablet dosage form ubiquinone using response surface methodology : effect of formulation ingredients. *International Journal of Pharmaceutics* 240 ; 103–114.

[29] Elder DP, Kuentz M, Holm R. 2016. Pharmaceutical excipients : qualitty, regulatory and biopharmaceutical considerations. *European Journal of Pharmaceutical Sciences* 87 ; 88–99.

[30] Food and Drug Administration. 2011. Process validation : general principles and practices. Guidance for industry. January 2011.

[31] ISPE Guide Series. 2011. Product Quality Lifecycle Implementation (PQLI®)trom concept to continual improvement part 1 : Product realization using QbD, concepts and principles.

[32] ISPE Guide Series. 2011. Product Quality Lifecycle Implementation (PQLI®)trom concept to continual improvement part 2 : Product realization using quality by design(QbD) : illustrative example. http : //wwww. ispe. org / pqil–guides / product–realization–qbd–example. Accessed on April 8, 2017.

[33] Allesø M, Torstenson AS, Bryder M, et al. 2013. Presenting a rational approach to QbD-based pharmaceutical development : a roller compaction case study. *European Pharmaceutical Review* 6 : 17—24.

[34] Halman JIM, Hofer AP, van Vuuren W. 2003. Platform-driven development of product families : linking theory with practice. *Journal of Product Innovation Management* 20 ; 149–162.

[35] Fiil-Nielsen O, Mortensen NH. Implementing product platforms : a case study. International Design Conference : Design 2006, Dubrovnik, Croatia, May 15–18, 2006.

[36] FDA, 2016. Biopharmaceutics classification system(BCS)guidance. http : //www. fda. gov / AboutFDA / CentersOffices / OfficeofMedicalProductsandTobacco / CDER / ucml28219. htm. Accessed on June 10, 2016.

[37] Leane M, Pitt K, Reynolds G. 2014. The Manufacturing Classification System(MCS)Working Group. A proposal for a drug product Manufacturing Classification System(MCS)for oral solid dosage forms. *Pharmaceutical Development Technology* 20(1) ; 1–10.

[38] Baertschi SW, Alsante KM, Santafianos D. 2011. Stress testing : the chemistry of drug degradation. In : Baertschi SW, Alsante KM, Reed RA. (Eds). *Pharmaceutical stress testing : predicting drug degradation*. London : Inform Healthcare, p49–141.

[39] Iohnson MCR. 1972. Particle size distribution of the active ingredient for solid dosage forms of low dosage. *Pharmaceutica Acta Helvetica* 47 ; 546–553.

[40] Hintz RJ, Johnson KC. 1989. The effect of particle size distribution on dissolution rate and oral absorption. *International Journal of Pharmaceutics* 51 : 9–17.

[41] Noyes AA, Whitney WR. 1897. The rate of solution of solid substances in their own solutions. *Journal of American Chemical Society* 19 : 930–934.

[42] Kleinebudde P. 2004. Roll compaction / dry granulation : pharmaceutical applications. *European Journal of Pharmacy and Biopharmaceutics* 58 : 317–326.

[43] Yue T, Qui Z, Wen H. 2009. Systematical approach of formulation and process development using roller compaction. *European Journal of Pharmacy and Biopharmaceutics* 73 ; 219–229.

[44] Soh JLP, Wang F, Boersen N, et al. 2008. Utility of multivariate analysis in modeling the effects of raw material properties and operating Darameters on granule and ribbon properties prepared in roller compaction. *Drug Development and Industrial Pharmacy* 34 ; 1022–1035.

[45] Reynolds G, Ingale R, Roberts R, et al. 2010. Practical application of roller compaction process modeling. *Computational Chemical Engineering* 34 ; 1049–1057.

[46] Liu Z, Bruwer M–J, MacGregor JF, et al. 2011. Scale–up of a pharmaceutical roller compaction process using a joint–Y partial least squares model. *Industrial Engineering and Chemical Research* 50 ; 10696–10706.

21

ICH Q9质量风险管理

David Elder[1] and Andrew Teasdale[2]
1.David P Elder Consultancy, Hertford, UK
2.AstraZeneca, Macclesfield, UK

21.1 引言

ICH Q9[1] 与 ICH Q8（R2）[2]、Q10 [3] 和 Q11[4] 一起，旨在促进以科学为中心和以风险为基础的药物质量方法的开发。ICH Q9[1] 本身旨在关注行业行为和监管当局对质量风险管理（QRM）的两个主要原则，具体如下：

· 对药品质量风险的评估应基于与患者安全直接相关的科学知识，以及对质量风险管理流程的记录应与风险水平匹配。

· 一个有效的质量风险管理过程为主动识别和后续控制药品开发和商业化过程中可能出现的潜在问题提供了关键机制。可以如表 21–1 所示描绘质量风险管理。

表 21–1　质量风险管理定义

参数	定义
质量	原料药或药品的一组固有特性，连同其基础制造工艺和任何支持工艺，在组合时能够达到确保其预期用途所要求的预定标准的程度
风险	伤害（或不想要的结果）发生的可能性和伤害的严重程度的组合
管理	建立评估、控制、沟通（组织内部和外部）的系统程序，并在整个产品生命周期（开发和后续生产）内反复审查原料药或药品的质量风险

21.1.1 质量的定义

什么是质量？这不是一个容易回答的问题。一些评论家反映，质量本身很难定义，即“定义是严格的形式思维的产物，因此质量无法定义”[5]。然而，人们不能忽视定义质量的需要，无论它看起来多么无形。简而言之，需要对质量进行充分定义，以满足客户的未来需求[6]。然而，必须认识到质量具有多因素属性，确保质量永远不能用单一属性来定义[7, 8]。

美国质量协会（ASQ）认为“质量可以有两个含义：没有缺陷的产品或服务，以及能够满足明确或潜在需求的产品或服务的特性”[9]。Hoyer 和 Hoyer[10] 表示同意，表明质量既涉及符合规范（1

级）又涉及客户满意度（2 级）属性。一些评论员主要关注前者或后者的定义，而另一些则从这两个方面进行思考。有些人从两个角度定义质量，适用性和无缺陷。有趣的是，质量由 ICH Q6A [11] 定义为适用性，而 ICH Q9 [1] 定义为符合要求 [6]。Montgomery [7] 提出了重要的一点，即工艺能力和规范限值是整体相关的，“质量与变异性成反比”。此外，质量问题无法在发现时才通过处理生产工艺来解决 [7]，因此必须将质量设计到产品中 [2]。质量设计是 ICH Q8 [2] 和 Q11 [4] 的哲学核心。

然而，随着医药供应链的全球化，从全球视角解决质量问题非常重要。实际上，劣质药物（包括掺假和假冒产品）的可用性是一个重要的公共卫生问题。关注的问题包括副作用、超强效、缺少或实际上不同的活性成分、污染、劣质成分、劣质的生产场所、稳定性不足及不适当包装 [12]。不幸的是，有一些质量问题往往是故意的，即假冒或掺假。在一些区域，为出口而生产的药品可能没有按照与用于内部用途的药品相同的标准进行管理，而在一些国家，由于监管机构没有足够的设备来监测和控制这一问题，情况更加复杂 [12]。不幸的是，造假不仅限于活性药物成分或药品，使用更便宜的成分掺杂在普通辅料中的趋势越来越明显 [13]。令人担忧的是，最典型的案例中通常会导致死亡。例如，甘油与二甘醇的污染导致巴拿马城有 200 多人死亡 [14]，并且导致在几种药典中引入二甘醇和乙二醇作为潜在掺杂物的试验 [13]。由此可以得出结论，质量最好从消费者的角度定义为适用性，即产品适合于预期目的 [15]。

虽然在大多数其他商业领域也能听到客户对药品需求的声音，但除了一些显而易见的投诉，客户很少能够辨别出产品的质量 [16]。作为一个例子，尽管处方药网售的质量难以保障，但客户依然有意愿购买 [17]。实际上，患者常常会寻求有效、安全和可负担的药物，而所有其他考虑因素（例如外观、味道和气味）可能是次要的。因此，质量的经济成本不是由消费者需求决定的，而是由政府监督决定的。风险更应在药品质量层面而非性价比层面考虑 [18]。因此，任何有效的质量风险管理都需要从整体的角度考虑产品，关注每个方面，包括供应链的完整性及制造工艺本身的控制。

21.1.2 风险

科学工具及经验和专业知识被用来估计任何给定风险的可能性 [1]，但监管机构的职责是阐明什么是可以接受的。有人会说，对监管机构的这种“保护角色”采取极端的态度是“零风险”的概念。美国国会在重新起草《食品、药品和化妆品》（FD&C）法案 [19] 时采用了这种方法。法律要求制造商证明食品和色素添加剂的安全性。《食品、药品和化妆品》法案的德莱尼条款禁止使用任何已知会导致人类或动物实验性癌症的添加剂。这最初遭到了科学家和监管机构的反对，他们认为，仅以极高的动物实验致癌性来禁止此类食物添加剂在科学上是不合理的。由于这种方法在政治上是有利的，法律要求 FDA 对食品添加剂采用“零风险耐受”方法。直到 20 世纪 70 年代，科学界逐渐发现这种方法是站不住脚的，并且会导致大规模禁止动物饲料产品 [20]。与此同时，人们更清楚地认识到，接触少量食品添加剂并不会显著增加患癌症的机会，即存在风险 / 收益比。这引发了一个有趣的问题，零风险是否可以达到甚至是可取的？

在过去的 50 年中，英国政府监管机构对风险管理责任的一般方法是保持“具有可操作意义上的最低风险”（ALARP）或“具有可实现性的最低风险”（ALARA）。因此，风险与投入（成本、时间等）之间存在平衡。如果已花费的投入与风险控制潜在的获益达到平衡，那么就已经实现了适当的“勤勉义务”，并且不需要补充方法 [20]。然后将风险分类为不可接受、可接受或可容忍并应努力消除（在可行或可取的情况下）或将不可接受的风险降低到可接受的水平。可容忍的风险由监管机构、集团或公司政策定义。这种方法反映了一种基本理念，即从“足够安全”的角度来看待风险的解决，而不是从安全或不安全的绝对角度来解决[21]。这反过来导致了风险容忍度（ToR）的论题[20]，其中可容忍并不意味着可接受，而是暗示“整个社会愿意承担风险，在这种风险程度下，全社会有信心使风险得到良好的控制”。也就是说，在特定的药品类别，已经实现了适当的风险/收益平衡，并且对患者的附加利益超过任何固有风险。

例如，在肿瘤医学的发展中，临床研究通常涉及疾病进展且往往致命的患者。此外，这些临床研究中使用的剂量通常接近临床前研究确定的不良反应水平。因此，那些支持肿瘤药物安全性研究的设计可能与针对其他药物的研究有很大不同。因此，由于临床结果可能极差，从理论上讲由于所见到的任何治疗益处都是明显有益的，因此可耐受的风险可能会更高（理论上）。在肿瘤学产品的开发中发现了一个例子，该例子与杂质有关。ICH S9[22] 指出，可以提议诱变杂质的控制水平应高于诱变杂质指南中的建议水平（ICH M7[25]）。但是,并没有说明必须使用普通杂质的标准指南［ICH Q3A（R2）[23]/ Q3B（R2）[24]］——后一种方法需要监管依据。

德莱尼[26] 同意这种更务实的方法，并观察如下情况是否应从历史先例（零风险思维方式）或更仔细考虑的癌症风险规避和风险管理观点来解决药品中遗传毒性杂质限值的问题来权衡新的监管强度，从而为患者带来好处?

Delaney[26] 的主要观点之一是风险管理的观点，为了制造高分子量（MW）的复杂药物，ICH M7[25] 指南通常对药物合成需要使用高活性中间体（DNA 反应性，例如诱变性）的现实视而不见。Delaney [26] 估计约有 25%的活性中间体具有诱变性。通过强调尽可能避免诱变中间体的要求，该指南对化学家们投入了更多的时间和精力，采用了效率可能相当低、产率较低且纯度较低的活性药物成分（反应性中间体比反应性药物更容易清除）的合成方法提出了不切实际的期望，但不会实质性改善患者的安全性。

21.2 质量风险管理（QRM）

21.2.1 引言

质量风险管理的首要目标是通过最大限度地降低药品质量风险来保护患者免受伤害。虽然不能完全避免患者风险，但应制订风险降低策略，以将风险的可能性和严重程度降至可接受的水平。质量风险管理涉及一种规范的方法，用于评估、控制、沟通和审查活性药物成分和药品在整个生命周期中的质量风险。尽管 ICH Q9 [1] 特别关注药品，但很明显，完全理解活性药物成分对于该目标至关重要，因为活性药物成分通常是对所有输入参数变化的最重要贡献者之一。质量风险管理的原型模型如图 21-1 所示。但是，ICH Q9 [1] 明确指出，如果合适可以使用其他合理的模型。对体系中每个成分的具体关注可以因情况而异，但一个稳健的质量风险管理过程将包括对所有单变量和多变量参数的评估，评估的详细程度应适合每个特定风险。

注意：决策点未在图 21-1 中显示，因为这些决策可能发生在流程的任何部分。实际上，这些决策点可能包括需要重新评估前一阶段并寻求进一步的数据或修改风险模型，甚至根据支持信息停止质量风险管理流程。

注意：流程中的“不可接受”不仅指任何“法定、立法或监管要求”，而且包括重新考虑质量风险管理流程。

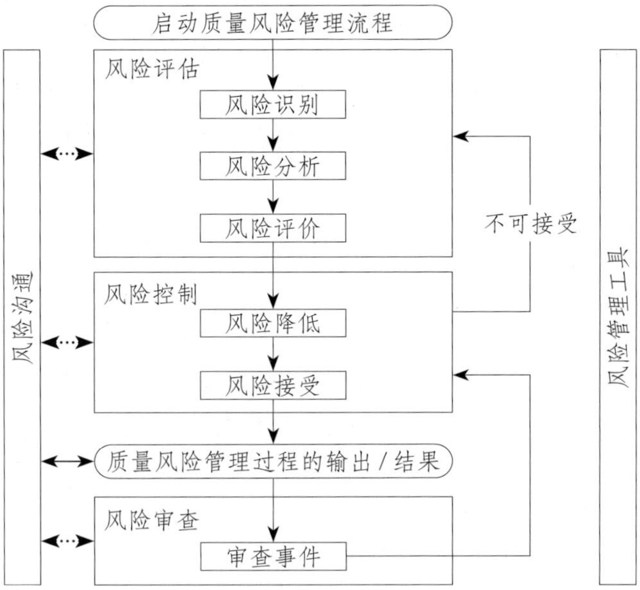

图 21-1　典型质量风险管理过程概述

注　资料来源：ICH Q9[1]，经 ICH Q9 许可复制。

质量风险管理评估通常由包含来自相应业务领域专家（SME）的多学科团队进行，例如，生产、工程、质量保证、质量控制（QC）、法规事务、统计和研发（包括临床）和商业业务。质量风险管理团队经常聘请了解质量风险管理流程的协调人（或推动者）。问责制是任何质量管理体系的关键，因此负责指导和协调质量风险管理流程的负责人（即质量风险管理指导员），包括确保有足够的资源，是一个质量风险管理团队不可或缺的部分。

21.2.2　执行一个质量风险管理过程

认识到质量风险管理是一个迭代过程非常重要。这通常涉及以下子流程：

（1）问题陈述的定义，包括任何有关潜在风险的假设，通常用以下方式表达，“因为 X 存在 Y 可能发生的风险……”

（2）整理与潜在危害和 / 或对患者影响有关的可用信息及数据。该信息可以从其他类似产品或工艺中获取，且研究不应受低概率的约束，因为这可能给患者健康带来难以预估的影响。

（3）确定质量风险管理的领导者和任何所需的资源。任何行动 / 结果都需要明确定义并落实时间节点。对于现有的商业药品，可能需要一个商业案例，并确定调整的原因、可能所需的时间、风险和收益[27]。在这些情况下，还需要一个支持性监管策略，即审批制度、确定知识范畴、潜在风险评估，以及任何拟议的工艺变更（参见案例研究 21.6.5）。

21.2.2.1　质量风险管理过程

质量风险管理评估从明确的问题陈述和 / 或风险提议开始。如果可以很好地定义风险，则可以识别和应用合适的风险管理工具（参见指南附录 I：风险管理方法和工具）。为了准确描述质量风险管理目的的风险，需要阐明三个基本问题：

（1）什么可能出错？

（2）它出错的可能性或概率是多少？

（3）潜在后果是什么（即结果的严重程度如何）？

应在药品的整个生命周期中使用质量风险管理策略。例如，作为质量风险管理策略的一部分，“关于验证和鉴定的范围和程度的决定应基于对设施、设备、公用设施和工艺的合理记录的风险评估”[28]。

21.2.2.2 风险识别（什么地方可能出差错？）

风险识别是对可用数据的结构化评估，用于对与风险问题或问题陈述相关的危险进行分类。风险可以通过几种互补的方法来识别，表 21-2 中提供了一些常用方法的说明性示例。

表 21-2 风险识别技术

风险识别技术参考文献	概要
面谈[29]	与经验丰富的员工、领域专家、工艺运营商等进行有组织的面谈，有助于了解风险。这种方法很费时，需要优先考虑输出。此方法最好与其他方法结合使用
研讨会[30, 31]	使用因果图进行的研讨会讨论有助于结构化思考和支持决策制订。流程图将过程分解为单个阶段，鱼骨（因果关系）图可用于突出影响阶段和阶段之间互连的因素。影响图可用于描述各个变量对彼此和输出的影响
流程映射[30]	流程映射允许可视化流程并评估相互之间的风险。通过系统地评估数据即可评估风险和重要性
审核清单[30, 32, 33]	可以根据先前的经验和从可比项目获得风险的历史知识来编制清单。提示清单是一种基于问题导向的风险辨识技术。审核清单是一种简单的方法，可用于识别新的项目风险，但它们可能限制思维，因此还需要评估以前未见过新风险的可能性
问卷调查[29, 33]	指导员准备调查问卷，领域专家和其他技术专家匿名提供反馈，解决人为因素和任何现有偏见。指导员将响应转化为风险类别，然后专家以迭代的方式进行审查和评论，直到达成共识
头脑风暴[32, 34, 35]	需要具备良好领导技能的指导员。指导员可以通过在会议之前阐明目标和范围来提高生产力。团队需要具备多功能性：通才、主题专家及其他流程 / 产品专家的混合体。会议不做价值判断。采用匿名或化名可以消除标准头脑风暴中常见的一些偏见和个人影响

通过考虑无菌产品的制造工艺，提供了风险识别的说明性示例。在无菌产品的制造工艺中，必须以最小化污染危险的方式进行所有加工处理[36, 37]。因此，这是一个高风险过程，因为危害的严重程度总是很高，从根本原因评估和测试的角度来看，确定非无菌的可能性总是很低[37]。对无菌工艺的典型因果（鱼骨图）分析（见图 21-2）突出了关键输入变量，并有助于确定最小化潜在危害的方法。

另一个例子涉及固体口服剂型。这种剂型的主要风险是辅料的不相容。因此，在拟议的固体口服剂量制剂的开发过程中，初始风险评估应有助于确定活性药物成分与制剂成分之间的潜在相互作用、适当的单位操作及对质量的任何可能影响[38]。这将通过生物制药考虑（溶解度、渗透性和剂量）、计算机模拟预测降解工具（如 ZENETH [39]）、基因毒素（或诱变）风险评估（GRA）、目标辅料兼容性研究、加工偏好和规范设定来加强。

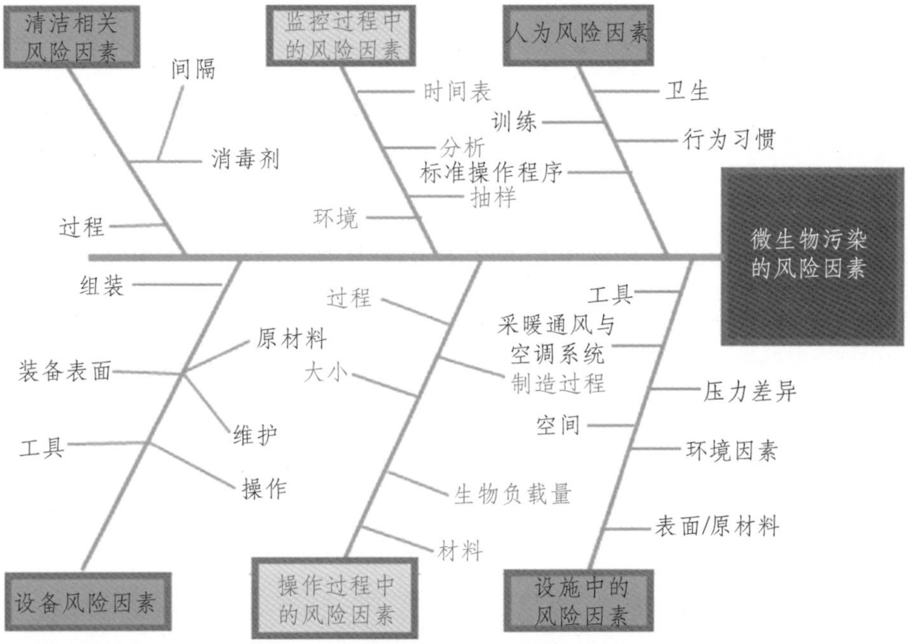

图 21-2　鱼骨图

注　资料来源：改编自 Quinto 和 Menezes[36]，经 ISPE 许可复制。

但是我们需要清楚地了解不同的风险可能相互冲突。例如，选择具有较高热力学活性的固态形式（盐、共晶）通常表现出较高的溶解度，导致活体暴露增加；然而，这也意味着很大的化学反应性，导致固态稳定性（物理和化学稳定性）降低 [40]。但是，这些相互冲突的风险可以通过适当的控制策略来解决，而不是试图完全避免风险（如果确实可能的话）。

21.2.2.3　风险分析（出现差错概率的可能性有多大）

进行风险分析以评估与任何给定的过程或产品相关的任何已识别的危害相关的风险。风险分析的输出可以是经验或半经验过程，其目的是比较特定危害发生的可能性和危险的严重程度。应该注意的是，在一些可用的质量风险管理工具中，检测危害的能力，即可检测性，也对潜在风险的评估产生影响。例如，在基因毒素风险评估中，诱变（或潜在诱变）杂质的可检测性是一个重大挑战，因为大多数有毒杂质需要控制到非常低的 ppm 水平，或者如果剂量非常高（>1g）至 ppb 水平（与毒性关注阈值水平一致，参见 ICH M7 [25]），而不是典型的 ICH Q3A（R2）[23] / Q3B（R2）[24] 水平，即 0.005% 或 500 ppm [41]。然后使用合适的工具（例如概率 – 影响矩阵或类似工具）为风险分配等级顺序。也许可以理解的是，没有明确的标准来定义风险的严重性或概率。这就解释了为什么仍然存在这样的观念甚至现实，即公司对特定风险的严重性 / 概率的观点不会被监管机构所接受 [42]。但是，在任何给定的组织内，应该有一个统一的风险分析方法，该风险分析包含在公司的风险总体规划中，本身与整体质量体系保持一致。因此，任何风险分析的结果应保留在风险登记册中，需要定期审查，并根据需要更新。

21.2.2.4 风险评价（可能出现的后果？结果的严重性？）

风险评价往往在风险评估之后，然而从生命周期的角度来看，这是一个持续、迭代的过程。实际上，给定工艺的风险评价可能在产品的整个生命周期中多次发生。在风险评估期间，将已知或潜在风险与预先确定的风险评估标准进行比较。因此，可以使用经验或半经验方法进行风险评估，以确定该风险的重要性。确定风险的最终意义是通过评估任何事件的影响和可能性来确定[38]。同样重要的是，风险评估的结果将可接受的风险与不可接受的风险分开，而这又与任何特定情景中风险的可接受性相关联（参见第 21.1.2 节）。因此，确定关键风险，降低到适当水平，然后控制在这个水平，而其他非关键风险可以接受，条件是它们继续得到充分控制。这个过程应该充分记录[43]。

在进行任何风险评估时，重点关注后续结果的质量，即可用数据的可重复性。必须强调任何偏见或预先存在的假设、不同变量之间的任何联系及不确定性 / 模糊 / 错误的现实来源，因为这将增加对此风险评估的依赖性和 / 或有助于识别任何潜在的约束和限制。这种模糊性是由于围绕关键工艺（特别是在多变量系统中）的知识不足或不充分，以及不可预测性（例如工艺的失败模式、不可预测性的来源和检测概率）而产生的。

尽管如此，ICH Q9[1] 指南中强调了“数据的可重复性”，但有关这一关键概念的文献资料有限。例如，如果使用相同的输入变量重复执行质量风险管理流程，并且第二个团队具有与原始团队相似的专业知识 / 经验水平，他们是否会生成相同的输出？或者更重要的是，如果监管机构重复这项工作，它们是否会产生相同的产出？ Oldenhof 等人评估了在高效液相色谱法验证过程中使用的两个独立质量风险管理团队的失效模式和效应分析（FMEA）输出的一致性[44]。两个团队分别确定了 5 类和 6 类需要采取紧急纠正措施的故障模式。然而，只有 1/3 的失效模式在两个团队中均被识别，显示出失效模式和效应分析产出之间存在显著的不一致。研究者建议包括一位经验丰富的失效模式和效应分析指导员，并包含至少两名具有该方法经验 / 能力的分析师（以防止一个人的意见偏离产出）。这一问题通常在实践中通过培训质量风险管理促进者和质量风险管理实践社区（CoP）来解决，在质量风险管理实践社区共享最佳实践，并共享和协作讨论正在进行的评估，从而产生“共识”，而不是可能受到单个领域专家偏见的产出。

因此，质量风险管理评估将提供经验（1、5、10）或半经验（低、中、高）风险评估。一些从业者使用任意风险评分来对风险变量进行排名。定量风险评估适用于单因素一次评估，即单变量风险评估。另一方面，一些质量风险管理工具利用比较风险评估将多个严重程度和概率水平汇总到相对风险的综合估计中，即多变量风险评估。

这些半经验风险评估快速、廉价且易于执行。相比之下，完全的经验风险评估需要更长时间、更昂贵，并且需要经过培训的操作人员，但在相互关联的风险之间显示出更高的精确度和更明确的区分度，并且可以用于在这些风险之间轻松划分优先级。“发生概率”是使用公司内部和整个行业形成共识的经验和案例来确定的。通过使用“高”“中”或“低”这样的术语，以及经验性地使用诸如“每个活动，即 10 个批次”之类的描述性术语，可以半经验地估计事件的发生概率。

21.2.2.5 风险控制

风险控制涉及将风险降低到适当水平和 / 或（如果适用）接受风险所必需的决策程序。整个风险控制过程中使用的总收集工作量应与风险的相对重要性成比例，即风险的容忍度[20]。质量风险管理团队可以利用不同的方法，包括风险/收益和收益/成本分析，尝试理解最有利的风险控制水平。风险控制策略应努力为以下关键问题提供答案：

（1）风险是否超过可接受的水平（指定或定义）？

（2）可以采取哪些策略来降低或消除风险？

（3）潜在收益、明显风险和可能的资源支出之间的适当平衡是什么？

（4）由于先前已确认的风险被控制或消除，是否存在新的风险？

21.2.2.6 风险降低

风险降低策略侧重于在当质量风险超过可接受限度时的风险减轻或控制方法（见图 21–1），即评估关键风险与其公认的验收标准，并采取适当措施消除或减轻这些风险。表 21–3 列出了在风险降低策略中使用的一些典型工具的非全面列表。

表 21–3 风险降低工具

风险降低技术参考文献	概要
具有可操作意义上的最低风险[45, 46]	具有可操作意义上的最低风险（参见第 21.1.2 节）是一种风险降低/控制工具，其前提尽可能多地努力降低风险，但过程中必须考虑成本/效益比。因此，只有在这样做有明显好处的情况下才应该容忍风险。“胡萝卜”图已用于具有可操作意义上的最低风险驱动的风险评估策略，其中不可接受的风险、可容忍的风险和可接受的风险分别显示为图的顶部、中间和底部区域。有时具有可操作意义上的最低风险优先于毒理学衍生的限值［即 ICH Q3C（R5）[47]］，但在其他情况下，毒理学衍生的限值构成几乎安全的剂量（VSD），即低于终身（LTL）（参见 ICH M7[24]），安全限值优先于具有可操作意义上的最低风险
4T[48]	处理、转移、终止、耐受。 处理风险以避免后果或降低到“安全”水平。这通常是通过稳健的开发过程［ICH Q8（R2）[2]/Q11[4]］和/或通过添加额外的控制变量来实现的。与具有可操作意义上的最低风险一样，控制风险所需的努力需要与风险水平相称，可以在供应商选择中实施规避，从而避免那些合规历史较差的供应商。 将风险转移给第三方，它将代表管理风险。这并不能消除风险，但可以减轻影响。 终止与无法避免或减少的风险相关的活动。 容忍风险，当安全水平已经达到毒理学关注阈值（TTC）和低于寿命限值（LTL）时（见 ICH M7[24]）
头脑风暴	参见表 21–2
纠正和预防措施[1, 43, 49]	纠正和预防措施（CAPA）通常是追溯性地应用，但也可以主动使用。纠正和预防措施方法处理导致风险的危害，实施防止再次发生的活动，并提供持续改进的机会
根本原因分析	根本原因分析（RCA）可以被动地或主动地应用于降低风险。此外，对关键步骤的控制可以防止风险再次发生。根本原因分析规定了行动、职责和时间表（相对于预先指定的目标日期）。通常与纠正和预防措施结合使用

风险降低策略包括旨在减轻影响（或严重性）和特定伤害可能性的程序。此外，那些提高危害

或质量风险可检测性的程序也可用作任何风险控制策略的一部分。更为重要的是要意识到，引入风险降低策略还可能在此过程中引入新的 / 额外的风险或增加其他先前存在风险的可能性。因此，重新审视风险评估是有意义的，这是为了建立和评估任何风险降低过程后风险状况的可能变化。例如，采用不同的合成途径可以有效地消除特定的诱变杂质风险，但很可能会引入一些需要评估和最终控制的新的诱变杂质风险[50, 51]。

21.2.2.7 风险接受

风险接受是刻意接受任何残留风险的决定。这可以对未完全确认的残留风险采用主动接受，也可以被动决策。对于某些类型的危害，即使最好的质量风险管理方法也可能无法完全消除残留风险，例如 GRA。在这些情景中，可以认为已经开发并应用了控制策略，并且质量风险降低到可接受的水平，即预定水平，也就是毒理学关注阈值或寿命限值，它们实际上是安全剂量（VSD）（见 ICH M7[25]）。这种接受程度取决于许多变量，它可能随时间而变化（例如，诱变杂质的可接受水平与持续时间有关，小于毒理学关注阈值得出的寿命限值随着临床研究的持续时间增加或随着患者剂量增加而减少），且必须对其中任何一个变更进行评估 / 重新评估。

在实践中，患者和医疗专业人员都将药品的风险 / 益处描述为“与可能承受的不良反应相比，患者服用药物对症状改善的预期”[52]。可以理解的是，患者对风险 / 收益的看法是针对自己的情况和期望，而不是针对整个人群。相反，欧洲药物管理局（EMA）将风险 / 收益定义为“对药物产品的积极治疗效果与药物产品的质量、安全性或功效有关的任何风险，以及与患者健康或公共卫生有关风险的评估”[53]。此外，如果风险 / 收益平衡不被认为是有利的，则应拒绝或撤销上市许可。在实践中，欧洲药物管理局和其他主管监管机构通过评估药物的结果来判断药物的风险 / 收益比。药物公司根据国际公认的科学标准（ICH、WHO、EMA、FDA 等）进行的科学评估和研究，以显示药物的质量、功效和安全性，以获得上市许可[53]。

可以容忍的风险程度取决于风险与患者的接近程度，特别是当附加的“下游”控制可以在被评估的过程和产品交付给患者之前实施。因此，活性药物成分可能广泛地具有光不稳定性，例如硝苯地平[54]；然而，只要在初级和二级制造期间、在选择药品容器封闭期间等有足够的控制，则对患者的风险最小。例如，一次和二次生产中排除光，产品涂有适当的遮光剂，一次和二次包装能够在指定的保质期内充分保护产品。

21.2.2.8 风险沟通

向组织内的关键利益相关者传达并适当记录风险（参见图 21-1 中实线箭头），并在适当情况下，向监管机构（使用预先存在的渠道）传达风险非常重要。通常，要共享的信息和预期的接收者是由信息的重要性和任何预先商定的时间线决定的，即向监管机构报告不良事件[55, 56]。风险沟通是一种正式的信息共享机制，通过对重要信息的共享旨在减轻质量风险管理策略的潜在风险。质量风险管理团队可以在流程的任何阶段进行沟通（参见图 21-1 中虚线箭头）。沟通的范围可以涉及质量风险管理的发生率、可能性、严重性、可接受性或其他方面。

21.2.2.9 风险审查

质量风险管理是生产质量管理规范（GMP）和基础药物质量体系的基础部分（参见 ICH Q10 [3]）。因此，必须有一个记录 / 审查问题的文档化过程。必须定期审查质量风险管理流程的执行结果，并且必须考虑任何新信息，变更对照组（计划内或计划外）及其他相关输入。

质量风险管理过程应继续用于可能影响原始质量风险管理决策的问题和事件。这应该与这些过程是主动（例如药品审查的结果、计划的检查、审计或变更控制）或被动的（例如客户投诉、召回、纠正和预防措施、失败原因追溯调查）无关。任何审查的时间安排必须基于可能的风险等级。因此，任何风险审查都应包括重新评估先前的风险承担决策。然而，质量风险管理团队不应因知识空白或对风险可检测性的更好理解而对这些先前的风险评估有过大的偏见，因为实施控制策略可能导致先前的风险评估产生显著变化（见第 21.2.2.5 节）。

风险审查工具如关键绩效指标（KPI），用于监控绩效指标或基准，支持和补充正在进行的风险审查过程。公司应全面看待量化风险管理，并意识到影响产品质量的风险往往是由于同时发生多个故障而产生的，也就是说，这些风险是可加性的，因此风险缓解策略必须足够稳健，以尽量减少此类不测事件 [57]。

最近两个产品召回都是由于顾客抱怨药品产品中有毒气味的存在，突出了质量风险管理的复杂多样性。

在第一个案例研究中，发现该问题是由三溴苯甲醚（TBA）对产品的意外污染引起的 [58]。

有趣的是，三溴苯甲醚不是药品降解产物，也不是从容器封闭系统中提取的，而是一种由用于将产品运送到批发商的木质托盘产生的挥发性污染物。木质托盘上喷洒了杀菌剂以延长使用寿命，但杀菌剂随后会降解形成三溴苯甲醚，由于其高挥发性，很容易通过高密度聚乙烯（HDPE）容器迁移到产品中，其数量足以由患者辨别（通常发生在 ppt 水平）。通过用不锈钢托盘替代木制托盘，可以轻松解决这个问题。

在第二个案例研究中，随后发现该问题是由于含有甲烷磺酸（活性药物成分形成盐过程中使用的抗衡离子）的储罐意外污染而引起的 [59]。乙醇已作为储罐常规清洁程序的一部分引入。不幸的是，清洗后残留在罐内的乙醇显著残留，并且它们与甲磺酸反应形成相应的诱变酯 – 甲基磺酸乙酯（EMS）。剩余的 ppm 水平的甲基磺酸乙酯被带到最终的药品，形成磺酸酯需要强酸性条件 [60]，强酸性条件在用于生产活性物质的磺酸盐的正常制造过程中是不存在的；然而，在进料桶经历的特定 / 独特条件下，形成了甲基磺酸乙酯。这一问题很容易解决，方法是从一级工艺中移除贮槽，并在原料和活性药物成分工艺和规范中引入控制措施。这些有些极端的例子表明，作为质量风险管理计划的一部分，需要评估供应链的所有部分。

21.2.2.10 风险管理方法

质量风险管理是任何基于科学或实践的风险决策方法的中心。质量风险管理确保对质量风险管理过程的各个阶段采用透明、一致且有文档记录的方法。从历史上看，质量风险已经使用一系列非正式方法（定量、半定量、定性和 / 或公司基于风险的流程）进行评估和控制，通常包括审查现有数据 / 知识和批量数据趋势等。显然，此类策略将继续提供相关且有用的信息，以支持正在进行的生产质量管理规范计划。然而，在未来，拥有一个质量风险管理过程对行业和监管机构都有利，在质量风险管理过程中，可以使用广泛接受的风险管理工具以透明的方式管理质量风险，并建立内部生产质量管理规范工艺。风险分析有多种不同的方法可供选择，表 21–4 提供了这些不同方法及其潜在优缺点的摘要。

表 21–4　主要基于风险分析工具的利弊

风险分析工具	优点	缺点	注释
控制图、帕累托图、Shewart 图等	应用简单。所需资源和培训较少。易于生成，可接触应用广泛的工具，例如 Microsoft Excel。趋势、模式和过程控制容易可视化。可与 ALARP 一起使用，以评估风险容忍度	不能“按原样”使用（需要额外的风险分析工具） 测量方法会使结果产生偏差。可标识过程变异性或过程中的变化，但不能确定原因。需要大量的统计学上的数据点	图表是以统计学为基础，并在生产 / 质量控制中例行使用，以演示“过程控制”。用于评估制作过程和供应商相关风险的有用辅助工具
初步危害分析（PHA）[1]	需要数据较为有限（可以在开发过程的早期使用）。所需资源和培训较少。可系统地识别和评估风险。可用于故障模式的可视化概述	通常，只能识别主要风险因素（容易忽略次要风险因素）。很难确定风险因素之间的相互作用。在选择过滤级别时可能会产生偏差。通常仅用于初步评估	与其他风险分析工具一起使用。评估风险的严重性和概率。适用于产品、工艺和设施设计
故障树分析（FTA）[1]	用于故障模式的可视化概述。可以对原因进行逻辑评估。可以确定引起故障的广泛因素。生成有用的过程数据（与“未来状态”相关）	需要大量的数据，并且价格昂贵、耗时较长。操作人员需要经过大量培训、学习专门知识，以产生有效产出。依赖于对制作过程的深刻理解。作为“单因子实验”评估故障；也可用于观察多变量问题	使用逻辑闸来识别风险。可用图表来显示风险因素。可用来评估复杂过程。自上而下的分析过程。适用于变更控制、偏差、工艺和过程设计、客户投诉和调试
故障模式与效应分析（FMEA）[1]	可以单独使用，也可以与其他风险工具一起使用。确定风险优先级编号（RPN）对风险排序很有用。最大限度地减少不可预见的故障。制作过程连续进行（后续系统可用于重新评估风险）。是否可以对实际风险引入立即补救或对潜在风险引入补救策略	需要大量的数据，并且价格昂贵、耗时较长。操作人员需要经过大量培训、学习专门知识，以产生有效产出。依赖于深刻的过程理解。在解释输出时可能会发生错误。RPN 的三个输入变量的权重不一样（似然性与可检测性负相关）	识别制作过程中可能存在的风险和影响。自上而下的分析过程。RPN 是通过严重性、发生可能性和可检测性的分数相乘得到的数值。利用风险降低策略，将 RPN 降至尽可能低。适用于变更控制、工艺选择和工艺设计及调试

续表

风险分析工具	优点	缺点	注释
危害分析与关键控制点（HACCPs）[1]	可以评估复杂情况，其中风险因素是多样的，并大型数据集。可用于快速检测潜在问题。累积的数据还可用于未来进行的分析（风险评估和控制方面）。快速识别关键控制点	价格昂贵且耗时较长。操作人员需要经过大量培训、学习专门知识，以产生有效产出。必须与其他工具一起使用，以全面评估风险。通常用于评价生产过程和污染情况	基于7个独特的原则：①进行危害分析。②确定关键控制点（CCPs）。③确定各关键控制点关键限值。④建立各关键控制点的监控程序。⑤建立当监控表明某个关键控制点失控时应采取的纠偏行动。⑥建立证明HACCP系统有效运行的验证程序。⑦建立关于所有适用程序和这些原理及其应用的记录系统

修改这些方法或使用更适合于活性药物成分、药品或设备的工具也是适当的。质量风险管理工具和支持性统计评估可以结合使用，例如，概率风险评估（PRA）可用于评估未达到安全、可重复的最终状态的频率和后果。概率风险评估提供内在的灵活性，可以促进质量风险管理在质量体系中的作用。如前所述，流程的严格程度和质量风险管理的文档化水平应该反映现有的信息和知识，并与所识别的风险问题的复杂性和 / 或关键性保持一致。

21.3 质量风险管理和生产质量管理规范

质量风险管理也包含在生产质量管理规范检查过程中，它被认为是欧盟生产质量管理规范指南第 1 章的一部分[57]。因此，所有上市许可持有人（MAH）、第三方生产基地、活性药物成分制造商等必须具备质量风险管理系统。因此，监管检查员将审查质量风险管理作为质量体系部分[3]（任何检查，包括产品质量审查、投诉、召回和偏差）的一部分。此外，检查组可以审查与检查密切相关的风险评估。最后，根据检查员对任何正在进行的制造运营风险重要性的解释，他们可以要求公司生成风险评估的正式摘要，该评估产生的任何关键决策及支持性结论[42, 57]。

21.4 将质量风险管理与产业及监管运作相结合

预计在整体质量体系中引入质量风险管理（参见 ICH Q10[3]）将支持更好的基于科学的风险决策，如前所述，适当使用质量风险管理并不否定或规避行业的义务，这符合监管要求，包括生产质量管理规范。但同样重要的是，ICH Q9[1] 表明“这些例子并不是为了创造超出现行法规要求的任何新期望”。质量风险管理将通过使用重点关注的数据驱动方法来降低主观性，确定最高风险，支持资源优先排序，最终为监管机构提供更好的保障，确保公司管控潜在风险。原则上，这影响了直接监管监督的水平和总体程度，即减少了监管负担。因此，公司可以大大减少审批流程的工作量和相关成本。这反映在监管机构修改现有指导的意愿上。这种意愿在欧盟是承认需要改变他们的指南[61]，在美国则是修改审批后的监管条例[62]。尽管有令人信服的驱动因素支持采用基于质量风险管理的举措，但仍然需要了解现有产品变革的真正障碍。在“如果它没有出问题，为什么要解决它”的理念下，这些障碍包括①非常不愿意改变以既有方式运作的制药工艺，②不愿意发起监管变革，③对变革风险 / 收益的认识尚不清楚。也就是说，所需的努力可能超过收益[27, 63]。

在质量风险管理过程中对关键人员（来自行业和监管机构）进行适当和充分的培训将确保更好地理解基于风险的决策过程，并将建立对质量风险管理结果的互信。事实上，这是一项绝对重要的工作，如果没有对决策的共同理解，风险往往存在于“旁观者的眼中”[42]。

21.5 ICH Q9和其他质量风险管理提议

ICH Q9[1]、ICH Q8（R2）[2]、ASTM（美国材料与试验协会）标准 E 2500 - 0762、国际制药工程学会（IPSE）新的基于风险的验证与验证方法（Risk - MaPP）[64] 和非肠道药物协会（PDA）的无菌产品质量风险管理[37] 都有许多共同特征：

1）质量风险管理是支持开发或制造中任何产品的质量控制策略的关键基础策略。

2）风险分析、风险评估和风险管理是必不可少的要求。

3）利用先验知识对于定义产品、工艺和设施非常重要。

4）需要深入理解产品和支持工艺的底层机制，而不是经验性的理解（即经验和观察而非逻辑或理论的支持）。

21.6 案例分析

21.6.1 引言

PhRMA 药品技术组（DPTG）发布了风险管理在药物开发过程中的作用概述[65]。他们反复强调确保“可接受的风险与无风险”的重要性，并强调“过度保守的质量控制可能导致药品开发和生产中浪费时间和资源的应用，与 FDA 战略行动计划中的上述任务直接矛盾”[66]。他们概述了可预期的四种不同的风险评估方法：①可接受的风险，无须额外评估；②潜在风险，需要额外评估；③重大风险，通常需要明确的风险管理策略（RMS）；④不可接受的风险，通常需要进行重大调查，重新设计，甚至在极端情况下放弃拟议的工艺或产品。

21.6.2 活性药物成分设计空间的风险评估：规模的影响

有人提议作为工艺验证的一部分，有可能对设计空间规模相关参数的性能进行验证研究。基于风险的方法可用于确定任何适当研究的设计，以评估不同规模的设计空间[4]。

在医药行业中，设计空间（大部分是在试验性的研发环境中开发和验证的）是否可以或确实应该在商业规模中重建引起一些重大的关注，因为在商业规模中，成本高昂，效益不明[67]。Watson 等人报告了一个典型的监管问题，反映了对 ICH 指导的不同解释（ICH Q8[2]、Q9[1] 和 Q10[3]）[67]：

已建立的设计框架仍应在生产规模上进行验证。设计框架通常不会考虑最极端的坏情况，但应在完整生产规模上进行一组合适的实验，并将结果与设计空间预测的结果进行比较。

研究者提出了一种解决这个问题的创新方法，后来得到了监管机构的认可。研究者指出，设计框架边界（或失效边缘）已经被已证实可接受范围（PAR）表征，但该过程实际上在已证实可接受范围的子集内操作，即所谓的正常操作范围（NOR）。他们指出，设计空间内注册制造过程的任何拟议变更都需要作为变更控制、控制策略和活性药物成分或药品质量属性的一部分进行评估。根据ICH Q9 [1]，还需要包括结构化风险评估。

显然，风险评估和过程建模应评估规模和设备类型的潜在影响。先前的工艺经验和文献先例可用于初步识别和评估与规模相关的风险。对于活性药物成分工艺、动力学、热力学、过程建模与基于规模的设备相结合是识别和理解规模依赖性的关键。例如，结晶和分离显示出高的规模和设备依赖性 [68]。同样重要的是，确定那些与规模无关的因素，以便能够得出关于是否需要进行大规模进一步研究的明确结论。

21.6.3 药品的风险评估（a）：湿法制粒工艺

Aksu 等人评估了影响雷米普利片湿法制粒的因素 [69]。使用失效模式与影响分析查询由 128 个试验组成的五级分层实验设计（DoE），以了解两个提议的制剂变更和三个工艺变量的影响。分别测定润滑剂类型（硬脂酰富马酸钠或富马酸镁）和润滑剂水平（分别为 0.6%~1.2% 和 0.75%~1.0%）。研究的工艺变量包括筛尺寸（0.8 mm 和 1.25 mm）、残余水分含量（0.5% 和 1.0%）和干燥温度（50℃和 60℃）。然后通过对工艺变量和制剂变更的严重性（S）、概率（P）和可检测性（D）在 1~5 范围内进行排序来确定风险量化。风险优先系数（RPN）用于评估相对风险，这是通过乘以 S、P 和 D 来确定的。风险优先系数分为低（1~45）、中（46~90）或高（91~125）。具有高风险优先系数的变量被认为是关键的。基于这些值，润滑剂类型和黏合剂浓度被认为是关键的制剂组分，并且片剂硬度、崩解和溶解时间被确定为关键质量属性（CQA）。虽然研究者声称杂质 A 和 B 也是关键质量属性，但他们表示“它们不作为关键质量属性监测”，并且“因为杂质 A 和杂质 B 在所有分析中都具有零值，所以它们不被视为来源”。很难理解未形成的属性如何成为关键质量属性，除非它对患者构成风险，即诱变性杂质（参见 ICH M7 [25]）。但在这种情况下，显然不是这种情况，因为它是根据 ICH Q3B（R2）[24] 控制的，即 0.5%。确定关键工艺参数（CPP）为残留水分百分比、干燥温度和筛尺寸。

21.6.4 药品的风险评估（b）：混合工艺

Kapsi 等人 [70] 开发了一种正交设计空间，用于薄膜包衣片的混合过程。他们使用输入输出过程（IPO）、关键关系矩阵（CRM）和失效模式与影响分析的组合，根据 ICH Q9 [1] 对该工艺的所有可能的故障模式进行了详细的风险评估。

每个单元操作都使用输入输出过程进行评估，以了解和识别所有输入材料的属性，评估整个过程中的材料移动，最后确定输出材料的所有关键属性。输入输出过程评估用于为工艺的每个部分生成关键关系矩阵。特别是评估工艺和关键输入组件中的可变性对输出材料属性的影响。然后执行失效模式与影响分析，评估所有单元操作的所有潜在故障模式。每个都根据失败的严重程度及其对所得药品（特别是关键质量属性）质量的影响、发生这种情况的可能性及检测到失败的能力进行排名。这是通过使用所有这些风险评估变量的评分系统来完成的，即严重性（S）、可能性（L）和可检测性（D），在 1~10 之间。然后是这些个体风险的综合影响生成评估变量，即风险优先系数，并按排名顺序进行分类。最后，根据帕累托 80∶20 规则挑选了需要评估和优化的关键参数，即大约 80% 的影响来自 20% 的原因。根据失效模式与影响分析评估的结果，他们利用实验设计方法研究，发现对药品关键质量属性有显著影响的四个关键制造变量：混合量、混合速度、混合时间和润滑混合时间。使用响应面测量对这四个属性中的每一个影响使用变异分析（ANOVO）进行统计学评估，并使用 95% 预测区间估计产生适当药品关键质量属性的设计空间。最后，通过叠加为每个单独的药品关键质量属性生成的各个设计空间，开发用于该混合工艺的正交设计空间。因此，通过利用质量风险管理原理，在混合工艺中引入了显著的制造灵活性。

21.6.5 药品的风险评估（c）：从非无菌鼻腔内产品中去除最终灭菌过程

Potter [27] 报道了一项经批准的一次性鼻内药物产品的重新设计。研究者希望通过一个非常规的过滤步骤评估替换现有终端灭菌装置操作的机会，以及对支持的关键质量属性的注册验收标准的影响，特别是微生物限值测试。拟议的变更概述表明，除了微生物限度测试之外，可能受影响的其他关键质量属性包括外观、pH、含量测定、杂质、颜色和交付量。鉴于拟议的变更可能对微生物限值测试（关键质量属性）产生不利影响，而在 6 个月内制造的 14 个商业批次的结果表明对其他关键质量属性，特别是杂质产生了积极影响。高压灭菌产品的总杂质为 1.1%~1.2%；然而，相比之下，经过过滤的批次中总杂质的含量范围为 0.8%~0.9%。

研究者评估了现有工艺的微生物控制，并表明无菌灌装、层流气流下的小瓶灌装、环境监测和散装溶液的生物负担提供了良好的控制水平。他们可以将其与产品预高压灭菌的微生物纯度联系起来，并证明在 5 年内生产的 50 个商业批次的生物负荷结果显示 <1cfu / ml（相对于规范限值 ≤ 100 cfu / ml）。此外，该产品显示出固有的杀菌作用，并且具有抑菌作用，可以很容易地符合现有的美国药典抗菌效力测试（AET）程序，并证明挑战性生物体减少了 3 个对数。因此，消除高压灭菌步骤对患者安全的风险被认为是最小的。该公司使用故障模式、影响和关键性分析（FMECA）评估风险。基于评估所提出的变化的严重性、发生和可检测性，给出了风险优先级系数值为 105（仅严重程度不同，对拟议的变更给予 5 倍的分数），而现有工艺为 21。根据预定义的风险策略，≥ 105 的风险会对患者的健康构成风险。在这种情况下，污染的小瓶或塞子可能会影响产品质量。确定并实施了纠正措施计划［修订工艺设备设计，评估 / 增加支持性环境监测计划，加强关键部件的微生物规范，加强清洁和卫生系统，并修改支持标准操作程序（SOP）］，将风险优先级系数降低到 25。这给患者带来的风险很低。

从公司的角度来看，最大的挑战是将风险评估的结果转化为提交给监管机构的资料。批准后提交的材料，包括基于产品和工艺的基础知识，随后与故障模式、影响和关键性分析结果一起提交，由欧洲和美国监管机构批准，确保延迟时间最短且质询最少 [27]。

21.6.6 稳定性风险评估

稳定性风险评估（SRA）主要由辉瑞公司开创 [71]。稳定性风险评估利用现有知识确定稳定性的哪些方面需要进一步研究或监测。稳定性风险评估有助于确定与稳定性相关的质量属性（SRQA）和保质期限值属性（SLLA），基于目标产品质量概要，存储在 15~25℃时保质期为 24 个月。使用表 21-5 中概述的质量风险管理评估方法评估保质期限值属性。

表 21-6 中提供了一个典型的例子，用于产品的早期临床开发。当输入变量和 / 或属性的组合导致高保质期限值属性时，则用暗阴影指定这些。中等 / 未知风险被指定为具有中等保质期限值属性（中等阴影），而低风险被指定为具有低保质期限值属性（无阴影）。稳定性风险评估表清楚地标识了可能成为高保质期限值属性（外观、降解产物 1 和总降解产物）的那些属性。例如，一种缓解策略是，通过对二次加工进行适当的修改，并使用适当的保护性初级（琥珀色玻璃瓶）或二次（内部和外部的光保护纸板）包装，将光暴露降至最低。

表 21-5　保质期限值属性（SLLA）的排序

SLLA 定义	风险等级
现有数据 / 文献表明，该属性不会限制产品的保质期	3
现有数据 / 文献表明，该属性可能会限制产品的保质期，①现有数据“预测”了该属性一定的敏感性和（或）②文献“暗示”了潜在影响。需要更多的数据才能做出明确的预测	5
现有数据 / 文献表明，这一属性将限制产品的保质期；①基于实际的稳定性数据，②基于实际数据的生物学信息预测，或③文献强烈暗示了这一属性存在的影响，使用类似的结构模序	10

注　资料来源：改编自 Colgan[71]，经 Springer 许可复制。

表 21-6　SRA 输出

SLLAs	物理稳定性	化学稳定性			
	外观	手性分析	API 强度	降解产物 1	总降解产物
规范验收准则	无色至黄色透明溶液	NMT 0.2%	90%~110% 标示量	NMT 0.5%	NMT 2%
影响保质期限值属性（SLLA）的能力	10	1	7	10	10
稳定性参数	—	—	—	—	—
多形性	5	1	1	1	1
溶液水平	1	1	1	1	1
金属含量	5	5	5	5	5
应用操作	5	1	1	1	1
光线	10	10	10	10	10
氧气	5	5	5	5	5
加速问题	10	1	1	10	10
长期温度	5	1	1	5	5

注　资料来源：改编自 Colgan[71]，经 Springer 许可复制。

21.7　结论

尽管质量风险管理“看起来”是一个相对较新的概念，但它已经在许多其他行业中使用了数十年[72]。从历史上看，制药行业采用这些“基于风险”的程序进展缓慢，因为监管和生产质量管理规范合规（由国际监管机构定义，即 FDA、EMA、PMDA 等）被视为药品质量的主要仲裁者。但是，各方都清楚地认识到，基于合规的“一刀切”方法不适合 21 世纪。FDA 最初启动了一种质量系统方法[73]，随后将其纳入 ICH 过程，实施了 ICH Q8（R2）[2]，Q9[1] 和 Q10[3]。质量风险管理已应用于制药行业的许多不同领域。非详尽清单将包括协助设施设计，设施、工艺、制造设备和实验室方法的鉴定，产品开发活动的鉴定（包括关键质量属性和关键工艺参数 / 适当规范的确定），确定可接受的清洁限值，变更控制的影响和计算机验证等[72]。

ICH Q9[1] 指出，对质量风险的评估应建立在科学知识的基础上，由此产生的努力程度和随后的文件记录应与风险程度相称。该过程分为以下几个方面：

· 风险评估（包括识别和评价）。
· 风险控制。
· 降低风险。
· 风险接受。
· 风险沟通。
· 风险审查。

ICH Q9[1] 提供了适当的质量风险管理工具的非描述性列表，可用作基于风险过程的一部分。这些工具旨在为用户提供一系列定性、半定量或定量输出，这些输出可用于识别和控制研发风险。虽然这些质量风险管理工具的输出完全记录在案并且透明，但它们并不总是被监管机构完全接受，“风险在旁观者的眼中”[42] 这句老话显然是正确的。此外，这些工具本质上似乎不具有可重复性，并且可以从相同的输入参数中获得不同的结果[44]。PhRMA 药品技术组强调了风险管理在药物开发过程中的作用[65]。他们强调了确保存在风险可忍受性的重要性，即“可接受的风险与无风险”。包括几个案例研究，为读者提供有关如何在以下方面使用质量风险管理的相关和最近的例子。

· 活性药物成分设计空间的风险评估，包括扩大规模的影响[67]。
· 药品风险评估（a）湿法制粒工艺[69]。
· 药品风险评估（b）混合工艺[70]。
· 药品风险评估（c）去除终端消毒。
· 来自非无菌鼻内产品的过程[27]。
· 稳定性风险评估（SRA）[71]。

这些旨在说明质量风险管理工具在成功开发稳健产品（确保最终产品的质量和完整性）中的效用和价值，以及为什么这些工具构成了整体质量和设计驱动开发过程的一个组成部分。

参考文献

[1] ICH Q9. 2005. Quality risk management. Current step 4 version，November 9，2005.

[2] ICH Q8(R2). 2009. Pharmaceutical development. Current step 4 version，August，2009.

[3] ICH Q10. 2008. Pharmaceutical quality system. Current step 4 version，June 4，2008.

[4] ICH Q11. 2012. Development and manufacture of drug substances(Chemical Entities and Biotechnological / Biological Entities). Current step 4 version，May 1，2012.

[5] Pirsig RM. 1974. *Zen and the Art of Motorcycle Maintenance*. William Morrow, New York.

[6] Korakianti E, Rekkas D. 2011. Statistical thinking and knowledge management for quality-driven design and manufacturing in pharmaceuticals. *Pkarmaceutical Reseatvh* 28 ; 1465-1479.

[7] Montgomery DC. 2001. *Introduction to Statistical Quality Control*. John Wiley & Sons, Inc., New York.

[8] Deming WE. 1988. *Out of Crisis*. Center for Advanced Engineering Study, MIT Press, Cambridge, MA.

[9] ASQ. Glossary. http ://asq. org / glossary / q. html. Accessed on January 20, 2014.

[10] Hoyer RW, Hoyer BBY. 2001. What is quality ? Quality Progress ; 53-62. http ://asq. org / search ? proxystyle sheet=sitewide&client=sitewide&getfields=Price. xStandardStatus. xCopyrightHoldeLCOverURL. xShortDescription. xJournalName. dDocTitle. xFormat. xltemNumber. dDocTrpe. xCreator. xAbstract. xPublishDate. xCopyrightYear. xStandardDesignation&sort=date : D : L : d&filter=O&site=public&q=Hoyer Accessed January 20, 2014.

[11] ICH Q6A. 1999. Specifications : Test procedures and acceptance criteria for new drug substances and new drug products : Chemical substances. Current step 4 version, October 6, 1999.

[12] Elder DP. 2015. The cost of drug counterfeiting. *European Pharmaceutical Review* 20(1) ; 5.

[13] Elder DP, Kuentz M, Holm R. 2016. Pharmaceutical excipients—Quality, regulatory and biopharmaceutical considerations. *European Journal of Pharmaceutical Sciences* 87 ; 88-99.

[14] Rentz ED, Lewis L, Mujica OJ, et al. 2008. Outbreak of acute renal failure in Panama in 2006 : A case. control study. *Bulletin World Health Organization* 86(10) ; 749-756.

[15] WHO 2006. Annex 4. Supplementary guidelines on good manufacturing practices : Validation. WHO Technical Report Series, No. 937. http ://www. who. int / medicines / areas / quality_safety / quality_assurance / Supplementary GMPValidationTRS937Annex4. pdf. Accessed on January 25, 2014.

[16] Woodcock J. 2004. The concepts of pharmaceutical quality. *American Pharmaceutical Review* 7 : 10-15.

[17] FDA 2007. FDA says consumers continue to buy risk drugs online. http : // www. health. am / ab / more / fda-says-consumers-continue-to-buy-risky-drugs-online / . Accessed January 25, 2014.

[18] Cogdill RF, Drennan JK. 2008. Risk—based quality by design (QbD) : A Taguchi perspective on the assessment of product quality, and the quantitative linkage of drug product parameters and clinical performance. *Journal of Pharmaceutical Innovation* 3 ; 23-29.

[19] Food Additive Amendment of 1958, Section 409(c)(3)(A).

[20] Bouder F. 2008. Regulating impurities in pharmaceutical products : A tolerability of risk approach ? *Expert Reviews in Clinical Pharmacology* 1 ; 241-250.

[21] McQuaid D. 2007. An historical perspective of tolerability of risk. *In* : *The Tolerability of Risk* : *A New Framework for Risk Management*. Bouder F, Slavin D, L ō fstedt D(Eds), Earthscan, London.

[22] ICH S9. 2009. Nonclinical evaluation for anticancer. Current step 4 version, October 29, 2009.

[23] ICH Q3A(R2). 2006. Impurities in new drug substances. Current step 4 version, October 25, 2006.

[24] ICH Q3B(R2). 2006. Impurities in new drug products. Current step 4 version, June 2, 2006.

[25] ICH M7. 2014. Assessment and control of DNA reactive(mutagenic)impurities in pharmaceuticals to limit potential carcinogenic risk. Current step 4 version, June 23, 2014.

[26] Delaney EJ. 2007. An impact analysis of the application of the threshold of toxicological concern concept to

pharmaceuticals. *Regulatory Toxicology and Pharmacology* 49；107–124.

[27] Potter C. 2009，PQLI Application of science–and risk–based approaches(ICH Q8，Q9，and Q10)to existing products. *Journal of Pharmaceutical Innovation* 4：4–23.

[28] Eudralex Volume 4，EU Guideline for Good Manufacturing Practice for Medicinal Products for Human and Veterinary Use. Annex 15：Qualification and Validation，Brussels，March 30 2015. http：//ec. europa. eu / health / sites / health / files / files / eudralex / vol–4 / 2015–10_annexl5. pdf. Accessed on May 5，2017.

[29] Elkington P，Smallman C. 2002. Managing Project risks：A case study from the utilities sector. *International Journal of Project Management* 16；333–343.

[30] Planning a Workshop：Organizing and Running a Successful Event. https：// www. mindtools. com / pages / article / PlanningAWorkshop. html. Accessed on MaV 5，2017.

[32] Ishikawa K. 1991. Introduction to quality control. 3A Corporation，Japan.

[33] Chapman C，Ward S. 1997. *Project RiskManagement. Processes，Techniques and Insights*. John Wiley&Sons，Ltd.，Chichester，P. 322.

[33] Chapman RJ. 1998. The effectiveness of working group risk identification and assessment techniques. *International Journal of Project Management* 16；333–343.

[34] PMI(Project Management Institute) 2000. *A Guide to a Project Management Body of Knowledge*. PMI，Upper Darby，PA，P. 322.

[35] Githens GD，Peterson RJ. 2001. Using risk management in the front end projects. In：Proceedings of the Project Management Institute，32nd Annual Seminars and Symposium，Nashville，Tennessee，November 1–10，2001.

[36] Quinto A，Menezes JC. 2010. Design，validation and control of sterile manufacturing facilities：A brief overview from the perspective of risk management and existing regulations. *Pharmaceutical Engineering* 30；1–9.

[37] PDA 2008. Quality risk assessment for aseptic processes，PDA Technical Report No，44. www. pda. org. Accessed on April 9，2017.

[38] Charoo NA，Ali AA. 2013. Quality risk management in pharmaceutical development. *Drug Development and Industria，Pharmacy* 39；947–960.

[39] Zeneth. 2016. http：//www. 1hasalimited. org / products / zeneth. htm. Accessed on May 10，2016.

[40] Elder DP，Patterson JE，Holin R. 2013. The solid—state continuum：A perspective on the jnterrelationshiDs between different solid–state forms in drug substance and drug product. *Journal of Pharmacy and Pharmacology* 67；757–772.

[41] Elder DR. 2010. Genotoxic impurities，analysis of genotoxic impuritieS，review of approaches. *In：Genotoxic Impurities：Strategies for Identification and Control*，Teasdale A，Ed.，John Wiley & Sons，Ltd，London，PP. 249–280.

[42] Elder DP. 2014. Foreword：Is risk in the eye of the beholder?*European Pharmaceutical Review* 19(2)；7.

[43] Jenkins J，Ahern J，Cock D，et al. 2010. A guide to supply chain risk management for the pharmaceutical and medical device industries and their suppliers. The Chartered Quality Institute. http：//www. thecqi. org / Community / Special–Interest–Groups–SIGs / Pharmaceutical–Quality–Group / PQG–guide / . Accessed on

February 10，2014.

[44] Oldenhof MT，van Leeuwen JF，Nauta MJ，et al. 2011. Consistency of FMEA used in the validation of analytical procedures. *Journal of Pharmaceutical and Biomedical Analysis* 54 ; 592–595.

[45] Martin CK，Whitby M. 2003. Application of ALARP to extremity doseS for hospital workers. *Journal of Radiological Protection* 23 : 405–421.

[46] Smith K. 2009. *Environmental Hazards : Assessing Risk and Reducing Disaster.* Routledge，London，p. 67.

[47] ICH Q3C(5). 2011. Impurities : Guidelines for residual solvents. Current step 4 version，February 4，2011.

[48] Hopkin P. 2012. Fundamenta l of Risk Management，2nd Edition. Kogan Page，p. 225. http : //my. safaribooksonline. com / book / – / 978074946539l / 21–tolerate–treat–transfer–and–terminate / 225#X21udG VybmFsXOJ2ZGVwRmxhc2hSZWF kZXI / eGlsaWQ9OTc4MDc00TQ2NTM5MS8yMjY=. Accessed on February 11，2014.

[49] WHO 2006. Annex 4. Supplementary guidelines on good manufacturing practices : Validation. WHO Technical Report Series. No. 937. http : //www. who. int / medicines / areas / quality safety / quality assurance / Supple mentaryGMPValidationTRS937Annex4. pdf. Accessed on Ianuary 25，2014.

[50] Teasdale A，Elder DP，Chang S–J，et al. 2013. Risk assessment of genotoxic impurities in new chemical entities : Strategies to demonstrate control. *Organic Process Research and Development* 17 ; 221–230.

[51] Elder DP，Teasdale A. 2015. Is avoidance of genotoxic intermediates / impurities tenable for complex，multi–step syntheses ? *Organic Process Research and Development* 19(11) ; 1437–1446.

[52] EMA 2009. Information on benefit–risk of medicines : Patients' , consumers' and healthcare professionals' expectations. EMEA / 40926 / 2009. London，June 23，2009. http : //www. ema. europa. eu / docs / en_GB / document library / Other / 2009 / 12 / WC500018433. pdf. Accessed on January 25，2009.

[53] EMA 2001. Directive 2001 / 83 / EC of the European Parliament and Of the Council of 6 November 2001 on the community code relating to medicinal products for human use Article 1 point 28 of Directive 2001 / 83IEC as amended. http : //www. coe. int / t / dghl / standardsetting / medicrime / dir2001_83 cons 20081230 en. pdf. Accessed on January 25. 2014.

[54] Grundy JS，Kherani R，Foster RT. 1994. Photostability determination of commercially available Nifedipine oral dosage formulations. *Journal of Pharmaceutical and Biomedical Analysis* 12 ; 1529–1535.

[55] FDA 2009. Guidance for clinical investigators，sponsors，and IRBs adverse event reporting to IRBs—Improving human subject protection. U. S. Department of Health and Human Services，Food and Drug Administration Omce of the C : ommissioner(OC)，Center for Drug Evaluation and Research(CDER)，Center for Biologics Evaluation and Research(CBER)，Center for Devices and Radiological Health(CDRH)office of Good Clinical Practice(OGCP)，Ianuary 2009，Procedural.

[56] EMA 2015. Reporting requirements of Individual Case Safety Reports(ICSRs)applicable to marketing authorization holders during the interim period. June 29，2015 EMA / 411742 / 2015 Rev. 9 Inspections and Human Medicines Pharmacovigilance Division.

[57] MHRA 2013. Annex 8 : Quality Risk Management (QRM). Frequently asked questions.

[58] Huang J–T，Alquier L，Kaisa JP，et al. 2012. Method development and validation for the determination of 2,

4, 6–tribromoanisole, 2, 4, 6–tribromophenol, 2, 4, 6–trichloroanisole, and 2, 4, 6–trichlorophenol in various drug products using stir bar sorptive extraction and gas chromatography—tandem mass spectrometry detection. *Journal of Chromatography A* 1262 ; 196–204.

[59] Gerber C, Toelle H–G. 2009. What happened : The chemistry side of the incident with EMS contamination in Viracept tablets. *Toxicology Letters* 190 ; 248–253.

[60] Teasdale A, Eyley SC, Delaney E, et al. 2009. Mechanism and processing parameters affecting the formation of methyl methane sulfonate from methanol and methane sulfonic acid : An illustrative example for sulfonate ester impurity formation. *Organic Process Research and Development* 13(3) ; 429–433.

[61] Annex 15 : Qualification and Validation, Section 11 Change Control, 2015. EudraLex Volume 4 EU Guidelines for Good Manufacturing Practice for Medicinal Products for Human and Veterinary Use, March 30, 2015.

[62] FDA 2010. Guidance for industry CMC post–approval manufacturing changes reportable in annual reports, March 2014. https : //www. fda. gov / downloads / Drugs / . . . / Guidances / UCM217043. pdf. Accessed on May 5, 2017.

[63] ASTM E2500, 13. 2013. Standard guide for specification, design, and verification of pharmaceutical and biopharmaceutical manufacturing systems and equipment, ASTM International, West Conshohocken, PA, 2013, www. astm. org. Accessed on Mav 5, 2017.

[64] IPSE 2011. ISPE good practice guide : Applied risk management for commissioning and qualification. http : //www. ispe. org / ispe–good–practice–guides / applied–risk–management–cq, Accessed on January 12, 2014.

[65] Hulbert MH, Feely LC, Inman EL, et al. 2008. Risk management in the pharmaceutical product development process. *Journal of Pharmaceutical Innovation* 3 : 227–248.

[66] FDA 2003. FDA' s strategic action plan protecting and advancing America' s health : Responding to new challenges and opportunities. http : //www. nti. org/media / pdfs / 13_1. pdt?_=1316466791 Accessed on January 20, 2014.

[67] Watson TIN, Bonsignore H, Callaghan–Manning EA, et al. 2013. A design space verification for a small molecule drug substance. *Journal of Pharmaceutical Innovation* 8 ; 67–71.

[68] Burcham CL, Jarmer DJ. 2013. Industrial crystallization of pharmaceuticals : Capability requirements to support an outsourcing paradigm. *Pharmaceutical Outsourcing*, *September* 25, 2013.

[69] Aksu B, Paradkar A, de Matas M, et al. 2013. A quality by design approach using artificial intelligence techniques to control the critical quailty attributes of Ramipril tablets manufactured by wet granulation. *Pharmaceutical Development and Technology* 18 ; 236–245.

[70] Kapsi SG, Castro LD, Muller FX, et al. 2012. Development of a design space for a unit operation : Illustration using compression–mix blending process for the manufacture of a tablet dosage form. *Journal of Pharmaceutical Innovation* 7 : 19–29.

[71] Colgan ST, Timpano RJ, Roberts M, et al. 2014. Opportunities for lean stability strategies. *Journal of Pharmaceutical Innovation* 9 : 259–271.

[72] White, E. 2009. Risk management for aseptic processing. *Journal of Validation Technology Spring* 2009 ; 25–33.

[73] FDA 2004. Pharmaceutical CGMPs for the 21st century–A risk based approach. Final Report. http：ltwww. fda, gov/downloads/Drugs / Development ApprovalProcess/Manufacturing / QuestionsandAnswersonCurrentGood ManufacturingPracticescGMPforDrugs / UCMl76374. pdf. Accessed on July 20，2015.

22

ICH Q10质量体系：ICH Q10基因技术公司/罗氏公司的实践案例

Larry Wigman and Danny Ooi
Genentech, a Member of the Roche Group, South San Francisco, CA, USA

22.1 引言

ICH Q10 [1] 建立在生产质量管理规范（GMP）、文档管理规范（GDP）和阶段发展的基本概念之上，将这些概念纳入描述为药品质量体系（PQS）的综合质量管理体系。它旨在协调不同产品生命周期阶段的各种质量体系，重点是质量风险管理（QRM）和科学的综合方法。该指南超越了典型的质量指南，通过认识到化学成分生产和控制（CMC）是产品生命周期中的一个连续体，从研究到开发、临床试验、技术转让、商业制造，上市后药物监测、生产线扩充和产品停产。该体系鼓励持续改进，而不是一旦产品注册，即禁止改变产品的理念。该指南认识到制药业是一项明确概述企业管理责任的行业。商业相关的工具通常为工商管理学硕士课程保留，如知识管理（KM）、设计空间（ICH Q8 [2]）和基于风险的决策（ICH Q9 [3]）。本指南的主要目标包括具有适当质量属性的产品实现，建立和维护控制状态，以及促进持续改进。虽然 ICH Q10 本质上是全面的，并且基于涵盖整个产品生命周期的既定的标准化质量概念（即 ISO 质量管理体系 [4~6]），但它并不打算取代生产质量管理规范的要求（见图 22-1：ICH Q10 附件 2）。实际上，正如 ICH Q10 中明确指出的那样，药品质量体系中超出区域生产质量管理规范涵盖范围的要素被认为是可选的。

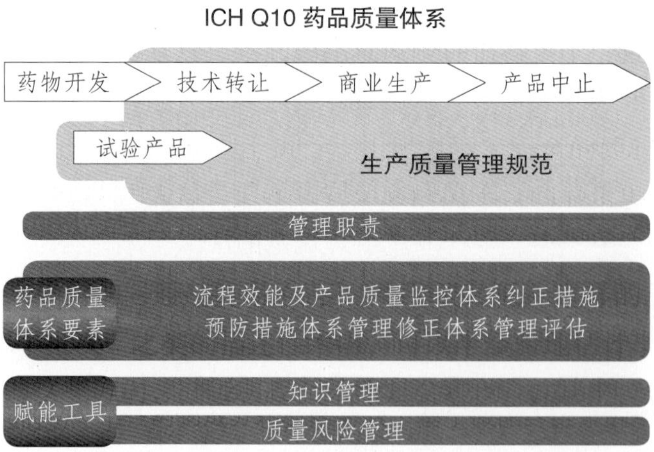

图 22-1 ICH Q10 药品质量体系模型示意图

为全球多元化公司制订战略是一项重大任务，也是基因技术公司 / 罗氏公司的首要任务。该公司在现有产品线具有高度多样性，包括生物分子疗法、小分子药物和抗体药物结合物，并涉及从口服、非肠道、眼部和吸入的各种形式的药物传送。这些业务包括探索、研究、开发、临床试验供应、商业制造，以及本土和授权产品的全球分销。制造业包括全球众多地区的内部能力和合同制造组织（CMO）能力。适应证涵盖了每个治疗领域，并将影响从主流人群患者到罕见病人群。其中一个统一的理念是关注患者并为他们带来质量无可挑剔的产品。

药品质量体系的管理愿景是建立一个单一的综合政策体系，涵盖从临床前到商业和上市后的整个化学成分生产和控制（CMC）的连续体。在高级主管的指导下组建了一支多功能的质量和技术代表团队。该方法涉及站点基准测试、流程映射、识别利益相关者，以及长时间的会议来编写这个统一的政策和指导系统。在第一轮之后，分阶段推出了现场实施和持续改进，以涵盖所涉及的众多过程和操作。下一章将描述该系统从一个战略概念到在全球范围内运作的功能实践的演变过程，示例主要来自一个小分子临床阶段开发小组。

22.2 药品质量体系的考虑因素

设计符合 ICH 第 10 章要求的质量体系时，需要从指南中抽象出以下设计和内容考虑：

· 药品质量体系的设计、组织和文档应该结构清晰，以便于共同理解和一致的应用。

· ICH Q10 的要素应以与产品生命周期各阶段适当且相称的方式应用，并认识到各阶段的不同目标和知识。

· 在开发新的或修改现有药品质量体系时，应考虑公司活动的规模和复杂性。药品质量体系的设计应纳入适当的风险管理原则。虽然药品质量体系的某些方面可以是公司范围的，也可以是其他特定现场的，但药品质量体系的有效性通常在现场得到证明。

· 药品质量体系包括适当的流程、资源和责任，以确保外包活动和采购材料的质量。

· 应在药品质量体系中确定管理职责。

· 药品质量体系应包括以下要素：工艺性能和产品质量监控、纠正和预防措施（CAPA），变更管理和管理审查。

· 应确定性能指标，并将其用于监测药品质量体系内流程的有效性。

作为一家成立于 1896 年的连续运营公司，罗氏公司开发了一套复杂的质量管理体系和政策。对基因技术公司的收购，以及这些遗留系统的整合进一步使质量环境变得复杂。基因技术公司 / 罗氏公司管理层认识到 ICH Q10 的重要性，质量管理团队在 2009 年着手建立一个全球药品质量体系。决定在一个系统下统一多个操作的逻辑包括：

· 卫生监管机构、患者和利益相关者将公司视为一个单一的实体。

· 在这个受监管的行业中，遵循生产质量管理规范的法律要求确保了公司的经营权；明确的质量要求（QR）降低了患者的风险，为生产质量管理规范的实施制订了统一的标准，并确保了管理层的参与。

· 在进行变更时实现灵活性，确保持续改进，并促进工艺、产品和人员的转移。

· 确保公司就阶段性适当的生产质量管理规范要求的解读达成一致。

六个关键领域分别由专家领导和由主要利益相关方组成的小组处理：

（1）药品质量体系文件。

（2）变更管理。

（3）纠正和预防措施。

（4）差异管理 *。

（5）质量风险管理。

（6）治理、工艺映射和知识管理。

注 * 通用 IT 工具 -TrackWise® [7]。

正如预期的那样，对实现该倡议的广泛范围所做的资源承诺是重要的。计划在 4 年内进行多年开发和分阶段推出，并在 2 年内进行优化和改进。药品质量体系正在不断改进中，并在这方面秉承了指南的精神。

22.3 药品质量体系文档

制订涵盖从临床前到上市后不同操作的全面文档集是一项重大任务。为了开始这个过程，开发了一个新的系统来标准化审查过程、管理审查周期和协调评论。从每个利益相关方的专业职能领域提名领域专家（SME），共同创建一个统一的生产质量管理规范药品质量体系，用以描述合并后组织的质量要求和全球标准流程（SOP）。实施的重点是协调、可实施性（考虑资源和预算）和合规性差距。

该过程被映射为五个关键步骤，如图 22-2 所示。

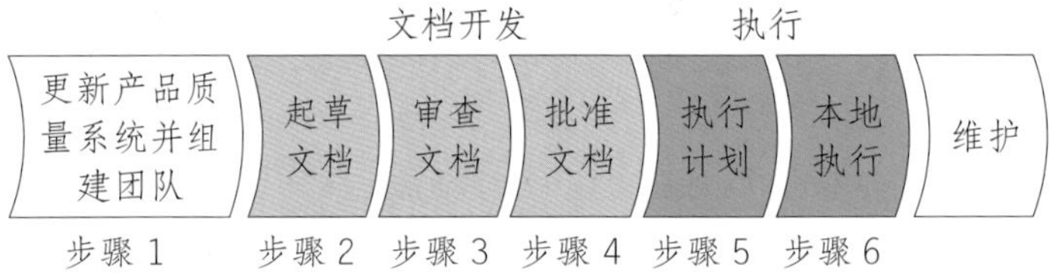

图 22-2 药品质量体系文档实现图

如 ICH Q10 所述，这些文件分为四大类，包括管理职责、系统要素、运营和赋能。开发了一个文档层次结构，以涵盖策略、质量要求和程序的范围，如图 22-3 所示。

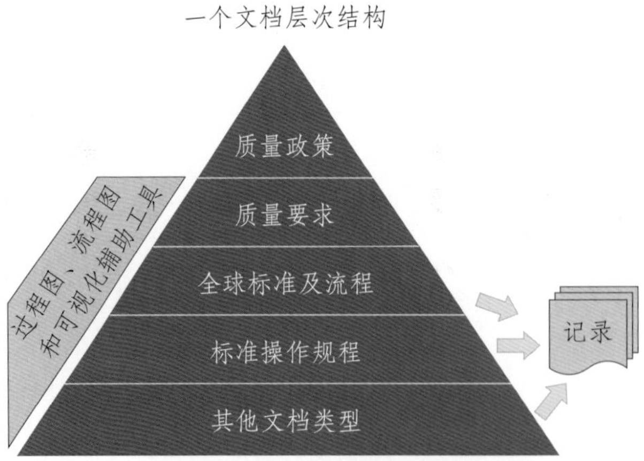

图 22-3 文件层次结构

为了帮助建立一个全面的文件系统，建立详细的过程图，并在按 TrackWise 变更控制系统中记录文件中的必要变更。因此，可以很好地记录进展情况并不断改进。

22.3.1 高水平文档

从上到下编写和实施战略性文件，以设定愿景、定义管理监督，并建立写作过程。第一批实施文件涵盖了 ICH Q10 中描述的一些新文件，如质量政策和质量手册，以及具有全球重要性的关键领域。这些第一批文件如下：

· 质量政策（POL）。

· 质量手册（QR）。

· 管理审查（GSP）。

· 质量与合规管理、角色和职责（GSP）。

· 监管管理（QR）。

· 监管合规流程（QR）。

· 产品发布（QR）。

· 全球文档编制与部署（GSP）。

POL（质量方针），QR（质量要求），GSP（药品经营质量管理规范）

22.3.2 本地实施

地方职能小组负责执行其余的适用文件。例如，适用于研发组织的大约 115 个 QR（质量要求）和经营质量管理规范（GSP）。由于目标是为多元化公司建立一套全球性文件，涵盖从生物分子疗法到小分子药物的所有产品，以及从探索到商业制造的所有运营，包括内部产能和合同制造组织能力，本地实施发现了许多挑战。

为了准确处理实施新的全球文件所涉及的资源和合规性问题，对每个适用的文件进行了“本地实施评估”。通过 TrackWise® 进行跟踪评估。还系统地处理了对当前地方政策的关键连锁效应和需要补救的关键问题。代表性的评估表格说明了表 22-1 中包含的基因技术公司 / 罗氏公司方法。

表 22-1　药品经营质量管理规范文档实例

为了完成 POL/QR/GSP 的实施，将采取以下当地行动（包括更新 / 停用现场文件和完成培训）：

#	需要在当地实施的 QR/GSP 要素	需要修正的现状（例如：缺口）	待完成行动的描述（修正行动）	描述行动如何被归档（证明有效性）	负责人	完成日期 / 生效日期	需要的资源
1	—	—	—	—	—	—	—
2	—	—	—	—	—	—	—

本地文档的影响：

作为确定本地影响的一部分，下表列出了必须修订或废止的本地或部门程序，以完成新 PQS 文件的实施。

# 文档名称和索引号	修正或作废	负责人	批准 / 起效日
—	—	—	—

在实施阶段，现场 / 职能部门必须确定在新的 PQS 文件能够完成实施阶段之前，哪些文件仍然作为“正式”文件遵循：

正式文档索引号和名称(列出本地/功能性的程序)	作废或修正并加入新 PQS 文档的预计时间
—	—
—	—
—	—
—	—

成功的地方实施需要持续改进，大量讨论集中在适合阶段的生产质量管理规范所需的基于风险的评估和澄清文件解释。需要更详细的程序和业务流程来确保协调和实施。从战略和全球到详细的本地操作流程及持续改进的文档层次结构是最终的成功结果。

22.4 创新和持续改进

在 ICH Q10 中，高质量产品和良好控制的制造过程的目标不是静态的，在产品的整个生命周期中保持质量和控制制造需要持续改进。期望有常规的质量监控和调查数据。质量监控和调查数据可以用于必要纠正和预防措施（CAPA），重点针对关注患者的质量风险，如以下摘录所述：

制药公司应该有一个系统，用于实施纠正与预防措施，包括调查投诉、产品拒收、不合格、召回、偏差、审计、监管检查和调查结果，以及工艺性能和产品质量监控趋势。应使用结构化的调查过程方法，以确定根本原因。根据 ICH Q9《质量风险管理》，调查的投入程度、形式和文档应与风险水平相称。纠正与预防措施方法应该可以改进产品和工艺，并增强对产品和工艺的理解。

在涵盖临床前和上市后产品的多元化组织中，变更是一种期望，通过基于风险的阶段性决策来保护患者至关重要。在开发的早期阶段，变化的速度预计会很快，并以适当的文档和管理审查数据驱动。基因技术公司 / 罗氏公司已经开发出一种分阶段的风险管理方法，并考虑到 ICH Q10 合规性。已实施共用系统（TrackWise®）进行变更管理、差异管理、变更控制、具有内置质量监督的纠正与预防措施、监管监督和管理批准。图 22-4 显示了政策的嵌套，涵盖了从临床前到商业阶段的开发，并对开发和商业政策进行了适当的区分。

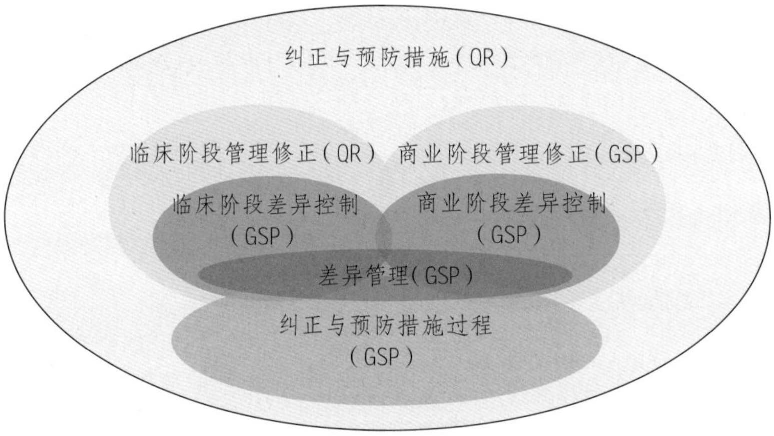

图 22-4　创新与持续改进文档图

该过程包括从临床前到商业化的四个阶段“端到端”开发，如图 22-5 所示：

· 在第 1 阶段，质量战略正在规划中。待监控的系统和过程与适当的测试和测量一起确定。对于关键工艺 / 系统管理，应进行审查以满足质量和法规要求。

· 在第 2 阶段，启动测量和数据分析。这些数据用于识别潜在的纠正与预防措施或调查。

· 在第 3 阶段，纠正与预防措施流程用于推进变更以改善质量，并可能缓解问题和减少调查。

· 在第 4 阶段，简要介绍管理情况并进行管理审查。

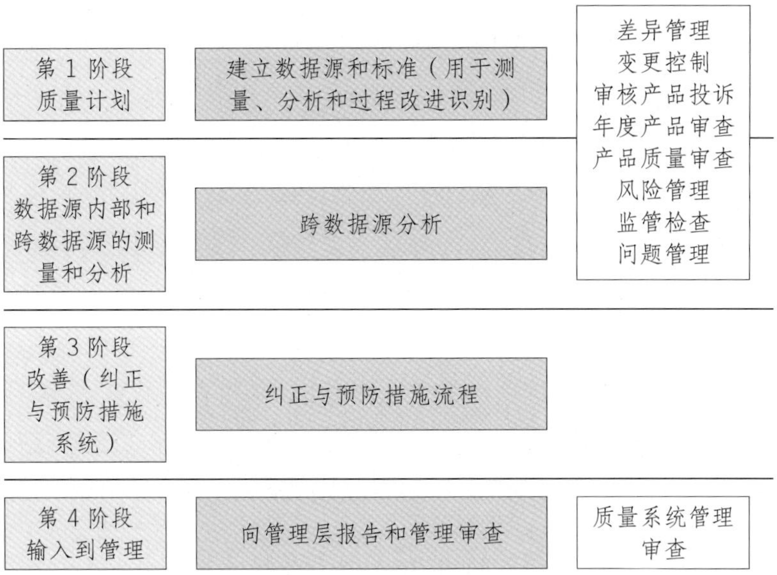

图 22-5　端到端开发

22.4.1　临床开发中的变更管理与变更控制

在临床开发过程中，随着新药走向商业化，活性药物成分的工艺、成分、规模、保质期、强度、外观等都将发生变化。临床开发中变更管理的原则是通过风险评估和质量风险管理确保变更不会对产品质量、安全性和有效性产生不利影响。在此阶段，变更管理目标的重点是记录临床开发过程中的变化，确保对质量、生产现场（包括合同制造组织）和监管影响进行适当评估，并确保变更得到技术开发团队领域专家的认可。该过程触发适当的法规提交 / 修订和临床试验材料 / 标签的更新，从而确保生产质量管理规范和临床用品的监管合规。图 22-6 记录了临床开发阶段的变更管理流程和范围。

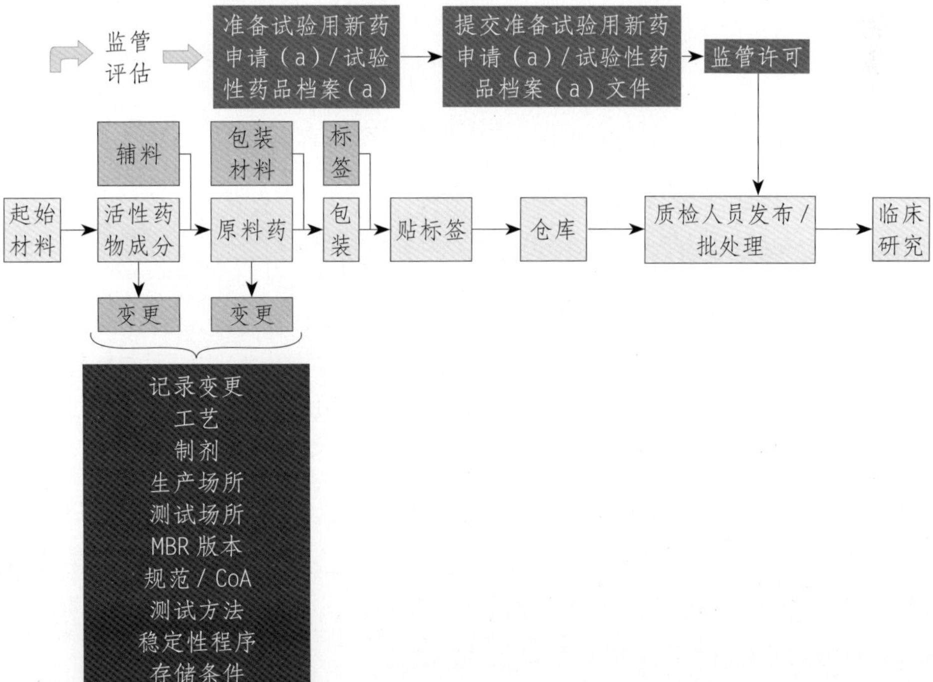

图 22-6　修改临床研发管理的流程图

临床开发中变更控制的原则是确保变更被正确地评估、批准和记录为实施的入口。通过使用基于风险的方法，可以为每个变更分配三个级别的影响，每个级别触发相应的评估和所需的批准。评估和批准必须由经过培训的工作人员进行，并持有有效的证书：

· 1 级变更是低风险变更，不影响产品质量，不影响监管，不影响生产现场，不需要额外验证。这些变更只需要质量批准，无须验证或验证测试即可实施。1 级变更的一些例子包括：文档的编辑和格式变更、分析方法的微小变更，如对验证或监管档案无影响的流动相梯度，以及类似仪器的变更。

· 2 级变更可能会影响产品质量或验证系统；然而，这些变更没有法规影响，不影响现有的质量协议。这些变化需要领域专家进行评估，通常需要额外的数据来促进评估。可能需要多次批准。2 级变更的一些例子包括主批次记录的变更、起始材料或辅料供应商的变更、需要验证的分析方法变更，但不包括档案修改。

· 3 级变更被视为对产品质量和 / 或监管档案和 / 或质量协议及其他验证 / 鉴定的重大影响。这些变更需要多次评估和批准。3 级变更的一些例子包括活性药物成分合成路线的变更、关键工艺变更、新的生产地点，以及需要修改档案的分析方法或规范的变更。

22.4.2 差异管理

差异可以定义为生产质量管理规范操作中的计划外、意外或非典型事件。差异管理过程包括这些事件的检测、分类、评估、修复和关闭。单一政策适用于全球所有的生产质量管理规范活动，包括但不限于批量生产工艺、计算机系统、公共设施、设备、原材料、环境条件和质量控制测试。电子系统 TrackWise® 用于记录和评估差异。关键类型的差异在不同的策略中描述，如图 22–7 所示。

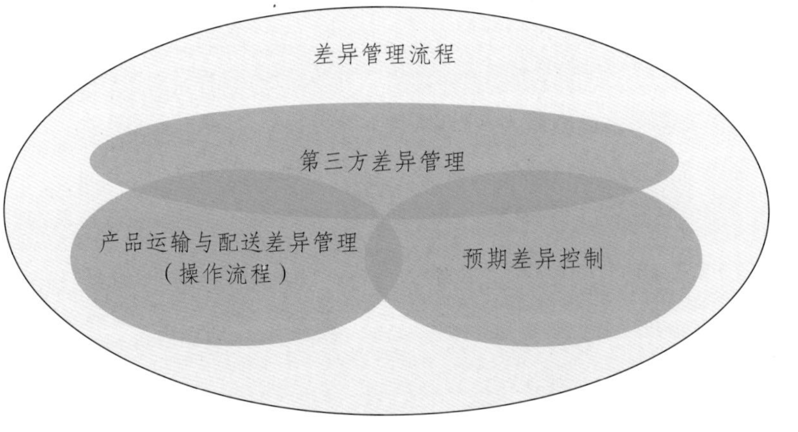

图 22–7　差异政策文档嵌套

差异管理是一个基于风险的过程。非常简单的差异，即具有明确原因的，对产品质量、患者安全、验证或监管档案无影响等情况，可以无须使用 TrackWise®，通过简单的批量文档注释或实验室记录即可处理。当重要差异出现时，处理流程将升级。简单的批量文档注释包括以下内容：

· 一种实验室错误，它使测试会话和 / 或结果失效，并带有可供测试的附加样本。

· 当一个样本被损坏时，还有额外可供测试的样本。

· 由于色谱柱不足导致的不符合系统适用性验收标准。

· 差异初步评估的流程图如图 22–8 所示。

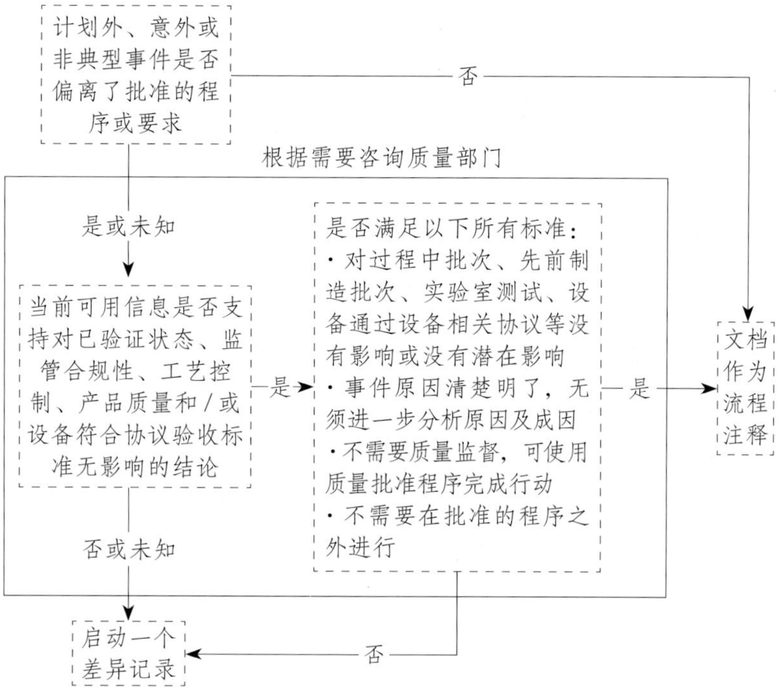

图 22-8　对差异的初步评估

由于偏离生产质量管理规范需要记录影响、原因、额外行动和技术评估，差异会升级为偏差。这些偏差是时间敏感的，必须在一个工作日内启动，并在 30 个工作日内结束。当事件具有潜在的产品质量或患者安全风险或对其他现场的潜在影响，需要进行广泛的测试或技术评估以了解原因和影响，并且可能需要采取补救措施时，差异将进一步升级为调查。偏差管理流程如图 22-9 所示。

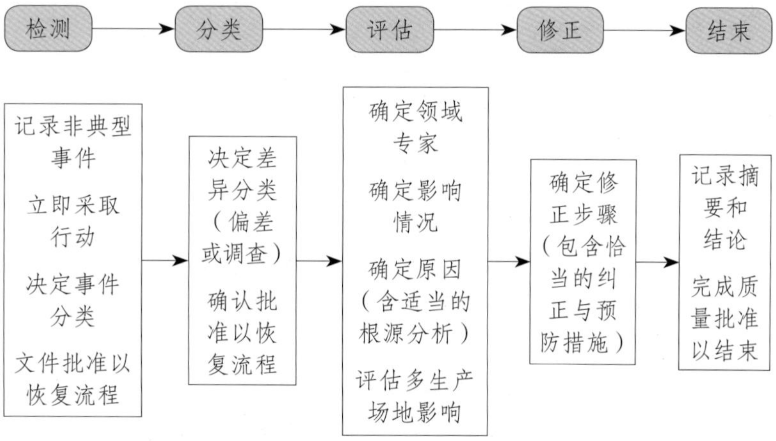

图 22-9　偏差管理流程图

调查升级为质量审查委员会（QRB）的讨论。质量审查委员会是来自运营和质量的高级人员的集合，其目的是为解决这些调查的策略提供指导。质量审查委员会将确认调查分类并认可调查策略和范围。该审查过程为质量管理提供了与调查相关的质量问题的理解和背景，以及多现场影响的可能性。质量审查委员会确保质量问题得到适当升级，如果需要，升级可包括现场行动管理和向卫生当局报告。质量审查委员会将批准最终调查结论和提议的行动，包括纠正与预防措施。

22.5 审计、纠正与预防措施和管理监督

审计和检查是持续改进和生产质量管理规范合规监控的关键部分。良好的审计体系包括管理评审和监督，形成基于风险的决策文化，以适当的质量属性满足 ICH 第 10 章产品实现的目标，建立和保持控制状态，并促进持续改进。卫生当局预计将进行审计和检查，如 FDA 检查手册[8]和 EudraLex 自检要求[9]所示。审计旨在根据以下关键标准评估当前的实践：

· 监管卫生当局的生产质量管理规范要求和期望。

· 药品质量体系合规与协调。

· 指导文件中定义和描述的当前行业惯例或 ISO 标准。

· 符合商业产品的监管提交文件或试验性药物的同等文件。

· 对于外包活动，遵守质量协议及根据批准的技术协议和供应商规范生产材料的能力。

审计和自我检查应定期（至少每年一次）进行，并包括详细报告、管理审查和有时限的纠正与预防措施。应使用基于风险的方法评估纠正与预防措施，以便快速解决关键的调查结果。根据公共健康、产品和 / 或数据完整性风险或系统失败的程度，审计结果可分为“关键、重大或轻微”。审核过程中发现的分类结果的详细报告应分发给受审核方、受影响部门、现场管理层和相应的检查组质量单位负责人。如果适用，还应分发给欧盟质量检验人员或受影响操作单位的负责人和质量负责人。应评估现场令人满意运行的总体能力。自我检查或内部审计的结果，无须与外部审计师 / 检查员（包括卫生当局）共享。检查应集中于表 22-2 中所述的关键生产质量管理规范领域和要素。

管理监督和责任是 ICH Q10 合规性的重要组成部分。在建立药品质量体系和持续改进管理文化后，监督是审计、检查和监管审查系统的关键部分。管理监督对以下五个方面非常关键：

· 在现场 / 产品的整个生命周期内提供适当的资源。

· 确保在药品质量体系中包含合适的节点和功能。

· 开发 / 协调适用于各现场的任何调查结果和响应流程。

· 审查审计报告。

· 审查、评价和批准审计响应，包括纠正与预防措施批准和完成时间表。

表 22-2 检查重点领域和要素

领域	可能包含的示例元素
质量系统	审查和批准流程
	差异管理
	变更控制
	纠正与预防措施
	投诉
	召回
	个人因素（岗位职责、培训、合同管理等）
	控制设计

续表

领域	可能包含的示例元素
设施、公用设施、设备	污染控制
	清洁
	装备鉴定
	关键设施（水处理系统、空气系统）
	环境监测
	维护及校准、消毒、害虫控制等
生产系统	流程验证
	生产控制
	生产记录及遵守规范
材料管理	测试及发布
	供应商鉴定及计算机流程变更
	储存区域的鉴定
	运输和配送
	退回
实验室控制	取样方法
	分析方法验证
	差异
	原始数据
	稳定性程序
	标准物质和试剂物质管理
包装和标签	标签的核对和储存
	标签发放
	标签控制与验证
	标签设计

管理审查系统应包含从 ICH Q10 中抽象出来的要素：

1. 管理审查系统应包括：

（1）监管检查和调查结果、审计和其他评估结果，以及对监管机构的承诺。

（2）定期质量审查，包括：

①客户满意度的衡量，如产品质量投诉和召回。

②工艺性能和产品质量监测的结论。

③工艺和产品变更的有效性，包括纠正与预防措施所产生的变更。

（3）以往管理审查的任何后续行动。

2. 管理审查系统应确定适当的行动，例如：

（1）制造工艺和产品的改进。

（2）资源的提供、培训和 / 或重新调整。

（3）获取和传播知识。

22.6 药品质量体系推动因素

正如 ICH Q10 所示，质量风险管理和知识管理是实施药品质量体系的两个推动因素，它们实现了三个主要目标：支持“实现取得产品的药品质量体系目标、建立和维持控制状态，以及促进持续改进”。这两个推动因素跨越整个产品生命周期。

22.6.1 质量风险管理

质量风险管理是一种组织信息以支持风险管理决策的系统方法，如 ICH Q9 中有更全面的描述。这是一个系统的过程，用于识别、评估、控制、沟通和审查整个产品生命周期中药物（药用）产品的质量风险。作为质量源于设计（QbD）基础的一部分，质量风险管理指导开发活动并通过商业化和产品中断监控开发工作的进展。作为两个药品质量体系的推动因素之一，质量风险管理在 ICH Q10 中被定义为“……有效的药品质量体系的组成部分。为识别、科学评价和控制潜在的质量风险提供了一种积极的方法。它有助于在整个产品生命周期内持续改进工艺性能和产品质量”。

在基因技术公司 / 罗氏公司，药品经营质量管理规范专门针对质量风险管理流程和全球运营指令而开发，构成了进行质量风险评估（QRA）、建立风险控制、审查风险和沟通质量风险管理流程活动的基础。 ICH Q9 中提供的工具原理和示例是药品经营质量管理规范中的一些关键要素。药品经营质量管理规范的范围包括通过产品分拆活动、产品供应管理、材料和质量服务、监管职能及研究药物和商业产品进行开发的场所。 目标是将质量风险管理流程集成到药品质量体系和质量工艺的相关元素中，例如产品 / 工艺开发和生命周期。质量审计、设计控制、变更管理、差异管理、纠正与预防措施等。

典型的质量风险管理流程包括以下六个步骤，其中可能涉及质量风险管理流程的主管和发起者、服务商、领域专家和质量部门：

（1）启动质量风险管理流程：充分实施规划和文档，以实现可靠的风险评估流程，包括后续步骤（例如风险审核）。

（2）风险评估：根据问题描述、风险评估目标、阶段适当性和其他相关因素采用适当的风险评估方法。

（3）风险控制：风险降低和 / 或风险接受的决策由决策者做出，包括质量、所有相关因素（即整体情况）的考虑，以及风险控制行动的优先级（定量和 / 或定性）。用颜色编码定性风险评估的示例参见图 22-10。

—		发生概率		
		低	中	高
严重性	高	中度风险	高风险	高风险
	中	中度风险	中度风险	高风险
	低	低风险	低风险	中度风险

图 22-10 定性风险评估示例

（4）质量风险管理流程输出 / 结果：总结、记录，并由决策者批准。

（5）风险审查：审查并监控已识别的风险（在指定的时间间隔内），以确定是否对原始质量风险管理流程决策有影响。

（6）风险沟通：在风险管理团队和其他利益相关者之间共享风险信息和风险管理活动，这些利益相关者是可能受益于或受风险管理过程影响的个人 / 组织。

应用于上述质量风险管理流程的工作量、形式和文档水平与风险水平相当。风险管理文档在相关产品、工艺或系统的整个生命周期内都得到维护，并且必须随时可用。

图 22-11 提供了如何将这些步骤合并到质量风险管理流程中的示例。

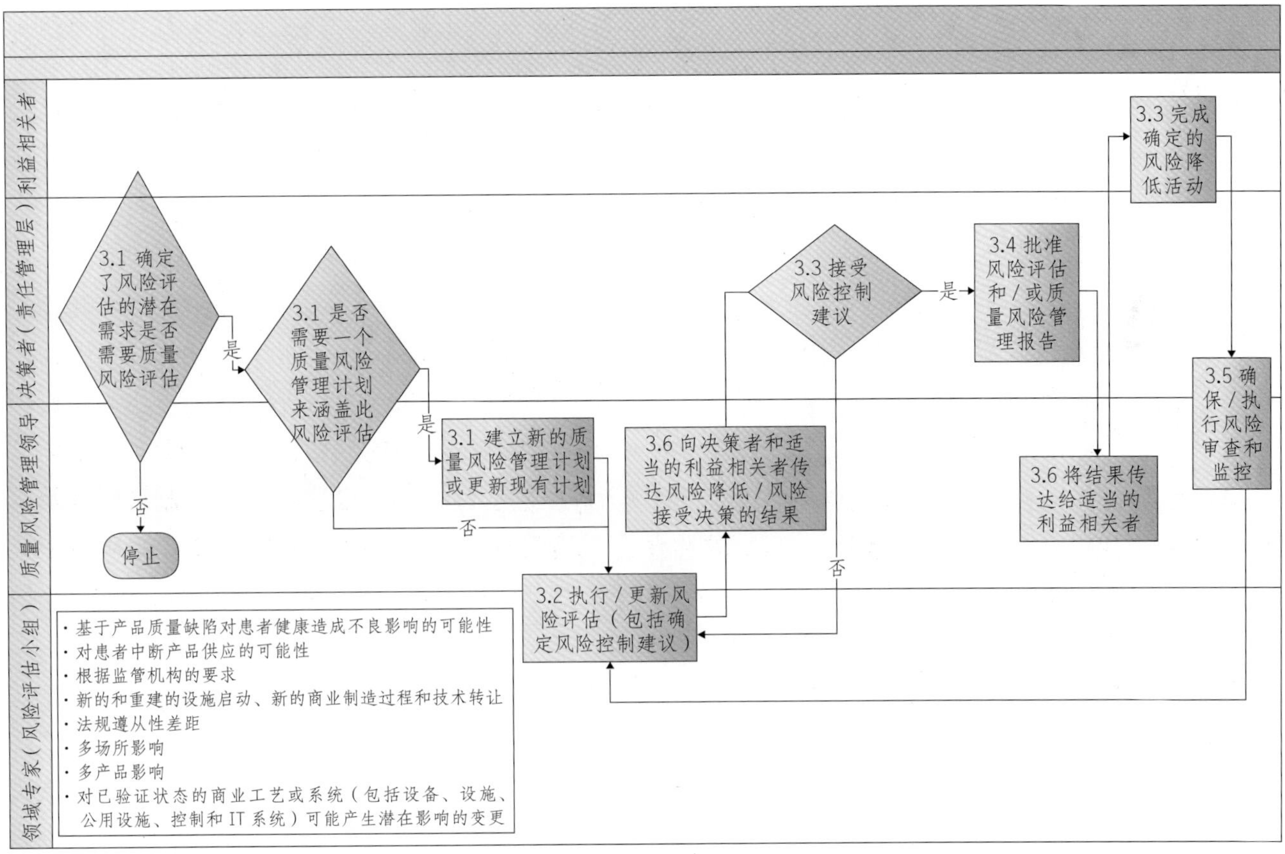

图 22-11　质量风险管理流程图

22.6.2

基于上述质量风险管理流程框架，在从小规模到商业生产规模的整个产品开发过程中设置了各种质量风险管理的执行点。质量风险管理的这种战略性使用是罗氏质量管理原则实施的关键部分。图 22-12 所示是质量风险管理流程如何在小分子药物开发中实施的一个例子。注意，质量风险管理中使用的方法（例如严重性和概率等的分析）与质量管理不同，这些差异是为了更好地支持基于质量源于设计的工艺开发。一个多学科团队，包括来自技术和监管职能的经验丰富的成员，执行质量风险评估。

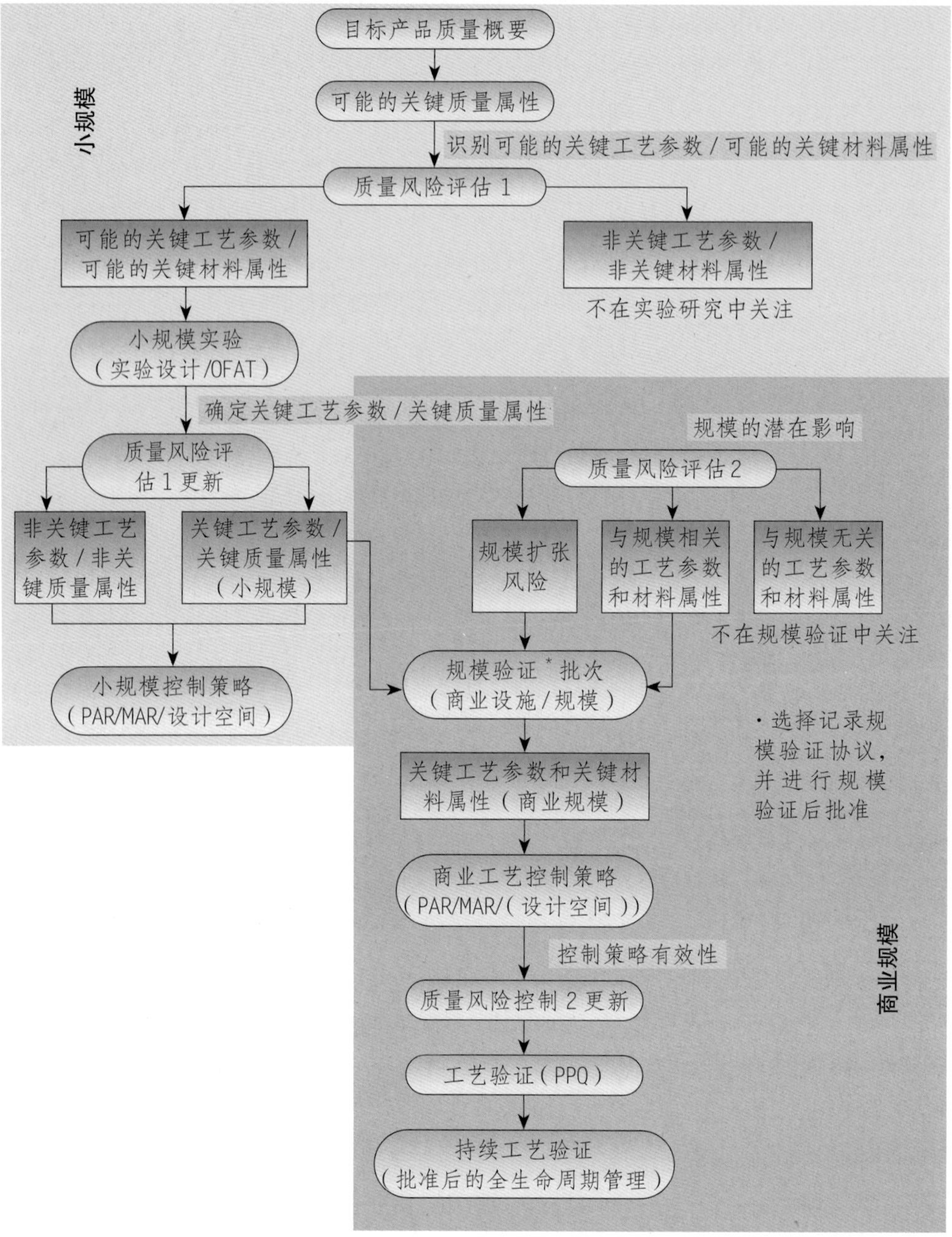

图 22-12　小分子制药开发过程中不同阶段的四类质量风险评估应用示范

四个质量风险评估点中的每一个都在不同的开发阶段实施，用于指导开发活动并监控其进度：

（1）质量风险评估 1：基于先验知识和产品表征等，确定可能的关键工艺参数和可能的关键材料属性。这些可能的关键工艺参数和可能的关键材料属性可能影响药品质量属性和工艺稳健性。它是小规模 / 中试规模的，通常在定义市场配方后的工艺开发开始时发生。评估结论将指导后续的开发活动。

（2）质量风险评估 1 更新：基于实验确定关键工艺参数和关键材料属性，通常在小规模 / 中试规模开发后启动。

（3）质量风险评估 2：确定放大规模的风险和潜在规模相关的可能关键工艺参数和可能关键材料属性（例如，规模、针对特定场所工艺的设备类型 / 设计等），它是商业规模的，并且在转移到商业制造之前发生。图 22–13 提供了质量风险评估 2 摘要的一个例子。

可能的药品关键质量属性	物质属性		工艺步骤			
	活性药物成分	辅料	制粒及干燥	最终混合	压片	包衣
外观	低	低	低	低	低	高
成分	低	低	高	低	低	低
计量单位均匀性	低	低	低	低	低	低
溶解度	高	低	高	低	低	低
降解	低	低	低	低	低	低
微生物	低	低	低	低	低	低
同一性	低	低	低	低	低	低

图 22–13　将质量风险评估用于关键质量属性中识别关键工艺参数及计量认证

4）质量风险评估 2 更新：确认商业控制策略的有效性，它是商业规模的，并且在商业规模的规模验证和注册批次之后发生。

22.6.3　知识管理

根据 ICH Q10，知识管理是一种系统的方法，用于获取、组织、分析、存储和传播与产品、制造工艺和组件相关的信息。ICH Q10 中与知识管理相关的许多概念都来自医疗器械领域[10]，这些概念将在本节中体现出来。知识管理是罗氏药品质量体系中产品和工艺生命周期的两个关键推动因素之一。根据 ICH Q10 的定义，产品和工艺知识的创建必须在整个开发和商业制造中可访问。

为了有效地管理产品和工艺知识，即能够使用先验知识并将其应用于创建新的知识和能力，知识管理的开发包括四个关键功能。

（1）文化：在整个产品和工艺生命周期及跨组织边界实现知识共享和学习文化。知识管理提高了个人获取显性和隐性知识、理解角色和责任，以及能够将知识传递给他人的能力。

（2）流程：实现从知识创建 / 收集和审查 / 访问共享和被使用 / 重用的标准化和统一的知识流。

（3）技术：包括跨组织边界实现信息共享的系统和技术。

（4）内容：指隐性和显性知识，以及分类、元数据、模板和其他支持元素。

这四个功能的核心是产品历史文件（PHF），它是为了获取产品及其在产品生命周期中创建的制造工艺的知识而开发的。产品历史文件提供了药品质量体系所需文档的索引，用于存储、检索和应用产品知识。产品知识来自各种来源，提供详细而全面的产品和工艺历史记录。产品历史文件将从药物开发到产品停产的积累知识集中在一起，包括分析、产品和工艺开发，设备开发及制造经验，如图 22–14 所示。

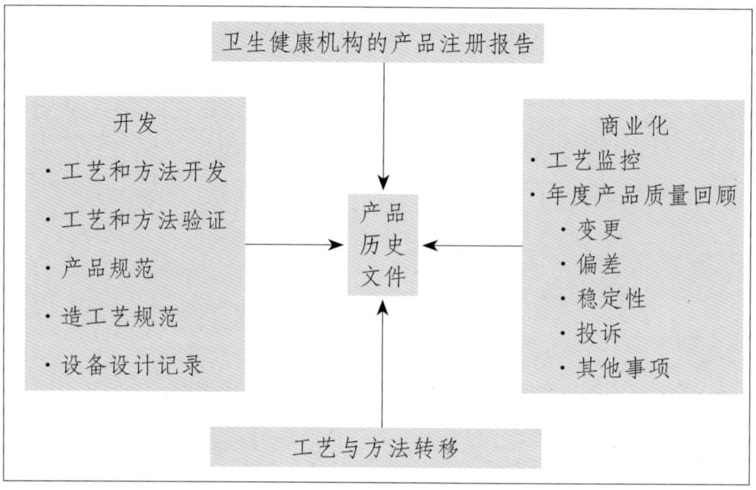

图 22-14 产品历史文件的组成内容

产品历史文件的主要元素是①用于获得产品和工艺知识的内容，②分类法（即分类模式）和支持搜索和过滤的元数据，③用于存储产品历史文件的电子存储库，包括原料药、药品、包装和包装组件及适当的医疗器械的可交付成果。

产品历史文件经历三个生命周期阶段。

（1）知识创建：创建 / 更新产品特定的产品历史文件。从制药开发、技术转让和商业制造中获取药品质量体系所需的产品历史文件信息。

（2）组织与沟通：知识 / 信息被组织化，然后存储在透明的存储库中以提供全球访问。知识传播是通过培训计划和网络会议完成的。

（3）知识应用：产品历史文件被访问并用于支持改进的问题解决、规划和决策，从而实现持续改进和效率。 在整个产品生命周期中获取知识，并定期更新和审查。当产品停产时，产品历史文件将根据适当的保留政策和业务惯例进行存储和保留。

图 22-15 显示了知识管理的生命周期及其能力在产品和流程不同阶段的应用。

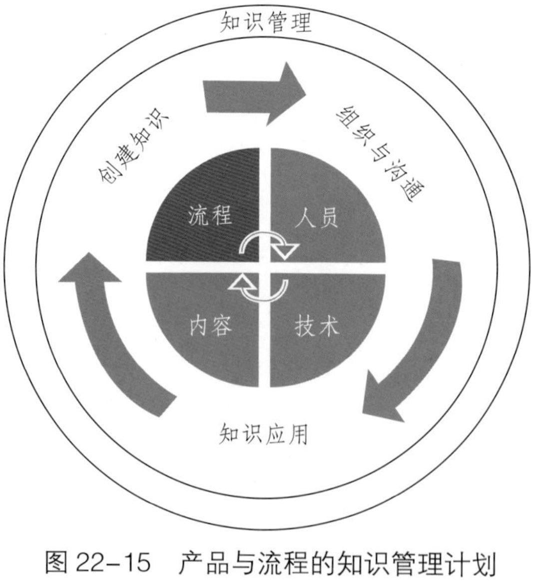

图 22-15 产品与流程的知识管理计划

22.7 实施ICH Q10的好处和未来的机遇

ICH Q10 的目标是促进理念和文化的转变，从针对特定生产场所和产品生命周期特定阶段的离散生产质量管理规范合规程序转变为解决产品生命周期连续性的综合方法。在后 ICH Q10 环境中，利用具有质量风险管理和知识管理等推动因素的统一药品质量体系来达成产品实现的目标，具有适当的质量属性，建立和维护控制状态，以及促进持续改进。ICH Q10 附件 1 描述了加强基于科学和风险的监管方法的机会，如表 22-3 所示。

表 22-3 加强科学和风险的监管措施的潜在机会

场景	潜在机会
1. 遵循生产质量管理规范	合规—维持现状
2. 展示有效的药品质量体系，包括有效使用质量风险管理原则（如 ICH Q9 和 ICH Q10）	机会： · 在监管检查中增加使用基于风险的方法
3. 展示对产品和工艺的理解，包括有效使用质量风险管理原则（如 ICH Q8 和 ICH Q9）	机会： · 促进基于科学的药品质量评估 · 实现工艺验证的创新方法 · 建立实时发布机制
4. 展示有效的药品质量体系及对产品和工艺的理解，包括质量风险管理原则的使用（如 ICH Q8、ICH Q9 和 ICH Q10）	机会： · 在监管检查中增加使用基于风险的方法 · 促进基于科学的药品质量评估 · 优化基于科学和风险的批准后变更流程，以最大限度地提高创新和持续改进带来的收益 · 实现工艺验证的创新方法 · 建立实时发布机制

在基因技术公司 / 罗氏公司实施 ICH Q10 的主要好处是开发了一个全面的文档系统，涵盖从临床前到上市后的各种操作，从而创建了一个统一的生产质量管理规范产品质量系统。统一的质量管理系统定义了联合组织的质量管理体系和标准操作规程。协调的资格预审制度建立了一种持续改进和变更的管理机制，以满足多样化和不断发展的公司需要。

随着制药行业向前发展以满足未满足的医疗需求并为更多患者提供价格合理的治疗，ICH Q10 的文化变革包括持续改进、基于科学和风险的决策及采用新技术进步变得越来越重要。药品质量体系要克服的一些关键挑战及研究者感兴趣的知识管理和质量风险管理的推动因素包括原材料来源、制造、包装和供应链的全球化，连续工艺和实时 / 参数释放，新疗法，以及不断变化的监管环境。

致谢

感谢 Cynthia Newth 关于药品质量体系文档的富有成效的讨论和指导，Colette Jue 关于变更管理和纠正与预防措施的背景和讨论，Tara Proses 关于本地实施和持续改进的观点，Kayhan Guceli 关于知识管理的指导，以及 Gezu Mengistu 对全球药品质量体系和质量风险管理的洞察。

参考文献

[1] ICH Q10. 2008. Pharmaceutical Quality System, June, 2008.

[2] ICH Q8(R2). 2009. Pharmaceutical Development, August, 2009.

[3] ICH Q9. 2005. Quality Risk Management, November, 2005.

[4] ISO 9000 : "Quality Management Systems" —fundamentals and vocabulary.

[5] ISO 9001 : 2000 : "Quality Management Systems" —requirements.

[6] ISO 9004 : "Quality Management Systems" —guidelines for performance improvements.

[7] Trackwise®, a registered trademark of Sparta Systems, Inc.

[8] FDA Inspection Manual 7356. 002.

[9] Eudralex Volume 4 Chapter 9—Self Inspections.

[10] ISO 13485 : 2003 Medical devices—Quality management systems ; Requirements for regulatory purposes.

23

ICH Q11：原料药的开发与制造

Ronald Ogilvie
Pfizer, Sandwich, UK

23.1 引言

2008 年 4 月，ICH 指导委员会批准了第四个著名的三合一“新浪潮”ICH 指导文件，Q11《原料药开发和制造指南》的最终商业计划和概念文件，研究基于科学和风险的药物开发。相比之下，ICH Q8（R2）[1]《药品开发》于 2004 年启动。因此，在一些人看来，Q11 指南是“事后诸葛亮”。鉴于 ICH Q8 中定义了设计和设计空间的质量原则，以及与基于科学和风险的开发方法相关的其他概念，有些人表示，Q11 指南可能很短，简而言之，“ICH Q8、9 和 10 用于药品的基于科学和风险的开发概念和原则、风险评估和质量体系，也可用于原料药的开发和制造”。当然，许多利益相关方所期望的结果在这句简短的话中被清晰地表达出来，即 ICH Q11“应促进‘增强型’开发方法在原料药开发中的应用”。然而，从商业计划的考虑来看，很明显，实际上是在寻求更全面的指导。

ICH Q11 商业计划提到了“协调原料药（化学的和生物技术 / 生物的）工艺开发和制造方面的技术信息（包括通用技术文件 S.2 节所述的信息）”的必要性。在准备和审查原料药登记文件节省的资源方面，特别是需要为不同地区准备“不同”的内容，这对于行业和监管机构的这种协调的合理性具有实际价值。商业计划还建议，这种关于原料药含量的协调指导可能会减少 S.2 节中评估员的查询数量，并减少回答此类查询所花费的资源。

任何人都很难反驳商业计划的逻辑及随后可能获得的潜在利益，但从计划中也可以清楚地看到，制订详细的指导方针将带来一些挑战，这些挑战可能使任务比开发 ICH Q8[1] 药品指南复杂得多。为了解决对小分子和生物原料药 S.2 节的含量期望要求，专家工作组面临着确定适用于高度多样化材料范围指南的重大挑战。指南不仅范围广泛，而且足够详细，可从这一广泛的物质范围内指导任何一种原料药的开发和制造。因此，专家工作组需要做出的关键决定是，这种广度和深度是否可以容纳于一个文本中，或者是否值得两个可分离的姊妹文本，即一个侧重于“小的”合成原料药，另一个侧重于生物制品。即便如此，新的方法也很难做到这一点，例如寡核苷酸和抗体药物偶联物模糊了传统分类的边缘。最后，编制了一份联合指导文件。

因此，即使在有人认为文本还需要提供与“基准 / 传统”和“增强型”开发方法有关的指导意见之前，仍然存在明显的挑战。

此外，指南的范围（通用技术文件 S.2 节）也扩大了 Q11 专家工作组所面临的挑战，超出了

Q8[2]（药品）专家工作组所面对的挑战。S.2（与 P.2 不同）包含许多重要的小节，提供制造（S.2.2 节）、控制（S.2.3 节和 S.2.4 节）和验证（S.2.5 节）内容，以及包含“开发”信息的 S.2.6 节，最好与 ICH Q8 中描述的 P.2 内容进行比较。

因此，在考虑提供基于科学和风险的开发原则 ICH Q8 的“模式改变”内容之前，我们可以理解 ICH Q11 专家工作组所面临的相当大的实际任务量。Q11 指南的概念文件还承诺协调“与原料药开发和制造工艺的描述和正当性有关的科学和技术原则”，“考虑并酌情提供实例，以描述包括在 ICH 指南 Q8[1]、质量风险管理（Q9）[2] 和药物质量体系（Q10）[3] 中的以下原则和概念”。这与涵盖所有类别原料药的指导方针的意图相结合，显然使该指南远离了提供与 ICH Q8/Q9/Q10 原则相一致的原料药开发方法的简单概念。

专家工作组明智地认为，Q11 不会“重新定义”原料药和药品之间的共同原则，但现有的“共同原则”声明将从 Q8（R2）中删除。然而，Q11 的更大范围，加上非常特定于原料药开发技术元素的存在（例如起始材料的选择、杂质管理），意味着专家工作组面对着一个重大的挑战。

概念文件列出了拟议的 Q11 指南的目标，如下所示：

· 协调并鼓励提交有关制造工艺及其正当性的相关文件。

· 概述与可靠交付优质原料药的稳健制造工艺设计相关的科学概念。

· 在可能的情况下，通过示例推荐演示工艺和产品理解的方法。

· 为当局的监管评估过程提供便利。

· 阐述不同制造工艺和产品的复杂性。

· 根据 ICH Q8[1] 中的描述，适应不同的开发方法和相应的信息。

· 提出增强型制造方法，这种方法还可以为控制产品质量的替代方法和应用创新技术制造原料药（例如连续制造）奠定基础。

· 阐述原料药开发的系统方法、质量风险管理的应用及产品生命周期中的设计空间和控制策略（包括实时释放）等概念。

尽管任务很繁重，但许多人可能认为，在制订必要的基本原则方面所做的“艰苦工作”至少有很大一部分是由 ICH Q8 专家工作组完成的。这反过来可能导致了一种普遍的观点，即 Q11 专家工作组将取得比早期指南更快的进展。事实上，可能不需要 Q8~10 实施工作组，该工作组提供了一套问答说明并进一步描述了 Q8 保持有效的主要原则。在 Q11 专家工作组工作结束之前，该实施工作组被解散。一个问题是，如果该小组可能继续保留，并正式承担支持 ICH Q11 专家工作组的任务，会有差别产生。

在 Q11 的开发过程中要解决的下一个问题是“聚集起什么样的快乐战士队伍会来对付 Q11 这条龙”？这一挑战意义重大；涉及的人需要多个领域的专业知识：

· 小分子、大分子和生物开发。

· 制造和监管知识（多个地区）。

2011 年 6 月，2011 年第 1 季度的专家工作组首次召开会议，概念文件规定，准则的第 2 步共识草案在“2009 年第 4 季度”提供。因此，最初设想只有极少数 ICH 会议是达到这一阶段所必需的。正如所强调的，即使是对预期目标范围的粗略审查也清楚地表明了挑战的实际规模，因此，最终过程花费了相当长的时间也许并不奇怪。第 4 步 [4] 于 2012 年 5 月达成。

23.2 Q11指南：它的起源和出生权

不久前，“如何进行产品开发”的指南或专著可能遭到抵制，但 ICH Q8[1] 和 Q11[4] 题为“开发和制造……”因此，思维上到底如何发生了转变，从而允许接受此类指南？这些指南的起源可以追溯到相当实际和逻辑的问题上。

很明显，ICH 过程中最重要和最有价值的协调之一可能是交付协调的注册提交文件。当然，协调通用技术文件（ICH M4）[5] 的工作，特别是模块 3 质量部分，导致了一些有趣的发现。美国、日本和欧盟这三个地区对申请人需要提供哪些信息没有共同的期望。所有三个区域可能都一致认为，审查的重点是原料药和产品及其控制（因此，为制作指南 ICH Q6A[6] 和 Q6B[7] 所做的工作），但预期提供的背景信息的深度有显著差异。值得注意的是，欧盟制订了一项关于“开发制药学”的指南 [8]，要求对产品的适用性进行科学的解释，欧盟希望在新的通用技术文件框架中保持这种支持性内容。其他区域认为，这类信息将是 P.2 节“药物开发”中药品新提交格式的一部分，并将通过提供原料药开发信息的一节（S.2.6 节）加以平衡。然而，显而易见的是，对这类章节的信息内容的期望并不一致，需要进一步的指导。尽管 ICH M4 发布了一些“说明性文本”，似乎表明了“部分内容期望”，但 M4 文本本身说明了通用技术文件 M4 指南提供了一种通用格式，没有描述商定的通用内容期望。与这些讨论密切相关的是，FDA 发布了有关原料药 [9] 和药品开发 [10] 的指南草案：这些指南很长（FDA 药品指南 [10] 为 66 页，而欧盟药物开发指南只有十几页）。人们可能想知道，如何通过这种区域指南实现协调?

一个答案是在“原则”的层面上讨论并同意协调，即简单地定义申请人必须向评估员展示的内容，以确保所进行的开发工作的质量及适用于产品的制造工艺和控制的适当性，并避免详细列出对此类工作应如何完成的预期。

我们几乎可以想象其中的一些讨论：不同的申请人可以以不同的方式进行开发，但仍然提供可批准的产品；一些申请人可以根据与产品或公司相关的各种因素，选择比其他人做“更多”的工作；一些产品可能比其他产品更复杂，并且具有不同的开发需求。

基于这种思维，组织可能面临两难境地，坚持传统的药品开发方法（ICH Q8[1]）/ 原料药（ICH Q11[4]），或采用与合理利用质量风险管理原则（Q9）密切相关的“增强型”方法。

人们也可以听到讨论的附和，想知道从与监管机构分享更多理解的申请人那里可以获得什么价值。与此相关的，可能是认识到为了提高产品开发过程中的知识，使其在产品生命周期中具有真正的持久价值，必须将其嵌入制造质量系统（ICH Q10[3]）。

因此，对“填补空白”指南的务实、战术性需求已经在“创新欲望”的肥沃土壤中得到了解决，以发展成为一个新的医药监管战略愿景，该战略愿景将以科学和风险为基础，授权并更好地支持制造质量，同时集中甚至减少各方所需的资源。

这种灵活性将允许使用“传统”和“增强型”的开发方法（Q8 和 11），并允许在基于结构化和合理利用质量风险管理（Q9）的产品设计和开发重点之间建立明确的联系 [2]。

这也提出了其他几个重要问题。例如，如果 Q11 从申请人的角度支持传统方法和增强型方法，那么与监管机构分享增强的理解有什么好处？在开发过程中获得的增强的产品知识与其在产品生命周期中的价值之间有什么联系？此外，如何将这种增强的理解嵌入整个制造质量体系（ICH Q10）[3]

中？

这些问题可能反映在 ICH Q8[1] 和 Q11[4] 共同的总体声明中：

·“对原料药及其制造工艺的进一步理解可以为更灵活的监管方法奠定基础。”

·“一家公司可以使用传统的方法或增强型方法来开发原料药，或两者结合。”

·“监管灵活性的程度通常取决于市场授权申请中提供的相关科学知识水平。”

任何审阅者面临的一个主要挑战是，当内容可能存在于“传统”或“增强”理解的共享范围时，如何“平等地”评估提交。这开始显示了指南文件的潜在战略挑战，如 ICH Q11[4]。也就是说，如何既能促进行业创新，又不使申请人摆脱适当程度的监管监督？

解决这类问题的经典系统方法是为工作和决策提供一个结构化的、以客户为中心的框架，其中每个设计和开发决策都应该是合理的，并以提供“患者需要的”为目标，同时提供需要满足的质量标准概述。这是一种典型的“因果”质量管理方法，在这种方法中，产品或工艺可以设计为交付产出，产出的质量可以测量以推动持续学习。然而，无论是行业还是监管机构都不太愿意采用经典的“测量输出”方法来确保质量，因为质量是“内置的”，尤其是对于某些关键要求（如生物制药等效性或稳定性），这些要求不被认为是能够通过对单个产品属性的“简单释放测试”轻易得到保证的。

然而，这种基于通过交付和保证设计的产品和产品质量属性满足患者需求的强烈计划开发意识是以科学为基础的原料药开发和制造方法的基本支柱。这种方法有效地基于这样一种信念，即原料药的开发人员将对原料药的计划用途有一个深入的了解，这种情况可能并不总是如此，但当这种联系存在时，可以允许更集中的开发。因此，当人们了解了患者的需求，即产品必须满足的需求时，可以进行合理设计的药品开发；当人们了解了药品及其制造工艺，以及原料药如何影响药品质量、安全性和疗效时，就可以进行合理集中的原料药开发。这样，我们就可以看到 ICH Q11[4] 是如何驱动药品对原料药的开发需求的。甚至这种相互关系也将与原料药开发和制造相关的挑战过于简单化了。在许多情况下，最终原料药的物理属性对药品的开发和制造至关重要。这些物理属性（例如固体形态、粒径分布、溶解性甚至稳定性）通常在原料药制造结束时确定。因此，制造的早期步骤可能与原料药 / 药品界面的关键属性不太相关。然而，作为一个整体，原料药的制造工艺对行业生产商和监管机构都是非常重要的，因为制造工艺可以确定对质量的潜在风险是什么，以及原料药质量的一致性。因此，如何识别、评估这些风险的关键性及其随后的缓解 / 控制成为开发的一个关键方面。与此相关的是向监管机构传达整个工艺和理解的能力。

23.3 制造工艺与开发

23.3.1 一般原则：与原料药开发有关的基本期望

ICH Q11[4] 和 ICH Q8[1] 一样，也认识到不同公司和不同产品的开发方法可能不同。然而，重要的是，指南为申请人建立了一套“基准”期望。制造工艺开发应至少包括以下要素：

·鉴定与药物相关的关键质量属性（CQA[1]）（以便研究和控制那些对药品有影响的特征）。

·适当的制造工艺的定义（和工艺描述）。

·确保工艺性能和原料药质量的控制策略。

这些“基准”期望最能确定真正的监管要求。因此，每个申请必须确定原料药的关键质量属性，即那些与产品的安全性和功效以及产品的可制造性相关的属性，然后形成原料药规范的基础。每个申请人必须提供一个工艺描述，定义原料药是如何制造的（当然，这种工艺描述得详细程度可能各不相同）。最后，每个申请必须详细说明原料药制造的控制策略，这不仅是原料药的规范，而且是对输入材料和过程 / 隔离的中间材料建立的控制，以及可能的用于对原料药的关键质量属性提供直接控制的工艺参数。

在 Q11 中，关键质量属性被定义为“物理、化学、生物或微生物性质或特性，应在适当的限值、范围或分布内，以确保所需的产品质量”。

制造商和监管者的基本责任是确保使用时到达患者体内的原料药具有适当的质量，因此，法规（和制造合规性）的重点是根据所述批准的工艺承诺实施控制策略和制造。然而，要注意，正如开发方法可能不同，不同开发方法对产品和工艺理解程度不同的结果可能是工艺描述和 / 或控制策略的内容也可能不同，基于申请人对产品和工艺的理解程度，不同的申请人和不同的产品之间存在差异。ICH Q11[4] 在引言中承认这一点：

在传统方法中，确定了工艺参数的设定点和操作范围，原料药的控制策略通常基于工艺重现性的证明和满足既定验收标准的测试。在一种增强型方法中，风险管理和科学知识被更广泛地用于鉴定和理解影响关键质量属性的工艺参数和单元操作，并开发适当的控制策略……

这在实践中意味着什么？申请人必须列出关键质量属性、所有重要参数的工艺说明及原料药所有关键质量属性的控制策略。在产品和工艺理解的投资范围的一个假设端（最小端），申请人将缺乏区分这些方面的任何特定知识，因此每个潜在质量属性都必须被视为关键。同样，工艺描述的每一个可能细节都可能是关键的，从而导致至少理论上需要实施每一个可能的控制。因此，提交文件的最小“景观”是一个高度详细但有限的提交文件，其中工艺参数限值仅根据经验和工艺能力进行设置（根据 ICH Q6A[6] 和 Q6B[7]）。在许多情况下，特别是在加速开发的情况下，制造经验可能非常有限（少量制造活动 / 少量实际批次），因此完全从制造经验中获得的工艺理解很可能有限，可能会导致严格的工艺参数加上广泛的测试。很明显，这种情况对于所讨论的原料药的长期制造来说不是一个令人满意的前景。

一家在产品和工艺理解方面进行更大投入的公司，可能会绘制出一个更具差异性的领域：一些潜在的质量属性对产品性能的影响可能比其他属性小，工艺描述中的一些参数将被发现对产品（步骤）质量的影响比其他控制措施大，一些潜在的控制点对整体控制策略不必要，或对其他控制措施多余。这将允许探索超出通过制造经验简单获得的参数限值，并允许开发集中控制，而不是由批次历史简单定义的控制。然后，申请人能够更好地评估产品生命周期中对产品安全性、质量和功效的真实影响，能够预测变更的影响，而不是对影响进行反应性测试。

除了前面概述的最低要求外，ICH Q11[4] 还定义了应构成增强型方法一部分的其他要素，这些要素包括以下方面：

· 评估、理解和改进制造工艺的系统方法，包括：

— 通过先前的知识、实验和风险评估，确定可能对原料药关键质量属性产生影响的材料属性和工艺参数。

— 定义将材料属性和工艺参数与原料药关键质量属性相关联的功能关系。

· 使用增强型方法结合质量风险管理建立适当的控制策略（包括设计空间的建议）。

无论申请人是否建立并分享对原料药制造工艺的进一步理解，所有申请人的目标都是建立能够持续生产预期质量原料药的商业制造工艺。工艺开发计划应确定控制哪些材料属性（如原材料、起始材料、试剂、溶剂、工艺助剂、中间体）和工艺参数。这可能导致申请人评估材料质量属性的变异性对原料药质量的影响。当然，将建立适当的规范来控制每种材料，以保持其质量并支持原料药质量的保持。

这种对材料属性质量的评价也应考虑规模的影响。最终，申请人必须确保所制订的理解与拟定的制造规模和工艺说明中允许的任何制造工艺变异性有关。

23.4 传播原料药开发的“故事”

ICH Q11[4] 指南指出，原料药开发的某些基本部分预计将在通用技术文件中进行沟通，并就 S.2.6 节“制造工艺开发”的预期内容提出建议。要求申请人描述和解释在原料药开发及其制造工艺中所做的重大变更，特别是从关键毒理学、临床和稳定性批次的制造到拟全面运行的商业制造工艺的变更。这一信息对于支持对原料药的评估很重要，因为它突出了商业工艺定型过程中所做的关键变更，并使评估员能够了解申请人需要管理的任何风险。这些风险可能包括申请人开发理解的潜在的规模依赖性，以及注册稳定性计划可能未适当解决的对原料药稳定性的任何风险。评估员还将能够评估在开发过程中发生的制造工艺变更及其对质量的影响（如果有的话），并根据所提出的工艺优化研究把这些变更与有关背景情况一并考虑。

申请人还可以有效地利用通用技术文件的这一部分内容来合理化制造工艺说明和相关控制措施，这些措施将成为未来生产原料药制造合规性的“承诺”要素。因此，申请人可以描述其制造原料药的方法、选择起始材料的方法（及这些起始材料的制造供应商和控制措施），以及导致理解确保原料药质量的材料和工艺的关键方面所采取的工艺开发方法。

在一种极端情况下，开发故事可能描述了在关键毒理学和临床批量生产之前，如何很早地确定原料药工艺，并在没有重大变更的情况下用于支持开发研究，然后扩大规模以支持商业供应，以及严格控制工艺参数和输入材料（这些控制基于开发中使用的材料规范和工艺参数）。这听起来可能不切实际，但与某些生物原料药的传统开发所采用的典型方法并无太大不同。在这种情况下，产品的质量被认为与工艺及其执行方式密切相关，预期在制造、控制或质量方面的灵活性很小。

与此相反，开发还可能涉及故意设计的工艺变更，例如，在开发的关键阶段之后，在进行了符合早期开发原料药杂质发布的关键毒理学研究之后，可能会对其进行评估。在这种情况下，很重要的一点是要反思工艺变更可能导致的原料药潜在变化，并提供证据证明所产生的原料药仍然具有适当的质量可供使用，或许可以通过在修订后的质量概况中包含有关杂质的具体认证的进一步信息。在这些情况下，申请人可能必须使原料药的持续安全性和质量合理化，并证明对制造工艺所做的变更是合理的，以解释为什么需要进行变更以确保以可行的方式大规模供应原料药。

同样，在建立注册稳定性研究之后，可能会对原料药的制造进行变更。这一变更可能会影响正在这些研究中评估的原料药是否仍然代表原料药持续的质量，这是审查申请的一个重要因素。因此，此类变更可能成为评估员进行大量审查的事项，申请人应在申请中以合理的方式提出此类变更（S.2.6 节）。

基于对变更的预期监管审查，申请人以表明如何应用质量风险管理原则来支持变更的方式提出此类变更当然是有利的。

质量风险管理也可以在更基本的意义上用于制造工艺及其相关控制策略的开发。这种方法将使人们对具体影响原料药质量的因素有更详细和更细致的理解。这一理解可能导致申请人在提交文件中提出的工艺和控制细节的修改，以支持正在进行的制造。

例如，申请人可能对通过该工艺如何建立原料药的关键质量属性，以及在特定加工步骤中输入材料的质量和工艺参数在维持质量中所起的作用有了相当的了解。这可能导致一项控制该关键质量属性的建议，而不是通过最终产品测试，而是通过对输入材料和工艺参数的控制组合。这种方法可用于一种或多种与原料药有关的关键质量属性，基本上为保证每个关键质量属性的质量提供了设计空间。

这种改进的开发方法也有可能导致对某些输入材料提出不同的规范，而不是所概述的基准方法。一种改进的方法可能会将控制重点放在材料质量的关键方面（并非基准方法中可能规定的所有可能方面），并可能提供比开发制造期间评估更宽的验收标准，基于更全面地理解进料的质量属性与原料药质量之间的联系。这可能涉及对进料中杂质的去向和清除的理解，以及这种处理如何导致杂质的去除。这种去除比申请阶段积累的有限制造经验更有效，因此可以支持提出更宽的规范验收标准。

改进的开发方法的另一个重要后果可能是在生产步骤中确定特定的工艺参数，这对于实现该步骤中的产品质量（从而确保原料药的质量）至关重要。在基准方法中，可能无法很好地理解任何一个参数的影响，因此需要将所有参数视为彼此潜在的关键参数。如果在基准方法中没有探讨工艺操作的变异性，那么参数将需要与批量生产经验中使用的范围紧密结合。然而，申请人可以利用先前的知识和集中的试验来了解与工艺步骤相关的各种参数的差异影响，这样会发现有些参数需要比其他参数更大程度的控制。此外，一些关键参数的变异性可以用一种设计的方法来探索，以了解在制造工艺中可能的实际操作灵活性。如果这种理解在提议的制造规模上仍然合适，这些类型的知识可能会影响制造工艺描述中详细说明的参数数量（不包括那些对步骤质量不重要的参数）和详细程度，以及为每个参数提供工作范围。当这种实验以理解各种参数的相互作用（如使用多变量实验设计）的方式发展时，人们可以全面理解工艺步骤（设计空间），以及充分描述工艺所需的控制和承诺（参数范围）。

我们可以理解，在工艺理解和优化过程和控制的设计方面，这种改进的开发方法可以为申请人带来显著的好处。因此，申请人必须描述其开发方法，以便评估员能够充分了解申请人所理解的内容，以及得出结论的科学依据。因此，在开发过程中做出的决定必须是透明的，最重要的是，对评估员而言是可以理解的，以便评估员能够就原料药制造工艺描述和控制的适当性得出与申请人相同的结论。

23.4.1 增强型提交的潜在挑战

如前所述，申请人可以选择采用风险评估技术来确定工艺输入的优先级和/或采用多变量实验设计。这些方法被认为是适当的，但申请人做出的每一个决定，如果导致对进一步调查的输入进行优先排序和取消优先排序，都可能导致评估员对这些决定的依据提出问题。评估员对理解申请人如何评估工艺输入的关键性很感兴趣，就像他们理解为什么输入被认为是非关键性的一样。然而，一个书面的关键 / 非关键划分是尴尬的。例如，评估人员可能认为，非优先工艺输入是关键的，只是不那么关键。如果将属性分类为非关键属性会导致申请人在提交与非关键属性相关的制造承诺时提供较少的信息，则这种担忧会进一步加剧。

此外，评估员还可以质疑小规模试验的理解和决策是否与整个制造规模相关。

从评估员的角度来看，“增强型”开发可能是关于申请人做出减少“承诺”的决定，每个决策都带有一定程度的残余风险或不确定性，以及在“增强”基础上建立的运营灵活性 / 设计空间在低于完全生产规模的情况下进行的开发实验可能存在缺陷或对质量带来不确定的风险。因此，我们可以理解，可能存在监管方面的担忧，即仅仅授权申请人在指定设计空间内根据“增强的”开发“理解”自由变更操作条件。当然，由于监管者的作用是确保产品能够得到适当的制造和控制，因此评估员面临着各种不同的开发方法，以及基于这些开发方法的工艺和控制承诺的不同建议，这是一个具有挑战性的情况。

评估员如何应对这一挑战？一种选择可能是，评估员在评估制造和控制的“增强型”建议时变得非常勤奋（甚至保守），在评估过程中，会询问每个决策和方法，并对每个数据及其结论进行风险评估。人们经常听说申请人应该让评估员知道每一个实验的原理，以及支持每一个结论和决定的数据。这可能会让评估人员感觉需要对每一个细节负责，从而质疑、挑战或收紧提交的每一个提议 / 要素。

如果评估员最终确信应用于原料药及其制造工艺的控制策略对于确保质量完全适合，则可以避免这种情况。因此，从产品和工艺理解中得出的控制策略可能是评估申请的关键。

23.5　控制策略开发

在 ICH Q11[4] 中，控制策略要素和工艺理解之间需要仔细联系，可能比 Q8 与药品的联系更大，因为原料药的关键质量属性不是原料药制造商参与控制的唯一方面。原料药质量重要属性的控制点也可以在中间体或起始材料阶段，而不是仅在最终原料药阶段。通过这种方式，原料药制造商可以通过控制原料、试剂和 / 或中间体质量的重要方面来真正建立质量，从而可以控制对原料药质量的风险（例如原料药中的潜在杂质），而无须求助或依赖最终产品测试。因此，Q11 将重点放在原料药的关键质量属性上，这些特性应在适当的限值、范围或分布内，以确保所需的产品质量不出问题，但是，如果从字面上看，就如何确保原料药的质量提供了一个相当直率的观点。重要的是要记住，ICH Q11[4]（第 3.1.5 节）指出，“制造工艺开发应确定控制策略中应控制哪些材料属性和工艺参数”，这更好地反映了控制战略在原料药开发中的价值和重要性。

同样重要的是反映出，对于原料药制造来说，一些对质量的潜在风险，例如原料中存在的杂质，在总体上对质量的理解是重要的，但是考虑到对这种杂质在起始材料（或中间体）及后续加工对所述杂质的影响这两种控制，就可以达成对这种风险的考虑立场。申请人可以了解杂质在进一步加工过程中是否会发生反应，并因此应将其评估为衍生的“命运”产物（可能具有不同的相关风险，即诱变杂质可以发生反应，并通过标准工艺转化为反应性和毒性较低的杂质）。申请人也可以了解，在标准加工过程中杂质是否被清除（去除），或者以反应方式（例如通过设计的酸洗除去的基本杂质），或者由于其物理性质的影响（这可能允许根据溶解度将杂质去除到隔离固体中间体的母液中）。所有这些因素，基于杂质和所需材料的固有化学特性，以及对化学反应活性的理解，使工艺化学家能够创新，并以药品制造科学家无法获得的方式解决原料药质量的潜在风险。这意味着，与药品属性相比，针对原料药制造制订适当的控制措施，可以有更多的选择来根据对产品和工艺的理解优化控制措施的布局。

ICH Q11 指出，“风险评估可在开发过程中用于识别可能影响潜在关键质量属性的制造工艺部分”，并且在改进的开发方法中，确定适当的材料规格和工艺参数范围可遵循以下序列：

· 鉴定工艺变异性的潜在来源。

· 鉴定可能对药物质量产生最大影响的材料属性和工艺参数。

这并不能说明应该如何处理不太可能对原料药质量产生重大影响的物质属性或参数。这些属性或参数是否应该受到较少的监管？是否应该在制造工艺描述中对其进行描述？如果被描述，那么那些不太重要的属性或参数如何能被清楚地区分？

· 设计并开展研究（机械 / 动力学评估、实验、模拟、建模），以确定材料属性、工艺参数和药物关键质量属性之间的联系。

这很有帮助，也很恰当地表明，除了实验之外的方法有时也可以用来开发工艺和工艺理解。然而，这既不能说明如何确保评估员了解这些方法的准确性，也不能说明要在总体控制战略中适当地管理由此产生的质量风险应如何“准确”地了解这些方法。当然，对于制造商来说，很重要的一点是要充分理解一种工艺，以便在不进行成批原料药失败控制的情况下进行可靠的操作，但对于评估员来说，既要确保控制的适用性，又要充分询问和担保制造商的工艺理解，这可能是一项非常艰巨的任务。此外，这可能是一个复杂的问题，如果产品的质量通过适当的、商定的控制策略得到适当的保证，并不会增加对产品质量的真正保证。

· 对数据进行分析和评估，以确定适当的范围，包括在需要时建立设计空间。

在最简单的情况下，开发工艺中生产的原料药将符合规格（至少在该制造规模下）。随着超出公司经验范围的任何操作范围的扩大，制造商需要确保更灵活的工艺继续生产符合规格的原料药。在一个层面上，通过维护规范 / 工艺控制继续对工艺进行调节。然而，监管责任贯穿产品的整个生命周期，因此需要管理变更。随着申请人拓宽一个超越先例的工艺操作条件，并为自我管理的变革创造了更多的机会（例如在约定的设计空间内的变更自由），那么监管责任可以被视为延伸到保证运营空间的科学基础，以保持对药品法规要求适当的变更监督。

申请人在提交文件中提出的操作灵活性越高，评估员就越有义务了解控制策略及所声称的操作灵活性的科学依据。由于批准后的变更通常需要提供稳定性数据（甚至是药代动力学研究 / 可比性数据），因此评估人员不仅可以寻求对药物释放质量的保证（包括监测变更的分析方法的适当性），而且要确保稳定性和生物制药 / 体内性能。因此，申请人可能需要提供数据或强有力的理由来证明释放质量、稳定性和体内性能，以支持设计空间。这可能会使“设计空间”难以建立，尤其是对于复杂的产品 / 物质（其中有多个关键质量属性，并且与工艺输入的联系可能无法完全理解）或不稳定的材料。

申请人可以期望平衡这一挑战，不仅投资于一个稳健的控制策略，即使通过可能的变更也能确保释放时的质量，而且投资于对产品稳定性（即哪些因素确保适当的稳定性或导致显著的明显不稳定性）和产品的体内性能的有效理解。

对于小分子，体内性能在某种程度上可以通过原料药 / 药品释放规范的属性来表征，但对于生物分子，体内性能 / 可比性的某些方面更难与可在释放时控制的属性联系起来。因此，对于生物原料药而言，在制造加工灵活性方面仍然存在更多的困难，并且更多地依赖或信任"该工艺确保了药物的质量"。ICH Q11 [4] 指出"为某些生物技术 / 生物原料药开发设计空间可能具有挑战性……"并建议根据残留风险的程度，尽管"在设计空间内工作不被视为变更"，申请人可能适合就如何在设计空间内移动来管理批准后的变更提出建议。

在评估非复杂的小分子提交物时，也收到了评估员关于如何在设计空间内管理变更的请求。ICH Q11 建议，变更管理建议"应说明如何部署工艺知识、控制策略和表征方法来评估产品质量"。因此，设计空间内的风险平衡因素同样是控制策略，可能还有增强的"第二层"风险评估和测试。

23.6 既定的控制策略

指南相当重视控制策略的概念，将其作为制造承诺和质量保证的关键方面。因此，研究 ICH Q11[4] 如何将"控制策略"描述为"从当前产品和工艺理解中得出的、确保工艺性能和产品质量的一套有计划的控制措施"，这一点至关重要。每一种原料药的制造工艺，无论是通过一个传统的或增强型的方法，都要有一个相关的控制策略。

这一定义和期望的一个关键方面是，工艺及制造的原料药都应"受控"。因此，控制策略不仅仅是原料药规范。

根据 Q11，控制策略规定包括（但不限于）：

· 原料药的控制。

· 工艺参数控制和制造工艺设计（和描述）隐含的其他控制。

· 与工艺相关的其他材料（如原材料、试剂、起始材料等）和原料药（如初级包装材料）的控制。

为了确定需要控制哪些因素来限制产品质量的变异性，申请人在工艺和产品理解方面投入（和分享）得越多，提出的控制就越集中。这种集中、加强的控制可能会减少对原料药测试的重视，而更多地强调参数和输入材料控制。人们可以想象在设计空间内制造的原料药的极端情况，即每一个关键质量属性都是参数化的，而不是通过测试来保证，因此原料药是在遵守制造承诺（即在设计空间内制造）的基础上释放的。然而，对许多原料药更可能发生的情况是，通过对关键质量属性（或原料药关键质量属性的上游前身）的测试，而不是单纯基于工艺的合规性，关键质量属性将继续得到保证。因此，这种相关的控制可以被视为制造的不确定性和不合格风险的平衡措施。这种平衡应允许评估人员对提交的文件进行风险评估，以了解工艺描述和控制策略如何共同工作以确保质量，并可能将审查重点放在寻求评估控制策略和工艺描述不能共同提供持续质量充分保证的地方，因此存在缺陷，需要修改 / 改进。

显然，对于评估员而言，如果期望的原料药关键质量属性在原料药规范上受到控制，其接受标准与安全性和 / 或功效直接相关并相应地合理化，则显然更为直接。但是，通过在早期中间阶段测试属性以达到相同的验收标准来控制关键质量属性也是合法和适当的。在这种情况下，评估员必须能够得出结论，即该属性受到适当的控制，并且随着原料药制造的进行，不会发生进一步不利的变化。因此，即使在这个非常简单的"增强型"案例中，我们也可以开始看到压力开始被置于"工艺理解”和评估员身上，评估员负责确保控制策略完全适当地控制原料药的质量。随着控制策略的继续“增强”，这些压力继续增长。

合法控制也可以执行以下操作：

（1）根据对下游加工过程中清除作用的理解，在较早的中间阶段但在较高的验收标准下控制关键质量属性。在ICH M7[11]选项3中定义了此类选项，涉及控制诱变杂质。

评估员关注点/工艺理解，在不同规模和不同操作条件下对净化的理解是否稳健？控制是否基于对“最坏情况”的理解？

（2）基于对前体属性“命运”的理解,在早期中间层控制前体的关键质量属性。评估员关注点/工艺理解——对“命运”的理解是否健全？控制策略是否应包括对下游任何一种材料的进一步测试？

例如，如果“前体”是已知在下游工艺中转化为非诱变材料的诱变材料，则这些可作为特别有价值的控制策略。

（3）申请人甚至可以提议放弃对关键质量属性的测试，要么是因为关于“清除”的知识，要么是基于参数控制。

评估员关注点/工艺理解——这个策略如何在工艺变更的情况下保持质量？

我们可以理解，一个增强的控制策略可以很容易地利用提交文件中不同地方的承诺和理解，就像通用技术文件结构中的格式一样。这可能导致申请人和评估者在提出和确定所提出的控制策略的全面性时出现严重的复杂性。因此，申请人可能认为，提供一份“控制策略”摘要非常有价值，该摘要概述了每个关键质量属性控制的各个方面。这进一步证明了申请人有必要讲述一个连贯的控制策略故事，以便于评估员审查。

很明显，控制策略的制订很快就与变更管理联系起来，并且需要运行一个“已验证”的工艺，该工艺已被证明能够常规地制造所需和适当质量的原料药。

23.7 工艺验证

虽然ICH Q8[1]中几乎没有涉及工艺验证，但这是一个主题，ICH Q11[4]中专门提供了指导，而且很复杂，通过对原料药和产品的理解程度加以区分。对于生物/生物技术产品和无菌原料药，申请人需要在制造申请中提供具体的验证信息。对于非无菌小分子药物，这是不需要的；但是，在所有情况下，原料药的制造工艺应在最终药品的商业分销之前进行验证。根据制造工艺的复杂性、规模依赖性、变异性和工艺理解，验证过程所采用的方法可能会有所不同。

验证是根据ICH Q7[12]中阐述的原则进行定义的。要求申请人提供证明该工艺具有“有效且可重复”生产符合预定质量要求的原料药能力的文件证据，例如，基于已确定的关键质量属性的预定规范，但原则上，制造商在如何提供这种保证方面具有相当大的灵活性。

在许多情况下，申请人几乎默认采用“传统”方法进行工艺验证，其中一系列连续制造的全规模批次用于通过中间体和最终产品测试证明通过固定工艺生产的原料药的质量（和质量的可变性）。通常，为满足这一目的要生产3个批次。然而，这种“传统”方法可以用能够缩小规模进行验证的方法（无论规模如何，如果已知操作以可重复和可预测的方式执行）或采用连续验证方法，其中，对工艺知识和控制策略的理解非常充分，可以预期为每批原料药提供适当的质量。这种知识密集型的方法在操作连续制造工艺时非常有用，并且还可以支持变更管理，包括“灵活 / 适应性”处理，其中可以调整工艺参数以解决材料输入质量的显著变异性。

在很大程度上，重点是确保制造工艺和规模的变更得到管理，以继续确保质量，但 ICH Q11[4] 也承认，在小规模或中试规模下进行的某些研究有助于正常工艺的总体验证（或过程工艺变异性）。这些研究可以使制造工艺在全规模下建模，并且可以减少对验证工艺（或工艺变量）所需的大量全规模批次的依赖，前提是小规模产生的理解可以被证明与全规模的工艺操作相关联。在一个极端情况下，根据对工艺的理解和适当的控制，这可以支持一个显示为有效的工艺，而不需要从全面运行工艺中获得任何数据。

还应注意的是，与大多数原料药的生产工艺不同，原料药生产工艺的验证也需要考虑去除已知和潜在杂质。对于生物技术原料药，去除病毒污染通常是一个平台型问题，具有共同的挑战，在这里，不同原料药之间可以推断出共同的解决方案，并且病毒去除可以在小于完整制造规模的情况下得到证明。然而，在小分子原料药的制造过程中，杂质对单个工艺和原料药更具特异性。因此，必须根据具体情况仔细制订适用于此类杂质的控制策略。随着生产规模的增加，可能需要重新评估在小规模或中试规模上研究的清除杂质工艺能力的知识。这对于从基于小规模结果的控制策略中清除潜在杂质的测试尤为重要。要考虑的“风险”情况是，小规模使用的分析测试是否具有特定的能力，即特异性，以测试是否存在某些杂质，但分析测试是在小规模数据的基础上修改的，以消除方法的化解能力，从而测试这些杂质。此类评估可通过设计用于评估杂质清除的风险评估工具进行加强 [13]。

制造工艺的验证是一项生产质量管理规范的要求，从商定的起始材料的入口点到合成点进行验证。因此，制造原料药的起始材料的选择成为原料药生产工艺监管的关键要素。

23.8　商业化制造原料药的起始材料的选择与论证

起始材料的选择和约定及制造质量的保证是 ICH Q11[4] 中包含的另一个复杂主题。

欧盟已有一些关于原料药起始物质预期的指导意见 [14]，一些想法已在 FDA 关于药物的指南草案 [9] 中发表。然而，由于监管预期不协调，这是一个需要指导的主题。利益相关方还认识到，在选择原料药制造的起始材料和监管机构对其进行评估时，会出现逐案考虑的情况。

ICH Q11[4] 指南还必须涵盖小分子原料药和生物技术衍生原料药，以及通过半合成从天然材料衍生的原料药。每种材料在如何考虑起始材料方面都有所不同。

专家工作组很可能发现这是一组需要考虑的有趣主题，并且可能会讨论选择期望的各种基本原则及如何在指南中提供这些原则。例如，监管机构在历史上接受了作为商品材料的拟议起始材料（即那些在商业上有大量非药物用途的材料）。最终的 Q11 指南也可能希望反映这种可接受性，但不希望规定所有拟议的起始材料必须是商品材料（历史上并非如此），并且没有暗示任何商业上可获得的材料是可接受的（因为一些合同制造商可以根据许可证向活性药物成分制造商提供一些拟议的起始材料，这不符合监管机构对预先存在的材料供应的观点）。因此，指南必须设法考虑所有这些因素。

此外，经常有人质疑“拟议的起始材料要多么接近 / 远离原料药才是一种合适且可接受的起始材料”？虽然这是一个似乎有吸引力的问题，可以提供一个简单的答案，但由于各种原因，一个简单的方法很可能会低于预期，导致一个僵化和无效的监管框架。那么，Q11 如何能够提供关于这个主题的指导，能够涵盖产品类型的广泛性并解决前面描述的问题范围呢？

ICH Q11[4] 指南在第 5 节中包含了一些小节，为选择、理由和提交与原料药商业制造的相关起始材料（和原料）提供了指导原则：

· 合成原料药起始原料选择的一般原则。

· 半合成原料药起始材料选择的一般原则。

· 生物技术 / 生物原料药的原料和起始材料选择的一般原则。

· 合成原料药起始材料选择理由的提交信息。

· 半合成原料药起始材料选择理由的提交信息。

此外，读者还可参考 ICH 指南 Q5A [15]、Q5B [16] 和 Q5D [17]，了解生物技术 / 生物原料药起始材料来源的认证。

对于合成原料药起始材料的选择，Q11 文本避免说明任何“绝对”的选择规则，而是提供了一些申请人在确定选择决定时应考虑的一般原则。这些原则中没有一条是绝对要求，申请人应考虑所有原则，以达成平衡的提议。

这些原则是基于科学和风险的，重点是提供衍生原料药的质量保证，并允许监管机构审查原料药质量的潜在风险。

为了方便起见，在此复述这些原则：

· 一般而言，在制造过程开始时发生的材料属性或操作条件变更对原料药质量的影响较小。

· 从制造工艺结束开始，风险与步骤数量之间的关系是两个因素的结果，一个是关于原料药的物理性质，另一个是关于杂质的形成、命运和清除。原料药的物理性质在最终结晶步骤和后续操作（例如研磨、微粉化）期间确定，所有这些操作都发生在制造工艺结束时。在制造工艺早期引入或产生的杂质通常比在制造工艺后期产生的杂质有更多的机会被去除（例如清洗、分离中间体的结晶），因此不太可能被带入到原料药中。然而，在某些情况下（例如当肽或寡核苷酸在固体载体上合成时），风险与制造工艺结束后步骤数量之间的关系更为有限。实际上，在寡核苷酸的情况下，如果存在于单核苷酸起始材料中的杂质在低聚物的构建过程中几个阶段被利用，它可以在最终的活性药物成分中扩增，这种情况是经常发生的。

· 监管当局评估对原料药及其制造工艺的控制是否充分，包括对杂质是否有的适当控制。为了进行这一评估，应在给监管当局的申请中充分说明原料药制造工艺，以了解工艺中如何形成杂质，工艺变更如何影响杂质的形成、命运和清除，以及为什么提出的控制策略适用于原料药的制造工艺。这通常包括对多个化学转化步骤的描述。

· 影响药物杂质分布的制造步骤通常应包括在申请 S.2.2 节所述的制造工艺中。（但参见 ICH Q11[4] 中的示例 4，该示例说明了所采用的控制策略如何平衡这些期望。）

· 聚合原料药制造工艺的每个分支都从一个或多个起始材料开始。ICH Q7[11] 中描述的生产质量管理规范规定适用于每个分支，从首次使用起始材料开始。按照生产质量管理规范执行生产步骤及适当的控制策略提供了原料药的质量保证。

· 起始材料应为具有规定化学性质和结构的物质。非隔离中间体通常不被视为合适的起始原料。

· 起始材料作为一个重要的结构片段并入原料药的结构中。本书中的“重要结构片段”旨在区分起始材料与试剂、溶剂或其他原材料。

考虑到在制订关于这一主题的指南时应考虑的方面的数量，这些原则似乎非常合适，其重点是了解关键性、杂质形成和清除，以及向监管机构提供信息。人们可以很容易地看到在做出选择决定时应仔细考虑的科学方面，并且可以看到影响药物质量风险的因素是如何内置的。然而，也可以预测，任何两个申请人都可能提出非常不同的建议（根据申请人提供的理由，其中一个或两个可能被接受或拒绝）。监管者要处理一个相当发散的结果，并且必须向申请人询问他们的提议如何满足/考虑原则中的所有期望。在申请人看来，这通常会导致要求将受监管的工艺延长到特定或更长的步骤数量。因此，ICH Q11[4] 中的原则，以及基于科学和基于风险管理的原则，也可能对监管机构和行业带来重大的实施挑战。

例如，在市场营销申请中对起始材料提出建议的申请人在审查过程中可能会在至少一个地区发现该材料受到质疑或被拒绝。对于提议是否可接受，以及监管机构要求申请人采取的不同补救措施，可能没有一致的监管立场。因此，我们可以找到一个旨在促进全球协调的提案，最终形成特定的区域需求。此外，如果申请人已经开始从拟议的起始材料制造用于初始商业供应的启动库存，申请人可以发现，这些库存在拒绝拟议的起始材料的任何地区都不合适。如果这仅仅阻止了患者获得一种新药，将是很不幸的，但监管机构可能没有办法允许使用初始供应，并且仍然要求对提议的起始材料的问题进行补救。为了管理这种监管拒绝的风险，申请人可以使用应急职位（确认更长的合成初始供应和/或在生产质量管理规范下进行额外的步骤），虽然这些不是不合理的风险管理职位，但它们会为启动库存计划引入复杂性。如果起始材料提议的可接受性更加可预测，或者可以在提交营销申请之前及在启动制造决策之前以简单的方式与全球监管机构达成一致，则可以避免这种应急行动。（这些挑战成为 2014 年成立的 ICH Q11 IWG 的焦点。）

当然，申请人希望确保在营销申请中以监管者能够欣赏和正确评估的方式传达关于起始材料的建议。ICH Q11[4] 第 5.2.1 节指出，申请人应“根据一般原则为每项拟议的起始材料如何适用提供理由”，这应鼓励申请人对其提出的选择建议的理由和基本原理保持透明，并分析他们提出的控制策略（例如针对起始材料规范）如何能够帮助确保原料药的质量。

ICH Q11 提供了指导，说明这种理由可能包括用于检测起始材料中杂质的分析方法的能力、申请人对杂质命运的理解，以及确保原料药质量所需的规范控制等信息。

有时，申请人可能会面临关于其建议的起始材料或控制如何管理起始材料制造的变更问题（记住，该制造不受监管），并且可能希望在与他们的起始材料供应商合作时考虑如何管理这些问题。

或者申请人可能会发现，监管机构担心原料中是否存在可能影响药物质量的交叉污染风险。同样，申请人可能希望在与起始材料供应商合作时考虑如何解决这些问题。

ICH Q11[4] 半合成原料药制造指南也很有帮助。传统上，这种制造工艺的开始被认为是化学材料的自然来源，例如是植物而不是分离物，是细胞库而不是分离的发酵产物。ICH Q11 已经改变了这一期望，认为如果分离的化学物质能够满足一般科学/基于风险的选择标准，隔离的化学物质（而不是天然来源）可以成为半合成原料药的可接受起始材料。如果这种情况不能令监管机构满意，则要求申请人从天然来源材料开始描述制造工艺。

对于生物技术/生物原料药，Q11 继续期望输入细胞库是制造生物技术原料药和一些生物原料药的起点。这一领域的科学和理解正在发生变化，未来可能会有不同方法的案例。例如，抗体药物偶联物是一种原料药，其中抗体在化学上与具有药理活性的第二种物质相连。所述连接体可能是由化学合成而成，所述共轭材料可以是合成的或半合成的。在这种情况下，可具有以下起始材料：细胞系（用于抗体）和天然来源或分离化学品（用于半合成共轭物）的起始材料，以及本身可被视为起始材料的化学连接剂（如果合理）或者可能需要更早的合成步骤来满足监管机构对原料药风险的观点。

本起始材料指南是 Q11 内容的关键部分，是专家工作组工作的重要组成部分。将起始材料的正当理由视为质量和控制策略关键方面的一部分，对监管机构和申请人都很重要。

23.9 总结/结论

ICH Q11[4] 对原料药制造工艺和控制策略的制订和注册提供了统一的期望要求，特别是显示了这些开放期望如何实现与药品质量、安全性和疗效方面的联系。为了能够以涵盖小分子和生物技术原料药的方式提供此类指导，该指导通常在“原则上”的水平运作，将上述化学和生物技术的科学细节概念化。这就带来了注册信息和评估员面临的潜在问题。指南认识到，相当“增强”的科学理解可以支持申请人的提交，并建议在优化的注册细节和生命周期变更管理方面，采取更高水平信息的选项具有一定的潜在价值。然而，在交付一份清晰、全面地捕捉申请人理解的深度以获得这一增强的监管地位的提交文件时，可能会面临相当大的挑战，在开发科学理解的过程中，申请人可能会面临与风险评估（及风险接受或风险管理）有关的大量问题。

申请人和评估者可能对科学理解和正在实施的确保原料药质量的控制之间的平衡有不同的期望，因为监管机构寻求“内置”的质量，即使通过“最终产品”控制和测试适当且完全保证属性，也会产生与科学或实验设计相关的问题。鉴于此，除了建立对确保质量的控制基础的强烈和相互理解以及以有效的方式支持生命周期管理之外，申请人和监管者在分享提交背后的基础科学方面的回报可能会减少。

然而，选择采用增强型开发方法（即了解可能影响提供所需药物质量的各种因素）的申请人无论如何都将为其原料药制造获得相当大的益处，因为制造将可能更稳健、更有效、更可规划，更好地了解重要的供给材料供应商所需的质量，并提高供应和药品可用性的可预测性。通过这种方式，基于科学和风险 / 理解的制造方法可以为依赖有效制药的所有利益相关者带来显著的益处。这不是从科学的角度看“制造商从监管机构中获得什么可以”的问题，而是科学理解使制造商能够提供更好的稳健性和工艺能力。通过这种方式，制造商可以将适当监管承诺从不合规和产品失败的“监管风险”转变为业务优势。

参考文献

[1] ICH Q8. Pharmaceutical Development http：//www. ich. org / fileadmin / Public_Web_Site / ICH_Products / Guidelines / Quality / Q8_R1 / Step4 / Q8_R2_Guideline. pdf，Accessed on April 10，2017.

[2] ICH Q9. Quality Risk Management http：//www. ich. org / fileadmin / Public_Web_Site / ICH_Products / Guidelines / Quality / Q8_R1 / Step4 / Q8_R2_Guideline. pdf. Accessed on April 10，2017.

[3] ICH Q10. Pharmaceutical Quality System http：//www. ich. org / fileadmin / Public_Web_Site / ICH_Products / Guidelines / Quality / Q10 / Step4 / Q10_Guideline. pdf. Accessed on April 10，2017.

[4] ICH Q11. Development and Manufacture of Drug Substance http : //www. ich. org / fileadmin / Public_Web_Site / ICH_products / Guidelines / Quality / Q11 / Q11_Step_4. pd~Accessed on April 10, 2017.

[5] ICH M4Q(R1). The Common Technical Document for the Registration of Pharmaceuticals for Human Use : Quality—M4Q(R1)Quality Overall Summary of Module 2 Module 3 : Quality http : //www. ich. org / fileadmin / Public_Web_Site / ICH_Products / CTD / M4_R1_Quality / M4Q_Rl_. pdf. Accessed on April 10, 2017.

[6] ICH Q6A. Specifications : Test Procedures and Acceptance Criteria for New Drug Substances and New Drug Products : Chemical Substances http : //www. ich. org / fileadmin / Public_Web_Site / ICH_Products / Guidelines / Qualityr / Q6A / Step4 / Q6Astep4. pdf. Accessed on April 10, 2017.

[7] ICH Q6B. Specifications : Test Procedures and Acceptance Criteria for Biotechnological / Biological Products http : //www. ich. org / fileadmin / Public_Web_Site / ICH_Products / Guidelines / Quality / Q6B / Step4 / Q6B_Guideline. pdf. Accessed on April 10, 2017.

[8] EMA. Note for Guideline on Development Pharmaceutics http : //www. ema. europa. eu / docs / en_GB / document_library / Scientific_guideline / 2009 / 09 / WC500003533. pdf. Accessed on April 10, 2017.

[9] Guidance for Industry. Drug Substance Chemistry, Manufacturing, and Controls Information http : //www. fda. gov / downloads / AnimalVeterinary/GuidanceComplianceEnforcement / GuidanceforIndustrv / ucm052498. pdf. Accessed on April 10, 2017.

[10] Guidance for Industry. Drug Product Chemistry ; Manufacturing, and Controls Information http : //www. fda. gov / OHRMS / DOCKETS / 98fr / 02d-0525gdl00001. PDF. Accessed on April 10, 2017.

[11] ICH M7. Assessment and Control of DNA Reactive(Mutagenic)Impurities in Pharmaceuticals to Limit Potential Carcinogenic Risk http : //www. ich. org / fileadmin / Public_Web_Site / ICH_Products / Guidelines / Multidisciplinary / M7 / M7_Step_4. pdf. Accessed on April 10, 2017.

[12] ICH Q7. Good Manufacturing Practice Guide for Active Pharmaceutical Ingredients http : //www. ich. org / fileadmin / Public_Web_Site / ICH_Products / Guidelines / Quality / Q7 / Step4 / Q7_Guideline. pdf. Accessed on April 10, 2017.

[13] Teasdale A, Elder D, Chang S-J, et al. Risk assessment of genotoxic impurities in new chemical entities : strategies to demonstrate control. *Org Proc. Res Dev* 2013, 17 : 221-230.

[14] EMA. Guideline on the Chemistry of New Active Substances CPMP / QWP / 130 / 96. Accessed on April 10, 2017.

[15] ICH Q5A(R1). Viral Safety Evaluation of Biotechnology Products Derived from Cell Lines of Human or Animal Origin http : //www. ich. org / fileadmin / Public_Web_Site / ICH_Products / Guidelines / Quality / Q5A_R1 / Step4 / Q5A_R1_Guideline. pdf. Accessed on April 10, 2017.

[16] ICH Q5B. Quality of Biotechnological Products : Analysis of the Expression Construct in Cells Used for Production of R-DNA Derived Protein Products http : //www. ich. org / fileadmin / Public_Web_Site / ICH_Products / Guidelines / Quality / Q5B / Step4 / Q5B_Guideline. pdf. Accessed on April 10, 2017.

[17] ICH Q5D. Derivation and Characterisation of Cell Substrates Used for Production of Biotechnological / Biological Products http : //www. ich. org / fileadmin / Public_Web_Site / ICH_products / Guidelines / Quality / Q5D / Step4 / Q5D_Guideline. pdf. Accessed on April 10, 2017.

24

ICH M7：评估和控制药物中的 DNA反应性（诱变）杂质以限制潜在致癌风险

Andrew Teasdale
AstraZeneca, Macclesfield, UK

24.1 引言

ICH M7[1] 是最新发布的 ICH 指南之一，2014 年 6 月到达第 4 步。该指南本身是一个多学科指南，反映了一个事实，即诱变杂质是一个质量和安全的主题。它侧重于对诱变杂质的控制，并被引入以解决基因毒性（诱变）杂质区域指南之间存在差异的问题，主要的区域指南是欧洲药物管理局（EMA）指南[2]，其补充是相关问答文件[3]和美国食品药品管理局（FDA）指南草案[4]。日本药品和医疗器械管理局（PMDA）从未发表过正式的指南。有关欧洲药物管理局和美国食品药品管理局指南草案的时间发展的全面概述不在本章的范围内；但是，Teasdale 和 Ogilvy[5] 提供了此类概述。引入这些指南是为了解决现有杂质指南 ICH Q3A[6] 和 Q3B[7] 中关于 DNA 反应性诱变杂质管理的一个明显差距，这些杂质可能在合成活性物质时或通过原料药或药品降解形成。尽管它们的概念大致相似，但欧洲药物管理局指南和美国食品药品管理局指南之间仍有足够大的差异，使得制订全球适用的方法具有挑战性。

ICH M7 概念文件[8] 明确要求协调这些准则，并具体解决不确定性领域。概念文件中确定的关键领域包括：

（1）使用硅结构 - 活性关系（SAR）工具评估诱变潜能。

（2）药物开发过程中基因毒性杂质的可接受水平是多少？

（3）市场上可接受的基因毒性杂质水平是多少？

（4）这些杂质是否应该以不同的方式进行调节，从而可能产生阈值效应？

（5）是否应使用毒理学关注阈值（TTC）方法调节基因毒性杂质的水平？

（6）结构上相关的基因毒性杂质可能具有类似的作用机制。在计算毒理学关注阈值时，这些值应该相加吗？

（7）对于代谢物杂质，应遵循什么认证测试流程？

（8）对于基因毒性杂质，需要什么额外的数据来支持没有特殊限制，或者比毒理学关注阈值更高的每日可接受摄入量（ADI）？

下一节将详细介绍 ICH M7 指南，对指南的各个方面进行研究，力求对其实际实施情况进行全面的审视。它还将审查指导方针是否成功地解决了概念文件中概述的关键领域。

24.2 ICH M7

可以理解，ICH M7 的格式和结构与之前的区域指南非常相似，其中的特定章节侧重于质量和安全方面，尽管术语有所不同。至关重要的是，指导方针所依据的基本概念没有改变；毒理学关注阈值原则，即实际安全剂量（VSD），仍然是指导方针所依据的基础原则。除总体框架外，还有其他章节旨在为特定领域提供明确的指导，包括：

（1）成熟的产品。

（2）文件编制。

（3）案例研究。

下面将详细介绍这些及其他章节的内容。

24.2.1 引言

本指南的引言第 1 节概述了指南与密切相关的 ICH Q3A[6] 和 Q3B[7] 质量指南之间的关系。它还清楚地表明，该指南的重点是 DNA 反应性诱变杂质，首次强调特别关注这些杂质，而不是更一般的遗传毒性杂质。这一点在“一般原则”一节中有更详细的讨论。

24.2.2 范围

范围（第 2 节）旨在概述指南适用的时间和地点，包括先前的成熟产品（指南推出之前）、抗癌治疗和治疗类别。

24.2.2.1 成熟产品

以前的指南，尤其是 EMA [2] 指南，一直在努力解决现有产品可能追溯应用该指南的棘手问题。这导致了可变的解释，通常导致要求应用于现有产品，这是由明显的微小变化（在对原料药 / 药品中的诱变杂质水平产生影响的背景下）引起的，例如剂量大小和配方容量的变化，甚至是改变了制造工厂的地址（改变了街道的名称）。很多不确定性都与原始 EMA 指南中包含的“引起关注”这一笼统的短语有关。试图通过 EMA 问答流程 [3] 解决这些不确定性的问题只获得了部分成功。

相比之下，ICH M7 清晰简洁。现有产品仅在以下情况下适用：

（1）原料药合成的变更会导致新的杂质或提高对现有杂质的接受标准。

（2）配方、成分或制造工艺的变更会导致新的降解物或提高现有降解物的接受标准。

（3）将显著影响可接受的癌症风险水平的适应证或给药方案的变更。

希望这能解决以前存在的许多不确定性，如果不是全部的话。剩下的一个领域是，这如何适用于引入区域指南后销售的产品，特别是 EMA 指南，因为这是 2007 年 1 月正式发布并生效的。虽然没有直接说明，但许多人认为，在引入早期的区域指南后，市场上销售的此类产品是在范围之内的。

24.2.2.2 抗癌治疗

长期以来，一个具有挑战性的问题是关于诱变杂质的指南与 ICH S9[9] 指南——《抗癌药物的非临床评估》之间的关系是什么？ ICH S9 列出了与抗癌药物中存在的杂质的非临床（即毒理学）评价相关的明确原则。其中具体的是诱变杂质，S9 明确指出，控制到 EMA、FDA 和现在的 ICH M7 指南定义的水平是不合适的。ICH M7 在第 2 节（范围）中明确指出，ICH S9 占据首要地位。

唯一剩下的不确定性涉及诱变杂质的可接受水平。这没有明确定义，ICH S9 指出，“这些限制不适合用于治疗晚期癌症患者的药物，上述理由应被视为可以设定更高的限值”。许多人认为这意味着可以默认使用 ICH Q3A / Q3B；但实际上，可能会根据具体情况确定限值，其水平通常低于 ICH Q3A / 3B，但高于 ICH M7 中定义的水平。

范围部分还解决了所讨论的治疗剂本身具有遗传毒性的情况。重要的是，它慎重地选择了更宽泛的术语“基因毒性”，而不是特定的术语“诱变”。因此，这包括了药理学活性剂，其作用机制可以描述为遗传毒性，例如抑制细胞增殖、抑制拓扑异构酶。该指南明确指出，在这些病例中暴露于诱变性杂质不会显著增加原料药的致癌风险。因此，对于非诱变性杂质，可以将杂质控制在可接受的水平。

然而，存在一个同样重要的问题：“ICH M7 是否适用于其他非癌症治疗疾病（例如罕见疾病），其中预期寿命显著降低，即 <2 年（危及生命的疾病，预后不良，并且具有与癌症适应证相似的风险收益）？”合乎逻辑的答案是肯定的，但在没有针对罕见疾病的“类似 ICH S9”指南指导的情况下，这将需要与当局在个案基础上进行讨论。

24.2.2.3 治疗剂 / 辅料的性质

该指南明确指出，以下类型的原料药和药品不需要对诱变潜力进行评估：

· 生物 / 生物技术、肽、寡核苷酸、放射性药物、发酵产品、草药产品和动物或植物来源的粗制品。

仔细研究这一点，会发现一些异常现象；当然，许多肽和寡核苷酸在性质上是合成 / 半合成的，可能很难合理地排除它们（事实上，在指南的倒数第二个草案版本中对这些类别有一些评论）。

已建立的辅料也不在范围之内。但是，该指南确实表明它可能适用于新的合成辅料：“如果战争爆发，本指南的安全风险评估原则可用于首次在药品中使用的和化学合成的辅料中的杂质。”

同样，该指南明确指出，虽然不能正式适用于可浸出物，但可以适用这些原则：“本指南适用于与药品包装相关的可浸出物，但如果有必要，可以使用本指南中概述的限制潜在致癌风险的安全风险评估原则。”

24.2.3 一般原则

本节（第 3 节）中的关键是重申关于诱变杂质指南的具体重点。事实上，该指南进一步发表了具体声明：其他类型的非诱变性基因毒物通常具有阈值机制，并且通常不会在作为杂质存在的水平上对人类造成致癌风险。

它还清楚地表明，在评估诱变潜力时，可以通过计算机模拟构效关系评估和必要时的细菌反向突变分析（Ames 测试[10]）的组合来实现。这有助于澄清计算机模拟构效关系评估应特别关注诱变性。在许多使用的计算机模拟系统中存在其他毒理学终点的构效关系模型，例如染色体活性和致癌性；但是，这些不需要特别用于杂质的评估，主要焦点是诱变性。可以进一步得出结论，就体外 / 体内测定而言，除了反向突变分析之外不需要其他测试，特别排除了在 ICH Q3A 内被定义为杂质鉴定一部分的哺乳动物细胞分析[6]。

不太清楚的是，是否有证据证明杂质是致裂 / 致瘤的（无论是否可以忽略），或者限值应基于对现有数据的评估。也就是说，使用 ICH Q3C [11] 中所示的允许每日暴露量（PDE）基于无明显作用水平（NOEL）计算的限值。

在本节中还重申的是，根据早期的区域 EMA 和 FDA 指南，根据关注毒性阈值原则 [12~16] 和 1.5 μg/d 的限值，在终身暴露（70 年）后，风险为 1/100000。事实上，这一问题是否曾被考虑过是值得怀疑的。虽然 Snodin [17] 和 Delaney [18] 已经确定了关注毒性阈值中的明显缺陷，但是缺乏任何科学上合理的替代方案。毫无疑问，关注毒性阈值是对风险的一种明显保守的描述，它采用了多种更糟的情况，但迄今为止，它的替代选择仍然难以确定。这种与生俱来的保守主义甚至在指南本身中得到了认可：

使用数值癌症风险值（1/100000）及其转化为基于风险的剂量（关注毒性阈值）是一个高度假设的概念，不应视为实际风险的现实指标。然而，TTC 概念提供了对任何诱变化合物安全暴露的估计。然而，考虑到在推导关注毒性阈值时采用的保守假设，超过关注毒性阈值并不一定与癌症风险增加有关。癌症发病率最有可能的增加实际上不到 1/100000。

最后，在本节中略为提及了代谢物。指南简单地指出，当杂质也是代谢物时，其诱变潜力应通过对代谢物的评估来解决。这也是概念文件中突出的特定领域；很难看到这一问题是如何得到有效解决的，并且可能是 ICH M7 出版后剩下的一个不确定的领域。Dobo 等人详细研究了这个问题 [19]。

24.2.4 对已上市产品的考虑

本指南的第 4 部分适用于在本指南通过之前或之后上市的产品。这两种产品的处理方式不同。对于那些在实施后销售的产品，还有一套要求（第 8.5 节，生命周期管理）适用。

进一步评估的需求是根据变更来定义的。

24.2.4.1 原料药的变更

这表明，应评估原料药制造路线或工艺的变更，以确定它们是否导致任何新的诱变杂质或现有诱变杂质的更高接受标准。重要的一点是，杂质的重新评估应侧重于受变更影响的那些阶段，而不受变更影响的其他阶段及其相关杂质不需要重新评估。

另一个重要的观点是，应从注册起始材料（RSM）开始评估变更。然而，这应该放在合成过程中引入注册起始材料的背景下（参见 ICH Q11[20]）。如果在活性药物成分（API）之前四 / 五个阶段引入注册起始材料，那么下游化学中可能会有效清除任何诱变杂质，而对于倒数第二阶段引入的注册起始材料，这种评估非常重要。这反映在第 5.1 节（风险评估和原材料测试之间的关系）中：

对于在药物合成后期引入的起始材料（及起始材料的合成路线已知的情况），应评估起始材料合成的最终步骤是否存在潜在的诱变杂质。

这可能表明，在现有产品的情况下，在合成的后期引入起始材料并且随后对材料的路径 / 工艺进行变更，在这种情况下，需要重新进行评估。

24.2.4.2 药品的变更

在对药品进行变更的情况下，如修改配方，指南明确指出，重点是药品及由该变更引起的任何新的或增加的诱变降解物的水平。至关重要的是，它清楚地表明，对配方产品的变更不会触发对原料药合成路线的重新评估，除非有伴随的变更。

24.2.4.3 临床使用的变更

这适用于剂量或持续时间（增加）发生变更，或者指征从严重或危及生命的状态变为不严重状态的指征，其现有杂质可接受摄入量（AIS）可能不再适用。后者的一个明显例子是，在晚期疾病中使用的抗癌治疗，其限值是基于 ICH S9[9] 的，然后用于修订的患者群体，例如辅助治疗，或新的非肿瘤指征。

与关注毒性阈值固有的保守相关的另一个重要观点是，患者群体年龄的变更不会引发重新评估和修改限值的需要。此前，FDA 指南草案 [4] 指出需要修改儿科适应证的限值，这已从 ICH M7 指南中删除。

此外，早期的 FDA 指南草案 [4] 指出，根据计划的给药途径，即口服、肺部等，可能适用不同的限值。同样，这已从 ICH M7 指南中删除。

24.2.5 进一步的考虑

虽然标题语意不清，但这与发现新杂质的情况有关。在这种情况下，指南明确指出，仅结构性警报不足以引发关注；必须有新的安全数据，即突变性的证据。

尽管这似乎是一个不太可能的情况，但在实践中，仍有许多关于如何管理这一点的顾虑。世界各地的研究实验室每天都在生成新的信息，企业应该花费多少精力来确保没有与注册杂质相关的新安全数据？例如，研究者知道一些例子，在一个研究实验室中，对一种化学物质生成了阳性的 Ames 数据，而这种化学物质恰好也是现有商业产品的注册杂质。

例如，应如何通知监管当局？如果确定一种新的诱变杂质，对当前的营销授权会有什么影响？考虑到可能长期存在，授权持有人是否会有一段时间来降低杂质水平，或者产品是否会被暂停？

24.2.6 原料药和药品杂质评估

本节（第 5 节）基本上是整个风险评估过程本身的起点。从实际情况来看，这基本上主张与以前的指南相同的方法。重点仍然是实际杂质和活性药物成分 / 药品中可能存在的潜在杂质。本节指南的另一个重要方面是，它还希望将 ICH M7[1] 与 ICH Q3A[6]/Q3B[7] 报告和鉴定要求联系起来。实际杂质定义为原料药中观察到的高于 ICH Q3A 报告阈值的杂质。当杂质含量超过 ICH Q3A[6] 规定的鉴定阈值时，预期会鉴定出实际的杂质。这证实了 ICH Q3A 在鉴定阈值方面的重要性。

实际上，这意味着不需要试图在关注毒性阈值水平上鉴定所有可能的杂质。这种尝试完全不切实际。相反，指南默认在 ICH Q3A 鉴定阈值以下存在未鉴定的诱变杂质的有限但较低的风险。如果对合成工艺、相关杂质、药品制造工艺和相关降解物进行全面的风险评估，则认为这是可接受的低风险。

24.2.6.1 合成杂质

与早期的区域指南不同，ICH M7 明确定义了风险评估的起点，表明此类评估可以从起始材料开始。如前所述，有一个警告涉及起始材料与最终活性药物成分的接近程度。指南规定，对于原料药合成后期引入的起始材料（及起始材料的合成路线已知的情况下），应评估起始材料合成的最终步骤是否存在潜在的诱变杂质。我们可以考虑最后一步是什么意思？两步还是三步？这是未定义的。尽管存在这种不确定性，ICH M7 提供的指南在起点方面比之前定义的要清楚得多，因此应使过程更简单。

本节指南的另一个重要方面是明确认识最终活性药物成分的接近程度是确定风险（即下游工艺的净化能力）的关键因素，一般来说，早期阶段比后期阶段的结转风险更低。此点将在指南中控制选项部分的稍后返回，并再次成为指南新的关键方面。

在合成杂质的情况下，可通过三种来源产生诱变杂质：

（1）合成中特意使用的诱变试剂。合成原料药的许多常用试剂都是诱变性的。使用这种试剂，如碘化甲酯、环氧氯丙烷等，实际上是不可避免的；不使用这种试剂来构建 C–C 或 C–N 键是不现实的 [21]。

（2）诱变中间体。通常需要使用刻意形成的高反应性中间体——例如对甲苯磺酸盐、肼和环氧化物。这种中间体被有意地用来进行有效的合成。

（3）不良反应。也许最难评估的是那些由可预测的不良反应形成的杂质。在可能的情况下，这应以现有的科学知识为基础。没有比磺酸盐更能说明这一点的了。磺酸盐是理论上的杂质，据称是通过磺酸和醇之间的反应形成的。尽管有令人信服的科学证据表明风险可以忽略不计，并且有效的控制策略可以很容易地实施，但长期以来，这些问题一直受到相当大的监管审查 [22~24]。

24.2.6.2 降解产物

与早期的指南不同，ICH M7 专门解决了诱变降解物的问题。与原料药的杂质类似，指南明确了 ICH Q3B[7] 的首要性和产品的鉴定阈值。它还再次明确了关注最终药品中可能存在的降解物的必要性。尽管这显然是有帮助的，但这并不能定义如何评估降解物带来的风险。指南提供了一些建议，根据实际降解物和可能的杂质来定义降解物。实际降解物是指在环境温度下，即长期加速储存条件下，观察到的在长期储存条件下形成的降解物。可能的杂质定义为加速条件下观察到的杂质，例如 40℃ /75%。指南中提到了使用来自压力研究的知识。Baertschi 等人对诱变降解物的评价进行了详细研究 [25]。利用压力研究来确定主要的降解途径及其相关的初级降解物，这是通过在压力条件下形成的降解物与在环境条件下观察到的降解物之间建立的关系得到支撑的。Baertschi 等人 [25] 证明在环境条件下形成的降解物是在压力条件下观察到的降解物的一个子集；如图 24–1 所示，其中考虑了理想化和现实降解知识格局之间的关系。

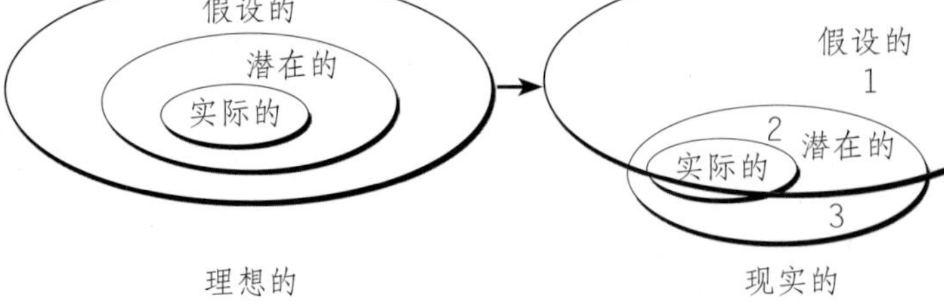

图 24–1　降解级别之间的相互关系

假设的降解物来自计算机模拟和大脑评估。在压力测试和加速稳定性测试中观察到潜在的降解物作为主要降解产物。实际降解产物是在 ICH 长期（实时）储存条件下产生的降解产物。

评估降解物的另一个重要考虑因素是在压力研究的背景下适当的识别阈值。对于剂量 10 mg 至 2 g 的药品，在 ICH Q3B [7] 中定义的鉴定阈值设定为 0.2%或 2 mg。这与药品中通常 2%总降解的典型最高降解水平有关。在压力研究中，降解水平总计可能超过 10%，鉴定阈值的调整系数为 5 似乎是实用的，将其提高到 1%。使用这种结构化方法将确保在压力研究期间鉴定的杂质是主要降解物，因此与指南关注可能存在于最终药品中的降解物相称。

总的来说，在杂质评估方面，考虑的杂质反映在图 24-2 中。

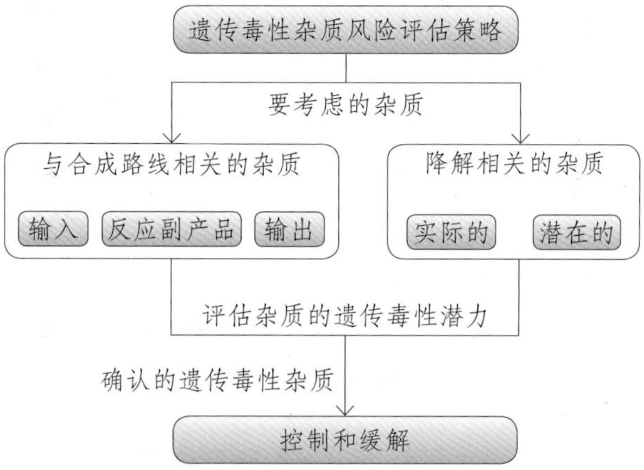

图 24-2　诱变杂质的潜在来源

24.2.7　危害评估

指南的重点（第 6 节）现在转移并侧重于评估前面风险评估中发现的杂质的诱变潜力。这种评估通常通过使用计算机模拟构效关系系统来进行。该指南定义了应用两种（Q）构效关系方法的必要性：第一种方法是基于专家规则，第二种方法是基于统计的。但是，该指南没有定义哪些软件包更可取，这个决定留给最终用户。重要的是，它还强调了对结果进行专家评估的必要性。需要两种方法的理由仍然存在争议。两项主要的跨行业评估得出结论，当使用简单的基于规则的系统进行预测时，使用两种方法比简单使用基于规则的系统进行预测没有优势 [26，27]。然而，Powley（FDA）[28] 提供了进一步的观点。

两种方法的使用引发了许多不同的排列，不仅包括预测在本质上是冲突的情况，还包括领域外预测。当所讨论的分子或至少一部分分子未被计算机模拟工具的训练集识别时，就会出现这种情况，因此它无法准确预测诱变潜力。在这种情况下，需要专家评估做出总体共识预测。Barber 等人 [29] 详细研究了这一点，他们描述了可能遇到的各种场景（图 24-3），研究了如何处理模糊预测及领域外预测。Barber 等人就如何挑战基于规则和定量构效关系系统的预测提供建议，并提供一系列示例，以有效地说明本书中的关键点。

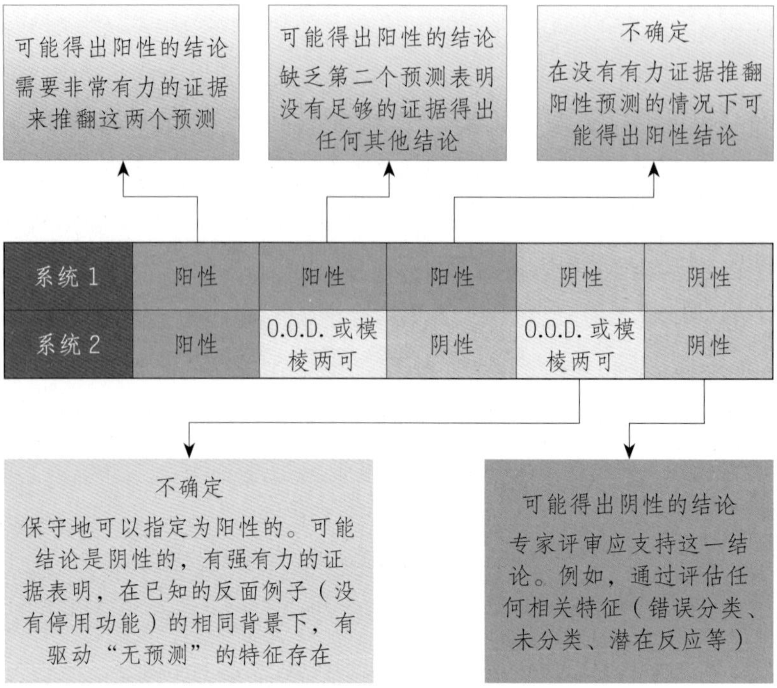

图 24-3　评估两个计算机模拟预测时的决策矩阵

在 Greene 等人的一项相关研究中[30]，研究了流行的商业计算机系统的相对预测性能。他们使用了 801 种化学品和医药中间体的数据，表明每种系统的总体准确性通常具有可比性，范围为 68%～73%。然而，他们的研究显示每个系统的灵敏度存在显著差异（即正确鉴定了多少 Ames 阳性化合物），结果在 48%～68%之间变化。然而，这些研究并没有确定任何出色的系统或基于规则 / 定量构效关系系统的特定组合。也许这些研究中最重要的发现是当使用两种不同的方法时观察到的矛盾预测的数量，即一个系统预测为正，另一个没有预测或统计模型无法做出预测的预测。在 801 种化合物数据集中，超过 1/3 的化合物被认为是冲突预测。研究者得出结论，显然需要应用专家意见来确定适当的分类，并确保采取措施以最大限度地提高患者安全性。该评价不仅应考虑冲突预测，还应考虑在两个系统中进行阴性预测，包括仔细考虑化学类别。

最后，使用 Müller 等人定义的系统对任何此类评估的结果进行分类[31]，如表 24-1 所示。

表 24-1　关于诱变和致癌潜力的杂质分类及由此产生的控制措施

分类	定义	建议的控制措施（详情见第 7 节和第 8 节）
1	已知诱变致癌物	控制在化合物特定的可接受限值或以下
2	已知的具有未知致癌潜力的诱变剂（细菌诱变性阳性，无啮齿动物致癌性数据）	控制在可接受的限值或以下（适当的关注毒性阈值）
3	警戒结构，与药物结构无关；无致突变性数据	控制在可接受的限值或以下（适当的关注毒性阈值） 或进行细菌诱变性分析：如果非诱变 = 第 5 类 如果诱变 = 第 2 类
4	警报结构，已测试且非诱变的原料药或与原料药相关的化合物（例如工艺中间体）中相同的警报	作为非诱变杂质处理
5	没有结构警报，或警报结构有足够的数据证明缺乏诱变性或致癌性	作为非诱变杂质处理

关于第4类化合物的特殊挑战是定义结构相似性，可以使用诸如Tanimoto分数的数学方法。然而，在使用它们时需要非常小心，而且相似性不能简单地由超过预定阈值的分数来定义。在所有情况下，重要的是评估所述杂质中的警报部分附近的空间位阻和电子环境。

根据构效关系评估的结果，对于那些被认为是关注的化合物，特别是那些被归类为第3类的化合物，可以进行测试形式的进一步评估。ICH M7指南的早期范围部分明确指出，重点是诱变杂质，应使用细菌反向诱变测试（Ames）[10]来跟踪任何构效关系警报。

此外，本节概述了可用于进一步研究阳性细菌分析的潜在体内随访测试。表24–2详细描述了测试本身（基于指南中的注释3）。

表24–2　体外诱变剂（阳性细菌诱变性）的体内相关性研究

体内测试	证明选择测试符合目的的因素
转基因突变分析	针对任何阳性的细菌致突变性。合理选择化验组织／器官
pig-a 分析（血液）	针对直接作用的诱变剂（无S9[a]细菌诱变阳性）[b]
微核测试（血液或骨髓）	对于直接作用的诱变剂（无S9的细菌诱变阳性）和已知为致染色体断裂的化合物[b]
大鼠肝非程序性DNA合成（UDS）测试	特别是对于仅具有S9阳性的细菌诱变性 已知负责肝脏代谢 在所用的测试物种中产生 诱导大的加合物
彗星测试	需要证明理由（化学类特定的作用方式形成碱性不稳定位点或单链断裂，因为之前的DNA损伤可能导致诱变） 合理选择化验组织／器官
其他	具有有说服力的理由

注　资料来源：ICH M7（R1）[32]。由ICH M7提供。
S9[a]——从器官（通常是肝脏）匀浆中获得的上清液部分——含有胞质溶胶和微粒体。S9部分的微粒体成分包含细胞色素P450亚型（第一阶段代谢）和其他酶活性。
[b] 针对间接作用的诱变剂（需要代谢活化），应证明充分接触代谢物。

指南指出，此类测试可用于评估体外细菌逆转诱变测试阳性结果的体内相关性，表明该结果可能支持建立化合物特定限值。实际上，目前还没有实际的例子说明如何使用这些数据，以及如何使用这些数据来调节细菌分析的结果。

24.2.8　风险表征

指南中的第7节概述了用于定义分类为1、2或3组的化合物的可接受限值的风险表征原则（见表24–1）。

24.2.8.1　基于复合物特定风险评估的可接受摄入量

【具有阳性致癌性数据的诱变杂质（1类）】

值得注意的是，指南明确规定，如果存在足够的致癌性数据，则应使用指南计算化合物特定的可接受摄入量或每日可接受摄入量。它还概述了该方法应该反映出关注毒性阈值本身的推导方法，即线性外推到风险值为1/10的类似风险值的关注毒性阈值。它还指出，其他既定的风险评估实践，如国际监管机构使用的风险评估实践，可用于计算可接受摄入量或他们使用的实际值。这个明显有用的陈述确实会导致相当大的混淆，例如，应该简单地采用美国环保署（或其他机构）指定的化合物特定值，还是在这种情况下，如何使用线性外推法评估现有数据？指南没有明确说明这一点，也没有提供任何具体的示例。在实践中，使用数据可用的默认线性外推方法似乎是合适的。Dobo 等人 [33] 最近报道了可以为肼生成的各种每日可接受摄入量，举例说明了在试图产生用于监管用途的化合物特定的每日可接受摄入量时，会发现有相当大的模糊性。

与本节相关的是注释 4，其中提供了具体的计算示例。计算概述了环氧乙烷中有效成分的测定。令人惊讶的是，选择环氧乙烷是因为它是一种气体，具有良好的清楚潜力和很少的合成效用，使其在最终产品中的存在非常不可能。此外，有强有力的证据表明，它还是自发产生的 [34]。就计算本身而言，这是相对简单的。TD_{50} 值取自大鼠和小鼠的致癌性效能数据库（CPDB），更保守的值为 21.3 mg/（kg・d）（大鼠），计算的限值除以 50000 以调整为 100000 的风险值并乘以国际公认的人体平均体重（50kg），终身暴露的每日可接受摄入量为 21.3 μg/d。

从表面上看，这看起来相对简单；但这是一个简单的示例。实际上，这通常要复杂得多。在许多情况下，数据可用于多种致癌性研究；在致癌性效能数据库中，这些数据以谐波平均值进行组合和报告。所涉及的研究可能具有不同的质量，例如持续时间不足、动物数量少、研究剂量有限等。考虑的另一个重要因素是肿瘤部位和相关性，例如啮齿类动物的前胃肿瘤。这类肿瘤通常与局部刺激 / 炎症相关，并且从生理学（人类没有前胃）和暴露的角度被认为与人类无关，在药品中观察到的低水平杂质使其极不可能产生这种刺激。

由于所述的复杂性，制订了跨行业倡议，旨在制订指南的附录表。其中包括一系列常见诱变 / 致癌试剂的商定限值。除了实际商定的可接受摄入量外，还制订了具体标准，以便计算附录中所含试剂以外的其他试剂的限值。这导致了 2017 年 6 月最终确定的主要指南附录的公布 [32]。下文研究了附录的基本原则。

24.2.8.2　建立可接受摄入量的原则

ICH M7 附录 [32] 规定了一系列原则。

【研究】

尽管致癌性效能数据库包括纳入标准，但该数据库的研究质量是可变的。在附录表的推导过程中，定义了以下标准：

・每种性别每种剂量 >50 只动物。

・>3 剂量水平。

・同时控制。

・服用 7 天。

・持续终身。

基于这些标准的更有力的研究被用来推导限值。

【肿瘤和部位的选择】

根据最可靠研究得出的数据，从特定器官位置的最低 TD_{50} 计算出一个动物物种和性别的值。不是简单地应用致癌性效能数据库提供的调和平均值，而是使用最低的 TD_{50}，因为它被认为提供了更保守的估计。此外，在适当的情况下，应在一个组织（如肝脏）中使用混合肿瘤类型（如腺瘤和癌），因为这通常能提供更敏感的效能估计。

评估的另一个重要方面是对人类相关性的评估。这种评估的一个例子是对氯苯胺。在对氯苯胺的研究中，对肿瘤诱导最敏感的部位是脾脏。然而，这种肿瘤与含铁血黄素沉着症有关[35]；作用模式与非线性剂量反应有关，即阈值化，因此认为在与药物杂质有关的低浓度下对人类不相关。因此，对于对氯苯胺，采用具有较高 TD_{50} 的肝肿瘤进行线性外推以计算可接受摄入量。

【给药途径】

关注毒性阈值限值是根据包括多种给药途径的大量研究数据得出的。因此，在可接受摄入量的推导过程中，除非肿瘤部位是路径特定的，否则，从 TD_{50} 较低的路径中选择 TD_{50} 进行可接受摄入量的计算。如果肿瘤被认为是部位特定的（例如吸入暴露导致呼吸道肿瘤在远端没有肿瘤），且 TD_{50} 低于其他途径，则为该途径开发单独的可接受摄入量。

【定义的限值】

表 24-3 描述了 ICH M7 附录中的限值，包括计算中采用的方法。

表 24-3　致突变致癌物的可接受摄入量（AIs）或每日接触量（PDEs）

化合物	CAS#	化学结构	AI 或 PDE（μg/d）	备注
TD_{50} 丙烯睛线性外推	107-13-1	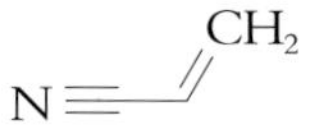	6	TD_{50} 线性外推
氯化苄	100-44-7	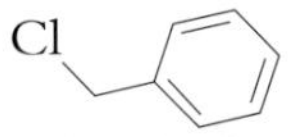	41	TD_{50} 线性外推
双（氯甲基）醚	542-88-1		0.004	异常强效致癌物（低于 TTC）
1-氯-4-硝基苯	100-00-05	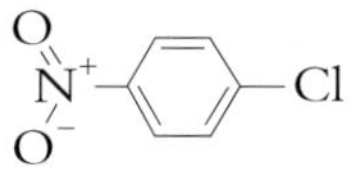	117	基于阈值作用模式的 PDE（含铁血黄素沉着症）
对甲苯胺	120-71-8	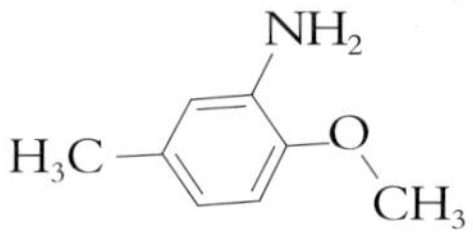	45	TD_{50} 线性外推
二甲氨基甲酰氯	79-44-7	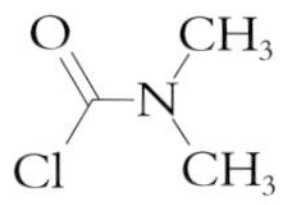	5（口服） 0.6（吸入）	TD_{50} 线性外推
氯乙烯	75-00-3	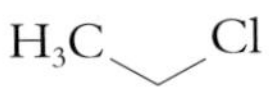	1810	TD_{50} 线性外推
甘油	556-52-5	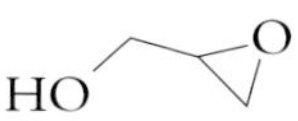	4	TD_{50} 线性外推
肼	302-01-2	H_2N-NH_2	42（口服） 0.2（吸入）	尽管肿瘤可能具有特种特异性，但默认为 TD_{50} 线性外推
甲基氯	74-84-3	$Cl-CH_3$	1360	
基于阈值的 PDE 苯胺	62-53-5	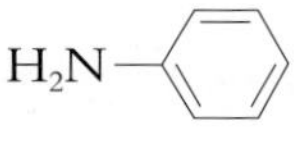	720	基于阈值作用模式（含铁血黄素沉着症）的脾脏 PDE

续表

化合物	CAS#	化学结构	AI 或 PDE（μg/d）	备注
过氧化氢	7722-84-1	HO—OH	6960	基于阈值作用模式的 PDE（氧化应激、保护性抗氧化机制失效）
羟胺	7803-49-8	HO—NH_2	2	基于阈值作用模式（含铁血黄素沉着症）的脾脏 PDE
内源性和食物暴露	—	—	—	—
未来化合物	—	—	—	—
其他情况	—			
p- 氯苯胺	106-47-8	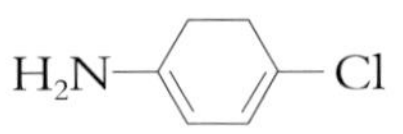	34	基于肝肿瘤的 AI，其诱变作用模式不能被排除，（不是最敏感部位，这是与含铁血黄素沉着症相关的脾脏肿瘤）
p- 氯苯胺 HCL	20265-96-7			
硫酸二甲酯	77-78-1	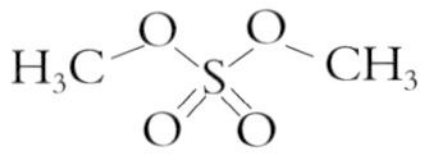	1.5	有致癌性数据，但不足以证明 AI. 默认为 TTC

注 来源：ICH MT（RI）[32]。

得出的许多限值实质上高于标准关注毒性阈值限值。与关注毒性阈值本身类似，也可调整此类限值，以说明使用寿命短。如果出现这种情况，限值的上限为 500 μg/d。

另一个有趣的是附录中缺少的内容。其中一个明显的遗漏是甲醛，也许令人惊讶的是，在第 2 步文件中包含了一类特定的内源性和食品暴露。从杂质的角度来看，与任何可能的接触相比，甲醛的外源性和内源性接触都有很大的规模。甲醛暴露在空气、水和食品中，还是内源性代谢的副产物。室外平均浓度范围为 2.5~15.7 μg/m^3 [36]，臭氧化饮用水中的浓度高达 30 μg/ L [37]。它是生物材料中常见的内源性成分，是许多食物（如肉、乳制品、水果和蔬菜）的天然成分。每天通过饮食途径接触甲醛的水平估计在 1.5~14 mg/d 的范围内 [35]。甲醛也是正常人体代谢的产物，对某些氨基酸的生物合成至关重要。人体每天产生和使用约 50 g 甲醛，这些甲醛可以快速代谢并从血液中清除 [38, 39]。事实上，Conolly 等人提出了吸入甲醛的途径特定限值 [40]，建议吸入甲醛的可接受摄入量为 5 mg/d。

【其他方法】

此外，该指南还概述了利用“替代数据”的可能性，即来自密切相关的化合物或化合物组的数据，在没有可用的致癌性数据的情况下，得出杂质限值。此类限制的示例见注释 5，概述了单官能团烷基氯化物类基限值的推导。最初由 Brigo 等人进行的评估 [41] 基于此类化合物的低致癌效力，提出了一个比标准关注毒性阈值高 10 倍的基于类别的限值，其值范围为 36~1810 mg/（kg·d）（*n*=15）。值得注意的是，在 ICH M7 准则第 5 号的早期草案中提到单官能烷基卤化物而不是简单的烷基氯化物，这种“改进”似乎是不必要的，尽管可用于单官能烷基溴化物的数据较少，如表

24–4 所示，可获得的数据表明相似的值是合适的（见甲基溴、乙基溴、溴乙醇的数据）。

表 24–4 烷基溴化物的可接受摄入量

化学物质登录号	化合物名称	艾姆斯测试	TD_{50}［mg /（kg・d）］	
			大鼠	小鼠
26148–68–5	溴甲烷	阳性	—	49.8[m]
75–25–2	三溴甲烷	阳性	648[m]	阴性
74–96–4	溴乙烷	阳性	149[n]	535
106–93–4	1，2 二溴乙烷	阳性	1.52[m]	7.45[m,v]
540–51–2	溴乙醇	阳性	—	76.1[m]
3296–90–0	2，2 双（溴甲基）1，3 丙二醇	阳性	111[m]	137[m]
36711–31–6	双（2.3– 二溴丙基）磷酸盐	—	32[m]	不可用
126–72–7	三（2.3– 二溴丙基）磷酸盐	阳性	3.83[m]	128[m]
488–41–5	二溴甘露醇	阳性	27.6[i,m]	14.9[i,m]
10318–26–0	二溴卫矛醇	阳性	8.37[i]	11[i,m]
593–60–2	溴乙烯	阳性	18.5[m]	—
17157–48–1	溴乙醛	—	—	阴性
105–36–2	溴乙酸乙酯	阳性	—	阴性

【具有实际阈值证据的诱变杂质】

越来越多的证据表明，即使是诱变致癌物，也存在明显的阈值[42, 43]。如果可以证实这一点，指南主张不是通过 TD_{50} 值的线性外推来计算限值，这些化合物的可接受摄入量可以基于无明显作用水平的鉴定和使用不确定系数（参见 ICH Q3C[11]）来计算数据可用时的每日允许暴露量。关键是数据可用时。目前，没有关于确定诱变致癌物阈值所需数据的确定标准。在 Viracept 事件[44]之后，Gocke 等人[45]进行了详尽的研究，以检查暴露于诱变致癌物甲基磺酸（EMS）的患者风险。在小鼠中进行了两项检查潜在 DNA 损伤的研究；使用微核试验评估染色体损伤，并使用 MutaMouseTM 转基因模型检测基因突变。另外，进行了旨在推断动物暴露于人类的实验。对染色体损伤和小鼠突变的研究证明，在建立慢性给药条件下，在 25 mg /（kg・d）的甲基磺酸的无明显作用水平具有明显的阈值效应。暴露分析（Cmax）表明，要使已知的、高度保守的、无错误的哺乳动物 DNA 修复机制饱和，需要比患者摄入的甲基磺酸高约 370 倍的浓度。尽管有明确阈值的确凿证据，但对于是否接受 100 μg/d[45] 的衍生可接受摄入量仍存在争议。如果没有这种明确的指导，再加上需要进行的大量研究来证明一个临界点，这种方法不太可能被广泛使用，尤其是在这个精确的时间点。

尽管在这一领域正在进行广泛的研究，但特别研究了确定体外和体内研究的出发点的方法[46~48]。

24.2.8.3 2 类和 3 类化合物的可接受摄入量

在没有特定致癌性数据的情况下，ICH M7 指南概述了基于关注毒性阈值的可接受摄入量。关键的是，对于临床开发和市售产品中的两种产品，限值都是基于暴露持续时间，即分阶段方法[31]。无论开发阶段或营销状况如何，都应认识到限值应基于暴露持续时间，这是在最终确定准则之前向前迈出的重要一步；无论其预期用途和可能的持续时间如何，1.5 μg/d 的终身限值通常适用于市售产品。

短于终生时间的可接受摄入量的计算最终基于 Haber 定律的原理，其中浓度（C）× 时间（T）= 常数（k）。表 24–5 中描述了这些限制。

表 24–5　单个杂质的可接受摄入量

治疗持续时间	≤ 1 个月	1~12 个月	1~10 年	10 年至终生
日摄入量（μg/d）	120	20	10	1.5

注　资料来源：ICH M7（R1）[32]。

指南的这一部分是专门用于临床开发的特定部分。这表明，对于持续时间小于 14 天的研究，限值仅适用于存在实际体外安全数据（2 类）的杂质，并且在仅存在结构警报（3 类）的杂质水平上无须特殊控制。虽然这是一个有趣的概念，似乎可以提供灵活性，但申请人是否在很大程度上利用了这一概念仍有待观察。在许多情况下，不太可能将材料限制在持续时间小于 14 天的临床研究中使用，在这种情况下，为了将材料用于更长时间的研究，2 类和 3 类杂质都需要符合表 24–5 中列出的限值。

在已上市产品的情况下，一个特别的挑战是定义持续时间。同样，这是通过指南中的特定注释（注释 7）来解决的，采用表格的形式，根据特定的治疗区域，讨论可能的治疗持续时间。指南本身提供了有用的建议，其中明确说明了使用期限应根据典型用途来定义。这意味着，在某些情况下，患者群体中的一部分可以将治疗延伸到超出市售产品的预期使用持续时间。它指出，在这种情况下，风险的增加可以忽略不计。

24.2.8.4 多种杂质

原始 ICH M7 概念性文件中提出的一个问题涉及多种诱变杂质的潜在协同效应，特别是在它们密切相关的情况下。基于 Bercu 等人的工作[49]，指南得出结论，在可能存在的低水平下，此类效应不太可能，因此允许存在多达三种诱变杂质，得到表 24–6 中定义的可接受总摄入量。

表 24–6　多种杂质每日可接受总摄入量

治疗持续时间	≤ 1 个月	1~12 个月	1~10 年	10 年至终身
日总摄入量（μg/d）	120	60	30	5

注　资料来源：ICH M7（R1）[32]。

需要注意的是，该总量仅适用于特定的 2 类和 3 类杂质。事实上，大多数合成路线将使用多种诱变试剂 / 中间体；然而，由于所讨论试剂的固有反应性和下游工艺条件，很少在潜在的转移方面真正构成实质性风险。这将在控制部分详细讨论。如图 24–4 所示，下面的示例旨在图解说明该合成中使用的两种卤代烷之间风险的实质性差异。

可评估与两种烷基化剂相关的相对风险。烯丙基溴具有很高的反应性，很可能会在有意引入烯丙基溴的步骤（步骤 1）中消耗烯丙基溴。进一步的清洗可能发生在下游过程中，在第 3 阶段达到高潮，引入了溴丙胺，如果仍然存在残余量，烯丙基溴将与溴丙胺竞争与中间体醇反应，可能产生所示的二烯丙基杂质。在这样的示例中，不太可能在原料药规范中指定两种烷基溴，并且由于与最终产品非常接近，控制将重点放在溴丙胺上。

表 24–6 中所述的总限值也不适用于基于化合物特定限值控制的 1 类化合物，降解物也不包括在内。

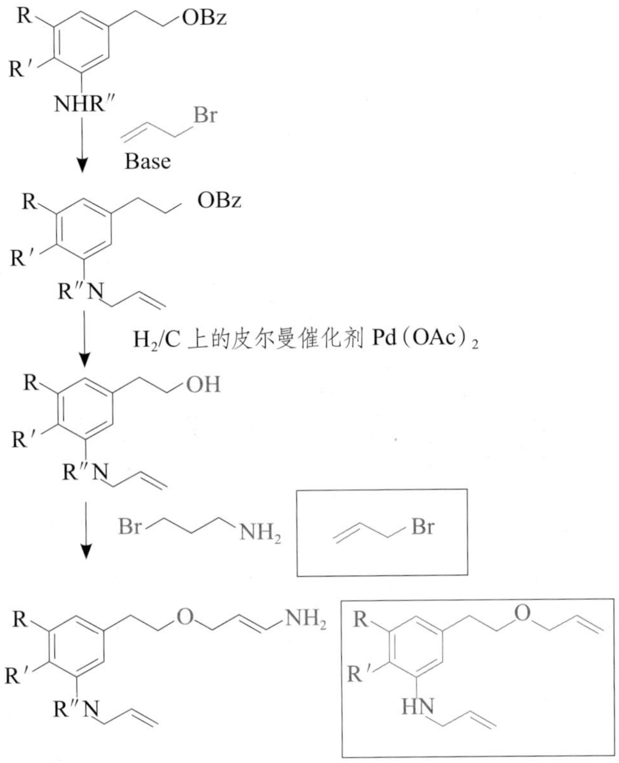

图 24–4　采用烯丙基溴和溴丙胺的合成路线

24.2.8.5　方法中的例外和灵活性

指南第 7 节所涵盖的最后一个领域涉及可能适用修改限值的进一步情况。领域包括：

（1）如果杂质的实质性暴露可能是外源性的或内源性的，也许最明显的例子是甲醛。

（2）在严重疾病，预期寿命缩短或迟发性但慢性疾病或治疗替代疗法有限的情况下，使用适当可接受摄入量例外情况是合理的。在实践中，这可能适用于无法进行有效控制的情况；在这种情况下，水平可能会被控制在合理可行的最低水平，并在随后与监管机构协商中证明其合理性。

（3）如果基于其结构的诱变杂质被认为可能是一种有效的致癌物（关注的队列），即黄曲霉素样、N– 亚硝基和烷基氮氧基结构，则指南规定，如果这些化合物在药物中被发现为杂质，则其可接受摄入量显著低于本指南中定义的可接受摄入量。没有提出具体的值，原则上不太可能存在这样的结构，因为所描述的类别中没有一个被视为具有作为合成试剂的实用价值 [21]。

24.2.9 控制策略

ICH M7 最重要的方面是控制部分（第 8 节）。这在证明杂质不存在的策略方面，提供了比先前区域指导方针中提供的更大的灵活性。这些都是通过一系列控制选项来表达的，这些控制选项能够更广泛地使用基于化学 / 工艺的论证来评估清除，并有效地使指南与 ICH Q9[50] 中概述的基于风险的方法一致。有四种选择。

（1）选项 1：包括原料药规范中杂质的测试，其验收标准等于或低于可接受的限值。

（2）选项 2：包括对输入原材料、起始材料或中间材料规范中杂质的测试，或作为工艺控制，验收标准等于或低于可接受的限值。

（3）选项 3：包括对原材料、起始材料或中间体规范中杂质的测试，或作为工艺控制，验收标准高于原料药中杂质的可接受限值。这种限值是基于对下游过程中存在问题的命运和净化的清楚理解，而不需要在工艺后期进行任何额外的测试。

当原料药中的杂质水平低于可接受限值的 30% 时，通过审查实验室规模的加标实验得出的数据，可以证明这种选项是合理的。

（4）选项 4：工艺控制。大多数诱变杂质具有高度反应性，因此它们不太可能在随后的原料药典型下游工艺中存活。为了评估这些杂质的潜在携带量，需要了解工艺条件对残留杂质水平的影响。如果有足够的信心认为原料药中的杂质水平将低于可接受的限度，则无须进行分析测试，也无须指定杂质。

更详细地研究这些选项，许多人会得出这样的结论：顺序应该颠倒。如前所述，大多数诱变试剂在性质上或精心设计得具有高度反应性。它们被用于原料药的结构，以形成化合物的分子骨架。这种高反应性是它们也被有效清除的原因。面临的挑战是能够在不诉诸广泛的分析测试的情况下评估风险水平。这种方法是由 Teasdale 等人开发的[51, 52]。在这种方法中，计算是基于所讨论杂质的具体物理化学性质（例如反应性、溶解性等）相对于其将要暴露的下游加工条件的评估。这是基于表 24-7 中描述的评分系统。

表 24-7　清除值

理化参数	清除系数
反应性	高反应性 =100 中反应性 =10 低反应性 =1
溶解性 [a]	易溶的 =10 中度的 =3 微溶的 =1
挥发性	沸点低于反应 / 工艺溶剂沸点超过 20℃ =10 沸点在反应 / 工艺溶剂沸点周围 ±10℃ =3 沸点高于反应 / 工艺溶剂沸点超过 20℃ =10
电离度	基因毒性杂质的电离电位与所需产品的电离电位显著不同 [b]
物理过程：色谱法	色谱法：所需产品前基因毒性杂质洗脱 =100 色谱法：所需产品后基因毒性杂质洗脱 =10 其他情况基于个案进行评估

注 [a]：这与再结晶 / 分离过程中的溶解性有关，其中所述杂质（如果高度可溶）将留在母液中，因此需要从所需产品中清除。

[b]：这涉及故意尝试在水层和有机层之间分离所需产品 / 基因毒性杂质，通常通过操纵 pH 值来改变其中一种组分的离子化 / 非离子化状态。

案例研究 3 转载如下，涉及：

5 步合成的步骤 1，中间体是一种硝基芳族化合物，可能含有低水平杂质 C，是步骤 1 中间体的位置异构体，以及硝基芳族化合物。第 1 步中间体中杂质 C 的含量没有用常规分析方法检测到，但可能存在于较低水平。第一步中间体在细菌诱变性试验中呈阳性。步骤 2 加氢反应导致步骤 1 中间体 99% 转化为相应的芳香胺，这是通过过程中测试确认的。对剩余的第一步硝基芳烃中间体进行了清除评估，并根据后续第三步和第四步的清除点预测了高清除系数。不期望在步骤 5 处理步骤中进行清除，并且在步骤 4 中间（选项 2 控制方法）中建立了基于关注毒性阈值限值的步骤 1 中间规范。位置异构体杂质 C 预计将通过与步骤 1 中间体相同的净化点进行净化，因此始终比步骤 1 中间体本身低得多，因此无须测试，杂质 C 的选项 4 控制策略可以无须额外的实验室或中试规模数据即可获得支持。

这一特定方法直接被指南引用。

通过一系列案例研究，在指南中进一步研究了所述选项的示例。总共有四个案例：案例研究 1 和 2 检查选项 3 的使用情况；案例研究 3 选项 2 和 4 的组合；案例研究 4 选项 4 的使用情况。

在案例研究 3 中，在步骤 1 中再现了上述过程，报告称硝基芳烃以高产出率（99%）转化为芳香胺，在步骤 3 和 4 中进一步降低了水平。当然，在现实中遇到这种情况时，在简单地默认基于选项 2 的控制策略之前，根据对工艺净化能力的评估进行风险评估似乎是合逻辑的。

24.2.9.1 控制方法的考虑

在指南中，总体控制策略部分的这一小节进一步说明了在数据方面支持特定控制选项所需的内容。特别要注意的是，需要考虑规模的影响，也就是说，必须解决任何数据的预期规模依赖性或独立性，特别是在支持数据来自实验室或中试规模生产的情况下。

如果选项 3 和 4 不合理，则应包括对原材料、起始材料或中间物的规范杂质的测试，或在可接受限值内作为工艺控制（选项 2）或原料药（选项 1）的测试。

在本节中提出的另一个重要观点与上一个综合步骤中引入的杂质有关，其中指出除非另有理由，否则将采用选项 1 控制方法。其他选项可能被证明是合理的，是一个重要的警告，可能允许其他控制选项被基于科学的风险评估证明是合理的，而不是基于简单的教条。

早期的区域指导方针是以“合理可行的最低水平”的应用为基础的，即使水平低于关注毒性阈值也是如此。他们还谈到了避免使用诱变试剂。ICH M7 直接解决了这两个问题。如果诱变杂质的水平低于可接受的限值，则无须根据合理可行的最低水平原则实施限值。同样，不必证明已经探索了替代合成路径。

合理可行的最低水平原则适用于将诱变杂质水平降低到可接受限值以下的努力被证明是不成功的情况。在这种情况下，如果提供的水平尽可能低，则可以根据风险 / 收益分析来证明更高的限值是合理的。

24.2.9.2 定期测试的考虑

本节旨在提供关于定期测试使用的指导方针；但不幸的是，它缺乏真正的清晰度，未能就何时应用此类选项提供任何明确的建议。在缺乏真正明确性的情况下，一个具体的问题是，即使控制过程完全合理，也可能要求采用这种方法。

24.2.9.3 降解产物的控制

控制策略部分似乎有些不合时宜，还包括与降解产物控制相关的具体建议。指南指出，需要了解诱变剂的降解途径及其与原料药和药品制造工艺和 / 或其建议的包装和储存条件的相关性。它还阐述了在开始长期稳定性研究之前，如何使用加速稳定性研究（例如 40℃ /75% 相对湿度，6 个月）或拟用商业包装中较高温度下的动态等效短期稳定性研究来确定降解途径。当然，这是完全合理的，依靠长期研究提供所需的控制保证存在相当大的风险。在后期，即在长期稳定性研究结束时，发现控制不足，可能会产生严重影响。及早发现任何潜在问题，肯定会有更多的时间考虑用于控制的配方 / 包装方案。同样，与合成杂质一样，如果配方开发和包装设计选项无法将诱变降解产物水平控制在可接受限值以下，则可以根据风险 / 效益分析证明更高的限值是合理的。

24.2.10 生命周期管理

本节特别适用于指南发布后批准的产品。本节相当大的一部分内容涉及生命周期管理的描述及对适当质量体系的需求。可能还不完全清楚为什么包括这一点，因为它不特定于对诱变杂质的控制。

明确和有用的信息是，应评估制造工艺的任何拟议变更对原料药和药品质量的影响。该评估应基于对制造工艺的理解，并应确定是否需要进行适当的测试来分析拟议变更的影响。

它还强调在产品的整个生命周期中，需要重新评估在工艺发生预期或非预期变更时是否进行测试，特别是在没有常规监控的情况下（选项 3 或选项 4），需要考虑这一点。

指南还提到了统计工艺控制和工艺测量的趋势的潜在用途，但在没有任何明确示例的情况下，还不完全清楚如何利用这一点。

24.2.11 文档记录

指南的最后一节（第 9 节）旨在提供有关信息水平的指导，包括与诱变杂质的评估和控制过程有关的监管提交文件。分为两部分。

24.2.11.1 临床试验申请

这将根据阶段进一步区分：

1）对于为期 14 天或 14 天以下的第一阶段研究，指南定义了需要提供的工作描述，以减轻针对 1 类和 2 类杂质及所关注队列中杂质的风险。

2）对于 > 14 天的第 1 阶段临床试验和 2a 期临床试验，它指出，此外还应包括需要分析控制的 3 类杂质。

3）对于2b期和3期临床开发试验，现在应包括（定量）勾选关系评估的杂质清单，以及所用系统的描述。应描述任何1、2或3类实际和潜在杂质及如何控制它们的细节。还应报告细菌诱变性试验的结果。

指南还指出，对于存在可能性较低的潜在杂质，可以使用化学参数代替分析数据，这表示在影响选项4控制中。因此，尽管没有特别说明，但假设这适用于任何阶段。

24.2.11.2 通用技术文件（上市申请）

指南规定了以下内容：

1）需要提供与实际和潜在工艺相关杂质和降解产物的诱变杂质分类和该分类的基本原理。指南中特别强调了将杂质分为4类和5类杂质的必要性。

2）当对杂质进行细菌诱变性分析时，应提供关于杂质的细菌诱变性分析的研究报告。尚不清楚的是，这是否应直接包括在提交的档案相关章节中（这是否属于临床前部分或S3.2杂质？）或是作为补充参考。

3）整体控制策略和任何建议规范的理由。对于选项3和选项4控制方法，需要提供清除系数的概述和提供控制的因素的鉴定（例如工艺步骤、在洗涤溶液中的溶解度等）。

在后期临床申请和通用技术文件中，明确需要根据构效关系和任何后续的细菌诱变性数据正确阐明和证明杂质分类。一个可能的选择是包括一个汇总表。

24.2.12 其他方面

24.2.12.1 ICH M7和ICH Q3A之间的关系

在制订指南之前，关于诱变杂质指南与ICH Q3A之间关系的问题是一个相当令人关注的问题。这些问题集中在杂质定性问题上。对于已上市产品，任何含量大于0.15%的杂质都需要进行鉴定。除了一般的毒理学鉴定外，这种杂质还需要鉴定基因毒性潜力。显然，ICH Q3A早于ICH M7，甚至早于区域指南；然而，基因毒性鉴定的问题仍然存在。其中特别值得关注的是，ICH Q3A不仅要求考虑进行诱变潜能评估，而且建议考虑染色体活性评估。

ICH M7中的注释1解决了这一特定问题。它指出，只要对高于或低于ICH Q3A / Q3B中定义水平的任何杂质进行构效关系诱变潜力评估，就不需要对诱变潜力进行鉴定。这包括最初使用（定量）构效关系工具来预测细菌诱变性。仅在杂质量超过每日1 mg的情况下，建议进一步评估长期给药。

24.3 结论

在ICH M7指南的概念阶段，确定了一系列关键领域，包括：

（1）使用计算机模拟构效关系工具评估诱变潜力。

（2）药物开发过程中基因毒性杂质的可接受水平是多少？

（3）市场上可接受的基因毒性杂质水平是多少？

（4）这些杂质是否应该以不同的方式进行调节，从而可能产生阈值效应？

（5）是否应该使用关注毒性阈值方法调节基因毒性杂质的水平？

（6）结构上相关的基因毒性杂质可能具有类似的作用机制。在计算关注毒性阈值时，这些值应该相加吗？

（7）对于代谢物杂质，应遵循什么认证测试流程？

（8）对于基因毒性杂质，需要什么额外的数据来支持没有特殊限制，或者高于关注毒性阈值的每日可接受摄入量？

ICH M7A 是否充分解决了这些问题？对。当然，大多数情况下，如果不是全部的话，以前的指南中存在的歧义是可以解决的。虽然仍存在一些歧义领域，但对诱变代谢物的管理仍然是一个不确定的领域，而且指南中添加的一些新领域也可能难以解释；这包括定期测试和一些文件要求。总的来说，这是一个有价值的指南，它为如何有效地管理诱变杂质提供了清晰而简明的指导。

参考文献

[1] ICH M7. Assessment and Control of DNA Reactive(Mutagenic)Impurities in Pharmaceuticals to Limit Potential Carcinogenic Risk，http：//www. ich. org / fileadmin / Public_Web_Site / ICH_Products / Guidelines / Multidisciplinary / M7 / M7_Step_4. pdf. Accessed Oil April 10，2017.

[2] Committee for Medicinal Products for Human Use(CHMP). Cuidelines on the Limits of Genotoxic Impurities，London，June 26，2006. CPMP / SWP / 5199 / 02.

[3] CHMP Safety Working Party(SWP). Question and Answers on the CHMP Guideline on the Limits of Genotoxic Impurities，London，December 17，2009. EMEA / CHMP / QWP / 251344 / 2006Q&A.

[4] Food and Drug Administration. Guidance for Industry Genotoxic and Carcinogenic Impurities in Drug Substances and Products：Recommended Approaches Draft，Center for Drug Evaluation and Research(CDER)，December，2008.

[5] Ogilvie R.，Teasdale A. (2011). Historical Overview of the Development of Genotoxic Impurities Guidelines and Their Impact. In：Teasdale A. fEd.)，*Genotoxic Impurities：Strategies for Identification and Control*，John Wiley & Sons，Inc.，Hoboken，

[6] ICH(2002). International Confefence on Harmonization of Technical Requirements for Registration of Pharmaceuticals for Human Use(ICH). Topic Q3A(R). Impurities Testing Guideline：Impurities in New Drug Products(Revision). CPMP / ICH / 2738 / 99：http：//www. ich. org / fileadmin / Public_Web_Site / ICH_products / Guidelines / Quahty / Q3A_R2 / Step4 / Q3A_R2_Guideline. pdf. Accessed on April 10，2017.

[7] ICH(2002). International Conference on Harmonization of TechnicaI Requirements for Registration of Pharmaceuticals for Human Use (ICH). Topic Q3B(R). Impurities Testing Guideline：Impurities in New Drug Substances(Revision)，CPMP / ICH / 2737 / 99：http：//www. ich. org / fileadmin / Public_Web_Site / ICH_Products / Guidelines / Quality / Q3B_R2 / Step4 / Q3B_R2_Guideline. pdf. Accessed April 10，2017.

[8] Final Concept Paper M7. Assessment and Control of DNA Reactive(Mutagenic)Impurities in Pharmaceuticals to Limit Potential Carcinogenic Risk. November 27. 2009，http：//www. ich，org / fileadmin / Public_Web_Site/ ICH_Products / Guidelines / Multidisciplinary / M7 / M7_Final_Concept_Paper_June_2010，pdf. Accessed April 10，2017.

[9] ICH S9. Nonclinical Evaluation for Anticancer Pharmaceuticals. http：//www. ich. org / fileadmin / Public_Web_Site / ICH_Products / Guidelines / Saflety / S9 / Step4 / S9_Step4_Guideline. pdf. Accessed on April, 2017.

[10] Ames B. N.， Durston W. E.， Yamasaki E. E.， et al. *Proc. Natl. Acad, Sci. U.S.A.*， 1973， 72， 2423-2427.

[11] ICH Q3C(RS). Guideline for Residual Solvents， http：//www. ich. org / fileadmin / Public_Web_Site / ICH_Products / Guidelines / Quality / Q3C / Step4 / Q3C_R5_Step4. pdf. Accessed on April, 2017.

[12] Munro I. C.， Ford R. A.， Kennepohl E.， et al. *Food Chem. Toxicol.*， 1996， 34， 829-867.

[13] Munro I. C.， Kennepohl E.， Kroes R. *Food Chem. Toxicol.*， 1999， 37(2—3)， 207-232.

[14] Kroes K.， Kozianowski G. *Toxicol. Lett.*， 2002， 127， 43-46.

[15] Kroes R.， Renwick A. G.， Cheeseman M.， et al. *Food Chem. Toxicol.*， 2004， 42， 65-83.

[16] Cheeseman M. A.， Machuga E. J.， Bailey A. B. *Food Chem， Toxicol.*， 1999， 37， 387-412.

[17] Snodin D. J.， McCrossen S. D. *Regul. Toxicol. Pharmacol.*， 2013， 67(2)， 299-316.

[18] Delaney E. J. *Regul. Toxicol. Pharmacol.*， 2007， 49， 107-124.

[19] Dobo K.， Walker D.， Teasdale A. 2011. Human Genotoxic Metabolites：Identification and Risk. In：Teasdale A. (Ed.)， *Genotoxic Impurities：Strategies for Identification and Control*， John Wiley&Sons， Inc.， Hoboken.

[20] ICH Q11. Development and Manufacture Of Drug Substances(Chemical Entities and Biotechnological / Biological Entities)， http：//www. ich. org / fileadmin / Public_Web_Site / ICH_Products / Guidelines / Quality / Q11 / Q11_Step_4. pdf. Accessed on April 2017.

[21] Elder D.， Teasdale A. *Org. Process Res. Dev.*， 2015， 19(11)， 1437-1446.

[22] Teasdale A.， Eyley S. C.， Delaney E.， et al. *Org. Process Res. Dev.*， 2009， 13， 429-433.

[23] Teasdale A.， Delaney E.， Eyley S. C.， et al. *Org， Process Res. Dev*， 2010， 14， 999-1007.

[24] Snodin D， Teasdale A. *Org. Process Res. Dev.*， 2015， 19， 1465-1485.

[25] Kleinman M.， Baertschi S.， Teasdale A.， et al. *Org. Process Res. Dev.*， 2015， 19(11)， 1447-1457.

[26] Dobo K.， Greene N.， Fred C.， et al. *Regul. Toxicol. Pharmacol*， 2012， 62， 449-455.

[27] Sutter A.， Amberg A.， Boyer S.， et al. *Regul. Toxicol. Pharmacol*， 2013， 67， 39-52.

[28] Powley M. *Regul. Toxicol. Pharmacol.*， 2015， 71(2)， 295-300.

[29] Barber C.， Amberg A.， Custer L. *Regul. Toxicol. Pharmacol.*， 2015， 73(1)， 367-377.

[30] Greene N.， Dobo K.， Kenyon M.， et al. *Regul. Toxicol. Pharmacol.*， 2015， 72(2)， 335-349.

[31] Mfiller L.， Mauthe R. J.， Riley C. M.， et al. *Regul.Toxicol Pharmacol.*， 2006， 44， 198-211.

[32] ICH MY（R1）. Addendum：Assessment and Control of DNA Reactive(Mutagenic) Impurities in Pharmaceuticals to Limit Potential Carcinogenic Risk， http：//www. ich. org / fileadmin / Public_Web_Site / ICH_Products / Guidelines / Multidisciplinary / M7 / M7_Addendum_Step_2. pdf. Accessed on April 10， 2017.

[33] Ellis P， Kenyon M.， Dobo K. *Regul. Toxicol， Pharmacol.*， 2013， 65(2)， 201-213.

[34] Bolt H. *Biochem. Pharmacol.*， 1996， 52， 1-5.

[35] Dhareshwar S. S.， Stella V. J. *J， Pharm. Sci.*， 2008， 97(10)， 4184-4193.

[36] Organisation for Economic Co-operation and Development(OECD)(2002) SIDS Initial Assessment Report. Formaldehyde.

[37] World Health Organization(WHO) 2005. Background Document for Development of WHO Guidelines for Drinking-Water Quality. WHO / SDE/WSH / 05. 08 / 48.

[38] Stayner L. T. , Elliot L. , Blade L. , et al. *Am. J, Ind. Med.* , 1988, 13(6), 667-682.

[39] Heck H. , Casanova-Schmitz M. , Dodd P. B. , et al. *Am. Ind. Hyg. Assoc.* , *J.*, 1985, 46, 1-3.

[40] Conolly R. B. , Kimbell J. S. , Janszen D. , et al. *Toxicol. Sci.* , 2004, 82(1), 279-96.

[41] Brigo A. , Muller L. 2011. Development of the Threshold of Toxicological Concern Concept(TTC)and its Relationship to Duration of Exposure. In : Teasdale A. (Ed.), *Genotoxic Impurities : Strategies for Identificatio, and Control*, John Wiley & Sons, Inc. , Hoboken.

[42] Doak S. , Johnson G. , Quick E. , et al. *Cancer Res.* , 2007, 67, 3904-3911.

[43] Bailey G. S. , Reddy A. P. , Pereira C. B. , et al. *Chem. Res. Toxicol*, 2009, 22, 1264-1276.

[44] Gerber C. , Toelle H. -G. *Toxicol. Lett.* , 2009, 190, 248-253.

[45] Gocke E. , Ballantyne M. , Whitwell M. , et al. *Toxicol. Lett.* , 2009, 190, 286-297.

[46] Johnson G. E. , Soeteman-Hernάndez L. G. , Gollapudi B. B. , et al. *Environ, Mol.Mutagen.* , 2014, 55, 609-623.

[47] MacGregor J. T. , FrÖtschlb R. , White P. A. , et al. *Mutat. Res.* , 2015, 783, 66-78.

[48] MacGregor J. R. , FrÖtschlb R. , White P. A. , et al. *Murat. Res.* , 2015, 783, 55-65.

[49] Bercu J. , Hoffman W. , Lee C. , et al. *Regul. Toxicol. Pharmacol*, 2008, 51(3). 270-277.

[50] ICH Q9. Quality Risk Management, http : //www. ich. org / fileadmin / Public_Web_Site / ICH_Products / Guidelines / Quality / Q9 / Step4 / Q9_Guideline. pdf. Accessed on April 10, 2017.

[51] Teasdale A. , Fenner S. , Ray A. , et al. *Org. Process Res. Dev*, 2010, 14(4), 943-945.

[52] Teasdale A. , Elder D. , Chang S. J. , et al. *Org. Process Res. Dev*, 2013, 17(2), 221-230.